高等院校化学化工类专业系列教材

Principles of Chemical Engineering

化 工 原 理

■ 主　编　李育敏　艾　宁
副主编　葛昌华　腾波涛　沈荣明

ZHEJIANG UNIVERSITY PRESS
浙江大学出版社

图书在版编目（CIP）数据

化工原理 / 李育敏,艾宁主编. —杭州：浙江大学出版社，2015.12（2024.7重印）

ISBN 978-7-308-15377-5

Ⅰ．①化… Ⅱ．①李…②艾… Ⅲ．①化工原理—高等学校—教材 Ⅳ．①TQ02

中国版本图书馆 CIP 数据核字（2015）第 286238 号

化工原理(huagong yuanli)

李育敏　艾　宁　主编

策划编辑	季　峥　樊晓燕　阮海潮
责任编辑	季　峥（zzstellar@126.com）
封面设计	刘依群
出版发行	浙江大学出版社
	（杭州市天目山路 148 号　邮政编码 310007）
	（网址：http://www.zjupress.com）
排　　版	杭州林智广告有限公司
印　　刷	浙江新华数码印务有限公司
开　　本	787mm×1092mm　1/16
印　　张	34.25
字　　数	730 千
版 印 次	2015 年 12 月第 1 版　2024 年 7 月第 2 次印刷
书　　号	ISBN 978-7-308-15377-5
定　　价	69.00 元

前　言

随着化学工业的飞速发展,许多应用型本科院校(第二批本科或第三批本科)结合浙江省的实际情况,将人才培养目标定位于为快速发展的化工产业输送应用型人才。对于这些院校来说,以往的一些规划教材就不太符合学生的学习特点,且不够强调实际应用。化工原理是化学工程及其相关专业的一门重要的专业基础课。目前,国内外《化工原理》教材较多,其中不乏精品,这些教材知识体系科学合理,论述语言严谨明了,都是不可多得的好教材。但是,目前尚缺少一套适合应用型本科院校相关专业学生学习化工原理课程的教材。本套教材的编写目标以应用性、实践性为切入点,侧重于因材施教,有针对性地努力培养学生的创新能力和实践能力,使学生更能学以致用,从而适应市场经济、化学工业发展和工作岗位的需要。

浙江工业大学联合浙江师范大学、台州学院、湖州师范学院、丽水学院等学校,共同编写了一部适合应用型本科院校学生使用的化工原理教材。本教材精选了若干个典型的化工单元操作内容,力求全面系统地介绍化工单元操作的基本原理和工程方法。全书分 12 章,包括流体流动、流体输送机械、传热、化工分离过程总论、机械分离、气体吸收、蒸馏、板式塔和填料塔、液液萃取、干燥、蒸发和其他分离方法。

本书由浙江工业大学李育敏、艾宁主编并统稿。台州学院葛昌华、浙江师范大学腾波涛和湖州师范学院沈荣明任副主编。执笔分工情况如下:绪论(浙江工业大学艾宁),第 1 章(浙江工业大学李育敏),第 2 章(浙江师范大学刘亚、腾波涛),第 3 章(台州学院葛昌华),第 4 章(浙江工业大学刘学军、艾宁),第 5 章(杭州师范大学钱江学院曹勇、浙江工业大学李育敏),第 6 章(浙江工业大学李育敏、姜洪涛),第 7 章(浙江师范大学腾波涛、代伟),第 8 章(浙江工业大学李育敏),第 9 章(丽水学院张玲),第 10 章(台州学院王勇),第 11 章(湖州师范学院沈荣明),第 12 章(湖州师范学院沈荣明),附录(浙江工业大学艾宁)。

由于编者学识有限,书中难免有错误和不妥之处,恳请广大读者批评指正,以利于该书的进一步修订和完善。

本书的 Flash 动画和视频来自中山大学、浙江工业大学和浙江大学,在此表示感谢。

目　录

绪　　论

一、化工原理和单元操作

化工原理是化学工程与工艺及其他化学加工过程相关的一门重要的专业基础课,讲述化工单元操作的基本原理,以及典型设备的结构原理、操作性能和设计计算。化工单元操作指在化工产品生产过程中,发生同样物理变化,遵循共同物理规律,使用相似设备,具有相同功能的基本物理操作。

"化工原理"这个名称是沿用世界上第一本系统阐述单元操作原理和计算方法的著作——*Principles of Chemical Engineering*(1923 年)的名称。"化工原理"有时也称为化工单元操作或单元操作。我国在新中国成立前一直称之为"化工原理",20 世纪 50 年代改为苏联习用的名称"化工过程及设备"。鉴于这门课程是化学工程学科及化学工艺学的重要基础,"化工原理"能简单明确地表达这门课程的性质与重要性,所以目前仍采用"化工原理"这个名称。

化工产品成千上万,每种产品都有它自己特定的生产过程。但是,分析众多的生产过程可以发现,所有化工生产过程,均由若干个化学反应和若干个单元操作所组成。化学反应过程是生产过程的核心,但单元操作为化学反应过程创造适宜条件和将反应产物分离制得纯净产品。因此,单元操作在生产过程中占有极重要的地位。通常,单元操作在工厂的设备投资和操作费用中占重大比例,决定了整个生产的经济效益。

随着化工生产的发展,化工单元操作不断发展,目前化工生产中常用的单元操作已达 20 余种,可以从不同的角度加以分类。

按照操作的目的,单元操作可以分为以下三类:

(1) 改变物料的状态。其目的是使物料满足实现化学反应或其他单元操作所需要的组成、压力、温度、粒度等条件和达到对产品要求的物理状态,如物料的升温与降温,空气的增湿与减湿,流体的升压与降压,固体物料的粉碎、分级与造粒等。

(2) 混合物的分离。其目的是实现原料、中间产品与产品的分离和纯化,如用沉降或过滤的方法分离非均相混合物,用蒸馏、吸收、萃取等方法分离气体或液体均相混合物。混合物分离在化工单元操作中占有特别重要的地位,是单元操作研究发展最活跃的领域。

（3）物料的输送。包括流体的输送与固体的输送。

按照操作的主要物理特征和基本原理,单元操作大致可分为以下六类:

（1）流体动力过程。以流体力学,即动量传递为主要理论基础的单元操作,如流体输送、沉降、过滤等。

（2）传热过程。以热量传递为主要理论基础的单元操作,如传热、蒸发等。

（3）传质过程。以质量传递为主要理论基础的单元操作,如蒸馏、吸收、萃取等。

（4）热质传递过程。质量传递与热量传递同时进行的单元操作,如干燥、结晶、增湿与减湿等。有时把这类单元操作划入传质或传热过程。

（5）热力过程。以热力学为主要理论基础的过程,如压缩、冷冻等。

（6）机械过程。以机械力学为主要理论基础的过程,如固体物料的粉碎、分级等。

本课程按照操作的主要物理特征和基本原理分类,分为三部分:①流体流动;②传热;③化工分离过程。讨论各单元操作的共同理论基础、各单元操作的原理、典型设备的结构与操作特征、过程和设备的设计计算、设备的改进与强化以及分析研究问题的方法。

化工原理是一门应用性课程,它通过对各有关过程的研究回答工业应用中提出的问题。

（1）如何根据各单元操作在技术上和经济上的特点,进行"过程和设备"的选择,以适应指定物系的特征,经济而有效地满足工艺要求。

（2）如何进行过程的计算和设备的设计。在缺乏数据的情况下,如何组织实验以取得必要的设计数据。

（3）如何进行操作和调节以适应生产的不同要求。在操作发生故障时如何找到故障的缘由。

当生产提出新的要求而需要工程技术人员发展新的单元操作时,已有的单元操作发展历史将对如何根据一个物理化学原理发展一个有效的过程和一种新的设备提供有用的借鉴。

二、化学工程与单元操作

化学工程是研究化学工业和相关过程工业生产中所进行的化学反应过程及物理过程共同规律的一门工程学科。它的范围不仅覆盖了整个化学与石化工业,而且渗透到能源、环境、生物、材料、制药等工业和技术部门。20世纪初期,对于化学工程的认识仅限于单元操作。20世纪60年代,"三传一反"（动量传递、热量传递和化学反应工程）概念的提出,开辟了化学工程发展的第二个历程。

20世纪70年代,计算机的迅速发展和普及,给化学工程学科发展注入了新的活力。时至今日,化学工程学科形成了单元操作、传递过程、反应工程、化工热力学、化工系统工程、过程动态学及控制等完整体系。计算机模拟技术的高速发展,更把化学工程推向了过程优化集成、分子模拟新阶段。现代科学技术既高度分化又高度综合,但综合是主流。当今高新技术和新兴学科都是综合的学科,如生命科学、环境科学、能源科学、材料科学等。化学工程与上述学科逐渐融合形成若干新的分支和生长点,如生物化学工程、分子化学工程、环境化学工程、能源化学工程、计算化学工程、微电子化学工程等。

三、单元操作过程的平衡与速率

平衡与速率是分析单元操作过程的两个基本方面。

过程的平衡说明过程进行的方向和所能达到的极限。例如,在传热过程中,当两物质温度不同时,热量就会从高温物质向低温物质传递,直到两物质的温度相等为止,此时过程达到平衡,两物质间再也没有热量的净传递。又如吸收过程,含氨的空气与水接触,氨在两相间呈不平衡状态,空气中的氨将溶解进入水中,当水中的氨含量增加到一定值时,氨在气、液两相间达到平衡,氨在空气与水两相间再没有净传递。化工过程的平衡是化工热力学研究的问题,所以化工热力学是化工原理的一个重要基础。

过程的速率是指过程进行的快慢。当过程不是处于平衡状态时,此过程就将进行。过程的速率和过程所处的状态与平衡状态的距离和其他很多因素有关。过程所处的状态与平衡状态之间的距离通常称为过程的推动力。例如两物质间的传热过程,两物质的温差就是过程的推动力。通常过程的速率表示成以下关系式:

$$过程的速率 \propto \frac{推动力}{阻力}$$

即过程的速率与推动力成正比,与阻力成反比。显然,过程的阻力是各种因素对过程速度影响的总的体现。具体分析各种化工单元操作过程的机理可知,过程的速率取决于过程的机理。多数重要单元操作过程的进行与动量传递、热量传递或质量传递有关,所以研究这三种传递现象的传递过程原理是化工原理的另一个重要基础。

四、质量衡算和能量衡算

质量衡算、能量衡算与动量衡算是化工原理课程中分析问题的基本方法之一。质量衡算的依据是质量守恒定律;能量衡算的依据是能量守恒和热力学第一定律;动量衡算的依据则是动量守恒定律和牛顿第二运动定律。

用衡算的方法来分析各种与动量传递、热量传递和质量传递有关的过程时,首先要划定衡算的范围,即衡算的系统。根据范围(或系统)的大小,衡算分为微分衡算和总衡算两种。

微分衡算取设备或管道中一个微元体为衡算范围,如果在设备或管道的横截面上各种参数无差别,也可以取微元段为衡算范围。总衡算的范围不是微元体或微元段,而是设备的一个大的部分,或整个设备,也可以是包括几个设备的一段生产流程或整个车间,甚至整个工厂。总衡算的范围也称作控制体。这里就质量衡算和总能量衡算加以说明。

　　1. 质量衡算

　　质量衡算常称为物料衡算,反映生产过程中各种物料,如原料、产物、副产物等之间的量的关系,是分析生产过程与每个设备的操作情况和进行过程与设备设计的基础。进行物料衡算时首先要划定衡算系统或衡算范围(例如一个设备或若干个设备组成的系统);根据质量守恒定律,一定时间 t 内输入系统(范围)的物料质量等于从系统输出的物料质量和系统中积累的物料质量,即:

$$\sum F = \sum D + A$$

式中: $\sum F$ 为 t 时间内输入物料质量的总和; $\sum D$ 为 t 时间内输出物料质量的总和; A 为 t 时间内系统中积累的物料质量的总和。

　　上面说的一定时间 t 就是衡算的基准,通常取单位时间,如 1h、1min 等。根据过程的具体情况,也可取其他基准,例如,对于间歇操作,可取每处理一批物料为基准。对于稳态操作过程,系统中各处的所有操作参数,如温度、压强、密度等不随时间而变,系统中无物料的积累,即 $A = 0$,故 $\sum F = \sum D$,即输入的物料质量等于输出的物料质量。

　　例 1　在生产 KNO_3 过程中,质量分数为 0.2 的 KNO_3 水溶液以 1000kg/h 的流量进入蒸发器,在 422K 下蒸发出部分水后得到质量分数为 0.5 的浓 KNO_3 溶液,然后送入冷却结晶器,在 311K 下结晶,得到含水的 KNO_3 结晶产品(结晶产品中水的质量分数为 0.04)和质量分数为 0.375 的 KNO_3 饱和溶液。前者作为产品取出,后者循环回到蒸发器。过程为稳态操作,如图 1 所示。计算 KNO_3 结晶产品量、水蒸发量和循环的饱和溶液量。

　　解:(1) KNO_3 结晶产品量为 P,进入蒸发器的 KNO_3 水溶液流量为 M (1000kg/h)。取包括蒸发器和冷却结晶器在内的整个过程为系统,取 1h 为衡算基准,以 KNO_3 为衡算对象,因系统稳态操作,输入系统的 KNO_3 量等于从系统输出的 KNO_3 量,即 $0.2M = (1 - 0.04)P$,故 $0.2 \times 1000 = 0.96P$,所以, $P = 208.3$kg/h。

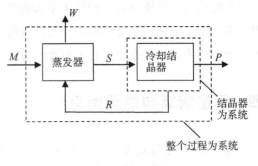

图 1　例 1 附图

　　(2) 蒸发水量为 W。仍取蒸发器和冷却结晶器在内的整个过程为系统,衡算基准为 1h,以总物料为衡算对象,则 $M = W + P$,故 $1000 = W + 208.3$,所以, $W = 791.7$kg/h。

　　(3) 循环的饱和溶液量为 R。设进入冷却结晶器的质量分数为 0.5 的 KNO_3 溶液量为

S,取冷却结晶器为系统,衡算基准为 1h,以总物料为衡算对象,做总物料衡算得:$S=208.3+R$。以 KNO_3 为衡算对象,做 KNO_3 衡算得:$0.5S=208.3\times(1-0.04)+0.375R$。联立上面两式得,$R=766.6kg/h$。

从上例可以看出,要根据解题需要选取不同的系统和衡算对象。

2. 热量衡算

热量衡算是能量衡算的一种形式,在很多化工过程中主要涉及物料温度与热量的变化,所以热量衡算是化工计算中最常用的能量衡算。热量衡算的基础是能量守恒定律。

与物料衡算相似,进行热量衡算时首先也要划定衡算系统(或衡算范围)和选取衡算基准。但是与物料衡算不同,进行热量衡算时除了选取时间基准外,还必须选物态(液、固或气)与温度基准,因为物料的焓值是温度与物态的函数。进行热量衡算的另一个特点是热量除了通过物料输入和输出外,还可以通过热量传递从系统输入或输出。根据能量守恒定律,热量衡算式通用表达为:

$$\sum H_F + q = \sum H_P + A_q$$

式中:$\sum H_F$ 为单位时间内输入系统的物料的焓值的总和,即物料带入的热量总和;$\sum H_P$ 为单位时间内从系统输出的物料焓值的总和,即物料带出的热量总和;q 为单位时间内从环境传入系统的热量;A_q 为单位时间内系统中热量的积累。

对于稳态过程,系统内无热量积累,即 $A_q=0$,则 $\sum H_F + q = \sum H_P$。

例 2　一罐内盛有 20t 重油,温度为 20℃。用外循环加热法进行加热,如图 2 所示,重油循环量 W 为 8t/h。循环的重油在换热器中被加热到温度 T_3(T_3 恒为 100℃),罐内的油均匀混合,问罐内的油从 $T_1=20℃$ 加热到 $T_2=80℃$ 需要多少时间?假设罐与外界绝热。

解:罐内油的温度随时间变化,所以是一非稳态的加热过程。由于罐内油均匀混合,从罐内排出的油温与罐内油的温度相同,其在某一时间为 $T℃$。以罐为系统进行热量衡算,以代替 dt 时间内进出系统及系统内积累的热量分别为:输入系统的重油的焓为 Wc_pT_3dt,从系统输出的重油的焓为 Wc_pTdt,系统内积累的焓为 Gc_pdT,其中,c_p 为重油的平均等压比热容,G 为罐内盛有的重油的质量。列热量衡算式,得:

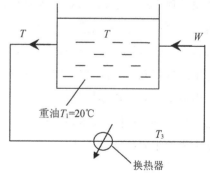

图 2　例 2 附图

$$Wc_pT_3dt = Wc_pTdt + Gc_pdT$$

即:

$$dt = \frac{G}{W} \cdot \frac{dT}{T_3 - T}$$

积分：开始时，$t_1=0$，$T_1=20℃$；终了时，$t_2=t$，$T_2=80℃$；即：

$$\int_0^t \mathrm{d}t = \frac{20 \times 10^3}{8 \times 10^3} \int_{20}^{80} \frac{\mathrm{d}T}{100-T}$$

所以：

$$t = \frac{20}{8} \ln \frac{100-20}{100-80} \mathrm{h} = 3.47\mathrm{h}$$

五、本课程研究方法

在化学工程中遇到的问题，除了极少数简单的问题可以通过理论分析解决以外，其余都需要依靠实验研究解决。化工研究的任务和目的是通过小型实验弄清过程规律，然后应用研究结果指导生产实际，进行实际生产过程与设备的设计与改进。在单元操作的发展过程中，形成了两种基本的研究方法：实验研究方法和数学模型方法。

(1) 实验研究方法。化工过程往往十分复杂，涉及的影响因素很多，各种因素的影响不能用迄今已掌握的物理、化学和数学等基本原理定量地分析预测，必须通过实验来解决。实验的方法是把各种因素的影响表示成若干个具有一定物理意义的无因次数群（或称准数，例如雷诺准数 $Re=lu\rho/\mu$）的影响。在本课程的学习过程中经常会遇到以无因次数群表示的关系式。对于较复杂的化工过程，应用一般的方法不能解决放大问题时，只能采用逐级放大的方法，即先在小型装置上进行实验，确定各种因素的影响规律和适宜的工艺条件，然后进行稍大规模的实验，最后进行大装置的设计。逐级放大的级数或每级放大的倍数根据情况而异，依靠理论分析与经验确定。

(2) 数学模型方法。用数学模型方法研究化工过程时，首先要分析过程的机理，在充分认识过程机理的基础上，对过程机理进行合理简化，得出基本能反映过程机理的物理模型。然后，用数学方法来描述此物理模型，得到数学模型，再用适当的数学方法求解数学模型，所得结果一般包括反映过程特性的参数，即模型参数，最后通过实验求出模型参数。数学模型可用于过程和设备的设计计算。这种方法是在理论指导下得出数学模型，同时又通过实验求出模型参数并检验模型的可靠性，所以是半理论半经验的方法。由于数学模型方法有理论的指导，而且计算技术，特别是计算机的发展，又使复杂数学模型的求解成为可能，所以已逐步成为主要的研究方法。

六、单位制与单位换算

目前科学和工程领域使用的单位制有四种。第一种，也是其中最重要的一种是国际单位制（SI 制），它有三个基本单位：米（m）、千克（kg）和秒（s）。其他三个单位制是：工程制——米（m）、千克力（公斤力，kgf）和秒（s），英制——英尺（ft）、磅（lb）、秒（s）和厘米克秒制——厘米（cm）、克（g）、秒（s）。目前 SI 制已经正式为工程和科学应用所专用，但工程制、厘米克秒制和老的英制有时仍然使用。许多物理化学的数据和经验方程是以工程制、厘米克秒制和英制单位制给出的。因此，工程师不仅应当精通 SI 制，还必须能在一定范围内使用另外三种单位制，并掌握不同单位制之间的单位换算。本书的方程式、例题和习题均采用 SI 制。

1. 基本单位和导出单位

一般选择几个独立的物理量（如质量、长度、时间、温度等）作为基本物理量，它们的单位称为基本单位。其他物理量（如力、热量、功率、压强等）的单位根据其本身的物理意义由有关基本单位组合构成，这些组合单位称为导出单位。

在 SI 制中使用的基本单位如下：长度单位是米（m）；时间单位是秒（s）；质量单位是千克（kg）；温度单位是开尔文（K）；物质的量单位是摩尔（mol）。SI 制的导出单位有：力的单位是牛顿（N），定义为 1 牛顿（N）＝1kg·m/s^2；功、能量和热量的单位是焦耳（J），1 焦耳（J）＝1 牛顿·米（N·m）＝1kg·m^2/s^2；功率的单位是瓦（W），1 瓦（W）＝1 焦耳/秒（J/s）；压强的单位是帕（Pa），1 帕（Pa）＝1 牛顿/米^2（N/m^2）。时间的基本单位是秒（s），但时间的单位也可以是分钟（min）、小时（h）和天（d）。另外，几个倍数的标准词头如下：百万（M）＝10^6，千（k）＝10^3，千分之一（毫）（m）＝10^{-3}，百万分之一（微）（μ）＝10^{-6}，十亿分之一（n）＝10^{-9}。

一些厘米克秒制单位与 SI 制单位的关系如下：1 克（g）＝1×10^{-3} 千克（kg），1 厘米（cm）＝1×10^{-2}米（m），1 达因（dyn）＝1×10^{-5}牛顿（N），1 尔格（erg）＝1×10^{-7}焦耳（J）。一些英制单位与 SI 制单位的关系如下：1 磅（lb）＝0.4536 千克（kg），1 英尺（ft）＝0.3048 米（m），1 磅力（lbf）＝4.448 牛顿（N），1 磅力/英寸^2（lbf/in^2）＝6895 帕（Pa）。一些工程制单位与 SI 制单位的关系如下：1 千克力（kgf）＝9.807 牛顿（N），1 千克力/厘米^2（kgf/cm^2）＝9.807×10^{4}帕（Pa）。四种单位制之间的单位换算见本书附录1。

当前，各学科领域都有采用国际单位制的趋势，但是，过去文献中的数据又多是多种单位制并存，这就需要掌握不同单位制之间的换算方法。

2. 单位换算

同一物理量，若采用不同的单位，其数值就不同。例如国际单位制中长度单位为 m，精馏塔直径为 2m；在厘米克秒单位制中，长度单位为 cm，精馏塔直径为 200cm；而在英制单位制中，长度单位为 ft，直径值为 6.5616ft。它们之间的换算关系为：D＝2m＝200cm＝6.5616ft。如果一个复杂的单位，若查不到其单位换算关系，可以将这个复杂的单位分解成简单的单位逐一换算。现举例说明。

例 3 质量速度的英制单位为 lb/(ft^2·h)，将其换算为国际单位制[kg/(m^2·s)]。

解：从附录 1 中查出的单位换算关系为：1kg＝2.205lb，1m＝3.281ft，1h＝3600s，故：

$$1\left(\frac{lb}{ft^2\cdot h}\right)=1\left(\frac{lb}{ft^2\cdot h}\right)\left(\frac{1kg}{2.205lb}\right)\left(\frac{3.281ft}{1m}\right)^2\left(\frac{1h}{3600s}\right)=1.356\times10^{-3}\frac{kg}{m^2\cdot s}$$

例 4　　20℃下,厘米克秒制中水的表面张力为 72.8dyn/cm,将其换算成为国际单位制(N/m)和工程单位制(kgf/m)。

解: 从附录 1 中查出单位换算关系为:$1dyn = 10^{-5} N = 1.020 \times 10^{-6} kgf$,$1cm = 0.01m$,故:

$$72.8 \left(\frac{dyn}{cm} \right) = 72.8 \left(\frac{dyn}{cm} \right) \left(\frac{10^{-5}N}{1dyn} \right) \left(\frac{1cm}{0.01m} \right) = 0.0728N/m$$

$$72.8 \left(\frac{dyn}{cm} \right) = 72.8 \left(\frac{dyn}{cm} \right) \left(\frac{1.020 \times 10^{-6} kgf}{1dyn} \right) \left(\frac{1cm}{0.01m} \right) = 0.007426kgf/m$$

3. 物理公式和经验公式

化工计算中常遇到的公式有两类:一类为物理公式,它是根据物理定律建立起来的。物理公式遵循单位一致的原则,即物理公式可以选用任何一种单位制,但公式中各物理量必须采用相同的单位制,即同一物理公式中绝不允许采用两种单位制。另一类公式为经验公式,它是根据实际数据整理而成的公式,式中各物理量的单位由经验公式指定。当所给物理量的单位与经验公式中指定的单位不同时,需进行单位换算。可采取两种方式进行单位换算:其一,将诸物理量的数据换算成经验公式中指定的单位后,再分别代入经验公式进行运算;其二,若经验公式需经常使用,对大量的数据进行单位换算很繁琐,则可将经验公式加以变换,使公式中各物理量统一为所希望的单位制。

▶▶▶▶ 拓展内容 ◀◀◀◀

七、化学工程的发展

化学工程经历了 20 世纪的两个发展阶段。第一个发展阶段,"单元操作"的知识基础是不同工业部门使用的单元设备或操作的共性规律,这些规律尽管显得有些粗糙,却奠定了化学工程学作为一门共性工程学科的基础,也推动了它向很多其他领域扩展的进程。第二个发展阶段突出"传递原理和反应工程",它是在单元操作基础上进一步的知识深化,从不同的设备和操作中归纳出共性现象——流动、传递和反应及其相互间影响,建立这一阶段的知识基础,即"三传一反"。这一进展,化学工程吸收了当时相关科学发展的新成果,形成了模型化的方法论,强化了化学工程学解决工业问题的能力,进一步推动了化学工程向其他领域的渗透,"三传一反"的研究主导了化学工程近半个世纪的发展历程。

现今,经济社会可持续发展和高技术的飞速发展两方面需求高速增长,特别是能源、资源和环境问题突显。然而,化学工程的现有原理和方法却越来越不能满足当前的需要,难以应对未来的挑战;另一方面,其他领域(如纳米科学、生命科学和生物技术等)的突破也为化学工程的进一步发展创造了新的机遇。与此同时,科学技术的整体进步,如测试技术、计算机技术和复杂性科学的发展,为化工学科的发展提供了实验手段、计算方法和新的理论。在此形势下,化工界提出"三传一反＋X",认为传递过程与反应工程的研究必须进一步深入到介观尺度、微观尺度范畴和在探索多尺度转变规律中不断发展与更新。化学工程的研究范围已从宏观发展到介观、微观以至大宏观的多层次领域,其特征如下:

(1) 传统的"三传一反"难以突破常规化工过程的量化放大和调控这一瓶颈问题,更需解决高技术,尤其是生物技术、纳米技术和材料科学发展过程中遇到的新问题,其时空内涵和范围必须深化和扩展。

(2) 化学工程中面对的多数问题,都是非线性、非平衡过程,并具有多尺度结构特征。尽管混沌、分形等非线性科学的方法已在化工中得到应用,但仍限于对表观现象的描述。因此,揭示多尺度结构形成的内在机制是化学工程面临的重大挑战,呼唤着研究模式的变革。

(3) 化工过程涉及的多尺度问题,空间上跨越从原子、分子到设备、系统,甚至到自然生态的尺度,时间上跨越飞秒、皮秒到月、年甚至更大的尺度,而目前的计算和实验方法无法涵盖这样的时空尺度范围,更无法关联不同尺度之间的关系。认清不同层次结构与宏观性能的关系仍然十分困难,这是解决很多工程问题的瓶颈。而纳米技术的发展和生态工业的兴起,更使其成为一个不可回避的焦点问题。可持续发展要求对产品进行生命周期的设计,从产品研发时就必须考虑以后如何回收资源和整个周期中可能产生的生态环境效应,这就需要大大扩展化学工程研究的时空范围。还原论在工程领域是不现实的,必须树立复杂性的观念,化学工程应当主动进入复杂性科学。充分认识设备和操作条件与产品性能的关系的关键在于对多尺度结构的认识和调控。化工用宏观的手段调控微观的反应,复杂体系的多尺度结构可以为此提供新的手段。

(4) 化学工程中的计算和模拟,随着计算机容量的快速发展,将发生革命性的变革。在连续性假设方法继续发展的同时,离散化方法必将在认识微观机理方法中发挥作用,结合并行计算的进步,实现跨越微观现象和整体行为的全系统的化工模拟计算应当是化学工程发展的另一重要方向。计算机的计算能力在过去 20 年内提高了 1 亿倍,当今百万亿次的计算机已开始使用,千万亿次的机器也已出现,并将继续扩展能力。并行算法的出现,使大规模的高性能计算成为可能,软件与硬件两方面的发展,以及对现象机理的逐步深入,大大扩展了模拟计算的时空范围,提高了精度,10 年前不敢想象的事情,现在都成为现实,甚至可看到实现虚拟过程的前景。

(5) 纳米技术、激光技术、核磁共振、各种 CT 和存储技术等高技术的进步,扩展了化学工程试验测量的时空范围,为认识动态非均匀结构提供了有力手段,产生的新结果将为传统的"三传一反"注入新的内涵。纳米科学、生命科学和材料科学的发展,纳米尺度上的反应、传递及其相互影响成为化学、物理、生物和化学工程共同面对的焦点问题。微化学工程将会逐步形成。事实上,化学工程研究的内容正向纳米尺度方向深入(与此同时,也向生态和环境的尺度扩展），而化学和物理的研究则由传统的原子、分子尺度向纳米尺度扩展，这两种趋势将在纳米尺度会聚。哪门学科更早认识到这一问题并取得突破，哪门学科就会在此尺度上形成优势，也会在学科交叉融合中发挥更大的作用，这对于化学工程是一个极好的机遇。生物学的研究一方面继续向分子、原子尺度深入；另一方面扩展到系统生物学，也是化学工程发挥作用的重要领域。

（6）生物技术、先进材料和纳米材料等高新技术的发展和进步，为化学工程提出了许多以前从未涉及的新问题，也为化学工程的研究深入到更小尺度提供了动力。在纳米尺度上，反应和传递两种因素的共同作用是造成形形色色的物质结构的根本原因，而这些问题，在传统的化学和化工中都未涉及，很多微量高值化工品的生产，必须突破这些问题。这是 21 世纪的化学工程开拓新领域的重要切入点之一。

（7）与能源、资源和环境相关的绿色化学与化工技术的发展，要求研究原子经济性反应过程及高效清洁节能的分离技术。新的反应介质（如超临界流体、离子液体、亚融盐等）和反应分离工艺、过程强化（如各种膜、外场、极端条件等），以及高效选择性催化技术将不断出现并得到应用。新的催化材料是创造发明新催化剂和新工艺的源泉。另一方面，为实现清洁生产，对各种工艺和流程进行综合、集成与优化，也将是一个重要的发展方向。随着生命科学的发展，生物催化过程将发挥重要作用。

（8）与人类自身和生活密切相关的生命、健康、食品、医药等领域都对科学技术提出了新的要求，其中属于化学和化学工程的问题很多。如系统生物学要研究不同尺度生命过程的相互影响，维持生命体正常工作的各种多尺度过程的调控，药物对人体的作用机理及其在生物体内的传递历程、控制等。在生命科学继续由基因组学、代谢组学向蛋白质组学发展的同时，解决这些生命过程中的化学工程问题，成为该领域另一方面的挑战性工作，必将引起化学工程学的关注。

（9）对微观结构的认识，取决于测量技术的进步。化工实验技术将聚焦各种尺度的结构和过程，并努力扩展测量的时空范围，基于新的测量手段，进一步丰富和扩展基础数据内容。

（10）化学和化学工程学是支撑物质转化相关工业的学科。前者研究分子之间发生反应的可能性、必要的条件和产物的结构；后者研究物质的流动、质能传递及其对反应过程与产物的影响。显然，两者研究物质转化同一问题的不同方面，应该紧密合作。实验手段的发展、计算能力的提高和理论方面的突破，为学科交叉融合提供了前所未有的机遇。近年来，由于纳米科学与技术的进步，化学开始关注比传统意义上的研究尺度（分子、原子）更小的微米、纳米尺度的结构和现象，化工也由于同样的理由和产品工程的进展而更加关注比传统的研究尺度（颗粒聚团、反应器）更小的纳米尺度。纳米尺度的现象成为化学与化工共同关注的焦点并非偶然。一方面，这给化学与化工的合作交叉提供了机遇；另一方面，这方面的研究将充分应用试验、理论和计算的潜力，推动化学、化工学科的进步。化学和化工有望在此尺度上实现无缝对接。举例来说,化学关注的是 A 和 B 反应生成 C 的热力学和动力学,以及 C 的结构和性能。化工则更多地关注 A 和 B 如何相遇、生成物 C 的产率,以及在整个反应设备中如何实现反应所需的条件。然而,要想调控生成物 C 的结构和理想产物的产率,既要考虑反应过程和条件,又要考虑如何促进 A 和 B 的混合以及反应条件的优化。在纳米尺度上,这两种作用的协同影响尤为显著。而同时考虑这些过程和影响,所涉及的必然是一个复杂系统的非线性、非平衡的问题,所要求的测量和计算都必须更加深入,既要有能力测量纳米尺度的结构和变化,又要有足够的计算能力来复现这些结构。由此可见,纳米尺度是化学、化工共同的前沿和焦点,化学、化工在纳米尺度上对接交叉,化学与化工的交叉将对化学、化工各自的发展产生根本性的影响。

化学工程是一门共性的工程学科。在 21 世纪,化学工程有望进入新的发展阶段,其应用领域将扩展到所有涉及物质转化的领域,既包括系统工程,也包括产品工程,其学科基础将向高层次发展,理论和实验研究都将关注复杂体系的多尺度结构,计算能力也将空前提升。

第 1 章

流 体 流 动

　　流体流动在化工过程中占有重要地位,并且是单元操作研究的重要基础。加强对流体的学习,不仅有助于准确地处理流体在管道、泵和各种过程设备中的流动问题,而且也为传热和传质的研究打下基础。

　　流体是液体和气体的总称,是由大量的、不断做热运动而且无固定平衡位置的分子构成,它的基本特征是没有一定的形状和具有流动性。固体没有流动性,固体中的分子或原子有规则地周期性排列,每个分子或原子在各自固定的位置上振动,物质在固态时有一定的体积和几何形状。当物体由固态变成液态,温度升高导致分子或原子运动剧烈,而不可能再保持原来的固定位置,就产生了流动,因而液体有流动性,且形状随容器而改变。但这时分子或原子间的吸引力还比较大,它们不会分散远离,于是液体仍有一定的体积。实际上,在液体内部许多小的区域仍存在类似晶体的结构——"类晶区"。流动性是"类晶区"彼此间移动形成的。当液体加热变成气态,这时分子或原子运动更剧烈,"类晶区"也不存在了。由于分子或原子间的距离增大,它们之间的引力可以忽略,主要表现为分子或原子各自的无规则运动,这导致了气体特性:有流动性,没有固定的形状和体积,能自动充满任何容器,容易压缩,物理性质"各向同性"。

　　研究流体行为的科学称为流体力学。一个内容是流体静力学,研究没有剪切力的处于平衡状态的流体;另一个内容是流体动力学,研究内部各部分发生相对运动的流体。

　　尽管气体和液体都由分子组成,但在大多数情况下,可以把流体当作连续介质来处理。连续介质的观点认为:流体由无数流体质点连续组成。流体质点可以看成是微观上充分大、宏观上充分小的分子团。流体质点(分子团)的尺度与分子自由程相比充分大,故流体质点包含有大量流体分子,因而流体质点体现出流体的密度、压力、温度、速度等宏观性质。同时,流体质点(分子团)的尺度对所考虑的工程问题的尺度来说,又是充分小,可以把分子团看成几何上的一个点。把流体当作连续介质来处理后,可以运用连续函数等数学工具对流体进行数理分析。

1.1 流体静力学及其应用

1.1.1 流体特性

固体在剪切力下会发生形变。一旦剪切力消失,固体可恢复原状。流体却不同,只要有剪切力存在,流体就发生形变,流体层产生相对滑移,直到新的形状产生。流体没有恢复原状的能力。

1. 流体密度

在给定温度和压力下,流体密度是确定的。流体密度是单位体积流体具有的质量,以符号 ρ 表示,单位为 kg/m^3。流体密度是流体中位置点的函数:

$$\rho_B = \lim_{\Delta V \to 0}(\Delta m / \Delta V) \tag{1-1}$$

式中:ρ_B 为位置点 B 的流体密度,kg/m^3;ΔV 为流体体积,m^3,ΔV 包含点 B;Δm 为流体体积 ΔV 所具有的流体质量,kg。

流体密度随流体压强和温度的改变而发生相对变化。根据流体密度发生相对变化的大小,流体分为两类:

(1) 恒密度(称不可压缩)流体,指密度为常量的流体。严格来说,不可压缩流体是不存在的。液体密度随压强和温度改变而变化极小,通常认为是恒密度流体。而气体密度随压强和温度改变而有明显的变化,但当气体密度相对变化量很小时,亦可对其密度取平均值且按不可压缩流体来处理。

(2) 变密度(称可压缩)流体,指密度为变量的流体。气体在所考虑的问题范围内密度有较大相对变化时才被视为变密度流体。

流体密度均由实验测得。理想气体的密度可用理想气体状态方程计算:

$$\rho = \frac{pM}{RT} \tag{1-2}$$

式中:p 为气体绝对压强,Pa;M 为气体摩尔质量,kg/kmol;R 为通用气体常数,$R = 8314J/(kmol \cdot K)$;T 为气体绝对温度,K。

2. 流体静压强

流体内部任一平面上所受到的力有法向力(垂直作用于表面的力)和切向力(平行于表面的力,又称剪切力)。而静止流体内部平面上既不能承受切向力(若存在切向力,则流体不可能静止),也不能承受法向拉力(因为流体分子间的内聚力很小),只能承受法向压力。静止流体单位面积受到的法向压力称为压强,也称为(静)压强,以符号 p 表示,单位为 N/m^2

或 Pa。静压强也是流体中位置点的函数：

$$p_B = \lim_{\Delta S \to 0}(\Delta F/\Delta S) \tag{1-3}$$

式中：p_B 为位置点 B 点的静压强，N/m^2；ΔS 为面积，m^2，ΔS 包含 B 点；ΔF 为作用在 ΔS 面上的法向压力，N。

静止流体中任一点位置不同方向上的压力数值相等，故压力是标量、压力与方向无关。

压强的大小常以两种不同的基准来表示：一种是绝对零压；另一种是当地大气压。基准不同，表示的方法也不同。以绝对零压为基准测得的压强称为绝对压强，它是流体的真实压强；以当地大气压为基准测得的压强称为表压或真空度。

若绝对压强高于大气压，则高出部分称为表压，即：

表压＝绝对压强－当地大气压

表压可由压力表测量并在表上直接读数，表压可以是正值，也可以是负值。

若绝对压强低于大气压，则低出部分称为真空度，即：

真空度＝当地大气压－绝对压强

真空度也可由真空表直接测量并读数，真空度必须是正值，不能为负值。

绝对压强与表压、真空度的关系如图 1-1 所示。为避免混淆，通常对表压和真空度加以标注，如 2000Pa（表压）、10mmHg（真空度）等，有时还应指明当地大气压的数值。一般而言，压强为绝对压强时可不加说明或注脚，但为表压或真空度时必须加说明或注脚。

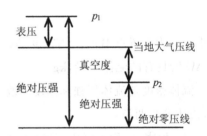

图 1-1　绝对压强与表压、真空度的关系

流体压强的单位有多种，各单位间的换算关系如下：

1［物理大气压］＝ 1atm ＝ 1.013×10^5 Pa ＝ 760mmHg ＝ $10.33\text{mH}_2\text{O}$ ＝ 1.013bar ＝ 1.033kgf/cm^2

1kgf 指 1kg 物体在 $g = 9.81\text{m/s}^2$ 重力场中受到的重力，称为千克力，1kgf＝9.81N。以 kgf/cm^2 作为单位时常在文献中见到。

1.1.2　静力学方程

考虑如图 1-2 所示的垂直流体柱，流体柱的横截面为 S。在高度为 Z 处的流体压强为 p，密度为 ρ。在这个静止流体柱内部取一个高度为 dZ 的流体微元，作用于这个流体微元的合力为 0。有三个垂直力作用于这个流体微元：①作用于微元体下底面的法向压力 pS，方向向上；②作用于微元体上底面的法向压力 $(p + dp)S$，方向向下；③微元体本身的重力 $g\rho S dZ$，方向向下。故

$$pS - (p + dp)S - g\rho S dZ = 0 \tag{1-4}$$

在式(1-4)中,定义方向向上的力为正,则方向向下的力为负。对式(1-4)进行简化,式(1-4)两边同时除以横截面积 S,式(1-4)成为:

$$dp + g\rho dZ = 0 \qquad (1-5)$$

如果流体是可压缩流体,只有知道流体密度 ρ 与流体压强 p 的函数关系,才可以对式(1-5)进行积分。假定流体是不可压缩流体,密度 ρ 为常数,对式(1-5)进行积分,得:

$$\frac{p}{\rho} + gZ = 常数 \qquad (1-6)$$

在静止流体柱中取任意的两个高度 Z_a 和 Z_b,如图1-2所示,则:

$$\frac{p_b}{\rho} - \frac{p_a}{\rho} = g(Z_a - Z_b) \qquad (1-7)$$

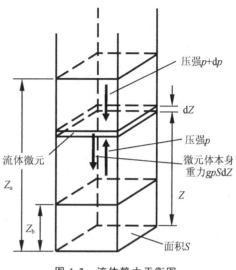

图1-2　流体静力平衡图

式(1-6)和式(1-7)是流体静力学基本方程,适用于重力场中静止、连续和均质的不可压缩流体。式(1-6)和式(1-7)表明,等高面(即水平面)就是等压面。位置越高的流体,其压力越小。

1.1.3　静力学基本方程的应用

利用静力学基本原理可以测量流体的压差、容器中的液位以及计算液封高度等。

1. 简单 U 形管压差计

U 形管压差计是测量流体压差最主要的一种测压仪器,如图1-3所示。它是一根 U 形玻璃管,内装有密度为 ρ_A 的液体 A 作为指示液。指示液上方流体 B,其密度为 ρ_B。指示液 A 与被测流体 B 不互溶,不起化学反应,且 ρ_A 大于 ρ_B。p_a 施加在 U 形玻璃管的一端测压口(即截面1),而 p_b 施加在 U 形管另一端测压口(即截面2),在 U 形管两侧便出现指示液的高度差 R_m。R_m 称为压差计读数,其数值大小反映压差($p_a - p_b$)与 R_m 的关系式,根据流体静力学基本方程进行推导。

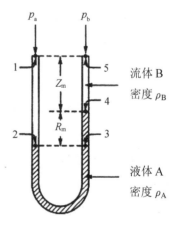

图1-3　简单 U 形管压差计

截面1处的压强为 p_a,根据式(1-7),截面2处的压强为 $p_a + g(Z_m + R_m)\rho_B$。由于截面2和截面3在同一个水平面上,且处于连通的同种静止流体内,故截面2和截面3的压强相等。而截面4的压强比截面3的压强小 $g R_m \rho_A$,截面5的压强为 p_b,比截面4的压强小 $gZ_m\rho_B$。对以上关系整理得:

$$p_a + g[(Z_m + R_m)\rho_B - R_m\rho_A - Z_m\rho_B] = p_b \qquad (1-8)$$

化简,得:

$$p_a - p_b = gR_m(\rho_A - \rho_B) \tag{1-9}$$

式(1-9)表明,U 形管两端的压差$(p_a - p_b)$与Z_m无关。注意:当 U 形管两端的测压口处于同一水平面上时,式(1-9)才适用。U 形管两端的测压口不处于同一水平面的情况见例1-10。若被测流体为气体,ρ_B远小于ρ_A,则ρ_B可以被忽略。

例 1-1　用图 1-3 所示的压差计测量图 1-4所示的流体流过孔板前后的压差。指示液 A是水银(密度为 $13590kg/m^3$),而被测流体 B 为盐水(密度为 $1260kg/m^3$),盐水流过孔板。U 形管两端的测压口处于同一水平面上。孔板上游的流体压强为 $14kPa$,孔板下游的压强为 $-250mmHg$,问压差计的读数为多少毫米?

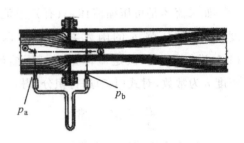

图 1-4　例 1-1 附图

解: U 形管压差计一端测压口所受到的压强为p_a,则$p_a = 14000Pa$。U 形管压差计另一端测压口所受到压强为p_b,则:$p_b = \dfrac{-250}{1000} \times 9.8 \times 13590 Pa = -33296Pa$

代入式(1-9),得: $14000 - (-33296) = 9.8R_m(13590 - 1260)$

故:　　　　　　　　　　$R_m = 0.391m = 391mm$

例 1-2　水流经由小到大的管段,如图 1-5所示。欲测 1、2 两截面处水的压差,采用倒 U 形管压差计,已知压差计内水面上方是空气,读数 $R = 100mm$。求 1、2 两截面处水的压差。

解: 水的密度为ρ_1,压差计内水面上方空气的压强为p_0,则:

$$p_1 = p_0 + \rho_1 gz \quad p_2 = p_0 + \rho_1 g(R + z)$$

$$p_2 - p_1 = \rho_1 gR = 1000 \times 9.8 \times 0.1 Pa = 980Pa$$

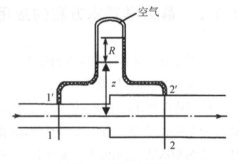

图 1-5　例 1-2 附图

2. 双流体 U 形管压差计

双流体 U 形管压差计又称微差压差计,如图 1-6 所示,用于测量压差很小的场合。在 U 形管上部设两个扩大室,U 形管和扩大室内装密度接近但不互溶的两种指示液 A 和 C($\rho_A > \rho_C$)。扩大室的内径为 D,而 U 形管内径为 d。在 U 形管内达到压强平衡,即:

$$p_1 - p_2 = (\rho_A - \rho_C)Rg + \Delta R(\rho_C - \rho_B)g \tag{1-10}$$

式中:ΔR为两个扩大室的液位高度差,$\Delta R = R(d/D)^2$,R是U 形管压差计读数。由于 d/D 很小,ΔR 被忽略,故:

$$p_1 - p_2 = (\rho_A - \rho_C)Rg \tag{1-11}$$

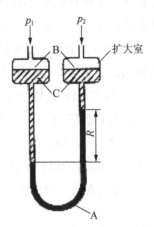

图 1-6　双流体 U 形管压差计

如果 ρ_A 和 ρ_C 很接近,则读数 R 就被放大了。

3. 倾斜液柱压差计

当被测系统压差很小时,为了提高读数的精度,可将压差计倾斜,如图 1-7 所示。此压差计的读数 R_1 和 U 形管压差计的读数 R_m 的关系为:

$$R_1 = R_m / \sin\alpha \tag{1-12}$$

式中:α 为倾斜角,其值越小,R_1 值越大。

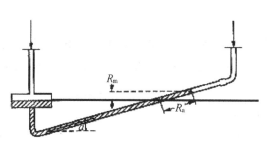

图 1-7 倾斜液柱压差计

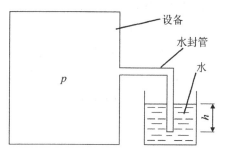

图 1-8 化工设备的液封

4. 液封高度的测量

为控制化工设备内的气体压力不超过规定的数值,常使用如图 1-8 所示的液封装置,从设备中引出水封管插入旁边水槽中,当设备内的压力超过规定值时,气体从水封管排出,以保证设备安全。液封装置演示见二维码。

液封装置演示二维码

液封高度根据静力学基本方程计算。若要求设备内的气体压强不超过 p,则水封管的插入深度 h 应为:

$$h = \frac{p}{\rho g} \tag{1-13}$$

式中:p 为设备内的气体压强,Pa;ρ 为水的密度,kg/m³。

为安全起见,实际安装时管子插入水面下的深度应比计算值略小。

1.2 流体流动现象

1.2.1 研究流体运动的方法

1. 流场的概念

分布在空间某一区域内的物理量或数学函数称为场。如果空间区域内每一点对应一个

标量 $\varphi(x,y,z,t)$，该空间区域就构成一个标量场；如果空间区域内每一点对应一个矢量 $\vec{v}(x,y,z,t)$，该空间区域就构成一个矢量场。例如，温度场、密度场等为标量场；速度场、力场等为矢量场。如果在同一时刻，场内各点函数的值均相等，即场内函数值与空间坐标 x,y,z 无关，则称为均匀场；反之，称为不均匀场。如果场内函数值不随时间变化，则称此场为定常场或稳定场；反之，称为非定常场或非稳定场。由于流体是连续介质，所以通常将充满流体的空间区域称为流场。

2. 研究流体运动的方法

(1) 拉格朗日(Lagrange)法

拉格朗日法是研究某一选定的流体质点的位置、速度等物理量随时间变化的规律，即某一流体质点在一段时间内运动的全部历史过程。在给定时间内，综合所有流体质点运动，即可得到整个流体运动的规律。在某一时刻 t，某一流体质点的位置可表示为：

$$\begin{aligned} x &= x(a,b,c,t) \\ y &= y(a,b,c,t) \\ z &= z(a,b,c,t) \end{aligned} \qquad (1\text{-}14)$$

式中：a,b,c 为初始时刻 t_0 时某一流体质点的坐标。不同的流体质点有不同的 a、b、c。a、b、c 称为拉格朗日自变量。

将式(1-14)对时间 t 求一阶偏导数，可得任意流体质点的速度；对时间 t 求二阶偏导数，可得任意流体质点的加速度。由于拉格朗日法在工程中应用较少，所以本书不加以详述。

(2) 欧拉(Euler)法

与拉格朗日法不同，欧拉法的着眼点是流场中的固定空间或空间上的固定点，即研究空间流体物理量的分布和空间每一点上流体的物理量随时间的变化，而不需要知道某一流体质点的全部流动过程。

在流场中任选一固定空间作为研究对象。同一时刻，该空间各点流体的速度有可能不同，即速度 $\vec{v}$ 是空间坐标 (x,y,z) 的函数；而对某一固定的空间点，不同时刻的流体速度有可能不同，即速度 $\vec{v}$ 又是时间 t 的函数。因此，速度是空间坐标和时间的函数，即：

$$\vec{v} = v(x,y,z,t) \qquad (1\text{-}15)$$

同理，流体压强、流体密度和流体温度都是空间坐标和时间的函数，即：

$$p = p(x,y,z,t) \qquad (1\text{-}16)$$

$$\rho = \rho(x,y,z,t) \qquad (1\text{-}17)$$

$$T = T(x,y,z,t) \qquad (1\text{-}18)$$

1.2.2 牛顿定律和黏度

1. 流体的黏性

两块平板相互接触,上平板速度为 v_1,下平板速度为 v_2,$v_1 > v_2$,如图 1-9a 所示,这两块平板将沿接触面做相对滑动,则两块平板之间产生阻止滑动的摩擦力。同样,在流体中的相邻的两层流体,一层流体速度为 v_1,另一层流体速度为 v_2,$v_1 > v_2$,这两层流体存在相对运动,也会产生平行于接触面的剪切力,运动快的流体层对运动慢的流体层施以拖曳力,运动慢的流体层对运动快的流体层施以阻滞力,这一对剪切力大小相同、方向相反,称为流体内摩擦力,如图 1-9b 所示。流体所具有的抵抗流体相对运动的性质称为流体的黏性或黏滞性。通常称流体内摩擦力为黏性剪切力。

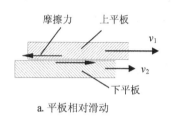

a. 平板相对滑动

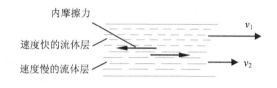

b. 相邻两层流体之间的相对运动

图 1-9 内摩擦力

必须注意,流体只有在流动时才会表现出黏性,静止流体中不呈现黏性。黏性的作用表现为阻滞流体内部的相对运动,从而阻滞流体流动,但这种阻滞作用只能延缓相对运动的过程而不能停止它,这是流体黏性的重要特征。

2. 牛顿黏性定律

两块表面积为 S 且水平放置的平行平板间充满某种流体(例如水或油),如图 1-10 所示。两板间距为 h,下平板固定不动,上平板在外力 F 的作用下沿 x 方向以等速度 U 平移。流体和平板存在粘附力,与上平板接触的流体粘附于上平板,并与上平板保持同一速度移动;而与下平板接触的流体粘附于下平板,并且固定不动。只要两板间距 h 和平移速度 U 都恰当地小,那么两板间的各流体薄层将

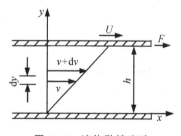

图 1-10 流体黏性实验

在上板的带动下,一层带一层的做平行于平板的流动,其流动速度由上及下逐层递减而呈线性分布。上述实验表明,外力 F 的大小与上板平移速度 U 和平板表面积 S 成正比,而与两板间距 h 成反比,即:

$$F \propto \frac{SU}{h} \tag{1-19}$$

牛顿通过大量的试验,把结果总结为一个数学表达式:

$$\tau = \mu \frac{\mathrm{d}v}{\mathrm{d}y} \tag{1-20}$$

牛顿黏性定
律二维码

这就是著名的牛顿黏性定律。式(1-20)中,τ 是作用在两相邻流体层之间单位面积上的内摩擦力,称为黏性剪切应力,单位是 Pa;$\mathrm{d}v/\mathrm{d}y$ 称为速度梯度;μ 称为黏度。式(1-20)适用于有黏性流体的一维平行层状流动。牛顿黏性定律见二维码。

3. 流体黏度

流体黏度 μ 是由流体本身固有的物理性质所决定的量,单位是 Pa·s,即 N·s/m²,其值是流体黏性大小的直接度量。黏度 μ 随压力和温度而变化。压力变化对 μ 影响较小,在低于 10 个大气压的变化范围内,压力变化的影响可忽略不计;温度变化对 μ 的影响较大,液体黏度随温度升高而减小,气体黏度随温度升高而增大。

在流体力学中,除黏度 μ 之外,还常用到运动黏度 ν,它定义为:$\nu = \mu/\rho$,单位是 m²/s。表 1-1 给出一些常见流体的黏度值,从表中可以看到,液体黏度都比气体大。

表 1-1　几种常见流体的黏度

流体	温度/K	黏度 $\mu/(\mathrm{Pa \cdot s})$	运动黏度 $\nu/(\mathrm{m^2/s})$
空气	300	1.846×10^{-5}	1.590×10^{-5}
水蒸气	400	1.344×10^{-5}	2.426×10^{-5}
水	293	1.005×10^{-3}	1.007×10^{-5}
水银	300	1.532×10^{-3}	1.113×10^{-7}
汽油	293	0.310×10^{-3}	4.258×10^{-7}
润滑油	300	0.483	0.550×10^{-3}

4. 牛顿流体与非牛顿流体

大量实验又表明,在同样的流动状况下,并不是所有流体都能满足牛顿黏性定律。在流体力学中,通常把能服从牛顿黏性定律的流体称为牛顿流体,而把有黏性但不服从牛顿黏性定律的流体称为非牛顿流体。在自然界和工程中,常见的水、空气等各种气体和润滑油等都属于牛顿流体,但牛奶、蜂蜜、油脂、油漆、高分子聚合物溶液、水泥浆和动物血液等则属于非牛顿流体。本书只涉及牛顿流体。

1.2.3　流动类型和雷诺准数

1. 雷诺实验

雷诺(Reynolds)首先提出流体流动存在不同型态。实验装置如图 1-11 所示,在有补充水及维持溢流的条件下,保持水箱水位稳定,水流过透明观察管时为稳定流动。水流速的大小由观察管下游的阀门调节,为能观察到管内的流动型态,向观察管注入有色水。

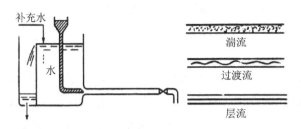

图 1-11　雷诺实验装置及观察到的实验现象

试验表明,在水流速较低时,有色水流动呈直线状;当水流速增大到一定程度后,有色水起波动;在水流速更大时,有色水被冲散,并迅速同水混合,使整个管内的水皆染色。三种情况如图 1-11 中的右图所示。雷诺实验见二维码。

雷诺实验二维码

据此,雷诺把流动型态划分为两类:

(1)层流。流体做有秩序的、层次分明的流动,流速层间没有质点扩散现象发生,流体内部没有产生漩涡。有色水呈直线时即为层流。

(2)湍流。流体在流动过程中流体质点有不规则的运动(脉动),出现漩涡。有色水迅速散开即为湍流。

湍流中有很多尺寸大小不一的漩涡,大漩涡分裂成小漩涡,小漩涡又分裂成更小的漩涡,最后这些最小的漩涡受流体黏性剪切应力破坏而消失在流体中。最小漩涡的直径为 $10 \sim 100 \mu m$,它们包含大约 10^{12} 个流体分子。由于受湍流中漩涡的影响,湍流中的流体质点除了随流体主体运动外,在任一方向还叠加了一个随机的脉动运动,故流体质点的速度在大小和方向上都随时间随机脉动变化。在一段足够长时间内求流体质点速度对时间的平均值,即为速度时均值。当流体稳定湍流流动,流体质点速度的时均值不随时间而变化,但脉动现象总是存在。

2. 雷诺准数

雷诺经过大量实验研究发现,对流动型态产生影响的因素有流体速度 u、流体黏度 μ、密度 ρ 以及管子内径 d。他归纳出一个重要结论:流动型态的判断取决于一个无因次数群,称为"雷诺准数"(Re)。无因次数群的概念见 1.4.4 小节"管道中的湍流"中的因次分析法。

流体在圆直管内流动,$Re < 2000$ 为层流;$Re > 4000$ 为湍流;Re 在 $2000 \sim 4000$,流型不能确定,此时为过渡状态,如无外加扰动,流型仍保持层流,但一遇扰动,就发展为湍流。层流到湍流的转变见二维码。

层流到湍流的
转变二维码

雷诺准数定义为:

$$Re = \frac{du\rho}{\mu} \tag{1-21}$$

式中:d 为圆直管直径,m;u 为圆直管内流体的平均流速[因为流体在圆直管横截面上的速度不尽相同,故采用速度的平均值,称为平均流速。平均流速的定义见式(1-62)],m/s;μ 为流体黏度,Pa·s;ρ 为流体密度,kg/m^3。

3. 边界层概念

实际流体与固体壁面做相对运动,垂直于流动方向上的速度梯度集中于壁面附近,故剪切力也集中于壁面附近,远离固体壁面的地方其速度梯度则很小。把壁面附近的流体作为主要研究对象,而将远离固体壁面的流体中的剪切力忽略不计,视其为理想流体,将大大简化实际流体流动的研究工作。这就是边界层理论提出的出发点。边界层特性的研究对于热量传递和质量传递也同样有很大的意义。

(1) 边界层的形成

以流速均匀的流体在平板上方流过为例来说明边界层的形成过程。

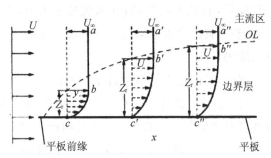

图 1-12 边界层的形成

如图 1-12 所示,流体以均匀的流速 U_∞ 流过固体平板。在固体平板上方流动的流体可分为两个区域:一是固体壁面附近的区域,紧贴固体壁面的流体速度为 0。流体层之间的内摩擦力使靠近固体壁面的流体相继受阻而减速,这样在流动的垂直方向上产生了速度梯度。流体愈远离固体平板,这种受阻现象越不明显,流速变化也愈不明显。在固体壁面附近存在着速度梯度较大的区域,称为边界层,流动阻力主要集中在这一区域。二是远离壁面,速度基本不变的区域,其中的流动阻力可以忽略不计,称为主流区。一般将速度达到主体流速 U_∞ 的 99% 之处规定为两个区域的分界线。图 1-12 中虚线 OL 所通过的位置处,其流体速度等于 $0.99U_\infty$,虚线与平板之间的区域属于边界层。边界层见二维码。

边界层二维码

随着流体沿平板向前流动,由于剪应力对流体的持续作用,更多的流体质点速度减慢,边界层厚度随着与平板前缘距离的增大而逐渐加厚,这是边界层的发展过程。

(2) 层流边界层和湍流边界层

随着流体边界层的发展,边界层内流体的流型可能是层流,也可能是湍流。在平板的前缘处边界层较薄,流体的速度也较小,整个边界层内流体的流动处于层流状态,为层流边界层。随着距平板前缘距离 x 的增大,边界层加厚;当 $x=x_0$ 时,边界层突然加厚,且边界层内的流动由层流变成湍流,故此后的边界层称作湍流边界层,如图 1-13 所示。在湍流边界层中,离壁面较远的区域为湍流,

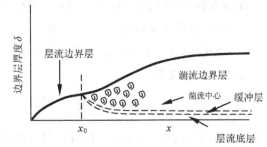

图 1-13 层流边界层和湍流边界层

称为湍流中心,靠近固体壁面的薄层的流体速度仍很小,维持层流,称为层流底层。层流底层与湍流中心之间还存在缓冲层,该层的流型既非层流,也非完全湍流。有时来自湍流中心的漩涡向固体壁面移动,会临时破坏边界层的速度分布。当发生热质传递时,这些漩涡对固体壁面附近的温度分布和浓度分布的影响很大,这种影响在液体内发生质量传递时尤其明显。

流体在平板上方边界层内的流动情况与流体的物性、流速、离平板前缘的距离、平板壁面粗糙度等多种因素有关,可以用临界雷诺准数 Re_x 来判别。临界雷诺准数 Re_x 定义为:

$$Re_x = \frac{\rho U_\infty x}{\mu} \tag{1-22}$$

式中:x 为离平板前缘的距离,m。

对于光滑平板,$Re_x < 2 \times 10^5$ 时边界层为层流;$Re_x \geqslant 3 \times 10^6$ 时为湍流;在两者之间时为过渡流,其流型可能是层流,也可能是湍流。通常可取 $Re_x = 5 \times 10^5$ 为边界层由层流转变为湍流的转折点。

（3）圆直管中边界层的形成

当流体以均匀一致的流速进入圆直管道,在管道入口处开始形成边界层。边界层开始只占有管道壁处的环状区域,而管道中心区域依然是流速均匀一致的主流区,如图 1-14 所示。随着管内边界层的逐渐加厚,最终扩大到管中心,边界层汇合占据了全部管截面,此时边界层厚度即是管道的半径。这以后,边界层厚度将不再变化,称作充分发展的流动。若边界层汇合之时,边界层内的流动仍是层流,则以后的管道内的流动是层流;若在汇合前边界层内流动已发展为湍流,则以后的管道内的流动为湍流。边界层汇合处与管道入口处的距离 x_0,称作稳定段长度或进口段长度区,如图 1-15 所示。只有在稳定段以后,管道内的流体速度

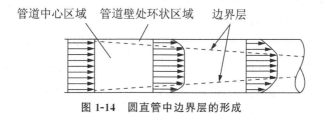

图 1-14　圆直管中边界层的形成

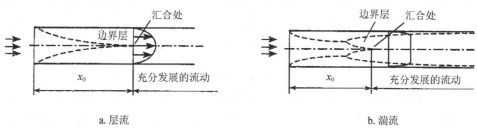

a. 层流　　　　　　　　　　　　　　　　　　b. 湍流

图 1-15　圆直管内层流边界层和湍流边界层的发展

分布才发展成稳定流动时管流的速度分布。因此,确定稳定段的长度是十分重要的。

对于层流,稳定段长度 x_0 与圆管直径 d 及雷诺准数 Re 的关系为:

$$\frac{x_0}{d} = 0.0575Re \tag{1-23}$$

式中: $Re = \dfrac{d\rho u}{\mu}$,其中 u 为平均流速(单位为 m/s)。

式(1-23)表明,对于管径为 50mm 的圆直管,雷诺准数为 1500,稳定段长度为 3.75m。如果进入管子的流体已经是湍流,那么它的稳定段长度与雷诺准数无关,而是管径的 40～50 倍。例如,对于管径为 50mm 的圆直管,稳定段的长度为 2～3m。

(4) 边界层的分离

前面已经讨论了流体流过平板或圆直管道边界层形成和发展的状况。在这类情况下,流体边界层是紧贴在固体壁面上的。但当流体流过球体、圆柱体等其他形状的固体表面时,或流经管径突然改变的管道处时,流体边界层将出现边界层与固体表面脱离的现象,这就是边界层的分离。边界层分离的地方将出现流体的漩涡,加剧流体质点间的碰撞与相对运动,增大流体能量的损失。

如图 1-16 所示,流体以均匀的流速垂直流向一无限长圆柱体表面,A 点受流动顶冲,在 A 点处的流体流速为 0,流体的动能完全转化为静压能[动能和静压能之间的转化见伯努利方程式(1-33)],A 点处的压强最高,A 点称为驻点。流体受迫而转向,自驻点(A 点)向两侧流动。流体受圆柱面的阻滞作用,而形成流体边界层。自 A 点到 B 点,流体边界层的形成和发展情况

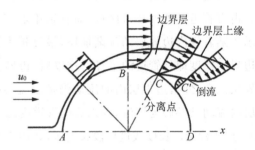

图 1-16　流体对圆柱体的绕流

与平板上的情况大致相似。A 点到 B 点的流体流道逐渐缩小,故流体的流速逐渐增大[根据连续性方程式(1-24b)],而流体的压强逐渐减小。在 B 点处流体的流速最大而压强最低。流体流过 B 点以后,流道逐渐扩大,流体的部分动能转变为静压能,另一部分动能则消耗于克服流体与圆柱体壁面的摩擦带来的流动阻力。这两方面的原因使流体的流速下降很快,而流体的压强升高。流体压强升高和克服流动阻力的双重因素导致壁面附近的流体速度迅速下降,最终在 C 点流体的速度降为 0,后续流体被迫离开壁面,沿新方向流动,C 点即是边界层的分离点。离壁面稍远的流体具有较大的动能,故可以通过较长的途径速度降至为 0,如图 1-16 的 C' 点,CC' 连线与边界层上缘之间就形成脱离了物体的边界层。

由于从 C 点起边界层出现脱体,故 C 点下游出现了流体的空白区,在静压强梯度的作用下流体发生倒流,圆柱体后部产生大量的漩涡,流体质点强烈地碰撞与混合,造成机械能的损耗。

边界层分离现象的分析说明,在流体流道扩大时必然造成流动方向上的静压力的增大,这一增大的变化容易造成边界层的分离,而边界层分离将伴随大量漩涡的产生,造成机械能

损失,这就是形体阻力损失产生的原因。因此,黏性流体绕过固体产生的阻力损失是流体与固体表面的表面摩擦阻力损失和边界层分离造成的形体阻力损失之和。

1.3 流体流动的基本方程

1.3.1 流体的稳定和不稳定流动

流体在管道中流动时,任一截面处的流速、流量和压力等有关物理量都不随时间而发生变化,这种流动称为稳定流动或定常流动。在流体流动时,在任一截面处的有关物理量中,只要有一项是随时间而发生变化的,则属于不稳定流动,或称不定常流动。

如图 1-17a 所示,一储水槽下面管道上的阀 A 和阀 B 都打开,使槽内的水不断流出,同时,上面不断加水,补充加水量超出流出水量,多余的水经溢流装置溢出,保持水位恒定不变。截面 1-1′处与截面 2-2′处的流速虽不同,但都不随时间而改变,其他有关的物理量也不随时间而变化。这种情况属于稳定流动。图 1-17b 所示也为一储水槽,但在下面放水时,上面无补充水,故水槽中的水位随水被放走而不断降低,截面 1-1′和 2-2′处的流速、压力也在不断减小。这种情况属于不稳定流动。

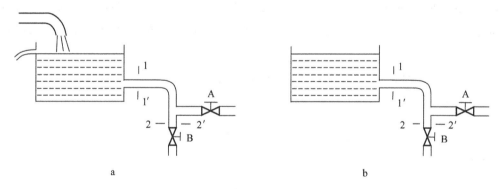

a   b

图 1-17 稳定流动与不稳定流动

化工生产中的流动多属于稳定流动,故本章讨论稳定流动。

1.3.2 流动流体的质量守恒——连续性方程

流体在单位时间内通过流通截面的体积量,称为体积流量,用 V 表示,单位为 m^3/s。流通截面须与流体速度的方向相垂直。流体在单位时间内通过流通截面的质量,称为质量流量,用 m 表示,单位为 kg/s。两者的关系为:$m = \rho V$。

流体在流通截面上速度的平均值称为平均流速,用 u 表示,单位为 m/s。平均流速的定义见式(1-62)。平均流速 u、体积流量 V 和流通截面的面积 A 之间的关系为:$u = V/A$。质量流量 m 与流通截面的面积 A 之比称为平均质量流速,用 G 表示,单位为 kg/(m² · s)。

平均流速 u 和平均质量流速 G 的关系为:$G = \rho u$。

对于任意微元控制体,质量守恒方程可简单概括为:

流入微元控制体的质量流量－流出微元控制体的质量流量＝

在微元控制体内流体质量的累积速率

对于稳定的流体流动,在微元控制体内累积的流体质量为 0,所以:

流入微元控制体的质量流量＝流出微元控制体的质量流量

如图 1-18 所示的稳定的流体流动系统,流体从 1-1′ 截面流入,从 2-2′ 截面流出,流体充满全部管路。以 1-1′ 截面、2-2′ 截面以及管内壁所围成的空间为控制体(衡算范围),根据质量守恒方程,流入 1-1′ 截面的质量流量等于流出 2-2′ 截面的质量流量,即:

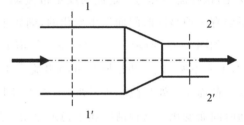

$$m_1 = m_2 \qquad (1\text{-}24)$$

或:
$$\rho_1 V_1 = \rho_2 V_2 \qquad (1\text{-}24\text{a})$$

或:
$$\rho_1 u_1 A_1 = \rho_2 u_2 A_2 \qquad (1\text{-}24\text{b})$$

图 1-18 流动流体的质量衡算

或:
$$G_1 A_1 = G_2 A_2 \qquad (1\text{-}24\text{c})$$

式中:A_1、ρ_1 和 A_2、ρ_2 分别为 1-1′ 截面和 2-2′ 截面的面积和流体密度;m_1、V_1、u_1、G_1 和 m_2、V_2、u_2、G_2 分别为流体流过 1-1′ 截面和 2-2′ 截面的质量流量、体积流量、平均流速(简称流速)和平均质量流速。

式(1-24)、(1-24a)、(1-24b)和(1-24c)称为连续性方程。

对于圆形管路:

$$\frac{1}{4}\pi d_1^2 \rho_1 u_1 = \frac{1}{4}\pi d_2^2 \rho_2 u_2 \qquad (1\text{-}25)$$

由此可得:

$$\frac{\rho_1 u_1}{\rho_2 u_2} = \left(\frac{d_2}{d_1}\right)^2 \qquad (1\text{-}26)$$

式中:d_1 和 d_2 分别为管道上游截面和下游截面的直径。

当流体为不可压缩流体,流体密度 ρ 不变,式(1-26)可以写成:

$$\frac{u_1}{u_2} = \left(\frac{d_2}{d_1}\right)^2 \qquad (1\text{-}27)$$

式(1-27)表明不可压缩流体在圆形管路中的流速 u 与管道截面直径的平方成反比。

例 1-3 密度为 887kg/m³ 原油流过如图 1-19 所示的管道系统,管 A 内径为 50mm,管 B 内径为 75mm,管 C 内径都为 38mm。流过两根管 C 的流体流量相等,管 A 的体积流量为$6.65m^3/h$。计算：（1）通过各管的质量流量m；（2）各管的平均流速u；（3）各管的平均质量流速G。

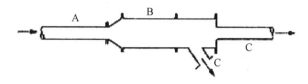

图 1-19 例 1-3 附图

解：（1）管 A 和管 B 的质量流量相等，为流体密度和体积流量的乘积，即：

$$m = \rho V = 887 \times 6.65 kg/h = 5898.6 kg/h$$

通过管 C 的质量流量为总流量的一半，即：

$$m_C = m/2 = 5898.6/2 kg/h = 2949.3 kg/h = 0.8192 kg/s$$

（2）管 A 的流速为：

$$u_A = \frac{V}{A_A} = \frac{6.65}{3600 \times (\pi/4) \times 0.050^2} m/s = 0.9413 m/s$$

管 B 的流速为：

$$u_B = \frac{V}{A_B} = \frac{6.65}{3600 \times (\pi/4) \times 0.075^2} m/s = 0.4183 m/s$$

各管 C 的流速为：

$$u_C = \frac{V}{2A_C} = \frac{6.65}{2 \times 3600 \times (\pi/4) \times 0.038^2} m/s = 0.8148 m/s$$

（3）通过管 A 的平均质量流速为：

$$G_A = \frac{m}{A_A} = \frac{5898.6}{3600 \times (\pi/4) \times 0.050^2} kg/(m^2/s) = 834.9 kg/(m^2/s)$$

通过管 B 的平均质量流速为：

$$G_B = \frac{m}{A_B} = \frac{5898.6}{3600 \times (\pi/4) \times 0.075^2} kg/(m^2/s) = 371.1 kg/(m^2/s)$$

通过管 C 的平均质量流速为：

$$G_C = \frac{m}{2A_C} = \frac{5898.6}{2 \times 3600 \times (\pi/4) \times 0.038^2} kg/(m^2/s) = 722.7 kg/(m^2/s)$$

例 1-4 空气在 20℃、2atm 绝对压强下通入一翅片管蒸气加热器。入口处管径为 50mm，且平均流速为 15m/s；出口处管径为 65mm，温度为 90℃，绝对压强为 1.6atm。求出口处空气的平均流速。

解：以下标 a 和 b 分别代表加热器入口和出口，则：

$$d_a = 0.05m \quad d_b = 0.065m \quad p_a = 2atm \quad p_b = 1.6atm$$

$$T_a = 20K + 273.15K = 293.15K \quad T_b = 90K + 273.15K = 363.15K$$

密度由理想气体方程求得，则入口及出口处的密度分别为：

$$\rho_a = \frac{Mp_a}{RT_a} \quad \rho_b = \frac{Mp_b}{RT_b}$$

因此有：

$$\frac{\rho_a}{\rho_b} = \frac{p_a T_b}{p_b T_a}$$

代入连续性方程(1-26)，得：

$$u_b = \frac{u_a \rho_a d_a^2}{\rho_b d_b^2} = \frac{u_a p_a T_b d_a^2}{p_b T_a d_b^2} = \frac{15 \times 2 \times 0.05^2 \times 363.15}{1.6 \times 0.065^2 \times 293.15} \text{m/s} = 13.74 \text{m/s}$$

1.3.3　流动流体的总能量守恒

对于一个任意微元控制体，总能量守恒方程可描述为：

流入控制体的总能量输入速率－流出控制体的总能量输出速率＝在控制体内的总能量累积速率

对于稳定的流体流动，在控制体内总能量累积速率为0，所以有：

流入控制体的总能量输入速率 ＝ 流出控制体的总能量输出速率

系统内的能量 E 可归类为以下三项：

(1) 位能。流体受重力作用而产生位能。单位质量流体所具有的位能为 zg，单位为 J/kg 或 m²/s²，其中 z 为相对某基准水平面的高度。

(2) 动能。流体因流动而产生动能。单位质量流体所具有的动能为 $v^2/2$，单位为 J/kg 或 m²/s²，其中 v 为流体流速（单位为 m/s）。

(3) 内能。内能定义为贮存在单位质量流体内部的能量，包括流体分子平动能、转动能和振动能等，单位为 J/kg 或 m²/s²。内能取决于流体温度，压力的影响一般可以忽略。因此，单位质量流体的总能量为：

$$E = U + \frac{v^2}{2} + zg \tag{1-28}$$

此外，能量还包括传热速率 Q（流体与外界交换的热量，单位为 W）、功 W（各种来自外界的功），以及能量损失 W_f（单位为 W）。功 W 包括：
①静压能。由于流体内部任意位置存在静压强，若要使流体通过控制体截面进入控制体，就必需对流体作功，以克服此静压强。单位质量流体的静压能为 p/ρ，单位为 J/kg 或 m²/s²。
②轴功 W_e，指机械转轴对控制体内的流体所做的功，单位为 W。根据以上分析，对于稳定的流体流动，如图 1-20 所示，选取其所占据的空间为

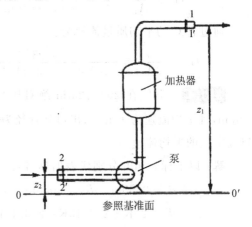

图 1-20　流体稳态流动体系

衡算范围,即控制体,控制体由壁面和两个与流体流动方向相垂直的流通截面 1-1′ 和截面 2-2′ 组成。对于单位质量流体,运用总能量守恒定律,得:

$$\frac{Q}{m} + \frac{W_e}{m} + U_1 + \left(\frac{v^2}{2}\right)_1 + z_1 g + \frac{p_1}{\rho} = U_2 + \left(\frac{v^2}{2}\right)_2 + z_2 g + \frac{p_2}{\rho} + \frac{W_f}{m} \quad (1\text{-}29)$$

式中:z_1、p_1 和 z_2、p_2 分别为流通截面 1-1′ 和 2-2′ 中心处的高度和压强;m 为流体的质量流量,kg/s。

柏努利能量方程推导过程见二维码。

柏努利能量
方程推导过
程二维码

式(1-29)中,动能 $v^2/2$ 表示流体质点的速度都为 v 的单位质量流体所具有的动能。由于流体流经管道存在速度分布,在管壁处的流速为 0,沿管中心方向不断增大,最终在管中心处达到最大值。故管道内流体动能 $v^2/2$ 取决于其速度分布。为简单计,引入平均动能 $(v^2/2)_{av}$。平均动能定义为:

$$\left(\frac{v^2}{2}\right)_{av} = \frac{\iint_A \frac{v^2}{2}\rho v \, dA}{\iint_A \rho v \, dA} \quad (1\text{-}30)$$

式中:A 为管道流通截面面积,该流通截面与流体质点速度垂直。

将管道流通截面上的速度分布代入式(1-30),积分后,得:

$$\left(\frac{v^2}{2}\right)_{av} = \alpha \frac{u^2}{2} \quad (1\text{-}31)$$

式中:u 为管道流通截面上的平均流速,单位 m/s;α 为动能修正系数。层流时 $\alpha = 2.0$,完全湍流时 $\alpha = 1.05$。多数情况下(除了精确计算),α 值一般取 1.0。

故总能量守恒方程变为:

$$\frac{Q}{m} + \frac{W_e}{m} + U_1 + \frac{u_1^2}{2} + z_1 g + \frac{p_1}{\rho} = U_2 + \frac{u_2^2}{2} + z_2 g + \frac{p_2}{\rho} + \frac{W_f}{m} \quad (1\text{-}32)$$

式(1-32)为只有一个入口和一个出口的稳态流动的总能量守恒数学表达式,式中各项表示每单位质量流体所具有的能量。

1.3.4 稳态流动系统的机械能守恒

机械能守恒是流体流动中常用的能量守恒,机械能包含静压能、动能和位能。

1. 理想流体的机械能守恒

理想流体(黏度为 0)在流动过程中无能量损失,因此,在划定的控制体内,无外加能量,输入的总机械能等于输出的总机械能,则有:

$$\frac{u_1^2}{2} + z_1 g + \frac{p_1}{\rho} = \frac{u_2^2}{2} + z_2 g + \frac{p_2}{\rho} \quad (1\text{-}33)$$

式(1-33)即为不可压缩理想流体的机械能衡算式,称为伯努利方程。zg、$\dfrac{u^2}{2}$、$\dfrac{p}{\rho}$ 分别称为位能、动能和静压能。式(1-33)是以单位质量流体为基准的机械能衡算式,各项单位均为 J/kg 或 m²/s²。若将其中各项同除以 g,可获得以单位重量流体为基准的另一种机械能衡算式,即:

$$\frac{u_1^2}{2g} + z_1 + \frac{p_1}{\rho g} = \frac{u_2^2}{2g} + z_2 + \frac{p_2}{\rho g} \tag{1-34}$$

上式各项的单位均为 J/N 或 m,表示单位重量流体所具有的能量。习惯上将 z、$\frac{u^2}{2g}$、$\frac{p}{\rho g}$ 分别称为位压头、动压头和静压头,三者称为总压头。式(1-34)也称为伯努利方程。

2. 实际流体的机械能守恒

工程上遇到的都是实际流体。实际流体黏度不为 0,故流体流动时,在流体内部及流体与固体壁面之间发生的黏性摩擦作用,以及流体边界层分离产生的大量漩涡,都会导致流体机械能消耗,在流动方向上总机械能逐渐减少。这些损失的机械能转变成热能而散失在环境中,称为机械能损失或阻力损失。单位质量流体的机械能损失用 w_f 表示,单位为 J/kg。

在实际管路系统中,还有流体输送机械(泵或风机)向流体作功。流体输送机械在流动系统中增加流体机械能(即维持流体流动),抵消机械能损失,有时还能增加位能。将单位质量流体从流体输送机械所获得的功称为轴功或有效功,用 w_e 表示,单位为 J/kg。

在划定的控制体内,对实际流体作机械能衡算,则有:

$$\frac{u_1^2}{2} + z_1 g + \frac{p_1}{\rho} + w_e = \frac{u_2^2}{2} + z_2 g + \frac{p_2}{\rho} + w_f \tag{1-35}$$

或:

$$\frac{u_1^2}{2g} + z_1 + \frac{p_1}{\rho g} + h_e = \frac{u_2^2}{2g} + z_2 + \frac{p_2}{\rho g} + h_f \tag{1-36}$$

式(1-35)和式(1-36)为不可压缩实际流体的机械能衡算式。式(1-36)中,$h_e = w_e/g$ 为单位重量流体从流体输送机械所获得的能量,称为外加压头或有效压头,单位为 m。$h_f = w_f/g$ 为单位重量流体在流动过程中损失的能量,称为压头损失,单位亦为 m。

3. 伯努利方程和机械能衡算方程的讨论

(1) 如果系统中的流体处于静止状态,则 $u = 0$。没有流动,则没有机械能损失,$w_f = 0$;也没有轴功,$w_e = 0$,则机械能衡算式变为:

$$z_1 g + \frac{p_1}{\rho} = z_2 g + \frac{p_2}{\rho} \tag{1-37}$$

式(1-37)即为流体静力学基本方程。可见,流体静力学基本方程是流体机械能衡算方程的特殊形式。

(2) 式(1-33)伯努利方程各项都是标量,表示基于单位质量流体的机械能。gz 项和 $u^2/2$ 项分别表示单位质量流体所具有的位能和动能,p/ρ 表示将单位质量流体所具有的静压能。式(1-33)适用于不可压缩的理想流体,理想流体的黏度为 0,故流体在流动过程中没有机械能损失。式(1-33)还没有外加轴功,因此,式(1-33)表明理想流体在流动过程中任意截面上的总机械能为常数,各截面上的各项机械能可以相互转换。当流速 u 减小时,高度 z 或压强 p 则增加,或两者都增加;而如果高度 z 发生变化,压强 p 或流速 u 必然会相应改变。

（3）式(1-35)中的机械能损失 w_f 项表示在流通截面 1 和面 2 之间流体机械能损失的总和。机械能损失 w_f 与机械能不可相互转化。

例1-5 一相对密度为 1.15 的盐水从开口槽底部经过一个内径为 50mm 的管道排出，水槽中排出口距液面的高度为 5m。可认为盐水从水槽液面开始，最后流至排出口，该过程的阻力损失忽略，计算盐水在排出口处的速度。

解： 以盐水液面为截面 a，排出口处为截面 b。因两截面都处于常压下，故 $p_a = p_b$，即 $p_a/\rho = p_b/\rho$。在液面处，u_a 可忽略，故 $u_a^2/2 = 0$。以截面 b 为基准水平面，故 $z_b = 0$，$z_a = 5\text{m}$，代入伯努利方程式(1-33)，得：

$$5g = \frac{1}{2}u_b^2$$

故排出口处流体的速度为：

$$u_b = \sqrt{5 \times 2 \times 9.8}\,\text{m/s} = 9.90\,\text{m/s}$$

需注意的是，该流速与盐水密度及管径无关。

4. 伯努利方程和机械能衡算方程的应用

在应用伯努利方程和机械能衡算方程解决实际问题时，要先画出流动系统的示意图，表明流体流动的方向，定出上、下游截面，明确流动系统的衡算范围。所选取的截面应与流体流动方向相垂直，截面宜选在已知量多和计算方便的地方。选取基准水平面的目的是确定流体的位能，基准水平面可以任意选取，但必须与地面平行。

例1-6 如图 1-21 所示，储罐中密度为 1840kg/m^3 的溶液经泵通过一内径为 75mm 的钢管。泵效率为 60%，吸入管路流速为 0.914m/s，并通过内径为 50mm 的管路排到一高位槽，排出管末端距储罐液面高度为 15.2m，整个管道系统机械能损失为 29.9J/kg。泵的有效功率是多少？泵轴功率多少？

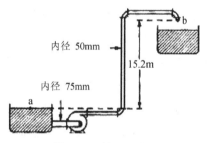

图 1-21 例 1-6 附图

解： 令储罐液面为截面 a，排出管末端为截面 b，并以截面 a 作为水平基准面，则 z_a 为 0m，z_b 为 15.2m。因两截面都处于常压下，故 $p_a = p_b = 0$(表)；机械能损失 w_f 为 29.9J/kg。吸入管路流速 $u = 0.914\text{m/s}$。因储罐的截面比管道截面大得多，故截面 a 流速 u_a 可忽略不计。截面 b 的流速 u_b 为：

$$u_b = u\frac{d_a^2}{d_b^2} = 0.914 \times \frac{0.075^2}{0.05^2}\,\text{m/s} = 2.057\,\text{m/s}$$

在截面 a 和截面 b 之间列机械能衡算方程，得：

$$\frac{u_a^2}{2} + z_a g + \frac{p_a(\text{表})}{\rho} + w_e = \frac{u_b^2}{2} + z_b g + \frac{p_b(\text{表})}{\rho} + w_f$$

代入数据，得：

$$\frac{0^2}{2} + 0 \cdot g + \frac{0}{\rho} + w_e = \frac{2.057^2}{2} + 15.2g + \frac{0}{\rho} + 29.9$$

故：
$$w_e = 180.98 \text{J/kg}$$

流体流量 V 为：

$$V = u\frac{\pi}{4}d_a^2 = 0.914 \times 0.25 \times 3.14 \times 0.075^2 \text{m}^3/\text{s} = 0.00404 \text{m}^3/\text{s}$$

则泵输送给流体的有效功率 N_e 为：

$$N_e = w_e \rho V = 180.98 \times (1000 \times 1.84) \times 0.00404 \text{W} = 1345.3 \text{W} = 1.35 \text{kW}$$

泵的轴功率为：

$$N = \frac{N_e}{\eta} = \frac{1.35}{0.6} = 2.25 \text{kW}$$

1.4　不可压缩流体在管道中的流动

1.4.1　圆管内的剪切应力

1. 剪切应力分布

考虑在一水平圆管内处于充分发展流动的不可压缩流体的稳定流动,如图 1-22 所示。在流体内部取一圆盘状的微元体,与圆管具有同心轴,半径为 r,长为 dL。作用在该圆盘状微元体上游截面及下游截面的流体压强分别为 p 和 $p+$ dp。由于流体具有黏性,故在微元体边缘存在与流动方向相反的剪切力。由于流动充分发展,$u_b = u_a$,故作用在该圆盘状微元体上游截面及下游截面的流体法向压强为:

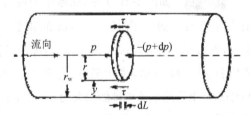

图 1-22　流体在圆管中的稳定流动

$$p_a S_a = \pi r^2 p \tag{1-38a}$$

$$p_b S_b = (\pi r^2)(p + \mathrm{d}p) \tag{1-38b}$$

式中: $S_a = S_b = \pi r^2$, 为圆盘状微元体的横截面积。

作用在微元体边缘的剪切力 F_s 为剪切应力与微元体边缘面积的乘积,即 $F_s = \tau(2\pi r \mathrm{d}L)$。根据圆盘状微元体的受力平衡,得:

$$p_a S_a - F_s - p_b S_b = \pi r^2 p - (2\pi r \mathrm{d}L)\tau - \pi r^2 (p + \mathrm{d}p) = 0 \tag{1-39}$$

简化,并两边除以 $\pi r^2 \mathrm{d}L$, 得:

$$\frac{\mathrm{d}p}{\mathrm{d}L} + \frac{2\tau}{r} = 0 \tag{1-40}$$

对于稳态流动,无论层流还是湍流,管道流通截面上的压强与 r 无关,因此 dp/dL 也与 r

无关。式(1-40)可写成应用于整个管道流通截面的形式,式(1-40)变为:

$$\frac{\mathrm{d}p}{\mathrm{d}L}+\frac{2\tau_\mathrm{w}}{r_\mathrm{w}}=0 \qquad (1\text{-}41)$$

式中:τ_w 为管壁的剪切应力;r_w 为管半径。

式(1-41)减去式(1-40),得:

$$\frac{\tau_\mathrm{w}}{r_\mathrm{w}}=\frac{\tau}{r} \qquad (1\text{-}42)$$

图 1-23 反映了 τ 与 r 之间简单的线性关系,
当 $r=0,\tau=0$。此线性关系可应用于层流与湍流。

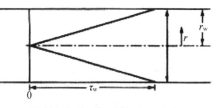

图 1-23 管中的剪切应力变化

2. 机械能损失与管壁剪切应力的关系

流体在管长为 L 的等径水平圆管中流动,机械能衡算方程为:

$$\frac{u_1^2}{2}+z_1g+\frac{p_1}{\rho}=\frac{u_2^2}{2}+z_2g+\frac{p_2}{\rho}+w_\mathrm{f} \qquad (1\text{-}43)$$

由于圆管等径,根据连续性方程,$u_1=u_2$。又由于圆管水平,$z_1=z_2$。式(1-43)变为:

$$\frac{p_1}{\rho}=\frac{p_2}{\rho}+w_\mathrm{f} \qquad (1\text{-}44)$$

令 $\Delta p=p_1-p_2$,式(1-44)变为:

$$\Delta p=\rho w_\mathrm{f} \qquad (1\text{-}45)$$

对于长为 L 的管道,单位长度的压降 Δp 为 $\Delta p/L$,故得:

$$\frac{\Delta p}{L}=\frac{-\mathrm{d}p}{\mathrm{d}L} \qquad (1\text{-}46)$$

上式中的负号表示流体压强 p 随管长 L 的增加而减小。

将式(1-41)和(1-46)代入式(1-45),得:

$$w_\mathrm{f}=\frac{2\tau_\mathrm{w}}{\rho\cdot r_\mathrm{w}}L=\frac{4}{\rho}\frac{\tau_\mathrm{w}}{d}L \qquad (1\text{-}47)$$

式中:d 为圆管直径。

3. 摩擦因子和摩擦因数

流体湍流有一个常用的参数为范宁因子,用 f 来表示。范宁因子 f 定义为管壁剪切应力 τ_w 与流体密度 ρ 和动能 $u^2/2$ 的乘积之比,即:

$$f=\frac{\tau_\mathrm{w}}{\rho\cdot u^2/2}=\frac{2\tau_\mathrm{w}}{\rho\cdot u^2} \qquad (1\text{-}48)$$

另一个常用参数是摩擦因数,用 λ 来表示。摩擦因数 λ 定义为:

$$\lambda=4f \qquad (1\text{-}49)$$

因此,流体在圆管内流动,根据式(1-45)、式(1-47)、式(1-48)和式(1-49),得到常用的四个物理量 w_f、Δp、τ_w 和 λ 之间的关系如下:

$$w_\mathrm{f}=\frac{2\tau_\mathrm{w}}{\rho\cdot r_\mathrm{w}}L=\frac{\Delta p}{\rho}=\lambda\frac{L}{d}\frac{u^2}{2} \qquad (1\text{-}50)$$

由此可得：

$$\lambda = \frac{2\Delta p d}{L\rho \cdot u^2} \tag{1-51}$$

或：

$$\frac{\Delta p}{L} = \frac{\lambda}{d} \frac{\rho u^2}{2} \tag{1-51a}$$

或：

$$\frac{w_f}{L} = \frac{\lambda}{d} \frac{u^2}{2} \tag{1-51b}$$

式(1-51a)和(1-51b)称为范宁公式,经常用于计算圆形等径直管中单位长度的压降。

1.4.2 非圆形管道中的流动

对于非圆形直管,雷诺准数中的直径以及式(1-51)中的直径将用一个当量直径 d_{eq} 来代替,并定义 d_{eq} 等于 4 倍的水力半径 r_H。水力半径 r_H 定义为流体在管道里的流通截面与润湿周边之比,即:

$$r_H = \frac{S}{L_p} \tag{1-52}$$

式中: S 为管道的流通截面面积,m^2;L_p 为润湿周边的长度,m。

对于圆形管道,水力半径为:

$$r_H = \frac{\pi d^2/4}{\pi d} = \frac{d}{4} \tag{1-53}$$

而当量直径 $d_{eq} = 4r_H$,则 $d_{eq} = d$。

对于环形管道这种特殊情况,水力半径为:

$$r_H = \frac{\pi d_o^2/4 - \pi d_i^2/4}{\pi d_o + \pi d_i} = \frac{d_o - d_i}{4} \tag{1-54}$$

式中: d_i 为环形管道内管的外径;d_o 为外管的内径。则环形管道当量直径 $d_{eq} = 4r_H = d_o - d_i$,可以看出环形管道的当量直径不等于直径。

对于边宽等于 b 的正方形管道,其当量直径为 $d_{eq} = 4(b^2/4b) = b$。对于在平行板之间的流动,若板间距 b 远远小于板的宽度,则当量直径 $d_{eq} = 2b$。

水力半径一般用于湍流,在层流中用得很少,因为许多层流情况下的流体流动关系可以精确计算得到,如下节所述。

1.4.3 管道中的层流

当流体不可压缩且为稳态及充分发展的流动,式(1-40)至式(1-51a)可应用于层流和湍流。由于层流的剪切应力和黏度关系较简单,这些方程的引出可以为讨论层流作准备。

1. 速度分布

流体在圆形管道内流动。圆形管道的流通截面是轴对称的圆形,故流体速度 v 只取决

于半径 r。取一半径为 r、宽为 dr 的薄环,其面积为 dS,即:

$$dS = 2\pi r dr \tag{1-55}$$

根据牛顿黏性定律(1-20):

$$\tau = -\mu \frac{dv}{dr} \tag{1-56}$$

上式中的负号说明管道内流速 v 随着半径 r 的增长而减小。将式(1-42)代入上式,消去 τ,可得到 v 和 r 的微分方程式:

$$\frac{dv}{dr} = -\frac{\tau_w}{r_w \mu} r \tag{1-57}$$

以 $r = r_w$,$v = 0$ 作为边界条件,对式(1-57)积分得:

$$\int_0^v dv = -\frac{\tau_w}{r_w \mu} \int_{r_w}^r r dr \tag{1-58}$$

或:

$$v = \frac{\tau_w}{2 r_w \mu}(r_w^2 - r^2) \tag{1-59}$$

从式(1-59)可以看出,管中心处($r = 0$)的速度为最大流速,以 v_{max} 表示。将 $r = 0$ 代入式(1-59),可求到最大流速:

$$v_{max} = \frac{\tau_w r_w}{2\mu} \tag{1-60}$$

由式(1-60)和式(1-59),得到流速与最大流速之比的关系式:

$$\frac{v}{v_{max}} = 1 - \frac{r^2}{r_w^2} \tag{1-61}$$

式(1-61)即为圆形管道内流体层流时的速度分布,该分布是半径 r 的抛物线,抛物线的顶点在管中心。图 1-24 中的虚线即为层流时的速度分布。

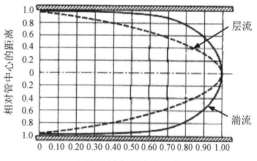

图 1-24 层流和湍流完全发展的流体在圆管中的速度分布雷诺准数为 $Re = 10000$

2. 平均流速

平均流速 u 定义如下:

$$u = \frac{V}{A} = \frac{1}{A} \iint_A v dA \tag{1-62}$$

对于圆形流通截面,有:

$$A = \pi r_w^2 \tag{1-63}$$

$$dA = 2\pi r dr \tag{1-63a}$$

将式(1-59)、式(1-63)以及式(1-63a)代入式(1-62),并积分,得:

$$u = \frac{1}{A} \iint_A v dA = \frac{\tau_w}{r_w^3 \mu} \int_0^{r_w} (r_w^2 - r^2) \cdot r dr = \frac{\tau_w r_w}{4\mu} \tag{1-64}$$

比较式(1-60)与式(1-64),得:

$$\frac{u}{v_{\max}} = 0.5 \tag{1-65}$$

可以看出平均流速正好是最大流速的一半。

3. 哈根-泊谡叶公式

实际计算中,将式(1-50)代入式(1-64),消去式(1-64)中的 τ_w,则式(1-64)变为:

$$u = \frac{\Delta p}{L} \frac{r_w}{2} \frac{r_w}{4\mu} = \frac{\Delta p d^2}{32L\mu} \tag{1-66}$$

可得 Δp 为:

$$\Delta p = \frac{32Lu\mu}{d^2} \tag{1-67}$$

由式(1-64),可得:

$$\tau_w = \frac{4u\mu}{r_w} = \frac{8u\mu}{d} \tag{1-68}$$

将式(1-68)代入式(1-48)和式(1-49)得:

$$f = \frac{16\mu}{du\rho} = \frac{16}{Re} \tag{1-69}$$

或:

$$\lambda = \frac{64}{Re} \tag{1-70}$$

式(1-67)称为哈根-泊谡叶公式。该公式的其中一个应用为根据已测量得到的压降、已知的管长和管径、流体的体积流量,去实验测量流体的黏度。在实际应用中,有必要考虑流体入口端效应的校正。

1.4.4 管道中的湍流

1. 湍流的速度分布

许多理论和实验对湍流的速度分布进行研究,尽管这个问题还没得到完全解决,但一些有用的关联式已用于计算湍流的一些重要特性,而且理论计算结果与实验数据也较吻合。

在一光滑管内,流体流动的雷诺准数为 10000,该流体做湍流流动时典型的速度分布曲线如图 1-24 所示。该曲线表明湍流也在管中心处存在最大流速,且该处流体的速度梯度为 0。湍流曲线明显较层流曲线平坦许多,故湍流的平均流速与最大流速的比值也相应较大。若再增大雷诺准数,湍流曲线则会变得更平坦。

通过理论和实验研究,湍流的速度分布表示为下列经验关联式:

$$v = v_{\max}\left(1 - \frac{r}{r_w}\right)^n \tag{1-71}$$

上式中的 n 与 Re 有关,即:

$4 \times 10^4 < Re < 1.1 \times 10^5$ 时, $n = 1/6$;

$1.1 \times 10^5 < Re < 3.2 \times 10^6$ 时, $n = 1/7$;

$Re > 3.2 \times 10^6$ 时, $n = 1/10$。

当 $n = 1/7$ 时, 推导可得湍流流体的平均速度约为管中心最大速度的 0.82 倍, 即:

$$u \approx 0.82 v_{max} \tag{1-72}$$

管道中心处为湍流核心区, 该处的漩涡大但强度低, 而过渡区的漩涡小但强度高, 包含漩涡在内的大部分动能都储存于主流区。湍流核心区处的湍流是各向同性的, 而其他区域的湍流则是各向异性。

2. 最大速度与平均速度的关系

流体平均流速与管中心最大流速的比值 u/v_{max} 是流体雷诺准数 Re 的函数, 如图 1-25 所示。流动从层流扩展到湍流。对于层流, 由式 (1-65) 求得该比值正好等于 0.5, 而当层流过渡到湍流时, 比值便迅速由 0.5 增长到 0.7 左右, 而后逐渐增长至 0.87 (此时 $Re = 10^6$)。

3. 粗糙度的影响

化工生产中的管道, 大致可分为两类, 即光滑管和粗糙管。管道管壁面突出部分的平均高度称为绝对粗糙度, 以 ε 表示。通常将玻璃管、

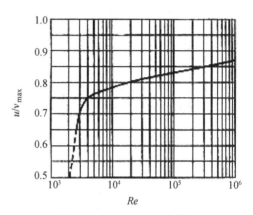

图 1-25 u/v_{max} 和 Re 的关系

铜管及塑料管等绝对粗糙度较小的管道称为光滑管; 将钢管、铸铁管等绝对粗糙度较大的管道称为粗糙管。粗糙管经打磨, 摩擦因数则会变小。在给定雷诺准数的情况下, 若继续打磨, 摩擦因数并没有继续减小, 则此时的管道称为水力学光滑管。表 1-2 列出了某些工业管的绝对粗糙度值。

表 1-2 某些工业管的绝对粗糙度

管的类别	绝对粗糙度 ε/mm	管的类别	绝对粗糙度 ε/mm
无缝黄铜管、铜管及铝管	0.01~0.05	干净玻璃管	0.0015~0.01
新的无缝钢管	0.1~0.2	橡皮软管	0.01~0.03
新的铸铁管	0.3	木管	0.25~1.25
轻微腐蚀的无缝钢管	0.2~0.3	陶土排水管	0.45~6.0
显著腐蚀的无缝钢管	0.5 以上	平整的水泥管	0.33
旧的铸铁管	0.85 以上	石棉水泥管	0.03~0.08

绝对粗糙度 ε 与管道直径 d 的比值称为相对粗糙度 ε/d。流体湍流时, 其摩擦因数 λ 为

Re 和相对粗糙度 ε/d 的函数。图 1-26 列举了几种理想化的粗糙类型。老化、结垢及被腐蚀了的管道，其粗糙度很高且具有不同的特性。

流体层流时，管壁粗糙度对摩擦因数没有明显的影响，则摩擦因数 λ 仅与雷诺准数有关，而与相对粗糙度无关，见式(1-70)。

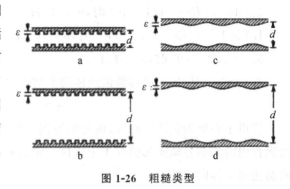

图 1-26　粗糙类型

4. 因次分析法

在湍流的情况下，流体质点的不规则运动(脉动)所产生的内摩擦力远大于层流产生的内摩擦力，而且内摩擦力的大小不能用牛顿黏性定律来表示，所以必须采用实验的方法进行研究。

通过实验可知，影响湍流机械能损失 w_f 的因素有：流体的物理性质(包括流体黏度 μ 和密度 ρ)、管路的几何尺寸(包括管长 L 和管径 d)、流体的速度和管路的相对粗糙度 ε/d，可写成如下函数形式：

$$w_f = f(\rho, \mu, L, d, \varepsilon/d) \tag{1-73}$$

上式包含 7 个变量，确定这样一个多变量的函数关系，实验的工作量必定很大。同时还要将实验数据关联成一个便于应用的关系式，往往很困难。

如果将简单变量的关系式变成无因次数群(dimensionless group)的关系式，无因次数群的数目比变量的数目要少，从而减少实验次数，减轻实验工作量，这就是因次分析法。由式(1-21)表示的雷诺准数 Re 就是一个无因次数群。

因次，又叫量纲，是指物理量的属性。每个物理量都有因次，如流体密度 ρ 的因次 $[\rho]$ 为 ML^{-3}。其中，长度因次 L、质量因次 M、时间因次 T 为基本因次。物理量(变量)的因次是基本因次的组合。

在化工中，常常遇到一些由几个物理量组成的群，组成群的物理量的因次会彼此相互消去，导致群没有因次，这些群称为无因次数群。如雷诺准数 Re，组成雷诺准数的物理量有管径 d、流速 u、流体密度 ρ、流体黏度 μ，它们的因次分别为 L、LT^{-1}、ML^{-3}、$ML^{-1}T^{-1}$。将这些因次代入雷诺准数 Re 的表达式(1-21)，因次彼此相互消去，雷诺准数变成一个没有单位的纯粹数目。无因次数群的一个重要特点是，群中的各物理量无论用什么单位制表示，只要单位一致，就彼此相消而变成一个没有单位的纯粹数目。

因次分析法的基础是因次一致性原则和 π 定理。因次一致性原则是指任何一个物理方程的两边，不仅数值相等，而且因次也必然相等。π 定理是指任何一个物理方程都可以转变为无因次数群的形式，即以无因次数群代替物理方程，无因次数群的个数等于变量数减去基本因次数。

因次分析研究方法可总结为以下步骤：

（1）对所研究的过程作初步实验，找出所求函数的所有影响因素。这一步很重要，它决定最后的关系式是否正确。

（2）通过无因次数化将复杂的变量关系式转换成无因次数群的关系式。

（3）做实验确定无因次数群的函数关系。

将式(1-73)写成幂函数的形式，即：

$$w_f = K \cdot d^a \cdot L^b \cdot \mu^c \cdot \rho^d \cdot \left(\frac{\varepsilon}{d}\right)^e \cdot u^f \tag{1-74}$$

列出各变量的因次，即：

$$[w_f] = L^2 T^{-2}, [d] = L, [L] = L, [\mu] = ML^{-1}T^{-1}, [\rho] = ML^{-3}, \left[\frac{\varepsilon}{d}\right] = M^0 L^0 T^0, u = LT^{-1}$$

将各变量的因次代入式(1-74)，得：

$$L^2 T^{-2} = KL^a L^b (ML^{-1}T^{-1})^c (ML^{-3})^d (LT^{-1})^f \tag{1-75}$$

整理，得：

$$L^2 T^{-2} = KL^{(a+b-c-3d+f)} M^{(c+d)} T^{(-c-f)} \tag{1-76}$$

由因次一致性原则，得：

对因次 L $a+b-c-3d+f = 2$

对因次 M $c+d = 0$

对因次 T $-c-f = -2$

设 b 和 f 为已知，则：

$$\begin{cases} a = -2 - b + f \\ c = 2 - f \\ d = f - 2 \end{cases} \tag{1-77}$$

将式(1-77)代入式(1-74)，得：

$$w_f = K \cdot d^{(-2-b+f)} \cdot L^b \cdot \mu^{(2-f)} \cdot \rho^{(f-2)} \cdot \left(\frac{\varepsilon}{d}\right)^e \cdot u^f \tag{1-78}$$

将指数相同的变量合在一起，得：

$$w_f = K \left(\frac{d\rho}{\mu}\right)^{-2} \left(\frac{L}{d}\right)^b \left(\frac{du\rho}{\mu}\right)^f \left(\frac{\varepsilon}{d}\right)^e \tag{1-78a}$$

即：

$$w_f = u^2 K \left(\frac{L}{d}\right)^b \left(\frac{du\rho}{\mu}\right)^{f-2} \left(\frac{\varepsilon}{d}\right)^e \tag{1-78b}$$

令 $h = f - 2$，得：

$$\frac{w_f}{u^2/2} = 2K \left(\frac{L}{d}\right)^b \left(\frac{du\rho}{\mu}\right)^h \left(\frac{\varepsilon}{d}\right)^e \tag{1-79}$$

将式(1-79)改写成：

$$\frac{w_f}{u^2/2} = f\left(Re, \frac{L}{d}, \frac{\varepsilon}{d}\right) \tag{1-80}$$

式(1-80)即为湍流时阻力损失的无因次数群函数式,具体的函数关系仍需实验测定。

对照范宁公式,即式(1-51b),得到:

$$\lambda = f\left(Re, \frac{\varepsilon}{d}\right) \tag{1-81}$$

对于层流,由式(1-70)可得 $\lambda = 64/Re$。

因次分析法除了可以减少实验工作量外,还有以下优点:①可将小尺寸模型的实验结果用于大型装置;可将空气、水等介质的实验结果用于其他流体。②以式(1-80)为例,式(1-80)中有 4 个无因次数群 Re、L/d、ε/d 和 $w_{\mathrm{f}}/(u^2/2)$。改变这些无因次数群中的任一个变量的值即可改变无因次数群的值。因此,可通过改变流速 u 改变 Re 和 $w_{\mathrm{f}}/(u^2/2)$,可通过改变管径 d 改变 ε/d,可通过改变管长 L 改变 L/d,而无需改变流体的物理性质,如流体黏度 μ 和密度 ρ,给实验带来方便。

5. 摩擦因数图

为了方便工程设计,将圆管的阻力特性,包括光滑管和粗糙管,综合整理成摩擦因数图,如图 1-27 所示。图 1-27 在双对数坐标中,以 ε/d 为参数,绘出了 λ - Re 的关系曲线,称为莫狄图。

根据 Re 不同,图 1-27 可分为 4 个区域。

(1) 层流区($Re \leqslant 2000$)。摩擦因数 λ 与相对粗糙度 ε/d 无关,与雷诺准数 Re 为直线关系(即 $\lambda = 64/Re$)。此时,机械能损失 w_{f} 与 u 的 1 次方成正比,即 $w_{\mathrm{f}} \propto u$。

(2) 过渡区($2000 < Re < 4000$)。在此区域内,一般将湍流的 λ - Re 关系曲线延伸,以查取 λ 值。

(3) 湍流区($Re \geqslant 4000$ 以及虚线以下区域)。在此区域内,λ 与 Re 和 ε/d 都有关,此处忽略粗糙类型对 λ 的影响。λ 随 Re 的增大而减小,随 ε/d 的增大而增大。图 1-27 最下面的那条曲线描绘了水力学光滑管摩擦因数,该曲线方程称为 von Karman 方程,表达式为:

$$\frac{1}{\sqrt{\lambda/8}} = 2.5\ln\left(Re\sqrt{\frac{\lambda}{32}}\right) + 1.75 \tag{1-82}$$

(4) 完全湍流区(虚线以上的区域)。当 Re 增大到一定值后,λ 不再减小,而呈水平线,这时进入完全湍流区。此区域内各曲线都是水平线,即 λ 与 Re 无关,只与 ε/d 有关。当管道 ε/d 一定,λ 为常数。此时,根据式(1-50),机械能损失 w_{f} 与 u 的平方成正比,即 $w_{\mathrm{f}} \propto u^2$。所以,此区域又称为阻力平方区。当雷诺准数大到 10^6 时,此区域的经验公式为:

$$\lambda = 0.104(\varepsilon/d)^{0.24} \tag{1-83}$$

另外,推荐 Colebrook 经验公式:

$$\frac{1}{\sqrt{\lambda}} = 1.74 - 2\lg\left(\frac{2\varepsilon}{d} + \frac{18.7}{Re\sqrt{\lambda}}\right) \tag{1-84}$$

该公式适用于湍流区和完全湍流区。

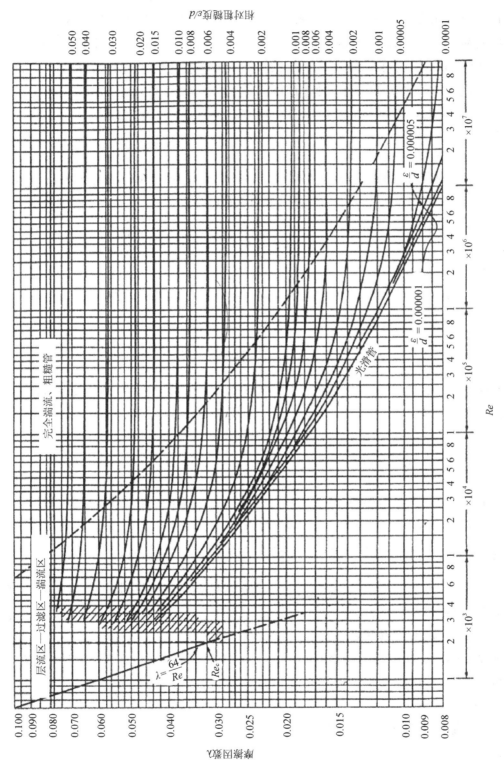

图 1-27　摩擦因数 λ 与雷诺准数 Re 及相对粗糙度 ε/d 的关系图

当管道尺寸及流量确定,图 1-27 可以很好地用于计算机械能损失 w_f 和管道压降。但是,当管道压降确定,需要采用试差法,再通过该图来确定流体流量,如例 1-7 所述。

例 1-7 10℃的水以 2.438m/s 的流速流过一内径为 76.2mm 的水平长无缝黄铜管,黄铜管绝对粗糙度为 0.0305mm。(1) 计算每 30.48m 管长的压降,单位为 Pa;(2) 若限制每 30.48m 管长的压降为 13789Pa,则水的最大允许流速为多少?

解:(1) 应用范宁公式,即式(1-51a),得:

$$\frac{\Delta p}{L} = \frac{\lambda}{d} \frac{\rho u^2}{2}$$

水在 10℃时的物理属性,查附录 2 得,$\rho = 1000 \text{kg/m}^3$,$\mu = 1.305 \times 10^{-3} \text{Pa} \cdot \text{s}$。另外已知 $d = 0.0762\text{m}$,$u = 2.438\text{m/s}$,$L = 30.48\text{m}$,相对粗糙度为 0.0305/76.2 = 0.0004。

则雷诺准数为:$Re = \frac{\rho u d}{\mu} = \frac{1000 \times 2.438 \times 0.0762}{1.305 \times 10^{-3}} = 1.42 \times 10^5$

根据图 1-27 得 $\lambda = 0.0173$。代入式(1-51a),得:

$$\Delta p = \frac{\lambda}{d} \frac{\rho u^2}{2} L = \frac{0.0173 \times 1000 \times 2.438^2 \times 30.48}{2 \times 0.0762} \text{Pa} = 20566 \text{Pa}$$

(2) 将式(1-51a)变形,得:

$$\Delta p = \frac{\lambda L}{d} \frac{\rho u^2}{2} \tag{1}$$

假设 $\lambda = 0.02$,由于 $\Delta p = 13789\text{Pa}$,$L = 30.48\text{m}$,$d = 0.0762\text{m}$,$\rho = 1000\text{kg/m}^3$,代入式(1)得:

$$u = 1.857 \text{m/s}$$

则雷诺准数为:$Re = \frac{\rho u d}{\mu} = \frac{1000 \times 1.857 \times 0.0762}{1.305 \times 10^{-3}} = 1.08 \times 10^5$

根据图 1-27 得 $\lambda = 0.0194$。由于 $\lambda = 0.0194$ 与假设的 $\lambda = 0.02$ 相差较大,继续试差。将 $\lambda = 0.0194$ 代入式(1),得 $u = 1.885\text{m/s}$。

则雷诺准数为:$Re = \frac{\rho u d}{\mu} = \frac{1000 \times 1.885 \times 0.0762}{1.305 \times 10^{-3}} = 1.10 \times 10^5$

根据图 1-27 得 $\lambda = 0.0193$。$\lambda = 0.0193$ 与假设的 $\lambda = 0.0194$ 相差很小,故假设成立。则水的最大允许流速为 1.885m/s。

6. 非圆形流道内湍流流动

圆管内湍流流动的关系式可应用非圆形流道,只需用当量直径 d_{eq}(或 4 倍的水力半径)代替相应公式中的直径 d 即可。

1.4.5 机械能损失的计算

工程上的管路输送系统主要由两类部件组成:一是等径直管;二是弯头、三通、阀门等各种管件和阀件。所以，流体流经管路的机械能损失，又称阻力损失，也由两部分组成。

流体流经直管时的机械能损失称为直管摩擦阻力损失，其计算公式为式(1-50)，λ 从图 1-27 查得。

流体流过管路上的弯头、三通等管件及阀门等，流体流速发生变化，包括流速的方向及大小的变化，导致机械能损失，称为局部阻力损失。局部阻力损失包括由于正常的流线受到干扰形成涡流而产生的形体阻力损失，边界层分离而产生的形体阻力损失，以及流体与管件、阀门壁面产生表面摩擦阻力损失。局部阻力损失有两种方法：阻力系数法和当量长度法。

1. 阻力系数法计算局部阻力损失

(1) 截面突然扩大产生的局部阻力损失

若管道截面突然扩大时，流体脱离壁面形成射流注入扩大了的截面中，而后此射流逐渐扩大并充满整个大直径管的截面。射流与壁面之间的空间产生涡流，出现边界层分离现象，此时即产生大量的阻力损失，如图 1-28 所示。

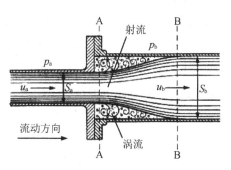

图 1-28　流体经过突然扩大的截面

截面突然扩大产生的局部阻力损失 $w_{局}$ 正比于流体在小直径管的动能，即：

$$w_{局} = K_e \frac{u_a^2}{2} \tag{1-85}$$

式中：K_e 为比例系数，称为突然扩大时的阻力系数；u_a 为小直径管的平均流速。当上、下游管做湍流流动时，由下式计算 K_e 值：

$$K_e = \left(1 - \frac{A_a}{A_b}\right)^2 \tag{1-86}$$

式中：A_a 和 A_b 分别为上、下游管道的横截面积。当流体从管道进入大型储罐内，$A_a/A_b \approx 0$，$K_e = 1.0$。

(2) 截面突然缩小产生的局部阻力损失

当管道截面突然缩小时，流体不能绕过尖锐转角，故流体脱离管壁，在小截面处形成射流。该射流开始收缩，而后逐渐扩大并充满小直径管的截面。射流的最小截面，也就是射流由收缩变为扩大的临界截面，称为缩脉。截面突然收缩的流动模式如图 1-29 所示，截面 C–C 即为缩脉处。

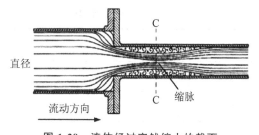

图 1-29　流体经过突然缩小的截面

截面突然缩小产生的局部阻力损失 $w_{局}$ 正比于流体在小直径管的动能，可写成：

$$w_{局} = K_c \frac{u_b^2}{2} \tag{1-87}$$

式中：比例系数 K_c 为突然收缩时的阻力系数；u_b 为小直径管的平均流速。对于湍流，由下式计算 K_c 值：

$$K_c = 0.5 \left(1 - \frac{A_b}{A_a}\right)^2 \tag{1-88}$$

式中：A_a 和 A_b 分别为上游管道及下游管道的横截面积。当流体从大型储罐内进入管道，$A_b/A_a \approx 0$，$K_c = 0.5$。

（3）扩大和缩小局部阻力损失的最小化

当管道截面以逐渐缩小取代突然缩小时，收缩损失几乎可以消除。图 1-29 中的管道截面的突然缩小可以用圆锥形的渐缩管或者有喇叭形入口的小管道来获得，对于所有的 A_b/A_a 值，K_c 可减至 0.05 左右，此时不会发生边界层分离及形成缩脉。

若用圆锥形的渐扩管取代图 1-28 中的管道截面突然扩大，同样可以减小突然扩大造成的局部阻力损失，但锥体与中心轴的角度必须小于 7°，否则就会发生边界层分离。若角度大于或等于 35°，流过此锥形管产生的阻力损失比流过相同 A_a/A_b 值的截面突然扩大的阻力损失还要大，这是由于边界层分离产生的漩涡导致了大量的形体阻力损失。

（4）管件和阀门的局部阻力系数

管件和阀门干扰了流体的正常流动损失，产生局部阻力损失。短程管线中若有许多管件，由此产生的局部阻力损失甚至可大于直管的摩擦阻力损失。将管件和阀门产生的局部阻力损失表示为动能的某一倍数，即：

$$w_{局} = \xi \frac{u^2}{2} \tag{1-89}$$

式中：ξ 为局部阻力系数。

局部阻力系数 ξ 由实验获取，且因连接类型而异，表 1-3 简单列出了一些管件和阀件的局部阻力系数。

表 1-3　常用管件、阀件的局部阻力系数

名称	局部阻力系数 ξ	名称	局部阻力系数 ξ	名称	局部阻力系数 ξ
弯头　45°	0.35	活接头	0.04	球心阀　全开	6.0
弯头　90°	0.75	闸阀　全开	0.17	球心阀　半开	9.5
三通	1	闸阀　半开	4.5	角阀　全开	2.0
回弯头	1.5	截止阀　全开	6.0	底阀	1.5
管接头	0.04	截止阀　半开	9.5	盘形水表	7.0

截止阀、闸阀、球心阀见二维码。

截止阀二维码　　　　　　　　　　闸阀二维码　　　　球心阀二维码

2. 当量长度法计算局部阻力损失

将流体流过管件或阀门的局部阻力损失折合成直径相同、长度为 l_e 的直管所产生的摩擦阻力损失，即：

$$w_{f局} = \lambda \frac{l_e}{d} \frac{u^2}{2} \tag{1-90}$$

式中：l_e 为管件或阀门的当量长度，m。

当量长度 l_e 为管件或阀门类型及管道直径的函数。在湍流流动下，常用的管件或阀门的当量长度由图 1-30 的共线图查得。图 1-30 的使用方法如图中虚线所示。根据管件或阀门类型，在最左边一列找到相应的点；再根据管内径大小在最右边一列找到相应的点。连接以上两点，与中间一列相交，可读出当量长度值。

3. 流体在管路中的总阻力损失

管路系统由直管、管件和阀门等组成，流体流经管路的总阻力损失为直管摩擦阻力损失和所有局部阻力损失之和。计算局部阻力损失，可用阻力系数法，也可用当量长度法。

当管路直径相同时，总阻力损失为：

$$\sum w_f = w_{f直} + w_{f局} = \left(\lambda \frac{l}{d} + \sum \xi\right) \frac{u^2}{2} \tag{1-91}$$

或：

$$\sum w_f = w_{f直} + w_{f局} = \lambda \frac{l + \sum l_e}{d} \frac{u^2}{2} \tag{1-91a}$$

式中：$\sum \xi$、$\sum l_e$ 分别为管路中所有局部阻力系数和当量长度之和。

如果管路由若干直径不同的管段组成，应分别计算各管段的阻力损失，再加合。假设一不可压缩流体流经如图 1-31 所示的管段，管段有突然缩小、突然扩大、连接直管，以及全开球形阀。直管内的平均流速为 u，管径为 d，管长为 L。直管摩擦阻力损失为 $\lambda(L/d)(u^2/2)$；突然缩小的局部阻力损失为 $K_c(u^2/2)$；突然扩大的局部阻力损失为 $K_e(u^2/2)$；球形阀的局部阻力损失为 $\xi(u^2/2)$。则总的阻力损失为：

$$\sum w_f = \left(\lambda \frac{L}{D} + K_c + K_e + \xi\right) \frac{u^2}{2} \tag{1-92}$$

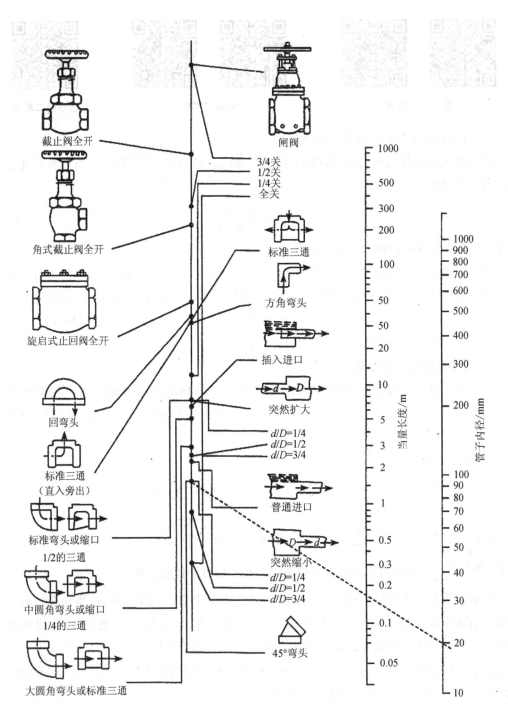

图 1-30 管件和阀件的当量长度共线图

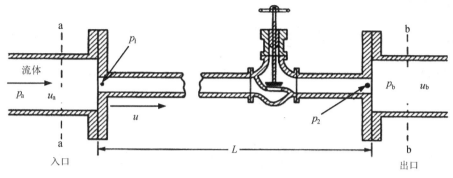

图 1-31 不可压缩流体通过典型装置

若写出该管路的机械能衡算方程,则令管路入口处的截面为 a,管路出口处的截面为 b。在截面 a 与 b 之间没有泵,故 $w_e = 0$,则:

$$\frac{p_a - p_b}{\rho} + g(z_a - z_b) = \left(\lambda \frac{L}{D} + K_c + K_e + \xi\right)\frac{u^2}{2} \tag{1-93}$$

直管摩擦阻力损失为 $\lambda(L/d)$ 个动能($u^2/2$),湍流时,λ 约在 $0.008 \sim 0.04$ 变动,具体数值取决于雷诺准数,习惯取 0.02。若流动系统中的直管内径为 0.053m,管长为 30m,则直管摩擦阻力损失为 $0.02 \times 30/0.053 = 11.3$ 个动压头,在这种情况下,单一管件及流道扩大和缩小产生的局部阻力损失与直管产生的摩擦阻力损失相比较,可忽略不计。若直管长度很短或直管内径很大,则直管的摩擦阻力损失与管件及流道扩大缩小产生的局部阻力损失相比,可忽略不计。

例 1-8 相对密度为 0.93,黏度为 0.004Pa·s 的原油自罐底靠重力排出,如图 1-32 所示。液面距罐底的排出口为 6m,连接排出口的排出管路为钢管,内径为 0.078m,其长度为 45m,包含有一个弯头和两个阀门。罐底到排出管路出口处的垂直距离为 9m,排出管路出口处的压强为常压。求流经管线的原油流量,单位为 m^3/h。

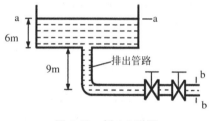

图 1-32 例 1-8 附图

解: 由题意已知 $\mu = 0.004\text{Pa·s}$,$L = 45\text{m}$,$d = 0.078\text{m}$,$\rho = 0.93 \times 998\text{kg/m}^3 = 928\text{kg/m}^3$。

一个弯头和两个阀门的局部阻力系数,由表 1-3 得:$\sum \xi = 0.75 + 2 \times 0.17 = 1.09$。钢管的绝对粗糙度查表 1-2,得 $\xi = 0.00015\text{m}$。

取罐中原油液面为截面 a,排出管路出口处为截面 b,故 $p_a = p_b = 0$(表),$u_a = 0$,$w_e = 0$,在截面 a 和截面 b 之间列机械能恒算方程式,得:

$$\frac{u_b^2}{2} + \sum w_f = g(z_a - z_b) = 9.8 \times (6 + 9 - 0)\text{J/kg} = 147.0\text{J/kg} \tag{1}$$

在罐底排出口存在流道突然缩小造成的局部阻力损失,因 $A_a \gg A_b$,则 $A_b/A_a \approx 0$,故

$K_c = 0.5$。因此：

$$\sum w_f = \left(\lambda \frac{L}{d} + K_e + \sum \xi\right)\frac{u_b^2}{2} = \left(\frac{45\lambda}{0.078} + 0.5 + 1.09\right)\frac{u_b^2}{2} = (577\lambda + 1.59)\frac{u_b^2}{2}$$

由式(1)得：$\dfrac{u_b^2}{2} + \sum w_f = \dfrac{u_b^2}{2}(1 + 577\lambda + 1.59) = 147.0\text{J/kg}$

即：$$u_b^2 = \frac{147.0 \times 2}{2.59 + 577\lambda} = \frac{294.0}{2.59 + 577\lambda}$$

又：$Re = \dfrac{d\rho u_b}{\mu} = \dfrac{0.078 \times 928 u_b}{0.004} = 18096 u_b$ $\dfrac{\varepsilon}{d} = \dfrac{0.00015}{0.078} = 0.00192$

进行试差,结果如下：假设 $\lambda = 0.022$,计算出 $u_b = 4.386\text{m/s}$,进而计算出 $Re = 79369$,查图1-27,得 $\lambda = 0.023$。进行第二次试差,当 $\lambda = 0.023$,计算出 $u_b = 4.305\text{m/s}$,进而计算出 $Re = 77903$,查图1-27,得 $\lambda = 0.023$。所以,$\lambda = 0.023$,$u_b = 4.305\text{m/s}$。

管道截面积为：$A = (\pi/4)d^2 = (\pi/4) \times 0.078^2 \text{m}^2 = 0.00478\text{m}^2$

故原油流量为：$V = u_b A = 4.305 \times 0.00478\text{m}^3/\text{s} = 0.0206\text{m}^3/\text{s} = 74.16\text{m}^3/\text{h}$

1.5 管路流动系统

一个典型的管路系统基本组成如图1-33所示,包括管道本身,用于连接管道及控制流量的各种管件和阀门,用于给流体提供能量的泵。当需要进行严格的分析考虑时,即便是最简单的管道系统实际上也是相当复杂的。理论分析方法只能用于最简单的管道流动(如直径保持不变的长直管的层流流动)。对于其他较复杂的管道流动,则需要通过实验研究去获得所期望的结果。

一条管路中可以有不同的配件,或者在不同的部分会有管径的变化。假设管路系统已定义好,包括管路各段的管长,弯头、弯管的数目,用在特定位置控制流

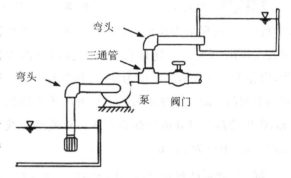

图1-33 典型的管路系统组成

量的阀门数量,并假定在所有情况下流体的特性都是已知。下列这三类问题的解决过程实质上取决于各种变量中哪些是独立变量(已知),哪些是非独立变量(待求值)。

类型Ⅰ问题是指定流量或平均流速,求所需压力或阻力损失。

类型Ⅱ问题是指定压力(或阻力损失),求流量。这类问题需用试差法解决,因计算需已知摩擦因数,而摩擦因数又是雷诺准数中未知的流速(或流量)的函数。

类型Ⅲ问题是指定压降和流量,求所需管径。这类问题同样需用试差法。因摩擦因数

同时与雷诺准数和相对粗糙度有关,而它们又与管径有关。因此,若要求得 Re 或 ε/d,则必须已知 d。

如图 1-34 所示,对于包含一系列管道的单管路系统,流量在每个管道中都是一样的,而阻力损失是所有管道的阻力损失之和。

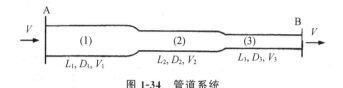

图 1-34　管道系统

连续性方程如下:

$$V_1 = V_2 = V_3 = V \tag{1-94}$$

在图 1-34 的截面 A 与截面 B 之间列机械能衡算方程,得:

$$\frac{p_A}{\rho} + gz_A + \frac{u_A^2}{2} = \frac{p_B}{\rho} + gz_B + \frac{u_B^2}{2} + \sum w_f \tag{1-95}$$

式中:w_f 为截面 A 与截面 B 之间的阻力损失。

$$\sum w_f = w_{f1} + w_{f2} + w_{f3} = \sum_{i=1}^{3} \left(\lambda_i \frac{L_i}{d_i} + K_{ci} + K_{ei} + \xi_i \frac{u_i^2}{2} \right) \tag{1-96}$$

式中:下标 i 代表每个管道。通常,每个管道的摩擦因数 λ_i 因雷诺准数(Re_i)和相对粗糙度(ε_i/d_i)不同而不同。若流量已知,可直接计算得到阻力损失或压降。若已知压降,则可应用试差法计算流量。

例 1-9　用泵把 20℃的苯从地下储罐送到高位槽,流量为 300L/min。高位槽液面比储罐液面高 10m。泵吸入管路用 $\phi89\text{mm} \times 4\text{mm}$ 的无缝钢管,绝对粗糙度为 0.15mm,直管长度为 15m,吸入管路上装有一个底阀、一个标准 90°弯头;泵排出管路用 $\phi57\text{mm} \times 3.5\text{mm}$ 的无缝钢管,直管长度为 50m,管路上装有一个全开闸阀、一个全开的截止阀和两个标准 90° 弯头。储罐及高位槽液面上方均为大气压。设储罐液面维持恒定。求泵的轴功率,设泵的效率为 70%。

解:由题意已知吸入管路和排出管路内径分别为 $d_{吸} = 0.081\text{m}$ 和 $d_{排} = 0.05\text{m}$,管路中苯的流量 $V_s = 300 \times 0.001/60 = 0.005\text{m}^3/\text{s}$,则吸入和排出管路中苯的流速分别为:

$$u_{吸} = \frac{V_s}{(\pi/4)d_{吸}^2} = \frac{0.005}{(\pi/4) \times 0.081^2}\text{m/s} = 0.97\text{m/s}$$

$$u_{排} = \frac{V_s}{(\pi/4)d_{排}^2} = \frac{0.005}{(\pi/4) \times 0.05^2}\text{m/s} = 2.55\text{m/s}$$

查附录 4,20℃的苯 $\mu = 0.737 \times 10^{-3}\text{Pa} \cdot \text{s}$ 和 $\rho = 879\text{kg/m}^3$,绝对粗糙度 $\varepsilon = 0.00015\text{m}$,则吸入和排出管路的相对粗糙度分别为 $\varepsilon/d_{吸} = 0.00185$ 和 $\varepsilon/d_{排} = 0.003$,求得雷诺准数 Re,并根据图 1-27 求得摩擦因素 λ,即:

$$Re_{吸} = \frac{d_{吸}u_{吸}\rho}{\mu} = \frac{0.081 \times 0.97 \times 879}{0.737 \times 10^{-3}} = 93708, \lambda_{吸} = 0.019$$

$$Re_{排} = \frac{d_{排}u_{排}\rho}{\mu} = \frac{0.05 \times 2.55 \times 879}{0.737 \times 10^{-3}} = 152066, \lambda_{排} = 0.0185$$

吸入管路有一个底阀和一个标准 90° 弯头,还有管口的突然缩小,由表 1-3 可知,其局部阻力系数为:$\sum \xi_{吸} = 1.5 + 0.75 + 0.5 = 2.75$,排出管路有一个全开闸阀、一个全开截止阀和两个标准 90° 弯头,还有管口的突然扩大,其局部阻力系数为:$\sum \xi_{排} = 0.17 + 6.0 + 2 \times 0.75 + 1.0 = 8.67$。

在图 1-35 中的截面 1-1′ 与截面 2-2′ 之间列机械能衡算方程得:

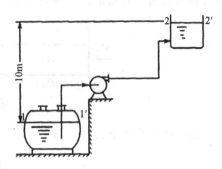

图 1-35 例 1-9 附图

$$\frac{p_1}{\rho} + gz_1 + \frac{u_1^2}{2} + w_e = \frac{p_2}{\rho} + gz_2 + \frac{u_2^2}{2} + \left(\sum \xi_{吸} + \lambda_{吸}\frac{L_{吸}}{d_{吸}}\right)\frac{u_{吸}^2}{2} + \left(\sum \xi_{排} + \lambda_{排}\frac{L_{排}}{d_{排}}\right)\frac{u_{排}^2}{2}$$

由题意可知,$p_1 = p_2 = 0$(表),$u_1 = 0$,$u_2 = 0$,$z_1 = 0$,$z_2 = 10$,代入上式,得:

$$w_e = 10g + \left(\sum \xi_{吸} + \lambda_{吸}\frac{L_{吸}}{d_{吸}}\right)\frac{u_{吸}^2}{2} + \left(\sum \xi_{排} + \lambda_{排}\frac{L_{排}}{d_{排}}\right)\frac{u_{排}^2}{2}$$

$$= 10 \times 9.8 \text{J/kg} + \left(2.75 + 0.019 \times \frac{15}{0.081}\right)\frac{0.97^2}{2} \text{J/kg} + \left(8.67 + 0.0185 \times \frac{50}{0.05}\right)\frac{2.55^2}{2} \text{J/kg}$$

$$= 189.29 \text{J/kg}$$

泵的轴功率为:$N = \dfrac{N_e}{\eta} = \dfrac{w_e\rho V_s}{\eta} = \dfrac{189.29 \times 879 \times 0.005}{0.7} \text{W} = 1188.47 \text{W}$

例 1-10 如图 1-36 所示,高位水箱中的水(水的密度为 ρ)经管道流出,水箱水位恒定,管道由粗管(管径 d_1)和细管(管径 d_2)组成。U 形管差压计读数为 R,U 形管压差计管内指示液密度为 ρ_A。若忽略阻力损失,计算粗管和细管的水的流速。

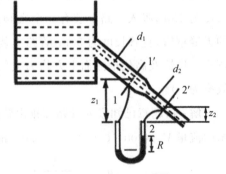

图 1-36 例 1-10 附图

解:1-1′ 截面和 2-2′ 截面处,水的流速和压强分别为 u_1、p_1、u_2 和 p_2。U 形管两端的测压口不处于同一水平面上,则根据静力学方程,得:

$$(p_1 + \rho g z_1) - (p_2 + \rho g z_2) = (\rho_A - \rho)gR \quad (1)$$

阻力损失忽略,在 1-1′ 截面和 2-2′ 截面之间列伯努利方程,得:

$$\frac{u_1^2}{2} + z_1 g + \frac{p_1}{\rho} = \frac{u_2^2}{2} + z_2 g + \frac{p_2}{\rho} \quad (2)$$

将式(2)代入式(1),得:

$$\frac{1}{2}\rho u_2^2 - \frac{1}{2}\rho u_1^2 = (\rho_A - \rho)gR \tag{3}$$

在 1-1′截面和 2-2′截面列连续性方程,得:

$$d_1^2 u_1 = d_2^2 u_2 \tag{4}$$

联立式(3)和式(4),求解得:

$$u_1 = \sqrt{\frac{2(\rho_A - \rho)gR}{\rho\left[(d_1/d_2)^4 - 1\right]}}$$

$$u_2 = \left(\frac{d_1}{d_2}\right)^2 \sqrt{\frac{2(\rho_A - \rho)gR}{\rho\left[(d_1/d_2)^4 - 1\right]}}$$

1.6　流速和流速的测量

1.6.1　皮托管

流动的流体中,某点的流速为 v_1,静压强为 p_1,流体密度为 ρ,则有:

$$p_0 = p_1 + \frac{1}{2}\rho v_1^2 \tag{1-97}$$

式中:压强 p_0 称为总压。

皮托管的构造如图 1-37 所示。皮托管见二维码。它由两根同心套管组成。内管前端敞开作为总压测孔,正对着迎面而来的流体;外管前端封闭,在侧壁上开有若干小孔,作为静压测孔。

皮托管二维码

压强为 p_1 和流速为 v_1 的流体流向总压测孔,在总压测孔处流速降为 0,流体的动能转变为静压能,放总压测孔测得的压强为总压 p_0;外管侧壁上静压测孔测得的压强是静压强 p_1。式(1-97)变形得到:

$$v_1 = \sqrt{\frac{2(p_0 - p_1)}{\rho}} \tag{1-97a}$$

可通过皮托管测得总压 p_0 和静压强 p_1,由式(1-97a)计算得到流体的流速 v_1。

总压测孔和静压测孔不可能在同一位置,探头对流场有不可避免的干扰,流体也是有黏性的,所以必须对上述理论公式进行修正,则:

$$v_1 = a\sqrt{\frac{2(p_0 - p_1)}{\rho}} \tag{1-98}$$

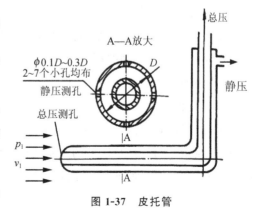

图 1-37　皮托管

式中：a 为皮托管的标定系数。

皮托管结构简单，使用方便、价格低廉，被广泛应用。在一定范围内可以达到很高的精度。皮托管所测得的是流体在管道横截面上某一点的速度，故可用皮托管测量速度分布。若要测量流量，可用皮托管测出管轴心处的最大流速，查图 1-25 得到平均流速，由此再算出流量。

1.6.2　孔板流量计

孔板流量计（orifice meter）属差压式流量计，是利用流经节流元件产生的压差来实现流量测量。孔板流量计的节流元件为孔板，即中央开有圆孔的金属板，将孔板垂直安装在管路中，以一定取压方式测取孔板前后两段的压差，并与压差计相连，即构成孔板流量计，如图 1-38 所示。孔板流量计见二维码。

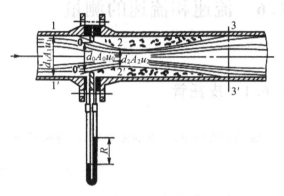

孔板流量计二维码

图 1-38　孔板流量计

图 1-38 中，流体在管路截面 1-1′处流速为 u_1，继续向前流动时，受节流元件的制约，流束开始收缩，其流速增加。由于惯性的作用，流束的最小截面并不在孔口处，经过孔板后流束仍继续收缩，直到截面 2-2′处为最小，流速 u_2 为最大。流束截面最小处称为缩脉（vena contracta）。随后流束又逐渐扩大，直至截面 3-3′处，又恢复到原来管截面，流速也降至原来的数值。

在流速变化的同时，流体的压强也随之发生变化。在截面 1-1′处流体的压强为 p_1，流束收缩后，压强下降，到缩脉 2-2′处降至最低（p_2），而后又随流束的回复而恢复。但在孔板出口处，由于流通截面突然缩小与扩大而形成涡流，消耗一部分能量，所以流体在 3-3′截面的压强 p_3 不能恢复到原来的压强，故 $p_3 < p_1$。

流体在缩脉处流速最高，即动能最大，而相应的压强最低，因此当流体以一定流量流经小孔时，在孔板前后就产生一定的压差 $\Delta p = p_1 - p_2$。流量愈大，Δp 也就愈大，并存在对应关系，因此通过测量孔板前后的压差即可测量流量。

孔板流量计的流量与压差的关系式由连续性方程和伯努利方程推导。如图 1-38 所示，在截面 1-1′和 2-2′截面间列伯努利方程，若暂时不计阻力损失，有：

$$\frac{p_1}{\rho} + \frac{1}{2}u_1^2 = \frac{p_2}{\rho} + \frac{1}{2}u_2^2 \tag{1-99}$$

变形得:

$$\frac{u_2^2 - u_1^2}{2} = \frac{p_1 - p_2}{\rho} \tag{1-99a}$$

或:

$$\sqrt{u_2^2 - u_1^2} = \sqrt{\frac{2\Delta p}{\rho}} \tag{1-99b}$$

由于上式未考虑能量损失,实际上流体流经孔板的能量损失不能忽略不计;另外,缩脉位置不定,A_2 未知,但孔口面积 A_0 已知,为便于用孔口速度 u_0 替代缩脉处速度 u_2;同时两侧压孔的位置也不一定在 1-1′ 和 2-2′ 截面上,因此引入一校正系数来校正上述各因素的影响,则上式变为:

$$\sqrt{u_0^2 - u_1^2} = C\sqrt{\frac{2\Delta p}{\rho}} \tag{1-100}$$

根据连续性方程,对于不可压缩性流体,有:

$$u_1 = u_0 \frac{A_0}{A_1} \tag{1-101}$$

将式(1-101)代入式(1-100),整理得:

$$u_0 = \frac{C}{\sqrt{1 - \left(\dfrac{A_0}{A_1}\right)^2}} \sqrt{\frac{2\Delta p}{\rho}} \tag{1-102}$$

令 $C_0 = \dfrac{C}{\sqrt{1 - \left(\dfrac{A_0}{A_1}\right)^2}}$,则:

$$u_0 = C_0 \sqrt{\frac{2\Delta p}{\rho}} \tag{1-102a}$$

将 U 形管压差计公式代入(1-102a)中,得:

$$u_0 = C_0 \sqrt{\frac{2Rg(\rho_0 - \rho)}{\rho}} \tag{1-103}$$

式中:ρ_0 为 U 形管压差计指示液体的密度。

根据 u_0 即可计算流体的体积流量 V 和质量流量 m,即:

$$V = u_0 A_0 = C_0 A_0 \sqrt{\frac{2Rg(\rho_0 - \rho)}{\rho}} \tag{1-104}$$

$$m = V\rho = C_0 A_0 \sqrt{2Rg\rho(\rho_0 - \rho)} \tag{1-105}$$

式中:C_0 称为流量系数或孔流系数,其值由实验测定。C_0 主要取决于流体在管内流动的雷诺准数 Re,孔面积与管截面积比 A_0/A_1,同时孔板的取压方式、加工精度、管壁粗糙度等因素也对其有一定的影响。管内流动的雷诺准数 Re 是以管路内径 d_1 计算的雷诺准数,即 $Re = d_1\rho u/\mu$。

对于按标准规格及精度制作的孔板,用角接取压法安装在光滑管路中的标准孔板流量计,实验测得的 C_0 与 Re、A_0/A_1 的关系曲线如图 1-39 所示。从图中可以看出,对于 A_0/A_1 相同的标准孔板,C_0 只是 Re 的函数,并随 Re 的增大而减小。当增大到一定界限值之后,C_0 不再随 Re 变化,成为一个仅取决于 A_0/A_1 的常数。选用或设计孔板流量计时,应尽量使流量在此范围内。常用的值为 $0.6 \sim 0.7$。

用式(1-104)计算流量时,必须先确定流量系数 C_0,但 C_0 与 Re 有关,而管路中的流体流速又是未知,故无法计算 Re 值,此时可采用试差法。即先假设 Re 超过 Re 界限值 Re_c,由 A_0/A_1 从图 1-39 中查得 C_0,然后根据式(1-104)计算流量,再计算管路中的流速及相应的 Re。若所得的 Re 值大于界限值 Re_c,则

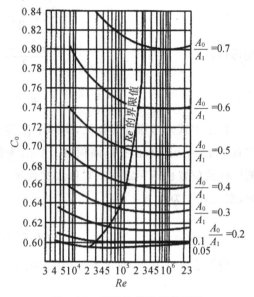

图 1-39　标准孔板的流量系数

表明原来的假设正确,否则需重新假设 C_0,重复上述计算,直至计算值与假设值相符为止。

孔板流量计安装时,上、下游需要有一段内径不变的直管作为稳定段,上游长度至少为管径的 10 倍,下游长度为管径的 5 倍。

孔板流量计结构简单,制造与安装方便,其主要缺点是能量损失较大。这主要是由于流体流经孔板时,截面的突然缩小与扩大形成大量涡流所致。如前所述,虽然流体经管口后某一位置(图 1-38 中的 3-3′截面)流速已恢复到流过孔板前的数值,但静压力却不能恢复,产生了永久压降,此压降随面积比 A_0/A_1 的减小而增大。同时孔口直径减小时,孔速提高,读数 R 增大,因此设计孔板流量计时应选择适当的面积比 A_0/A_1,以兼顾 U 形管压差计适宜的读数和允许的压降。

例 1-11　　20℃时苯在 $\phi 133\text{mm} \times 4\text{mm}$ 的钢管中流过,为测量苯的流量,在管路中安装一孔径为 75mm 的标准孔板流量计。当孔板前后 U 形管压差计的读数 R 为 80mmHg 时,试求管中苯的流量(m^3/h)。

解:查得 20℃苯的物性 $\rho = 879\text{kg/m}^3$,$\mu = 0.737 \times 10^{-3} \text{Pa} \cdot \text{s}$。

面积比为:
$$\frac{A_0}{A_1} = \frac{d_0^2}{d_1^2} = \left(\frac{75}{125}\right)^2 = 0.36$$

孔面积为:
$$A_0 = \frac{\pi}{4} d_0^2 = \frac{\pi}{4} \times 0.075^2 \text{m}^2 = 4.416 \times 10^{-3} \text{m}^2$$

设 $Re > Re_c$,由图 1-39 查得:$C_0 = 0.648$,$Re_c = 1.5 \times 10^5$。根据式(1-104),苯的体积流量为:

$$V = C_0 A_0 \sqrt{\frac{2Rg(\rho_0 - \rho)}{\rho}}$$

$$= 0.648 \times 4.416 \times 10^{-3} \sqrt{\frac{2 \times 0.08 \times 9.8 \times (13600 - 879)}{879}} \mathrm{m^3/s}$$

$$= 0.0136 \mathrm{m^3/s} = 49.07 \mathrm{m^3/h}$$

校核 Re：管内流速 $u = \dfrac{V}{(\pi/4)d_1^2} = \dfrac{0.0136}{0.785 \times 0.125^2} = 1.11\mathrm{m/s}$，则管路的 $Re = \dfrac{d_1 \rho u}{\mu}$

$= \dfrac{0.125 \times 879 \times 1.11}{0.737 \times 10^{-3}} = 1.65 \times 10^5 > Re_c$。故假设正确，以上计算有效。苯在管路中的流量为 $49.07\mathrm{m^3/h}$。

1.6.3　文丘里流量计

孔板流量计的主要缺点是机械能损失大，其原因在于孔板前后的突然缩小与突然扩大。为了减小机械能损失，可采用文丘里流量计（Venturi meter）或文氏流量计，即用一段渐缩、渐扩管代替孔板，如图 1-40 所示。当流体经过文丘里管时，由于均匀收缩和逐渐扩大，流速变化平缓，涡流较少，故机械能损失比孔板少。

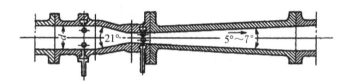

图 1-40　文丘里流量计

文丘里流量计的测量原理与孔板流量计相同，也属于差压式流量计，其流量方程也与孔板流量计相似，即：

$$V = C_V A_0 \sqrt{\frac{2Rg(\rho_0 - \rho)}{\rho}} \tag{1-106}$$

式中：C_V 为文丘里流量计流量系数（约为 $0.98 \sim 0.99$）；A_0 为喉管处截面积，$\mathrm{m^2}$。

由于文丘里流量计的机械能损失较小，其流量系数较孔板大，因此相同压差计读数 R 时其流量比孔板大。文丘里流量计的缺点是加工较难、精度要求高，安装时需占去一定管长位置。文丘里流量计见二维码。

文丘里流量
计二维码

1.6.4　转子流量计

转子流量计结构如图 1-41 所示，是由一段上粗下细的锥形玻璃管（锥角约为 $4°$）和管内一个密度大于被测流体的转子（或称浮子）所构成。流体自玻璃管底部流入，经过转子和管壁之间的环隙,再从顶部流出。转子流量计见二维码。

转子流量计二维码

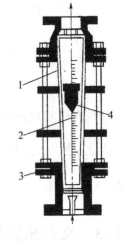

图 1-41　转子流量计
1-锥形硬玻璃管；
2-刻度；3-法兰；
4-转子

转子流量计无流体通过时,转子沉于管底部。当被测流体以一定的流量流经转子与管壁的环隙时,由于流道截面减小,流速增大,压力必随之降低,于是在转子上、下端面形成一个压差,转子借此压差"浮起"。随转子的上浮,环隙面积逐渐增大,流速减小,转子两端的压差亦随之降低。当转子上浮至一定高度时,转子两端面压差造成的升力恰好等于转子的重力,转子不再上升,并悬浮在该高度。

当流量增加时,环隙流速随之增大,转子两端的压差也随之增大,而转子的重力并未变化,则转子在原有位置的受力平衡被破坏,转子将上升,直至另一高度重新达到平衡。反之,若流量减小,转子将下降,在某一较低位置达到平衡。由此可见,转子的平衡位置(即悬浮高度)随流量而变化。转子流量计玻璃管外表面上刻有流量值,根据转子在平衡时其上端平面所处的位置,即可读取相应的流量。

流量与环隙面积成正比,由于玻璃管为下小上大的锥体,当转子停留在不同高度时,环隙面积不同,因而流量不同。

当流量变化时,力平衡关系式并未改变,也即转子上、下两端面的压差为常数,所以转子流量计的特点为恒压差、恒环隙流速而变流通面积,属截面式流量计;而孔板流量计则是恒流通面积,其压差随流量变化,为差压式流量计。

转子流量计上的刻度是在出厂前用某种流体进行标定的。一般液体流量计用 20℃ 的水(密度以 1000kg/m^3 计)标定,而气体流量计则用 20℃ 和 101.3 kPa 下的空气(密度为 1.2kg/m^3)标定。当被测流体与上述条件不符时,应进行刻度换算。

假定流量系数 C_r 相同,在同一刻度下,有:

$$\frac{V_2}{V_1} = \sqrt{\frac{\rho_1 (\rho_f - \rho_2)}{\rho_2 (\rho_f - \rho_1)}} \tag{1-107}$$

式中:下标 1 表示标定流体的参数;下标 2 表示实际被测流体的参数;ρ_f 是转子材料的密度。

对于气体转子流量计,因转子材料的密度远大于气体密度,式(1-107)可以简化为:

$$\frac{V_2}{V_1} \approx \sqrt{\frac{\rho_1}{\rho_2}} \tag{1-107a}$$

转子流量计必须垂直安装在管路上,为便于检修,常设置支路。转子流量计读数方便,流动阻力小,测量范围宽,对不同流体适应性广;缺点是流量计玻璃管不能承受高温和高压,在安装及使用过程中容易破碎。

例 1-12　某液体转子流量计,转子为硬铅,其密度为 11000kg/m³。现将转子改变成形状、大小相同,而密度为 1150kg/m³ 的胶质转子,用于测量空气(50℃、120kPa)的流量。试问在同一刻度下,空气流量为水流量的多少倍(设流量系数 C_f 为常数)?

解:50℃、120kPa 下空气的密度为:

$$\rho_2 = \frac{pM}{RT} = \frac{120 \times 10^3 \times 0.029}{8.314 \times (273.15 + 50)} \text{kg/m}^3 = 1.295 \text{kg/m}^3$$

由式(1-107)得:

$$\frac{V_2}{V_1} = \sqrt{\frac{\rho_1(\rho_{f2} - \rho_2)}{\rho_2(\rho_{f1} - \rho_1)}} = \sqrt{\frac{1000 \times (1150 - 1.295)}{1.295 \times (11000 - 1000)}} = 9.42$$

即同刻度下空气的流量为水流量的 9.42 倍。

1.6.5　涡轮流量计

涡轮流量计由壳体、叶轮、前后导架及磁电感应器组成,如图 1-42 所示。当流体通过流量计时推动叶轮旋转,叶轮叶片切割磁电传感器的磁场发出脉冲信号,即可测得叶轮转速。叶轮转速与通过流量计的流量成正比,比例系数在流量计出厂时进行标定,并标明在流量计上,称为流量计常数。涡轮流量计见二维码。

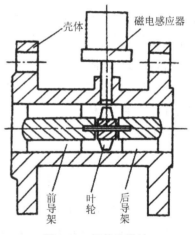

图 1-42　涡轮流量计

涡轮流量计二维码

涡轮流量计应水平安装,前后直管段分别大于 20 倍和 15 倍流量计通径。流量计修理后必须重新标定。

▶▶▶▶ 拓展内容 ◀◀◀◀

1.7　自由界面的层流及新型流场测量仪器

1.7.1　自由界面的层流

在倾斜面或垂直面上的液体层在重力作用下流动,该液体层有一个自由界面,该液体层称为液膜。如果该流动为稳定流动,且速度梯度充分发展,则该液体层(液膜)的厚度保持不变。当流动为层流且无涟波时,可以精确地分析该流体流动。

在一平板上流体液体层稳定流动,该液体层流速和厚度固定不变,如图 1-43 所示。该平板倾斜放置,与垂直面的夹角为 φ,液层宽度为 b,液层厚度为 δ。取一控制体,该控制体的上表面与大气接触,控制体长度为 L,控制体厚度(即与控制体上表面的距离)为 r。

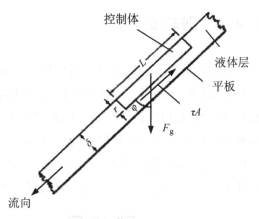

图 1-43　自由界面的层流

由于液层为稳定流动,不存在加速度,故所有作用在控制体上的合力为 0。平行于流动方向上的力有:控制体两端的压力、上下表面的剪切力、在流动方向上的重力分量。作用于控制体两端的压力大小相等且方向相反,故合力为 0;假设控制体上表面的剪切力可忽略不计,因此,剩下的两个力为:控制体下表面的剪切力及流动方向上的重力分量,则:

$$F_g \cos\varphi - \tau A = 0 \tag{1-108}$$

式中:F_g 为重力;τ 为控制体下表面的剪切应力;A 为控制体下表面的面积。

而 $A = bL$,$F_g = \rho \cdot rLb \cdot g$,则式(1-108)变为:

$$\rho \cdot rLb \cdot g \cos\varphi = \tau Lb \tag{1-109}$$

或:

$$\tau = \rho \cdot rg \cos\varphi \tag{1-109a}$$

由于流动为层流,采用牛顿黏性定律,得:

$$\tau = \mu \frac{\mathrm{d}v}{\mathrm{d}r} = \rho \cdot rg \cos\varphi \tag{1-110}$$

整理,并求取积分:

$$\int_0^v \mathrm{d}v = \frac{\rho g \cos\varphi}{\mu} \int_\delta^r r\,\mathrm{d}r \tag{1-111}$$

$$v = \frac{\rho g \cos\varphi}{2\mu}(\delta^2 - r^2) \tag{1-112}$$

式中:δ 为液层厚度。从式(1-112)可以看出,在平板上稳定流动的液层速度呈抛物线分布。

现在考虑平板流动液层的一个微元流通截面,其面积 $\mathrm{d}S = b\mathrm{d}r$,通过此微元流通截面的微元质量流量 $\mathrm{d}m = \rho v b\mathrm{d}r$,则平板流动液层的总质量流量为:

$$m = \int_0^\delta \rho v b\,\mathrm{d}r \tag{1-113}$$

将式(1-112)代入式(1-113)并求取积分得:

$$\frac{m}{b} = \frac{\delta^3 \rho^2 g \cos\varphi}{3\mu} = \Gamma \tag{1-114}$$

式中:$\Gamma = m/b$,为液体负荷,$\mathrm{kg/(s \cdot m)}$。

式(1-114)经整理,得到平板流动液层(液膜)厚度为:

$$\delta = \left(\frac{3\mu\Gamma}{\rho^2 g \cos\varphi}\right)^{1/3} \tag{1-115}$$

平板流动液层的雷诺准数定义为:

$$Re = \frac{4\Gamma}{\mu} \tag{1-116}$$

公式(1-115)是计算在重力作用下平板上液层(液膜)做层流流动时液膜厚度的公式。该公式首先是由努塞尔提出的,他利用此结果预言了冷凝蒸气的传热系数。通过对垂直面($\cos\varphi = 1$)液膜厚度的测量可知,当 $Re = 1000$ 时,式(1-115)几乎是正确的。但实际上液膜厚度是随雷诺准数 Re 的 0.45 次方而变化的。当雷诺准数小时,测量的液膜厚度小于式(1-115)的计算值,而当雷诺准数大于 1000 时,测量的液膜厚度大于计算值。这些偏差可能是由液膜中产生涟波而引起的,因为即使是雷诺准数很小的流动也会产生明显的涟波。

由于液膜非常薄以及涟波的存在,观察液膜湍流非常困难,因此层流向湍流的转变并不如在管道流动中那么容易观察到。通常把雷诺准数 Re 为 2100 作为一个临界雷诺准数,用以判断平板液膜从层流向湍流的转变。

1.7.2　热线(膜)风速仪

热线(膜)风速计是在流场中放置细金属丝或金属薄膜对其通电加热,利用它的冷却率与流体速度的函数关系来测量流速的仪器,它由探头和放大电路两部分组成。探头有热线式和热膜式两种,它们的结构形式多种多样,图 1-44 为其中的一种。热线和热膜风速计的工作原理是相同的,热线式适用于气体,热膜式适用于液体。

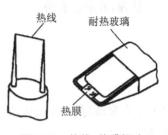

图 1-44　热线、热膜探头

热线(膜)风速计的理论基础为金(King)于 1914 年提出的金氏方程,这个方程是在流体发生强制对流传热情况下,流过金属丝的热损失方程写为:

$$Nu = A + B\sqrt{Re} \tag{1-117}$$

式中:A、B 为校正系数;Re 为雷诺准数;Nu 为努塞尔准数。

通过理论推导,可得:

$$\frac{aR_f I_w^2 R_w}{R_w R_f} = A + B\sqrt{v} \tag{1-118}$$

式中:a 为电阻温度系数;A、B 为校正系数;I_w 为流过金属丝的电流;R_f 为金属丝具有流体温度时的电阻;R_w 为金属丝的电阻;v 为流体流速。R_f 和 a 均为常数,I_w、R_w 和 v 之间有确定的对应关系,所以可由此计算流速 v。

如果加热电流保持为定值,此时线电阻与速度之间有确定的关系,利用这个关系测量流速的办法称之为恒流法。如果保持金属丝的温度为定值,线电流和流速之间有确定的关系,利用这个关系测量流速的方法称之为恒温法。恒温式热线风速计具有热滞后效应小、动态效应宽等特点,绝大多数热线风速计都是恒温式的,而恒流式热线风速计由于存在热惯性,其频率相应特性要比恒温式差。

1.7.3　激光多普勒测速仪

光线碰到移动物体后产生的散射光,其频率与光源频率之间会有差异,这种频率变化称为多普勒频移。以激光作为光源,利用多普勒频移来测量流体速度的仪器称为激光多普勒测速仪(简称 LDV)。

激光测速仪利用流场中运动微粒散射光的多普勒频移来获得速度信息,由于流体分子的散射光很弱,为了得到足够的光强,必须在流体中散播适当尺寸和浓度的微粒作为示踪粒子。因此,他实际上测得的是微粒的运动速度。

图 1-45 为激光测速仪的工作原理图,透明管子内为被测流场。激光通过透明管子进

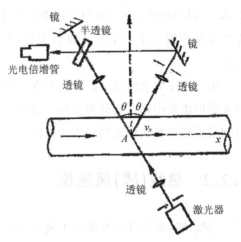

图 1-45　激光多普勒测速仪原理

入光电倍增管,流场中的微粒在 A 点产生散射光并射入光电倍增管,两光线的多普勒总
频移量为:

$$f_D = \frac{2\sin\theta}{\lambda} v_x \qquad\qquad (1\text{-}119)$$

式中:f_D 为多普勒频移;λ 为流场介质中的激光波长;v_x 为 x 轴方向的粒子速度;2θ 为透过
光与散射光之间的夹角。测得 f_D 后,再由已知的 λ 和 θ,就可以求得粒子速度,于是得到流
场在该点的速度。

　　激光多普勒测速仪通常由激光器、入射光学单元、接受光学单元、多普勒信号处理器、计
算机数据处理系统五个部分所组成。其优点有:①非接触式测量,对流场无任何干扰;②动
态响应好,可以测量脉动速度;③测试精度高;④激光束可以聚集到很小的体积,空间分辨率
高,因此可进行边界层和极小管道中的测量;⑤测量速度范围大,从 1mm/s 到 1000mm/s。
其局限性为:①测量区域必须透光;②流场中需要存在适当的散射粒子;③由于测到的是粒
子的速度,粒子应有很好的跟随性。

▶▶▶▶ 习　　　题 ◀◀◀◀

　　1. 某水池水深 4m,水面通大气,水池侧壁是垂直向的。问:水池侧壁平面每 3m 宽度
承受水的压力是多少? 外界大气压为 1atm。(1.45×10^6 N)

　　2. 外界大气压为 1atm,计算 0.20atm(表压)和 20℃ 空气的密度。(1.439 kg/m³)

　　3. 欲知某地下油品储槽的液位 H,采用如本题附图所示装置在地面进行测量。测量时
控制氮气的流量使观察瓶内产生少量气泡。已知油品的密度为 850kg/m³,并测得水银压差
计的读数 R 为 150mm,问储槽内的液位 H 为多少? (2400mm)

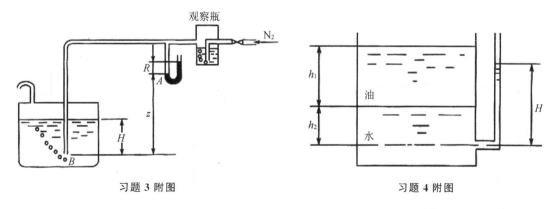

习题 3 附图　　　　　　　　　　　　　习题 4 附图

　　4. 某敞口容器内盛放有水与油,如本题附图所示,已知水及油的密度分别为 1000kg/m³
和 860kg/m³,$h_1 = 600$mm,$h_2 = 800$mm,问 H 为多少? (1316mm)

　　5. 如本题附图所示,采用倾斜式 U 形管压差计测量气体压差,指示液是 $\rho = 920$kg/m³

的乙醇水溶液,读数 $R=100\text{mm}$。问 p_1 与 p_2 的差值是多少?(3084Pa)

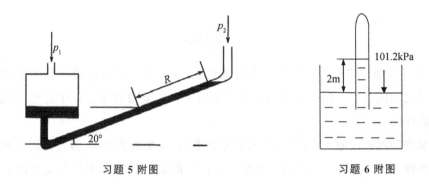

习题 5 附图   习题 6 附图

6. 将一段封闭的管子装入一定量水后倒插于常温水槽中,如本题附图所示,管中水柱比水槽液面高出 2m,当地大气压为 101.2kPa。计算:(1) 管子上端空间的绝对压强;(2) 管子上端空间的表压;(3) 管子上端的真空度;(4) 若将水换成四氯化碳,管中的四氯化碳液柱比水槽液面高出多少?(81580Pa;-19620Pa;19620Pa;1.25m)

7. 下列流体在 $\phi57\text{mm}\times3.5\text{mm}$ 管内流动时,若保持层流状态,求允许的极限流速(指平均流速):(1) 20℃的水;(2) 温度为 20℃,黏度为 $1.81\times10^{-5}\text{Pa}\cdot\text{s}$ 和密度为 1.2kg/m^3 的空气。(0.0403m/s;0.603m/s)

8. 列管换热器的管束由 121 根 $\phi25\text{mm}\times2.5\text{mm}$ 的钢管组成。空气以 9m/s 的速度在列管内流动。空气在管内的平均温度为 50℃,压强为 1.96kPa(表压),认为空气为理想气体。求:(1) 操作条件下空气的体积流量;(2) 空气的质量流量;(3) 将(1)的计算结果换算为在标准状态下的体积流量。($0.3419\text{m}^3/\text{s}$;$0.381\text{kg/s}$;$0.2944\text{m}^3/\text{s}$)

9. 如本题附图所示,用压缩气体将某液体自储槽压送到高度 H 为 5.0m 和压强 p_2 为 250kPa(表压)的容器内。已知液体密度 $\rho=1800\text{kg/m}^3$,流体流动阻力损失为 4.0J/kg。问:所需的压缩空气压强 p_1 至少为多少(表压)?(345.4kPa)

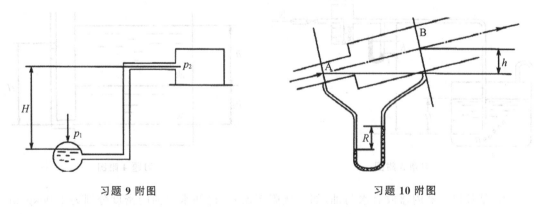

习题 9 附图   习题 10 附图

10. 如本题附图所示,水以 $70\text{m}^3/\text{h}$ 的流量通过倾斜的管道。已知小管内径 $d_A=100\text{mm}$,大管内径 $d_B=150\text{mm}$,B、A 截面中心点高度差 $h=0.3\text{m}$,U 形管压差计的指示液为汞。若不计 AB 段的流体流动阻力损失,问：U 形管压差计哪一支管内的指示液液面较高？R 为多少？（左；0.02m）

11. 如本题附图所示,水从喷嘴嘴口 1-1′ 截面垂直向上喷射至大气。设在大气中水的流束截面保持圆形,已知喷嘴内直径 $d_1=20$mm,出喷嘴口水流速 $u_1=15$m/s。问：在高于喷嘴出口 5m 处水流的直径是多少？忽略阻力损失。（23.1mm）

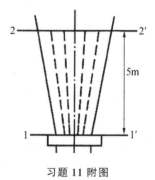

习题 11 附图

12. 某水溶液在圆直等径管内做层流流动,管内径为 R。皮托管的探头位置与管轴线的距离为 r。问 r/R 为多少时探头测得的流速等于平均流速？（$r/R=0.707$）

13. 流体在圆直等径管内流动,管子内径为 50mm。在管截面上的流速分布可表达为 $v=2.85y^{1/6}$。式中,y 为截面上任一点至管壁的径向距离,m；v 为该点的流速,m/s。求：最大流速 v_{max}。（1.54m/s）

14. 流体在圆直等径管内流动。该流体的黏度为 0.045Pa·s。在管截面上的速度分布可表达为 $u=24y-200y^2$。式中,y 是截面上任一点至管壁的径向距离,m；u 是该点的流速,m/s。求：（1）圆管的半径；（2）圆管轴心处的流速；（3）管壁处的剪应力。（0.06m；0.72m/s；1.08Pa）

15. 如本题附图所示,12℃ 水由高位槽经 ϕ89mm×4mm 的镀锌钢管流入一常压塔内。管路总长为 120m（包括所有局部阻力的当量长度）,摩擦因数 λ 取 0.02,高位槽内的液面 1-1′ 高于常压塔内钢管出口 2-2′ 截面 10m。求流入塔内水的流量,以 m^3/h 计。（46.91m^3/h）

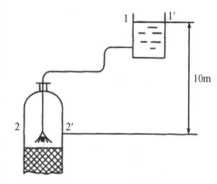

习题 15 附图

16. 用泵将 20℃ 的苯液从贮槽（贮槽上方维持 1atm）送到反应器,途经 30m 长的 ϕ57mm×2.5mm 钢管,管路上有 2 个 90°弯头、1 个球心阀（半开）,管路出口在贮槽液面以上 12m,反应器操作压强为 500kPa（表压）。若要维持 5m^3/h 的流量,求所需泵的有效功率。（取 $\varepsilon=0.05$ 时,845.2W）

17. 某实验室拟建立流体通过圆直等径管的阻力测试装置,有两个方案：一个是采用 20℃ 清水为工质,水流速度为 3.0m/s；另一方案压强为 1atm,20℃ 空气（按干空气计）为工质,流速为 25.0m/s,要求雷诺准数 Re 为 10^5。问：（1）两方案需要的管内径各为多少？（水管内径 0.0336m；空气管内径 0.0603m）。（2）若管子绝对粗糙度皆为 0.1mm,两者管长与管内径之比都是 150。在雷诺准数 Re 为 10^5 的情况下,两者的流动阻力损失各是多少？（水 18.9J/kg；空气 1171.9J/kg）

18. 有两段管路,管子均为内径 20mm、长 8m、绝对粗糙度 0.2mm 的直钢管,其中一根管水平安装,另一根管竖直安装。两者均输送 20℃清水,流速皆为 1.15m/s,竖直管内水由下而上流过。计算这两种情况下管两端的压差。(水平时:$p_1 - p_2 = 1.07 \times 10^4 \text{Pa}$;垂直时:$p_1 - p_2 = 8.92 \times 10^4 \text{Pa}$)

19. 如本题附图所示的装置中,下面的排水管管径为 $\phi57\text{mm} \times 3.5\text{mm}$,压力表之前的直管长 2m。当阀门全闭时,压力表读数为 0.3atm;当阀门开启后,压力表读数降为 0.1atm,摩擦因数 λ 取 0.04,此时水的流量为多少?($25.5\text{m}^3/\text{h}$)

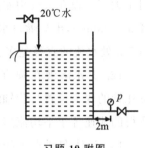

习题 19 附图

20. 某圆直管管内径 0.02m,管子是普通壁厚的水煤气钢管,用以输送 40℃的清水。新管时内壁绝对粗糙度为 0.1mm,使用数年后,旧管的绝对粗糙度增至 0.3mm,若水流速维持 1.20m/s 不变,该管路旧管时流动阻力损失是新管时流动阻力损失的多少倍?(1.35)

21. 以水平面直管输送某油品。因管道腐蚀,要更换管道。对新装管道安装要求如下:管长不变,管段压降为原来的 0.75,且流量加倍。设前后情况下流体皆为层流。问新管道内径 d_2 与原来管内径 d_1 之比为多少?(1.28)

22. 液体在圆形直管内做层流流动,若管长和液体物性均保持不变,而管径缩小到原来的一半,阻力损失是原来的多少倍?(16)

23. 如本题附图所示,某液体在直圆管内以 $u = 1.2\text{m/s}$ 的流速从上向下流动,液体密度为 920kg/m^3,摩擦因数 λ 取 0.02。管内径为 50mm,测压差管段长 $L = 3\text{m}$。U 形管压差计以汞为指示液。计算 R 值。(6.44m)

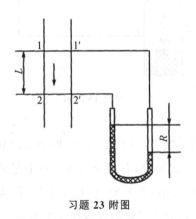

习题 23 附图

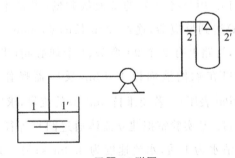

习题 24 附图

24. 如本题附图所示,用离心泵将 20℃水由水槽送至水洗塔内。水槽敞口,液面维持恒定,塔内表压为 0.85atm。水槽水面至塔内水出口处垂直高度差 22m。已知水流量为 $42.5\text{m}^3/\text{h}$,管路总长 110m(包括局部阻力当量管长),摩擦因数 λ 取 0.02,管子内径为 100mm。计算泵的轴功率。泵的效率为 70%。(5507.9W)

25. 在内径为 50mm 的圆直管内装有孔径为 25mm 的孔板,管内流体是 25℃清水。按标准测压方式以 U 形管压差计测压差,指示液为汞。测得压差计读数 R 为 50mm,求管内水的流量。$(3.38 \times 10^{-3} \text{m}^3/\text{s})$

26. 某转子流量计,刻度是按常压、20℃空气实测确定的。现用于测常压下 15℃的氯气,读得刻度为 2000L/h。已知转子的密度为 2600kg/m³,氯气流量是多少?(1264L/h)

第 2 章

流体输送机械

2.1　概述

　　流体输送机械是为流体提供机械能，使流体从一处输向另一处的机械设备。通常将输送液体的机械叫作"泵"，输送气体的机械称为"风机"或者"压缩机"。

2.1.1　化工生产过程中的流体输送

　　流动的流体具有位能、动能和静压能，三项之和为流体的总机械能。在生产中，要将流体从机械能低的地方输送到机械能高的地方，必须向流体作功；另一方面，流体在流动过程中存在机械能损失，必须通过作功向流体补充机械能，作功借助流体输送机械来实现。对流体作功后的直接表现是在输送机械出口处流体的压力增大，增大后的压力在输送过程中用于克服流动阻力或者部分转变为位能、动能等机械能。例如，增加流体压力后，可以向高处输送物料或向高压设备中输送物料。又如，在西油东输和西气东输工程中设置中间加压站，以增加流体压力来克服流动阻力。

2.1.2　流体输送机械的分类

　　按照工作原理，流体输送机械可以分为速度式和容积式两大类，如表 2-1 所示。速度式流体机械通过高速旋转的叶轮或者高速喷射的工作流体对流体作功，包括离心式、轴流式和喷射式三种。容积式流体输送机械依靠改变容积来压送与吸取流体，按照结构不同可细分为往复活塞式和回转活塞式两种。

表 2-1　流体输送机械的分类

工作原理		液体输送机械	气体输送机械
速度式	离心式	离心泵、旋涡泵	离心风机、离心压缩机
	轴流式	轴流泵	轴流式通风机
	喷射式	喷射泵	
容积式	往复式	往复泵、隔膜泵、计量泵	往复式压缩机
	回转式	齿轮泵、螺杆泵	罗茨风机、液环压缩机

2.2　离心泵

　　离心泵是化工厂最常用的液体输送机械,它流量大、结构简单、体积小、重量轻、操作平稳、维修方便、适用范围广。

2.2.1　离心泵的工作原理和主要构件

　　离心泵的主要部件分为旋转部件和静止部件,旋转部件包括叶轮和转轴等,静止部件包括吸入室、泵壳、轴封装置及轴承等。离心泵的基本结构如图 2-1 所示。

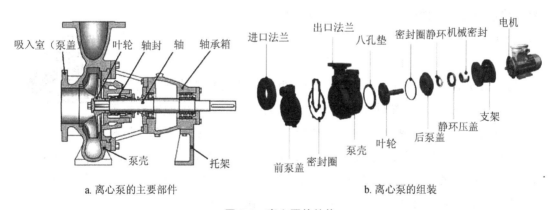

a. 离心泵的主要部件　　　　　　　　　　　　　　b. 离心泵的组装

图 2-1　离心泵的结构

　　叶轮是离心泵的核心部件,由若干弯曲的叶片组成。叶轮高速旋转,将机械能传送给液体,使液体获得静压能和动能。设计时要求叶轮在流动损失最小的情况下使液体获得较多的能量,叶轮按照机械结构通常分为开式、半开式和闭式三种,如图 2-2 所示。开式叶轮两侧均不设盖板,不容易堵塞,但效率太低,很少采用。半开式叶轮由于没有前盖板,叶片间的通道不宜堵塞,适用于输送含固体颗粒的悬浮液,但液体在叶片间流动时易发生倒流,其效率较闭式叶轮低。闭式叶轮由叶片(一般 6～8 片)、前盖板和后盖板组成,液体流经叶片之间的通道并从中获得能量。这种叶轮适用于输送清洁的液体,其效率较高,应用最广,离心泵中多采用闭式叶轮。叶轮类型见二维码。

叶轮类型二维码

a.开式叶轮

b.半开式叶轮

c.闭式叶轮

图 2-2　离心泵的叶轮

　　泵壳位于叶轮出口之后,是一个截面逐步扩大的蜗牛形通道,因此泵壳也被称为"蜗壳",泵壳流道逐渐扩大的方向与叶轮的转动方向一致。泵壳的主要作用是:①收集液体。把叶轮内流出的液体收集起来,按照一定要求送入下级叶轮或进入排出管。②能量转化。逐渐扩大的蜗牛形通道能使流过的液体速度降低,将液体部分动能转化为静压能。设计时

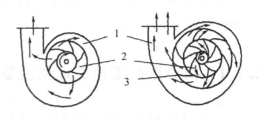

图 2-3　泵壳、叶轮和导轮
1-泵壳;2-叶轮;3-导轮

要求液体在泵壳内流动时阻力损失最小,例如在叶轮和泵壳之间安装固定不动且带有叶片的导轮(图 2-3)。离心泵见二维码。

离心泵二维码

　　防止高压液体从泵壳内向轴外泄漏及因叶轮中心为负压使外界空气经缝隙漏入,需采用轴封装置封住轴承与泵壳之间的缝隙。常用的轴封装置有填料密封和机械密封两种。其中,填料密封装置主要由填料函壳、软填料和填料压盖构成,这类密封装置结构简单,加工方便,但功率消耗较大且有一定的泄漏,需要定期更换。机械密封装置主要由装在泵轴上随之转动的动环和固定于泵壳上的静环组成,这类密封装置具有密封性好、使用寿命长、功率消耗低等优点,广泛用于输送高温、高压、有毒或易腐蚀流体。

2.2.2　离心泵的工作原理

　　离心泵工作原理见二维码。

离心泵工作原理二维码

　　图 2-4 是离心泵的工作装置简图。安装时应使吸入管与吸入室口相连

接,排出管与排出口相连,在排出管路上安装流量调节阀。离心泵依靠叶轮旋转时产生的离心力来输送液体,液体的输送可以分为两个过程。

（1）排液过程。在启动泵之前,先灌泵,即向泵内灌满液体,使泵壳和吸入管路充满被输送介质。在外界动力的驱动下,泵轴带动叶轮作高速旋转,其中的叶片对流体作功,流体通过离心力的作用被抛向叶轮外周,并以很高的速度（15～25m/s）流入泵壳,将大部分动能转化为压力能,然后沿切线进入排出管。流体经过离心泵后,压力能和动能均有所增加。

（2）吸液过程。当液体由叶轮中心被甩向外周时,吸入室内形成低压,这样使被输送液体的液面和吸入室之间形成一个压差,在该压差的

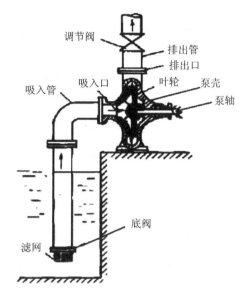

图 2-4　离心泵工作装置简图

作用下,液体经吸入管源源不断地进入泵内,使流体得以连续不断的输送。若离心泵启动前未充满液体,则泵壳内势必存有空气。由于空气密度远低于液体密度,旋转后产生的离心力很小,因而叶轮中心所形成的低压不足以将液体吸入泵内,此时虽启动了泵但并不能输送液体,这种现象称为"气缚",即离心泵无自吸能力。如离心泵的吸入口位于贮槽液面的下方,则不需要灌泵。气缚见二维码。

气缚二维码

2.2.3　离心泵的分类

按照液体吸入方式,可将离心泵分为单吸式泵（液体从叶轮的一面进入）和双吸式泵（液体从叶轮的两面进入）。按照叶轮的级数,可将其分为单级泵（泵轴上只装有一个叶轮）和多级泵（泵轴上装有串联的两个以上的叶轮）。多级离心泵见二维码。目前使用最多的是按照其用途来分类,常用的类型有水泵、耐腐蚀泵、油泵和杂质泵等。

多级离心泵
二维码

2.2.4　离心泵的基本方程式

离心泵的基本方程是在一定假设条件下推导出的描述离心泵操作性能的公式。虽然不能由这个方程式直接计算离心泵的压头,但这个方程对于离心泵的设计制造及其特性分析具有指导意义。这个基本方程由欧拉（Euler）推导,故称为欧拉方程。欧拉推导该基本方程

有三个基本假设：

(1) 叶片的数目无限多,叶片无限薄,液体完全沿着叶片的弯曲表面流动,无任何环流现象。

(2) 叶轮中的液体流动是轴对称的相对定常流动,即在同一半径的圆柱面上,各运动参数均相同,而且不随时间变化。

(3) 流经叶轮的液体是理想流体,黏度为 0,因此不存在流动阻力损失。

欧拉方程如式(2-1)所示：

$$H_\infty = (c_2 u_2 \cos\alpha_2 - c_1 u_1 \cos\alpha_1)/g \tag{2-1}$$

式中：H_∞ 为离心泵的理论压头,即单位重量液体通过旋转叶轮所获得的能量。

图 2-5 为液体经过叶轮的速度三角形。w 是与叶片相切的相对速度；u 是随叶轮一起转动的圆周速度,两者的合成速度为绝对速度 c。这个方程也适用于其他旋转叶轮式机械,如离心通风机。

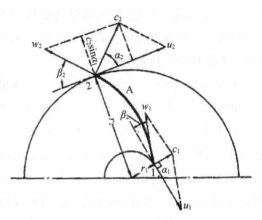

图 2-5　速度三角形

欧拉方程推导过程如下：根据柏努利方程,单位重量液体从点 1 到点 2 获得的能量为：

$$H_\infty = H_p + H_c = \frac{p_2 - p_1}{\rho g} + \frac{c_2^2 - c_1^2}{2g} \tag{2-2}$$

式中：H_p 代表流体经过叶轮增加的静压能；H_c 代表流体经过叶轮后增加的动能。

静压能增加项 H_p 又由两部分构成：

① 离心力作功产生的压头。

$$\int_{r_1}^{r_2} F \mathrm{d}r/g = \int_{r_1}^{r_2} r\omega^2 \mathrm{d}r/g = \frac{\omega^2}{2g}(r_2^2 - r_1^2) = \frac{u_2^2 - u_1^2}{2g} \tag{2-3}$$

式中：ω 为旋转的角速度。

② 液体通过逐渐扩大的流道时,将有部分动压能转化为静压能。

$$\frac{w_1^2 - w_2^2}{2g} \tag{2-4}$$

将式(2-3)和(2-4)代入式(2-2),有：

$$H_\infty = \frac{u_2^2 - u_1^2}{2g} + \frac{w_1^2 - w_2^2}{2g} + \frac{c_2^2 - c_1^2}{2g} \tag{2-5}$$

根据图 2-5 中的速度三角形,利用余弦定理,可得：

$$w_1^2 = c_1^2 + u_1^2 - 2c_1 u_1 \cos\alpha_1 \tag{2-6a}$$

$$w_2^2 = c_2^2 + u_2^2 - 2c_2 u_2 \cos\alpha_2 \tag{2-6b}$$

将式(2-6a)和式(2-6b)代入式(2-5),经过化简,最后得到欧拉方程,见式(2-1)。

当 $\alpha_1 = 90°, \cos\alpha_1 = 0$,液体不产生预旋,理论压头最大,欧拉方程简化为:

$$H_\infty = c_2 u_2 \cos\alpha_2 / g \tag{2-7}$$

由图 2-5 中叶轮出口处的速度三角形可知,$c_2\cos\alpha_2 = u_2 - w_2\cos\beta_2$,将其代入式(2-7):

$$H_\infty = \frac{u_2^2}{g}\left(1 - \frac{w_2}{u_2}\cos\beta_2\right) \tag{2-8}$$

根据 β_2 的大小,叶轮的叶片可分为径向叶片、后弯叶片和前弯叶片三类。

径向叶片　　　$\beta_2 = 90°, \cos\beta_2 = 0, H_\infty = \dfrac{u_2^2}{g}$

后弯叶片　　　$\beta_2 < 90°, \cos\beta_2 > 0, H_\infty < \dfrac{u_2^2}{g}$

前弯叶片　　　$\beta_2 > 90°, \cos\beta_2 < 0, H_\infty > \dfrac{u_2^2}{g}$

由此可见,前弯叶片产生的 H_∞ 最大,似乎前弯叶片最有利。但前弯叶片产生的理论压头 H_∞ 中,动压头占的比例颇大,因此在液体在泵壳内的流动过程中,不可避免会有大量机械能损失。

为减小机械能损失,离心泵总是采用后弯叶片,在化工生产中一般 $\beta_2 = 25° \sim 30°$。

2.2.5　离心泵的理论流量和理论压头的关系

离心泵的理论流量可以表示为:

$$Q_T = 2\pi r_2 b_2 c_2 \sin\alpha_2 \tag{2-9}$$

式中:b_2 为叶轮出口处叶轮的宽度;$c_2\sin\alpha_2$ 为沿径向的速度分量。

根据图 2-5,可以得到:$c_2\sin\alpha_2 = w_2\sin\beta_2$。将式(2-9)代入式(2-8),得到离心泵理论压头 H_∞ 和流量 Q_T 之间的关系如式(2-10)所示,从中可以看出理论压头 H_∞ 和理论流量 Q_T、叶轮形状(β_2)、叶轮尺寸(D_2, b_2)、叶轮圆周速度(u_2)有关。

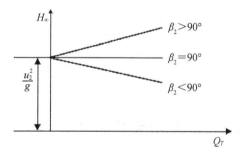

图 2-6　离心泵理论压头和流量的关系

$$H_\infty = \frac{u_2^2}{g} - \frac{u_2 \cdot \text{ctg}(\beta_2)}{\pi D_2 b_2 g}Q_T \tag{2-10}$$

当其他条件一定的时候,H_∞ 和 Q_T 成线性关系,如图 2-6 所示。

前面指出,为了进行理论分析,曾假定离心泵的叶轮具有无限多没有厚度的叶片,而且所输送的液体为理想流体。但实际上,离心泵叶轮的叶片数目并非无限多,而且叶片有厚度,因此液体不是严格沿着叶片表面流动,而是有环流出现,产生涡流损失。输送的液体也不是理想流体,故叶轮内不可避免会有摩擦损失。另外,液体以绝对速度 c_2 突然离开叶轮周边,甩向泵壳,产生冲击损失。因此,离心泵的实际压头 H 必然小于理论压头 H_∞。理论压头 H_∞ 减去涡流损失、摩擦损失和冲击损失后即为实际压头 H。

2.2.6　离心泵的主要性能参数

离心泵的主要性能参数包括流量、压头(或者扬程)、功率、效率、允许汽蚀余量、转速等,这些参数是离心泵选型的重要依据。

流量 Q 是单位时间内输送出去的流体量,常用体积流量表示,单位 m³/s 或者 m³/h。

压头(或扬程)H,即为实际压头,是指单位重量流体通过离心泵所获得的有效能量,单位为 m。

效率反映了离心泵能量的损失程度。它一般分为三种:即容积效率(流量泄漏引起的能量损失)、水力效率(包括涡流损失、摩擦损失和冲击损失)和机械效率(考虑轴承、密封填料和轮盘的摩擦损失)。离心泵的总效率为:

$$\eta = \eta_v \cdot \eta_h \cdot \eta_m \tag{2-11}$$

一般来讲,在设计流量下泵的效率最高。离心泵效率的大致范围为:小型水泵的总效率为 $50\% \sim 70\%$,大型泵的效率可达 90%;油泵、耐腐蚀泵的效率较水泵低,杂质泵的效率更低。

功率分为有效功率和轴功率。流体经过泵后所获得的实际功率称为泵的有效功率,用 N_e 表示,单位为 W 或者 kW。离心泵的有效功率为:

$$N_e = \rho g Q H \tag{2-12}$$

轴功率是指输入功率,即原动机传到泵轴上的功率,用 N 表示,单位为 W 或者 kW。有效功率、轴功率和效率之间的关系是:

$$N = \frac{N_e}{\eta} = \frac{\rho g Q H}{\eta} \tag{2-13}$$

2.2.7　离心泵的特性曲线

离心泵的主要性能参数都会随着流量变化而变化,描述压头(扬程)、轴功率、效率和流量之间关系的曲线,叫作离心泵的特性曲线,通常附在泵的样本或者产品说明书中,作为离心泵选型和使用的重要依据。离心泵的特性曲线通常是用 20℃清水作为工质在某恒定转速下由实验测得。图 2-7 给出了某生产厂家生产的 4B20 型清水泵在转速为 2900r/min 时的特性曲线。

（1）压头-流量（$H\text{-}Q$）曲线。它是判断离心泵是否满足管路使用要求的重要依据。大多数离心泵随流量的增加，压头下降。但有的曲线比较平坦，有的比较陡峭；前者适用于流量变化大而压头变化不大的场合，而后者则适合流量变化不大而压头变化较大的场合。当流量为 0 也就是出口阀门关闭时，压头只能达到一个有限值。

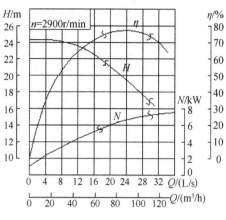

图 2-7　离心泵的特性曲线

（2）轴功率曲线（$N\text{-}Q$）。轴功率一般随着流量的增大而增大，当流量为 0 时，轴功率最小，但不为 0。因此，离心泵应在出口阀关闭下启动，以防电机过载。

（3）效率曲线（$\eta\text{-}Q$）。当流量为 0 时，效率也为 0；随着流量的增大，泵的效率也增大，并达到最大值；此后随着流量增大，效率却下降。效率曲线有一个最高点，称为设计点。离心泵在最高效率点（即设计点）工作时最经济，其所对应的流量、压头、轴功率为最佳工作状况，铭牌上标明的参数就是最佳工况参数。由于管路输送条件不同，离心泵不可能正好在最佳工况点运行。一般选用离心泵时，其工作区应位于最高效率点的 92% 左右，称为高效区。

前已述及离心泵的特性曲线是生产厂家在一定实验条件下得出的，若实际使用条件与其实验条件有较大差异，就会引起泵特性曲线的改变，因此必须对特性曲线加以修正，以便确定其操作参数。

（1）流体密度的影响

根据离心泵基本方程，离心泵的压头和流量与被输送流体的密度无关，泵的效率一般也与流体密度无关。但是泵的轴功率随流体密度变化而变化，所以需要修正，轴功率的校正式为：

$$\frac{N'}{N} = \frac{\rho'}{\rho} \tag{2-14}$$

带上标的物理量表示实际流体的物性参数。

（2）流体黏度的影响

对于离心泵，如果实际流体的黏度大于常温清水的黏度，由于叶轮、泵壳内流动阻力的增大，其 $H\text{-}Q$ 曲线将随着 Q 的增大而下降幅度更大。与输送清水比较，最高效率点的流量、压头和效率都减小，而轴功率则增大。通常，当被输送液体的运动黏度小于 $20 \times 10^{-6}\,\mathrm{m^2/s}$ 时，泵的特性曲线变化很小，可以不修正；当被输送液体的运动黏度大于 $20 \times 10^{-6}\,\mathrm{m^2/s}$ 时，泵的特性曲线变化较大，必须对流量、压头、效率和轴功率进行修正。常用的方法是在原来泵的特性曲线下，利用换算系数进行换算，可参考相关资料。

（3）叶轮外径的影响

根据离心泵基本方程式(2-7)和式(2-9)，当泵的转速一定，压头、流量均和叶轮外径有关。工业上对于某一型号的泵，可通过切削叶轮的外径，并维持其余尺寸(叶轮出口截面)不变，来改变泵的特性曲线。当叶轮的外径变化不超过 5% 时，可近似认为叶轮出口的速度三角形和泵的效率等基本不变，需要对流量、压头和轴功率进行如下修正：

$$\frac{Q'}{Q} = \frac{D'}{D} \qquad \frac{H'}{H} = \left(\frac{D'}{D}\right)^2 \qquad \frac{N'}{N} = \left(\frac{D'}{D}\right)^3 \tag{2-15}$$

式(2-15)称为泵的切削定律。利用这一关系，可作出叶轮切削后泵的特性曲线。

（4）转速的影响

对于同一台离心泵，若叶轮尺寸不变，仅转速变化，其特性曲线也将发生变化。在转速变化小于 20% 时，也可以近似认为叶轮出口的速度三角形和泵的效率等基本不变，需要对流量、压头和轴功率进行如下修正：

$$\frac{Q'}{Q} = \frac{n'}{n} \qquad \frac{H'}{H} = \left(\frac{n'}{n}\right)^2 \qquad \frac{N'}{N} = \left(\frac{n'}{n}\right)^3 \tag{2-16}$$

2.2.8　离心泵的工作点与流量调节

安装在管路中的离心泵，其输液量应为管路中流体的流量，其所提供的压头应正好是流体流动所需要的压头。因此，离心泵的实际工作情况应由离心泵的特性曲线和管路本身的特性共同决定。

如图 2-8 所示，用离心泵从水池抽水到水槽。对截面 1-1′ 和截面 2-2′ 列柏努利方程：

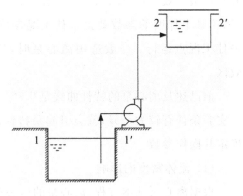

图 2-8　流体输送系统示意图

$$h_e = \Delta z + \frac{\Delta p}{\rho g} + \frac{u_2^2 - u_1^2}{2g} + \sum h_{f,1-2} \tag{2-17}$$

$$\sum h_{f,1-2} = \lambda \left[\frac{l + \sum l_e}{d}\right]\left(\frac{u^2}{2g}\right) = \left(\frac{8\lambda}{\pi^2 g}\right)\left[\frac{l + \sum l_e}{d^5}\right]Q^2 = BQ^2 \tag{2-18}$$

式中：$B = \left(\frac{8\lambda}{\pi^2 g}\right)\left[\frac{l + \sum l_e}{d^5}\right]$。

通常 $\frac{u_2^2 - u_1^2}{2g} \approx 0$，令 $A = \Delta z + \frac{\Delta p}{\rho g}$，故式(2-17)变成：

$$h_e = A + BQ^2 \tag{2-19}$$

式(2-19)称为管路特性方程，表示流体通过某一特定管路所需要的压头和流量的关系。

在管路特性方程中，对于特定的管路，A 是固定不变的，当阀门开度一定且流动处于完全湍流时,B 也可以看作是常数。将管路特性方程绘制于图 2-9 中,得到管路特性曲线,它只表明生产上的具体要求,与离心泵的性能无关。

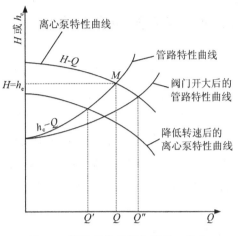

图 2-9　管路特性曲线与泵的工作点

当离心泵安装在一定的管路上时,其所提供的压头 H 与流量 Q 必须与管路所需要的压头 h_e 和流量 Q 一致,泵才能处于稳定的工作状态,因此,离心泵的实际工作情况将由泵的特性和管路特性共同决定。将离心泵的 H-Q 特性曲线和管路 h_e-Q 特性曲线绘在同一张图上,如图 2-9 所示,则两条曲线的交点 M 就是离心泵的工作点。此时,离心泵的流量和压头才和管路所需要的流量和压头相等。

离心泵的流量调节实质是改变离心泵的工作点的位置,以适应生产任务变化的要求。改变工作点位置有三种途径:改变离心泵的特性曲线;改变管路的特性曲线;同时改变离心泵和管路的特性曲线。

(1) 改变离心泵的特性曲线

改变离心泵特性曲线的主要方法有改变转速、切削叶轮直径以及采用泵的串联或者并联。增加转速使离心泵的特性曲线向右上方移动,泵的流量增加;反之,降低转速使离心泵的特性曲线向左下方移动,流量减小(流量从 Q 减小到 Q')。切削叶轮使离心泵的特性曲线向左下方移动,泵的流量减小。需要说明的是,提高转速虽然可以增加流量,但是转速的提高受到叶片强度及其机械性能的限制,而且随着转速的增加,泵的功率消耗更是急剧增加,因而这种方法适用于流量的小范围调节。

(2) 改变管路特性曲线

管路特性曲线的改变一般通过调节管路阀门的开度来实现。阀门关小,管路特性曲线变陡,泵的流量减小;阀门开大,管路特性曲线变得平坦,流量增加(流量从 Q 增加到 Q'')。采用阀门调节流量的方法简单易行,并且流量可以连续变化,但机械能损失较大。因此,这种方法适用于经常改变流量且调节幅度不大的情况。

例 2-1　用一离心泵输送水,泵的特性曲线方程为 $H = 40 - 0.06Q^2$,而管路特性曲线方程为 $h_e = 20 + 0.04Q^2$。两式中 Q 的单位为 m^3/h,H 和 h_e 的单位为 m,此时的输送量为多少?

解:根据 $H = h_e$,即:

$$40 - 0.06Q^2 = 20 + 0.04Q^2$$

得:

$$Q = 14 m^3/h$$

2.2.9　离心泵的安装高度

如图 2-10 所示,处于常压或大气压的液面
0-0′与其上部泵的进口截面 1-1′之间无外加能
量,离心泵能吸上液体是靠大气压与泵进口处
真空度的压差作用。当所输送液体液面与泵
吸入口之间的垂直距离即泵的安装高度过高
时,则泵进口处的压强可能降至所输送液体同
温下的饱和蒸气压,导致液体部分汽化,产生很
多小蒸气泡,又称空化泡。这些空化泡随液体
进入高压区后又立即被压缩直至溃灭消失,在
溃灭的一瞬间产生巨大的瞬时压强和高温,同

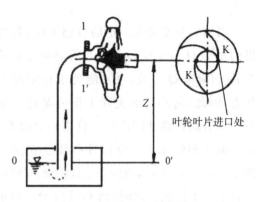

叶轮叶片进口处

图 2-10　泵与吸入装置简图

时伴有强烈的冲击波和高速的微射流,不断冲击叶轮的表面使其疲劳和破坏。此外,气泡通常
含有从液体释放出来的活泼气体(如氧气),将会对金属叶轮的表面起化学腐蚀作用。该现象
叫作离心泵的"汽蚀"。"汽蚀"是离心泵操作时的不正常现象,表现为泵内噪声与振动加剧,输
送量明显减少,严重时吸不上液体。"汽蚀"会缩短泵的寿命,操作时应严格避免,其方法是使
泵的安装高度不超过某一定值。

研究表明,泵内最低压强点通常位于叶轮叶片进口处的 K 点附近,如图 2-10 所示。
为防止汽蚀,K 处对应的压强 p_K 应高于操作温度下液体的饱和蒸气压 p_v。为了确定泵
的安装高度,对图 2-10 中的液面 0-0′ 和叶轮内压强最低处截面 K－K 做机械能衡
算,得:

$$\frac{p_0}{\rho g} + \frac{u_0^2}{2g} = \frac{p_K}{\rho g} + Z + \frac{u_K^2}{2g} + \sum h_{f_{0 \to K}} \qquad (2-20)$$

忽略 $\dfrac{u_0^2}{2g}$ 项,得:

$$Z = \frac{p_0 - p_K}{\rho g} - \frac{u_K^2}{2g} - \sum h_{f_{0 \to K}} \qquad (2-21)$$

假设刚好发生汽蚀,则:

$$p_K = p_v, Z = Z_{max}$$

代入式(2-21)得到:

$$Z_{max} = \frac{p_0 - p_v}{\rho g} - \frac{u_K^2}{2g} - \sum h_{f_{0 \to K}} \qquad (2-22)$$

以图 2-10 中离心泵的吸入口为截面 1-1′,我们得到 $\sum h_{f_{0 \to K}} = \sum h_{f_{1 \to K}} + \sum h_{f_{0 \to 1}}$,代
入式(2-22)得到:

$$Z_{\max} = \left(\frac{p_0 - p_v}{\rho g} - \sum h_{f_{0 \to 1}} \right) - \left(\frac{u_K^2}{2g} + \sum h_{f_{1 \to K}} \right) \tag{2-23}$$

在式(2-23)中，$\dfrac{u_K^2}{2g} + \sum h_{f_{1 \to K}}$ 这一项与泵的结构有关，难以计算，需要通过实验确定，是泵的特性参数之一，将其定义为泵的汽蚀余量 Δh。根据有关规定，将 $(\Delta h + 0.3)$ 作为允许汽蚀余量 $[\Delta h]$。对于输送液体的泵，厂商常用 20℃ 的清水为介质测定允许汽蚀余量 $[\Delta h]$。

允许汽蚀余量越小，说明泵的抗汽蚀能力越大。将允许汽蚀余量 $[\Delta h]$ 代入式(2-23)中，得到：

$$[Z] = \left(\frac{p_0 - p_v}{\rho g} - \sum h_{f_{0 \to 1}} \right) - [\Delta h] \tag{2-24}$$

式中：p_0 是液面上方的压强，采用绝对压强；p_v 是操作温度下的饱和蒸气压，采用绝对压强；$[Z]$ 为允许安装高度。

为防止汽蚀，实际安装高度应小于允许安装高度(通常比允许值小 0.5m)。允许安装高度 $[Z]$ 也可以为负值，表明泵需要安装在液面以下。

根据上述推导过程，不难理解，为避免汽蚀现象的发生，还应尽可能减小泵的吸入管路的阻力，因此泵的吸入管路一般短而直，而且不安装调节阀。

例 2-2　拟用一台离心泵将 20℃ 的某敞口溶液罐送往高位槽。吸入管路阻力损失为 3m，泵的允许汽蚀余量为 3.3m，20℃ 溶液饱和蒸气压为 5.87kPa，密度为 800kg/m³。求在大气压为 60kPa 的高原地带，泵的允许安装高度。

解：
$$[Z] = \left(\frac{p_0 - p_v}{\rho g} - \sum h_{f_{0 \to 1}} \right) - [\Delta h]$$
$$= \left(\frac{60 \times 10^3 - 5.87 \times 10^3}{800 \times 9.8}\,\text{m} - 3\text{m} \right) - 3.3\text{m} = 0.6\text{m}$$

2.2.10　离心泵的安装、选型与使用

离心泵开启前必须使泵内灌满液体，同时关闭离心泵出口管路，常在吸入管下端安置一个使液体只进不出的单向阀，以便于充液。因为离心泵运转时，若泵内无液体，则其内部的气体经离心力的作用所形成的吸入室内的真空度很小，没有足够的压差使液体进入泵内，使离心泵吸不上液体，这种现象就是前文中提到的气缚。

离心泵的吸入管在吸液池中安装时应尽量防止产生漩涡，且吸入管应短而直，其直径不应小于泵入口的直径。采用直径大于泵入口的直径有利于降低阻力，但是要注意不能因为泵入口处的变径引起气体积存而导致气缚。另外，排出管路上也应装有止回阀，以防止突然停泵时引起侧高位水倒流，造成水击事故。止回阀应尽量靠近泵体。

离心泵的选用要根据生产要求，在泵的定型产品中选择合适的。首先根据被输送流体

的性质和操作条件确定离心泵的类型;然后根据管路所要求的流量和压头确定离心泵的规格,原则是在相同流量下泵提供的压头应略大于管路需要,且在高效率区工作;最后还应对泵的功率进行校核。

2.3　往复泵

往复泵主要适用于低流量、高压力的场合,但不适合输送腐蚀性液体及含有固体颗粒的悬浮液。目前,它在石油开采、石油加工、动力机械、机械制造等部门都有广泛应用。往复泵还可用作计量泵,能精确、可调节地输送各种流体。

2.3.1　往复泵的工作原理

往复泵(图 2-11)由两部分组成,即把机械能转换为压力能的液力端和将原动机能量传递给液力端的传动端。液力端主要包括泵缸、活塞、吸入阀和排出阀(均为单向阀);传动端包括由曲柄、连杆等。

往复泵靠活塞在泵缸的左右两端点间作往复运动而吸入和排出液体,并通过活塞把能量以静压能的形式传递给液体。当活塞从外止点(远离主轴极限位置的一侧)向内止点(靠近主轴极限位置的一侧)运动时,工作腔容积增大,形成低压。此时,排出阀关闭,吸入阀则因受贮液压力作用而被顶开。液体流入泵缸内,当活塞到最右端时,工作室容积最大,吸入液体量最多,这个过程为吸液过程。然后,活塞从内止点

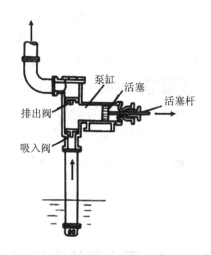

图 2-11　往复泵装置简图

向外止点运动,缸内液体被挤压,压强瞬间上升,此时吸入阀和排出阀均被关闭,直到泵缸内液体压强升高到与排液管路的液体压强相等为止,这个过程是压缩过程。当泵缸内压强达到排液管路的压强,排出阀被顶开,液体被排出泵外,进入管道系统,直到活塞移到外止点,排液完毕,这个过程是排液过程。当活塞再从外止点向内止点移动时,由于泵缸内无液体,缸内压强立即下降,开始下一个循环。往复泵及其原理见二维码。

往复泵二维码

往复泵原理二维码

根据往复泵活塞做一次往复运动时泵缸排液的次数,往复泵可以分为单动泵、双动泵及三动泵。若在一次工作循环中,吸液和排液各为一次,且交替进行,这类泵称为单动泵。

活塞两侧的泵体内都装有吸入阀和排出阀,则无论活塞的运动方向如何,吸液和排液同时进行的泵称为双动泵。双动泵见二维码。三动泵则是三个泵联合操作,当一个泵排液量开始下降时,另一个泵开始排液,三个泵依次进行。

双动泵二维码

　　从往复泵的工作原理可知,由于活塞往返一次只有一次排液、一次吸液,所以排液和吸液是间断的。又由于活塞的往复运动靠曲轴连杆或偏心轮带动,往复运动的活塞以近似简谐运动速度推移,所以,排液和吸液过程流量都不均匀。单动往复泵的排液量随时间的变化曲线是一条正弦曲线,如图 2-12 所示。为了改善单动泵排液的不连续性和不均匀性,可采用双动泵和三动泵,其排液曲线分别如图 2-12 所示。双动泵的排液是连续的,但排液量仍是不均匀的。与双动泵相比,三动泵的排液更均匀些。单动泵流量曲线、双动泵流量曲线见二维码。

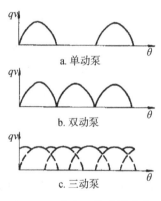

图 2-12　往复泵的流量曲线

单动泵流量曲线二维码

双动泵流量曲线二维码

2.3.2　往复泵的特性曲线和安装高度

　　根据上面的介绍,当往复泵的结构尺寸和活塞每分钟的往复次数一定时,其理论流量是定值,而与泵的压头无关。而往复泵的压头只取决于管路系统的需要,只要泵的机械强度允许和原动机功率足够大,管路需要多高的压头,往复泵就能通过多大的压头。这种特性被称为正位移特性,往复泵被称为正位移泵。图 2-13 中垂直于 Q 轴的实线是往复泵的理论 H - Q 曲线,可以直观地看出理论上往复泵的压头与流量无关。但实际上,随着泵压头的增加,泵的泄露情况变得严重,其容积效率下降,往复泵的实际流量减

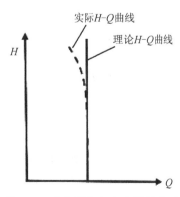

图 2-13　往复泵扬程和流量的关系

小,实际的 $H-Q$ 曲线如图 2-13 中的虚线所示,表明往复泵的流量随着压头的增加而略有下降。

与离心泵一样,往复泵也是借助于贮液槽液面上方压强与泵入口压强之间的压差吸入液体的,所以往复泵的安装高度也有一定的限制,以免发生汽蚀。但是往复泵内的低压是靠工作室容积扩张造成的,所以在启动泵之前,不需要像离心泵那样灌泵,即往复泵有自吸能力。

2.3.3　往复泵的流量调节

离心泵的工作点由管路特性和泵特性共同决定,离心泵的流量调节可以通过改变泵的特性或者管路特性来实现。对于往复泵,其工作点也是管路特性曲线和泵特性曲线的交点,但是由于往复泵的正位移特性,随着管路特性曲线的改变,工作点的流量只能在很小的范围内变动,所以往复泵的流量不能通过出口阀门进行调节。而且很重要的是,一旦出口阀门完全关闭,会引起泵缸内的压力急剧上升,导致泵缸损坏或电动机烧毁,十分危险。因此,往复泵不能像离心泵那样在关死点运转,为安全起见,往复泵装置中必须安装有安全阀或者其他安全装置,当泵的压头很高时,为保护泵及电机,安全阀被高压液体顶开,液体自动回到泵入口处,使泵出口液体自动减压。

往复泵的流量调节方法有:

(1)改变冲程大小或单位时间内活塞往复的次数。

(2)旁路调节。这种方法如图 2-14 所示,借助旁路阀改变通过旁路回注的流量,以调节主管路中的流量。这种方法并不能改变泵的流量,只是改变了流量在主管路和旁路之间的分配而已。因此这种方法虽然简单,但并不经济,适合于流量变化不太大的经常性调节。旁路调节见二维码。

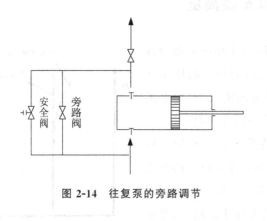

图 2-14　往复泵的旁路调节　　　　　　　　　旁路调节二维码

2.4　其他类型的化工用泵

2.4.1　计量泵

在化工生产过程中,有时要求精确地输送流量恒定的液体或将几种液体严格地按照一定比例进行输送,这就需要使用计量泵。计量泵是往复泵的一种,其基本结构和普通往复泵相同,特点是装设有一套可以准确且方便地调节柱塞冲程的机构。如图 2-15 所示,计量泵的传动装置通过偏心轮把电动机的旋转变成柱塞的往复运动。在一定转速下,调节偏心距可以改变柱塞往复行程,从而调节和控制流量。

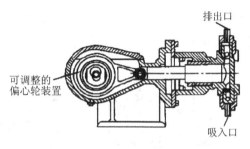

图 2-15　计量泵

2.4.2　隔膜泵

当输送腐蚀性强或者含有悬浮物的液体时,为免活塞受到腐蚀或者磨损,可采用隔膜泵。隔膜泵也是往复泵的一种,其结构如图 2-16 所示,特点是采用弹性薄膜(用耐腐耐磨的橡胶、皮革、塑料或者金属薄片制成)将活柱与被输送的液体隔开。隔膜的左侧所有与输送液体接触的部分均由耐腐蚀材料制成或者涂有耐腐蚀物质。隔膜右侧充满工作介质——油或者水。当泵的活柱往复运动时,迫使隔膜交替地向两侧弯曲,向隔膜左侧传递压力,使吸液和排液交替进行。隔膜泵见二维码。

隔膜泵二维码

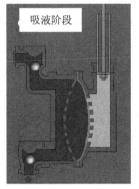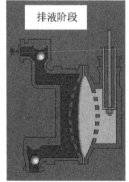

图 2-16　隔膜泵

2.4.3　齿轮泵

齿轮泵和下面要介绍的螺杆泵属于另一类容积式泵——旋转泵。旋转泵通过转子旋转使工作室容积变化而实现吸入和排出液体,用于流量小、扬程大的场合,其液体输送是连续进行的。

　　齿轮泵适于输送黏稠液体(如润滑油、燃料油、甘油等)及膏状物,但不能输送有固体颗粒的悬浮物。齿轮泵的结构如图 2-17a 所示。泵壳内有两个齿轮,其中一个为主动轮,固定在与电动机直接相连的泵轴上,靠电动机带动旋转;另一个是从动轮,安装在另一个与泵轴平行的轴上,靠和主动轮啮合而转动。当泵启动后,两齿轮按照图中箭头所示方向旋转。两个齿轮把泵体内的空间分为吸入空间和排出空间。在吸入空间内,由于两轮啮合的齿互相分开形成低压,将液体吸入。吸入的液体分两路封闭在齿穴与泵壳内壁间被强行推送到排出空间。在排出空间,两齿轮的齿互相合拢,产生管路需要的压力而将液体排出。齿轮泵见二维码。

齿轮泵二维码

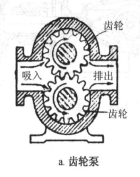

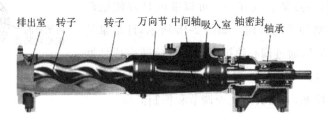

a. 齿轮泵　　　　　　　　　　　　　　b. 螺杆泵

图 2-17　齿轮泵和螺杆泵

2.4.4　螺杆泵

　　螺杆泵适用的液体种类和黏度范围较广,特别适用于在高压下输送黏稠液体,如燃料油和高黏度的聚合物。螺杆泵的结构如图 2-17b 所示,主要由泵壳和一个或多个螺杆组成。单螺杆泵的工作原理是靠螺杆在具有内螺旋的泵壳中偏心转动,将液体沿轴向推进,挤压到排出口排出。双螺杆泵与齿轮泵相似,利用两根相互啮合、反向转动的主动螺杆和从动螺杆来挤压、排送液体。当需要的压头很高时,还可以采用多螺杆泵。螺杆泵的效率比齿轮泵高,而且结构紧凑,工作时无噪音、无振动,流量及压力基本无脉动。螺杆泵见二维码。

螺杆泵二维码

2.5　气体输送机械

　　气体输送机械的结构和工作原理与液体输送机械大致相同,但是,由于气体具有可压缩性,而且密度比液体小很多,体积流量较大,所以气体输送机械具有如下特点:①设备体积较大;②由于阻力损失大,所以需要较高压头;③当输送机械内部气体压强变化时,其体积与温度也会同时发生变化,这对气体输送机械的形状和结构有很大影响,使得气体输送机械结构更为复杂。

气体输送机械除了可按工作原理及其结构分为离心泵、旋转泵和往复泵之外,还可以按输送机械的出口压强(终压)或压缩比(出口与进口气体绝对压强之比)分为以下四类:

(1) 通风机,终压不大于 15×10^3 Pa(表压),压缩比为 $1 \sim 1.5$;

(2) 鼓风机,终压为 $15 \times 10^3 \sim 300 \times 10^3$ Pa(表压),压缩比小于 4;

(3) 压缩机,终压大于 300×10^3 Pa(表压),压缩比大于 4;

(4) 真空泵,用于产生真空,出口压强为大气压或略高于大气压,其压缩比取决于真空度。

2.5.1　通风机

工业上常用的通风机包括离心通风机和轴流通风机两种类型。轴流式通风机的排风量大而风压很小,一般不用于气体输送,主要用于通风换气,例如空冷器和冷却水塔以及操作间的通风换气。而离心式通风机多用于气体输送。

1. 离心通风机的结构

离心通风机的工作原理与离心泵相同,其结构也与离心泵相似,由集流器、叶轮和传动部分等机件构成,如图 2-18 所示。离心通风机见二维码。与离心泵相比,离心通风机具有以下特点:

离心通风机二维码

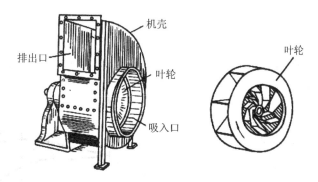

图 2-18　离心通风机及叶轮

(1) 叶轮直径较大,叶片数目也较多。叶片有前弯式、平直式和后弯式三种。低压通风机常采用前弯叶片,因为在相同流量和终压下,前弯叶片的通风机直径小,这样可以减轻重量,但这种通风机的效率比较低。平直式叶片一般用于低压通风机。中压和高压通风机一般采用后弯叶片,可以提高效率。

(2) 泵壳的气体流道一般为方形截面,既利于加工,也可直接与矩形管道连接,一般低压、中压通风机多采用此种形式。而高压通风机的气体流道常采用圆形截面,故高压通风机外形、结构与单级离心泵十分相似。

2. 离心通风机的性能参数

离心通风机的性能参数包括风量、风压、功率和效率,由于气体通过风机的压力变化不大,在风机内运动的气体一般也可视为不可压缩流体。离心通风机的规格见附录25。

(1) 风量

即通风机的体积流量 Q,以进口处为准,单位是 m³/s。通风机铭牌上的风量是在标准条件下,即压强 1.013×10^5 Pa、温度 20℃下的气体体积,对应的气体密度为 1.2kg/m³。

(2) 风压

在有关泵的计算中习惯以单位重量的液体为基准,用压头(扬程)来表示能量,单位为m;而在有关风机的计算中常以单位体积的气体为基准,用风压来表示能量,单位为 Pa。对风机的进出口列柏努利方程:

$$p_t = (p_2 - p_1) + \frac{u_2^2}{2}\rho \tag{2-25}$$

式中:p_1 和 p_2 分别是风机的进出口压强;u_2 是风机的出口速度;$p_2 - p_1$ 称为静风压,以 p_{st} 表示;$(u_2^2/2)\rho$ 称为动风压;p_t 为全风压。全风压与全压头之间的关系是:

$$p_t = H_t \rho g \tag{2-26}$$

需要注意的是,离心通风机出口气体的流速很大,动风压不能忽略。

通风机铭牌上的全风压 p_{t0} 和静风压 p_{st0} 是在标准条件下用空气测定的。如果操作条件与标准条件不同,则操作条件下的风压 p_t 用下式折算为标准条件下的风压 p_{t0},以便进行风机的选型。

$$p_{t0} = p_t \frac{\rho_0}{\rho} = p_t \frac{1.2}{\rho} \tag{2-27}$$

离心通风机的效率和功率的定义与离心泵相同。离心通风机的有效功率是:

$$N_e = Qp_t \tag{2-28}$$

离心通风机的轴功率是:

$$N = \frac{p_t Q}{\eta} \tag{2-29}$$

生活中的抽油烟机、排气扇、燃气热水灶通风机都属于离心通风机。

离心通风机的特性曲线一般由离心泵的生产厂家在 1atm、20℃的条件下用空气测定,如图 2-19所示,主要有 $p_{t0}-Q$、$p_{st0}-Q$、$N-Q$ 和 $\eta-Q$ 四条曲线,其中 p_{st0} 为静风压,这四条特性曲线的形状与离心泵相似。

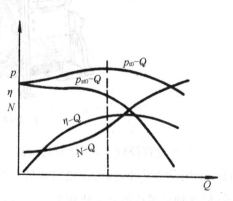

图 2-19　离心式通风机特性曲线

2.5.2　鼓风机

化工生产中常用的鼓风机有离心鼓风机和旋转鼓风机两种。

离心鼓风机又称为涡轮鼓风机或者透平鼓风机,其构造及通风原理与离心通风机相似。不同的是,离心通风机内一般只有一个叶轮(单级),而离心鼓风机一般是由几个叶轮在同一机壳内串联组成多级离心鼓风机,并且叶轮的转速也比较高。离心鼓风机的风量大,产生的风压并不高,因此气体温度升高和体积缩小不显著,不需要安装中间冷却器。各级叶轮的大小也大体相等。离心鼓风机见二维码。

离心鼓风机二维码

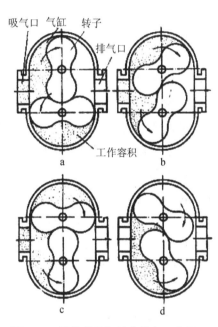

图 2-20　罗茨鼓风机的结构和工作原理

罗茨鼓风机是旋转鼓风机中最常见的一种,适用于压力不高而流量较大的场合。它的工作原理和齿轮泵相似。其基本结构如图 2-20 所示。机壳内有两个特殊形状的转子,常为两叶片形或者三叶片形。这两个转子一个是主动转子,另一个是从动转子,两者相向旋转,在中间部位啮合,将风机机壳内的空间分隔为吸入腔和压出腔。转子旋转时,转子凹入部位的气体被转子由吸入腔带到压出腔,使压出腔气压升高而向压出管道排气,吸入腔则气压降低并从吸入管吸气。由于两转子之间、转子与机壳之间缝隙小,转子可以自由旋转而无过多气体泄漏。作为容积式输送机械,罗茨鼓风机的风量与转速成正比,而与出口压强无关。其风量为 $2\sim500\mathrm{m^3/min}$,出口压强不超过 80kPa(表压),在 36kPa(表压)附近效率最高。罗茨鼓风机在操作时温度不宜超过 85℃,否则转子受热膨胀易发生碰撞。罗茨鼓风机见二维码。

**罗茨鼓风机
二维码**

2.5.3　压缩机

化工生产过程中使用的压缩机主要有往复式和离心式两大类。和通风机相比,压缩机由于压缩比高,升温大,故分为若干段,每段又包括若干级,在各段之间设置冷却器。

1. 离心式压缩机

离心式压缩机见二维码。离心式压缩机又称为透平压缩机,主要结构和工作原理与离心鼓风机类似,特点是叶轮级数多,一般在 10 级以上,因为随着级数的增加,气体体积逐渐缩小,所以叶轮直径和宽度逐渐缩小;叶轮转速高,一般在 5000r/min 以上。这种类型的压缩机在大型合成氨工业和石油化工企业中应用广泛。与下面要介绍的往复式压缩机相比,离心式压

离心式压缩
机二维码

缩机具有体积小、重量轻、流量大、供气均匀、运转平稳等优点。近年来,在化工生产过程中,除了要求终压特别高的情况外,离心压缩机已越来越多地代替往复压缩机。

2. 旋转式压缩机

旋转式压缩机又称为液环式压缩机、纳氏泵。旋转压缩机内的液体将被压缩的气体与外壳隔开,气体仅与叶轮接触,适用于输送腐蚀性气体。旋转式压缩机的结构如图 2-21 所示。它的壳体是椭圆形的,叶轮在有适量液体的壳体内转动。由叶片带动,液体在离心力作用下抛向壳体周围形成椭圆形的液环。椭圆长轴处可形成两个月牙形空隙,供气体吸入和排出。当叶轮旋转一周时,在液环和叶片间形成的密闭空间变大和变小各两次,气体从两个吸气口进入机内,从两个排气口排出。旋转压缩机所产生的表压可以达到 $500\sim600$kPa,但一般在 $150\sim180$kPa 时工作效率最高。

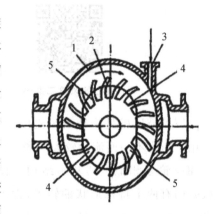

图 2-21　旋转式压缩机
1-壳体;2-叶轮;3-补液;
4-进气口;5-排气口

3. 往复式压缩机

往复式压缩机的基本结构、工作原理与往复泵类似。它是依靠活塞的往复运动将气体吸入和压出,主要部件包括气缸、活塞、吸气阀和排气阀。为了防止活塞杆受热膨胀后,活塞与气缸盖发生碰撞,活塞行程的重点与气缸端盖之间要留有一定的容积,称为余隙。往复式空气压缩机见二维码。

往复式空气压
缩机二维码

图 2-22 是一台往复式压缩机的结构示意图。机器型式为 L 型,两级压缩。图中垂直列为一级气缸,水平列为二级气缸。气体从一级进气管进入,经过吸气阀进入气缸,被压缩后通过排气阀经排气管进入中间冷却器,最后进入二级气缸再进行压缩,活塞通过活塞杆由曲柄连杆机构驱动。活塞上设有活塞环以密封活塞与气缸的间隙,填料用来密封活塞杆通过气缸的部位。

往复式压缩机的选用,首先要根据输送气体的性质选择压缩机的种类,然后根据使用条

件选择压缩机的结构型式及级数，最后根据生产能力选定压缩机的规格。

　　往复式压缩机气量调节的常用方式有：

　　（1）转速调节。

　　（2）旁路调节。方法（1）和（2）也用于往复泵的流量调节。

　　（3）节流进气调节。在压缩机进气管路上安装节流阀以得到连续的排气量。

　　（4）改变气缸余隙体积。余隙体积增大，余隙内残存气体膨胀后所占容积将增大，吸入气体量必然

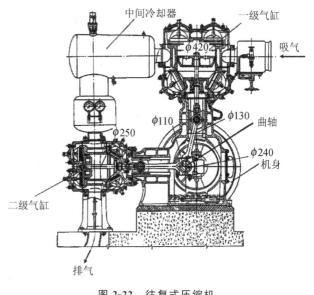

图 2-22　往复式压缩机

减少，供气量随之下降。反之，供气量上升。这种调节方法在大型压缩机中采用较多。

2.5.4　真空泵

　　真空是指低于 1 个大气压的气体状态，常用真空度来表示这种状况下系统的压强。真空度是大气压与绝对压强的差值，常用单位 Pa 或者 Torr（Torr 为非法定单位，$1Torr = 1mmHg = 1.333 \times 10^2 Pa$）。习惯上将真空区分为五个等级：粗真空（$>1333Pa$）、低真空（$1.333 \sim 1333Pa$）、高真空（$1.333 \times 10^{-5} \sim 1.333Pa$）、超高真空（$1.333 \times 10^{-10} \sim 1.333 \times 10^{-5}Pa$）和极高真空（$<1.333 \times 10^{-10}$）。

　　真空泵就是从负压下抽气、一般在大气压下排气的输送机械。其目的是造成并维持工艺系统所需的真空度。对于维持几十帕到上千帕的真空度，普通的通风机和鼓风机就可以。如希望维持较高的真空度，就需要专门的真空泵，如水环式真空泵、喷射真空泵等。水环式真空泵、喷射真空泵见二维码。

水环式真空泵二维码

喷射真空泵二维码

▶▶▶▶ 习 题 ◀◀◀◀

1. 在如本题附图所示管路中装有一台离心泵,离心泵的特性曲线方程为 $H=40-7.2\times10^4 Q_v^2$(式中:Q_v 的单位用 m^3/s 表示,H 的单位用 m 表示),管路两端的位差 $\Delta z=10m$,压差 $\Delta p=9.8\times10^4 Pa$。用此管路输送清水时,供水量为 $10\times10^{-3} m^3/s$,且管内流动已进入阻力平方区。若用此管路输送密度为 $1200 kg/m^3$ 的碱液,阀门开度及管路两端条件皆维持不变,碱液的流量为多少?($0.0106 m^3/s$)

2. 用阀门调节管内流量的能耗。

(1)某管路安装一台 IS 80-50-200 型水泵(特性曲线:$Q=16.7\times10^{-3} m^3/s$,$H=47m$;$Q=12.5\times10^{-3} m^3/s$,$H=51.4m$)。将水池中的水送至高度为 10m、表压为 $9.8\times10^4 Pa$ 的密闭容器内,管内流量为 $16.7\times10^{-3} m^3/s$。试求管路特性曲线(假定管内流动已进入阻力平方区)。($h_e=20+96812.4Q^2$)

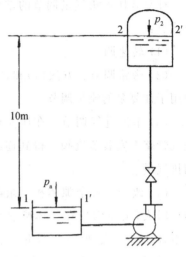

习题 1 附图

(2)若将阀门关小,使管内流量减少 25%,管路特性曲线(管内流动位于阻力平方区)有何变化?($h_e=20+200960Q^2$)

3. 液体种类对泵的允许安装高度有影响。用 IS65-50-160 型离心泵从敞口容器输送液体,流量为 $25m^3/h$,离心泵的吸入管长度为 10m,直径 68mm。吸入管内流体流动已进入阻力平方区,直管摩擦因数为 0.03,总局部阻力系数 $\sum\zeta=2$,当地的大气压为 $1.013\times10^5 Pa$,试求此泵在输送以下各种流体时,允许安装高度为多少?(允许汽蚀余量 $[\Delta h]=2.0m$)

(1)输送 20℃的水($p_v=2.372\times10^3 Pa$,$\rho=998 kg/m^3$);($6.92m$)

(2)输送 20℃的油品($p_v=2.67\times10^4 Pa$,$\rho=740 kg/m^3$);($7.09m$)

(3)输送沸腾的水。($-3.19m$)

4. 如本题附图所示,欲将池水以 $8.33\times10^{-3} m^3/s$ 的流量送至高位槽,高位槽水面比水池液面高 17m,管径 $\phi76mm\times3mm$,管长为 40m,直管摩擦因数为 0.02,管路内有 90°弯头 2 个、全开闸阀 1 个、入口底阀 1 个,计算有效压头,并从附录 24 选用适

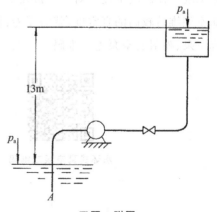

习题 4 附图

当的泵。(20.85m,IS80-65-125)

5. 用一台 IS80-50-200 型水泵输送常温水,其特性曲线如本题附图所示,管路特性曲线方程为 $h_e=20+2\times10^5Q^2$(式中:Q 的单位为 m^3/s;h_e 的单位为 m)。泵的功率为多少?(9370W)

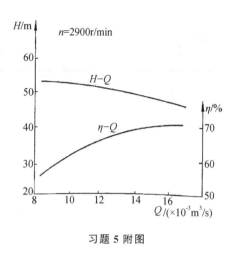

习题5附图   习题6附图

6. 在如本题附图示的管路中装有离心泵,吸入管直径 $d_1=80mm$,长 $l_1=6m$,摩擦因数 $\lambda_1=0.02$,压出管直径 $d_2=60mm$,长 $l_2=13m$,摩擦因数 $\lambda_2=0.03$,在压出管路 E 处装有阀门,其局部阻力系数 $\zeta_E=6.4$,管路两端水面高度差 $Z=10m$,泵进口高于水面 2m,管内流量为 $12\times10^{-3}m^3/s$。试求:

(1) 有效压头 h_e 是多少?(24.2m)

(2) 泵进、出口截面的压强 p_C 和 p_D 各为多少?(7.1×10^4Pa,3.025×10^5Pa)

7. 在海拔 1000m 的高原上,用一离心泵吸水,已知该泵吸入管路全部阻力损失为 4m,泵的允许汽蚀余量为 3m,今拟将泵安装于水面上 3m 处,此泵在夏季能否正常操作? 此处夏季温度为 20℃。(能正常操作)

8. 离心泵的特性曲线为 $H=30-0.01Q^2$,输水管路的特性曲线为 $h_e=10+0.05Q^2$(式中:H 和 h_e 的单位均为 m,Q 的单位为 m^3/h)。问:

(1) 此时的输水量为多少?(18.3m^3/h)

(2) 若要求输水量为 16m^3/h,应采取什么措施? 采取措施后,特性曲线会有何变化? (略)

9. 用油泵将密闭容器内 30℃的丁烷抽出。容器内丁烷液面上方的绝压 $p_a=343kPa$。输送到最后,液面将降低到泵的入口以下 2.8m 处。液体丁烷在 30℃的密度 $\rho=580kg/m^3$,饱和蒸气压 $p_v=304kPa$,吸入管路的压头损失估计为 1.5m,油泵的允许汽蚀余量为 3m。这个泵能否正常工作? (不能)

第 3 章

传　　热

3.1　传热的基本知识

凡有温差的地方就有热量传递,即热量能自发地从高温物体传向低温物体(或从物体的高温侧传向低温侧)。热量传递是自然界中普遍存在的物理现象,在科学技术、工业生产和日常生活中起着重要的作用。

3.1.1　传热在化工生产中的作用和地位

化学工业与传热过程的关系尤为密切,这是因为化工生产改变了物质的化学性质和物理性质,而这些性质的变化都涉及热能的传递。例如,化学反应在一定的温度下进行,需要对反应器中的物料进行加热或冷却;在蒸发、蒸馏、干燥等单元操作中,也进行了热量的交换。化工生产中有许多高温或低温设备,需要隔热保温,降低与外界的热量交换。传热学是化学工程技术中重要的基础学科,是工业生产中的重要单元操作。

1. 热量传递的目的

(1) 加热或冷却控制温度

化工生产中,温度是控制反应进行的重要条件,如图 3-1 所示的换热系统能同时达到加热和冷却的目的。例如,氮和氢合成氨、氨氧化制硝酸、萘氧化制苯酐等,由于催化剂的活性和反应的要求,温度必须控制在一定的范围内,过高或过低都会导致原料利用率降低,控制不当甚至会发生事故。

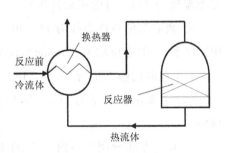

图 3-1　简单反应换热系统

(2) 冷热保温

化工生产需要在一定温度下进行,如果由水蒸气或低温盐水提供热量或冷量,为了降低热量或冷量的损失,需要对化工设备或管道进行保温。

（3）节能

能量的充分利用是化工生产尤其是大型生产中极为重要的问题。为了充分利用反应热，回收余热和废热以降低生产成本，工业上大量使用热交换器，这都涉及到热量的传递问题。

2. 热量传递的方向

从热力学角度，热量自动从高温向低温方向传递。温差为传热推动力，传热速率与温差成比例。

3.1.2　传热的三种基本方式

热量的传递是由于物体或系统内不同部分间存在温差引起的，当没有外界功输入时，热量总是自动地从高温部分传向低温部分。任何热量的传递只能通过热传导、热对流和热辐射三种方式进行，它们的传热机理是不同的。

1. 热传导

热量从物体中温度较高的部分传递到温度较低的部分或传递给与之接触的温度较低的另一物体的过程称为热传导，简称导热。在导热过程中物体各部分之间不发生相对位移。从微观角度来看，气体、液体、导电固体和非导电固体的导热机理各有所不同。

气体的导热是由于分子扩散运动传递热量；自由电子的扩散运动对导电固体的导热起主导作用，因此良好的导电体也是良好的导热体。非导电固体的导热是由固体晶格结构的振动传递热量，因此传递的热量较少，导电性能也较差。液体的导热机理与气体的导热机理类似，但是液体分子间的距离比较小，分子间的作用力对碰撞过程的影响比气体大得多，热传导速率比气体大得多。导热不能在真空中进行。

2. 热对流

热对流是指流体各部分质点发生相对位移而引起的热量传递过程，即是靠流体宏观的相对运动来传递热量的过程。化工生产中，当流体流过固体壁面时，温度较高的热流体将热量传递给固体壁面，或温度较高的固体壁面将热量传递给流经它的冷流体，这一过程称为对流传热。若流体是静止的，由于流体本身各点温度不同引起密度的差异而造成流体质点相对位移所形成的对流称为自然对流传热；借助机械作用引起流体发生对流传热称为强制对流传热。强制对流较自然对流有较好的传热效果。

3. 热辐射

固体、液体和某些气体由于温差而引起电磁波传递能量的现象，这种因热的原因而发出电磁波辐射能的过程称为热辐射。物体在放热时，热能转变为辐射能以电磁波的形式发射而在空间传递，当遇到另一物体则部分或全部被吸收，重新又变成热能。因此辐射不仅是能量的转移，而且伴有能量形式（电磁波与热）的转化，这是热辐射与热传导和热对流的区别之一。辐射能可以在真空中传递,辐射能的波长为 0.4～40μm,其他波长的电磁波不能转化为辐射能。

辐射传热与温度密切相关。绝对零度以上的任何物体均能辐射能量。两个物体温度不同时,高温物体辐射给低温物体的能量大于低温物体辐射给高温物体的能量。只有当物体的温度大于 400K 时,因辐射而传递的能量才比较显著。化工生产中温度一般不很高,辐射传递的热量可以不计。

3.1.3　热源和冷源及其选择

将冷流体加热或热流体冷却,必须用另一种流体供传热量或取走热量,此流体称热源或热载体。在生产过程中,有热流体需要冷却或冷流体需要加热,要优先考虑把它们作为热源或冷源,这样可以充分利用生产过程中的热量,节约能源,提高经济效益。起加热作用的载热体称加热剂或热源,起冷却作用的载热体称冷却剂或冷源。流体和载热体之间的传热过程称为热交换,也称为换热;流体和载热体之间的传热设备称换热器。

工业常见的热源有以下几种:

(1) 热水。用热水来加热物料,热水的温度一般不超过 60℃。化工生产中一般不采用热水来加热,只在物料的性能有特殊要求,或热水供应充足的地方使用。

(2) 饱和水蒸气。化工生产中最常见的加热方式是用饱和水蒸气来加热物料。饱和水蒸气的优点是冷凝温度与压力有一一对应关系,控制压力就能控制加热温度,使用方便;另外饱和水蒸气冷凝释放的潜热大,传热速度快。其缺点是当温度达到 300℃时,相应的压强达到 8.59MPa,因此用饱和水蒸气加热物料时,温度一般要求低于 180℃,此时的压强为 1MPa。

(3) 电加热。电加热的特点是能达到的温度范围广,便于控制,使用方便,比较清洁。但用电加热的成本比较高,一般在高温、实验室或其他热源不方便使用的情况下使用。

(4) 烟道气。烟道气的温度可达 700℃以上,可将物料加热到比较高的温度,它是化工生产中一种重要的热源。烟道气的缺点是传热速率慢,温度不易控制。

(5) 高温热载体。当需要把物料加热到较高温度而又不宜采用电加热或烟道气时,可采用矿物油、联苯混合物、熔盐等低熔点混合物作为加热剂来加热物料。这些加热剂的特点是沸点高、化学性质稳定,加热温度在 180～540℃。

工业常见的冷源有水、空气和各种冷冻剂。水和空气只能将物料冷却到环境温度,一般为 20～30℃。如果要冷却到更低的温度,则需要冷冻过程制取冷冻盐水,常见的冷冻盐水有 $CaCl_2$、NaCl。但将冷冻盐水冷冻,需要冷冻剂蒸发,常见的冷冻剂有液氨(-33.4℃)、液态乙烷(-88.6℃)和甲烷(-103.7℃)。

热源的选择:①热源的温度易于调节;②热源的饱和蒸气压要低,加热不易分解;③热源的毒性要小,使用安全,对设备的腐蚀性小或没有腐蚀性;④热源的价格低廉且容易得到。

热源和冷源的选择应根据生产实际情况来考虑。温度小于 0℃，用冷冻盐水；0~30℃，用冰水或水；30~60℃，用热水或水蒸气；60~180℃，用水蒸气；180~250℃，用矿物油；250℃以上用电加热。

化工生产中最佳的热源为饱和水蒸气，最佳的冷源为水。

3.1.4　流体热交换的基本方式

根据冷、热流体的接触情况，工业上的传热过程可分为三种基本方式，每种传热方式所用传热设备的结构也不一样。

1. 直接接触式换热

直接接触式换热见二维码。冷热两种流体在换热器中直接混合而交换热量，称直接接触式换热。这种方法设备简单、传热面积大、操作方便、传热效果好。在硫酸工业中，对二氧化硫炉气进行降温、除尘，就是用冷水与二氧化硫炉气直接接触进行换热的，如图 3-2 所示。

直接接触式换热二维码

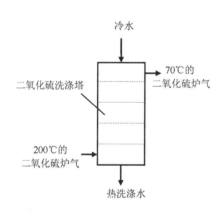

图 3-2　冷水冷却二氧化硫炉气示意图

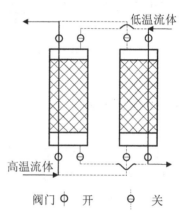

图 3-3　蓄热式换热器

2. 蓄热式换热

蓄热式换热见二维码。常见的设备为蓄热式换热器，通常有两个蓄热室交替使用，如图 3-3 所示。蓄热炉一般由热容量比较大的蓄热室构成，室内填充耐火砖等各种填料。热流体流过换热器，放出热量使填充物温度升高，然后停止热流体，使冷流体流过换热器内已被热流体加热的固体填充物，如此交替进行使冷热流体进行换热。这类换热器结构简单、能耐高温；缺点是设备体积大，两种流体交换时有一定程度的混合，只适用于气体间的传热。

蓄热式换热二维码

3. 间壁式换热

冷热流体处于固体间壁的两侧，热流体将热量传给壁面，通过间壁，由另一壁面将热量传给冷流体,这种换热方法称为间壁式换热。各种管式和板式的热交换器都是这种类型的热交换器。在生产中,多数情况下是不允许两种流体相互接触的,故该换热方法在生产中用得最多。下面介绍两常见的间壁式换热器。

一种是列管式热交换器,它是实际应用最多的一种换热器,如图 3-4 所示,主要由壳体、管束、管板、折流挡板构成。流体通过管内称为走管程,流体通过管与管之间的间隙称为走管间或走壳程。

另一种为套管式换热器,它主要由内管、外管和回弯管构成。一种流体走管内,另一种流体走套管环隙,通过内管管壁进行热量交换,如图 3-5 所示。

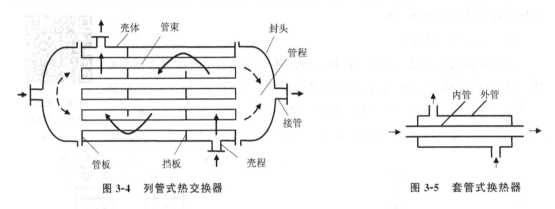

图 3-4　列管式热交换器　　　　　　　　　图 3-5　套管式换热器

3.1.5　传热速率

传热过程的速率可用两种方式表示。

(1) 热流量 Q。也称传热速率,指单位时间内热流体通过整个换热器的传热面传递给冷流体的热量,单位为 W。

(2) 热通量 q。指单位时间、单位面积热流体通过整个换热器的传热面传递给冷流体的热量,单位为 W/m^2。热通量是反映传热过程速率大小的特征量。热流量和热通量之间的关系为:

$$Q = \iint\limits_A q\,\mathrm{d}A \tag{3-1}$$

式中:A 是传热面面积,m^2。

当 q 在传热面上保持不变,则:

$$Q = qA \tag{3-2}$$

3.1.6　稳定传热与不稳定传热

若传热系统内各点的温度不随时间变化,则称此传热过程为稳定传热。连续稳定生产过程中的传热一般属于稳定传热。若传热系统中各点的温度随着时间变化,则称此传热过程为不稳定传热过程。间歇生产以及连续生产中开车和停车阶段的传热都属于不稳定传热。

3.2 热传导

热传导是物体内部分子微观运动的一种传热方式,也称传导传热,简称导热。导热是物体温度较高微粒的热振动,与相邻微粒碰撞,将能量传递给相邻微粒,顺序地将热量从高温传向低温。

3.2.1 傅立叶定律

产生导热的必要条件是物体或系统内各点间存在温差,由热传导方式引起的传热速率(导热速率)取决于物体内温度的分布情况。任一瞬间物体或系统内各点的温度分布总和,称为温度场。一般情况下,某点的温度是空间和时间的函数。即温度场的数学表达式为:

$$t = f(x,y,z,\tau) \tag{3-3}$$

式中:t 为温度,K;x,y,z 为任一点的空间坐标;τ 为时间,s。

如果温度场中各点的温度不随时间而改变,则此温度场为稳定温度场;否则为不稳定温度场。稳定温度场的数学表达式为:

$$t = f(x,y,z) \tag{3-4}$$

如果温度 t 仅沿一个坐标方向发生变化,即一维稳定温度场,$\dfrac{\partial t}{\partial y} = \dfrac{\partial t}{\partial z} = 0$,则:

$$t = f(x) \tag{3-5}$$

温度场中同一时刻温度相同的各点所组成的面称为等温面。同一瞬间空间任一点不可能同时有两个不同的温度值,温度不同的等温面彼此不相交。沿等温面方向没有温度变化,也没有热量传递。穿过等温面的任一方向都有温度变化,也就有热量传递。等温面法线方向上温度的变化率称为温度梯度。温度梯度是矢量,其方向垂直于等温面,正法线方向,指向温度增加的方向,如图 3-6 所示。

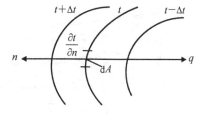

图 3-6 温度梯度与热流动方向示意图

一维稳定温度场的温度梯度的表达式为:

$$\mathrm{grad}\,t = \lim_{\Delta n \to 0} \frac{\Delta t}{\Delta n} = \frac{\mathrm{d}t}{\mathrm{d}n} \tag{3-6}$$

热传导的微观机理难以弄明白,但可用宏观传热的基本规律来表示,即为傅立叶(Fourier)定律:

$$q = -\lambda \frac{\mathrm{d}t}{\mathrm{d}x} \tag{3-7}$$

式中：q 为热通量，W/m^2；$\dfrac{\mathrm{d}t}{\mathrm{d}x}$ 为 x 方向上的温度梯度，$℃/m$；

λ 为比例系数，也称为导热系数，$W/(m \cdot ℃)$。

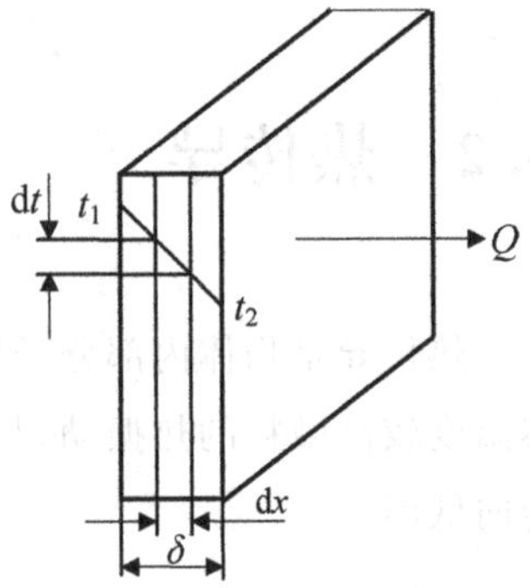

如果传热过程为稳定传热，如图 3-7 所示。在一质量均匀的平板内，当 $t_1 > t_2$，热量以导热方式通过物体，从 t_1 向 t_2 方向传递。通过平板传导的传热速率 Q 与温度梯度 $\mathrm{d}t/\mathrm{d}x$ 和传热面积 A 的关系为：

$$Q = -\lambda A \frac{\mathrm{d}t}{\mathrm{d}x} \tag{3-8}$$

图 3-7　稳定传导传热

由于温度梯度的方向指向温度升高的方向，而传热方向与之相反，故乘一负号。上式称为热传导基本方程，也称为傅立叶定律。

导热系数是物质导热性能的标志，是物质的物理性质之一。物质的导热性能，与物质的组成、结构、密度、温度以及压力等有关。导热系数 λ 的物理意义为当温度梯度为 $1℃/m$ 时，每秒钟通过 $1m^2$ 的导热面积而传导的热量，其单位为 $W/(m \cdot ℃)$。

各种物质的导热系数值：金属的导热系数值最大，固体非金属的导热系数值较小，液体的导热系数值（图 3-8）更小，而气体（图 3-9）的导热系数值最小。固体绝热材料的导热系数很小，是因为固体空隙率很大，含有大量的空气。各种物质导热系数大致范围如下：金属

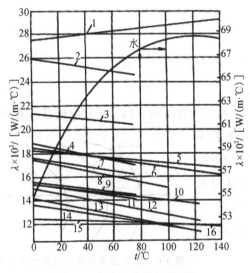

图 3-8　各种液体的导热系数

1-甘油；2-甲酸；3-甲醇；4-乙醇；5-蓖麻油；6-苯胺；7-乙酸；8-丙酮；9-丁醇；10-硝基苯；11-异丙醇；12-苯；13-甲苯；14-二甲苯；15-凡士林；16-水（用右边的纵坐标）

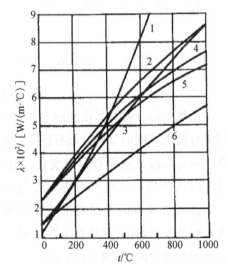

图 3-9　各种气体的导热系数

1-水蒸气；2-氧气；3-二氧化碳；4-空气；5-氮气；6-氩气

$10\sim10^2\,\mathrm{W/(m\cdot ℃)}$；建筑材料 $10^{-1}\sim10\,\mathrm{W/(m\cdot ℃)}$；绝热材料 $10^{-3}\sim10^{-2}\,\mathrm{W/(m\cdot ℃)}$；液体 $10^{-2}\sim10^{-1}\,\mathrm{W/(m\cdot ℃)}$；气体 $10^{-3}\sim10^{-1}\,\mathrm{W/(m\cdot ℃)}$。

导热系数与温度有关。温度升高,金属和液体(水、甘油除外)导热系数减少,非金属和气体导热系数均增加。固体导热系数与温度的关系为:

$$\lambda=\lambda_0(1+\alpha t) \tag{3-9}$$

式中:λ_0 为固体在 0℃时的导热系数,$\mathrm{W/(m\cdot ℃)}$;α 为温度系数,对于大多数金属材料为负值,对于大多数非金属材料为正值。

压力升高,固体、液体导热系数不变,气体导热系数略有增加。

3.2.2　平面壁稳定热传导

1. 单层平面壁稳定热传导

设有一均质的面积很大的单层平面壁,厚度为 δ,两侧表面温度均匀,分别为 t_1、t_2,且 $t_1>t_2$,平壁内的温度只沿垂直于壁面的 x 轴方向变化,如图 3-10 所示。

在稳定传热时,导热速率 q 不随时间变化,传热面积 A 和导热系数 λ 也是常量,则 $\mathrm{d}t/\mathrm{d}x$ 也为常数,即平壁内温度分布是线性。傅立叶定律积分可简化为:

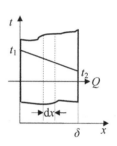

图 3-10　单层平面壁的稳定热传导

$$\int_{t_1}^{t_2}\mathrm{d}t=-\frac{q}{\lambda}\int_{x_1}^{x_2}\mathrm{d}x$$

即:

$$t_1-t_2=-\frac{q}{\lambda}\delta \tag{3-10}$$

$$q=\frac{Q}{A}=\lambda\frac{t_1-t_2}{\delta}=\lambda\frac{\Delta t}{\delta} \tag{3-11}$$

或:

$$Q=\frac{\Delta t}{\delta/(\lambda A)}=\frac{\Delta t}{R}=\frac{推动力}{热阻} \tag{3-12}$$

式中:$\Delta t=t_1-t_2$,为平面壁两侧的温差,℃;Q 为传热速率,即为单位时间通过平面壁的热量,W;A 为平面壁的面积,m^2;$R=\delta/(\lambda A)$,为导热热阻,℃/W。

2. 多层平面壁热传导

在工业生产上常见的是由多层不同材料组成的平壁,如锅炉炉墙是由耐火砖、绝热砖和普通砖组成的。现以一个三层平壁为例,如图 3-11 所示,说明多层平面壁稳定热传导的计算。设各层壁厚及导热系数分别为 δ_1、δ_2、δ_3 及 λ_1、λ_2、λ_3,内表面的温度为 t_1,外表面的温度为 t_4,中间两分界面的温度分别为 t_2 和 t_3。

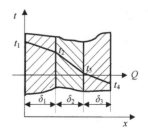

图 3-11　多层平面壁的稳定热传导

对于稳定导热过程,各层的导热速率必然相等。因而有:

$$Q_1 = \lambda_1 \frac{A_1}{\delta_1}(t_1 - t_2) = \frac{\Delta t_1}{\dfrac{\delta_1}{\lambda_1 A_1}}$$

$$Q_2 = \lambda_2 \frac{A_2}{\delta_2}(t_2 - t_3) = \frac{\Delta t_2}{\dfrac{\delta_2}{\lambda_2 A_2}}$$

$$Q_3 = \lambda_3 \frac{A_3}{\delta_3}(t_3 - t_4) = \frac{\Delta t_3}{\dfrac{\delta_3}{\lambda_3 A_3}}$$

因 $A = A_1 = A_2 = A_3$,$Q = Q_1 = Q_2 = Q_3$,得:

$$Q = \frac{\Delta t_1 + \Delta t_2 + \Delta t_3}{\dfrac{\delta_1}{\lambda_1 A} + \dfrac{\delta_2}{\lambda_2 A} + \dfrac{\delta_3}{\lambda_3 A}} = \frac{t_1 - t_4}{R_1 + R_2 + R_3} = \frac{总推动力}{总阻力} \tag{3-13}$$

$$q = \frac{Q}{A} = \frac{t_1 - t_4}{\dfrac{\delta_1}{\lambda_1} + \dfrac{\delta_2}{\lambda_2} + \dfrac{\delta_3}{\lambda_3}} \tag{3-14}$$

各层的温差为:

$$\Delta t_1 : \Delta t_2 : \Delta t_3 = \frac{\delta_1}{\lambda_1} : \frac{\delta_2}{\lambda_2} : \frac{\delta_3}{\lambda_3} = R_1 : R_2 : R_3 \tag{3-15}$$

推广到 n 层平面壁,有:

$$Q = \frac{t_1 - t_{n+1}}{\sum\limits_{i=1}^{n} R_i} = \frac{t_1 - t_{n+1}}{\sum\limits_{i=1}^{n} \dfrac{\delta_i}{\lambda_i A}} = \frac{总推动力}{总阻力} \tag{3-16}$$

上式说明,多层平壁内各层的温度降与各层的热阻成正比。传热过程的总推动力为各层推动力(温差)之和,总热阻也为各层热阻之和。由此可以求出各层间的温度。

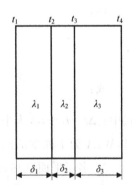

图 3-12　例 3-1 附图

例 3-1　有一台锅炉的炉壁由下列三种材料组成,如图 3-12 所示。

内层　耐火砖 $\lambda_1 = 1.40\text{W/m} \cdot \text{℃}$,$\delta_1 = 240\text{mm}$

中层　保温砖 $\lambda_2 = 0.15\text{W/m} \cdot \text{℃}$,$\delta_2 = 120\text{mm}$

外层　建筑砖 $\lambda_3 = 0.80\text{W/m} \cdot \text{℃}$,$\delta_3 = 240\text{mm}$

今测得内壁面温度为 930℃,外壁面温度为 70℃,求每平方米面积的壁面的热损失和各层接触面上的温度。

解:参看图,应用式(3-14),得:

$$q = \frac{\Delta t}{\dfrac{\delta_1}{\lambda_1} + \dfrac{\delta_2}{\lambda_2} + \dfrac{\delta_3}{\lambda_3}} = \frac{930 - 70}{\dfrac{0.24}{1.40} + \dfrac{0.12}{0.15} + \dfrac{0.24}{0.80}} \text{W/m}^2 = 676.41 \text{W/m}^2$$

求耐火砖与保温砖交界的温度 t_2：

$$\Delta t_1 = t_1 - t_2 = q \frac{\delta_1}{\lambda_1} = 676.41 \times 0.24/1.40\,℃ = 115.9\,℃$$

$$t_2 = 930\,℃ - 115.9\,℃ = 814.1\,℃$$

求保温砖与建筑砖交界的温度：

$$\Delta t_3 = t_3 - t_4 = q \frac{\delta_3}{\lambda_3} = 676.41 \times 0.24/0.80\,℃ = 202.9\,℃$$

$$t_3 = 70\,℃ + 202.9\,℃ = 272.9\,℃$$

比较：　　　　$\Delta t_1 : \Delta t_2 : \Delta t_3 = 115.9 : 541.2 : 202.9 = 1 : 4.67 : 1.75$

由以上计算可知：保温砖的导热系数小，故热阻大，虽然厚度小，但经过保温砖的温度降也大，有利于保温。

3.2.3　圆筒壁稳定热传导

1. 单层圆筒壁稳定热传导

化工生产中更常见的是圆筒壁的稳定热传导，与平面壁的区别在于圆筒壁的内外表面积不等，随半径而改变。

设有一单层圆筒壁，如图 3-13 所示。圆筒的内、外半径分别为 r_1、r_2，长度为 L，内、外表面的温度分别维持恒定为 t_1、t_2。在半径为 r 处取一微分厚度 dr，传热面积 $A = 2\pi r L$。由傅立叶定律，通过这一微分厚度 dr 的圆筒壁的导热速率为：

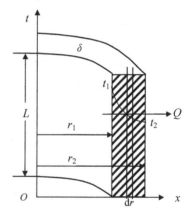

图 3-13　单层圆筒壁的稳定热传导

$$Q = -2\pi\lambda r L \frac{dt}{dr} \qquad (3-17)$$

积分：　　　　$\displaystyle\int_{r_1}^{r_2} \frac{dr}{r} = -\frac{\lambda 2\pi L}{Q}\int_{t_1}^{t_2} dt$

整理得：　　　$\displaystyle Q = \frac{t_1 - t_2}{\frac{1}{2\pi L\lambda}\ln\frac{r_2}{r_1}} = \frac{t_1 - t_2}{\frac{1}{2\pi L\lambda}\ln\frac{d_2}{d_1}} \qquad (3-18)$

此式即为单层圆筒壁的导热速率方程式。若将此式改写成与平壁导热速率方程式类似的形式，则将分子和分母同乘以 $\delta = r_2 - r_1$，则：

$$Q = \frac{2\pi L\Delta t}{\frac{\delta}{\lambda}} \cdot \frac{r_1 - r_2}{\ln\frac{r_2}{r_1}} = \frac{2\pi L r_m \Delta t}{\frac{\delta}{\lambda}} = \frac{\Delta t}{\frac{\delta}{\lambda A_m}} = \frac{\Delta t}{R} \qquad (3-19)$$

式中：δ 为圆筒壁厚度，$\delta = (r_2 - r_1)$，m；r_m 为圆筒壁对数平均半径，$r_m = \dfrac{r_1 - r_2}{\ln\dfrac{r_1}{r_2}}$，m；$A_m$ 为

圆筒壁对数平均传热面积, $A_m = \dfrac{A_1 - A_2}{\ln \dfrac{A_1}{A_2}}$, m²; R 为圆筒壁导热热阻, $R = \dfrac{\delta}{\lambda A_m}$, ℃/W。

对数平均值是化学工程中经常采用的一种方法, 用此法计算, 结果较准确, 但其计算比较繁杂, 因此, 当 $r_2 / r_1 \leqslant 2$ 时, 可用算术平均值代替。

$$r_m = \frac{r_1 + r_2}{2} \quad 或 \quad A_m = \frac{A_1 + A_2}{2}$$

当 $r_2 / r_1 = 2$ 时, 使用算术平均值的误差为 4%, 这在工程的计算中是允许的。

例 3-2　为了减少热损失, 在外径 150mm 的饱和蒸气管处覆盖厚度为 80mm 的保温层, 保温材料的导热系数 $\lambda = 0.103 + 0.000198t$ (式中: t 的单位为℃)。已知饱和蒸气的温度为 160℃, 测得保温层中央厚度为 40mm 处的温度为 100℃, 试求: (1) 单位长度管子的蒸气冷凝量; (2) 保温层外侧的温度。

解: (1) 由于钢管的导热热阻较小, 则保温层的平均温度为:

$$t_m = (160 + 100)/2℃ = 130℃$$

$$\lambda_m = 0.103 W/(m \cdot K) + 0.000198 \times 130 W/(m \cdot K) = 0.129 W/(m \cdot K)$$

单位长度的热损失为:

$$\frac{Q}{L} = \frac{2\pi \lambda_m \Delta t}{\ln(d_2/d_1)} = \frac{2\pi \times 0.129 \times (160 - 100)}{\ln(0.23/0.15)} W/m = 113.7 W/m$$

160℃饱和蒸气的汽化潜热为 2020kJ/kg, 单位长度的冷凝量为:

$$\frac{Q}{rL} = \frac{113.7}{2020 \times 10^3} kg/(m \cdot s) = 5.63 \times 10^{-5} kg/(m \cdot s)$$

(2) 设保温层外侧的温度为 $t_3 = 54.0℃$, 则:

$$t_m = (160 + 54)/2℃ = 107℃$$

$$\lambda_m = 0.103 W/(m \cdot K) + 0.000198 \times 107 W/(m \cdot K) = 0.124 W/(m \cdot K)$$

$$t_3 = 160℃ - \frac{113.7 \times \ln(0.31/0.15)}{2 \times 0.124\pi}℃ = 54.0℃$$

计算结果与假设相符。

2. 多层圆筒壁稳定热传导

对于多层圆筒壁, 可以采用与多层平面壁相同的推导方法, 从单层圆筒壁的热传导公式推导多层圆筒壁的热传导公式。

$$\frac{Q}{L} = \frac{t_1 - t_4}{\dfrac{1}{2\pi \lambda_1} \ln \dfrac{r_2}{r_1} + \dfrac{1}{2\pi \lambda_2} \ln \dfrac{r_3}{r_2} + \dfrac{1}{2\pi \lambda_3} \ln \dfrac{r_4}{r_3}} \tag{3-20}$$

$$Q = \frac{t_1 - t_4}{\dfrac{\delta_1}{A_{m1} \lambda_1} + \dfrac{\delta_2}{A_{m2} \lambda_2} + \dfrac{\delta_3}{A_{m3} \lambda_3}} \tag{3-21}$$

对于 n 层圆筒壁：

$$\frac{Q}{L} = \frac{t_1 - t_{n+1}}{\sum\limits_{i=1}^{n} \frac{1}{2\pi\lambda_i}\ln\frac{r_{i+1}}{r_i}} = \frac{t_1 - t_{n+1}}{\sum\limits_{i=1}^{n} \frac{\delta_i}{2\pi r_{\mathrm{m}i}\lambda_i}} \tag{3-22}$$

$$Q = \frac{t_1 - t_{n+1}}{\sum\limits_{i=1}^{n} \frac{1}{2\pi L\lambda_i}\ln\frac{r_{i+1}}{r_i}} = \frac{t_1 - t_{n+1}}{\sum\limits_{i=1}^{n} \frac{\delta_i}{A_i\lambda_i}} \tag{3-23}$$

例 3-3 蒸气管外径 38mm，壁厚 2.5mm［钢的 λ 为 50W/(m·K)］，包有隔热层。第一层是厚 40mm 的矿渣棉［λ 为 0.07W/(m·K)］，第二层是 20mm 厚的石棉泥［λ 为 0.15W/(m·K)］。若管内壁温度为 140℃，石棉泥外壁温度为 30℃。试求每米管长的热损失速率。若将矿渣棉与石棉泥对调，则热损失情况怎样？

解： 已知，$r_1 = 16.5\mathrm{mm}$，$r_2 = 19\mathrm{mm}$，$r_3 = 59\mathrm{mm}$，$r_4 = 79\mathrm{mm}$，则：

$$\frac{Q}{L} = \frac{t_1 - t_4}{\frac{1}{2\pi\lambda_1}\ln\frac{r_2}{r_1} + \frac{1}{2\pi\lambda_2}\ln\frac{r_3}{r_2} + \frac{1}{2\pi\lambda_3}\ln\frac{r_4}{r_3}}$$

$$= \frac{140 - 30}{\frac{1}{2\pi\times50}\times\ln\frac{19}{16.5} + \frac{1}{2\pi\times0.07}\times\ln\frac{59}{19} + \frac{1}{2\pi\times0.15}\times\ln\frac{79}{59}}\mathrm{W/m} = 38.1\mathrm{W/m}$$

矿渣棉与石棉泥对调，厚度不变，则：

$$\frac{Q}{L} = \frac{140 - 30}{\frac{1}{2\pi\times50}\times\ln\frac{19}{16.5} + \frac{1}{2\pi\times0.15}\times\ln\frac{59}{19} + \frac{1}{2\pi\times0.07}\times\ln\frac{79}{59}}\mathrm{W/m} = 58.9\mathrm{W/m}$$

计算结果表明，导热系数小的保温材料应包在内层。金属管的热阻可以不计(38.1W/m)。

3. 接触热阻

多层平面壁或圆筒壁相接时，由于接触界面的粗糙，增加了额外的传导热阻，这种额外的传导热阻称接触热阻，用 $1/(\alpha_c A)$ 表示，α_c 为接触系数，单位为 W/(m²·℃)。图 3-14 为界面接触情况的放大图。在界面上的传热主要靠固体与固体间的热传导和间隙中气体的导热，若温度较高，则有热辐射。由于气体的导热系数较小，热阻主要为气体的导热。

有接触热阻时，通过两层平面壁的热流量 Q 的计算：

$$Q = \frac{t_1 - t_2}{\frac{\delta_1}{\lambda_1 A} + \frac{1}{\alpha_c A} + \frac{\delta_2}{\lambda_2 A}} \tag{3-24}$$

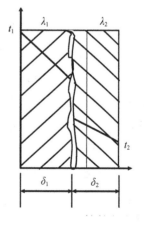

图 3-14　界面接触处的热阻

通过两层圆筒壁的热流量 Q 的计算：

$$Q = \frac{t_1 - t_2}{\frac{\delta_1}{\lambda_1 A_{\mathrm{m}1}} + \frac{1}{\alpha_c A} + \frac{\delta_2}{\lambda_2 A_{\mathrm{m}2}}} \quad (A \text{ 为界面接触面积}) \tag{3-25}$$

影响界面接触热阻的主要因素有粗糙度、接触面的压紧力、空隙中气体的压力。

3.3　对流传热

流体各部分质点发生宏观的相对位移所产生的对流运动与固体表面进行热量传递的过程,称对流传热。对流传热过程的机理和运动速率与很多因素有关,首先与流体在传热过程中所处的状态有关。根据流体与壁面间传热过程中流体所处的状态不同,可将其分为以下两类状态:

(1) 流体有相变的传热,为蒸气冷凝传热和液体沸腾传热;

(2) 流体无相变的传热,为强制对流传热和自然对流传热。

3.3.1　对流传热的机理

1. 对流传热机理

流体的宏观运动使传热速率加快,图 3-15 为流体与平面壁间的传热,冷平壁温度保持为 t_W,流体在厚度 δ 处的温度为 T_0,显然 $T_0 > t_W$。

当流体静止时,流体只能以传导的方式将热量传给壁面。流体温度在垂直于壁面方向呈线性分布,如图 3-15a 所示,其热通量为:

$$q = -\lambda \left(\frac{\partial T}{\partial y} \right) = \lambda \frac{\Delta T}{\delta} \qquad (3-26)$$

当流体层流流过平壁时,见图 3-15b。取一流体微元做热量衡算,由于流体被冷却,在 x 方向上流出微元体的流体温度 $T - dT$ 必小于流入微元体的流体温度 T,因而 x 方向上流入微元体的流体带入微元体的热量必有一部分加入流出微元体的热通量 q_y,则 y 方向上流出微元体的热通量 q_y 必大于流入微元体的热通量 $q_y - dq_y$。可见,由于流动,沿 y 方向上,随着 y 增大,热通量 q_y 下降,温度梯度也下降,温度分布变均匀,如图 3-15c 所示。但在壁面处,由于流体速度为 0,流体的传热过程仍符合傅立叶定律。在流体主体区,传热过程不符合傅立叶定律。可见,在温差相同的条件下,流体的流动增大了壁面处的温度梯度,使壁面处的热通量比流体静止时要大,强化了传热。

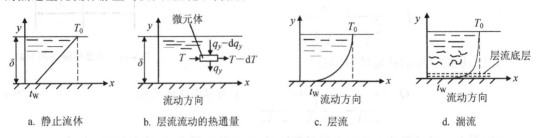

a. 静止流体　　　　b. 层流流动的热通量　　　　c. 层流　　　　d. 湍流

图 3-15　流体流过平面壁时的温度分布

当流体湍流流过平壁（图 3-15d）或圆管管壁（图 3-16）时，形成湍流边界层，靠近壁面处总有层流底层存在。在此薄层内流体质点是沿壁面成平行运动的且互不相混的层流流动。流体湍流流动时，主体流中各部份质点相互碰撞、混合，做不规则的脉动，并有旋涡生成，温度趋于一致，热阻很小。而在层流底层中，层与层的流体不发生径向的相互位移，无任何宏观的混合，热量仅能通过传导传热的方式通过层流底层。由于流

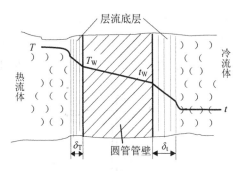

图 3-16 对流传热时沿传热方向的温度分布及传热边界层

体的湍流流动，层流底层变薄，层流底层的温度梯度变大，热通量也变大。因此，对流是流体流动和热传导共同作用的结果，使传热速率（热流量）变大。

2. 强制对流与自然对流传热

根据引起流体流动的原因，将对流传热分为强制对流和自然对流。

强制对流是指借助于机械搅拌或机械作用引起的流体流动来传递热量的过程。从图 3-16 可以看出，湍流时，对流传热的阻力主要集中在边界层中的层流内层，而流体主体的温度比较均匀，传热阻力传热可以不计。

自然对流是指流体本身各点温度不同导致流体密度差异而形成的流体流动来传递热量的过程。

现考察液体中一高度为 L 的垂直平板与液体间的传热过程，见图 3-17。平板一侧用电加热，热量通过平板传到另一侧液体。在加热过程中，加热面附近液体的温度必高于液相主体的温度，此温差用 ΔT 表示。加热面附近液体的密度与液相主体密度 ρ 间的关系为：

$$\rho' = \frac{\rho}{1 + \beta \Delta T} \tag{3-27}$$

式中：β 为液体的体积膨胀系数，1/K。于是，在图 3-17 中，a、b 两点将形成压差：

$$\Delta p = \rho g L - \rho' g L = \rho g L \left(1 - \frac{1}{1 + \beta \Delta T}\right) = \frac{\rho g L \beta \Delta T}{1 + \beta \Delta T} \tag{3-28}$$

当 ΔT 较小时：

$$\frac{\Delta p}{\rho} \approx g L \beta \Delta T \tag{3-29}$$

在此压差作用下，液体必造成环流，环流速度 u 满足下列关系：

$$\frac{u^2}{2} \propto \frac{\Delta p}{\rho} \approx g L \beta \Delta T \tag{3-30}$$

或：

$$u \propto \sqrt{g L \beta \Delta T} \tag{3-30a}$$

可见，环流速度 u 与流动空间的几何形状与尺寸、温差和流体的性质有关。如有温差，必有环流，从而形成自然对流。自然对流还与加热面的位置有关。如图 3-18 所示，加热时，水平

放置的加热面上部产生较大的自然对流。固体表面为冷却面时,有利于在下部产生较大的自然对流。因此,为了在一定空间内获得较为均匀的加热或冷却,房间采暖用的加热器宜放置在下面,空调等冷却器则宜放置在空间上面,这样才能造成充分的自然对流。

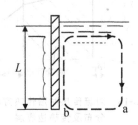

图 3-17　垂直平板加热产生的对流

图 3-18　水平平板加热产生的对流

3.3.2　对流传热系数

1. 牛顿冷却定律和对流传热系数

我们把复杂的对流传热过程用简单的牛顿冷却定律来表示。

流体被冷却时,则:

$$Q = \alpha A (T - T_{\mathrm{w}}) \tag{3-31}$$

流体被加热时,则:

$$Q = \alpha A (t_{\mathrm{w}} - t) \tag{3-32}$$

式中: Q 为通过传热面的对流传热速率,W; α 为对流传热系数,W/(m^2 · ℃); T_{w} 、t_{w} 为任一截面上和流体接触的传热面壁面温度,℃; T 、t 为任一截面上热流体与冷流体的平均温度,℃。

式(3-31)、(3-32)称为牛顿冷却定律。传热时,流体有无相变、流体流动的原因和状态、壁面情况、流体物性和流体的温度等变化都会影响对流传热系数, α 值随之变化,即传热系数 α 是基于局部传热面积的传热系数。但实际应用时,采用基于全部传热面积的平均传热系数比较方便。

牛顿冷却定律对对流传热系数 α 的定义:

$$\alpha = \frac{Q}{A \Delta T} \tag{3-33}$$

因此,对流传热系数表示在单位温差下的单位传热面积的对流传热速率,单位是W/(m^2 · ℃)。对流传热系数越大,传热速率越大。

对流传热系数 α 与导热系数 λ 不同,它不是物性的,而是受多种因素影响的一个参数。对同一流体,强制对流传热系数大于自然对流传热系数,有相变的对流传热系数大于无相变的对流传热系数,液体的对流传热系数大于气体对流传热系数。表 3-1 给出几种对流传热情况下的传热系数 α 值的范围,可以作为对流传热计算的参考。

表 3-1　流体传热时对流传热系数 α 的值

单位：$W/(m^2 \cdot ℃)$

换热方式	α 的值	换热方式	α 的值
空气自然对流	5～25	水蒸气冷凝	5000～15000
气体强制对流	20～100	有机蒸气冷凝	500～2000
水自然对流	200～1000	水沸腾	2500～25000
水强制对流	1000～15000		

牛顿冷却定律可以采用微分的形式，因为不同壁面处温度或温差不同，对流传热系数 α 值也不同。对于某个流体微元，流体冷却时，则：

$$dQ = \alpha(T - T_w)dA \tag{3-34}$$

流体加热时，则：

$$dQ = \alpha(t_w - t)dA \tag{3-35}$$

式中：dA 为微元传热面积，m^2；dQ 为通过微元传热面 dA 的对流传热速率，W。

牛顿冷却定律用简单的关系表达复杂的对流传热过程。因此，研究各种对流传热过程的对流传热系数 α 与各种因素的关系，以及计算方法，是研究对流传热的关键问题。

2. 获得传热系数的方法

第一种方法是数学模型法。对传热过程做出简化的物理模型和数学描述，用实验检验或修正模型，确定模型参数。第二种方法是量纲分析法。即将影响对流传热的因素无量纲化，通过实验决定无量纲准数间的关系。这种方法必须在理论指导下进行研究，其在对流传热中广为使用。

3. 影响传热系数的因素

考察固体表面与不发生相变化的流体间的传热过程，影响传热系数的因素有以下几种：

(1) 流体的流动型态。流动型态由 Re 决定，Re 越大，流体的湍动程度越大，层流底层越薄，对流传热系数就越大。但 Re 越大，流速 u 增加，流动阻力增加，机械能损失随之增加。因此，在热交换器里流体的 Re 在 50000 以下。

(2) 流体的对流情况。对流分自然对流和强制对流。强制对流主要受外力作用引起的流体流速 u 的影响；自然对流主要受流体温差引起的单位质量流体浮力 $g\beta\Delta T$ 的影响。

(3) 流体的种类和物理性质。化学工业处理的物料多种多样，它们的物性不同，对流传热情况也不相同。影响较大的物性参数有导热系数 λ、比热容 c_p、密度 ρ 和黏度 μ。其中 λ、c_p、ρ 值增大对传热有利，而 μ 值增大对传热过程不利。传热过程温度变化的结果对液体和气体的影响有所不同。而牛顿型流体和非牛顿型流体传热情况和规律不相同，本章讨论牛顿型流体的传热过程。

(4) 传热面的形状、大小和位置，用特征尺寸 l 表示。传热面的形状多种多样，工程上常用管和板组成各种不同的传热面。各种不同的传热面都有一定特殊的流动和传热特征。例如，曲面或局部障碍的地方，出现边界层分离，形成漩涡使湍动更加激烈，提高了传热效果。流体在管内流过、在管外横向流过管束和纵向流过管束，其传热效果各不相同。管子尺寸的大小，对传热效果的影响也不一样。

（5）传热的相变化。

3.3.3　对流传热系数的经验公式的建立

对于一定的传热面，根据前述影响对流传热因素的分析，传热系数 α 主要取决于传热设备的定性尺寸 l、流体的流速 u、黏度 μ、导热系数 λ、定压比热容 c_p、密度 ρ、流体自然对流产生的浮力 $gL\beta\Delta T$。这几个物理量用普通的函数表示为：

$$\alpha = f(u, l, \mu, \rho, \lambda, c_p, \rho g \beta \Delta T) \tag{3-36}$$

影响该过程的物理量有 8 个，基本因次有 4 个，无因次数群为 4 个。这 4 个无因次数群分别是：努塞尔准数 $Nu = \dfrac{\alpha l}{\lambda}$；雷诺准数 $Re = \dfrac{\alpha d u}{\mu}$；普兰特准数 $Pr = \dfrac{c_p \mu}{\lambda}$；格拉斯霍夫准数 $Gr = \dfrac{\beta g \Delta t l^3 \rho^2}{\mu^2}$。

于是，描述传热过程的无因次数群函数式为：

$$Nu = f(Re, Pr, Gr) \tag{3-37}$$

1. 各量纲特征数的物理意义

（1）雷诺准数 Re。Re 表示流体所受到的惯性力与黏性力之比，表征流体的运动状态。

（2）努塞尔准数 Nu。Nu 表示对流传热与热传导之比。

$$Nu = \frac{\alpha l}{\lambda} = \frac{\alpha}{\lambda / l} \tag{3-38a}$$

（3）普兰特准数 Pr。Pr 表示流体的物理性质对对流传热的影响。气体一般小于 1，液体则远大于 1。气体和液体的普兰特准数见附录 12 和附录 13。

（4）格拉斯霍夫准数 Gr。Gr 表示自然对流对对流传热系数的影响。Gr 是 Re 的一种变形，表征自然对流的流动状态。

$$Gr = \frac{\beta \cdot g \cdot \Delta t \cdot l^3 \rho^2}{\mu^2} \propto \frac{u^2 \rho^2 l^2}{\mu^2} = (Re)^2 \tag{3-38b}$$

2. 定性温度

在传热过程中，流体的温度各处不同，流体的物理数据也随之而变化。因此，在计算各特征数时就要取一个有代表性的温度，以确定物性参数的数值。这个用于确定物性参数数值的温度称为定性温度。定性温度一般采用流体主体温度的平均值。

考虑到传热过程的热阻主要集中在层流内层，选取壁温 t_w 和流体主体温度 t，求算术平

均值,即:

$$t_m = \frac{t_w + t}{2} \tag{3-39}$$

式中:t_m 为膜温。

3. 定性尺寸

定性尺寸是指对流传热过程中产生直接影响的几何尺寸。对于管内强制对流传热,圆管的定性尺寸为管内径。对于大空间内垂直管或垂直板的自然对流,取管或板的垂直高度作为定性尺寸。

3.3.4　无相变的对流传热系数

1. 圆形直管内强制湍流的传热系数

流体做强制湍流时,自然对流对传热系数的影响可不计,在一定范围内可用幂函数表示:

$$Nu = f(Re, Pr) = K Re^a Pr^b \tag{3-40}$$

(1) 无因次数群幂函数式的确定

要确定幂函数式中系数 K 与指数 a、b,需要由实验测定。得到管内流体强制湍流的传热系数的实验关联式为:

$$Nu = 0.023 Re^{0.8} \cdot Pr^b \tag{3-41}$$

或:

$$\alpha = 0.023 \frac{\lambda}{d} Re^{0.8} Pr^b = 0.023 \frac{\lambda}{d} \left(\frac{d u}{\mu}\right)^{0.8} \left(\frac{c_p \mu}{\lambda}\right)^b \tag{3-41a}$$

(2) 无因次数群函数式的应用范围

研究发现,在下列条件下,式(3-41)成立:

① $Re > 10000$,即流动充分湍流;

② $Pr = 0.7 \sim 160$,一般流体都满足,液体金属不适用;

③ 管子的长径比 $l/d > 30 \sim 40$,即进口段管长只占总长的很小一部分,管内流动是充分发展的;

④ 黏度小于水黏度两倍的流体,即低黏度流体;

⑤ 定性尺寸为管子内径 d;

⑥ 定性温度取流体进出口温度的算术平均值;

⑦ 管内流体被加热时,$b = 0.4$;管内流体被冷却时,$b = 0.3$。

当液体被加热时,管壁面附近的液体层温度比主体区高。由于液体黏度随温度升高而降低,故管壁面附近的液体黏度比主体区低,导致其流速增大,边界层减薄,传热系数 α 增大。当液体被冷却时,情况相反,传热系数 α 减小。而当气体被加热时,由于气体黏度随温度升高而增加,故管壁面附近的气体黏度比主体区高,导致边界层增厚,传热系数 α 减小。当气体被冷却时,情况相反,传热系数 α 增大。对大多数液体而言,$Pr > 1$,则 $Pr^{0.4} > Pr^{0.3}$,

所以加热液体时，b 取 0.4，得到的 α 就大；冷却时，b 取 0.3，得到的 α 就小。对大多数气体而言，$Pr < 1$，则 $Pr^{0.4} < Pr^{0.3}$，所以加热气体时，b 取 0.4，得到的 α 就小；冷却时，b 取 0.3，得到的 α 就大。

2. 管内强制湍流传热系数的修正

(1) 高黏度液体

当液体黏度比较大时，固体壁面与流体主体温度相差很大，影响更显著，此时需要引入黏度校正，可用下式计算：

$$\alpha = 0.027 \frac{\lambda}{d} \left(\frac{\alpha du}{\mu} \right)^{0.8} \left(\frac{c_p \mu}{\lambda} \right)^{0.33} \left(\frac{\mu}{\mu_w} \right)^{0.14} \tag{3-42}$$

式中：μ 为液体在主体平均温度下的黏度；μ_w 为液体在壁温下的黏度。

由于壁温的计算比较复杂，工程上为了简化计算，液体加热时：$\left(\dfrac{\mu}{\mu_w} \right)^{0.14} = 1.05$；液体冷却时：$\left(\dfrac{\mu}{\mu_w} \right)^{0.14} = 0.95$。

上式适用于 $Re > 10000$，$Pr = 0.5 \sim 100$ 的液体，但不适用于液体金属。

(2) $l/d < 30 \sim 40$ 的短管

当流体开始进入管内的一段距离后，对流传热系数 α 值的变化很大。靠近进口处，α 值最大，然后迅速下降趋于某一极限值。α 值变化的这段距离称为进口段或不稳定段。其原因是管内流动边界层尚未充分发展，温度和速度分布没有稳定，层流内层较薄，热阻小，对流传热系数比一般情况大，需要乘以 1.02 $\sim$ 1.07 的系数校正。短管其实相当于进口段的对流传热。

(3) 过渡流

对 $Re = 2000 \sim 10000$ 的过渡流，因层流底层较厚，热阻大，需要乘以小于 1 的修正系数 f，即：

$$f = 1 - \frac{6 \times 10^5}{Re^{1.8}} \tag{3-43}$$

(4) 流体在弯曲管内流动

式(3-41)是根据圆形直管的实验数据整理得到的。当流体在弯曲管内流动，由于离心力的作用，流体产生二次流，导致扰动加剧，对流传热系数增加，需要乘以大于 1 的修正系数 f，即：

$$f = 1 + 1.77 \frac{d}{R} \tag{3-44}$$

式中：d 为管内径，m；R 为弯管的曲率半径，m。

(5) 流体在非圆形管内强制湍流的传热系数

第一种方法，用圆形直管的计算公式，将定性尺寸用当量直径 d_e 代入，计算结果欠准确。

第二种方法，根据实验结果关联，找出计算传热系数的经验公式。例如，流体在套管内流动，当 $Re = 1.2 \times 10^4 \sim 2.2 \times 10^5$，$d_2/d_1 = 1.65 \sim 17.0$ 的范围内，用下面公式计算：

$$\alpha = 0.02 \frac{\lambda}{d_{eq}} Re^{0.8} Pr^{0.33} \left(\frac{d_2}{d_1}\right)^{0.53} \tag{3-45}$$

式中：d_{eq} 为当量直径，$d_{eq} = d_2 - d_1$；d_2 为外管内径；d_1 为内管外径。

例 3-4　有一列管式换热器，由 38 根 $\phi 25\text{mm} \times 2.5\text{mm}$ 的无缝钢管组成。用饱和水蒸气加热管内流动的苯，苯由 20℃ 被加热到 80℃，其流量为 10.0kg/s。试求管壁对苯的传热系数。当苯的流量增加 50%，假设苯仍维持原来的出口温度，则传热系数为多少？

解：苯的定性温度为 $t_m = (20+80)/2 = 50℃$，查出 50℃ 时的苯的物性数据：$\mu = 0.45 \times 10^{-3}\text{Pa} \cdot \text{s}$，$\lambda = 0.14\text{W}/(\text{m} \cdot \text{K})$，$\rho = 860\text{kg}/\text{m}^3$，$c_p = 1.80\text{kJ}/(\text{kg} \cdot ℃)$。

加热管内的流速为：

$$u = \frac{4m}{\pi n \rho d^2} = \frac{4 \times 10.0}{\pi \times 38 \times 860 \times 0.02^2}\text{m/s} = 0.97\text{m/s}$$

$$Re = \frac{du\rho}{\mu} = \frac{0.97 \times 0.02 \times 860}{0.45 \times 10^{-3}} = 37000$$

$$Pr = \frac{c_p \mu}{\lambda} = \frac{0.45 \times 10^{-3} \times 1.8 \times 10^3}{0.14} = 5.79$$

以上条件符合下式公式计算：

$$\alpha = 0.023 \frac{l}{d} Re^{0.8} Pr^b = 0.023 \times \frac{0.14}{0.02} \times 37000^{0.8} \times 5.79^{0.4}\text{W}/(\text{m}^2 \cdot \text{K})$$

$$= 1467\text{W}/(\text{m}^2 \cdot \text{K})$$

当苯的流量加倍，定性温度不变，则：

$$\alpha' = \alpha \left(\frac{u'}{u}\right)^{0.8} = \alpha \left(\frac{V'}{V}\right)^{0.8} = 1467 \times 1.5^{0.8}\text{W}/(\text{m}^2 \cdot \text{K}) = 2029\text{W}/(\text{m}^2 \cdot \text{K})$$

3. 管内强制层流的传热系数

管内强制层流的传热系数计算要比强制湍流复杂，因为附加的自然对流对传热有影响。下列因素对管内传热直接带来影响。

（1）由于管内流速分布不均匀，造成管内温度分布不均，对流体的物性直接产生影响，流体的传热系数也随之发生变化。

（2）竖放的管子，其自然对流与流体的流动方向不一致，对传热产生影响。图 3-19 为流体在管内作层流流动时热流方向对速度分布的影响。如果自然对流的方向与流体流动方向相同，自然对流促进壁面处流体的流动，对流传热得到加强；如果自然对流与流体运动方向相反，壁面处的流速变小，管中央流速变大，削弱了对流传热的强度。

（3）湍流时，自然对流太小，可不计。

（4）加热管的长度，对全管的平均传热系数产生影响。

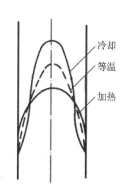

图 3-19　热流方向对管内液体速度分布的影响

（图中标注：冷却、等温、加热）

（5）当管子横放时，流体因自然对流在截面上发生环流，加强了流体的扰动，换热效果增强。流体加热时，管子周围流体受热上升，中心流体下降；流体冷却时，运动方向相反，如图 3-20 所示。因此无论加热或冷却，都提高了传热效果。

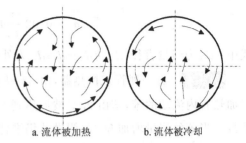

a. 流体被加热   b. 流体被冷却

图 3-20　横放管中自然对流的影响

只有在小管径、流体和壁面的温差不大的情况下，即 $Gr<25000$，自然对流的影响可以不计。此时，可用下式计算：

$$Nu = 1.86\left(Re \cdot Pr \cdot \frac{d}{l}\right)^{1/3}\left(\frac{\mu}{\mu_w}\right)^{0.14} \tag{3-46}$$

计算条件为 $\left(Re \cdot Pr \cdot \dfrac{d}{l}\right) > 10$。

当 $Gr>25000$，用式（3-46）计算 α，再乘以修正系数 f。

$$f = 0.8(1 + 0.015Gr^{1/3}) \tag{3-47}$$

上述的计算方法很成熟，误差比较小。

4. 流体在管外强制对流的传热系数

流体在管外流动和传热是化工中常见的过程。管内和管外的传热，其定性尺寸是不同的，管内传热定性尺寸为内径，而管外用外径。

流体绕单根圆管的流动情况如图 3-21 所示。自驻点 A 开始，随着 φ 角增大，管外边界层厚度逐渐增厚，热阻增大，对流传热系数逐渐减少；边界层分离后，管子背后流体产生旋涡，对流传热系数 α 值逐渐增大。局部对流传热系数 α 值随 φ 角变化如图 3-22 所示。对于一般换热器，需要的只是整个圆周的平均传热系数，因而下面只讨论平均传热系数的计算。

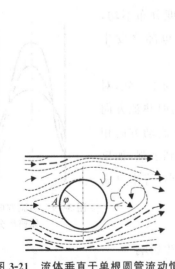

图 3-21　流体垂直于单根圆管流动情况

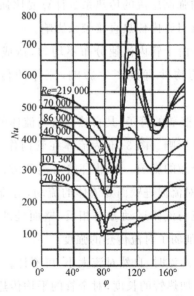

图 3-22　沿圆管表面局部努塞尔准数

　　流体横向流过圆管，由于周边比较短，边界层不可能发展得很厚，同时由于扰动的影响，其对流传热系数一般比管内流动大得多。

　　在换热器中，大量流体横向流过管束进行传热。由于管束的几何条件，即管子的管径、管间距、排列和排列方式等对传热过程的影响，使传热过程更为复杂。流体在管束外横向流过的传热系数，一般用下式经验公式关联：

$$Nu = c\varepsilon Re^{n}Pr^{0.4} \tag{3-48}$$

式中：c、ε、n 的值见表 3-2。定性尺寸为管外径，定性温度为流体的进出口平均温度，流速取垂直于流动方向最窄通道的流速。适用范围是：$Re = 5\times10^{3}\sim7\times10^{4}$，$x_1/d = 1.2\sim5$，$x_2/d = 1.2\sim5$。

表 3-2　　流体垂直于管束流动的 c、ε、n 值

排数	直排		错排		c
	n	ε	n	ε	
1	0.60	0.171	0.6	0.171	$x_1/d = 1.2\sim3$ 时
2	0.65	0.157	0.6	0.228	$c = 1 + 0.1 x_1/d$
3	0.65	0.157	0.6	0.290	$x_1/d > 3$ 时
>3	0.65	0.157	0.6	0.290	$c = 1.3$

　　管束的排列方式有直排和错排，如图 3-23 所示。对于第一排，直排和错排差不多。第二排开始，由于流体在错排管束间通过时，受到阻挡，使湍动增强，ε 较大，因此错排的传热系数较大，第三排开始，传热系数不再变化。

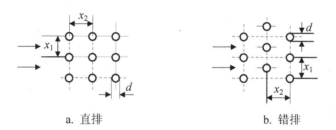

a. 直排　　　　　　　　　　　　b. 错排

图 3-23　　换热管的排列

　　由于各排的传热系数不等，整个管束的平均传热系数为：

$$\alpha = \frac{\alpha_1 A_1 + \alpha_2 A_2 + \alpha_3 A_3 + \cdots}{A_1 + A_2 + A_3 + \cdots} = \frac{\sum \alpha_i A_i}{\sum A_i} \tag{3-49}$$

式中：α_i 为各排的传热系数；A_i 为各排的传热面积。

　　5. 流体在列管式换热器管间流动的传热系数

　　对于常用的列管式换热器，由于壳体是圆筒，管束中各列管的管子数目不同，而且大多数装有折流挡板，如图 3-24 所示。流体在管间流动时，大部分是横向流过管束，但在绕过折流挡板时，变更了流向，不是垂直于管束，而是顺着管子的方向流动。由于流向和流速的不

断变化,在 $Re > 100$ 时即能达到湍流,提高了传热系数。这时管外传热系数的计算,要根据具体的挡板结构选用适宜的计算式。当使用 25% 圆缺形折流挡板时,也可以按下式计算传热系数。

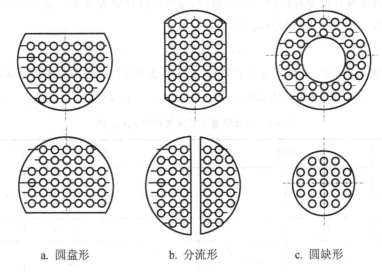

　a. 圆盘形　　　　　　b. 分流形　　　　　　c. 圆缺形

图 3-24　列管式换热器的折流挡板

当 $Re > 2000$:
$$\alpha = 0.36 \frac{\lambda}{d_{eq}} Re^{0.55} Pr^{1/3} \left(\frac{\mu}{\mu_W}\right)^{0.14} \tag{3-50a}$$

当 $Re = 10 \sim 2000$:
$$\alpha = 0.50 \frac{\lambda}{d_{eq}} Re^{0.507} Pr^{1/3} \left(\frac{\mu}{\mu_W}\right)^{0.14} \tag{3-50b}$$

式中:定性温度为进出口的平均温度;μ_W 为壁温下流体的黏度;定性尺寸为当量直径 d_{eq},当量直径 d_{eq} 与管子的排列情况有关,可根据图 3-25 所示的管子排列情况用不同的式子计算。

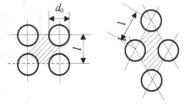

　a. 正方形排列　　b. 正三角形排列

图 3-25　管子不同排列的流通面积

对于正三角形排列:
$$d_{eq} = \frac{4\left(\frac{\sqrt{3}}{2}l^2 - \frac{\pi}{4}d_0^2\right)}{\pi d_0} \tag{3-51}$$

对于正方形排列:
$$d_{eq} = \frac{4\left(l^2 - \frac{\pi}{4}d_0^2\right)}{\pi d_0} \tag{3-52}$$

式中:l 为相邻两管的中心距;d_0 为管外径。

流速 u 为最大流动截面积 S 中的速度,S 用下式计算:
$$S = BD\left(1 - \frac{d_0}{l}\right) \tag{3-53}$$

式中：B 为两块折流挡板之间的距离；D 为换热器壳体的直径。

如果列管换热器的管间没有折流挡板，管外的流体将平行于管束而流动，此时的传热系数用管内强制对流时的公式计算，但需要将管内径改为管间的当量直径。

6. 提高对流传热系数的方法

将对流传热系数的计算式改为：

$$\alpha = 0.023 \frac{\rho^{0.8} c_p^{0.4} \lambda^{0.6}}{\mu^{0.4}} \times \frac{u^{0.8}}{d^{0.2}} \tag{3-54}$$

即当流体的种类和管径一定时，α 与 $u^{0.8}$ 成正比；而当流体和流速固定时，α 与 $d^{0.2}$ 成反比。可见，流体的流速对传热系数的影响比较大，而管径对传热系数的影响不大。因此，要提高对流传热系数，优先考虑提高流体的流速或流量。

当流体横向流过管束，在管外加折流挡板的情况下，将式（3-50a）转化为 $\alpha \propto u^{0.55}/d_{\text{eq}}^{0.45}$。可见，当 $Re > 2000$ 时，传热系数与流速的 0.55 次方成正比，与当量直径的 0.45 次方成反比。因此，提高流速 u、减小挡板间距、缩短管中心距、减小当量直径均可提高传热系数。但是流体流速的增大，阻力损失与流体流速的平方成正比，因此换热器在设计时，根据具体情况选择优化的流速。

除加大流速外，可在管内装置中添加麻花铁或选用波纹管等，均能增加流体的湍流程度，从而提高传热系数。

7. 搅拌釜内液体与釜壁的对流传热系数

搅拌釜内液体与釜壁的对流传热系数与釜内的流动状态和液体物性有关，一般通过实验测定，并将数据整理，得到如下的形式：

$$Nu = A Re_{\text{M}}^a Pr^b \left(\frac{\mu}{\mu_{\text{W}}} \right)^c \tag{3-55}$$

对应不同型式的搅拌器，上式的系数不同，即使同一形式的搅拌器置于尺寸比例不同的搅拌釜内，上式的系数也不同。对于具有标准结构的六叶平叶涡轮搅拌器，其传热系数可用下式计算：

$$\frac{\alpha D}{\lambda} = 0.73 \left(\frac{d^2 n\rho}{\mu} \right)^{0.55} \left(\frac{c_p \mu}{\lambda} \right)^{0.33} \left(\frac{\mu}{\mu_{\text{W}}} \right)^{024} \tag{3-56}$$

式中：D 为容器内径，m；d 为搅拌桨叶直径，m；n 为搅拌器转速，r/s。适用范围：$20 \leqslant Re_{\text{M}} \leqslant 40000$。

8. 大容积自然对流的传热系数

固体壁面与静止流体间存在着温差，为工程上的纯自然对流传热。所谓大容积自然对流传热是指加热面或冷却面的四周没有其他阻碍自然对流的物体存在，如管道的热表面向周围大气对流散热。

在大容积自然对流条件下，对流传热系数 α 与流体的性质、传热面积和流体间的温差等因素有关，传热面的形状起次要作用，而与流动状态 Re 无关，可用下式关联：

$$Nu = APr^b Gr^c \tag{3-57}$$

许多研究者用管子、板、球等形状的加热面,对空气、氢气、二氧化碳、水、油类和四氯化碳等不同介质进行大量实验研究,发现大容积自然对流的传热系数 α 符合图 3-26 所示的曲线,此曲线可分为三段,每段都可用下式关联:

$$Nu = A(Pr \cdot Gr)^b \tag{3-58}$$

或:

$$\alpha = A \frac{\lambda}{l} \left(\frac{\beta g \Delta t l^3 \rho^2}{\mu^2} \cdot \frac{c_p \mu}{\lambda} \right)^b \tag{3-59}$$

式(3-58)中 A、b 可从曲线分段求出。式(3-60)中的 Δt 的取值为壁温和流体主体温度之差,即 $\Delta t = T_w - t$。三段曲线的大容积自然对流的传热系数 α 可用下面的三个方程进行关联。

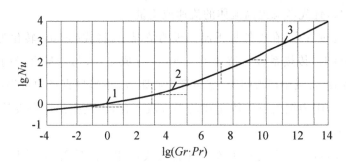

图 3-26　自然对流的传热系数

$0.001 < Gr \cdot Pr < 500$(层流): $\quad \alpha = 1.18 \dfrac{\lambda}{d} (Gr \cdot Pr)^{1/8} \tag{3-60a}$

$500 < Gr \cdot Pr < 2 \times 10^7$(过渡流): $\quad \alpha = 0.54 \dfrac{\lambda}{d} (Gr \cdot Pr)^{1/4} \tag{3-60b}$

$2 \times 10^7 < Gr \cdot Pr < 2 \times 10^{13}$(湍流): $\quad \alpha = 0.135 \dfrac{\lambda}{d} (Gr \cdot Pr)^{1/3} \tag{3-60c}$

式(3-60a)、(3-60b)和(3-60c)中,定性温度为膜温,即壁温和流体主体温度的算术平均值;对于水平管,定性尺寸为管外径;对于垂直管和垂直板,定性尺寸为管或板的高度。

有限空间的自然对流与大容积自然对流的传热系数计算不同。

例 3-5　水平放置的蒸气管道,外径为 100mm。若管子外壁温为 120℃,大气温度为 20℃,试计算每米管道通过自然对流的散热量。

解:此问题为大空间自然对流传热。已知定性温度 $t_m = (120+20)/2 = 70℃$,70℃时空气的物性数据: $\lambda = 0.030 \text{W/(m·K)}$,$\mu = 2.06 \times 10^{-5} \text{Pa·s}$,$\rho = 1.03 \text{kg/m}^3$,$Pr = 0.694$,$\beta = 1/(273+70)/K = 0.00291/K$,$\Delta t = 120℃ - 20℃ = 100℃$。

$$\alpha = A \frac{\lambda}{l} \left(\frac{\beta g \Delta t l^3 \rho^2}{\mu^2} \cdot \frac{c_p \mu}{\lambda} \right)^b$$

$$Gr = \frac{\beta g \Delta t l^3 \rho^2}{\mu^2} = \frac{0.00291 \times 9.81 \times 100 \times 0.1^3 \times 1.03^2}{(2.06 \times 10^{-5})^2} = 7.35 \times 10^6$$

$$Gr \cdot Pr = 7.35 \times 10^6 \times 0.694 = 5.10 \times 10^6$$

$$\alpha = 0.54 \frac{\lambda}{d}(Gr \cdot Pr)^{1/4} = 0.54 \times \frac{0.030}{0.1} \times (5.10 \times 10^{6})^{1/4} \mathrm{W/(m^2 \cdot K)} = 7.70 \mathrm{W/(m^2 \cdot K)}$$

$$Q = \alpha \pi d \Delta t = 7.70 \times 3.14 \times 0.1 \times 100 \mathrm{W/m} = 241.8 \mathrm{W/m}$$

3.4　有相变的对流传热

有相变的对流传热分蒸气冷凝和液体沸腾传热两种,由于传热过程发生相的变化,使它们具有与无相变化不同的特有规律。

3.4.1　沸腾传热

1. 沸腾传热过程

液体与高温壁面接触被加热汽化,并产生气泡的过程称为液体沸腾或沸腾传热。由于这种传热方式有相变化,并在加热面上不断经历着气泡的形成、长大、脱离加热表面、自由上浮的过程,造成对壁面附近流体的强烈扰动,因此对于同一流体,沸腾时对流传热系数比无相变时要大得多。

液体在加热面上沸腾,可分为大容积饱和沸腾和管内沸腾两种。大容积饱和沸腾是指加热面沉浸在无强制对流的液体所发生的沸腾现象。在液体中存在由温差引起的自然对流和由气泡运动导致的液体扰动。管内沸腾(强制对流沸腾)是液体在一定压差作用下,以一定流速流经加热管时所发生的沸腾现象。管内沸腾时,管壁上所产生的气泡不能自由上浮,而与管内液体一起流动,传热机理比大容积饱和沸腾复杂。

根据沸腾液体所处的温度,可分为过冷沸腾和饱和沸腾。液体的主体温度低于饱和温度,而加热面上的温度超过饱和温度,在加热面上有气泡产生,这种现象称过冷沸腾。此时,加热面上产生的气泡脱离后在液体主体中重新凝结,热量传递通过这种汽化—冷凝过程实现。当液流的主体温度达到饱和温度,离开加热面的气泡不再重新凝结,这种沸腾称饱和沸腾。这是日常生活和工业上最常见的沸腾方式。

2. 沸腾传热机理

沸腾传热的主要特征是液体内部有气泡产生。实验观察表明,气泡是在紧贴加热表面的液层内即在加热表面上首先生成。气泡必须满足受力平衡和热平衡。气泡内的压强 p_v 与气泡外的压强 p_l 之差与气液界面上的表面张力所产生的压强平衡,即:

$$p_v - p_l = \frac{2\sigma}{R} \tag{3-61}$$

由式(3-61)可见,由于表面张力的存在,气泡内的蒸气压 p_v 一定大于气泡外的液体压强 p_l。忽略液柱静压强的影响,则 p_l 近似等于液体的环境压强 p_s(与 p_s 对应的液体饱和温

度为 t_s)。气泡的热平衡要求气泡内的蒸气压 p_v 下的饱和温度 t_v 与气泡外的液体温度相等,故气泡外的液体一定是过热液体,过热度 Δt 为:

$$\Delta t = t_v - t_s \qquad (3-62)$$

在贴近加热表面处的液体具有最大的过热度 Δt。

液体沸腾时产生的气泡只能在粗糙加热表面的若干个点上产生,这种点称为汽化核心。汽化核心与表面粗糙度、氧化情况、材料的性质和材料表面的不均匀性等有关。材料表面的细小凹缝最易形成汽化核心,其原因是:

(1) 凹缝侧壁对气泡有依托作用,产生相同直径的气泡所需要的表面功最小,见图 3-27 所示。

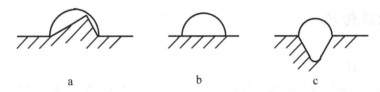

a　　　　　　b　　　　　　c

图 3-27　传热面上的汽化核心

(2) 凹缝底部往往吸附微量的空气和蒸气,可成为气泡的胚胎,使初生气泡的曲率半径增大。而长大的气泡脱离加热面后又残留少量的气体,此气体又成为下一个气泡的胚胎。

在液体沸腾过程中,气泡首先在汽化核心生成、长大,当长大到一定大小,在浮力作用下脱离加热面。气泡脱离后,周围液体涌来填补空位,经加热后又产生新的气泡。加热面上汽化核心数量很多,各汽化核心此起彼伏重复同样的周期性变化,沸腾传热是平稳的过程。

气泡在上浮过程中,其体积迅速增大 5～6 倍。当气泡在液体中上升,大量过热液体在气泡表面蒸发使气泡长大,在气泡上浮过程中,过热液体与气泡表面间的传热强度很高,传热系数可达 $2 \times 10^5 \, \text{W/(m}^2 \cdot \text{℃)}$。

在无相变的对流传热中,热阻主要集中在加热表面的层流内层中。沸腾传热中,由于气泡的生成和脱离对层流内层的液体产生很强的扰动,使热阻大为下降,因此传热系数比无相变的对流传热大得多。

3. 大容积饱和沸腾曲线

任何液体的大容积饱和沸腾随过热度 Δt 的变化出现不同类型的沸腾状态,其传热系数 α 也明显不同。图 3-28 是实验测得的在大气压下饱和水的沸腾曲线,为传热系数 α 与 Δt 间的关系。

由图 3-28 可见,当 $\Delta t < 2.2$ ℃,α 值比较小,并随 Δt 增加而缓慢增加。此时加热表面与液体间的传热靠自然对流进

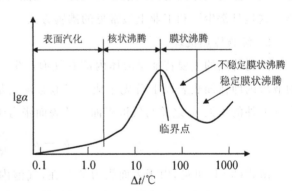

图 3-28　水沸腾时过热度和对流传热系数的关系

行。汽化现象只是在液体表面上发生,汽化核心不产生气泡,属于表面汽化。

核状沸腾二维码

当 $\Delta t > 2.2℃$,加热面上有气泡产生,α 随 Δt 增加而急剧增加。这是由于随着 Δt 的加大,汽化核心数目增多,气泡长大和脱离加热面的速率也较快,气泡对加热面附近的液体扰动越来越强烈。这个阶段由于汽化核心产生的气泡对换热起主导作用,故称为核状沸腾或泡核沸腾。核状沸腾见二维码。

随着 Δt 进一步增加,加热面上的汽化核心进一步增多,气泡生成的速率大于脱离加热面的速率。结果使气泡脱离加热面之前便相互连接,形成一层蒸气膜,把加热面与液体隔开。由于蒸气的导热性能很差,导致对流传热系数迅速下降。此阶段为不稳定的膜状沸腾。从核状沸腾转化为不稳定膜状沸腾的转折点称为临界点。临界点的过热度、热通量和对流传热系数分别称为临界过热度 Δt_c、临界热通量 q_c 和临界对流传热系数 α_c。水在常压下的临界过热度 Δt_c 约为 $25℃$,临界热通量 q_c 约为 $10^6 W/m^2$。不同液体在不同压力下的沸腾曲线的形状类似,但临界过热度的数值不同。

当 Δt 继续增加到 $250℃$,加热面形成稳定的蒸气膜,把液体与加热面全部隔开。但由于加热面温度很高,辐射传热成为主要因素,传热系数 α 反而增加。此阶段为稳定膜状沸腾。

临界点的数据对于蒸发器的设计和蒸发器的操作都是重要的参数。实际传热过程中,必须保证过热度 Δt 小于临界过热度 Δt_c,即在核状沸腾下工作。

4. 沸腾传热过程的影响因素

沸腾传热是有相变的对流传热过程,除了无相变的对流传热的影响因素外,与相变有关的参数,如气泡的形成、长大和脱离的因素,也对沸腾传热有重要影响。

(1)液体性质的影响。包括液体导热系数 λ、密度 ρ、黏度 μ 和表面张力 σ。其中 λ、ρ 值增大对传热过程有利,而 μ 值增大则对传热过程不利。有机物或盐类的水溶液在同样条件下,沸腾传热系数通常比纯水差。

(2)温差的影响。在核状沸腾区,沸腾传热系数与过热度的经验关联式为:

$$\alpha = k\Delta t^n \tag{3-63}$$

式中:k 和 n 是根据液体种类、操作压力和壁面性质而定的常数,一般 n 为 $2\sim3$。

(3)操作压力的影响。提高操作压力即相当于提高液体的饱和温度,能使液体的表面张力和黏度下降,有利于气泡的形成和脱离,加强了沸腾传热。在相同的过热度下,传热系数得到提高。

(4)加热表面粗糙度和表面物理性质的影响。新的或清洁的加热面,沸腾传热系数比较高,当壁面污染后会使 α 值急剧下降。粗糙的表面能提供更多的汽化核心,使沸腾传热系数加大。但过大的凹穴反面容易被液体注满,失去充当汽化核心的能力,不能引起传热的强化。加热面的物理性质对沸腾传热也有相当的影响,主要表现在液体与壁面的润湿能力。

(5)加热面布置的影响。实际蒸发器中,许多液体在水平管束外沸腾,这种情况下与单管外的沸腾有相当大的差别。在管束外,由于下面一排管表面产生的气泡向上浮升引起的附加扰动,使管束外的平均对流传热系数大于单管外的平均对流传热系数。至于扰动的影响程度,与沸腾压力、热负荷的大小、液体的性质、管排的间距等因素有关。

5. 沸腾传热系数的计算

由于沸腾传热的复杂性,许多人对它的机理提出了不同的理论解释,同时也提出了各种计算公式,但都不完善。下面介绍一个经验公式:

$$\frac{c_p \cdot \Delta t}{r \cdot Pr \cdot s} = C_{we} \left[\frac{q}{\mu \cdot r} \sqrt{\frac{\sigma}{g(\rho_l - \rho_v)}} \right]^{0.33} \tag{3-64}$$

式中:C_{we} 为取决于加热表面-液体组合情况的经验常数,其值见表 3-3;c_p 为饱和液体的定压比热容,J/(kg·℃);Pr 为饱和液体的普兰特准数;q 为热通量,W/m²;μ 为饱和液体的黏度,Pa·s;ρ_l、ρ_v 分别为饱和液体和气体的密度,kg/m³;σ 为饱和液体-蒸气界面张力,N/m;s 为系数,水的 $s=1$,其他流体的 $s=1.7$;g 为重力加速度,m/s²;r 为汽化潜热,kJ/kg。

上式(3-64)适用于单组分饱和液体在清洁壁面上的沸腾。对于沾污的表面,s 在 0.8~2.0 变动。

表 3-3　不同表面-液体组合情况的 C_{we}

表面-液体组合情况	C_{we}	表面-液体组合情况	C_{we}
水-铜	0.013	乙醇-铬	0.027
水-铂	0.013	水-金钢砂磨光的铜	0.0128
水-黄铜	0.0060	正戊烷-金钢砂磨光的铜	0.0154
正丁醇-铜	0.00305	四氯化碳-金钢砂磨光的铜	0.0070
异丙醇-铜	0.00225	水-磨光的不锈钢	0.0080
正戊烷-铬	0.015	水-化学腐蚀的不锈钢	0.0133
苯-铬	0.010	水-机械磨光的不锈钢	0.0132

沸腾传热至今没有可靠的经验关联式,但各种液体在特定的表面状态、不同压强、不同温差下的沸腾传热积累了大量的实验资料。这些实验资料表明,在核状沸腾区,传热系数可按下式进行关联:

$$\alpha = A\Delta t^{2.5} B^{t_s} \tag{3-65}$$

式中:t_s 为蒸气的饱和温度,℃;A 和 B 为通过实验测定的两个参数,不同的表面与液体的组合,其值不同。

6. 沸腾传热过程的强化

改变加热面的粗糙情况。采用机械加工或腐蚀的方法将金属表面粗糙化。例如用这方法制造的铜表面,传热系数可提高80%。也可采用多孔金属表面将细小金属颗粒通过焊接或烧结固定,使沸腾传热系数提高。

改变液体的性质。在沸腾液体中加入某种少量的添加剂降低液体的表面张力,可提高

传热系数 $20\% \sim 100\%$。

此外,加强对沸腾液体的搅拌,如采用超声波或喷淋液体的方法都有助于提高沸腾传热系数。

3.4.2 蒸气冷凝传热

1. 冷凝传热过程

当饱和蒸气与低于其温度的冷壁面接触时,蒸气冷凝为液体,释放出汽化潜热,这种传热称冷凝传热。冷凝传热在工业上广泛应用。

当纯蒸气在壁面上冷凝时,蒸气从气相主体迅速流至壁面,补充冷凝的蒸气空位,气相主体与壁面间的压差极小,因此纯饱和蒸气冷凝时气相没有温差,也不存在温度梯度,即传热过程中气相没有热阻。热阻几乎全部集中在液膜内,温度变化只在液膜内存在。由于蒸气冷凝液形成的液膜将壁面覆盖,因此蒸气冷凝只能在冷凝液表面进行,冷凝液放出的潜热必须通过这层液膜才能传给冷壁。

2. 蒸气冷凝传热的方式

饱和蒸气冷凝传热过程的热阻主要集中在冷凝液,因此冷凝液的流动状态对传热系数必有极大的影响。冷凝液在壁面上的流动方式有两种类型:滴状冷凝和膜状冷凝。滴状冷凝和膜状冷凝见二维码。

滴状冷凝和膜状
冷凝二维码

膜状冷凝:冷凝液能够润湿壁面,在壁面上形成一层液膜,壁面完全被冷凝液所覆盖,蒸气只能在液膜表面冷凝。冷凝液膜在重力作用下沿壁面向下流动,逐渐增厚,最后在壁面的底部滴下,如图 3-29a 和 3-29b 所示。T_g 为蒸气的主体温度,即蒸气的饱和温度;T_s 为气液相界面的温度,如果是纯蒸气冷凝,则蒸气的主体温度(饱和温度)T_g 与气液相界面的温度 T_s 相等;t_W 为壁温;δ_x 为液膜厚度。

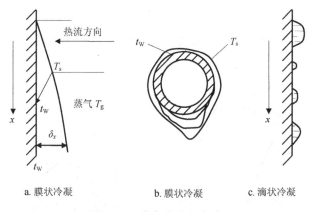

a. 膜状冷凝　　　　b. 膜状冷凝　　　　c. 滴状冷凝

图 3-29　蒸气的冷凝方式

滴状冷凝:冷凝液不能润湿壁面,在表面张力的作用下,壁面上形成液滴,液滴长大到一定程度后,在重力作用下落下,如图 3-29c 所示。

滴状冷凝由于不能形成完整的液膜,大部分冷壁直接暴露于蒸气中,蒸气可以直接在壁面上冷凝,由于没有液膜引起的附加热阻,传热系数比较大,一般比膜状冷凝的传热系数大5～10倍。但是由于滴状冷凝难以稳定形成,工业冷凝器的设计都采用按膜状冷凝考虑。

3．冷凝的分类

由于蒸气的组成不同,可以分为 3 种方式。

(1) 纯蒸气冷凝:纯的饱和蒸气在冷凝过程中温度保持不变,具有较大的对流传热系数,工业中常见的是用纯蒸气加热物料。以下没有说明都是指纯蒸气冷凝。

(2) 混合蒸气冷凝:由两种及两种以上的可凝组分的蒸气冷凝称混合蒸气冷凝。冷凝的温度随组分的冷凝而变化。

(3) 含不凝性气体冷凝:在蒸气中含有一些不能冷凝的气体,如空气,其对流传热系数要比纯蒸气冷凝小得多。含不凝性气体比较多的冷凝称冷凝-冷却过程。

4．垂直壁或垂直管上的纯蒸气膜状冷凝

设有一垂直平壁,饱和蒸气在其上冷凝,冷凝液在重力作用下沿壁面流下。在流动过程中,饱和蒸气不断冷凝,冷凝液流量增大,液膜变厚。蒸气冷凝所放出的热量通过液膜传给壁面。因此在整个壁面,上部液膜流动为层流,膜厚增大,传热系数减少。在壁下部,液膜流动可能为湍流,传热系数反而增大,如图 3-30 所示。

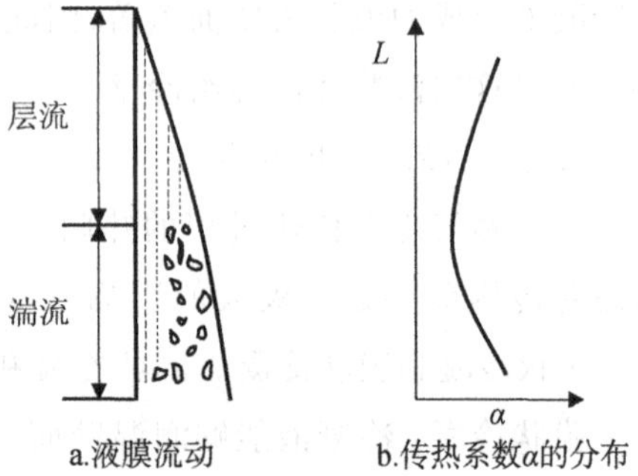

图 3-30　液膜在垂直壁上的流动和传热系数的分布

(1) 层流时平均冷凝传热系数

设垂直平面壁的高度为 L、宽为 B,见图 3-31 所示。蒸气在其上冷凝,冷凝液以层流方式沿壁面流下。为了简化计算,假设液膜与壁面间的传热是纯导热,气相主体温度 T_g 等于气液相界面温度 T_s,蒸气处于静止状态,液体流动没有加速度,蒸气对液膜的流动没有影响,冷凝液的物性常数不变,液膜内的温度分布为线性变化,纵向导热不计,然后再用实验检验修正。

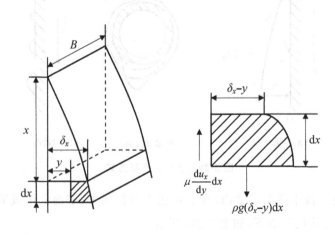

图 3-31　蒸气在垂直壁上的冷凝

设离壁顶距离为 x 的局部冷凝传热系数为 α_x,液膜的导热系数为 λ,液膜厚度为 δ,则:

$$\alpha_x = \frac{\lambda}{\delta} \tag{3-65}$$

平均传热系数为:

$$\alpha = \frac{1}{L}\int_0^L \alpha_x \mathrm{d}x = \frac{\lambda}{L}\int_0^L \frac{\mathrm{d}x}{\delta} \tag{3-65a}$$

显然,α_x 的大小取决于冷凝液膜的厚度和导热系数。如果能求出 δ 与 x 的关系,就可以计算出平均冷凝传热系数。

如图 3-31 所示,表示冷凝液膜沿垂直向下做层流流动的情况。根据上面的假定,在冷凝液膜内取一微元体,分析其受力和运动情况。单位宽度的微元体所受到的向下的重力与壁面的剪切力达到平衡,即:

$$\rho g(\delta_x - y)\mathrm{d}x = \mu \frac{\mathrm{d}u_x}{\mathrm{d}y}\mathrm{d}x \tag{3-66}$$

或:

$$\mathrm{d}u_x = \frac{\rho g}{\mu}(\delta_x - y)\mathrm{d}y \tag{3-66a}$$

积分:

$$\int_0^{u_x} \mathrm{d}u_x = \int_0^y \frac{\rho g}{\mu}(\delta_x - y)\mathrm{d}y \tag{3-67}$$

即:

$$u_x = \frac{\rho g}{\mu}\left(\delta_x y - \frac{1}{2}y^2\right) \tag{3-67a}$$

在 x 处平均流速 u:

$$u = \int_0^{\delta_x} \frac{u_x \mathrm{d}y}{\delta_x} = \int_0^{\delta_x} \frac{\rho g}{\mu\delta_x}\left(\delta_x y - \frac{1}{2}y^2\right)\mathrm{d}y = \frac{\rho g\delta_x^2}{3\mu} \tag{3-68}$$

在 x 处液膜下流的单位宽度质量流量为:

$$W = \frac{m}{B} = \rho\delta_x u = \frac{\rho^2 g\delta_x^3}{3\mu} \tag{3-69}$$

故:

$$\mathrm{d}W = \frac{\rho^2 g\delta_x^2}{\mu}\mathrm{d}\delta_x \tag{3-70}$$

蒸气冷凝放出的热量等于以导热方式通过冷凝液膜的热量。蒸气冷凝的潜热为 r,液膜的温差为 $\Delta t = T_s - t_W$ 且不变,则:

$$r\mathrm{d}W = \frac{r\rho^2 g\delta_x^2}{\mu}\mathrm{d}\delta_x = \lambda\frac{\Delta t}{\delta_x}\mathrm{d}x \tag{3-71}$$

积分:

$$\int_0^{\delta_x} \frac{r\rho^2 g\delta_x^2}{\mu}\mathrm{d}\delta_x = \int_0^x \lambda\frac{\Delta t}{\delta_x}\mathrm{d}x \tag{3-72}$$

即:

$$\delta_x = \left(\frac{4\mu\lambda x\Delta t}{r\rho^2 g}\right)^{1/4} \tag{3-72a}$$

因此,在 x 处的局部传热系数为:

$$\alpha_x = \frac{\lambda}{\delta_x} = \left(\frac{\rho^2 gr\lambda^3}{4\mu x\Delta t}\right)^{1/4} \tag{3-73}$$

整个壁高为 L 的垂直平面壁的平均传热系数为：

$$\alpha = \frac{1}{L}\int_0^L \alpha_x \mathrm{d}x = \frac{\lambda}{L}\int_0^L \left(\frac{\rho^2 gr\lambda^3}{4\mu x \Delta t}\right)^{1/4}\frac{\mathrm{d}x}{\delta_x} = 0.943\left(\frac{\rho^2 gr\lambda^3}{\mu L \Delta t}\right)^{1/4} \tag{3-74}$$

由于蒸气和液膜表面有摩擦力，引起液膜表面的波动，对理论公式修正后的计算式为：

$$\alpha = 1.13\left(\frac{\rho^2 gr\lambda^3}{\mu L \Delta t}\right)^{1/4} \tag{3-75}$$

高度为 L 的垂直平面壁单位宽度的总冷凝液质量流量 W 可由热量衡算求出：

$$\frac{Q}{B} = Wr = \alpha L(T_s - t_W) = \alpha L \Delta t \tag{3-76}$$

若液膜的横截面为 S，润湿周边为 Π，当量直径 $d_{eq}=4S/\Pi$，冷凝液的质量流量为 m，单位长度润湿周边的冷凝液的质量流量为 W，在 x 处，冷凝液膜流动的雷诺准数 Re 为：

$$Re = \frac{d_{eq}u\rho}{\mu} = \frac{4S}{\Pi}\frac{m}{S\mu} = \frac{4m}{\Pi\mu} = \frac{4W}{\mu} \tag{3-77}$$

而 $Wr = \alpha L \Delta t$，则：

$$Re = \frac{4\alpha L \Delta t}{r\mu} \tag{3-78}$$

当 $Re < 1800$ 时，液膜的流动状态为层流；$Re > 1800$ 时，液膜的流动状态为湍流。冷凝传热的热阻是冷凝液造成的，因此物性数据应是冷凝液的物性，而不是蒸气的物性。而定性温度为膜温，即壁温 t_W 与气液相界面的温度 T_s 的算术平均值。

层流时冷凝传热系数的关联式(3-75)可以写成无因次形式：

$$\alpha^* = \frac{\alpha}{\left(\dfrac{\rho^2 g\lambda^3}{\mu^2}\right)^{1/3}} = 1.88\left(\frac{4\alpha L \Delta t}{r\mu}\right)^{-\frac{1}{3}} = 1.88Re^{-\frac{1}{3}} \tag{3-79}$$

式中：α^* 为无量纲冷凝传热系数；$\left(\dfrac{4\alpha L \Delta t}{r\mu}\right)$ 为冷凝液膜流动的雷诺准数 Re。

（2）湍流时的冷凝传热系数

当 $Re > 2000$ 时，液膜的流动为湍流，则冷凝传热系数的关联式为：

$$\alpha^* = 0.0077Re^{0.4} \tag{3-80}$$

或：

$$\alpha = 0.0077\left(\frac{\rho^2 g\lambda^3}{\mu^2}\right)^{1/3}\left(\frac{4L\alpha \Delta t}{r\mu}\right)^{0.4} \tag{3-81}$$

从式(3-79)和式(3-80)可见，在层流时，冷凝传热系数 α 随 Re 值增大而减小；在湍流时，α 随 Re 值增大而增大。

5. 水平管外的冷凝传热数

对于和水平方向成夹角 φ 的倾斜壁，如图 3-32 所示，重力作用方向与流动方向不一致，只要在式(3-75)中用 $g\sin\varphi$ 代替 g 即可，得：

$$\alpha = 1.13\left(\frac{\rho^2 g\lambda^3 r\sin\varphi}{L \Delta t\mu}\right)^{1/4} \tag{3-82}$$

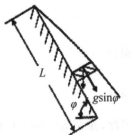

图 3-32　蒸气在倾斜壁上的冷凝

蒸气在水平管外冷凝时,由于管径比较小,液膜一般处于层流状态。只要把水平管外壁看成是由不同角度的倾斜壁组成的,流动处于层流,利用数值积分可以求出水平管外的平均冷凝传热数为:

$$\alpha = 0.725 \left(\frac{\rho^2 g \lambda^3 r}{d \Delta t \mu} \right)^{1/4} \tag{3-83}$$

可见,水平管外的传热系数与垂直管外的传热系数之比为:

$$\frac{\alpha_{水平}}{\alpha_{垂直}} = 0.642 \left(\frac{L}{d} \right)^{1/4} \tag{3-84}$$

对于 $L = 1.5\mathrm{m}$,$d = 20\mathrm{mm}$ 的圆管,水平放置的传热系数约为垂直放置的 2 倍。

例 3-6　常压水蒸气在单根圆管外冷凝,管外径为 $d = 100\mathrm{mm}$,管长为 $L = 1500\mathrm{mm}$,壁温为 98℃。试计算:(1) 管子垂直放置时平均冷凝传热系数;(2) 圆管上部 0.5m 的平均冷凝传热系数与底部 0.5m 的平均冷凝传热系数之比;(3) 水平放置时的平均冷凝传热系数。

解: 气液相界面温度 100℃,壁温 98℃,故膜温为 (100+98)/2 = 99℃,99℃时水的物性数据为:$\lambda = 0.6819\mathrm{W/(m \cdot ℃)}$,$\mu = 28.56 \times 10^{-5}\mathrm{Pa \cdot s}$,$\rho = 965.1\mathrm{kg/m^3}$,$r = 2258\mathrm{kJ/kg}$(冷凝温度 100℃)。

(1) 假设为层流:

$$\alpha = 1.13 \left(\frac{\rho^2 g \lambda^3 r}{L \Delta t \mu} \right)^{1/4} = 1.13 \times \left(\frac{965.1^2 \times 9.81 \times 0.6819^3 \times 2258 \times 10^3}{28.56 \times 10^{-5} \times 1.5 \times (100-98)} \right)^{1/4} \mathrm{W/(m^2 \cdot K)}$$

$$= 1.056 \times 10^4 \mathrm{W/(m^2 \cdot K)} = 10.56\mathrm{kW/(m^2 \cdot K)}$$

验证流动状态:

$$Re = \frac{4 L \alpha \Delta t}{r \mu} = \frac{4 \times 1.056 \times 10^4 \times 1.5 \times 2}{2258 \times 10^3 \times 28.56 \times 10^{-5}} = 196.5 < 1800$$

假设成立。

(2) 上部 0.5m 的平均传热系数为:

$$\alpha_{0.5} = \alpha \left(\frac{L}{L_{0.5}} \right)^{1/4} = 1.056 \times 10^4 \times \left(\frac{1.5}{0.5} \right)^{1/4} \mathrm{W/(m^2 \cdot K)} = 13.9\mathrm{kW/(m^2 \cdot K)}$$

上部 1m 的平均传热系数为:

$$\alpha_{1.0} = \alpha \left(\frac{L}{L_{1.0}} \right)^{1/4} = 10.56 \times 1.5^{1/4} \mathrm{W/(m^2 \cdot K)} = 11.69\mathrm{kW/(m^2 \cdot K)}$$

下部 0.5m 的平均传热系数为:

$$\alpha L = \alpha_{1.0} L_{1.0} + \alpha_{下} (L - L_{1.0})$$

$$\alpha_{下} = \frac{1.5\alpha - 1.0\alpha_{1.0}}{0.5} = \frac{1.5 \times 10.56 - 11.69}{0.5} \mathrm{kW/(m^2 \cdot K)} = 8.30\mathrm{kW/(m^2 \cdot K)}$$

$$\frac{\alpha_{0.5}}{\alpha_{下}} = \frac{13.9}{8.30} = 1.67$$

（3）水平放置时的平均冷凝传热系数：

$$\frac{\alpha_{水平}}{\alpha_{垂直}} = 0.642\left(\frac{L}{d}\right)^{1/4} = 0.642 \times \left(\frac{1.5}{0.1}\right)^{1/4} = 1.26$$

因此：　　　　　　$\alpha_{水平} = 1.26 \times 10.56 \text{kW}/(\text{m}^2 \cdot \text{K}) = 13.3 \text{kW}/(\text{m}^2 \cdot \text{K})$

6. 水平管束外的冷凝传热系数

工业用的列管冷凝器都是由水平管束组成的，管子的排列有直排和错排两种。第一排管子其冷凝与单根管子相同，但其他各排受到上面各排凝液的影响。如冷凝液稳定地从上排往下流到下一排，使下排液膜变厚，传热过程恶化。但实际情况是向下流的液体产生撞击和飞溅，从而使下一排管上的冷凝液受到附加的扰动，其传热系数比单独计算（nd）有所增加，如果 d 用 $n^{2/3}d$ 代入，则更符合实际的结果，即：

$$\alpha = 0.725\left(\frac{\rho^2 g \lambda^3 r}{n^{2/3} d \Delta t \mu}\right)^{1/4} \tag{3-85}$$

7. 冷凝传热因素的影响和强化

（1）不凝性气体的影响

由于蒸气中有少量不凝性气体，冷凝液经疏水器排出，而不凝性气体则在冷凝器中积累，给传热带来不利影响。因为，在气液相界面，蒸气不断冷凝；不凝性气体不断积累，分压不断提高，造成蒸气要以分子扩散的方式穿过不凝性气体层才能到达气液界面，增加了额外的热阻，使传热系数大为下降。

在静止的蒸气中，如果含有 1% 的不冷凝性气体，蒸气冷凝传热系数降低 60% 左右。因此，冷凝器在设计和操作时，必须设法不断排除不凝性气体，提高传热效果。

（2）蒸气过热的影响

当壁温大于蒸气的饱和温度，过热蒸气的传热即为气体的对流传。

当壁温小于蒸气的饱和温度，在壁面附近，过热蒸气冷却到饱和温度，再在液膜表面继续冷凝，而液膜两侧的温度（T_s、t_w）是不变的，因此可将过热蒸气作为饱和蒸气处理，过热蒸气冷却可以不考虑。实验结果也证明，常压下，200℃的过热水蒸气与100℃的饱和水蒸气的冷凝传热系数相比，只增加 3%，在工程计算中可不计。

（3）蒸气流速的影响

蒸气流速对冷凝传热的影响很大。当蒸气流速较大时，影响到液膜的流动，必须考虑蒸气和液膜间摩擦曳力的影响。如果流动方向相同，则降低液膜的厚度，传热系数增大。如果流动方向相反，摩擦曳力阻碍液膜的流动，使液膜厚度增加和传热恶化，传热系数减少；当流速很大时，则冲散液膜，使壁面直接暴露在蒸气中，传热系数则增大。

（4）流体物性和液膜两侧温差的影响

冷凝液的密度越大、黏度越小，液膜越薄，冷凝传热系数越大。导热系数越大也越有利于传热。汽化潜热越大，在相同的热负荷下冷凝液的量减小，液膜变薄，冷凝传热系数变大。当液膜呈层流流动时，液膜两侧温差越大，蒸气冷凝速率越大，液膜增厚，冷凝传热系数下降。在所有物质的蒸气冷凝中,水蒸气的冷凝传热系数最大。

（5）冷凝传热过程的强化

由于热阻主要集中在液膜中,要强化冷凝传热必须减少液膜的厚度。对于水平放置的列管式冷凝器,应减小垂直方向上的管排数,或采用斜转排列方式,使冷凝液尽量沿各排管子的切向流过。在大型冷凝器中,可安装除去冷凝液的挡板。对于垂直管内冷凝,采用适当的内插物可分散冷凝,减少液膜厚度,提高传热系数。

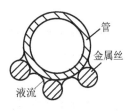

人工采用的强化方法。在垂直壁面上开若干纵向沟槽使冷凝液沿沟槽流下,可降低壁面上液膜的厚度。也可以在钢管表面装上若干条金属丝,如图 3-33 所示。因为凝液在表面张力作用下,会向金属丝集中并沿金属丝流下,使金属丝间的液膜厚度减薄,强化冷凝传热。当金属丝覆盖面积为 18％时,传热系数最大。

图 3-33　管外安装金

8. 对流传热系数 α 的值

对流传热系数 α 值的大致范围是:相变时对流传热系数 $\alpha > 10000$,液体的对流传热系数 α 为 $100 \sim 1000$,气体的对流传热系数 $\alpha < 100$,单位均为 $W/(m^2 \cdot K)$。不同的对流传热过程,对流传热系数 α 的数值相差很大,水的对流传热系数 α 值通常在 $500 \sim 800$,强制对流时可达 $1000 \sim 1500$,流体有相变时的传热有较大对流传热系数值,黏稠液体的对流传热系数值较小,气体则更小。某些流体对流传热系数 α 值列于表 3-4,对于传热计算有参考价值。

表 3-4　一些流体对流传热系数 α 值

单位：$W/(m^2 \cdot K)$

传热情况	α 范围	α 常用值	备注
水蒸气的滴状冷凝	40000～120000	40000	卧式冷凝器
水蒸气的膜状冷凝	5000～15000	10000	
氨的冷凝	9300		
苯蒸气冷凝	700～1600		
$C_3 \sim C_4$ 的冷凝	930～1240		
汽油的冷凝	930～1210		
水的沸腾	1000～30000	3000～5000	强制对流有较大值
水的加热或冷却	200～5000	400～1000	
油的加热或冷却	50～1000	200～500	
过热蒸气的加热和冷却	20～100		强制对流有较大值
空气的加热和冷却	5～60	20～30	
高压气体的加热和冷却	1000～4000		氨合成,甲醇合成

3.5　传热过程的计算

3.5.1　总传热速度方程

在连续化的工业生产中,换热器进行的大都是定态传热过程。化工生产中最常用到的传热操作是热流体经管壁向冷流体传热的过程。该过程称为热交换或换热。

当冷、热流体从间壁两侧流过,热流体温度逐渐降低,而冷流体则温度逐渐升高,如图 3-34 所示。热流体将热量以对流传热的方式传递给间壁,而后热量以导热的方式从间壁的一侧传向另一侧,最后热量以对流传热的方式从壁面传递到冷流体的主体,这就是热交换过程。整个传热过程由对流-导热-对流三个部分串联组成。如果已知传热壁的温度、流体的温度和对流传热系数,通过牛顿冷却定律式(3-31)和式(3-32)可以计算传热速率,但实际上壁温往往是未知的。为了计算方便,往往避开壁温,直接用易于得到的冷、热流体的温度进行计算,由此引出两侧流体间进行换热的总传热速率方程。

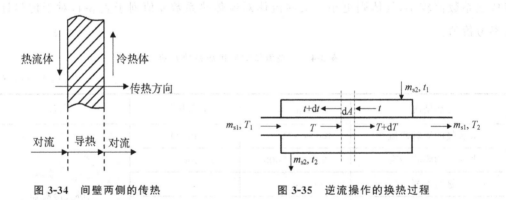

图 3-34　间壁两侧的传热　　　　　图 3-35　逆流操作的换热过程

总传热速率方程有微分式和积分式两种:对于换热器中任一微元段的微分式和整个换热器的积分式。通过换热器中任一微元段的面积 $\mathrm{d}A$,如图 3-35 所示逆流换热器,热流体传给冷流体的总传热速率方程为:

$$\mathrm{d}Q = K(T-t)\mathrm{d}A = K\Delta t\mathrm{d}A \qquad (3-86)$$

式中:K 为微元体的总传热系数,$\mathrm{W/(m^2 \cdot K)}$;T 为热流体温度,K;t 为冷流体温度,K;Δt 为微元体的传热温差,K;$\mathrm{d}Q$ 为通过微元体的传热速率,W。

总传热速率方程也称传热的基本方程,是换热器传热计算的基本关系式。总传热系数的大小反映了传热过程的强度。由于换热器中沿程流体的温度和物性是变化的,因此传热温差 ΔT 和总传热系数 K 一般也是变化的。在工程计算中,如果沿程的温度和物性变化不是很大,传热温差 ΔT 和总传热系数 K 通常取整个换热器的平均值,对于整个换热器,其传热基本方程可写为:

$$Q = KA\Delta t_{\mathrm{m}} \tag{3-87}$$

式中: K 为换热器的总传热系数,W/(m² · K); Δt_{m} 为换热器间壁两侧流体传热平均温差,K; A 为换热器的传热面积,m²。

3.5.2　热量衡算

热量衡算式反映两流体在换热过程中温度变化的相互关系。热量衡算式有微分式和积分式两种。设有一套管换热器,如图 3-35 所示。热流体走管内,质量流量为 m_{s1} ,进、出口温度为 T_1 和 T_2 ,比热容为 c_{p1} 。冷流体走环隙,质量流量为 m_{s2} ,进出口温度为 t_1 和 t_2 ,比热容为 c_{p2} 。如果不考虑热损失和相变化,则热量应该平衡:

$$Q = m_{s1}c_{p1}(T_1 - T_2) = m_{s2}c_{p2}(t_2 - t_1) \tag{3-88}$$

如果有相变化,则:

$$Q = m_{s1}r_1 = m_{s2}c_{p2}(t_2 - t_1) \tag{3-89}$$

在套管换热器中,取一微元,其长度为 dL,传热面积为 dA,微元的热通量为 q ,冷、热流体的主体温度为 t、T 。对微元做热量衡算,并假设:①热流体流量和比热容不变;②热流体无相变化;③换热器无热损失;④控制体两端的热传导不计。

热流量的微分方程:　　　　　$\mathrm{d}Q = m_{s1}c_{p1}\mathrm{d}T = q\mathrm{d}A \tag{3-90}$

冷流体的微分方程:　　　　　$\mathrm{d}Q = m_{s2}c_{p2}\mathrm{d}t = q\mathrm{d}A \tag{3-91}$

3.5.3　总传热系数

总传热系数 K 是表示换热设备性能的重要参数,也是对换热设备进行传热过程计算和对换热设备设计传热面积的依据。 K 的数值取决于流体的物性、传热过程的操作条件和换热器的类型。 K 值一般来自三个方面。

(1)生产实际的经验数据。从相关手册或传热的专业书中查找。注意选用时必需与工艺条件相仿、设备类型相似。

(2)实验测定。对现有的换热设备通过实验测定有关数据,再用传热速率方程式计算 K 值。

(3)计算。实际计算与上述得到的 K 值比较,确定合适的 K 值。

1. 总传热系数

设热流体温度为 T ,热流体一侧的壁温及传热面积分别为 T_{W} 及 A_1 ,冷流体的温度为 t ,冷流体一侧的壁温及传热面积分别为 t_{W} 及 A_2 。热、冷流体的传热分系数分别为 α_1 及 α_2 ,管

壁的导热系数为 λ，壁厚为 δ，如图 3-36 所示。则热流体向管壁的对流传热速率为：

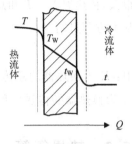

$$Q_1 = \alpha_1 A_1 (T - T_{\rm w}) = \frac{T - T_{\rm w}}{\dfrac{1}{\alpha_1 A_1}} \qquad (3\text{-}92)$$

管壁的导热速率方程为：

$$Q_2 = \frac{T_{\rm w} - t_{\rm w}}{\dfrac{\delta}{\lambda A_{\rm m}}} \qquad (3\text{-}93)$$

图 3-36　间壁两侧的传热过程和温度变化

管壁向冷流体的对流传热方程为：

$$Q_3 = \alpha_2 A_2 (t_{\rm w} - t) = \frac{t_{\rm w} - t}{\dfrac{1}{\alpha_2 A_2}} \qquad (3\text{-}94)$$

在传热稳定条件下，$Q_1 = Q_2 = Q_3 = Q$，则：

$$Q = \frac{T - T_{\rm w}}{\dfrac{1}{\alpha_1 A_1}} = \frac{T_{\rm w} - t_{\rm w}}{\dfrac{\delta}{\lambda A_{\rm m}}} = \frac{t_{\rm w} - t}{\dfrac{1}{\alpha_2 A_2}} \qquad (3\text{-}95)$$

转化为：

$$Q = \frac{T - t}{\dfrac{1}{\alpha_1 A_1} + \dfrac{\delta}{\lambda A_{\rm m}} + \dfrac{1}{\alpha_2 A_2}} = \frac{\Delta t_{\rm m}}{R} = \frac{\text{传热推动力}}{\text{传热阻力}} \qquad (3\text{-}96)$$

由于传热速率 $\qquad\qquad\qquad\qquad Q = KA\Delta t_{\rm m}$

所以：

$$K = \frac{1}{\dfrac{A}{A_1 \alpha_1} + \dfrac{A\delta}{A_{\rm m} \lambda} + \dfrac{A}{A_2 \alpha_2}} \qquad (3\text{-}97)$$

K 为总热阻的倒数，称为总传热系数。此式表明，热交换过程的热阻等于两侧流体的对流传热热阻和管壁的导热热阻之和。而推动力也有同样有加和性。

2. 平面壁的总传热系数

若传热面积为平面，则 $A_1 = A_{\rm m} = A_2 = A$，可得：

$$K = \frac{1}{\dfrac{A}{A_1 \alpha_1} + \dfrac{A\delta}{A_{\rm m} \lambda} + \dfrac{A}{A_2 \alpha_2}} = \frac{1}{\dfrac{1}{\alpha_1} + \dfrac{\delta}{\lambda} + \dfrac{1}{\alpha_2}} \qquad (3\text{-}98)$$

3. 圆筒壁的总传热系数

管壁两侧传热面积不等，总传热系数必须和传热面积相对应。因此，对应不同的传热面积，有不同的 K 值计算式。

在工程上，换热器的传热面积 A 一般规定为外表面积 A_2，则：

$$K = K_2 = \frac{1}{\dfrac{1}{\alpha_1} \cdot \dfrac{A_2}{A_1} + \dfrac{\delta}{\lambda} \cdot \dfrac{A_2}{A_{\rm m}} + \dfrac{1}{\alpha_2}} = \frac{1}{\dfrac{1}{\alpha_1} \cdot \dfrac{d_2}{d_1} + \dfrac{\delta}{\lambda} \cdot \dfrac{d_2}{d_{\rm m}} + \dfrac{1}{\alpha_2}} \qquad (3\text{-}99)$$

如果 $d_2/d_1 < 2$，则 $d_{\rm m}$ 可用算术平均直径值代替。

4. 总传热系数的意义

总传热系数 K,即当传热平均温差为 1K 时,单位时间内通过单位传热面积所传递的热量。总传热系数 K 值越大,传热热阻就越小,单位面积传递的热量就越多,因此,总传热系数 K 值是衡量热交换器性能的一个重要指标。

5. 污垢热阻

若管壁有污垢层,则可视为多层圆筒壁,这时,管壁两侧与流体的对流传热热阻并不发生变化,只是增加了管壁的导热热阻。但在工程计算时,通常规定管壁厚度不发生变化,直接查出流体的污垢热阻,见表 3-5。工业上常见流体污垢热阻的大致范围为 $0.9 \times 10^{-4} \sim 17.6 \times 10^{-4} \mathrm{m}^2 \cdot \mathrm{K/W}$。

表 3-5 常见流体的污垢热阻

流体	污垢热阻 $R/(\times 10^{-3} \mathrm{m}^2 \cdot \mathrm{K/W})$	流体	污垢热阻 $R/(\times 10^{-3} \mathrm{m}^2 \cdot \mathrm{K/W})$
蒸馏水	0.09	水蒸气	
海水	0.09	水蒸气(优质)	0.052
清净的河水	0.21	水蒸气(劣质)	0.09
未处理的凉水塔用水	0.58	水蒸气(往复机排出)	0.18
已处理的凉水塔用水	0.26	处理过的盐水	0.26
已处理的锅炉用水	0.26	有机物	0.18
硬水、井水	0.58	燃料油	1.06
空气	0.26~0.53	焦油	1.76

$$K = \cfrac{1}{\cfrac{1}{\alpha_2} + R_{s2} + \cfrac{\delta}{\lambda} \cdot \cfrac{d_2}{d_m} + R_{s1} \cfrac{d_2}{d_1} + \cfrac{1}{\alpha_1} \cdot \cfrac{d_2}{d_1}} \quad (d_2 \text{ 为管子的外径}, d_1 \text{ 为内径})$$

$$= \cfrac{1}{\cfrac{1}{\alpha_2} + R_{s2} + \cfrac{\delta}{\lambda} \cdot \cfrac{A_2}{A_m} + R_{s1} \cfrac{A_2}{A_1} + \cfrac{1}{\alpha_1} \cdot \cfrac{A_2}{A_1}} \quad (A_2 \text{ 为外表面积}, A_1 \text{ 为内表面积}) \quad (3\text{-}100)$$

上式计算较为复杂,有些情况下采用简化计算。若为薄壁管,$A_1 \approx A_m \approx A_2 \approx A$,则可用平壁公式计算 K 值。

6. 壁温的计算

对于稳定传热过程,热通量为:

$$q = \frac{Q}{A_1} = \frac{T - T_w}{\cfrac{1}{\alpha_1}} = \frac{T_w - t_w}{\cfrac{\delta}{\lambda} \cfrac{A_1}{A_m}} = \frac{t_w - t}{\cfrac{1}{\alpha_2} \cfrac{A_1}{A_2}} \quad (3\text{-}101)$$

由于金属导热热阻很小,可以忽略,如果不考虑污垢热阻,即 $T_w \approx t_w$,则:

$$\frac{T-T_w}{T_w-t} = \frac{\dfrac{1}{\alpha_1}}{\dfrac{1}{\alpha_2}\dfrac{A_1}{A_2}} \tag{3-102}$$

上式表明,传热面两侧温差之比等于两侧热阻之比,壁温 T_w 接近于热阻较小或传热系数较大一侧的流体温度。

例 3-7　夹套反应釜的内径为 800mm,釜壁碳钢板厚 8mm[$\lambda = 50W/(m \cdot K)$],衬搪瓷厚 3mm[$\lambda = 1.0W/(m \cdot K)$],夹套中通入饱和蒸气[$\alpha = 10000W/(m^2 \cdot K)$],蒸气温度为 120℃,釜内有机物[$\alpha = 250W/(m^2 \cdot K)$]温度为 80℃,试求该条件下的总传热系数 K 值、单位面积的传热速率和各部分热阻所占比例。

解:　已知:$\alpha_1 = 10000W/(m^2 \cdot K)$,$\alpha_2 = 250W/(m^2 \cdot K)$,$\lambda_1 = 50W/(m \cdot K)$,$\lambda_2 = 1.0W/(m \cdot K)$,$\delta_1 = 0.008mm$,$\delta_2 = 0.003mm$,因内径 800mm ≈ 外径 822mm,可近似地作为平面壁来处理。代入式(3-98)计算:

$$K = \frac{1}{\dfrac{1}{\alpha_1} + \sum \dfrac{\delta}{\lambda} + \dfrac{1}{\alpha_2}} = \frac{1}{\dfrac{1}{10000} + \dfrac{0.008}{50} + \dfrac{0.003}{1} + \dfrac{1}{250}} W/(m^2 \cdot K) = 137.7 W/(m^2 \cdot K)$$

蒸气对流传热热阻:$R_1 = 1/\alpha_1 = 1/10000 = 0.0001$,占 1.4%

有机物对流传热热阻:$R_2 = 1/\alpha_2 = 1/200 = 0.004$,占 55.1%

钢板导热热阻:　　　$R_钢 = \delta_1/\lambda_1 = 0.008/50 = 0.00016$,占 2.2%

搪瓷导热热阻:　　　$R_瓷 = \delta_2/\lambda_2 = 0.003/1 = 0.003$,占 41.3%

$$Q/A = K\Delta t_m = 137.7 \times (120-80) W/m^2 = 5.51 kW/m^2$$

例 3-8　在列管换热中,20℃的原油在管内流过[$\alpha_1 = 200W/(m^2 \cdot K)$],管外用 120℃的饱和水蒸气加热[$\alpha_2 = 10000W/(m^2 \cdot K)$],管子为 ϕ48mm × 2mm 的无缝钢管[$\lambda = 50W/(m \cdot K)$],管内油污层的污垢热阻为 0.001m² · K/W。试求通过每米管长的热损失。若 α_1、α_2 分别提高一倍,则传热速率有何变化。

解:　按式(3-100)计算总传热系数,其中 $R_{s2} = 0$,则:

$$K = \frac{1}{\dfrac{1}{\alpha_2} + R_{s2} + \dfrac{\delta}{\lambda}\dfrac{d_2}{d_m} + R_{s1}\dfrac{d_2}{d_1} + \dfrac{1}{\alpha_1}\dfrac{d_2}{d_1}}$$

$$= \frac{1}{\dfrac{1}{10000} + \dfrac{0.002}{50} \times \dfrac{48}{46} + 0.001 \times \dfrac{48}{44} + \dfrac{1}{200} \times \dfrac{48}{44}} W/(m^2 \cdot K) = 149.5 W/(m^2 \cdot K)$$

$$Q/l = K\pi d\Delta t_m = 149.5 \times \pi \times 0.048(120-20) W/m = 2253 W/m$$

当 α_1 加倍时:　　　　$K = 252.5 W/(m^2 \cdot K)$,$Q/l = 3806 W/m$

当 α_2 加倍时:　　　　$K = 150.7 W/(m^2 \cdot K)$,$Q/l = 2271 W/m$

可见,将对流传热系数小的一个增加,则传热速率迅速增长;增大对流传热系数大的一个,则传热速率基本上没有变化。

例 3-9 有一蒸发器,管内通 90℃ 热流体加热,传热系数为 $\alpha_1 = 1160 \text{W}/(\text{m}^2 \cdot ℃)$,管外有某种流体沸腾,沸点为 50℃,传热系数为 $\alpha_2 = 5800 \text{W}/(\text{m}^2 \cdot ℃)$。管壁很薄,管子的外表面积和内表面积近似相等。试计算下列两种情况下的壁温。(1) 管壁无垢厚;(2) 外壁污垢热阻为 $R_{s2} = 0.005 \text{m}^2 \cdot ℃/\text{W}$。

解: 忽略管壁热阻,设壁温为 T_w,由式(3-102)得:

(1) $\dfrac{T - T_w}{T_w - t} = \dfrac{90 - T_w}{T_w - 50} = \dfrac{1/\alpha_1}{1/\alpha_2} = \dfrac{1/1160}{1/5800}$,则求出 $T_w = 56.7℃$。

(2) $K = \dfrac{1}{\dfrac{1}{\alpha_2} + R_{s2} + \dfrac{1}{\alpha_1}} = \dfrac{1}{\dfrac{1}{5800} + 0.005 + \dfrac{1}{1160}} \text{W}/(\text{m}^2 \cdot \text{K}) = 165.7 \text{W}/(\text{m}^2 \cdot \text{K})$

$$Q = KA(T - t) = \alpha_1 A(T - T_w)$$

即:$165.7(90 - 50) = 1160(90 - T_w)$,则求出 $T_w = 84.3℃$。

第一种,管外传热系数比管内大得多,即壁温接近于沸腾液体的温度。而外壁有污垢热阻后,外侧热阻比内侧热阻大得多,壁温接近于内侧温度。

3.5.4　传热平均温差

1. 传热过程积分表达式

传热过程中,热流体的温度不断下降,冷流体的温度不断上升,故换热器各截面上的传热量是变化的。在换热器中,取中间一微元,面积为 dA,热流体的温度为 T,冷流体的温度为 t,见图 3-35,则此微元中传热量 Q 为:

$$dQ = K(T - t)dA \tag{3-86}$$

$$dQ = m_{s1}c_{p1}dT = m_{s2}c_{p2}dt \tag{3-103}$$

假设传热系数 K 在整个传热面上是不变的,将以上两式积分得:

$$A = \int_0^A dA = \frac{m_{s1}c_{p1}}{K}\int_{T_2}^{T_1} \frac{dT}{T - t} \tag{3-104a}$$

$$A = \int_0^A dA = \frac{m_{s2}c_{p2}}{K}\int_{t_1}^{t_2} \frac{dt}{T - t} \tag{3-104b}$$

实际流体的物性随温度而变化,K 值不是常数。但普通换热器的温度变化不大,取平均温度下流体的物性计算传热系数 K,并把它作为常数。

2. 操作线与推动力的变化规律

要将上式积分,必须求出推动力 $(T - t)$ 与温度 T 或 t 的关系。在逆流换热器中,冷热流体沿传热面温度的变化规律如图 3-37 所示。如果冷热流体在换热过程中无相的变化,通过冷流体的入口端和任意截面间取控制体进行热量衡算可以求出 T 或 t 的关系,即传热过程操作线方程:

$$Q = m_{s1}c_{p1}(T - T_2) = m_{s2}c_{p2}(t - t_1) \tag{3-105}$$

即：
$$T = \frac{m_{s2}c_{p2}}{m_{s1}c_{p1}}t + \left(T_2 - \frac{m_{s2}c_{p2}}{m_{s1}c_{p1}}t_1\right) \tag{3-105a}$$

式中：比热容 c_p 可以认为是常数，即操作线为一条直线，如图 3-38 中的直线 AB 所示。在 AB 线上，两端点为换热器的进出口温度，线上每一点为某截面上冷热流体的温度。

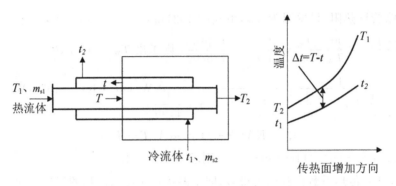

图 3-37 逆流换热器中冷、热流体沿传热面温度的变化

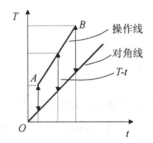

图 3-38 逆流换热器的操作线和推动力

从图 3-38 可见，传热推动力 $(T-t)$ 为操作线与对角线的垂直距离。由于操作线与对角线均为直线，则推动力 $(T-t)$ 与温度 T 或 t 间的关系也为直线，推动力 $(T-t)$ 相对于温度 T 或 t 的变化率为常数，直线斜率分别为：

$$\frac{d(T-t)}{dT} = \frac{(T-t)_1 - (T-t)_2}{T_1 - T_2} \tag{3-106a}$$

$$\frac{d(T-t)}{dt} = \frac{(T-t)_1 - (T-t)_2}{t_2 - t_1} \tag{3-106b}$$

式中：$(T-t)_1$ 和 $(T-t)_2$ 分别为换热器两端的传热推动力。

3. 传热平均温差

由于 $\dfrac{d(T-t)}{dT} = \dfrac{(T-t)_1 - (T-t)_2}{T_1 - T_2}$ 则：

$$dT = \frac{T_1 - T_2}{(T-t)_1 - (T-t)_2}d(T-t) \tag{3-107}$$

而 $A = \displaystyle\int_0^A dA = \frac{m_{s1}c_{p1}}{K}\int_{T_2}^{T_1}\frac{dT}{T-t}$，将式(3-107)代入得：

$$A = \frac{m_{s1} c_{p1}}{K} \frac{T_1 - T_2}{(T-t)_1 - (T-t)_2} \int_{(T-t)_2}^{(T-t)_1} \frac{\mathrm{d}(T-t)}{T-t}$$

$$= \frac{Q}{K} \frac{1}{\dfrac{(T-t)_1 - (T-t)_2}{\ln \dfrac{(T-t)_1}{(T-t)_2}}} = \frac{Q}{K \Delta t_m} \tag{3-108}$$

则：
$$Q = KA \frac{(T-t)_1 - (T-t)_2}{\ln \dfrac{(T-t)_1}{(T-t)_2}} = KA \Delta t_m \tag{3-108a}$$

式中：
$$\Delta t_m = \frac{(T-t)_1 - (T-t)_2}{\ln \dfrac{(T-t)_1}{(T-t)_2}} \tag{3-109}$$

Δt_m 为对数平均温差、对数平均推动力或传热平均温差。上式说明，传热平均温差 Δt_m 等于热交换器进、出口处温差的对数平均值。在 Δt_m 的计算中，取热交换器两端 Δt 数值较大的作为 Δt_1，较小的作为 Δt_2，可使计算较为简便。当 $\Delta t_1/\Delta t_2 \leqslant 2$ 时，用算术平均值 $(\Delta t_1 + \Delta t_2)/2$ 来计算 Δt_m，引起的误差 $\leqslant 4\%$，这在工程计算中是允许的。

上述推导过程假设冷、热流体做逆流流动，规定两流体无相变。实际上，流体并流或有相的变化，由于操作线仍然是直线（图 3-39 和图 3-40 所示），传热基本方程 $Q = KA \Delta t_m$ 和传热推动力 Δt_m 的计算仍适用。

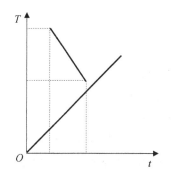 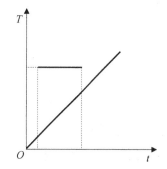

图 3-39　并流换热器的操作线和推动力　　　图 3-40　热流体有相变的操作线和推动力

4. 传热平均温差的计算

传热平均温差 Δt_m 是指换热器里参与热交换的冷热流体温度的差值。当换热器一端两流体的温差接近于 0 时，对数平均温差迅速减小。当温差为 0 时，对数平均温差必为 0。这就意味着传递相应的热流量，需要无限大的传热面积。因此在设计时，换热器一端两流体的温差必须有一定的限制。根据两流体沿传热壁面流动时各点温度的变化，可分为恒温传热与变温传热两种情况。

（1）恒温传热

若两侧流体皆为恒温，此时传热平均温差就显得十分简单，即为两流体温度之差：

$$\Delta t_m = T - t \tag{3-110}$$

这种情况在间壁两侧的流体均发生相变时才出现。如传热壁的一侧是饱和蒸气冷凝另一侧是液体沸腾汽化，在化工的蒸发和蒸馏中就会有这种恒温传热的例子。

（2）一侧变温一侧恒温传热

传热温差的计算与变温传热计算相同，只是热流体（或冷流体）的温度是不变的。

（3）变温传热

间壁两侧流体的温度随传热面位置而变，这种情况称为变温传热。

变温传热时，两流体的温差 Δt 沿传热壁面不断变化的。对于冷热流体做逆流或并流流动，传热计算使用对数平均温差 Δt_m，按式（3-109）或式（3-115）计算。

5. 错流和折流的对数平均温差

为了强化传热，列管换热器的管程或壳程常常为多程，流体经过两次或多次折流后流出换热器，使流体的流动型态偏离纯粹的逆流和并流，因而对数平均温差的计算更为复杂。对于错流和折流的平均温差的计算，常用安德伍德（Underwood）和鲍曼（Bowman）的图算法。该法是先按逆流计算对数平均温差 $\Delta t_{m逆}$，再乘以温度修正系数 $\varphi_{\Delta t}$，从而得到平均温差：

$$\Delta t_m = \varphi_{\Delta t} \Delta t_{m逆} \tag{3-111}$$

温度修正系数 $\varphi_{\Delta t}$ 与换热器内流体温度变化有关，对不同流动方式表示为两个参数 P 和 R 的函数，即：

$$\varphi_{\Delta t} = f(P,R) \tag{3-112}$$

$$P = \frac{t_2 - t_1}{T_1 - t_1} = \frac{冷流体的温差}{两流体的最初温差} \tag{3-113}$$

$$R = \frac{T_1 - T_2}{t_2 - t_1} = \frac{热流体的温差}{冷流体的温差} \tag{3-114}$$

$\varphi_{\Delta t}$ 的值可根据换热器的型式，由图 3-41 查取。图 3-41a 表示流体在壳程中做单程流动（称单壳程），而在管程中做双程或双程以上的流动（称两管程或两管程以上）。单壳程双（两）管程流动又称 1-2 折流。对于其他流动型式的换热器的 $\varphi_{\Delta t}$，可在有关手册或传热书中查取。

6. 不同流体流向的比较

换热过程中，流体的流向可分为逆流、并流、错流和折流，如图 3-42 所示。在实际的换热器中，流体的流向以复杂的折流为主。

（1）逆流。参与热交换的两流体流向相反，操作线与推动力如图 3-38 所示，其 Δt_m 比较大，传热面积比较小，冷流体的出口温度可以大于热流体的出口温度。

（2）并流。参与热交换的两流体流向相同，操作线与推动力如图 3-39 所示，其 Δt_m 比较小，传热面积比较大，冷流体的出口温度总是小于热流体的出口温度。

（3）错流。参与热交换的两流体流向相互垂直。

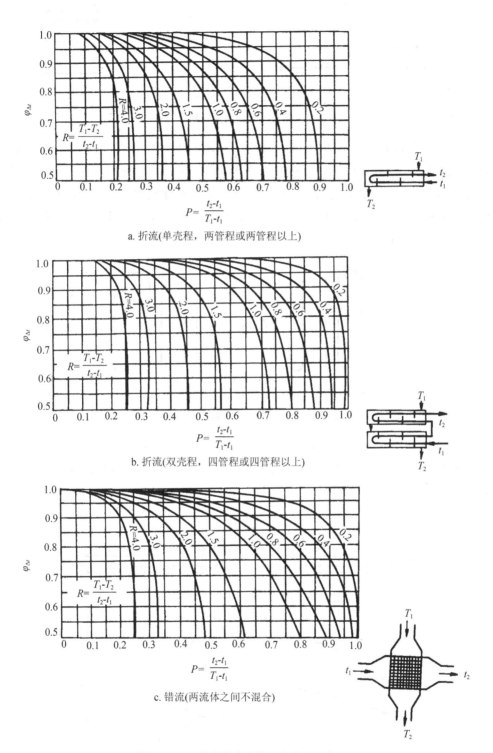

a. 折流(单壳程，两管程或两管程以上)

b. 折流(双壳程，四管程或四管程以上)

c. 错流(两流体之间不混合)

图 3-41　不同流体流向的温度修正系数 $\varphi_{\Delta t}$

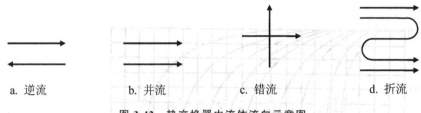

图 3-42　热交换器中流体流向示意图

（4）折流。分简单折流和复杂折流两种情况。在换热器中,一种流体沿一个方向流动（即做单程流动）,另一种流体先以同向流动,然后折回 180°流动（即做双程流动）,也可以反复多次折回流动,这是简单折流,如图 3-42d 所示。若两流体均做折回流动,则称复杂折流。而冷、热流体做如图 3-43 所示的流动,则认为是纯逆流和纯并流。错流和折流的对数平均温差 Δt_{m} 介于逆流和并流之间。

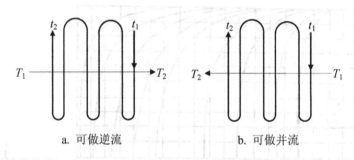

图 3-43　可做逆流和并流处理的复杂流型

图 3-44 所示为逆流和并流传热时,流体的温度沿传热壁面的变化情况。由图 3-44 可见,逆流传热时,冷流体出口温度 t_2 可以大于热流体出口温度 T_2;但并流时,$T_2 > t_2$。对数平均温差 Δt_{m} 由式(3-109)可得:

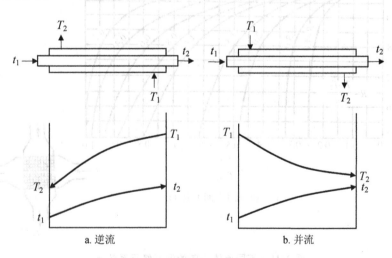

图 3-44　传热操作中的温度变化

$$\Delta t_{\mathrm{m}} = \frac{\Delta t_1 - \Delta t_2}{\ln \dfrac{\Delta t_1}{\Delta t_2}} \tag{3-115}$$

式中：对于逆流，$\Delta t_1 = T_2 - t_1$，$\Delta t_2 = T_1 - t_2$；对于并流，$\Delta t_1 = T_1 - t_1$，$\Delta t_2 = T_2 - t_2$。

例 3-10　在套管式换热器中，冷热流体进行热交换，热流体温度从 120℃ 降到 70℃，冷流体温度由 20℃ 升到 60℃，试比较并流与逆流的传热平均温差。

解： 并流传热时：

120℃ ——————→ 70℃　　　$\Delta t_1 = 120℃ - 20℃ = 100℃$

20℃ ←—————— 60℃　　　$\Delta t_2 = 70℃ - 60℃ = 10℃$

$$\Delta t_{\mathrm{m}} = (100 - 10)/\ln(100/10)℃ = 39.1℃$$

逆流传热时：

120℃ ——————→ 70℃　　　$\Delta t_1 = 120℃ - 60℃ = 60℃$

60℃ ←—————— 20℃　　　$\Delta t_2 = 70℃ - 20℃ = 50℃$

$$\Delta t_{\mathrm{m}} = (60 - 50)/\ln(60/50)℃ = 54.9℃$$

计算结果表明，采用逆流换热比并流换热时的传热平均温差要大。故工厂在条件允许的情况下，应尽量采用逆流换热。

3.5.5　传热过程的强化

强化传热，即用较小设备传递较多热量，也就是说，要使热交换器单位传热面积的传热速率越大越好。由总传热方程 $Q = KA\Delta t_{\mathrm{m}}$ 可知，强化传热的措施有增大总传热系数 K、传热面积 A 或传热平均温差 Δt_{m}。

1. 增大传热面积 A

传热速率与传热面积成正比，传热面积增加是加大单位时间传递热量的有效方法。需要注意的是，只有换热器单位体积内传热面积增大，传热过程才能强化，这只有改进传热面结构才能做到。过多的传热面积是不恰当的，因为增加了设备费用，而传热效率增加很小。

用小直径管是增大换热器单位体积传热面积的常用方法。比如用翅片管、螺纹管等代替光滑管，就可以提高单位体积换热器的传热面积。如列管换热器由 φ25mm 管改为 φ19mm 管后，传热面积可增加 42%，单位传热面积的金属消耗量可降低 21～31%。列管换热器每立方米体积内的传热面积一般为 40～160m²，而板式换热器每立方米体积内能布置的传热面积为 250～1500m²，板翅式换热器则更高，能达到 2500m²，高的可达 4350m² 以上。

2. 增大传热平均温差 Δt_{m}

增大传热平均温差是强化传热的方法之一。最常见的方法之一是采用逆流操作，可获得较大的传热温差。第二种方法是提高加热剂温度和降低冷却剂的温度。

传热温差主要是由物料和载热体的温度决定的,物料的温度由生产工艺决定,不能随意变动,载热体的温度与选择的载热体有关。例如,水蒸气是工业上常用的加热剂,但水蒸气作为加热剂使用时,温度不能超过180℃。因为蒸气温度越高,蒸气的压力越大,设备费用增加,技术要求高,经济效益低,安全性下降。常用的冷却剂为水,水温也有限制,水的进口温度不能小于20℃,出口温度不能大于50℃。因为当水温超过50℃,水中的 Ca^{2+}、Mg^{2+} 就会析出,造成结垢,污垢热阻迅速增加,影响传热效果。

3. 增大总传热系数 K

要提高 K 值必须减小各项热阻,而且应该从热阻最大处着手。

若污垢热阻是主要的,应设法阻止或减小垢层的形成,或采取定期清洗等措施。若间壁两侧的对流传热系数相差很大,应设法提高较小的对流传热系数 α,降低其热阻。因为对流传热系数越小,热阻越大,对总传热系数 K 值的影响也越大。若两侧的传热系数都比较小,则应同时增大两侧的对流传热系数 α。

对于传热过程中无相变化的流体,增大流速和改变流动条件都可以增加流体的湍动程度,从而提高对流传热系数。采用导热系数较大的流体以及传热过程中有相变化的载热体,也可以获得较高的 α 值。

3.5.6 换热器的设计型计算

以热流体的冷却为例,说明设计型计算的命题、计算方法和参数的选择。

1. 设计型计算的命题方式

设计任务:将一定流量 m_{s1} 的热流体从给定温度 T_1 冷却到指定温度 T_2。

设计条件:提供冷却介质和冷流体的进口温度 t_1。

计算目的:确定经济上合理的传热面积及换热器其他尺寸。

2. 设计型问题的计算方法

(1) 由传热任务计算换热器的热流量(通常称之为热负荷):

$$Q = m_{s1}c_{p1}(T_1 - T_2) \tag{3-88}$$

(2) 选择合适的操作参数,计算对数平均推动力 Δt_m;

(3) 计算冷、热流体对管壁的对流传热系数和总传热系数 K;

(4) 由传热基本方程 $Q = KA\Delta t_m$ 计算传热面积。

3. 设计型计算中参数的选择

(1) 选择流体的流向,即确定逆流、并流还是其他复杂流动方式;

(2) 确定冷流体出口温度;

(3) 确定热流体或冷流体走管内或走管外;

(4) 选择流体适当的流速;

（5）确定流体的污垢热阻。

不同的参数选择有不同的计算结果，设计者必须做出恰当的选择才能得到经济上合理、技术上可行的设计，或者通过多方案的计算，从中选出最优的方案。

4. 选择的依据

（1）流体流向的选择——逆流与并流的比较

冷热流体进出口温度相同，逆流时平均温差大于并流，所以传递相同的热量，换热器需要的传热面积较小。如果进口温度确定，并流时冷流体的出口温度必定小于热流体的出口温度，其极限温度为热流体的出口温度；而逆流时冷流体的出口温度可以大于热流体的出口温度，其极限温度为热流体的进口温度。因此，在逆流操作中，冷流体可以有较大的升温，故在传递相同热量的情况下，冷流体的流量较小。另外，冷流体的出口温度较高，可以更好地回收热量，热能利用价值高。一般情况下，逆流优于并流，可采用。

对于热敏性物质，如果出口温度过高影响产品质量，应采用并流操作。如果冷热流体温差很大，应优先选用并流操作，防止换热器因两侧温差过大或一侧的壁温过高，降低了其使用寿命。

（2）冷却介质的出口温度选择

冷却介质出口温度的选择直接影响到换热器的综合费用。出口温度 t_2 越高，其用量减小，输送流体的动力消耗下降，操作费用减少，回收热能的价值越高；而平均温差 Δt_m 下降，传热面积增大，设备投资费用增加。因此，冷却介质的出口温度 t_2 的选择，涉及到经济优化的问题。

传热过程中，一般要求 $\Delta t_m > 10\,℃$，冷却水出口温度一般要求 $t_2 < 50\,℃$。对于工业用水作为冷却剂，由于工业用水中含有 $CaCO_3$、$MgCO_3$、$CaSO_4$、$MgSO_4$ 等溶解度随温度升高而下降的盐类，当水温过高，盐类析出，在传热面形成垢层，会使传热过程恶化。为了防止在传热面形成垢层，可在冷却水中添加阻垢剂和其他水质稳定剂，或除去水中的盐类。

（3）流速的选择

流速的选择一方面涉及传热系数 K 和传热面积 A，另一方面与流体通过换热面的阻力损失有关。但必须保证流体的流动处于湍流。

3.5.7　换热器的操作型计算

对于换热器，在实际使用时，要判断其换热性能能否满足指定和生产需求，或者预测某些参数的变化对换热器传热能力的影响，这些都属于操作问题。

1. 操作型计算的命题方式

（1）第一类命题。给定条件：换热器的传热面积 A，冷、热流体的物理性质，冷、热流体的流量 m_{s1} 和 m_{s2}，冷、热流体的进口温度 T_1 和 t_1，流体的流动方式。计算目的：冷、热流体

的出口温度 T_2 和 t_2。

（2）第二类命题。给定条件：换热器的传热面积 A，冷、热流体的物理性质，热流体的流量 m_{s1} 和进出口温度 T_1 和 T_2，冷流体的进口温度 t_1 和流动方式。计算目的：冷流体的流量 m_{s2} 及出口温度 t_2。

2. 操作型问题的计算方法

对于逆流操作，换热器中所传递的热流量，可由热量衡算和传热基本方程计算。

热量衡算：
$$m_{s2}c_{p2}(t_2 - t_1) = m_{s1}c_{p1}(T_1 - T_2) \tag{3-88}$$

或：
$$\frac{T_1 - T_2}{t_2 - t_1} = \frac{m_{s2}c_{p2}}{m_{s1}c_{p1}} \tag{3-116}$$

传热基本方程：
$$m_{s1}c_{p1}(T_1 - T_2) = KA \frac{(T_1 - t_2) - (T_2 - t_1)}{\ln \dfrac{T_1 - t_2}{T_2 - t_1}} \tag{3-117}$$

上式两边除以 $(T_1 - T_2)$ 得：
$$m_{s1}c_{p1} \frac{T_1 - T_2}{T_1 - T_2} \ln \frac{T_1 - t_2}{T_2 - t_1} = KA \left(1 - \frac{t_2 - t_1}{T_1 - T_2}\right) \tag{3-118}$$

则：
$$\ln \frac{T_1 - t_2}{T_2 - t_1} = \frac{KA}{m_{s1}c_{p1}} \left(1 - \frac{m_{s1}c_{p1}}{m_{s2}c_{p2}}\right) \tag{3-118a}$$

第一类命题可转化为线性方程，解出冷、热流体的出口温度。对于第二类命题，由于是非线性方程，只能采用方式试差法求解；如果 $\Delta t_2 / \Delta t_1 < 2$，则非线性方程转化为线性方程，可直接求解。

3. 传热过程的调节

传热过程的调节本质上是操作型问题，可同样以热流体冷却来说明问题。

在换热器中，当热流体的流量 m_{s1} 或进口温度 T_1 发生变化，要求其出口温度 T_2 不变，则可通过调节冷流体的流量 m_{s2} 达到目的。而冷流体的流量发生变化，会同时引起传热系数 K 和传热温差 Δt_m 的变化，最终引起传热速率的变化。

如果冷流体的对流传热系数远大于热流体，则冷流体的流量增加不引起传热系数 K 的变化，主要靠 Δt_m 的变化引起。如果冷流体的对流传热系数小于或接近于热流体的传热系数，则冷流体的流量增加同时引起传热系数 K 和温差 Δt_m 的变化。如果冷流体的温升 $(t_2 - t_1)$ 已经很小，即出口温度 t_2 已很低，增加冷流体的流量，Δt_m 基本不变；当冷流体的对流传热系数远大于热流体，则增加冷流体的流量不影响传热速率；当冷流体的对流传热系数小于热流体，增加冷流体的流量可以提高传热系数 K，从而提高传热速率。

例 3-11　在列管式热交换器中，用饱和温度为 $126℃$ 的蒸气将 $470\mathrm{m}^3/\mathrm{h}$ 的某一溶液从 $40℃$ 加热到 $45℃$，采用 $\phi38\mathrm{mm} \times 3\mathrm{mm} \times 2000\mathrm{mm}$ 的钢管 $[\lambda = 46.5\mathrm{W}/(\mathrm{m} \cdot \mathrm{K})]$，试计算所需传热面积和管子根数 n。已知蒸气 $\alpha_1 = 11600\mathrm{W}/(\mathrm{m}^2 \cdot \mathrm{K})$；某溶液 $\alpha_2 = 3700\mathrm{W}/(\mathrm{m}^2 \cdot \mathrm{K})$；$\rho = 1320\mathrm{kg}/\mathrm{m}^3$；$c_p = 3.4\mathrm{kJ}/(\mathrm{kg} \cdot ℃)$。

解：溶液吸收的热量为：

$$Q = m_{s2}c_p(t_2 - t_1) = 470 \times 1320 \times 3.4 \times 1000 \times (45-40)/3600 \, W = 2.93 \times 10^6 \, W$$

热流体 126℃ ——————→ 126℃ $\Delta t_1 = 126℃ - 40℃ = 86℃$

冷流体 40℃ ←—————— 45℃ $\Delta t_2 = 126℃ - 45℃ = 81℃$

$$\Delta t_m = \frac{\Delta t_1 - \Delta t_2}{\ln \frac{\Delta t_1}{\Delta t_2}} = \frac{86-81}{\ln \frac{86}{81}} ℃ = 83.5℃$$

$$K = \cfrac{1}{\cfrac{1}{\alpha_1} + \cfrac{\delta}{\lambda} \cdot \cfrac{d_1}{d_m} + \cfrac{1}{\alpha_2} \cdot \cfrac{d_1}{d_2}} = \cfrac{1}{\cfrac{1}{11600} + \cfrac{0.003}{46.5} \cdot \cfrac{38}{35} + \cfrac{1}{3700} \cdot \cfrac{38}{33}} \, W/(m^2 \cdot K)$$

$$= 2139 \, W/(m^2 \cdot K)$$

$$A = \frac{Q}{K \Delta t_m} = \frac{3 \times 10^6}{2139 \times 83.5} \, m^2 = 16.8 \, m^2$$

$$n = 16.8/(3.14 \times 0.038 \times 2) = 70.4$$

例 3-12　有一逆流操作换热器，热流体为空气，$\alpha_1 = 100 \, W/(m^2 \cdot ℃)$，冷却水走管内，$\alpha_2 = 2000 \, W/(m^2 \cdot ℃)$。已知冷、热流体的进出口温度分别为 $t_1 = 20℃$，$t_2 = 85℃$，$T_1 = 100℃$，$T_2 = 70℃$，管壁和污垢热阻不计。当水的流量加倍，试求：(1) 水和空气的出口温度。(2) 传热速率增加了多少？

解：(1) 空气的流量为 m_{s1}，水的流量为 m_{s2}，总传热系数为 K，热流量为 Q。当水的流量加倍，水的流量为 $2m_{s2}$，总传热系数为 K'，水和空气的出口温度变为 t_2' 和 T_2'，热流量变为 Q'。

逆流时，$\Delta t_1 = 70℃ - 20℃ = 50℃$，$\Delta t_2 = 100℃ - 85℃ = 15℃$，故：

$$\Delta t_m = \frac{\Delta t_1 - \Delta t_2}{\ln \frac{\Delta t_1}{\Delta t_2}} = \frac{50-15}{\ln \frac{50}{15}} ℃ = 29.1℃$$

$$Q = m_{s1}c_{p1}(T_1 - T_2) = m_{s2}c_{p2}(t_2 - t_1) = KA \Delta t_m$$

即：

$$Q = m_{s1}c_{p1}(100 - 70) = m_{s2}c_{p2}(85 - 20) = KA \Delta t_m \tag{1}$$

对(1)式变形，得：

$$\frac{m_{s1}c_{p1}}{m_{s2}c_{p2}} = \frac{85-20}{100-70} = 2.17 \tag{2}$$

根据总传热系数方程，可得：

$$K = \cfrac{1}{\cfrac{1}{\alpha_1} + \cfrac{1}{\alpha_2}} = \cfrac{1}{\cfrac{1}{100} + \cfrac{1}{2000}} \, W/(m^2 \cdot K) = 95.2 \, W/(m^2 \cdot K)$$

$$K' = \cfrac{1}{\cfrac{1}{100} + \cfrac{1}{2^{0.8} \times 2000}} \, W/(m^2 \cdot K) = 97.2 \, W/(m^2 \cdot K)$$

水的流量加倍后，根据式(3-118a)，得：

$$\ln \frac{T_1 - t_2'}{T_2' - t_1} = \frac{K'A}{m_{s1}c_{p1}}\left(1 - \frac{m_{s1}c_{p1}}{2m_{s2}c_{p2}}\right)$$

将(1)式和(2)式代入上式,得:

$$\ln \frac{T_1 - t_2'}{T_2' - t_1} = \frac{K'A}{\dfrac{KA\Delta t_m}{100-70}}\left(1 - \frac{m_{s1}c_{p1}}{2m_{s2}c_{p2}}\right) = \frac{K'(100-70)}{K\Delta t_m}\left(1 - \frac{2.17}{2}\right)$$

将数据代入,得:

$$\ln \frac{100 - t_2'}{T_2' - 20} = \frac{97.2 \times (100-70)}{95.2 \times 29.1}\left(1 - \frac{2.17}{2}\right)$$

化简后求出:

$$T_2' = 130 - 1.1t_2'$$

再根据热量衡算:

$$m_{s1}c_{p1}(T_1 - T_2') = 2m_{s2}c_{p2}(t_2' - t_1)$$

即:

$$\frac{100 - T_2'}{t_2' - 20} = \frac{2m_{s2}c_{p2}}{m_{s1}c_{p1}} = \frac{2}{2.17} = 0.922$$

两式联解求出:

$$T_2' = 59.8℃ \qquad t_2' = 63.8℃$$

(2)传热速率之比

$$\frac{Q'}{Q} = \frac{m_{s1}c_{p1}(T_1 - T_2')}{m_{s1}c_{p1}(T_1 - T_2)} = \frac{100 - 59.8}{100 - 70} = 1.34$$

例 3-13 在套管换热器中,热流体与冷流体并流换热。热流体进口温度为120℃,出口温度为70℃,冷流体进口温度为20℃,出口温度为60℃。若流体的进口温度、流量和总传热系数不变,将并流改为逆流,试求冷热流体的出口温度。

解: 并流时,热流体进口温度为 $T_1 = 120℃$,出口温度为 $T_2 = 70℃$;冷流体进口温度为 $t_1 = 20℃$,出口温度为 $t_2 = 60℃$。逆流时,热流体进口温度为 $T_1 = 120℃$,出口温度为 T_2';冷流体进口温度为 $t_1 = 20℃$,出口温度为 t_2'。

并流时,$\Delta t_1 = 120℃ - 20℃ = 100℃$,$\Delta t_2 = 70℃ - 60℃ = 10℃$,故:

$$\Delta t_{m并} = \frac{\Delta t_1 - \Delta t_2}{\ln \dfrac{\Delta t_1}{\Delta t_2}} = \frac{100 - 10}{\ln \dfrac{100}{10}}℃ = 39.1℃$$

则:

$$Q_并 = m_{s1}c_{p1}(120 - 70) = m_{s2}c_{p2}(60 - 20) = KA\Delta t_{m并}$$

逆流时,$\Delta t_1' = 120 - t_2'$,$\Delta t_2' = T_2' - 20$,设 $0.5 < \Delta t_1'/\Delta t_2' < 2$(假设,以后验证),故:

$$\Delta t_{m逆} = \frac{\Delta t_1' + \Delta t_2'}{2} = \frac{100 + T_2' - t_2'}{2}$$

则:

$$Q_逆 = m_{s1}c_{p1}(120 - T_2') = m_{s2}c_{p2}(t_2' - 20) = KA\Delta t_{m逆}$$

$$\frac{Q_并}{Q_逆} = \frac{m_{s1}c_{p1}(120 - 70)}{m_{s1}c_{p1}(120 - T_2')} = \frac{m_{s2}c_{p2}(60 - 20)}{m_{s2}c_{p2}(t_2' - 20)} = \frac{KA\Delta t_{m并}}{KA\Delta t_{m逆}} = \frac{39.1KA}{KA(100 + T_2' - t_2')/2}$$

即:

$$\frac{50}{120 - T_2'} = \frac{40}{t_2' - 20} = \frac{39.1}{(100 + T_2' - t_2')/2}$$

解方程求出:

$$T_2' = 60.5℃ \qquad t_2' = 67.6℃$$

验证: $\Delta t_1 = 52.4℃, \Delta t_2 = 40.5℃, \Delta t_1/\Delta t_2 = 1.29 < 2$(假设成立)

3.5.8 传热单元法

在进行操作型传热计算时,出口温度 T_2 和 t_2 未知。如果用热量衡算方程求出 T_2 或 t_2,代入传热基本方程,这样消去一个未知数就可求解。

在逆流操作时,对于热流体设:

$$NTU_1 = \frac{T_1 - T_2}{\Delta t_m} = \frac{AK}{m_{s1} c_{p1}} \tag{3-119}$$

由于:

$$\ln \frac{T_1 - t_2}{T_2 - t_1} = \frac{KA}{m_{s1} c_{p1}} \left(1 - \frac{m_{s1} c_{p1}}{m_{s2} c_{p2}}\right) \tag{3-120a}$$

则转化为:

$$\frac{T_1 - t_2}{T_2 - t_1} = \frac{(T_1 - t_1) - (t_2 - t_1)}{(T_1 - t_1) - (T_1 - T_2)} = \frac{1 - \dfrac{t_2 - t_1}{T_1 - t_1}}{1 - \dfrac{T_1 - T_2}{T_1 - t_1}} = \frac{1 - \dfrac{m_{s1} c_{p1}}{m_{s2} c_{p2}} \cdot \dfrac{T_1 - T_2}{T_1 - t_1}}{1 - \dfrac{T_1 - T_2}{T_1 - t_1}} \tag{3-120b}$$

设:

$$R_1 = \frac{m_{s1} c_{p1}}{m_{s2} c_{p2}} = \frac{t_2 - t_1}{T_1 - T_2} \tag{3-121}$$

$$\varepsilon_1 = \frac{T_1 - T_2}{T_1 - t_1} \tag{3-122}$$

式(3-120a)转化为:

$$\ln \frac{1 - \varepsilon_1 R_1}{1 - \varepsilon_1} = NTU_1(1 - R_1) \tag{3-123}$$

或:

$$\varepsilon_1 = \frac{1 - \exp[NTU_1(1 - R_1)]}{R_1 - \exp[NTU_1(1 - R_1)]} \tag{3-124}$$

式中:NTU 为传热单元数;ε 为换热器的热效率。

同样可得到:

$$NTU_2 = \frac{t_2 - t_1}{\Delta t_m} = \frac{AK}{m_{s2} c_{p2}} \tag{3-125}$$

$$R_2 = \frac{m_{s2} c_{p2}}{m_{s1} c_{p1}} = \frac{T_1 - T_2}{t_2 - t_1} \tag{3-126}$$

$$\varepsilon_2 = \frac{t_2 - t_1}{T_1 - t_1} \tag{3-127}$$

$$\varepsilon_2 = \frac{1 - \exp[NTU_2(1 - R_2)]}{R_2 - \exp[NTU_2(1 - R_2)]} \tag{3-128}$$

对于第一类操作问题,可任意选择一方程组直接求解。第二类操作问题,只能选择一方程组试差求解。并流操作时也可采用相同的方法求解,只是传热效率 ε 不同。并流时:

$$\varepsilon_1 = \frac{1 - \exp[-NTU_1(1 + R_1)]}{1 + R_1} \tag{3-129}$$

$$\varepsilon_2 = \frac{1 - \exp\left[-NTU_2(1 + R_2)\right]}{1 + R_2} \tag{3-130}$$

工程上为了计算方便,将 R、NTU、ε 三者间的关系绘成图线,如图 3-45 所示。

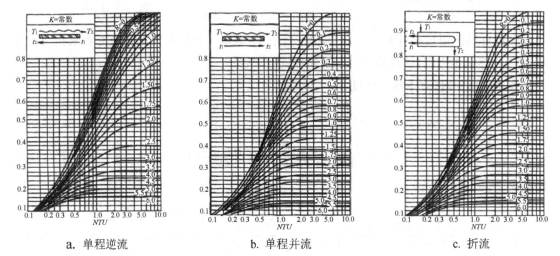

a. 单程逆流　　　　　　　b. 单程并流　　　　　　　c. 折流

图 3-45　换热器中 R、NTU、ε 间的关系

例 3-14　用传质单元数计算例 3-13。

解: $K = 95.2 \text{W/(m}^2 \cdot \text{℃)}$,$K' = 97.2 \text{W/(m}^2 \cdot \text{℃)}$,$\Delta t_{\text{m}} = 29.1 \text{℃}$

$$NTU_1 = \frac{T_1 - T_2}{\Delta t_{\text{m}}} = \frac{AK}{m_{s1} c_{p1}} = \frac{100 - 70}{29.1} = 1.03$$

$$R_1 = \frac{m_{s1} c_{p1}}{m_{s2} c_{p2}} = \frac{t_2 - t_1}{T_1 - T_2} = \frac{85 - 20}{100 - 70} = 2.17$$

当水的流量加倍,则:

$$R_1' = \frac{m_{s1} c_{p1}}{2 m_{s2} c_{p2}} = \frac{R_1}{2} = \frac{2.17}{2} = 1.09$$

$$NTU_1' = \frac{AK'}{m_{s1} c_{p1}} = NTU_1 \frac{K'}{K} = 1.03 \times \frac{97.2}{95.2} = 1.05$$

$$\varepsilon_1' = \frac{1 - \exp[NTU_1'(1 - R_1')]}{R_1' - \exp[NTU_1'(1 - R_1')]} = \frac{1 - \exp[1.05(1 - 1.09)]}{1.09 - \exp[1.05(1 - 1.09)]} = 0.501$$

$$T_2' = T_1 - \varepsilon_1'(T_1 - t_1) = 100\text{℃} - 0.501(100 - 20)\text{℃} = 59.8\text{℃}$$

$$t_2' = t_1 + R_1'(T_1 - T_2') = 20\text{℃} + 1.09(100 - 59.8)\text{℃} = 63.8\text{℃}$$

3.5.9　非定态传热的拟定态处理

对于非定态传热过程的计算,必须计算累积传热量 Q_T 与物料温度 t 或加热时间 τ 的关系,因此必须积分计算。

对于某间歇操作的夹套换热器,如图 3-46 所示。传热系数 K 假设不变,用温度为 T 的蒸气加热,某时刻液体温度为 t,则热通量 q 为:

$$q = K(T - t) \tag{3-131}$$

在 dτ 时间内做热量衡算,忽略热损失与壁面的温升,可得:

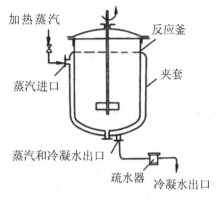

$$mc_p \mathrm{d}t = K(T - t) A \mathrm{d}\tau \tag{3-132}$$

式中:m 为釜内液体的质量,kg;c_p 为釜内液体的比热容,J/(m・K);A 为传热面积,m^2。

积分得到加热时间 τ 和相应液体出口温度 t_2 间的关系为:

$$\tau = \frac{mc_p}{KA} \ln \frac{T - t_1}{T - t_2} \tag{3-133}$$

图 3-46 夹套换热器

则累积热量为:

$$Q_T = mc_p(t_2 - t_1) = KA\Delta t_m \tau \tag{3-134}$$

$$\Delta t_m = \frac{t_2 - t_1}{\ln \dfrac{T - t_1}{T - t_2}} \tag{3-135}$$

例 3-15 某夹套反应釜的传热面积为 5m^2,夹套内通入 120℃的饱和水蒸气加热,釜内有 1200kg 温度为 20℃的水溶液,比热容为 $c_p = 4.18$J/(kg・℃),釜内搅拌均匀温度相同。加热 15min 后,测出水温为 60℃。试求(1)夹套反应釜的传热系数;(2)再加热15min,釜内水溶液的温度为多少度。

解:(1)夹套反应釜的传热系数:

$$Q_T = mc_p(t_2 - t_1) = KA\Delta t_m \tau$$

$$K = \frac{mc_p}{A\tau} \ln \frac{T - t_1}{T - t_2} = \frac{1200 \times 4.18 \times 1000}{15 \times 60 \times 5} \ln \frac{120 - 20}{120 - 60} \mathrm{W/(m^2 \cdot K)} = 569 \mathrm{W/(m^2 \cdot K)}$$

(2)釜内水溶液的温度:

$$\ln \frac{T - t_1}{T - t_2'} = \frac{KA\tau}{mc_p} = \frac{569 \times 30 \times 60 \times 5}{1200 \times 4.18 \times 1000} = 1.02$$

$$\frac{120 - 20}{120 - t_2'} = 2.77$$

$$t_2' = 84℃$$

3.5.10 传热系数变化的传热过程的计算

在定态传热计算中,假设传热系数 K 为不变的。当冷、热流体的温度变化很大时,温度对流体的物性数据影响较大,K 作为常数处理误差就较大。

如果 K 与温度成线性关系,热损失不计,则传热方程为:

$$Q = A \frac{K_1 \Delta t_1 - K_2 \Delta t_2}{\ln \dfrac{K_1 \Delta t_1}{K_2 \Delta t_2}} \qquad (3\text{-}136)$$

如果 K 与温度间不是线性关系,只能采用逐段计算法。

3.6　热交换器

换热器是化工、石油、食品、动力和其他许多工业部门的通用设备,在生产中占有重要的地位。工业生产中的热交换器有三种类型:间壁式、混合式和蓄热式。其中,间壁式热交换器应用最广泛,类型也是多种多样。如果按用途分类,则为加热器、冷却器、冷凝器、蒸发器和再沸器等。

3.6.1　间壁式换热器的类型

1. 沉浸式蛇管换热器

这种换热器是将金属管弯绕成各种与容器相适应的形状,并沉浸在液体中进行热交换。由于传热管盘曲如蛇状,常称它为蛇管换热器,如图 3-47 所示。其优点是结构简单,能承受高压,可用耐腐蚀材料制造;缺点是容器内液体湍动程度低,管外传热系数小。沉浸式蛇管换热器见二维码。

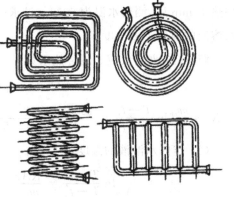

图 3-47　蛇管的形状

沉浸式蛇管换热器二维码

2. 套管式换热器

套管式换热器是由直径不同的直管制成的同心套管,并用 U 形弯头连接而成,如图 3-48所示。在套管式热交换器中,一种流体走管内,另一种流体走环隙。由于流体流速都比较大,其传热系数较大,且在传热过程中,冷、热流体可以作纯逆流,传热推动力较大,对传热有利。同时套管换热器由于结构简单,能耐高压,传热面积可根据需要增减,应用方便。特别是高压换热器,一般采用套管式换热器。套管式换热器的缺点是管间接头多、易泄漏,占地面积大,单位传热面积消耗的金属也比较多。套管式换热器见二维码。

套管式换热器二维码

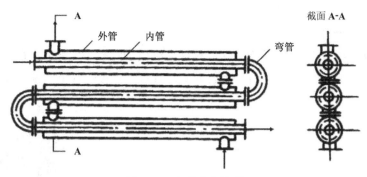

图 3-48　套管式换热器

3. 夹套式换热器

这种换热器由容器外壁安装夹套制成,如图 3-46 所示。夹套与容器壁之间形成的空间为加热或冷却的通道,结构简单,广泛应用于间歇反应过程的加热和冷却。但加热面受容器壁面的限制,传热系数不大。为了提高传热系数,可在釜内进行搅拌,或在容器内安装挡板,以提高容器内流体的湍动程度。夹套式换热器见二维码。

夹套式换热
器二维码

4. 喷淋式换热器

喷淋式换热器有时也作为蛇管式换热器,它是将换热管成排地固定在钢架上,如图 3-49 所示,多作为冷却器使用。热流体在管内流动,冷却水在装置上方均匀淋下。这种换热器一般放置在流动的空气中,冷却水的蒸发亦可带走部分热量,降低冷却水温度,传热效果要比沉浸式换热器好得多。冷却水一般利用空气冷却塔冷却,再循环使用。喷淋式换热器见二维码。

喷淋式换热
器二维码

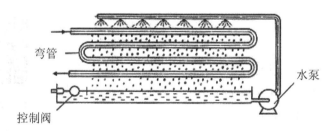

图 3-49　喷淋式换热器

5. 列管式换热器

列管式换热器又称管壳式换热器,是最典型的间壁式换热器,在工业中大部分的换热器都是列管式换热器,其有着广泛的应用。列管式换热器见二维码。

列管式换热
器二维码

（1）列管式换热器的特点

列管式换热器结构紧凑、坚固,单位容积传热面积大,传热效率比其他换热器高;能用多种材料制备,适用性强,操作弹性大,能在高温、高压和大型装置中使用。

但列管式换热器结构复杂,价格比较高。

（2）列管式换热器的结构

列管式换热器主要由壳体、管束、管板和封头组成,如图 3-50 所示。在圆筒形壳体中装有许多管束,管的两端焊接在多孔板上,管外安装有折流挡板。管束的壁面即为传热面。

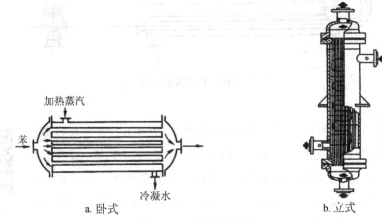

a. 卧式　　　　　　　　　　　　　　　　b. 立式

图 3-50　列管式换热器

（3）热交换器的补偿

在列管式换热器中,当冷热流体（或管束与壳体）的温差大于 50℃时,因热膨胀差异引起壳体与管子间的温差应力,可能使管子挤弯、拉脱、断裂或破坏壳体,换热器应采用适当的温差补偿措施,消除或减小热应力。温差补偿方式为壳体上附有膨胀圈,或者采用 U 形管式热交换器和浮头式热交换器。

（4）列管式换热器的分类

根据采用温差补偿方式的不同,列管式换热器或分以下几种:

①固定管板式换热器。当冷热流体温差不大时,可采用固定管板式换热器。这种换热器的两端管板和壳体焊接成一体,因此具有结构简单和成本低的优点。但由于清洗困难,不适用于易结垢的流体和温差较大的流体。如果温差不是很大,可采用带有补偿圈的固定管板式换热器,如图 3-51 所示。具有补偿圈的固定管板式换热器见二维码。

具有补偿圈的
固定管板式换
热器二维码

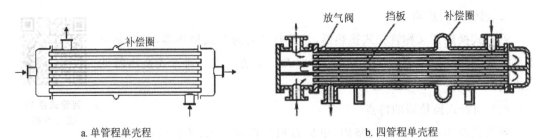

a. 单管程单壳程　　　　　　　　　　　　　b. 四管程单壳程

图 3-51　带有补偿圈的固定管板式换热器

②U 形管换热器。U 形管换热器的每根换热管都弯成 U 形,进出口分别安装在同一管板的两侧,封头以隔板分成两室,其结构比较简单。由于每根管可自由伸缩,与外壳无关,消除了热应力,如图 3-52 所示。缺点是管程不易清洗,只适用于洁净而不易结垢的流体。U 形管换热器见二维码。

U 形管换热
器二维码

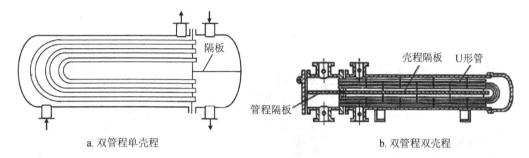

a. 双管程单壳程　　　　　　　　　　　　　b. 双管程双壳程

图 3-52　U 形管换热器

③浮头式换热器。浮头式换热器两端的管板,一端不与外壳焊接,可沿轴向自由滑动,如图 3-53 所示。这种结构完全消除热应力,整个管束可从壳体中抽出,便于清洗和检修,是一种应用较多的换热器。但结构复杂,造价较高。浮头式换热器见二维码。

浮头式换热
器二维码

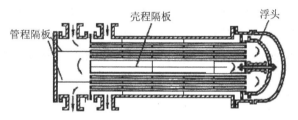

图 3-53　双壳程四管程浮头式换热器

套管式、列管式、喷淋式换热器见二维码。

套管式、列管
式、喷淋式换
热器二维码

3.6.2　其他类型换热器

对于间壁式换热器,除夹套式外都是管式换热器。在管式换热器中,管子直径越小传热面积越大,但流体流动阻力也越大;如果管子排列越紧凑,则壳程流动阻力越大。因此,管式换热器的结构不能太紧凑,否则单位换热器容积的传热面积小,金属消耗大。为了克服这些缺点,要对管式换热器进行改进。

1. 板式换热器

板式换热器表面结构紧凑,材料消耗小,传热系数大。但不能承受高压和高温,对材料要求比较严格。螺旋板式、板式、板翅式换热器见二维码。

螺旋板式、
板式、板翅
式换热器

（1）螺旋板式换热器

螺旋板式换热器的结构是由两张平行薄钢板卷制而成的，其在换热器内部形成一同心的螺旋形通道。换热器中央设有隔板，将两螺旋形通道隔开，两隔板间焊有定距柱维持通道间距。冷热流体分别从两螺旋形通道流过，通过薄板进行换热。其结构如图 3-54 所示。螺旋板式换热器见二维码。

螺旋板式换热器二维码

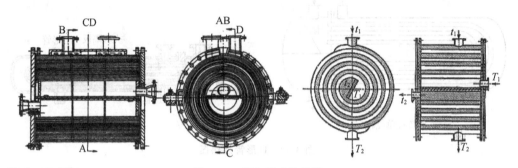

图 3-54　螺旋板式换热器

螺旋板式换热器的直径一般小于 1600mm，板宽在 200～1200mm，板厚 2～4mm，相邻两板间的距离为 2～5mm。常用的材料为不锈钢。

螺旋板式换热器的优点有：

①总传热系数高。由于螺旋通道中离心力的作用和定距柱的干扰，流体湍动程度很高，在 $Re=1400～1800$ 或更低即可达到湍流，并且允许采用较高的流速，总传热系数很大。如水-水之间的换热，其总传热系数可达到 $2000～3000W/(m^2 \cdot K)$，而列管式换热器一般为 $1000～2000W/(m^2 \cdot K)$。

②不易结垢和堵塞。流体中悬浮的固体颗粒在离心力作用下被抛向螺旋形通道外缘而被流体本身冲走，而流体的流速又较高，因此适用于处理高黏度及含有少量固体的悬浮液。

③能利用低温热源。由于冷热流体可作纯逆流流动，可在较小的温差下操作，传热推动力大，能充分回收低温热量。

④结构紧凑。单位容积的传热面积大，比管壳式换热器大 3 倍。

螺旋板式换热器的主要缺点是操作压力和温度不能太高，压强<2MPa，300<温度<400℃；由于整个换热器焊接成一体，一旦损坏，修理比较困难。

螺旋板式换热器传热系数可用下式计算：

$$Nu = 0.04Re^{0.78}Pr^{0.4} \tag{3-137}$$

当量直径 d_e 取 2 倍的螺旋板间距。

（2）板式换热器

板式换热器的结构是由一组金属薄板片组成，金属薄板片厚度为 0.5～3mm，相邻薄板间衬以垫片并用框架夹紧。如图 3-55b 为矩形板片，上面四角开有圆孔，形成流体的通道，冷热流体交替在板片两侧流过,通过板片进行换热。为了加强流体的湍动程度,提高传热系数,通常将薄板压制成各种波汶形状,既能使流体分布均匀,又能增加薄板的刚度。

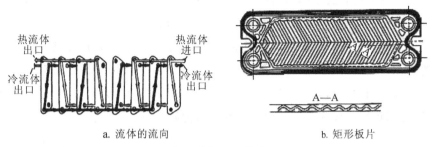

a. 流体的流向　　　　　　　　　　　　b. 矩形板片

图 3-55　板式换热器流体的流向

板式换热器的优点有:

①总传热系数高。由于板式换热器的板面采用波纹或沟槽,流体在板片间流动的湍动程度很高,在 $Re=200$ 左右即可达到湍流;而板片厚度又薄,总传热系数很大。

②操作灵活,具有可折性。可根据需要调整板片的数目,增减传热面积。故检修清洗比较方便。

③结构紧凑。板片间隙小,只有 $4\sim6mm$,单位容积的传热面积达 $250\sim1000m^2/m^3$,比管壳式换热器大 6 倍。

板式换热器的缺点是操作压力和温度太高,容易渗漏。要求操作压强<2MPa,温度<250℃。由于板间距只有 $4\sim6mm$,流体流速不大,处理量较小。

（3）板翅式换热器

板翅式换热器是一种更高效紧凑的换热器,如图 3-56 所示。在两块平行金属薄板间,夹入波汶状或其他形状的翅片,将两侧面封列,形成一个换热基本元件。将各基本元件适当排列,用钎焊固定,制成逆流式或错流式板束。将板束焊接在带有流体进出口接管的集流箱上就制成了板翅换热器。板翅式换热器见二维码。

板翅式换热
器二维码

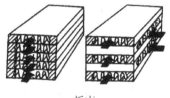

a. 板束　　　　　　　　　　　　　　b. 板翅

图 3-56　板翅式换热器的板束

板翅换热器由于结构高度紧凑、轻巧,单位容积的传热面积大,比管壳式换热器大 100 倍,可达 $2500\sim4000m^2/m^3$。翅片的形状可以促进流体的湍动,传热系数很大。而翅片对隔板有支撑作用,操作压强可达 5MPa。其缺点是设备流道很小,易堵塞,清洗和修理比较困难,因此要求物料比较洁净。

（4）板壳式换热器

板壳式换热器与管式换热器结构上的区别在于用板束代替管束。板束的基本元件是由条状的钢板滚压成一定的形状焊接而成,如图 3-57a 所示。

板壳式换热器由于板束元件可以紧密排列、结构紧凑,单位容积提供的换热面积是管壳式换热器的 3.5 倍以上。与圆管相比,板束元件的当量直径较小,传热系数较大。由于结构坚固,能承受高压和高温,最高操作压强高达 6.5MPa,最高温度达 800℃。缺点是制造工艺复杂,焊接要求较高。板管型板壳式换热器的结构如图 3-57b 所示。

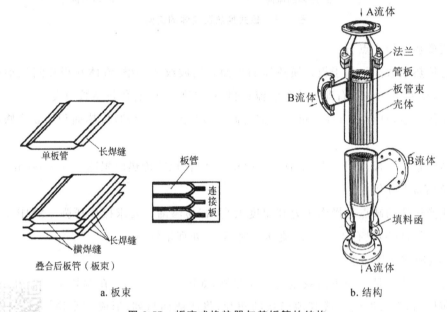

a. 板束　　　　　　　　　　　　　　b. 结构

图 3-57　板壳式换热器与其板管的结构

2. 强化管式换热器

在管式换热器的基础上采取强化措施,提高传热效果,强化措施是管外加翅片,管内安装内插物。这不仅能增大传热面积,而且提高了流体流动的湍动程度。

（1）翅片管

翅片管是在普通金属管的外表面安装各种翅片制成的,其结构如图 3-58 所示。

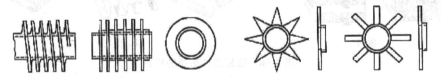

图 3-58　常见的翅片管

翅片与光管的连接应紧密无间,否则接触处的热阻很大,影响传热效果。连接方法有热套、镶接、张力缠绕、钎焊和焊接,也可采用整体轧制、整体铸造和机械加式的方法制造。

翅片管仅在管外采取强化措施,只对管外侧传热系数小的传热才有显著的强化效果。最常见的是空气冷却器,用空气代替水进行冷却,可以节约水资源。

(2)螺旋槽纹管

螺旋槽纹管如图 3-59 所示。流体在管内流动时受螺旋槽纹的引导,使靠近管壁面部分的流体顺槽旋流,有利于减薄边界层的厚度,增加扰动,强化传热。

(3)缩放管

缩放管是依次交替的收缩段和扩张段组成的波形管道,如图 3-60 所示。研究表明,由此形成的流道使流动流体径向扰动大大增加,在同样流动阻力下,比光滑管具有更好的传热性能。

(4)静态混合器

静态混合器能大大强化管内对流传热,如图 3-61 所示,特别是在管内热阻控制时,强化效果特别好。

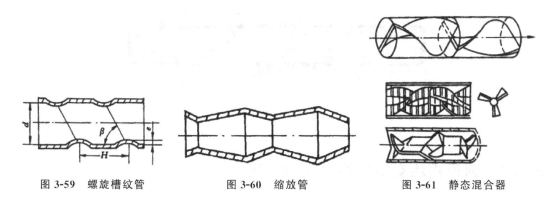

图 3-59　螺旋槽纹管　　　　图 3-60　缩放管　　　　图 3-61　静态混合器

(5)折流杆换热器

折流杆换热器是一种用折流杆代替折流板的管壳式换热器,如图 3-62 所示,折流杆尺

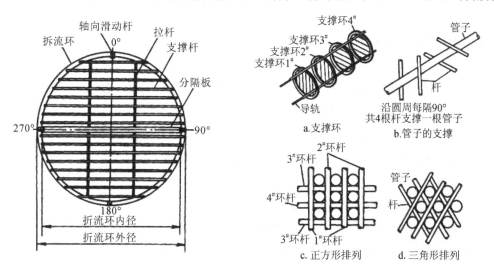

图 3-62　折流杆换热器

寸等于管子间的间隙。杆子间用圆环相连,四个圆环组成一组,牢固地将管子支撑住,有效地防止管束振动。折流杆同时起强化传热作用,防止污垢沉积,减少流动阻力。

3. 热管换热器

热管是一种新型传热元件。最简单的热管是将一根金属管两端封闭,抽出不凝性气体,充以一定量的某种工作液体而成的,如图 3-63 所示。当加热段受热时,工作液体沸腾,产生的蒸气流到冷却段遇冷后冷凝放出潜热。冷凝液在重力、离心力的作用下,或沿具有毛细结构的吸液芯在毛细管力的作用下回流到加热段再次沸腾,如此反复循环,热量从加热段传到冷却段。热管的传热特点是沸腾传热和冷凝传热,管壁为导热,热阻均很小。尽管热管两端的温差较小,但传递的热量却很大。热管见二维码。

热管二维码

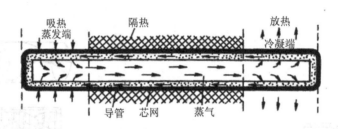

图 3-63　热管换热器

3.6.3　列管式热交换器的设计和选用

换热器的设计即通过传热计算确定经济合理的传热面积和结构形式,以完成生产中所要求的传热任务。换热器的选用也要根据生产任务要求,计算所要求的传热面积,选择合适的换热器。

1. 列管式热交换器的设计和选用原则

（1）流体流经管程或壳程的选择

在列管式换热器内,流体流经的通道可根据下列原则进行选择,仅供参考。

①腐蚀性流体宜走管程,以免管束和壳体同时腐蚀;

②不洁净、易结垢的流体宜走管程,可以提高流速,减少结垢,易于清洗;

③流量小或黏度大的流体宜走壳程,因为在壳程内,当 $Re > 100$ 时即可达到湍流;

④压力高的流体宜走管程,因为壳体的耐压能力差;

⑤被冷却的流体宜走壳程,便于散热;

⑥饱和蒸气冷凝时,宜走壳程,因为饱和蒸气比较干净,对流传热系数大,冷凝液容易排出;

⑦对流传热系数小的流体宜走管程,因为流速对对流传热系数影响比较大。

（2）流体流动方式的选择

除逆流和并流外,在管壳式换热器中,流体还有多管程多壳程的复杂流动。当流量一定时,程数越多,传热系数越大,对传热越有利。但程数增加,流体流动的阻力损失也会增加。因此,在选择换热器的时候,要考虑传热和流体输送两方面的影响。

（3）流体进出口温度的选择

在换热器换热过程中,需要用热源或冷源来加热或冷却,以满足换热任务。要根据被冷却或被加热的介质温度选择合适的热源或冷源。热源或冷源的进口温度已知,但出口温度需要设计者确定。

例如,用水冷却某一热的流体,水的进口温度可根据当地的气候条件做出估计,而冷却水的出口温度需要经济优化综合分析。为了提高传热效果,出口温度低比较好,但冷却水的流量会增加;为了节约用水,水的出口温度可以提高,但动力消耗费用降低,传热温差下降,需要的传热面积加大。两者相互矛盾。根据一般的经验,冷却水的温差选择 5～10℃ 比较理想,冷却水的出口温度一般小于 50℃。缺水地区选用较大的温差,水源丰富地区可选用较小的温差。对于热源的出口温度选择,也可以采用相似的原则。

（4）流体流速的选择

流体流速与传热系数密切相关,同时又影响到流体通过换热器的阻力损失。因此,需要从经济上分析流体的流速范围。表 3-6～表 3-8 列出工业上常见流体的流速范围,可供选择时参考。

表 3-6　列管式换热器中常用流体流速的范围

流体的种类		一般液体	易结垢液体	气体
流速/(m/s)	管程	0.5～3	>1	5～30
	壳程	0.2～1.5	>0.5	9～15

表 3-7　列管式换热器中不同黏度液体的常用流速

液体黏度/(mPa·s)	>1500	1500～500	500～100	100～35	35～1	<1
最大流速/(m/s)	0.5	0.75	1.1	1.5	1.8	2.4

表 3-8　列管式换热器中易燃、易爆液体的安全允许流速

流体	乙醚、三硫化碳、苯	甲醇、乙醇、汽油	丙酮
安全允许流速/(m/s)	<1	2～3	10

（5）换热管规格与排列的选择

换热管管径越小,换热器单位容积的传热面积越大。因此对净洁的流体,管径可选小些;对不净洁和易结垢的流体,管径选大些,防止堵塞,便于清洗。我国用于换热器的管子有两种规格,分别为 φ25mm×2.5mm 和 φ19mm×2mm。

我国生产的钢管长度为 6m 和 9m,因此标准换热器中,管子的长度为 1.5m、2m、3m、4.5m、6m 和 9m 六种,其中 3m 和 6m 最常见。管长 L 与壳径 D 的比例应适当,一般选择 L/D 为 4~6。

换热器中管子的排列方式有等边三角形和正方形两种,如图 3-64 所示。等边三角形排列比较紧凑,管外湍动程度高,传热系数大。正方形排列较松散,传热系数小,但清洗方便,对易结垢的流体更为适用。将正方形排列的管束斜转 45°安装,在一定程度上可提高传热系数。

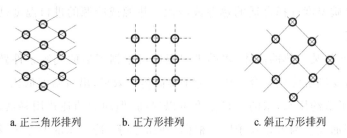

a. 正三角形排列   b. 正方形排列   c. 斜正方形排列

图 3-64   管子在管板上的排列

管子在管板上的排列间距 t 和管子与管板的连接方式有关。胀管法的管子间距 $t = (1.3 \sim 1.5)d_0$,相邻两管子外壁间距不应小于 6mm,即 $t \geqslant (d_0 + 6)$mm,焊接法的管子间距 $t = 1.25d_0$。

(6) 管程和壳程数的确定

管内流体的行程称管程,壳体与管外流体的行程称壳程,流体在热交换器中流动方向的改变次数 $(n+1)$ 称程数。

在换热器中,当流体的流速较小或传热面积较大而需要的管子数目很多时,会造成管内流速偏低,对流传热系数偏小。为了提高对流传热系数,可采用多管程来提高流速。但程数过多,流体在管程内流动的阻力增加,提高了动力费用,同时使换热器的平均温差下降,而隔板也占据一部分的传热面积。标准列管式换热器系列的管程数为 1、2、4 和 6 程等 4 种。

当列管式换热器的温差修正系数小于 0.8 时,可采用多壳程换热器。壳程数的增加也是为了提高流体的流速和壳程对流传热系数。由于壳程隔板在制造、安装和检修方面都有困难,一般不采用多壳程换热器,而是将几个单壳程换热器串联使用,如图 3-65 所示。

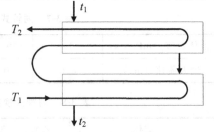

图 3-65   串联列管式换热器示意图

(7) 折流挡板

为了提高管间流体的传热系数,一般在壳体内安装与管束垂直的折流挡板。挡板的形状和间距有一定的要求,可防止流体短路、增加流速、提高湍流程度,在 $Re > 100$ 就达到湍流。常见折流挡板为圆缺形和圆盘形,相互交错使用,如图 3-66 所示。常用的挡板为圆缺形,如图 3-67a 所示,其弓形缺口的大小对壳程的流体流动情况有重要的影响。挡板弓形缺口高度及板间距对流体流动的影响如图 3-68 所示。一般弓形缺口的高度为壳体内径的 20% 和 25%。

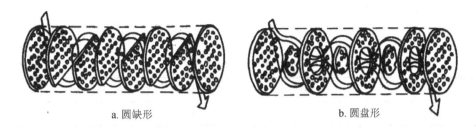

a. 圆缺形　　　　　　　　　　　　　b. 圆盘形

图 3-66　折流挡板的排列

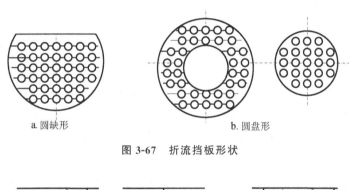

a. 圆缺形　　　　　　　　　　b. 圆盘形

图 3-67　折流挡板形状

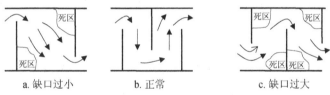

a. 缺口过小　　　　　b. 正常　　　　　c. 缺口过大

图 3-68　挡板弓形缺口高度及板间距的影响

折流挡板的间距对壳体流体的流动也有重要的影响。间距太大,不能保证流体垂直流过管束,使传热系数下降;间距太小,不利于制造和检修,阻力损失也大。一般取挡板的间距为内径的 $0.1\sim0.2$ 倍。

(8) 外壳直径的确定

换热器壳体的内径应等于或稍大于管板的直径。可根据设计要求计算出实际管数、管径、管中心距及管子的排列方式,确定壳体的内径。在初步设计中,也可采用下式计算壳体的内径:

$$D = t(n_c - 1) + 2b' \tag{3-138}$$

式中:D 为壳体内径,m;t 为管中心距,m;n_c 为位于管束中心线上的管数;b' 为管束中心线上最外层管的中心到壳体内壁的距离,一般取 $b' = (1\sim1.5)d_0$。

n_c 可用下面公式估算,即:

管子按正方形排列 $\qquad n_c = 1.19 \sqrt{n}$ $\qquad\qquad$ (3-139)

管子按正三角形排列 $\qquad n_c = 1.1 \sqrt{n}$ $\qquad\qquad$ (3-140)

式中:n 为换热器管子的总数目。

按上述计算得到的壳体内径应圆整到国家规定的标准尺寸,见表 3-9。

表 3-9　换热器壳体标准尺寸

壳体外径/mm	325	400	500	600	700	800	900	1000	1100	1200
最小壁厚/mm	8	10				12			14	

(9) 主要附件

①封头。封头有方形和圆形两种,方形用于直径小(<400mm)的壳体,圆形用于直径大的壳体。

②缓冲挡板。为了防止壳程流体进入换热器时对管束产生冲击,可在进料管口装设缓冲挡板。

③导流筒。壳程流体的进出口和管板间存在一段流体不能流动的空间,即死区。为了提高换热器的传热效果,常在管束外增设导流筒,使流体进出壳程时经过这一空间。

④放气孔、排液孔。换热器的壳体上常安装放气孔和排液孔,用来排除不凝性气体和冷凝液体。

⑤接管。换热器中流体进出口的接管直径 d 按下式计算,然后圆整到标准公称直径。

$$d = \sqrt{\frac{4q_V}{\pi u}} \qquad\qquad (3-141)$$

流体流速 u 的选择可查相关手册,可按经验值选用。一般选择,液体流速 $u=1.5\sim2.0$m/s;蒸气流速 $u=20\sim50$m/s;气体流速 $u=(0.12\sim0.2)p/\rho$,压强 p 的单位取 kPa,气体密度 ρ 的单位取 kg/m³。

(10) 材料的选用

换热器的材料应根据操作温度、压强及流体的性质选用。常用的金属材料为碳钢、不锈钢、低合金钢、铜和铝;非金属材料有石墨、玻璃和聚四氟乙烯等。有色金属抗腐蚀性能好,但价格高,较少使用。表 3-10 是列管式换热器各部件常用的材料。

(11) 流体流动阻力损失的计算

①管程阻力损失

换热器管程的总阻力损失 h_{ft} 包括直管摩擦阻力损失 h_{f1}、回弯阻力损失 h_{f2} 和换热器进出口阻力损失 h_{f3},h_{f3} 较小可不计。

$$h_{ft} = (h_{f1} + h_{f2}) f_t N_P \qquad\qquad (3-142)$$

式中:$h_{f1} = \lambda \dfrac{l}{d_i} \cdot \dfrac{u_i^2}{2}$,$l$ 为换热管长度;$h_{f2} = 3 \dfrac{u_i^2}{2}$,回弯阻力包括封头内流体转向与管束进出

口局部阻力；f_t 为管程结垢校正系数，三角形为 1.5，正方形为 1.4；N_P 为管程数。

表 3-10　列管式换热器各部件常用的材料

部件或零件	材　料	
	碳素钢	不锈钢
换热器	10	1Cr19Ni9Ti
壳体、法兰	A3F，A3R，16MnR	16Mn，1Cr19Ni9Ti
法兰、法兰盖	16Mn，A3(法兰盖)	1Cr19Ni9Ti
管板	A4	1Cr19Ni9Ti
膨胀节	A3R，16MnR	1Cr19Ni9Ti
挡板和支撑板	A3F	1Cr19Ni9Ti
螺栓	16Mn，40Mn，40MnR	
螺母	A3，40Mn	
支座	A3F	
垫片	石棉橡胶板	

换热器管程内阻力损失的压降为：

$$\Delta p_t = \left(\lambda \frac{l}{d} + 3\right)f_t N_P \frac{\rho u_i^2}{2} \tag{3-143}$$

从上式可见，管程的阻力损失与管程数 N_P 的 3 次方成正比。对于同一换热器，如果单管程改为双管程，传热系数增加 1.74 倍，而阻力损失则增加 8 倍。如果变为四管程，传热系数增加 3 倍，但阻力损失增加 64 倍。因此换热器管程数的选择要综合考虑。

②壳程阻力损失

壳程阻力损失 h_{fs} 可以认为是由管束阻力损失 h_{f1}' 与弓形挡板阻力损失 h_{f2}' 组成。再乘以污垢校正系数 f_s 即可。

$$h_{fs} = (h_{f1}' + h_{f2}')f_s \tag{3-144}$$

$$h_{f1}' = F f_0 N_{TC}(N_B + 1)\frac{u_0^2}{2} \tag{3-145}$$

$$h_{f2}' = N_B\left(3.5 - \frac{2B}{D}\right)\frac{u_0^2}{2} \tag{3-146}$$

对于液体，$f_s = 1.15$，对于气体或可凝性蒸气，$f_s = 1.0$；N_B 为折流板数；B 为折流板间距；D 为壳体内径；N_{TC} 为横过管束中心线的管子数，对于正三角形排列，$N_{TC} = 1.1(N_T)^{0.5}$，对于正方形排列，$N_{TC} = 1.19(N_T)^{0.5}$；N_T 为管子总数；u_0 为壳程流速，其计算的流动面积为 $A_0 = B(D - N_{TC}d_0)$；F 为管子排列对压降的校正系数，对于正三角形排列，$F = 0.5$，对于正方形排列，$F = 0.3$，对于正方形斜转 $45°$，$F = 0.4$；f_0 为壳程流体的摩擦系数，与 Re_0 的关系如图 3-69 所示，当 $Re_0 > 500$ 时，$f_0 = 5.0Re_0^{-0.228}$。

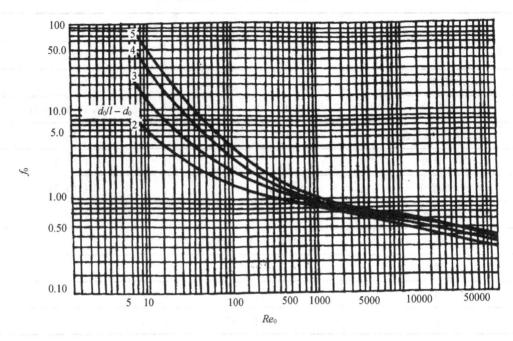

图 3-69 壳程流体的摩擦系数 f_0 与 Re_0 的关系

换热器壳程内阻力损失的压降为：

$$\Delta p = \left[Ff_0N_{TC}(N_B + 1) + N_B\left(3.5 - \frac{2B}{D}\right)\right]f_s \frac{\rho u_0^2}{2} \tag{3-147}$$

由于 $(N_B + 1) = l/B$，而 u_0 与 l/B 成比例，则管束阻力损失 h_{fl}' 与 (l/B) 的 3 次方成正比。当挡板间距减少一半，管束阻力损失增加 8 倍，而传热系数只增加 1.46 倍，因此换热器壳程数的选择也要综合考虑。

2. 列管式热交换器的设计和选用步骤

设热流体的流量为 m_{s1}，温度从 T_1 冷却到 T_2，冷却介质的温度为 t_1，现选定出口温度为 t_2。可以计算热负荷 Q 和逆流平均温差 $\Delta t_{m逆}$，但由于传热系数 K 和温度修正系数 $\varphi_{\Delta t}$ 不知，无法计算传热面积 A，同时换热器的结构与传热面积 A 也直接影响传热系数 K 和温度修正系数 $\varphi_{\Delta t}$ 的大小，因此需要试差计算。计算方法如下。

（1）初选换热器的尺寸规格

①初步选定换热器的流动方式，由冷、热流体的进出口温度，计算温度修正系数 $\varphi_{\Delta t}$。$\varphi_{\Delta t}$ 值要求大于 0.8，否则应改变流动方式，重新计算。

② 根据经验估计传热系数 $K_{估}$，计算传热面积 $A_{估}$。$K_{估}$ 的值见表 3-11。

③ 根据 $A_{估}$ 的数值，参照标准换热器，确定标准换热器的型号。

表 3-11 列管式换热器的传热系数 K 值大致范围

热流体	冷流体	传热系数 K /[W/(m² · ℃)]
水	水	850~1700
轻油	水	340~910
重油	水	60~280
气体	水	17~280
水蒸气冷凝	水	1420~4250
水蒸气冷凝	气体	30~300
低沸点烃类蒸气冷凝(常压)	水	455~1140
低沸点烃类蒸气冷凝(减压)	水	60~170
水蒸气冷凝	水沸腾	2000~4250
水蒸气冷凝	轻油沸腾	455~1020
水蒸气冷凝	重油沸腾	140~425

（2）计算管程的压降和传热系数

①参考表 3-6、表 3-7 和表 3-8 选定流速,确定管程数目,由式(3-143)计算管程压降 Δp_t。当 $\Delta p_t < \Delta p_允$,则计算有效;若 $\Delta p_t > \Delta p_允$,必须调整管程数目,重新计算,直到 $\Delta p_t < \Delta p_允$ 为止。

②计算管内传热系数 α_i,如 $\alpha_i < K_估$,则需要改变管程数重新计算。若改变管程数不能同时满足 $\alpha_i > K$、$\Delta p_t < \Delta p_允$ 的要求,则重新估计 $K_估$,另选一换热器进行试算。

（3）计算壳程压降和传热系数

① 参考表 3-6、表 3-7 和表 3-8 的流速范围选定挡板间距,计算壳程压降 Δp_s。若 $\Delta p_s > \Delta p_允$,则可增大挡板间距,直到 $\Delta p_s < \Delta p_允$ 为止。

② 计算壳程传热系数 α_0,如 α_0 太小可减少挡板间距。

（4）计算传热系数、校核传热面积

根据流体的性质选择适当的垢层热阻 R,由 R、α_i、α_0 计算传热系数 $K_计$。再由传热基本方程计算传热面积 $A_计$。当此传热面积 $A_计$ 小于初选换热器的实际传热面积 A,则原则上计算成立,但不能太小。一般要求 $A/A_计 = 1.15 \sim 1.25$,即传热面积有 $15\% \sim 25\%$ 的裕度。否则需要重新估计一个 $K_估$,重复上述计算。

例 3-16 设计管壳式换热器,回收甲苯的热量,将正庚烷从 80℃ 预热到 130℃。已知:正庚烷的流量 $m_{s1} = 40000$kg/h,甲苯的流量 $m_{s2} = 39000$kg/h,甲苯的进口温度 $T_1 = 200$℃,管壳两侧的压降都不超过 30kPa。正庚烷的物性数据: $\rho_2 = 615$kg/m³,$\mu_2 = 0.22$mPa · s,$\lambda_2 = 0.115$W/(m · ℃),$c_{p2} = 2.51$kJ/(kg · ℃)。甲苯的物性数据: $\rho_1 = 735$kg/m³,$\mu_1 =$

$0.18\text{mPa}\cdot\text{s},\lambda_1=0.108\text{W}/(\text{m}\cdot\text{℃}),c_{p1}=2.26\text{kJ}/(\text{kg}\cdot\text{℃})$。试选用一合适的换热器。

解：（1）初选换热器

$$Q=m_{s2}c_{p2}(t_2-t_1)=4000\times2.51\times(130-80)\text{kJ/h}=5.02\times10^6\text{kJ/h}=1.39\times10^6\text{W}$$

甲苯出口温度：

$$T_2=T_1-\frac{Q}{m_{s1}c_{p1}}=200\text{℃}-\frac{5.02\times10^6}{39000\times2.26}\text{℃}=143\text{℃}$$

逆流平均温差：

$$\Delta t_{\text{m}}=\frac{(T_1-t_2)-(T_2-t_1)}{\ln\dfrac{T_1-t_2}{T_2-t_1}}=\frac{(200-130)-(143-80)}{\ln\dfrac{200-130}{143-80}}\text{℃}=66.5\text{℃}$$

$$R=\frac{T_1-T_2}{t_2-t_1}=\frac{200-143}{130-80}=1.14$$

$$P=\frac{t_2-t_1}{T_1-t_1}=\frac{130-80}{200-80}=0.417$$

初选单壳程、偶数管程的浮头式换热器（温差 $\Delta t>50\text{℃}$），查图 3-41 得温度修正系数 $\varphi=0.9$。参照表 3-11，初步估计传热系数 $K_{\text{估}}=450\text{W}/(\text{m}^2\cdot\text{℃})$，传热面积为 $A_{\text{估}}$ 为：

$$A_{\text{估}}=\frac{Q}{K_{\text{估}}\,\varphi\Delta t_{\text{m}}}=\frac{1.39\times10^6}{450\times0.9\times66.5}\text{m}^2=51.6\text{m}^2$$

选用 BES500-1.6-54-6/25-2 型换热器，其有关参数列于表 3-12。

表 3-12　例 3-16 附表

外壳直径 D/mm	500	管子尺寸/mm	$\phi25\times2.5$
公称压强 p/MPa	1.6	管子长度 l/mm	6
公称面积 A/m²	57	管子数目 N_T	124
管程数 N_P	2	管中心距 t/mm	32
管子排除方式	正方形		

（2）计算管程压降和传热系数

为充分利用甲苯的热量，甲苯走管程，庚烷走壳程。

管程流动面积：

$$A_1=\frac{\pi}{4}d^2\frac{N_T}{N_P}=0.785\times0.02^2\times\frac{124}{2}\text{m}^2=0.0195\text{m}^2$$

管内甲苯流速：

$$u_i=\frac{m_{s1}}{\rho_1A_1}=\frac{39000}{3600\times735\times0.0195}\text{m/s}=0.76\text{m/s}$$

$$Re_i=\frac{du_i\rho_1}{\mu_1}=\frac{0.02\times0.77\times735}{0.18\times10^{-3}}=6.28\times10^4$$

取管壁粗糙度 $\varepsilon = 0.15\text{mm}$，$\varepsilon/d = 0.0075$，查图 1-27 得 $\lambda = 0.035$，则管程压降为：

$$\Delta p = \left(\lambda\frac{l}{d} + 3\right) f_t N_P \frac{\rho u_i^2}{2} = \left(0.035\frac{6}{0.02} + 3\right) \times 1.4 \times 2 \times \frac{735 \times 0.77^2}{2}$$

$$= 4.1 \times 10^3\text{Pa} = 4.1\text{kPa} < 30\text{kPa}(\text{允许值})$$

管程传热系数为：

$$\alpha_i = 0.023\frac{\lambda_i}{d_i} Re_i^{0.8} Pr_i^{0.3}$$

$$= 0.023 \times \frac{0.108}{0.02} \times 62800^{0.8} \times \left(\frac{2260 \times 0.18 \times 10^{-3}}{0.108}\right)^{0.3} \text{W/(m}^2 \cdot \text{℃)}$$

$$= 1274\text{W/(m}^2 \cdot \text{℃)}$$

（3）计算壳程压降和传热系数

取折流挡板间距 $B = 0.2\text{m}$，因管束为正方形排列，管束中心线的管数为：

$$N_{TC} = 1.19(N_T)^{0.5} = 1.19 \times 124^{0.5} = 13.3$$

壳程流动面积 A_2 为：

$$A_2 = B(D - N_{TC}d_0) = 0.2 \times (0.5 - 13.3 \times 0.025)\text{m}^2 = 0.0335\text{m}^2$$

$$u_0 = \frac{m_{s2}}{\rho_2 A_2} = \frac{40000/3600}{615 \times 0.0337}\text{m/s} = 0.54\text{m/s}$$

$$Re_0 = \frac{d_0 u_0 \rho_0}{\mu_0} = \frac{0.025 \times 0.54 \times 615}{0.22 \times 10^{-3}} = 3.74 \times 10^4 > 500$$

$$f_0 = 5Re^{-0.228} = 5 \times 37400^{-0.228} = 0.45$$

管子排列为正方形，斜转安装，校正系数 $F = 0.4$

垢层校正系数： $f_s = 1.15$

挡板数： $N_B = l/B - 1 = 6/0.2 - 1 = 29$

壳程压降的计算：

$$\Delta p_s = [Ff_0 N_{TC}(N_B + 1) + N_B(3.5 - 2B/D)]f_s\frac{\rho u_0^2}{2}$$

$$= [0.4 \times 0.45 \times 13.3 \times (29 + 1) + 29 \times (3.5 - 2 \times 0.2/0.5)] \times 1.15 \times 615 \times \frac{0.54^2}{2}\text{Pa}$$

$$= 1.55 \times 10^4\text{Pa} = 15.5\text{kPa} < 30\text{kPa}$$

壳程传热系数的计算：

$$A' = BD\left(1 - \frac{d_0}{t}\right) = 0.2 \times 0.5\left(1 - \frac{0.025}{0.032}\right)\text{m}^2 = 0.0219\text{m}^2$$

$$u_0' = \frac{m_{s2}}{\rho_2 A_2'} = \frac{40000/3600}{615 \times 0.0219}\text{m/s} = 0.826\text{m/s}$$

$$d_e = \frac{4(t^2 - \pi d_0^2/4)}{\pi d_0} = \frac{4(0.032^2 - 0.785 \times 0.025^2)}{0.025\pi}\text{m} = 0.027\text{m}$$

$$Re_0' = \frac{d_e u_0' \rho_{20}}{\mu_2} = \frac{0.027 \times 0.826 \times 615}{0.22 \times 10^{-3}} = 6.23 \times 10^4$$

$$Pr = \frac{c_p \mu}{\lambda} = \frac{2.51 \times 0.22}{0.115} = 4.8$$

$$\alpha_0 = 0.36 \frac{\lambda}{d_e} Re^{0.55} Pr^{1/3} \left(\frac{\mu}{\mu_W}\right)^{0.14} = 0.36 \times \frac{0.115}{0.027} \times 62700^{0.55} \times 4.8^{1/3} \times 1.05 \text{W/(m}^2 \cdot \text{K)}$$

$$= 1181 \text{W/(m}^2 \cdot \text{K)}$$

（4）计算传热面积

查表 3-5，取 $R_i = 0.00017 \text{m}^2 \cdot \text{℃/W}, R_0 = 0.00018 \text{m}^2 \cdot \text{℃/W}$

$$K_{计} = \frac{1}{\frac{1}{\alpha_i} + R_i + \frac{\delta}{\lambda} + R_0 + \frac{1}{\alpha_0}} = \frac{1}{\frac{1}{1274} + 0.00017 + \frac{0.0025}{45} + 0.00018 + \frac{1}{1181}} \text{W/(m}^2 \cdot \text{K)}$$

$$= 491 \text{W/(m}^2 \cdot \text{K)}$$

$$A_{计} = \frac{Q}{K_{计} \, \varphi \Delta t_m} = \frac{1.39 \times 10^6}{491 \times 0.9 \times 66.5} \text{m}^2 = 47.3 \text{m}^2$$

所选换热器的实际传热面积为：

$$A = N_T \pi d_0 l = 124 \times 3.14 \times 0.025 \times 6 \text{m}^2 = 58.4 \text{m}^2$$

$$\frac{A}{A_{计}} = \frac{58.4}{47.3} = 1.23$$

所选 BES500-1.6-57-6/25-2Ⅱ型换热器适合。

▶▶▶▶ 拓展内容 ◀◀◀◀

3.7 热辐射

3.7.1 基本概念

热辐射是热量传递的 3 种基本方式之一，特别是在高温情况下，热辐射往往成为主要的传热方式。物体由于热的原因以电磁波的形式向外界发射能量的过程称为热辐射。同时，物体又不断吸收来自外界其他物体的辐射能。当物体向外界辐射的能量与其从外界吸收的能量不相等，该物体与外界就产生热量的传递，这种传递方式称为辐射传热。热辐射可以在真空中传播，不需要任何介质。气体热辐射与液体、固体不同，因为气体热辐射可以深入到内部，液体、固体热辐射只发生在表面层。辐射传热的规律与热传导和对流传热不同。

从理论上讲，物体热辐射的波长可以包括整个波长的电磁波。工业中热辐射波长在

$0.38 \sim 1000 \mu m$,而红外线区段的波长在 $0.76 \sim 20 \mu m$,可见光线的波长范围为$0.4 \sim 0.8 \mu m$。可见,光线和红外线均为热射线,但只有在温度很高时才能觉察到可见光的热效应。

与可见光一样,热辐射的能量投射到物体表面上(图 3-70),辐射能也会发生反射、穿透和吸收现象。如果辐射总能量为 Q,物体吸收的能量为 Q_A,反射的能量为 Q_R,穿透物体的能量为 Q_D。根据能量守恒定律可得:

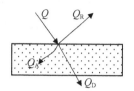

$$Q = Q_A + Q_R + Q_D \qquad \text{(3-148a)}$$

图 3-70　辐射能的吸收、反射和穿透

或:

$$\frac{Q_A}{Q} + \frac{Q_R}{Q} + \frac{Q_D}{Q} = 1 \qquad \text{(3-148b)}$$

式中:Q_A、Q_R、Q_D 与总能量 Q 的比值称该物体对投入辐射的吸收率 A、反射率 R 和穿透率 D。则上式可写为:

$$A + R + D = 1 \qquad \text{(3-148c)}$$

固体和液体穿透率 D 为 0,而气体的反射率 R 为 0。

吸收率 A 等于 1 的物体称绝对黑体,简称黑体。实际物体可以接近黑体,但没有绝对黑体。穿透率 D 等于 1 的物体称热透体或称绝对透明体。气体接近热透体。反射率 R 等于 1 的物体称镜面体。常见的镜子接近镜面体。自然界中没有绝对的黑体、绝对的透明体和绝对的镜面体,都是假想的理想物体。物体的吸收率、反射率和穿透率的大小取决于物体的性质、表面的形状、温度和电磁波的波长。

3.7.2　固体辐射

物体的辐射能力是指在一定的温度下,单位时间、单位面积内所发射的全部波长的总能量 E,单位为 W/m^2。辐射能力表征物体发射辐射能的本领。物体的单色辐射能力 E_λ 是指在一定温度下物体发射某种波长的能力,E_λ 的表达式为:

$$E_\lambda = \lim_{\Delta\lambda \to 0} \frac{\Delta E}{\Delta \lambda} = \frac{dE}{d\lambda} \qquad \text{(3-149a)}$$

辐射能力 E 与单色辐射能力 E_λ 的关系为:

$$E = \int_0^\infty E_\lambda d\lambda \qquad \text{(3-149b)}$$

黑体的辐射能力 E_b 与黑体的单色辐射能力 $E_{b\lambda}$ 的关系为:

$$E_b = \int_0^\infty E_{b\lambda} d\lambda \qquad \text{(3-149c)}$$

绝对黑体的单色发射能力 $E_{b\lambda}$ 随波长变化的规律,可根据量子理论得到的普朗克定律表示如下的数学关系式:

$$E_{b\lambda} = \frac{C_1 \lambda^{-5}}{e^{C_2/(\lambda T)} - 1} \qquad \text{(3-150)}$$

式中：λ 为波长，m；T 为黑体表面的绝对温度，K；C_1 为常数，其值为 3.743×10^{-16} W·m²；C_2 为常数，其值为 1.4387×10^{-2} m·K。

1. 斯蒂芬-波尔兹曼定律

理论研究证明，黑体的辐射能力 E_b 即单位时间单位黑体外表面积向外界辐射的全部波长的总能量，式（3-149c）积分得：

$$E_b = \int_0^\infty E_{b\lambda}\,d\lambda = \int_0^\infty \frac{C_1\lambda^{-5}}{e^{C_2/(\lambda T)}-1}\,d\lambda \tag{3-151}$$

积分结果服从斯蒂芬-波尔兹曼定律：

$$E_b = \sigma_0 T^4 \tag{3-151a}$$

为了方便，将上式改变为：

$$E_b = C_0\left(\frac{T}{100}\right)^4 \tag{3-151b}$$

式中：σ_0 为黑体辐射常数，$\sigma_0 = 5.67\times10^{-8}$ W/(m²·K⁴)；C_0 为黑体辐射系数，$C_0 = 5.67$ W/(m²·K⁴)；T 为黑体表面的绝对温度，K。

实际物体的辐射能力 E 恒小于黑体的辐射能力 E_b。实际上不同物体在相同温度下的辐射能和按波长的分布规律也不同。实际物体的辐射能力与相同温度下黑体的辐射能力的比值，称物体的黑度，用 ε 表示。则实际物体的辐射能力 E 可用下式表示：

$$\varepsilon = \frac{E}{E_b} \tag{3-152}$$

$$E = \varepsilon E_b = \varepsilon C_0\left(\frac{T}{100}\right)^4 \tag{3-153}$$

物体的黑度与表面温度、物体的种类及表面状况有关，与外界无关，是物体的一种性质。常见物体的黑度 ε 见表 3-13。黑体将投入其上的辐射能全部吸收，吸收率 A 为 1。实际物体对投入辐射的吸收率不仅取决于物体本身的情况（物体种类、表面温度、表面情况等），而且还与所辐射的波长有关。因此，实际物体的吸收率 A 比其黑度 ε 更为复杂。

表 3-13　常见材料表面的黑度 ε 值

材　料	温度/℃	黑　度	材　料	温度/℃	黑　度
红砖	20	0.88～0.93	氧化的铜	200～600	0.57～0.87
耐火砖	—	0.8～0.9	磨光的铝	225～575	0.039～0.057
磨光的铸铁	330～910	0.6～0.7	氧化的铝	200～600	0.11～0.19
氧化的铸铁	200～600	0.63～0.78	磨光的钢板	940～1100	0.55～0.61
磨光的铜	—	0.03	氧化的钢板	200～600	0.8

2. 克希霍夫定律

实际物体的吸收率与投入的波长有关，即物体对不同波长的辐射能有选择性的吸收。

对于波长在 $0.76 \sim 20 \mu m$ 的辐射能,大多数材料的吸收率随波长的变化不大,可以把实际物体当作对各种波长辐射能均能同样吸收的理想物体,这种理想物体称为灰体。

假设有两个无限大的平行平面壁,间距比较小,一个壁面的辐射能可以全部落到另一个壁的表面。壁面 1 为灰体,壁面 2 为黑体,如图 3-71 所示。壁面 1 的辐射能力和吸收率分别为 E_1 和 A_1,壁面 2 对应为 E_b 和 A_b,壁面间为热透体,系统绝热。以单位时间单位面积讨论两壁面间辐射传热的能量变化。

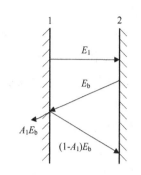

图 3-71　平行平板间辐射传热

壁面 1 发射的能量 E_1 投射于 2 的表面而被全部吸收;壁面 2 发射的能量 E_b 投射于 1 的表面而被部分吸收,吸收部分为 $A_1 E_b$,反射部分为 $(1-A_1)E_b$,反射部分再投射于 2 的表面而被全部吸收。若两壁面的温度相等,即辐射传热达到平衡,壁面 1 发射的能量和吸收的能量必相等,即:

$$E_1 = A_1 E_b \tag{3-154a}$$

或:

$$E_b = \frac{E_1}{A_1} \tag{3-154b}$$

以上关系式推广到任意灰体,可以写成如下的形式:

$$E_b = \frac{E_1}{A_1} = \frac{E_2}{A_2} = \cdots = \frac{E}{A} = f(T) \tag{3-155}$$

式(3-155)就是克希霍夫定律的数学表达式。它说明一切物体的发射能力与其吸收率的比值均相等,且等于同温度下绝对黑体的发射能力,其值只与物体的温度有关。

由比较式(3-152)和式(3-155),可以得出:

$$E = A E_b = \varepsilon E_b$$

即:

$$\varepsilon = A \tag{3-156}$$

可见,同一灰体的吸收率与其黑度在数值上是相等,即物体的辐射能力越大其吸收能力也越大。实际物体对投入辐射能的吸收率可用其黑度 ε 表示。如果是太阳光,由于物体的颜色对可见光呈现强烈选择性,不能作灰体处理。

3.7.3　物体间的辐射传热

工业上常遇到的辐射传热,为两固体间的相互辐射,由于大多数工程材料可视为灰体,本节只讨论两灰体间的辐射传热。

固体表面间的辐射传热比较复杂。两固体表面间由于辐射产生热交换,从一固体表面发出辐射能,只有部分到达另一固体表面,而到达的能量部分被吸收部分被反射;同样,另一固体发出的辐射能也产生同样的效果。因此,固体间的辐射传热过程存在多次被吸收和多次被反射的过程。在计算两固体表面间的辐射传热时,也要考虑两物体的吸收度、反射度、形状、大小和相互位置等因素的影响。两固体间辐射传热的结果是高温物体的能量传给低温物体。

1. 两无限大平行灰体壁面间的辐射传热

设两灰体壁面 1 和 2 间的介质为热透体,壁面很大,从一壁面发射的辐射能可以全部投射到另一壁面上,且平面壁均不是热透低体,即 $A+R=1$,如图 3-72 所示。其表面温度分别为 T_1 和 T_2 不变,且 $T_1 > T_2$,两灰体表面的发射能力和吸收率分别为 E_1、E_2 和 A_1、A_2。

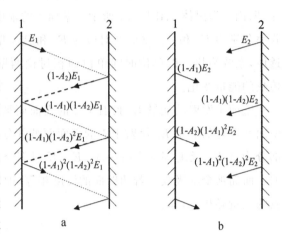

图 3-72　两平行灰体间的相互辐射

灰体 1 单位时间单位面积内发射的能量为 E_1,同时从灰体 2 辐射到平面 1 的总能量为 E_2',其中一部分 $A_1 E_2'$ 被平面 1 吸收,其余部分 $(1-A_1)E_2'$ 被反射回去,因此从平面 1 辐射和反射的能量之和 E_1' 应为:

$$E_1' = E_1 + (1-A_1)E_2' \tag{3-157}$$

同样对于平面 2,单位时间单位面积内发射的能量为 E_2 和反射的能量 $(1-A_2)E_1'$ 之和 E_2' 为:

$$E_2' = E_2 + (1-A_2)E_1' \tag{3-158}$$

联解上述两个方程,求出 E_1' 和 E_2' 分别为:

$$E_1' = \frac{E_1 + (1-A_1)E_2}{1-(1-A_1)(1-A_2)} \tag{3-159}$$

$$E_2' = \frac{E_2 + (1-A_2)E_1}{1-(1-A_1)(1-A_2)} \tag{3-160}$$

两平行壁面间单位时间单位面积的辐射传热的能量为两壁面间的辐射总能量之差,即:

$$q_{1-2} = E_1' - E_2' = \frac{E_1 A_2 - E_2 A_1}{1-(1-A_1)(1-A_2)} \tag{3-161}$$

将 $E_1 = \varepsilon_1 C_0 \left(\dfrac{T_1}{100}\right)^4$、$E = \varepsilon_2 C_0 \left(\dfrac{T_2}{100}\right)^4$ 和 $A_1 = \varepsilon_1$、$A_2 = \varepsilon_2$ 代入上式得:

$$q_{1-2} = \frac{C_0}{\dfrac{1}{\varepsilon_1} + \dfrac{1}{\varepsilon_2} - 1}\left[\left(\frac{T_1}{100}\right)^4 - \left(\frac{T_2}{100}\right)^4\right] \tag{3-162}$$

或:

$$q_{1-2} = C_{1-2}\left[\left(\frac{T_1}{100}\right)^4 - \left(\frac{T_2}{100}\right)^4\right] \tag{3-163}$$

式中:C_{1-2} 为总辐射系数。其值为:

$$C_{1-2} = \frac{C_0}{\dfrac{1}{\varepsilon_1} + \dfrac{1}{\varepsilon_2} - 1} = \frac{C_0}{\dfrac{1}{C_1} + \dfrac{1}{C_2} - C_0} \tag{3-164}$$

在面积均为 A 的两无限大平行面间的辐射传热速率为：

$$Q_{1-2} = AC_{1-2}\left[\left(\frac{T_1}{100}\right)^4 - \left(\frac{T_2}{100}\right)^4\right] \tag{3-165}$$

当两平行壁间的距离与表面积相比不是很大时,从一个平面发出的辐射能只有一部分到达另一平面,则两无限大平行面间的辐射传热速率式改写为：

$$Q_{1-2} = A\varphi_{12}C_{1-2}\left[\left(\frac{T_1}{100}\right)^4 - \left(\frac{T_2}{100}\right)^4\right] \tag{3-166}$$

式中：φ_{12} 为角系数,表示从一个表面辐射的全部能量中,直接投射到另一表面的量所占的比例。角系数是一个纯几何因素,其数值与两表面的形状、大小、相对位置以及距离有关,与表面性质无关。几种简单几何形状角系数 φ_{12} 的值见表 3-14,其他情况参阅相关传热学专著。

表 3-14　角系数 φ_{12} 和总辐射系数 C_{1-2} 的计算式

序号	辐射情况	面积 A	角系数 φ_{12}	总辐射系数 C_{1-2}
1	极大的两平面	A_1 或 A_2	1	$C_0 / \left(\dfrac{1}{\varepsilon_1} + \dfrac{1}{\varepsilon_2} - 1\right)$
2	面积有限的两相等的平行面	A_1	<1	$\varepsilon_1 \varepsilon_2 C_0$
3	很大的物体 2 包住物体 1	A_1	1	$\varepsilon_1 C_0$
4	物体 2 恰好包住物体 1，$A_1 = A_2$	A_1	1	$C_0 / \left(\dfrac{1}{\varepsilon_1} + \dfrac{1}{\varepsilon_2} - 1\right)$
5	在 3、4 两种情况之间	A_1	1	$C_0 / \left[\dfrac{1}{\varepsilon_1} + \dfrac{A_1}{A_2}\left(\dfrac{1}{\varepsilon_2} - 1\right)\right]$

任一表面发射的全部能量,必然直接辐射到一个或几个表面上。根据角系数的定义,其和必为 1,即：

$$\varphi_{11} + \varphi_{12} + \varphi_{13} + \cdots = 1 \tag{3-167}$$

2. 内包物系的辐射传热

内包物系是工程上常见的一种情况,例如室内散热、加热炉内被加热的物体、同心圆球等,管道在空气中的热损失也可以看作是这一情况。对于如图 3-73 所示的内包系统,内包物体 1 具有凸表面,$\varphi_{12} = 1$,总发射系数为：

$$C_{1-2} = \frac{C_0}{\dfrac{1}{\varepsilon_1} + \dfrac{A_1}{A_2}\left(\dfrac{1}{\varepsilon_2} - 1\right)} = \frac{1}{\dfrac{1}{C_1} + \dfrac{A_1}{A_2}\left(\dfrac{1}{C_2} - \dfrac{1}{C_0}\right)} \tag{3-168}$$

即：
$$Q_{1-2} = A_1 C_{12}\left[\left(\frac{T_1}{100}\right)^4 - \left(\frac{T_2}{100}\right)^4\right] \tag{3-169a}$$

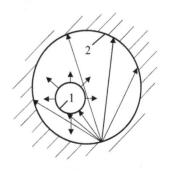

图 3-73　内包物系的辐射传热

如果物体 2 的表面温度 T_2 高于物体 1 的表面温度 T_1，则：

$$Q_{2-1} = -Q_{1-2} = -A_1 C_{12} \left[\left(\frac{T_1}{100} \right)^4 - \left(\frac{T_2}{100} \right)^4 \right] \tag{3-169b}$$

若物体 2 可视为黑体，其面积 A_2 远大于内包物体的面积 A_1，如插入管路的温度计，则式中 C_{12} 可简化为：

$$C_{1-2} = \varepsilon_1 C_0 = C_1 \tag{3-170}$$

当 $A_1 \approx A_2$，相当于无限大平行平板计算。上式为：

$$Q_{1-2} = \varepsilon_1 A_1 C_0 \left[\left(\frac{T_1}{100} \right)^4 - \left(\frac{T_2}{100} \right)^4 \right] \tag{3-171}$$

上式在计算时有实用意义，因为它不需要知道表面积 A_2 和黑度 ε_2 即可进行传热计算。常见的大房间高温管道辐射传热、气体管道内热电偶测温都属于这种情况。

例 3-17　室内有一高为 0.5m、宽为 1m 的铸铁炉门，黑度 ε_1 为 0.78，表面温度为 550℃，室温 22℃。试计算：(1) 炉门辐射传热的热流量；(2) 若在炉门前很近距离平行放置一块同样大小的铝质遮热板，其黑度 ε_2 为 0.15，则炉门与遮热板的辐射热流量为多少？

解：(1) 炉门被空气包围，即 $A_1/A_2 \approx 0$。

$$Q_{1-2} = \varepsilon_1 A_1 C_0 \left[\left(\frac{T_1}{100} \right)^4 - \left(\frac{T_2}{100} \right)^4 \right] = 0.78 \times 1 \times 0.5 \times 5.76 \left[\left(\frac{823}{100} \right)^4 - \left(\frac{295}{100} \right)^4 \right] \text{W}$$

$$= 1.01 \times 10^4 \text{W}$$

(2) 设铝板温度为 T_3，因炉门与遮热板相距很近，两者之间的辐射传热可近似地认为是两个无限大平行面间的相互辐射，则铝板与炉门间的传热速率为：

$$Q_{1-3} = \frac{A_1 C_0 \left[\left(\frac{T_1}{100} \right)^4 - \left(\frac{T_3}{100} \right)^4 \right]}{\frac{1}{\varepsilon_1} + \frac{1}{\varepsilon_2} - 1} = \frac{0.5 \times 5.67 \times \left[\left(\frac{823}{100} \right)^4 - \left(\frac{T_3}{100} \right)^4 \right]}{\frac{1}{0.78} + \frac{1}{0.15} - 1}$$

遮热板与四周墙壁间的传热为：

$$Q_{3-2} = \varepsilon_3 A_3 C_0 \left[\left(\frac{T_3}{100} \right)^4 - \left(\frac{T_2}{100} \right)^4 \right] = 0.15 \times 0.5 \times 5.67 \times \left[\left(\frac{T_3}{100} \right)^4 - \left(\frac{295}{100} \right)^4 \right]$$

在定态传热时，$Q_{3-2} = Q_{1-3}$，求出：

$$T_g = 691\text{K}$$

$$Q_{1-3} = Q_{3-2} = 0.15 \times 0.5 \times 5.67 \times \left[\left(\frac{691}{100} \right)^4 - \left(\frac{295}{100} \right)^4 \right] \text{W} = 937\text{W}$$

3. 影响辐射传热的主要因素

(1) 温度的影响。辐射传热的热流量与温度的 4 次方之差成正比，因此在低温下，温度的影响可不计；在高温下，温度的影响则不容忽视，甚至是主要的。

(2) 几何位置的影响。角系数对两物体的辐射传热有重要影响，角系数决定两辐射表面的方位和距离,实际上取决于一个表面对另一个表面的投射角。

(3) 表面黑度的影响。当物体的相对位置一定,系统黑度只与表面黑度有关。因此通过改变表面黑度的方法可以强化或减弱辐射传热。例如,为了增加电气设备的散热,可在其表面涂上黑度很大的油漆;而需要减少辐射散热时,在表面镀银、铬等,以降低表面黑度。

(4) 辐射表面间的介质影响。因为两表面间的介质通常为气体,而气体同样具有发射和吸收辐射能的能力,因此气体的存在必影响物体的辐射传热。

4. 辐射传热系数

在化工生产中,许多设备的外壁温度 T_W 往往高于周围环境的温度 T,热量的散失是不可避免的。热量散失到周围环境是通过辐射传热和对流传热同时进行的,设备的热损失等于对流传热和辐射传热之和。

设备由于对流传热而损失的热量为:

$$Q_C = \alpha_C A_W (T_W - T) \tag{3-172}$$

由于辐射传热而损失的热量为:

$$Q_R = \varepsilon_s C_0 \varphi_{12} A_W \left[\left(\frac{T_W}{100} \right)^4 - \left(\frac{T}{100} \right)^4 \right] \tag{3-173}$$

当辐射传热和对流传热同时,为了方便计算,常将辐射传热统一用牛顿冷却定律表示,辐射传热系数 α_R 为:

$$\alpha_R = \frac{Q_R}{A_W (T_W - T)} = \varepsilon_s \varphi_{12} C_0 \times 10^{-8} \frac{T_W^4 - T^4}{T_W - T}$$
$$= \varepsilon_s \varphi_{12} C_0 (T_W^3 + T_W^2 T + T_W T^2 + T^3) \times 10^{-8} \tag{3-174}$$

对于化工设备或管道在大房间内的散热,$\varphi_{12} = 1$,$C_{12} = C_0 \varepsilon_s$,而 $\varepsilon_s = \varepsilon_1$。设备的总热量损失为:

$$Q_t = Q_C + Q_R = (\alpha_C + \alpha_R) A_W (T_W - T) = \alpha_t A_W (T_W - T) \tag{3-175}$$

式中:α_t 为对流-辐射联合传热系数,$W/(m^2 \cdot K)$;α_C 为对流传热系数,$W/(m^2 \cdot K)$;α_R 为辐射传热系数,$W/(m^2 \cdot K)$;A_W 为设备外壁面积,m^2。

对于有保温层的设备、管道等,外壁对周围环境的联合传热系数 α_t 可用近似的方法进行计算。

(1) 空气自然对流

当壁面温度 $T_W \leqslant 150℃$,在平壁保温层外:

$$\alpha_t = 9.8 + 0.07(T_W - T) \tag{3-176}$$

在管道或圆筒壁保温层外:

$$\alpha_t = 9.4 + 0.052(T_W - T) \tag{3-177}$$

(2) 空气沿粗糙壁面强制对流

当空气流速 $u \leqslant 5m/s$ 时:　　　　$\alpha_t = 6.2 + 4.2u$ $\tag{3-178}$

当空气流速 $u > 5m/s$ 时:　　　　$\alpha_t = 7.8u^{0.78}$ $\tag{3-179}$

3.7.4　气体的热辐射

前面讨论固体间的热辐射,都假定固体间的介质对热辐射是透明体,没有涉及气体和固体间的辐射传热。如果温度比较高,气体与固体壁间的辐射传热是不可忽略的。对于气体,如果是单原子气体和对称的双原子分子,如 O_2、H_2、N_2 等无辐射能力也无反射能力,可以认为它们是热透体。但不对称的双原子分子和多原子分子一般具有辐射能力和反射能力,当这类气体出现在高温换热场合时,就涉及到气体与固体壁间的辐射传热问题。

固体能够吸收和辐射各种波长的辐射能,但气体对各种波长的辐射能有选择性的吸收和辐射,因此气体不能作为灰体处理。通常将这种能够发射和吸收辐射能的波段称为光带,如 CO_2 的主要光带有 3 段:$2.65\sim2.80\mu m$、$4.15\sim4.45\mu m$、$13.0\sim17.0\mu m$。水蒸气的主要光带也有 3 段:$2.55\sim2.84\mu m$、$5.6\sim7.6\mu m$、$12\sim30\mu m$。在光带以外,气体既不辐射也不吸收,呈热透体的性质。

气体的吸收能力不仅与气体本身有关,还与外来辐射能的波长有关,因此气体的吸收率 A_g 与气体的黑度 ε_g 不相等。但气体的辐射能力 E_g 仍可用黑度 ε_g 来表征。

固体和液体的辐射传热只与表面积的大小和表面特性有关,因为热射线不能穿透固体和液体。由于气体的穿透率不为 0,投射到气体内部的辐射能沿途被气体分子吸收,沿途气体分子又可以辐射能量,因此气体吸收和辐射是在整个容积内进行的。

气体辐射的定义为单位时间单位气体表面向半球空间各方向所辐射的总能量。在一定温度 T_g 下,气体的辐射能力 E_g 不仅与气体的容积、形状和位置有关,其辐射能力也与射线的行程有关。如图 3-74 所示的圆柱状气体中,A、B 两点的辐射能力是不同的。这是因为 A、B 两点射线行程不等的缘故。

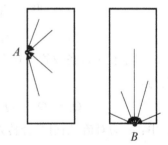

图 3-74　不同部位的气体辐射

▶▶▶▶ 习　　题 ◀◀◀◀

1. 在通过 3 层平面壁的稳定热传导中,各层壁面间接触良好。今测得各接触面的温度为 550℃、420℃、208℃ 和 60℃,各层平面壁的厚度分别为 250mm、200mm 和 100mm,试求各平壁的导热系数之比。(2.85:1.40:1)

2. 某工业炉的炉壁由耐火砖 $\lambda_1=1.02W/(m\cdot K)$、绝热砖 $\lambda_2=0.16W/(m\cdot K)$ 和普通砖 $\lambda_3=0.92W/(m\cdot K)$ 三层组成。炉膛内壁温度为 1500℃,普通砖厚度为 15cm,其外壁温度为 50℃。通过炉壁单位面积的热损失为 $1000W/m^2$,绝热砖的耐热温度不超过 900℃。

试求耐火砖的最小厚度及此时绝热砖的厚度。(0.612m;0.11m)

3. 为了测量平面炉壁内侧的温度,在炉外壁安装一层均匀的材料,两层交界处接触良好。今测得两层交界处的温度为 320℃,外层壁面外侧的温度为 45℃。内层厚度为20cm,外层的厚度为 15cm,内层材料的导热系数为 $\lambda_1 = 0.83W/(m \cdot K)$,外层材料的导热系数为 $\lambda_2 = 0.28W/(m \cdot K)$。试求炉壁内侧的温度。(444℃)

4. 某炉壁由耐火砖、绝热砖和钢板组成,厚度分别为 250mm、150mm 和 10mm,导热系数分别 1.52W/(m·K)、0.138W/(m·K) 和 45W/(m·K)。耐火砖火层侧的温度为 1200℃,钢板的外侧为 35℃。炉壁向外的热损失为 800W/m²。已知在耐火砖与绝热砖之间以及绝热砖与钢板之间可能存在薄的空气层。试问这些空气层相当于多厚的绝热砖? (0.028m)

5. 用稳定平面壁导热以测定材料的导热系数,将待测材料制成厚度 2mm、直径120mm 的圆形平板,置于冷、热两表面之间。热侧表面用电热器维持表面温度为 100℃,冷侧表面用水冷却,使其表面温度保持 60℃,电加热计数器的功率为 40W。由于安装不当,待测材料的两表面都有一层 0.1mm 的静止气体层,导热系数为 0.0289W/(m·K)。使待测材料的导热系数与真实值相同,试求测量的相对误差。(61.3%)

6. 有一蒸气管直径为 φ57mm×3.5mm,150℃ 的饱和蒸气在管内流过。管外侧包一层导热系数为 0.66W/(m·K)、厚度为 25mm 的保温材料,保温层外侧壁面与大气间的对流传热系数为 8.8W/(m·K)。试求蒸气管的热损失。如果蒸气管没有保温,则热损失为多少? 钢管的导热系数为 45W/(m·K)。(67.3W/m;196.7W/m)

7. 有一蒸气管外径为 50mm,管外包有两层保温材料,每层的厚度均为 25mm。外层与内层的导热系数之比为 5,此时的热损失为 Q_1。今将内、外层对调,设管外壁与保温层外表面的温度不变,则热损失 Q_2 为多少? 说明保温层哪种安装比较好。(导热系数小的放在内部)

8. φ38mm×2.5mm 的钢管用作蒸气管。为了减少热损失,在管外保温。第一层是50mm 厚的氧化镁粉,第二层是 25mm 厚的石棉层。蒸气的温度为 180℃,石棉层外表面的温度为 35℃,氧化镁粉的导热系数为 0.07W/(m·℃),石棉的导热系数为 0.15W/(m·℃),钢管的导热系数为 45W/(m·℃)。试求每米管长的热损失及两保温层界面处的温度? (44.4W/m;49.6℃)

9. 有一套管换热器,管子总长度为 10m,内管为 φ57mm×3.5mm 的管子,套管为 φ108mm×4mm 的管子。用水冷却热的空气,水在管内流过,空气在套管流动。已知水的流速为 1.5m/s,空气的流速为 15m/s,水温由 20℃ 加热到 40℃,空气从 105℃ 冷却到 35℃。试求水、空气与管壁之间的对流传热系数? [5277W/(m²·K);66.6W/(m²·K)]

10. 有一管子,管径为 φ57mm×3.5mm,流体在管内流动。流体的 $Re = 7.2×10^4$,对流传热系数为 87W/(m²·K)。现改用正方形管、长方形管(矩形截面的高与宽之比等于

1:3)、套管,各种管子的横截面积与圆管相等。当流体流量不变时,其对流传热系数又是多少? [89.13W/(m² · K);91.73W/(m² · K);100.4W/(m² · K)]

11. 一双程列管换热器,煤油走壳程,其温度由230℃降至120℃,流量为25000kg/h,内有 φ25mm×2.5mm 的钢管 70 根,每根管长 6m,管中心距为 32mm,正方形排列。用圆缺型挡板(切去高度为直径的25%),试求煤油的对流传热系数。已知定性温度下煤油的物性数据为:比热容为 2.6×10³J/(kg · ℃),密度为710kg/m³,黏度为 3.2×10⁻⁴Pa · s,导热系数为 0.131W/(m · ℃)。挡板间距 B=240mm,壳体内径 D=480mm。[692W/(m² · K)]

12. 分别水平放置两根长度相同、表面温度相同的蒸气管,由于自然对流,两管都向周围散失热量,已知小管的 Gr · Pr=10⁸,大管直径为小管的 4 倍,试求两管散失热量的比值为多少? (1)

13. 原油在换热器中被加热,加热管内径为 100mm,管长 6m,原油流速为 0.5m/s,平均温度为 55℃。已知管内壁温度为 150℃,原油的密度为 835kg/m³。定压比热容为 2.03kJ/(kg · ℃),导热系数为 0.136W/(m · K),黏度为 2.47×10⁻²Pa · s,体积膨胀系数为 0.0011/K,原油在 150℃时的黏度为 2.36×10⁻²Pa · s,试求原油在管内的对流传热系数。[178W/(m² · K)]

14. 用 φ57mm×3.5mm 的钢管输送 145℃的水蒸气,管子水平放置。水蒸气、污垢和管壁热阻忽略不计,大气温度为 15℃。试求由于自然对流引起的每米管长的热损失。又若管外包一层导热系数为 0.058W/(m · K)的玻璃布,厚 20mm,热损失将减少到多少? (211W/m;58.6W/m)

15. 有一换热器,由 225 根长 2m 的 φ38mm×3mm 的管子按正方形排列组成。用110℃的饱和蒸气加热某液体,换热器水平放置,管内壁温度为 90℃,蒸气在管外冷凝。试求单位时间蒸气冷凝量。如果将换热器垂直放置,则每小时蒸气冷凝量又为多少? 如果管束倾斜,管轴线与水平面夹角为 10°,冷凝传热系数和冷凝液量有什么变化? (1.84kg/s, 2.63kg/s,1.70kg/s)

16. 饱和水蒸气在高 1.5m 的垂直平板上冷凝,求壁面温度为 80℃和 60℃时的冷凝传热系数各为多少? 水蒸气的温度为 120℃。[4993W/(m² · K),5704W/(m² · K)]

17. 试计算水平管外沸腾的对流传热系数。管子表面温度 t_w=154℃,水的温度为145℃,管子外径为 38mm。如将管壁温度提高到 162℃,其他条件不变,再求管壁对水的对流传热系数。[31kW/(m² · K),113kW/(m² · K)]

18. 为保证原油管道的输送,在管外设置蒸气夹套,管子为 φ38mm×3mm 钢管。原油的对流传热系数为 420W/(m · ℃),水蒸气冷凝的对流传热系数为 10⁴W/(m · ℃)。试计算以管子内表面和外表面为基准的总传热系数。[395.5W/(m² · K),333.4W/(m² · K)]

19. 有一换热器,列管为 φ38mm×3.0mm 的钢管,导热系数为 45W/(m · K),110℃的饱和水蒸气在管外冷凝,其对流传热系数为 10000W/(m² · K),用来:(1)加热管内 35℃流动的空气,其对流传热系数为 $30W/(m^2 \cdot K)$;(2)加热管内 35℃流动的水,其对流传热系数为 $1500W/(m^2 \cdot K)$。分别计算总传热系数和管壁内外表面的温度。[$25.2W/(m^2 \cdot K)$,109.8℃;$1037W/(m^2 \cdot K)$,100.2℃]

20. 一列管换热器,列管为 $\phi38mm \times 3.0mm$,管内流体的对流给热系数为 80 $W/(m \cdot ℃)$,管外流体的对流给热系数为 $1650W/(m \cdot ℃)$,流体的流动状态均为湍流,污垢热阻均为 $0.002m \cdot ℃/W$。试求:(1)传热系数 K 及各部分热阻的分配;(2)若管内流体流量提高一倍,传热系数有何变化?(3)若管外流体流量提高一倍,传热系数有何变化?[$50.2W/(m^2 \cdot K)$,3.0%,74.5%,0.4%,22.1%;$89.1W/(m^2 \cdot K)$,$56.7W/(m^2 \cdot K)$]

21. 在列管换热器中,用热水加热冷水,热水流量为 $4.15 \times 10^3 kg/h$,温度从 90℃冷却到 50℃,冷水温度从 20℃升到 50℃,总传热系数 K 为 $2.8 \times 10^3 W/(m \cdot ℃)$。试求:(1)冷水流量;(2)逆流时的平均温差和所需要的换热面积;(3)并流时的平均温差和所需要的换热面积;(4)根据计算结果,对逆流和并流换热作一比较,可得到哪些结论?($1.84kg/s$;37℃,$1.85m^2$;24.6℃,$2.78m^2$)

22. 在一单管程列管式换热器中,将 $2000kg/h$ 的空气从 20℃加热到 80℃,空气在钢质列管内作湍流流动,管外用饱和水蒸气加热。列管总数为 200 根,长度为 6m,管子规格为 $\phi38mm \times 3mm$。现因生产要求需要设计一台新换热器,其空气处理量保持不变,但管数改为 400 根,管子规格改为 $\phi19mm \times 1.5mm$,操作条件不变,试求此新换热器的管子长度?假设水蒸气的冷凝热阻、管壁导热热阻和污垢热阻不计。(4m)

23. 在一逆流换热器中,将 $1.25kg/s$ 的苯用冷却水从 77℃冷却到 25℃。苯的平均定压比热容取 $1.87kJ/(kg \cdot ℃)$,水的定压比热容取 $4.184kJ/(kg \cdot ℃)$。冷却水入口 17℃,出口 45℃。换热器中采用 $\phi25mm \times 2.5mm$ 的钢管。水走管程,水和苯的对流传热系数分别为 800 和 $1600W/(m^2 \cdot K)$,可忽略污垢热阻。试求所需管子总长,并求冷却水消耗量。($187.3m$,$1.04kg/s$)

24. 某厂拟用 120℃的饱和水蒸气将常压空气从 20℃加热至 90℃,空气流量为 $1.20 \times 10^4 kg/h$。现仓库有一台单程列管换热器,内有 $\phi25mm \times 2.5mm$ 的钢管 300 根,管长 3m。若管外水蒸气冷凝的对流给热系数为 $10^4 W/(m \cdot ℃)$,两侧污垢热阻及管壁热阻均可忽略不计。试计算此换热器能否满足工艺要求。(能)

25. 有一长 6m 的列管式换热器,由 38 根 $\phi25mm \times 2.5mm$ 的无缝钢管制成。管外用 110℃的饱和水蒸气加热,管内入口水温为 20℃,水的流量为 $45m^3/h$,出口水温为 37℃;当水流量增加一倍,出口水温降为 32℃。问两种情况下管外与管内的对流传热系数 K 各为多少?假设管壁无垢层,钢管的导热系数为 $45W/(m \cdot K)$,物性数据不变。[$914.3W/(m^2 \cdot K)$,$1592W/(m^2 \cdot K)$;水蒸气 $4587W/(m^2 \cdot K)$]

26. 有一列管式换热器,用 120℃的饱和水蒸气加热某盐溶液。水溶液在 $\phi38mm \times 3.0mm$ 的钢管内以 $1.0m/s$ 的速度流过,进口温度为 25℃,加热到 65℃。水蒸气冷凝传热系数为 10000W/(m^2·K),水溶液侧污垢热阻为 $1.0×10^{-3} m^2$·K/W,钢管的导热系数为 45W/(m·K)。试求:(1) 总传热系数 K;(2) 操作一阶段后,由于污垢积累,导致水溶液的出口水温下降到 60℃,试求此时的总传热系数及污垢热阻。设盐溶液的物性同水的性质,水温变化不改变物性数据。[621W/(m^2·K);522W/(m^2·K),$1.25×10^{-3} m^2$·K/W]

27. 在逆流换热器中,用水冷却某液体,水的进出口温度分别为 20℃和 60℃,液体的进出口温度分别为 150℃和 75℃。现因生产任务要求液体的出口温度降至 70℃,假定水和液体进出口温度、流量及物性均不发生变化,换热器热损失忽略不计,试问此换热器管长增为原来多少倍才能满足生产要求?(换热器管长增为 1.097 倍)

28. 在一油冷却器里,水以单管 100g/s 的流量流过 ϕ25mm×2.5mm 的钢管,油以单管 75g/s 的流量在管外逆向流动。若管长为 2m,油和水的进口温度分别为 100℃和 10℃。问油和水的出口温度为多少?已知油侧的对流传热系数为 850W/(m^2·K),水侧的对流传热系数为 1700W/(m^2·K),钢管的导热系数为 45W/(m·K),油的定压比热容为 1.9kJ/(kg·℃),污垢热阻不计。(22.4℃,63.6℃)

29. 某溶液在套管换热器中与水逆流换热,溶液流量为 2500kg/h,走管外。溶液定压比热容为 3.35kJ/(kg·℃),从 150℃冷却到 80℃。冷却水走管内,从 15℃加热到 65℃,水的定压比热容为 4.184kJ/(kg·℃),内管为 ϕ25mm×2.5mm。(1) 已知溶液和冷却水的对流传热系数均为 1500W/(m^2·K),忽略管壁热阻,求总传热系数和冷却水用量(kg/h)。(2) 该换热器使用 1 年后,水侧管子结垢,水的出口温度降为 60℃,求污垢热阻。(3) 若希望溶液的出口温度维持原来的状态,将冷却水量提高一倍,问能否达到要求?[666.7W/(m^2·K),2802kg/h;87℃,$2.44×10^{-4} m^2$·K/W;能达到要求]

30. 一列管换热器,管外用 120℃的饱和水蒸气加热空气,使空气温度从 20℃加热到 80℃,流量为 20000kg/h,现因生产任务变化,如空气流量增加 50%,进、出口温度仍维持不变,问在原换热器中采用什么方法可完成新的生产任务?设水蒸气热阻、污垢热阻和钢管导热热阻不计。(换热面积增加 8.4%)

31. 一套管换热器,用热柴油加热原油,热柴油与原油进口温度分别为 155℃和 20℃。已知逆流操作时,柴油出口温度 50℃,原油出口温度 60℃,若采用并流操作,两种油的流量、物性数据、初温和传热系数皆与逆流时相同,试问并流时柴油可冷却到多少温度?(88.1℃)

32. 现有两台规格完全一样的列管换热器,其中一台每小时可以将一定量气体自 80℃冷却到 60℃,冷却水温度自 20℃升到 30℃,气体在管内与冷却水呈逆流流动,已知总传热系数 K 为 40W/(m·℃)。现将两台换热器并联使用,忽略管壁热阻、垢层热阻、热损失及因空气出口温度变化所引起的物性变化。试求:(1) 并联使用时的总传热系数;(2) 并联使用时每个换热器的气体出口温度;(3) 若两换热器串联使用,其气体出口温度又为多少?(设冷却水进出每个换热器的温度不变)(23℃;31.1℃,57.8℃;28℃,36℃,48℃,64℃)

33. 某搅拌反应釜,将原料液从 25℃加热到 90℃,原料液共 3500kg,定压比热容为

4.04kJ/(kg・℃)。用夹套加热,其传热面积为 4m²。加热蒸汽的温度为 120℃,总传热系数为 1000W/(m²・K)。求将原料液从 25℃ 加热到 90℃ 所需的时间。设釜内液体温度在任何时间均保持均一,热损失可忽略不计。(1.13h)

34. 拟设计一台列管换热器,20kg/s 的某油品走壳程,温度自 160℃ 降至 115℃,用于加热 28kg/s 的原油,原油进口温度为 25℃。其他物性数据如本题附表所示。

习题 34 附表

物料	ρ/(kg/m³)	c_p/[kJ/(kg・℃)]	μ/(Pa・s)	λ/[W/(m・℃)]
原油	870	1.99	2.9×10^{-3}	0.136
油品	870	2.20	5.2×10^{-3}	0.119

35. 用一带保护管的热电偶测量管道中空气的温度。保护管壁温为 330℃,保护管黑度 $\varepsilon=0.3$,管道内壁温度为 250℃。计算管壁与保护管之间的辐射传热速度。如果空气对保护管的对流传热系数 $\alpha=10$W/(m²・K),则空气的真实温度为多少?(415W/m²,371.5℃)

36. 设有 A、B 两平行固体平面,温度分别为 T_A 和 $T_B(T_A>T_B)$。为减少辐射散热,在这两平面间设置 n 片很薄的平行遮热板,设所有平面的表面积相同,黑度相等,平板间距很小,试证明设置遮热板后 A 平面的散热速率为不装遮热板时的 $1/(n+1)$ 倍。(略)

37. 管子为 ϕ89mm×4.5mm 的无缝钢管,管内通饱和水蒸气,水蒸气的温度为 120℃。管外包一层厚 50mm 的保温层,保温材料的导热系数为 0.038W/(m・K),周围空气温度为 25℃。保温层外表面与空气间的对流和辐射的联合传热系数为 12W/(m²・K)。试计算每百米蒸气管道每小时的冷凝水量。(42kg)

38. 计算两物体间的辐射传热速率。已知高温物体的表面温度为 510℃,黑度 $\varepsilon_1=0.87$;低温物体的表面温度为 200℃,黑度 $\varepsilon_2=0.21$。(1)两物体为相距 3m 的无限大平行平面;(2)两物体为同心的球面,直径分别为 3m 和 0.5m,小直径的为高温物体;(3)两物体为同心圆筒,直径各为 1m 和 0.25m,小直径的为高温物体。(3.76kW/m²,16.1kW/m²,8.84kW/m²)

39. 有一加热炉,炉内温度为 530℃,高度和宽度均为 2.0m 的窑炉铸铁门,黑度为 0.72,室温为 25℃。为了减少辐射散热,在离铁门 120mm 处放置铝质挡板,黑度为 0.15。试计算放置挡板前、后铁炉门由于辐射的单位面积散热量。(16.9kW/m²,1.69kW/m²)

第 4 章

化工分离过程总论

4.1 分离过程在化工生产中的地位和作用

化工产品主要有两个生产途径。一是用一定的方法从自然界存在的混合物中分离出目标产品,使其达到所需的纯度。例如,从海水中提取食盐,从石油中提取汽油、煤油、柴油,等等。二是通过化学反应人为制造自然界中不存在的,或存量少不能满足人们需求的,或难以从自然界资源中分离出来的产品。化学反应要求原料达到一定的纯度,而反应产物往往还包含未反应完全的原料和反应副产物,需要将目标产品提纯到所需的纯度,除掉副产物,回收再利用未反应的原料。在上述两种生产过程中,还不可避免地会产生各种废料,需要除去其中对生态环境有危害的物质,回收其中各种有利用价值的资源。因而,混合物的分离是化工类生产中不可缺少的重要过程。

化工分离过程是将混合物分为组成互不相同的两种或几种产品的操作过程,既可以独立形成一套生产工艺,也可以与反应过程及其他分离操作过程组合形成一套生产工艺。分离操作过程与人类的生产生活密切相关,广泛应用于化学、石油、冶金、食品、轻工、医药、生化和原子能等工业领域。例如,以煤为基础原料的有机化工发展起来后,通过蒸馏、吸收和过滤等分离方法从煤焦油中得到苯、酚、萘和更复杂的芳香族化合物,使煤的综合利用臻于完善;从原油的直接燃烧到通过分离得到溶剂油、汽油、煤油、柴油、重油(沥青)等各种组分并加以利用和再加工,形成了现代庞大的石油炼制和石油化工体系。

随着工业的现代化,科学研究和生产技术向着高质量、高纯度、高精度和微型化等方向发展,这些都需要分离过程的密切配合。化工分离技术与其他科学技术相互交叉渗透,产生了一些新的边缘分离技术,如生物分离、膜分离、环境化学分离、纳米分离、超临界流体萃取等;分离过程的组合和耦合应用成为新的亮点。在半导体产品的生产过程中,超纯水、锗和硅等原料的纯度都要在 99.99% 以上,有的甚至达到 99.9999%,载气和装配车间的空气中大于 $0.5\mu m$ 的尘粒的含量必须低于 3.5 个/L 气体。仅在空气净化和超纯水制备等环节,就包括了沉降、湿法洗净、过滤、电除尘、絮凝、泡沫分离、电渗析、超滤、反渗透以及离子交换等如此多的分离单元操作。

分离操作过程不仅在技术层面上为化学反应提供了符合要求的原料,而且清除了对反应或催化剂有害的杂质,减少了副反应和提高吸收率、提纯产物、回收利用未反应物、处理三废并充分利用资源,还对提高生产过程的经济效益具有举足轻重的作用。一个典型的化工生产装置通常是由若干个反应器和多个分离设备(提纯原料、中间产物和产品)以及机、泵、换热器等构成。对于大型的石油工业和以化学反应为中心的石油化工产生过程,分离装置的费用占总投资的 50%～90%。化工分离技术也将在农业、食品、医药及城市建设等方面对提高和改善人们的生活水平作出新的贡献。因此,掌握分离的原理,学会正确选择和设计分离方法和过程,对于从事化工生产与开发研究的技术人员具有重要意义。

4.2　混合物的类型和特征

4.2.1　混合物的分类

化工生产中遇到的混合物多种多样,有气态、液态还有固态的;其中包含的组分数有多有少;各组分的物理化学性质可能相差很大,也可能十分接近;各组分的含量可能相差很大,也可能处于同样的数量级。概括地说,它们可以分为均相混和物与非均相混和物两类。

(1)均相混和物。混和物中各组分以分子状态互相均匀混合的称为均相混合物或均相物系,混合物内部各处均匀且不存在相界面,有气态均相混和物,如空气、天然气等;液态均相混合物,如各种液体溶液,又包括溶质为挥发性液体或无挥发性固体的溶液;固态均匀混合物,如各种固溶体、合金等。

(2)非均相混和物。混和物中各组分不是以分子状态互相均匀混合,而是有些组分以粒状分散地混在一起,彼此有明显的界面,这类物系称为非均相混合物或非均相物系。处于分散状态的物质,如分散于流体中的固体颗粒、液滴或气泡,称为分散物质或分散相;包围分散物质且处于连续状态的物质称为分散介质或连续相。根据连续相的状态,非均相物系可以分为 3 类。气相非均相混合物:气体连续相中含有固体微粒或液滴,如含尘气体和含雾气体。液相非均相混和物:液体连续相中含有固体微粒、气泡或另一种与其不互溶的液滴,如各种悬浮液、泡沫液和乳浊液。固体非均相混和物:如各种矿物、植物种子、湿晶体等。

进行混合物分离的目的不同,其目的一般可以分为下面四种情况。为了有效地进行混合物的分离,必须根据具体情况,采用不同的方法。

(1)分离。将混合物中各组分完全或部分分开,得到某种或多种纯的或近似纯的产品。

例如将空气分离得到纯度较高的氧气、氮气和各种稀有气体,将石油经减压分离得到含有多种化学成分的汽油、煤油、柴油、润滑油等馏分油。

（2）提取和回收。从混合物中提取出某种或某几种有用的组分。例如从铁矿石中提取金属铁,从生产核燃料工厂产生的放射性废水中提取并回收放射性元素。

（3）纯化。除去混合物中所含的少量杂质,纯化的对象可以是单质,也可以是混合物。例如合成氨生产中除去原料气中的 CO_2 和 CO 等有害气体,以制取纯净的 N_2、H_2 混合气体;从精馏塔得到的含乙醇 95.6% 的酒精,经分子筛脱水得到可供汽车使用的无水乙醇。

（4）浓缩。将含有用组分很少的稀溶液浓缩,提高产品中有效成分的含量。例如,玉米芯水解液中木糖浓度只有 4.5%,需蒸发大量水分浓缩到 75% 以上,才能结晶出木糖产品。

4.2.2　均相混合物相组成表示方法

对于各种传质与分离过程,为了分析问题与设计计算的方便,常采用不同的组成表示方法,主要有以下 4 种:

1. 质量分数与摩尔分数

（1）质量分数

指混合物中某组分的质量与混合物总质量之比。对于混合物中 A 组分:

$$w_A = \frac{m_A}{m} \tag{4-1}$$

式中:w_A 为组分 A 的质量分数;m_A 为混合物中组分 A 的质量,kg;m 为混合物总质量,kg。

显然,N 种组分混合物中所有组分的质量分数之和为 1,即:

$$w_A + w_B + \cdots + w_N = 1 \tag{4-2}$$

（2）摩尔分数

指混和物某组分的物质的量与各组分的总物质的量之比。对于混合物中 A 组分:

气相　　　　　　　　　　　$y_A = \dfrac{n_A}{n}$

液相　　　　　　　　　　　$x_A = \dfrac{n_A}{n}$ $\tag{4-3}$

式中:y_A 为混合物中组分 A 的摩尔分数（气相）;x_A 为混合物中组分 A 的摩尔分数（液相）;n_A 为混合物中组分 A 的物质的量,mol;n 为混合物总物质的量,mol。

显然,混合物中所有组分的摩尔分数之和为 1,即:

$$y_A + y_B + \cdots + y_N = 1 \quad 或 \quad x_A + x_B + \cdots + x_N = 1 \tag{4-4}$$

摩尔分数和质量分数两者之间的关系为:

$$x_A = \frac{n_A}{n} = \frac{w_A/M_A}{w_A/M_A + w_B/M_B + \cdots + w_N/M_N} \tag{4-5}$$

式中：M_A、M_B、$\cdots$、M_N 为组分 A、B、$\cdots$、N 的摩尔质量；w_A、w_B、$\cdots$、w_N 为组分 A、B、$\cdots$、N 的质量分数。

2. 质量比与摩尔比

在化工生产过程中，混合物中常常存在一种不参加传质和反应过程的惰性组分，常以该组分为基准表示其他组分的含量。

（1）质量比

指混合物中某组分的质量与惰性组分 B 的质量之比。对于混合物中 A 组分：

$$\bar{a}_A = \frac{m_A}{m_B} \tag{4-6}$$

式中：$\bar{a}_A$ 为组分 A 的质量比；m_A、m_B 为混合物中组分 A 和组分 B 的质量。

（2）摩尔比

指混合物中某组分的物质的量与惰性组分 B 的物质的量之比。对于混合物中的 A 组分：

气相 $\qquad\qquad\qquad\qquad Y_A = \dfrac{n_A}{n_B}$

液相 $\qquad\qquad\qquad\qquad X_A = \dfrac{n_A}{n_B} \tag{4-7}$

式中：Y_A 为组分 A 的摩尔比（气相）；X_A 为组分 A 的摩尔比（液相）。

根据定义，可以推导出质量分数与质量比的关系为：

$$w_A = \frac{\bar{a}_A}{1 + \bar{a}_A} \qquad \bar{a}_A = \frac{w_A}{1 - w_A} \tag{4-8}$$

也可以推导出摩尔分数与摩尔比的关系为：

$$x = \frac{X}{1 + X} \qquad X = \frac{x}{1 - x} \tag{4-9a}$$

$$y = \frac{Y}{1 + Y} \qquad Y = \frac{y}{1 - y} \tag{4-9b}$$

3. 质量浓度与摩尔浓度

在化工生产过程中，生产设备的体积大多是固定的，以单位体积内各组分的含量来表示混合物的组成，十分直观。

（1）质量浓度

指单位体积混合物中某组分的质量。对于混合物中的 A 组分：

$$\rho_A = \frac{m_A}{V} \tag{4-10}$$

式中：ρ_A 为组分 A 的摩尔浓度，kg/m^3；V 为混合物的体积，m^3；m_A 为混合物中组分 A 的质量，kg。

（2）摩尔浓度（简称浓度）

指单位体积混合物中某组分的物质的量。对于混合物中的 A 组分：

$$c_A = \frac{n_A}{V} \tag{4-11}$$

式中：c_A 为组分 A 的摩尔浓度，$kmol/m^3$；n_A 为混合物中组分 A 的物质的量，kmol。

根据定义，可以推导出质量浓度与质量分数的关系和摩尔浓度与摩尔分数的关系为：

$$\rho_A = w_A \rho \qquad\qquad (4\text{-}12)$$

$$c_A = x_A c \qquad\qquad (4\text{-}13)$$

式中：c 为混合物的摩尔浓度，$kmol/m^3$；ρ 为混合物的密度（质量浓度），kg/m^3。

4.2.3　气体的总压与理想气体混合物中组分的分压

对于气体混合物，总浓度常用气体总压 P 表示。当压强不太高（通常小于 $500kPa$）、温度不太低时，混合气体可视为理想气体，其中 A 组分的浓度常用分压 p_A 表示。总压 P 与组分 A 分压 p_A 之间的关系为：

$$p_A = P y_A \qquad\qquad (4\text{-}14)$$

摩尔浓度与分压之间的关系为：

$$c_A = \frac{n_A}{V} = \frac{p_A}{RT} \qquad\qquad (4\text{-}15)$$

4.2.4　非均相混合物的颗粒特性

颗粒的大小和形状是颗粒的重要特性。由于产生的方法和原因不同，颗粒具有不同的尺寸和形状。

1. 单一颗粒的特征

（1）球形颗粒

球形粒子是最理想的简化颗粒模型，通常用直径（粒径）表示其大小。球形颗粒的体积、表面积和比表面积均可用直径 d_p 表示：

$$V = \frac{\pi}{6} d_p^3 \qquad\qquad (4\text{-}16a)$$

$$S = \pi d_p^2 \qquad\qquad (4\text{-}16b)$$

$$a = 6/d_p \qquad\qquad (4\text{-}16c)$$

式中：d_p 为颗粒直径，m；V 为球形颗粒体积，m^3；S 为球形颗粒表面积，m^2；a 为球形颗粒比表面积（单位体积颗粒具有的表面积），m^2/m^3。

（2）非球形颗粒

工业上遇到的固体颗粒大多是非球形，非球形颗粒采用当量直径。当量直径根据实际颗粒与球体某种等效性而确定，当量直径有不同的表示方法：

令实际颗粒的体积等于当量球形颗粒的体积 $[V_p = (\pi/6)d_{ev}^3]$，则体积当量直径 d_{ev} 定义为：

$$d_{ev} = \sqrt[3]{\frac{6V_p}{\pi}} \tag{4-17a}$$

式中：d_{ev} 为体积当量直径，m；V_p 为非球形颗粒的实际体积，m^3。

令实际颗粒的表面积等于当量球形颗粒的表面积（$S_p = \pi d_{es}^2$），则表面积当量直径 d_{es} 定义为：

$$d_{es} = \sqrt{\frac{S_p}{\pi}} \tag{4-17b}$$

式中：d_{es} 为表面积当量直径，m；S_p 为实际颗粒的表面积，m^2。

令实际颗粒的比表面积等于当量球形颗粒的比表面积（$a_p = \frac{\pi \cdot d_{ea}^2}{(\pi/6)d_{ea}^3}$），则比表面积当量直径 d_{ea} 定义为：

$$d_{ea} = \frac{6}{a_p} \tag{4-17c}$$

式中：d_{ea} 为比表面积当量直径，m；a_p 为实际颗粒的比表面积，m^2。

2. 颗粒群的特性

工业中遇到的颗粒大多是由大小不同的粒子组成的集合体，称为多分散性颗粒群；而将具有同一粒径的粒子组成的集合体称为单分散性颗粒群。测量颗粒大小最简单的方法是用筛。筛的筛网是由金属丝纵横交错构成的，上面有一个个正方形筛孔。通常采用一套标准筛测量颗粒的粒径，这种方法称为筛分分析。世界上比较通行的标准筛是泰勒（Tayler）标准筛。此种筛的筛号即为筛网上每英寸的孔数，我国称为"目数"。它既规定了某一号筛筛网上每英寸的孔数，又规定出网线的直径，由此确定了筛孔大小。泰勒标准筛的目数与对应的筛孔边长如表 4-1 所示。

表 4-1　泰勒标准筛的目数与筛孔边长的对照表

目数	孔径		目数	孔径	
	英寸	微米（μm）		英寸	微米（μm）
3	0.263	6680	48	0.0116	295
4	0.185	4699	65	0.0082	208
6	0.131	3327	100	0.0058	147
8	0.093	2362	150	0.0041	104
10	0.065	1651	200	0.0029	74
14	0.046	1168	270	0.0021	53
20	0.0328	833	400	0.0015	38
35	0.0164	417			

当使用某一个目数的筛子,通过筛孔的颗粒量称为筛过量,截留于筛面上的颗粒量则称为筛余量。称取各号筛面上的颗粒筛余量即得到筛分分析的基本数据。

颗粒群平均直径(平均粒径)的计算方法很多,其中最常用的是体积表面积平均直径d_{32},又称为索泰尔(Sauter)直径,即定出一种平均直径,具有该直径颗粒的比表面积等于所有颗粒的比表面积的平均值,即:

$$\frac{\pi \cdot d_{32}^2}{(\pi/6) \cdot d_{32}^2} = \frac{\sum n_i \cdot \pi \cdot d_i^2}{\sum n_i \cdot (\pi/6) \cdot d_i^2} \tag{4-18}$$

若颗粒群的直径通过筛分分析测定。设有一批大小不等的颗粒群,总质量为m_T,采用泰勒标准筛筛分,得到相邻两个目数筛之间的颗粒群质量为m_i,则这些颗粒群的筛分直径d_i就取这相邻两个目数筛的筛孔边长的算术平均值。总的颗粒群的体积表面积平均直径d_{32}可写为:

$$\frac{1}{d_{32}} = \sum_i \frac{1}{d_i} \frac{m_i}{m_T} \tag{4-19}$$

3. 颗粒床层的特性

颗粒群堆积起来,形成颗粒床层。颗粒床层的特性通常用床层空隙率、床层比表面积和床层各向同性等三个参数加以表征。

(1) 床层空隙率

由颗粒群堆积成的床层疏密程度可用空隙率 ε 来表示,其定义为:

$$\varepsilon = \frac{床层体积 - 颗粒体积}{床层体积} \tag{4-20}$$

影响空隙率 ε 值的因素非常复杂,诸如颗粒的大小、形状、粒度分布与充填方式等。实验表明,单分散性球形颗粒群(即形状、大小非常均匀的球形颗粒)做最松排列时的空隙率为0.48,做最紧密排列时为0.26;单分散性非球形颗粒群床层空隙率往往大于球形的;多分散性颗粒群形成的床层空隙率则较小。因堆积方法不同导致不同的床层空隙率,若快速堆积并避免床层振动,颗粒间将形成架空结构,ε 值可较高;若缓慢堆积并振动容器,颗粒床层将较填实,ε 值则较低。一般乱堆床层的空隙率大致在 0.47~0.7。

(2) 固体颗粒床层的比表面积

单位床层体积具有的颗粒表面积称为床层的比表面积a_b。若忽略颗粒之间接触面积的影响,则:

$$a_b = (1-\varepsilon)a_p \tag{4-21}$$

式中:a_b 为床层比表面积,m^2/m^3;a_p 为颗粒的比表面积,m^2/m^3。

(3) 床层各向同性

工业上,小颗粒的床层用乱堆方法堆成,各部位颗粒的大小、方向是随机的,当床层体积足够大或者颗粒足够小时,可认为床层是均匀的,各局部区域的空隙率相等,床层是各向同性的。床层各向同性的另一重要特点是,床层内任一横截面上可供流体通过的自由截面(即空隙截面)与床层截面之比在数值上等于床层空隙率 ε。实际上,壁面附近床层的空隙率总是大于床层内部的,较多的流体必趋向近壁处流过,使床层截面上流体分布不均匀,这种现象称为壁效应。当床层直径与颗粒直径之比较小时,壁效应的影响尤为严重。

4.3　化工分离方法的依据及其分类

　　分离过程通常由原料、产物、分离剂及分离装置组成,可用图 4-1 简单示意。原料是待分离的混合物,可以是单相或多相体系,但至少含有两个组分;产物为分离所得产品,可以是一股,也可以有多股,其组分彼此不同;分离剂为加到分离装置中使过程得

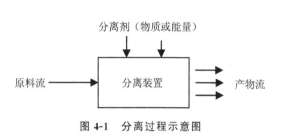

图 4-1　分离过程示意图

以实现的能量或物质,或两者并用,如蒸气、吸收剂、萃取剂、机械功、电功等;分离装置是分离过程得以实施的必要场所,可以是某个特定的装置设备,也可指从原料到产品之间的整个流程。

　　工业上常用的分离方法不下三四十种,分离设备的结构和形式五花八门。若根据分离过程的原理,可将其分为机械分离和传质分离两大类。

　　非均相混合物的分离利用机械力(即物理力学的力)来实现,这些机械力作用于颗粒、流体或颗粒流体混合物本身,分离过程没有发生物质传递,这种分离称为机械分离过程。表 4-2 列出了几种典型的机械分离过程。

表 4-2　典型的机械分离过程

名称	原料	分离剂	产品	原理	应用实例
过滤	液-固	压力	液＋固	颗粒尺寸>过滤介质细孔	浆状催化剂回收
沉降	液-固	重力	液＋固	密度差	污水澄清
离心分离	液-固(液)	离心力	液＋固(液)	密度差	纸浆净化
旋风分离	气-固(液)	流动惯性	气＋固(液)	密度差	催化剂细粒回收
电除尘	气-细粒	电场力	气＋固	粒子带电性	合成氨气除尘

　　均相混合物的分离是基于分子的物理和化学性质的差异,以及分子质量传递的差异,利用分子间作用力和质量传递(传质)来实现的,这种分离称为传质分离过程。传质分离又分为平衡分离和速率控制分离两大类。平衡分离依据被分离组分在两相平衡时分配组成不等的原理进行分离,表 4-3 列出了几种典型平衡分离过程。

表 4-3　几种典型的平衡分离过程

名称	原料	分离剂	产品	原理	应用实例
蒸发	液	热	液+气	蒸气压差别	果汁浓缩
闪蒸	液	减压	液+气	挥发度	海水脱盐
蒸馏(精馏)	液或气	热	液+气	挥发度	酒精提纯
吸收	气	液体吸收剂	液+气	溶解度	碱液吸收 CO_2
萃取	液	不互溶液萃取剂	两液相	溶解度	芳烃抽提
吸附	气或液	固体吸收剂	液或气	吸附平衡	活性炭吸附苯
离子交换	液	交换树脂	液	吸附平衡	水软化
萃取精馏	液	热或萃取剂	气+液	挥发度、溶解度	恒沸产品分离

　　速率控制分离依据被分离组分在均相中的传递速率差异而进行分离,例如利用溶液中分子、离子等粒子的迁移或扩散速率的不同来进行分离。表 4-4 所示为典型速率控制过程,其分离剂大多为压力或温度梯度。此外,还有用场作为分离剂的速率分离。

表 4-4　几种典型的速率分离过程

名称	原料	分离剂	产品	原理	应用实例
加压扩散	气	压强	气	压差	同位素分离
气体扩散	气	多孔隔板	气	浓度差	铀同位素分离
反渗透	液	膜、压强	液	克服渗透压	海水淡化
渗析	液	膜	液	扩散速度差	废水中苛性钠回收
渗透蒸发	液	膜、真空	液	溶解、扩散	异丙醇脱水
泡沫分离	液	泡沫界面	液	界面浓差	酶和染料分离
色谱分离	气或液	固相载体	气或液	吸附浓度差	阿拉伯糖和木糖的分离
区域熔融	固	温度	固	温差	锗的提纯
热扩散	气或液	温度	气或液	温度引起浓度差	气态同位素分离
电解	液	电场、膜	液或气	电位差	氢和氯的分离
电渗析	液	电场、膜	液	电位差	水脱盐

4.4　平衡分离过程的相平衡

　　平衡分离过程是通过人为地加入另一个相,或者变更条件产生一个新相从而形成一个两相体系,根据待分离组分在两相间平衡时分配不等的性质,待分离组分在某一相中富集,从而实现分离。组分在两相间的平衡是平衡分离过程的热力学基础。冷、热两流体间的热量传递(传热),其推动力等于两流体间的温差,过程的极限是温度相等。而平衡分离两相间的质量传递(传质),其推动力不等于两相的浓度差,过程的极限也不是两相的浓度相等。

对于多相系统的独立变量数(自由度)f由下式确定：

$$f = C - \Phi + 2 \tag{4-22}$$

式中：C是组分数；Φ是相数；f是多相系统的独立变量数,即自由度。

对于各种分离过程,我们都可以通过式(4-22)确定多相系统的独立变量数(自由度)f。

4.4.1　气液溶解相平衡

在一定温度下含有溶质组分 A 的气体和含有溶质组分 A 的液体充分接触,气液两相趋于平衡。此时溶质组分 A 在两相中的浓度服从某种确定的关系,即气液溶解相平衡关系。

1. 溶解度曲线

气液两相处于平衡状态下,气相中溶质的分压称为平衡分压,液相中溶质的浓度称为溶解度。若气相中只有溶质 A 和惰性气体 B 两个组分,液相中只有溶质 A 和溶剂 S 两个组分。则组分数 $C = 3$(溶质、惰性气体 B 和溶剂 S),相数 $\Phi = 2$(气液两相)。根据式(4-22),自由度为 $f = C - \Phi + 2 = 3 - 2 + 2 = 3$,即有 3 个独立变量。系统有温度 T、总压 P、溶质组分 A 在气相中的平衡分压和溶质组分 A 在液相中的溶解度共 4 个变量,有 3 个独立变量,另 1 个变量是这 3 个独立变量的函数。一般取温度 T 和总压 P 一定,则平衡分压是溶解度的函数。将平衡分压和溶解度相关联,得到溶解度曲线。图 4-2 和图 4-3 为在总压 101.3kPa 下,不同温度的氨(NH_3)、二氧化硫(SO_2)和氧气(O_2)在水中的溶解度曲线。从图中看出,温度升高,溶解度下降。而且,氨的溶解度远大于 SO_2,SO_2 的溶解度远大于 O_2。

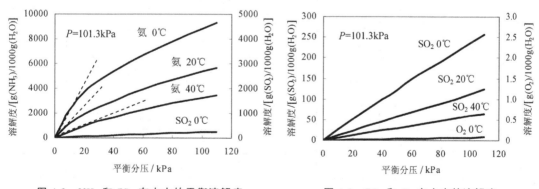

图 4-2　NH_3 和 SO_2 在水中的平衡溶解度　　　　图 4-3　SO_2 和 O_2 在水中的溶解度

溶质的溶解度和溶质在气相中的平衡分压也可用其他物理量表示。例如,用溶质在溶液中的摩尔分数 x 或摩尔浓度 c(kmol 溶质/m^3 溶液)表示;用溶质在气相中的摩尔分数 y 表示。

以溶解度和平衡分压表示的溶解度曲线直接反映了相平衡的本质；而以摩尔分数 x 与 y 表示的相平衡关系，则可方便地与物料衡算等其他关系式一起运用，对整个吸收过程进行数学描述。

2. 亨利定律

图 4-2 和图 4-3 所示的溶解度曲线或为曲线或为直线。但在溶解度接近于 0 的范围内，此时的溶液称为稀溶液，稀溶液的溶解度曲线通常近似地为一直线，如图 4-2 虚线所示。溶质在溶液中的摩尔分数 x_A 与平衡分压 p_A^* 之间服从亨利定律，即：

$$p_A^* = Ex_A \tag{4-23}$$

式中：p_A^* 为溶质 A 在气相中的平衡分压，Pa；x_A 为溶质 A 在溶液中的摩尔分数；E 为亨利系数，Pa。

亨利系数 E 的值取决于物系的特性及体系的温度，其单位与压强的单位相同。溶质或溶剂不同，E 也不同。E 的大小表示了气体组分在该溶剂中溶解度的大小，E 越大，溶解度越小。气体在液体中的溶解度随温度的升高而降低，故亨利系数 E 随温度的升高而增大。当总压不大高时（一般小于 0.5MPa，视物系而定），总压变化不改变亨利系数 E 的值，表 4-5 是若干气体在水中的亨利系数 E。

表 4-5 若干气体水溶液的亨利系数

气体	温度 /℃															
	0	5	10	15	20	25	30	35	40	45	50	60	70	80	90	100
	$E/(\times 10^6 \text{kPa})$															
H_2	5.87	6.16	6.44	6.70	6.92	7.16	7.39	7.52	7.61	7.70	7.75	7.75	7.71	7.65	7.61	7.55
N_2	5.35	6.05	6.77	7.48	8.15	8.76	9.36	9.98	10.5	11.0	11.4	12.2	12.7	12.8	12.8	12.8
空气	4.38	4.94	5.56	6.15	6.73	7.30	7.81	8.34	8.82	9.23	9.59	10.2	10.6	10.8	10.9	10.8
CO	3.57	4.01	4.48	4.95	5.43	5.88	6.28	6.68	7.05	7.39	7.71	8.32	8.57	8.57	8.57	8.57
O_2	2.58	2.95	3.31	3.69	4.06	4.44	4.81	5.14	5.42	5.70	5.96	6.37	6.72	6.96	7.08	7.10
NO	1.71	1.96	2.21	2.45	2.67	2.91	3.14	3.35	3.57	3.77	3.95	4.24	4.44	4.54	4.58	4.60
	$E/(\times 10^5 \text{kPa})$															
CO_2	0.738	0.888	1.05	1.24	1.44	1.66	1.88	2.12	2.36	2.60	2.87	3.46	—	—	—	—
Cl_2	0.272	0.334	0.399	0.461	0.537	0.604	0.669	0.74	0.80	0.86	0.90	0.97	0.99	0.97	0.96	—
H_2S	0.272	0.319	0.372	0.418	0.489	0.552	0.617	0.686	0.755	0.825	0.689	1.04	1.21	1.37	1.46	1.50
	$E/(\times 10^4 \text{kPa})$															
SO_2	0.167	0.203	0.245	0.294	0.355	0.413	0.485	0.567	0.661	0.763	0.871	1.11	1.39	1.70	2.01	—

由于气液相中溶质 A 的组成有各种不同的表示方法，亨利定律也有不同的表达式。式 (4-23) 右边乘以 c/c，得：

$$p_A^* = Ex_A \frac{C}{C} = \frac{E}{C}c_A = \frac{c_A}{H}$$

即：
$$p_A^* = \frac{c_A}{H} \tag{4-24}$$

$$H = \frac{C}{E} \tag{4-25}$$

式中：c_A 为溶质 A 在溶液中的摩尔浓度，$kmol/m^3$；H 为溶解度系数，$kmol/(m^3 \cdot Pa)$；C 为溶液的总摩尔浓度$(kmol/m^3)$，$c_A = C \cdot x_A$。对于稀溶液，溶液中溶质 A 的浓度 c_A 很小，因此，$C \approx \rho_S/M_S$，其中，ρ_S 为溶剂 S 的密度，M_S 为溶剂 S 的摩尔质量。

式(4-23)两边同除以总压 P，得：

$$\frac{p_A^*}{P} = y_A^* = \frac{Ex_A}{P} = mx_A$$

即：
$$y_A^* = mx_A \tag{4-26}$$

$$m = \frac{E}{P} \tag{4-27}$$

式中：y_A^* 为与溶质 A 在溶液中的摩尔分数 x_A 成相平衡的气相中溶质 A 的摩尔分数；m 为相平衡常数。

溶解度系数 H 越大，溶解度越大，这与亨利系数 E 相反，且 H 随温度的升高而降低。相平衡常数 m 越大，溶解度越小，这与亨利系数 E 相似，且 m 随温度的升高而增大。亨利系数 E、溶解度系数 H 和相平衡常数 m 三个常数之间的关系见式(4-25)和式(4-27)。

式(4-27)表明，总压 P 变化，相平衡常数 m 也随之变化。因此，不同总压 P 下，式(4-26)表示的 y-x 溶解度曲线的位置不同。

常见物系的气液溶解度系数 H 和亨利常数 E 可在有关手册中查到。在较宽的含量范围内，溶质在气液两相中组成的平衡关系可表示为：

$$y = f(x) \tag{4-28}$$

上式称为相平衡方程。有时在有限的含量范围内，溶解度曲线也可近似取为直线，但此直线未必通过原点。

例 4-1 在总压为 101.3kPa 和 202.6kPa 下，20℃的 SO_2-水的气液溶解相平衡为：SO_2 在水中溶解度为 0.10g/100g，此时平衡分压为 0.4270kPa。求在总压为 101.3kPa 和 202.6kPa 下的液相平衡组成 x 和气相平衡组成 y。

解：(1) 20℃下，100g 水中溶解的 SO_2 为 0.10g，则溶液中 SO_2 的摩尔分数为：

$$x = \frac{0.10/64}{0.10/64 + 100/18} = 2.812 \times 10^{-4}$$

气相摩尔分数为：

总压为 101.3kPa 时
$$y = \frac{p_A}{P} = \frac{0.4270}{101.3} = 4.215 \times 10^{-3}$$

总压为 202.6kPa 时　　　$y = \dfrac{p_A}{P} = \dfrac{0.4270}{202.6} = 2.108 \times 10^{-3}$

由本例可知,溶质 SO_2 在溶液中的摩尔分数 x 不变,但总压的变化将改变溶质 SO_2 在气相中的摩尔分数 y,即改变气液溶解相平衡曲线 $y = f(x)$。

例 4-2　在温度 25℃和总压 101.3kPa 的条件下,某混合气体含有 CO_2 为 0.3(摩尔分数),该混合气体与水接触,求与该混合气体成相平衡的液相中 CO_2 的平衡浓度 c_A^* ($kmol/m^3$)为多少?(假设:该浓度范围气液相平衡关系符合亨利定律)

解:令 p_A 为 CO_2 在气相中的分压,则由分压定律得:

$$p_A = 101.3 \times 0.3 kPa = 30.4 kPa$$

根据亨利定律式(4-24),可知:

$$c_A^* = H p_A$$

查表 4-5 得 25℃时 CO_2 在水中的亨利系数 $E = 1.66 \times 10^5 kPa$。因 CO_2 为难溶于水的气体,溶液浓度很低,溶液密度可按 25℃的纯水计算,可近似取 $\rho_S = 1000 kg/m^3$,则:

$$H = \frac{c}{E} = \frac{\rho_S / M_{r,S}}{E} = \frac{1000/18}{1.66 \times 10^5} kmol/(m^3 \cdot kPa) = 3.347 \times 10^{-4} kmol/(m^3 \cdot kPa)$$

$$c_A^* = H p_A = 3.347 \times 10^{-4} \times 30.4 kmol/m^3 = 1.017 \times 10^{-2} kmol/m^3$$

3. 伴有化学反应的气液溶解相平衡

上面两小节所述的是物理溶解的气液溶解相平衡,即气体中的溶质组分 A 溶解于液相时,溶质 A 和液相的溶剂 S 不发生化学反应。

如果溶质 A 和液相的溶剂 S 发生化学反应,此时的溶质 A 的气液溶解相平衡关系既要服从物理溶解时的气液溶解相平衡,又要服从化学反应平衡,溶质 A 的平衡分压 p_A^* 与浓度 x_A 的关系呈明显的弯曲状。

当溶质 A 和溶剂 S 发生化学反应生成 M 时,有下列方程式:

$$A(g)$$
$$\downarrow \uparrow E$$
$$A(l) + S(l) \underset{}{\overset{K_c}{\rightleftharpoons}} M(l)$$

溶质 A 在液相中的初始浓度为 c_A^0,表示为:

$$c_A^0 = c_A + c_M \tag{4-29}$$

式中:c_A 是达到气液溶解相平衡(同时达到化学反应平衡)时液相中溶质 A 的浓度;c_M 是达到气液溶解相平衡(同时达到化学反应平衡)时液相中生成物 M 的浓度。生成物 M 的物质的量与反应掉的溶质 A 的物质的量相等。

溶质 A 与溶剂 S 相互反应,达到化学平衡。达到化学反应平衡时溶剂 S 的浓度为 c_S。此时化学反应平衡常数 K_c 为:

$$K_c = \frac{c_M}{c_A c_S} = \frac{c_A^0 - c_A}{c_A c_S} \tag{4-30a}$$

即：
$$c_A = \frac{c_A^0}{1 + K_c c_S} \tag{4-30b}$$

溶质 A 又服从物理溶解时的气液溶解相平衡，即：

$$p_A^* = E x_A = E \frac{c_A}{c} \tag{4-31}$$

将式(4-30b)代入式(4-31)，得：

$$p_A^* = E x_A = \frac{E c_A^0}{c(1 + K_c c_S)} = \frac{E x_A^0}{1 + K_c c_S} \tag{4-32}$$

式中：x_A^0 为溶质 A 在液相中的初始摩尔分数，也就是物理溶解达到气液溶解相平衡时溶质 A 在液相中的摩尔分数。

对于稀溶液，气体溶质 A 在向液相溶解的过程中，可认为溶剂 S 的浓度 c_S 不变，化学反应平衡常数 K_c 也不变，式(4-32)表达的平衡关系可看作是亨利定律的又一表达式，溶质 A 的平衡分压 p_A^* 与 x_A^0 保持正比关系，但亨利系数变小了。浓溶液时，平衡分压 p_A^* 与 x_A^0 不再保持正比关系。根据式(4-32)，伴有化学反应的溶质 A 的平衡分压必定低于物理溶解时的平衡分压，即溶解度变大。

4.4.2　气液相平衡

液体的汽化和气体的冷凝过程为气液两相共存且处于平衡状态。本节以两组分体系为例探讨气液相平衡。

两组分混合物气液相平衡体系，独立组分数 C 为 2（两组分），相数 Φ 也为 2（气相和液相两个相），根据式(4-22)得到自由度 f 为 2，即有 2 个独立变量数。该体系涉及的变量有 4 个，分别为温度、压强、气相组成和液相组成。两组分中沸点较高的组分称为重组分，而沸点较低的组分称为轻组分。气相中轻组分的组成为摩尔分数 y，则气相中重组分的组成为摩尔分数 $1-y$；同样，液相中轻组分的组成为摩尔分数 x，则液相中重组分的组成为摩尔分数 $1-x$；所以，气相组成和液相组成只需用 y 和 x 表示即可。体系的 4 个变量，即温度、压强、气相组成和液相组成，任意规定 2 个作为独立变量，其余 2 个变量随即确定，则体系的状态被唯一确定。一般固定一个独立变量（如固定压强不变），另一个独立变量（如液相组成 x）作为自变量，剩余的 2 个变量（温度和气相组成 y）则作为该自变量（液相组成 x）的函数，作出的图称为等压图。恒压下的双组分平衡物系中必存在着：液相（或气相）组成与温度间的一一对应关系；气、液组成之间的一一对应关系。也可以固定温度不变，液相组成 x 作为自变量，作出的图称为等温图。

1. 双组分体系的相图

（1）等温图

在温度一定的条件下，气液两相平衡时，压强与组成的关系用压强-组成图（$p-x$ 图）表示。图 4-4 是苯-甲苯体系的压强-组成图。图中横坐标表示液相中轻组分苯的摩尔分数 x，纵坐标表示苯的分压 p_A、甲苯的分压 p_B 和系统总压 $p_A + p_B$。

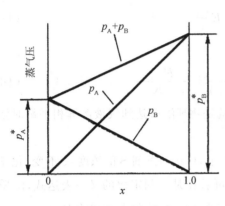

图 4-4　苯-甲苯体系的压强-组成图

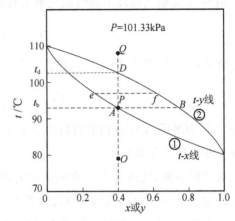

图 4-5　苯-甲苯体系的温度-组成$(t-x-y)$图

（2）等压图

在压强一定的条件下，气液两相平衡关系可以用温度-组成图（$t-x$ 图）和气液组成图（$y-x$ 图）表示。图 4-5 为苯-甲苯体系的 $t-x-y$ 图，图中纵坐标表示温度，横坐标表示轻组分苯的液相组成 x 或气相组成 y。曲线①为饱和液体 $t-x$ 线（泡点线），表示液相组成 x 与其泡点温度（即加热溶液至产生第一个气泡时的温度）的关系；曲线②为饱和蒸气 $t-y$ 线（也称露点线），表示气相组成 y 与露点温度（即冷却气体至产生第一个液滴时的温度）的关系。它们分别表示气液相组成与平衡温度的关系。在同一温度下曲线①和曲线②上对应的两点 A 与 B 表示在此温度下呈平衡的气液相组成。在同一组成下曲线①和②上相应的两点 A 和 D 分别表示液相的泡点 t_b 和气相的露点 t_d。图中的 O 点表示温度为 80℃、苯含量为 0.4（摩尔分数）的过冷液体。将此溶液加热升温至 A 点（泡点），出现气相而成为两相体系。继续升温至 P 点，仍是两相体系，此时气液相组成分别如 f 点和 e 点所示，气相中苯的含量比平衡的液相和原液都要高，气液两相的量之比根据杠杆法确定为：

$$\frac{液相量}{气相量} = \frac{\overline{Pf}}{\overline{eP}} \qquad (4-33)$$

式中：$\overline{Pf}$ 为线段 Pf 的长度；$\overline{eP}$ 为线段 eP 的长度。

再继续升温至 D 点（露点），全部液相完全汽化。再加热升温，气相成为过热蒸气，用图 4-5 中的 Q 点表示。过热蒸气的气相组成与原液组成相同。若将此过热蒸气冷却，则经历与升温时相反的过程。

图 4-6 为苯-甲苯体系的 $y-x$ 图，图中纵坐标与横坐标分别表示苯的气相组成与液相组成，由气

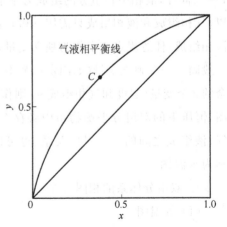

图 4-6　苯-甲苯体系的气液组成$(y-x)$图

相组成与液相组成构成的曲线即为等压下两相平衡时的气液相平衡线。该气液相平衡线可根据图 4-5 的 $t-x$ 关系作出。例如,根据图 4-5,在一定温度下得到一对平衡的气相组成 B 和液相组成 A,相应地在图 4-6 中作出一点 C。

2. 双组分理想体系的气液相平衡关系

(1) 双组分理想物系的液相组成——温度(泡点)关系式

理想物系包括两个含义:液相为理想溶液,服从拉乌尔(Raoult)定律;气相为理想气体,服从理想气体定律或道尔顿分压定律。根据拉乌尔定律,液相上方的平衡蒸气压为:

$$p_A = p_A^{\circ} x_A \tag{4-34a}$$

$$p_B = p_B^{\circ} x_B \tag{4-34b}$$

式中:p_A、p_B 为液相上方 A、B 两组分的蒸气压;x_A、x_B 为液相中 A、B 两组分的摩尔分数;p_A°、p_B° 为在溶液温度 t 下纯组分 A、B 的饱和蒸气压,它们均是温度的函数,即 $p_A^{\circ} = f_A(t)$,$p_B^{\circ} = f_B(t)$。

溶液各组分的蒸气压之和等于外压,即:

$$p_A + p_B = P \tag{4-35}$$

将式(4-34a)和(4-34b)代入式(4-35),得:

$$p_A^{\circ} x_A + p_B^{\circ} x_B = P \tag{4-36a}$$

即:

$$p_A^{\circ} x_A + p_B^{\circ}(1 - x_A) = P \tag{4-36b}$$

于是:

$$x_A = \frac{P - p_B^{\circ}}{p_A^{\circ} - p_B^{\circ}} \quad 或 \quad x_A = \frac{P - f_B(t)}{f_A(t) - f_B(t)} \tag{4-37}$$

由此可知,只要 A、B 两纯组分的饱和蒸气压 p_A°、p_B° 与温度的关系为已知,就能给出液相组成与温度(泡点)之间的定量关系。已知泡点,可直接计算液相组成;反之,已知组成,也可计算泡点,但一般需要试差计算,这是因为 $p_A^{\circ} = f_A(t)$ 和 $p_B^{\circ} = f_B(t)$ 通常是非线性函数。纯组分的饱和蒸气压 p° 与温度 t 的关系通常可以用安托因(Antoine)方程表示:

$$\lg p^{\circ} = A - \frac{B}{t + C} \tag{4-38}$$

式中:A、B、C 为该组分的安托因常数,常用物质的常数可以由手册查得。

(2) 气液两相平衡组成间的关系式

联立道尔顿分压定律和拉乌尔定律可得:

$$y_A = \frac{p_A}{P} = \frac{p_A^{\circ} x_A}{P} \tag{4-39}$$

(3) 气相组成与温度(露点)的定量表达式

将式(4-37)代入式(4-39)得到气相组成与温度(露点)之间的关系为:

$$y_A = \frac{p_A^{\circ}}{P} \frac{P - p_B^{\circ}}{p_A^{\circ} - p_B^{\circ}} = \frac{f_A(t)}{P} \frac{P - f_B(t)}{f_A(t) - f_B(t)} \tag{4-40}$$

例 4-3　某蒸馏釜的操作压强为 106.7kPa,其中溶液含苯摩尔分数为 0.2,甲苯摩尔分数为 0.8，求此溶液的泡点及平衡的气相组成。苯－甲苯溶液可作为理想溶液，纯组分的蒸气压为：

$$\lg p_A^\circ = 6.031 - \frac{1211}{t + 220.8} \quad \lg p_B^\circ = 6.080 - \frac{1345}{t + 219.5}$$

式中：p° 的单位为 kPa；温度 t 的单位为℃。

解： 已知 $x_A = 0.20$，$P = 106.7 \text{kPa}$，代入式(4-37)，得：

$$0.20 = \frac{106.7 - p_B^\circ}{p_A^\circ - p_B^\circ}$$

假设一个泡点 t，用安托因方程计算 p_A° 和 p_B°，代入上式做检验。设 $t = 103.9$℃，则：

$$\lg p_A^\circ = 6.031 - \frac{1211}{103.9 + 220.8} = 2.301，p_A^\circ = 199.99 \text{kPa}$$

$$\lg p_B^\circ = 6.080 - \frac{1345}{103.9 + 219.5} = 1.921，p_B^\circ = 83.37 \text{kPa}$$

将 p_A° 和 p_B° 代入 $\frac{P - p_B^\circ}{p_A^\circ - p_B^\circ}$，即 $\frac{P - p_B^\circ}{p_A^\circ - p_B^\circ} = \frac{106.7 - 83.37}{199.99 - 83.37} = 0.20 = x_A$。因此，假设正确，即溶液的泡点为 103.9℃。如泡点 t 假设不正确，则通过反复试差求得泡点温度。

用式(4-39)求得平衡气相组成 y_A 为：

$$y_A = \frac{p_A}{P} = \frac{p_A^\circ x_A}{P} = \frac{199.99 \times 0.20}{106.7} = 0.375$$

3. 相对挥发度

纯组分的饱和蒸气压只反映了纯液体挥发性的大小。在溶液中各组分的挥发性因受其他组分的影响而与纯组分不同，故不能用各组分的饱和蒸气压表示。溶液中各组分的挥发性定义为各组分的平衡蒸气分压与其液相摩尔分数的比值，即：

$$\nu_A = \frac{p_A}{x_A} \quad \nu_B = \frac{p_B}{x_B} \tag{4-41}$$

式中：ν_A、ν_B 称为溶液中 A、B 两组分的挥发度。

混合液中两组分挥发度之比称为相对挥发度 α，即：

$$\alpha = \frac{\nu_A}{\nu_B} = \frac{p_A / x_A}{p_B / x_B} \tag{4-42}$$

若气相服从道尔顿分压定律，即 $p_A = P \cdot y_A$ 和 $p_B = P \cdot y_B$，代入式(4-42)，得：

$$\alpha = \frac{y_A / y_B}{x_A / x_B} \tag{4-43}$$

对于双组分物系，$y_B = 1 - y_A$ 和 $x_B = 1 - x_A$，代入式(4-43)并略去下标 A 可得：

$$y = \frac{\alpha x}{1 + (\alpha - 1) x} \tag{4-44}$$

此式表示互呈平衡的气、液两相组成间的关系，称为相平衡方程。如能得知相对挥发度 α 的数值，由上式可算得气、液两相平衡浓度（y－x）的对应关系。

对于理想溶液,用拉乌尔定律(4-34)代入式(4-42)可得:

$$\alpha = \frac{p_A^\circ}{p_B^\circ} \tag{4-45}$$

式(4-45)表示理想溶液的相对挥发度仅依赖于各纯组分的性质。纯组分的饱和蒸气压 p_A° 和 p_B° 均为温度的函数,且随温度的升高而增大,所以,α 原则上随温度而变化。但 p_A° / p_B° 随温度的变化很小,因而通常取平均的相对挥发度 α_m 并视其为常数,这样相平衡方程(4-44)的应用更为方便。

4. 双组分非理想物系的气液相平衡关系

理想物系外的体系称为非理想物系。实际生产所遇到的大多数物系为非理想物系。对于非理想物系,当气液两相达到相平衡时,任一组分 i 在气相中的逸度 $py_i\varphi_i$ 与液相中的逸度 $f_{iL}x_i\gamma_i$ 相等,即:

$$Py_i\varphi_i = f_{iL}x_i\gamma_i \tag{4-46}$$

式中:φ_i 是气相 i 组分的逸度系数;γ_i 是液相 i 组分的活度系数;f_{iL} 是纯液体 i 在体系压强 p 和温度 T 下的逸度。

非理想物系包含气相不符合道尔顿分压定律和液相不符合拉乌尔定律的情况,以后者居多。不符合拉乌尔定律的液相称为非理想溶液。非理想溶液来源于异种分子间的作用力不同于同种分子间的作用力,表现为溶液中各组分的平衡蒸气压偏离拉乌尔定律。此偏差可正可负,分别称为正偏差溶液或负偏差溶液。实际溶液以正偏差居多。

正偏差溶液:当异分子间吸引力 f_{AB} 小于同分子间吸引力 f_{AA} 和 f_{BB} 时,溶液中的组分的平衡分压比拉乌尔定律预计的高,属于该类物系较多,如甲醇-水、乙醇-水、苯-乙醇等。

负偏差溶液:当异分子间吸引力 f_{AB} 大于同分子间吸引力 f_{AA} 和 f_{BB} 时,溶液中组分的平衡分压比拉乌尔定律预计的低,属于该类的物系有硝酸-水、氯仿-丙酮等。

非理想溶液与理想溶液的蒸气压比较如图 4-7 所示,组分在高浓度范围内其蒸气压与理想溶液接近,服从拉乌尔定律;在低浓度范围内,组分的蒸气压大致与浓度成正比,为亨利定律所描述的区域。可见,服从亨利定律只说明平衡蒸气压与浓度成正比,并不能说明溶液的理想性。服从拉乌尔定律才表明溶液的理想性。

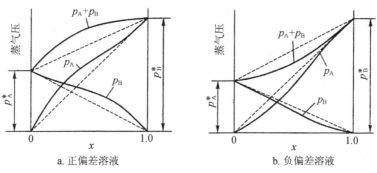

a. 正偏差溶液　　　　　　　　　b. 负偏差溶液

图 4-7　非理想物系的压强-组成图

在系统压力不是很高时,式(4-46)中的逸度系数 $\varphi_i = 1$,且 $f_{iL} = p_i^\circ$,气相仍服从道尔顿分压定律,即 $Py_i = p_i$,代入式(4-46),得:

$$p_i = p_i^\circ x_i \gamma_i \tag{4-47}$$

对于双组分物系,液相上方的平衡蒸气压为:

$$p_A = p_A^\circ x_A \gamma_A \tag{4-48a}$$

$$p_B = p_B^\circ x_B \gamma_B \tag{4-48b}$$

参照式(4-35)～式(4-39),可得到非理想溶液的气液相平衡关系。

若溶液和理想溶液比较具有较大的正偏差,当它们的正偏差大到一定程度,致使溶液在某一组成下两组分的蒸气压之和出现最大值时,该组成下溶液的泡点比两纯组分的沸点都低,出现最低恒沸点;对于某些负偏差溶液,将会出现最高恒沸点。最低恒沸点或最高恒沸点对应的组成称为恒沸组成。图 4-8 和图 4-9 分别表示了具有恒沸点的乙醇-水体系(正偏差溶

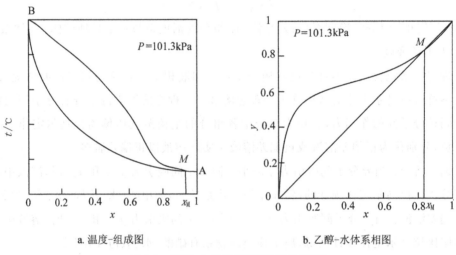

a. 温度-组成图　　　　　　　　　　　b. 乙醇-水体系相图

图 4-8　乙醇-水体系相图(正偏差溶液)

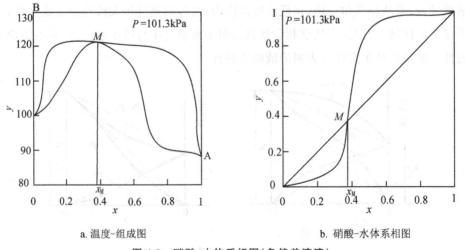

a. 温度-组成图　　　　　　　　　　　b. 硝酸-水体系相图

图 4-9　硝酸-水体系相图(负偏差溶液)

液,最低恒沸点)和硝酸-水体系(负偏差溶液,最高恒沸点)的 $t-x-y$ 图和 $y-x$ 相图。M
点为恒沸点,对应的组成就是恒沸组成。可见,在 M 点处,相平衡线与对角线相交,表明此
时的相对挥发度 $\alpha=1$。

　　5. 总压对气液相平衡的影响

　　上述相平衡曲线 $y-x$(包括理想系及非理想系)均以恒定总压为条件。同一物系,混合
物的温度愈高,各组分间挥发度的差异愈小。图 4-10 表示了压强对相平衡曲线的影响。当
总压低于两纯组分的临界压强时,气液两相共存区在全浓度范围内($x=0\sim1.0$)存在。而当
总压高于临界压强时,气液两相共存区缩小。实际所用的各种溶液的气液平衡数据一般均
由实验测得,大量物系的实验数据已列入专门书籍和手册以供查阅或检索。

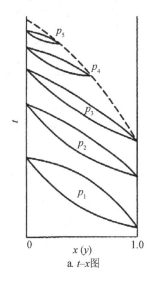
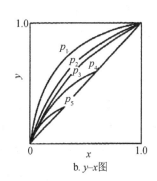

图 4-10　压强对相平衡曲线的影响

　　对于总压,也影响非理想物系的恒沸组成。乙醇-水体系的恒沸组成与总压的关系如表
4-6 所示。

表 4-6　乙醇-水体系在不同总压下的恒沸组成

P/kPa	101.3	50.7	25.3	12.7
x_M	0.894	0.915	0.94	0.99

4.4.3　液液相平衡

　　液液相平衡关系是萃取过程的热力学基础,它决定过程进行的方向、推动力大小和过程
的极限。同时,相平衡关系是进行萃取过程计算和分析过程影响因素的基本依据之一。

　　根据组分间的互溶度,混合液分为两类。

（1）Ⅰ类物系。组分 A、B 及 A、S 分别完全互溶，组分 B、S 部分互溶或完全不互溶。工业上常见的有丙酮（A）-水（B）-甲基异丁基酮（S）、乙酸（A）-水（B）-苯（S）及丙酮（A）-氯仿（B）-水（S）等。

（2）Ⅱ类物系。组分 A、S 及 B、S 形成两对部分互溶体系，如甲基环己烷（A）-正庚烷（B）-苯胺（S）、苯乙烯（A）-乙苯（B）-二甘醇（S）等。

在萃取操作中，第Ⅰ类物系较为常见，下面主要讨论这类物系的相平衡关系。

液液相平衡关系可用相图表示，也可用数学方程描述。对于组分 B、S 部分互溶体，相的组成、相平衡关系和萃取过程计算用图 4-11 所示的等腰直角三角形表示最为简明方便。

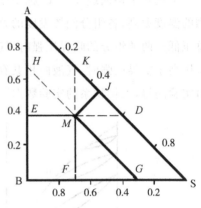

图 4-11　组成在三角形相图上的表示方法

1. 组成在三角形相图上的表示方法

在三角形坐标图中常用质量分数表示混合物的组成，三角形坐标图的每个顶点分别代表一个纯组分，即顶点 A 表示纯溶质 A，顶点 B 表示纯原溶剂（稀释剂）B，顶点 S 表示纯萃取剂 S。

三角形坐标图三条边上的任一点代表二元混合物，第三组分的组成为 0。例如 AB 边上的 E 点，表示由 A、B 组成的二元混合物，其中 A 的组成为 0.40，B 的组成为 0.60，S 的组成为 0。三角形坐标图内任一点代表一个三元混合物，图 4-11 中 M 点即表示由 A、B、S 三个组分组成的混合物，其组成可按下法确定：过点 M 分别作对边的平行线 ED、HG、KF，则由点 E、H、K 可直接读得 A、B、S 的组成分别为：

$$x_A = \overline{BE} = 0.40, \quad x_B = \overline{AH} = 0.30, \quad x_S = \overline{AK} = 0.30$$

3 个组分的质量分数之和等于 1，即 $x_A + x_B + x_S = 0.40 + 0.30 + 0.30 = 1$。

2. 液液相平衡关系

（1）溶解度曲线和联结线

设溶质 A 完全溶于 B 及 S，但 B 与 S 部分互溶，其平衡相图如图 4-12 所示。在一定温度下，B 与 S 以任意数量相混合，得到两个平衡的液层，其组成如图中的 E 和 R 所示，此两个液层称为共轭相。若改变萃取剂 S 的用量，则将得到新的共轭相。将代表各平衡液层组成坐标点连接起来，便得到实验温度下的该三元物系的溶解度曲线 CRPED。

若 B、S 完全不互溶，则点 C 和 D 分别与三角形的顶点 B 及 S 重合。

溶解度曲线将三角形分为两个区域，曲线以内的区域为两相区，以外的区域为均相区或单相区，萃取操作只能在两相区内进行。

连接共轭液相组成坐标的直线 RE 称为联结线。一定温度下，同一物系的联结线倾斜方向一般是一致的，各联结线互不平行；也有少数物系联结线的倾斜方向会发生改变。

一定温度下第 Ⅱ 类物系的溶解度曲线和联结线见图 4-13。

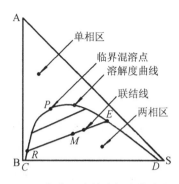

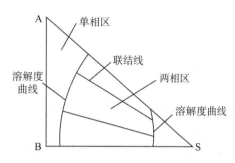

图 4-12　B、S 部分互溶的溶解度曲线和联结线　　**图 4-13　有两对组分部分互溶的溶解度曲线和联结线**

影响溶解度曲线形状和两相区面积大小的因素如下：在相同温度下，不同物系具有不同形状的溶解度曲线；同一物系，温度不同，两相区面积的大小将随之改变。通常，温度升高，组分间的互溶度加大，两相区面积变小。适当降低操作温度，对萃取分离是有利的。

（2）辅助曲线

一定温度下，测定体系的溶解度曲线时，实验测出的联结线的条数（即共轭相的对数）总是有限的，此时，为了得到任何已知平衡液相的共轭相的数据，常借助辅助曲线（亦称共轭曲线）。

辅助曲线又称共轭曲线，借助它可由某一相组成求得其共轭相组成。辅助曲线的作法如图 4-14 所示，通过已知点 R_1、R_2、R_3 等分别作 BS 边的平行线，再通过相应联结线的另一端点 E_1、E_2、E_3 等分别作 AB 边的平行线，各线分别交于点 J、K、H 等，连接这些交点所得的平滑曲线即为辅助曲线。

辅助曲线与溶解度曲线的交点 P，表明通过该点的联结线为无限短（共轭相组成相同），相当于这一系统的临界状态，故称点 P 为临界混溶点（又称褶点）。由于联结线通常都具有一定的斜率，因而临界混溶点一般不在溶解度曲线的顶点。临界混溶点由实验测得，只有当已知的联结线很短（即很接近于临界混溶点）时，才可用外延辅助曲线的方法求出临界混溶点。

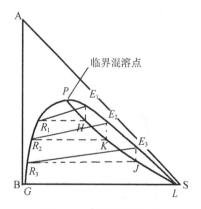

图 4-14　辅助曲线作法

一定温度下，三元物系的溶解度曲线、联结线、辅助曲线及临界混溶点的数据都是由实验测得，也可从手册或有关专著中查得。

（3）分配系数和分配曲线

①分配系数

一定温度下，某组分在互相平衡的 E 相与 R 相中的组成之比称为该组分的分配系数，

以 k 表示, 即:

$$k = \frac{\text{某组分在 E 相中的组成}}{\text{某组分在 R 相中的组成}} = \frac{y}{x} \qquad (4\text{-}49)$$

对于组分 A:

$$k_A = \frac{y_A}{x_A} \qquad (4\text{-}49a)$$

对于组分 B:

$$k_B = \frac{y_B}{x_B} \qquad (4\text{-}49b)$$

式中: y_A、y_B 分别为萃取相 E 中组分 A、B 的质量分数; x_A、x_B 分别为萃余相 R 中组分 A、B 的质量分数。

分配系数 k 表达了溶质在两个平衡液相中的分配关系。显然, k 值愈大, 萃取分离的效果愈好。k 值与联结线的斜率有关。同一物系, 其 k 值随温度和组成而变。一定温度下, 仅当溶质组成范围变化不大时, k 值才可视为常数。

对于萃取剂 S 与原溶剂 B 互不相溶的物系, 溶质在两液相中的分配关系与吸收中的类似, 即:

$$Y = KX \qquad (4\text{-}49c)$$

式中: Y 为萃取相 E 中溶质 A 的质量比组成; X 为萃余相 R 中溶质 A 的质量比组成; K 为相组成以质量比表示时的分配系数。

②分配曲线

溶质 A 在互为平衡的两液层中的组成, 在直角坐标图上采用分配曲线表示。以 x_A 为横坐标, y_A 为纵坐标, 在 x-y 直角坐标图上得到表示这一对共轭相组成的点 N, 如图 4-15 所示。每一对共轭相可得一个点, 将这些点连接起来即可得到曲线 ONP, 称为分配曲线。在图 4-15a 中的分层区内, E 相内溶质 A 的组成 y_{AE} 均大于 R 相内溶质 A 的组成 x_{AR}, 即分

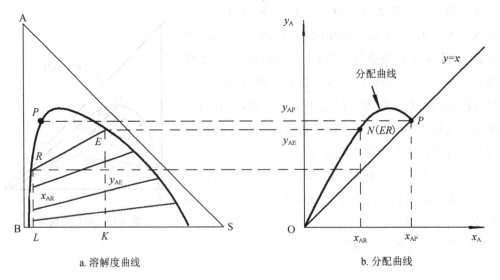

图 4-15 有一对组分部分互溶的分配曲线

配系数 $k_A > 1$,则分配曲线位于 $y = x$ 直线的上方,反之,则位于 $y = x$ 直线的下方。若随着溶质 A 组成的变化,联结线倾斜的方向发生改变,则分配曲线将与对角线出现交点,这种物系称为等溶度体系。

分配曲线表达了溶质 A 在互成平衡的 E 相与 R 相中的分配关系,故可由分配曲线的某一点求得三角形相图中相应的联结线 ER。

(4)温度对相平衡的影响

通常物系的温度升高,溶质在溶剂中的溶解度增大,如图 4-16 所示,溶解度曲线的形状和联结线的斜率都发生改变,温度升高,分层区面积减小,不利于萃取分离的进行。但温度太低,液体黏度增大,扩散系数减小,传质速率下降。因此,应选择适宜的萃取温度。

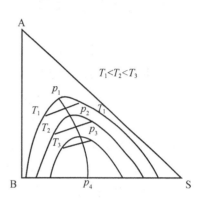

图 4-16　温度对互溶度的影响

3. 杠杆规则

将 $R\mathrm{kg}$ 的 R 相与 $E\mathrm{kg}$ 的 E 相相混合,便得到总量为 $M\mathrm{kg}$ 的混合液,如图 4-17 所示。反之,在分层区内,任意一点 M 所代表的混合液可分为两个液层 R、E。M 点称为和点,R 点和 E 点称为差点。混合液 M 与两液层 E、R 之间的关系可用杠杆规则描述。

(1)代表混合液总组成的 M 点和代表两液层组成 E 点和 R 点,应处于同一直线上。

(2)E 相和 R 相的量与线段 $\overline{MR}$ 和 $\overline{ME}$ 成比例,即:

$$\frac{E}{R} = \frac{\overline{MR}}{\overline{ME}} \tag{4-50}$$

式中:E、R 分别为 E 相和 R 相的质量,kg 或 kg/s;$\overline{MR}$、$\overline{ME}$ 分别为线段的长度。

应注意:图中点 R 及点 E 代表相应液相的坐标,而式中的 R 及 E 代表相应液相的质量或质量流量,下面内容均遵循此规定。

若于 A、B 二元料液 F 中加入纯溶剂 S,则混合液总组成的坐标点 M 将沿 SF 线而变,具体位置由杠杆规则确定,即:

$$\frac{S}{F} = \frac{\overline{MF}}{\overline{MS}} \tag{4-51}$$

杠杆规则是物料衡算的图解表示方法,为以后将要讨论的萃取操作中物料衡算的基础。

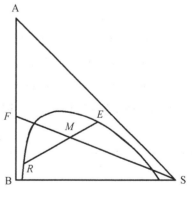

图 4-17　杠杆规则的应用

4.5　分离方法的选择

4.5.1　总的选择原则

一般而言,经济性是选择分离方法的总原则。所谓"经济性"是指对于可能使用的各种方法,从设备投资、原材料和能量消耗以及人工费用等方面进行综合比较,选择成本最低的分离方法。

事实上,由于各种复杂因素的相互作用,经济上完全的最优化很难达到,也很难评价是否达到最优。因此,可以考虑以经济合理性为选择分离方法的判据。为了实现经济上的合理性,通常需要进行全面的系统考虑,下面讨论主要的考虑因素。

但是,在某些特殊情况下,某些非经济因素可能成为选择分离方法的决定因素。例如第二次世界大战期间,对于铀同位素的分离,当时最重要的问题是尽快获得可用于裂变的浓缩 ^{235}U,因此有关各国均采用费用高但是技术上比较成熟,能够在最短时间内获得浓缩 ^{235}U 的气体扩散法。

4.5.2　分离方法选择时需要考虑的因素

1. 详细了解分离对象的各种信息

首先要了解待分离对象是哪一个生产工艺中的混合物以及它在该工艺中的地位。其次要了解其处理量、状态、温度、压力、组成以及可能随整个工艺条件的变化而发生的波动。还要确定分离要求并且了解分离完毕之后是得到最终产品还是得到中间产品。对整个生产工艺的宏观了解有助于全面地考虑问题。

2. 详细分析各组分的物化性质,初步确定可以应用哪些分离方法

例如在二甲苯异构体的分离中,首先分析各异构体分子之间的差别,进而选择使用的分离过程。3 种二甲苯和乙苯的部分性质列于表 4-7 中。由于他们是异构体,有相同的相对分子质量;这些异构体的沸点十分接近。因此,任何依靠相对分子质量差异进行的分离过程都不适用。

表 4-7　二甲苯和乙苯的性质

性质	邻二甲苯	间二甲苯	对二甲苯	乙苯
沸点/K	417.3	412.6	411.8	409.6
沸点随压强的变化/($\times 10^{-3}$K/Pa)	3.73	3.86	3.69	3.68
凝固点/K	248.1	225.4	286.6	178.4
相对分子质量	106.16	106.16	106.16	106.16

但是间位和邻位异构体的相对挥发度已经足够大,因而用精馏的方法可以使间二甲苯和邻二甲苯得到分离,不过,实现该精馏过程需要回流比为 15,并且要 100 块甚至更多的板数。

对位和间位二甲苯之间的相对挥发度很小,用普通的精馏分离是不可行的。然而,这两种异构体的明显性质差异是分子形状:间二甲苯接近于球形;对二甲苯则是细长分子,形状对称,容易堆砌在一起形成晶体结构,具有较高的凝固点,因而可以对混合物进行低温结晶处理达到分离目的。由于分子形状因素对于吸附过程的影响较大,也可以利用分子筛进行吸附,它对二甲苯异构体的分离因子更大。目前,已经开发出了以分子筛工艺为基础的连续大型吸附装置,部分取代了结晶过程。

物质挥发性与气液两相平衡性质的差别是普遍存在的物性差,而且即使常温下是气态或者固态的物质可以通过改变温度和压力的方法建立气液两相共存的状态。精馏过程简单,一般不需要加入另外的物料。因此,它是应用最广泛的一种分离方法,特别是在大规模的石油炼制等工业中,精馏是普遍使用的分离过程。实际上,当相对挥发度大于 1.05 时就可以毫不犹豫地选择精馏的方法,除非存在明显的不适用蒸馏的理由。通常不采用蒸馏的因素有:对产品的热损害,相对挥发度接近于 1,以及如果采用蒸馏需要极端操作条件(过高或过低温度和压力)。精馏的缺点是能耗高,所以设计精馏过程时要注意考虑节能的问题,例如多组分混合物精馏分离时一般先分离出挥发度大的组分。

3. 从混合物自身的具体情况分析各种方法的经济合理性

在选择分离方法时,通常需要考虑混合物的处理量和各组分含量的多少。处理的规模常常成为选择分离方法的决定因素。通常生产规模大需要更多考虑降低能耗、物耗等经常性费用;生产规模小,则宜采用比较简单(即设备较少,流程较短)的过程。例如对空气的分离,大规模情况下采用深冷精馏法是最经济的;若是小规模的,则变压吸附法比较经济;如果规模为中等,利用中空纤维膜分离法更合算。

混合物中各组分的含量多少也会影响到分离方法的选择。例如对于极稀生物质水溶液的浓缩,使用蒸发需蒸出大量的水,因此与使用萃取或者吸附方法相比较,其能耗和设备投资可能要高得多。

4. 工艺条件是否容易达到

选择分离方法应考虑其工艺条件易于实现,尽量避免极端工艺条件的出现。所谓的极端工艺条件是指不易实现的高温、低温、高压和低压等操作条件。这些极端的工艺条件需要较高的设备条件,消耗较多的能量,有特殊的安全问题和要付出较高的经济代价。例如,氯化钠和氯化钾混合物的分离,理论上可用蒸馏或蒸发,但是他们的挥发度特别小,要求极高的温度和极低压力,因此宜采用其他的分离方法。

需要强调的一点是,"极端"是相对的。如需要 200℃ 蒸气,对于没有高压蒸气的厂来讲是特殊的条件,而对于已有高压蒸气的厂来说,则是一般操作条件。

5. 技术可行性

所谓"技术可行性"主要是指技术的成熟性,即目前对于该技术掌握的程度。这里既包括某项技术普遍被掌握的程度,还要考虑使用单位自身对于该技术的使用经验和熟悉程度。越成熟的技术其风险就越小,而投资风险本身也是衡量经济性的一个指标。

6.过程安全性

所选择的分离过程在操作时应该是相对安全的,使用有毒和可燃物料的分离过程要特别注意,它们的泄漏和引发的燃烧与爆炸均会对操作人员的人身安全带来损害,对工厂的财产造成损失,对周边的环境造成污染,这将使过程总体的经济性大打折扣。

还要考虑产品在使用时的安全性。如果使用溶剂或吸附剂等质量分离剂则必须考虑它是否会对最终用户造成安全隐患。通常在产品的主要成分含量合格时容易忽略微量杂质所带来的后果。

对于以上各要点的考察应该综合进行,并且要反复进行。同时,分离过程的选择和组织还要依赖于设计者的实际经验。

▶▶▶▶ 习　　题 ◀◀◀◀

1. 已知气相混合物中 A 组分的摩尔分数为 0.01048,计算 A 组分的摩尔比。($X_A =$ 0.0106)

2. 已知均相液体混合物中 A 组分的摩尔浓度为 0.582kmol/m³, A 的摩尔质量为 17kg/kmol,计算 A 组分的质量浓度。(9.894kg/m³)

3. 固体颗粒床层的体积为 0.3m³,将该颗粒床层的所有颗粒倒入装有 0.5m³ 水的塑料桶中,水面升高,增加了 0.18m³ 的体积,计算该固体颗粒床层的空隙率。(0.533)

4. 在总压为 101.3kPa 和温度为 30℃的条件下,已知 1000kg 水中溶解有 200kg 氨气。若溶液上方气相中的氨气平衡分压为 35kPa,计算此时的相平衡常数、亨利系数和溶解度系数。[1.98,200kPa,0.278kmol/(kPa·m³)]

5. 已知正戊烷(A)和正己烷(B)的饱和蒸气压与温度之间的关系如本题附表所示,正戊烷-正己烷溶液可视为理想溶液,总压为 101.33kPa,计算表中各温度下的气相和气液平衡数据以及相对挥发度,并作出 $t-x-y$ 图和 $y-x$ 相图。(略)

习题 5 附表

温度/℃	正戊烷饱和蒸气压(p_A^0)/kPa	正己烷饱和蒸气压(p_B^0)/kPa	温度/℃	正戊烷饱和蒸气压(p_A^0)/kPa	正己烷饱和蒸气压(p_B^0)/kPa
36.1	101.33	31.98	50	185.18	64.44
40	115.62	37.26	60	214.35	76.36
45	136.05	45.02	65	246.89	89.96
50	159.16	54.04	68.7	273.28	101.33

6. 乙酸(A)-水(B)-二异丙醚(S)在 20℃下的平衡数据如本题附表所示。

习题 6 附表

序号	水相			二异丙醚相		
	$w_A/\%$	$w_B/\%$	$w_C/\%$	$w_A/\%$	$w_B/\%$	$w_C/\%$
1	0.69	98.1	1.2	0.18	0.5	99.3
2	1.40	97.1	1.5	0.37	0.7	98.9
3	2.90	95.5	1.6	0.79	0.8	98.4
4	6.40	91.7	1.9	1.90	1.0	97.1
5	13.30	84.4	2.3	4.80	1.9	93.3
6	25.50	71.1	3.4	11.40	3.9	84.7
7	37.00	58.6	4.4	21.60	6.9	71.5
8	44.30	45.1	10.6	31.10	10.8	58.1
9	46.40	37.1	16.5	32.20	15.1	48.7

在直角三角形相图上作出溶解度曲线和辅助线曲线。并计算序号 1、4 和 7 的分配系数及选择性系数。($k_A = 0.261, 0.297, 0.584; k_B = 0.0051, 0.0109, 0.1178; \beta = 51.2, 27.2, 4.96$)

7. 某混合气体中含有 30%(体积分数)的 O_2,其余为空气。在 101.3kPa 及 25℃条件下,用清水吸收其中的 O_2,求液相中 O_2 的最大浓度(摩尔分数)及溶解度系数。[$6.85 \times 10^{-6}, 1.244 \times 10^{-8}$ kmol/($m^3 \cdot$ Pa)]

8. 安托因方程为 $\ln p° = A - B/(T+C)$,其中 $p°$ 的单位为 mmHg,T 的单位为 K,试作出总压为 900mmHg 时苯-甲苯体系的温度-组成图和气液组成图。苯、甲苯的 A、B、C 数据见本题附表。

习题 8 附表

	A	B	C
苯	15.9008	2788.51	-52.36
甲苯	16.0137	3096.52	-53.67

第5章

机械分离

5.1 概述

众所周知,河水里夹带有泥砂,空气中含有灰尘。自然界中的流体都不是单相的,而是以水或空气等流体为连续相,以悬浮在流体中的"粒子"为分散相的非均相混合物。显然,要得到纯净的水或空气,就需要把分散的粒子同流体分开,即非均相混合物的分离问题。工业上,对非均相混合物加以分离可以达到以下目的:

(1) 回收有价值的分散物质。例如,从催化反应器出来的气体,往往夹带着较为昂贵的催化剂颗粒,必须回收循环使用;从某些类型干燥器出来的气体及从结晶器出来的晶浆中带有一定量的固体颗粒,必须回收以提高产品产量;在某些金属冶炼过程中,烟道气中常悬浮着一定量的金属化合物或金属烟尘,收集这些物质不仅能提高该种金属的生产率,而且也能为提炼其他金属提供原料。

(2) 净化分散介质以满足后继生产工艺的要求。例如,某些催化反应的原料气中夹带有会影响催化剂活性的杂质,必须在气体进入反应器之前除去其中尘粒状的杂质,以保证催化剂的活性。

(3) 环境保护和安全生产。为了保护人类生态环境,清除工业污染,要求对排放的废气、废液中有毒的物质加以处理,使其浓度符合排放标准;很多含碳物质及金属细粉会与空气形成爆炸物,必须除去以消除爆炸隐患。

由于非均相混合物中分散相和连续相具有不同的物理性质,故工业上一般都采用机械分离过程。要实现这种分离,必须使分散相与连续相之间发生相对运动。根据两相运动方式的不同,机械分离可按两种操作方式进行,即:

(1) 颗粒相对于流体(静止或运动)运动的过程称为沉降分离。实现沉降操作的作用力可以是重力(重力沉降),也可以是离心力(离心沉降)。

(2) 流体相对于固体颗粒床层运动而实现固液分离的过程称为过滤。实现过滤操作的外力可以是重力、压强差或离心力。因此,过滤操作又可分为重力过滤、加压过滤、真空过滤和离心过滤。

气态非均相混合物的分离,工业上主要采用重力沉降和离心沉降方法。在某些场合,根据颗粒的粒径和分离程度要求,也可采用惯性分离器、袋滤器、静电除尘器或湿法除尘设备等。此外,还可采用其他措施,预先增大微细粒子的有效尺寸后再加以机械分离。例如,使含尘或含雾气体与过饱和蒸气接触,发生以粒子为核心的冷凝;也可以将含尘气体引入超声场内,使细粒碰撞附聚成较大颗粒,然后进入旋风分离器进行气固分离。

对于液态非均相物系,根据工艺过程要求可采用不同的分离操作。若要求悬浮液在一定程度上增浓,可采用重力增稠器或离心沉降设备;若要求固液较彻底地分离,则要通过过滤操作达到目的。

5.2 通过固定床层的流体流动

在许多技术生产中,都会遇到液体或气体通过固体颗粒床层的情况。最主要的例子就是过滤以及液体和气体逆流通过填料塔。在过滤过程中,固体颗粒床层由从悬浮液分离出来的固体颗粒组成。

固体颗粒床层由固体颗粒组成。对于球形颗粒,表面积 $S = \pi \cdot d_p^2$,体积 $V = (1/6)\pi d_p^3$,其比表面积为 $6/d_p$。对于其他不规则形状的颗粒,定义球形度 Φ_s。球形度 Φ_s 为与不规则形状颗粒体积相等的球体的比表面积除以不规则形状颗粒的比表面积,即:

$$\Phi_s = \frac{S/V}{S_p/V_p} = \frac{6/d_p}{S_p/V_p} \quad \text{或} \quad \frac{S_p}{V_p} = \frac{6}{\Phi_s d_p} \tag{5-1}$$

式中:S 为球形颗粒表面积,m^2;V 为球形颗粒体积,m^3;S_p 为不规则形状颗粒表面积,m^2;V_p 为不规则形状颗粒体积($V_p = V$),m^3;d_p 为与不规则形状颗粒体积相等的球形颗粒直径,m。

由于在相同体积但不同形状的颗粒中,球形颗粒表面积最小,因此对于非球形颗粒,总有 $\Phi_s < 1$。颗粒的形状越接近球形,Φ_s 越接近 1;对于球形颗粒,$\Phi_s = 1$。

流体通过固体颗粒床层,床层中所有固体颗粒对流体产生阻力,该阻力与流体雷诺准数、流体流动状态(层流或湍流)、曳力、边界层分离及漩涡都有关。因此,计算流体通过固体颗粒床层压降最常见的办法是估算床层中曲折孔道的固体壁面对流体的阻力。由于床层中实际孔道很不规则,且形状各异,方向不同,所以要假设床层由均匀统一的圆形通道(圆形通道直径为当量通道直径 d_e)并联而成,这些通道的总表面积及总体积与实际床层的总表面积及空隙体积一致。而实际床层的总表面积等于每个颗粒的表面积乘以颗粒数,或等于颗粒比表面积乘以床层内颗粒总体积。

n 个长度为 L 且相互并联的直径为 d_e 的圆形通道的总表面积为 $n\pi d_e L$,它等于实际床层的总表面积。实际床层的总表面积为颗粒比表面积 S_p/V_p 乘以床层内颗粒总体积 $S_0 L(1-\varepsilon)$,其中 S_0 是实际床层横截面积,ε 是实际床层空隙率,则:

$$n\pi \cdot d_e L = \frac{S_p}{V_p} S_0 L(1-\varepsilon) \tag{5-2}$$

将式(5-1)代入式(5-2),得:

$$n\pi \cdot d_e L = \frac{6}{\Phi_s d_p} S_0 L(1-\varepsilon) \tag{5-3}$$

n 个长度为 L 且相互并联的直径为 d_e 的圆形通道的总体积与实际床层的空隙体积相等,即:

$$\frac{1}{4} n\pi \cdot d_e^2 L = S_0 L \varepsilon \tag{5-4}$$

联立式(5-3)和式(5-4)得到当量通道直径 d_e 的计算公式为:

$$d_e = \frac{2}{3} \Phi_s d_p \frac{\varepsilon}{1-\varepsilon} \tag{5-5}$$

床层压降取决于流体在床层颗粒空隙中流动的实际流速 u'。流体的体积流量除以床层截面积为空床流速或表观流速 u。实际流速 u' 与空床流速或表观流速 u 成正比,与床层空隙率 ε 成反比,即:

$$u' = u/\varepsilon \tag{5-6}$$

流体在非常低的雷诺准数下流动时,其压降与速度的 1 次方成正比,与管道直径平方成反比,这符合层流在圆形直管中流动时的哈根-泊谡叶公式。考虑到实际孔道并非严格的平行直通道,将式(5-5)和(5-6)代入哈根-泊谡叶公式(1-67)中,并引入校正因子 λ,整理后,得:

$$\frac{\Delta p}{L} = \frac{72\lambda u \mu}{\Phi_s^2 d_p^2} \cdot \frac{(1-\varepsilon)^2}{\varepsilon^3} \tag{5-7}$$

通过实验得到 $72\lambda = 150$,即:

$$\frac{\Delta p}{L} = \frac{150\mu \cdot u}{\Phi_s^2 d_p^2} \cdot \frac{(1-\varepsilon)^2}{\varepsilon^3} \tag{5-8}$$

该式常被用来描述流体通过多孔介质的层流流动。

随着流体流过颗粒床层的流速增加,压降 Δp 相对于 u 的曲线斜率也会增加。流体通过多孔介质由层流流动转变成湍流流动。流体通过多孔介质的湍流流动在颗粒床层的压降经验关联式为:

$$\frac{\Delta p}{L} = \frac{1.75\rho \cdot u^2}{\Phi_s d_p} \cdot \frac{1-\varepsilon}{\varepsilon} \tag{5-9}$$

一个包含整个流体流速范围的方程为:

$$\frac{\Delta p}{L} = \frac{150\mu \cdot u}{\Phi_s^2 d_p^2} \cdot \frac{(1-\varepsilon)^2}{\varepsilon^3} + \frac{1.75\rho \cdot u^2}{\Phi_s d_p} \cdot \frac{(1-\varepsilon)}{\varepsilon^3} \qquad (5-10)$$

式中：ρ 为流体密度；μ 为流体黏度。

5.3　过滤

5.3.1　概述

过滤是分离悬浮液最普遍和最有效的单元操作之一。过滤是将悬浮液通过多孔介质，将固体颗粒截留在多孔介质上，而液体通过多孔介质孔道，实现从液相中分离固体的操作。过滤采用的多孔介质称为过滤介质，悬浮液称为滤浆，截留在多孔介质上的固体颗粒称为滤饼，通过介质孔道的液体称为滤液，如图 5-1 所示。为了使液体能够流过过滤介质，需再施加一个外力作为过滤推动力。外力可以是压强差、离心力和重力。在化工中应用最多的还是以压强差 Δp 作为推动力的过滤。

在工业操作中，有两种过滤方式：饼层过滤和深床过滤。饼层过滤是滤浆中的固体颗粒沉积在过滤介质表面而形成一层滤饼层。在深床过滤中，固体颗粒并不形成滤饼，而是沉积于较厚的过滤介质床层内部。

饼层过滤如图 5-2 所示，过滤介质中的微细孔道直径可能大于滤浆中的部分固体颗粒的直径。在过滤刚开始时，有微小固体颗粒穿过过滤介质而使滤液浑浊，但是这些微小颗粒在孔道内发生"架桥"现象（过滤架桥见二维码），即使小于过滤介质孔道直径的微小颗粒也无法穿过过滤介质。这时，滤饼开始形成，滤液开始变清，过滤能有效进行。在饼层过滤中，真正发挥拦截作用的是滤饼层，而非过滤介质。

过滤架桥
二维码

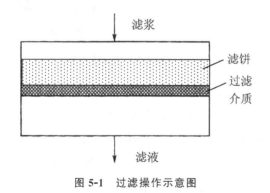

图 5-1　过滤操作示意图

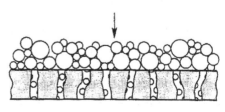

图 5-2　滤饼过滤机理

压强差过滤最常见的设备是压滤机、叶滤机和转筒真空过滤机。

1. 板框压滤机

压滤机中最常见的是板框压滤机。板框压滤机的结构如图 5-3 所示。板框压滤机见二维码。板框压滤机包含有一系列的滤板和滤框,滤板和滤框的角端均开有圆孔,如图 5-4 所示。滤板的每个表面都用过滤介质(滤布)覆盖。滤板上刻有凹形通道,液体可以顺着板上凹形通道排出。滤板又分为洗涤板和过滤板两种。滤板厚 6～50mm,滤框厚 6～200mm。滤板和滤框垂直放在金属轨道上,按过滤板—滤框—洗涤板—滤框—过滤板—滤框—洗涤板—…的顺序排列,用螺杆紧紧地挤压在一起,如图 5-3 和图 5-5 所示。

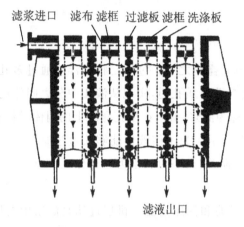

图 5-3　板框压滤机示意图

板框压滤机二维码

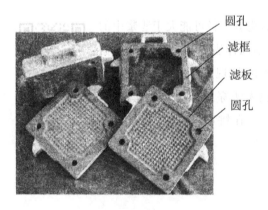

图 5-4　滤板和滤框

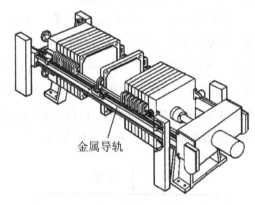

图 5-5　板框压滤机

滤板和滤框上部的一侧角端圆孔构成滤浆通道,其中滤框圆孔处开设暗孔,滤板下部设滤液出口,如图 5-6a 所示。滤板和滤框上部的另一侧角端圆孔构成洗水通道,滤板分为洗涤板和过滤板两种,洗涤板圆孔处开设暗孔,而过滤板圆孔处没有开设暗孔,如图 5-6b 所示。

滤浆在泵提供的 3×10^5～10×10^5 Pa 的压强下从滤浆通道通过滤框圆孔的暗孔,流入一块块顺序排列的滤框,滤浆中的固体颗粒被覆盖于滤板面上的过滤介质(滤布)拦截。滤液在滤板面上汇流后向下流动,最后由滤液出口排出,如图 5-6a 所示。当板框装满固体颗

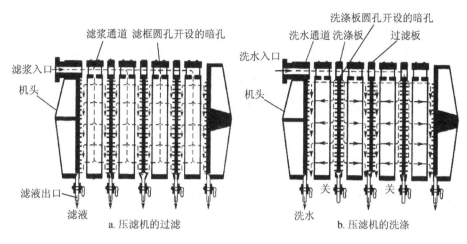

图 5-6　板框压滤机的过滤和洗涤

粒,滤液不再流出且过滤压强突然升高时,过滤停止。若滤饼需要洗涤,可将洗水压入洗水通道,此时应关闭洗涤板下部的滤液出口。洗水通过洗涤板圆孔处的暗孔进入洗涤板,在压强差 Δp 推动下穿过一层滤布及整个厚度的滤饼,然后再横穿一层滤布,进入过滤板,最后由过滤板下部的滤液出口排出,如图 5-6b 所示。这种操作叫横穿洗涤法。显然,洗涤与过滤时液体所走的路径是不同的,过滤时的面积是洗涤时的 2 倍,而过滤时滤液经过的滤饼厚度仅为洗涤时的 1/2。洗涤结束后,旋开压紧装置并将板框拉开,卸除滤饼,清洗滤布,重新组合,进入下一个操作循环。

　　板框压滤机的缺点是间歇操作,卸除滤饼和重新装卸的人工费用和停车期间的费用占总费用可观的比例。但板框压滤机操作简单,非常通用和操作灵活,当滤浆黏度大或滤饼阻力很大时,可在高压强差下操作。随着现代注塑技术和橡胶技术的发展,板框压滤机正逐步被厢式压滤机和隔膜式压滤机取代。

　　2. 叶滤机

　　板框压滤机有很多用途,但是当滤浆的处理量很大且需要大量的洗涤液量时,压滤机就不经济了,而且洗涤液可能会在滤饼内部冲刷出孔道而形成沟流。如图 5-7 所示的叶滤机能用于处理量很大的过滤且洗涤效率高,能节省劳力。叶滤机见二维码。

叶滤机二维码

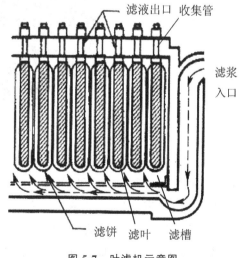

图 5-7　叶滤机示意图

　　叶滤机中的滤叶是金属丝网组成的空心框架,上面覆盖滤布。许多这样的滤叶平行排列在一个封闭的滤槽中。滤浆进入滤槽并在压强差下通过滤布,滤饼在滤布之外沉积。滤液流入滤叶丝网空心框架的内部,从收集管中流出。洗涤时,洗水的流经路径与滤浆相同,这种洗涤方法称为置换洗涤法。因此,叶滤机的洗涤效率比板框机要高。如果固体滤渣需要被清除,无需打开叶滤机,只需简便的喷射洗水就可除去滤渣。

　　叶滤机也有间歇操作的缺点,过滤、洗涤、固体滤渣清除等一系列操作有待于进一步自动化。

　　3.转筒真空过滤机

　　板框压滤机和叶滤机都是间歇操作,因此在大规模生产中将不可避免增加成本。连续真空过滤机是一种连续操作的过滤机械,可避免上述缺点,因而广泛应用于各种工业生产中。

　　转筒真空过滤机结构如图 5-8 所示。转筒真空过滤机见二维码。设备的主体是一个能转动的水平圆筒,其表面有一层金属网,网上覆盖滤布,圆筒的下部浸入滤浆中,如图 5-9 所示。圆筒沿径向分隔成若干扇形格,每格都有单独的孔道通至分配头。圆筒转动时,借助分配头的作用使这些孔道依次分别与真空管和压缩空气管相通,因而在回转一周的过程

转筒真空过滤机二维码

中,每个扇形格表面可顺序进行过滤、洗涤、吹松、卸饼等操作。转筒真空过滤机的过滤面积一般为 $5\sim60\text{m}^2$,圆筒转速通常为 $0.1\sim3\text{r/min}$。滤饼厚度一般保持在 40mm 以内。

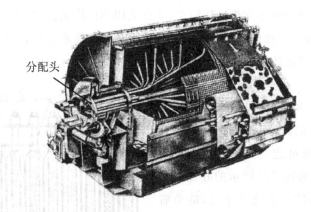

分配头

图 5-8　转筒真空过滤机

　　分配头由转动盘和固定盘组成,转动盘和固定盘紧密贴合。转动盘随圆筒体一起旋转,而固定盘内侧面各凹槽 f、g 和 h 分别与各自的管道(凹槽 f 真空管道、凹槽 g 真空管道和凹槽 h 压缩空气管道)相通。如图 5-9 所示,当扇形格 1 开始浸入滤浆中,转动盘上相应的小孔与固定盘上的凹槽 f 相通,从而与凹槽 f 的真空管道连通,产生压强差 Δp,吸走滤液。图上扇形格 1~7 所处的位置称为过滤区。扇形格转出滤浆槽后,仍与凹槽 f 相通,继续吸干残

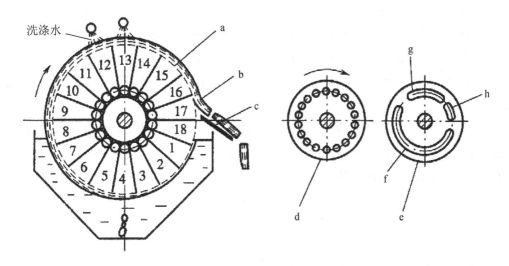

图 5-9　转筒真空过滤机过滤示意图

a-水平圆筒(转筒);b-滤饼;c-刮刀;d-转动盘;e-固定盘;f-吸走滤液的真空凹槽;g-吸走洗水的真空凹槽;h-通入压缩空气的凹槽

留在滤饼中的滤液。扇形格 8～10 所处的位置称为吸干区。扇形格转到 12 的位置时,洗涤水喷洒到滤饼上,此时扇形格与固定盘凹槽 g 相通,从而与凹槽 g 真空管道连通,吸走洗水。扇形格 12 和 13 所处的位置称为洗涤区。而扇形格 11 对应于固定盘凹槽 f 与 g 之间,不与任何管道相连通,该位置称为不工作区。扇形格 14 所处的位置称为吸干区。扇形格 15 对应于固定盘凹槽 g 与 h 之间,也为不工作区。扇形格 16 和 17 与固定盘凹槽 h 相通,从而与凹槽 h 压缩空气管道连通,压缩空气从内向外穿过滤布而将滤饼吹松,随后由刮刀将滤饼卸除。扇形格 16 和 17 所处的位置称为吹松区和卸料区。扇形格 18 对应于固定盘凹槽 h 与 f 之间,也为不工作区。一旦滤饼清除,圆筒体重新进入滤浆,开始一个新的循环,整个圆筒表面构成连续的过滤操作。转筒真空过滤机操作时,整个圆筒的 30％～40％浸入滤浆中,滤浆必须连续地进入过滤机。转筒真空过滤机的操作取决于三个主要因素:圆筒速率、真空度和圆筒浸入滤浆的比例。

转筒真空过滤机能连续自动操作,节省人力,生产能力大,特别适合于处理量大且容易过滤的料浆。但该过滤机附属设备较多,投资费用高,过滤面积不大。此外,由于它是真空操作,因而过滤推动力(即压强差)有限,而且滤饼的洗涤也不充分。

5.3.2　过滤流体的压强差与速率的关系

过滤是流体通过多孔介质的一个典型例子。在过滤中,滤浆流经滤饼层和过滤介质,随着过滤的进行,滤饼层越来越厚,滤液的流动阻力将越来越大,此时或降低滤液的流速,或增大压强差。在恒压过滤中,压强差是恒定的,而滤液的流速随时间增加而降低;在恒速过滤中,滤液的流速恒定,而压强差缓慢增大。恒速过滤不常见,我们经常讨论的是恒压过滤。

　　滤浆流经滤饼层和过滤介质,产生滤饼层阻力和过滤介质阻力。在过滤初始阶段,过滤介质阻力十分重要,而滤饼阻力为 0。随着时间的流逝,滤饼阻力开始形成并逐渐增大,滤饼阻力越来越重要。过滤结束后用洗水洗涤滤饼,洗涤时这两种阻力恒定,但滤饼阻力远大于过滤介质阻力,故过滤介质阻力通常被忽略。

　　滤浆进入滤饼层和过滤介质,形成滤液后流出。滤饼层厚度为 L,滤饼层的横截面积即过滤面积为 A,滤液流过滤饼层和过滤介质产生的压强差为 Δp。以过滤速度 u 为单位过滤时间单位过滤面积上通过的滤液量,即:

$$u = \frac{\mathrm{d}V}{A\,\mathrm{d}t} \tag{5-11}$$

式中:V 为滤液量,m^3;A 为过滤面积,m^2;t 为过滤时间,s。

　　压强差 Δp 与过滤速度 u 之间的关系用式(5-8)表示,即:

$$\Delta p = \frac{150\mu \cdot uL}{d_p^2 \Phi_s^2} \cdot \frac{(1-\varepsilon)^2}{\varepsilon^3} \tag{5-12}$$

　　由式(5-1)得 $d_p\Phi_s = 6(V_p/S_p)$,代入式(5-12),得:

$$\Delta p = \frac{4.17\mu \cdot uL(1-\varepsilon)^2(S_p/V_p)^2}{\varepsilon^3} \tag{5-13}$$

式中:Δp 为滤浆通过厚度为 L 的滤饼层产生的压强差;μ 为滤液黏度;u 为过滤面积上滤液的过滤速度;S_p 为单个颗粒的表面积;V_p 为单个颗粒的体积;ε 为滤饼的空隙率。

　　合并式(5-13)和式(5-11),得:

$$u = \frac{\mathrm{d}V}{A\,\mathrm{d}t} = \frac{\varepsilon^3}{4.17(S_p/V_p)^2(1-\varepsilon)^2} \cdot \frac{\Delta p}{\mu L} \tag{5-14}$$

　　式(5-14)是黏度 μ 的滤液通过厚度 L 和过滤面积 A 的滤饼层产生的过滤速度 u 与压强差 Δp 的关系表达式。

　　定义过滤速率为 $\mathrm{d}V/\mathrm{d}t$。过滤速率 $\mathrm{d}V/\mathrm{d}t$ 除以过滤面积 A 即为过滤速度 u。由式(5-14)得到:

$$\frac{\mathrm{d}V}{\mathrm{d}t} = \frac{\varepsilon^3}{4.17(S_p/V_p)^2(1-\varepsilon)^2} \cdot \frac{A\Delta p}{\mu L} = \frac{A\Delta p}{\mu R'} \tag{5-15}$$

式中:R' 为过滤阻力,即:

$$R' = \frac{4.17L(S_p/V_p)^2(1-\varepsilon)^2}{\varepsilon^3} \tag{5-16}$$

　　在过滤中有两种阻力:一种是滤饼阻力 R。滤饼阻力 R 随过滤的进行而不断增加。另一种是过滤介质阻力 R_e。过滤介质阻力 R_e 可认为是常数。故 $R' = R + R_e$,代入式(5-15),得:

$$\frac{\mathrm{d}V}{\mathrm{d}t} = \frac{A\Delta p}{\mu(R + R_e)} \tag{5-17}$$

　　如滤饼不可压缩,则滤饼阻力 R 与滤饼的堆积量成正比。由于滤饼层的横截面积,即过

滤面积 A 不变,故滤饼阻力 R 仅与滤饼层的厚度 L 成正比,即:

$$R = rL \tag{5-18}$$

式中: L 为滤饼层厚度; r 是比阻。比阻 r 是单位厚度滤饼的阻力,它反映颗粒的形状、尺寸及床层空隙率对滤液流动的影响。

设想用一层厚度为 L_e 的滤饼代替过滤介质,它具有与过滤介质相同的阻力,则:

$$R_e = rL_e \tag{5-19}$$

将式(5-18)与式(5-19)代入式(5-17)得:

$$\frac{dV}{dt} = \frac{A\Delta p}{\mu r(L + L_e)} \tag{5-20}$$

式(5-20)表述过滤速率 dV/dt 与压强差 Δp 的关系。在恒压过滤中,压强差 Δp 为常数,过滤面积 A 也是常数。当过滤过程中温度恒定,滤液黏度 μ 为常数。对于不可压缩的滤饼,其比阻 r 也是常数。过滤介质阻力 R_e 通常也被认为是常数,故 L_e 也是常数。

滤饼的体积为滤饼层的厚度 L 乘以过滤面积 A。若每获得一个单位体积的滤液所形成的滤饼体积为 c,即:

$$c = \frac{LA}{V} \tag{5-21a}$$

则任一瞬间,滤饼厚度 L 和滤液体积 V 的关系可用下式计算:

$$L = \frac{cV}{A} \tag{5-21b}$$

式中: c 为常数, m^3/m^3,它取决于浆液中固体颗粒的尺寸和浓度。

同理:

$$L_e = \frac{cV_e}{A} \tag{5-22}$$

式中: V_e 为过滤介质的当量滤液体积, m^3。

将式(5-21b)和(5-22)代入过滤基本方程(5-20)得到:

$$\frac{dV}{dt} = \frac{A^2 \Delta p}{\mu \cdot rc(V + V_e)} \tag{5-23}$$

即:

$$(V + V_e)dV = \frac{A^2 \Delta p}{\mu \cdot rc}dt \tag{5-24}$$

当 Δp、r、c、μ 和 A 是常数,对式(5-24)积分,得:

$$\int_0^V (V + V_e)dV = \frac{A^2 \Delta p}{\mu \cdot rc}\int_0^t dt \tag{5-25a}$$

$$\frac{V^2}{2} + V_e V = \frac{\Delta p A^2}{\mu rc}t \tag{5-25b}$$

即:

$$V^2 + 2VV_e = \frac{2\Delta p A^2}{\mu rc}t \tag{5-25}$$

定义一个过滤常数 K 为:

$$K = \frac{2\Delta p}{\mu rc} \tag{5-26}$$

将过滤常数 K 代入式(5-24)和(5-25)得：

$$(V + V_e)\mathrm{d}V = \frac{K}{2}A^2\mathrm{d}t \tag{5-27}$$

$$V^2 + 2VV_e = KA^2t \tag{5-28}$$

式(5-28)还可改写成另一种形式：

$$q^2 + 2qq_e = Kt \tag{5-28a}$$

式中：q 和 q_e 分别为单位过滤面积上获得的滤液体积和当量滤液体积，$\mathrm{m}^3/\mathrm{m}^2$，即 $q = V/A$，$q_e = V_e/A$。

当过滤介质阻力可以忽略，则 $L_e = 0$，故 $V_e = 0$ 和 $q_e = 0$。则式(5-28)和(5-28a)变成：

$$V^2 = KA^2t \tag{5-29}$$

$$q^2 = Kt \tag{5-29a}$$

另外，式(5-27)还可写成差分形式，即：

$$\frac{\Delta t}{\Delta V} = \frac{2}{KA^2}V + \frac{2V_e}{KA^2} \tag{5-30}$$

式(5-30)中过滤常数 K 可以通过实验测定。

5.3.3　滤饼洗涤

在过滤结束后，滤饼就像一个填充床层，其空间被颗粒充满。滤饼要用水或溶剂进行洗涤，以除去滤饼中的可溶性杂质，以提高固体颗粒的纯度。如果滤饼是废物，也要按照规定进行洗涤，有时可回收有用的母液。

对于大多数过滤，其洗水流经路径与滤液相同，即洗涤速度等于最终过滤速度。但板框压滤机的洗涤采用横穿洗涤法，洗水要穿过整个滤饼层，且洗涤面积为过滤面积的一半，洗水流经的滤饼层厚度是过滤时滤液流经的滤饼层厚度的 2 倍。

由式(5-20)、式(5-23)和式(5-26)得到过滤速率为：

$$\frac{\mathrm{d}V}{\mathrm{d}t} = \frac{A\Delta p}{ur(L + L_e)} = \frac{KA^2}{2(V + V_e)} \tag{5-31}$$

忽略 L_e，最终过滤速率 $\left(\dfrac{\mathrm{d}V}{\mathrm{d}t}\right)_E$ 为：

$$\left(\frac{\mathrm{d}V}{\mathrm{d}t}\right)_E = \frac{A\Delta p}{urL_E} = \frac{KA^2}{2(V_E + V_e)} \tag{5-32}$$

式中：L_E 为过滤结束时的滤饼层厚度，m；V_E 为过滤结束的滤液量，即为最终滤液量，m^3。

叶滤机的洗涤面积等于过滤面积，且洗水流经路径与滤液相同，故叶滤机的洗涤速率 $(\mathrm{d}V/\mathrm{d}t)_W$ 等于最终过滤速率，即：

$$\left(\frac{\mathrm{d}V}{\mathrm{d}t}\right)_W = \left(\frac{\mathrm{d}V}{\mathrm{d}t}\right)_E = \frac{KA^2}{2(V_E + V_e)} \tag{5-33}$$

对于板框压滤机,板框压滤机的洗涤面积为过滤面积 A 的一半,即 $A/2$;而洗水流经的滤饼层厚度为过滤时的 2 倍,即 $2L_E$。根据式(5-32),则板框压滤机的洗涤速率 $(dV/dt)_W$ 为最终过滤速率的 1/4,即:

$$\left(\frac{dV}{dt}\right)_W = \frac{1}{4}\left(\frac{dV}{dt}\right)_E = \frac{KA^2}{8(V_E + V_e)} \tag{5-34}$$

板框压滤机和叶滤机的洗涤时间 t_W 用下式计算:

$$t_W = \frac{V_W}{\left(\dfrac{dV}{dt}\right)_W} \tag{5-35}$$

式中:V_W 为洗涤量,m^3。

板框压滤机和叶滤机都属于间歇式过滤机。间歇式过滤机的整个操作过程包括过滤、洗涤、卸渣、清洗、重装等,是依次分阶段进行的。以整个操作周期所需要的总时间 $\sum t$ 作为计算生产能力的依据。整个操作周期所需要的总时间 $\sum t$ 包括过滤时间 t,洗涤时间 t_W,以及卸渣、清洗、重装等辅助时间 t_D。即:

$$\sum t = t + t_W + t_D \tag{5-36}$$

在一个操作周期中,在过滤时间 t 内所获得的滤液量为 V,则间歇式过滤机的生产能力 Q 为:

$$Q = \frac{V}{\sum t} = \frac{V}{t + t_W + t_D} \tag{5-37}$$

式中:Q 为间歇式过滤机的生产能力,m^3/s。

例 5-1 试验用叶滤机对某种悬浮液进行恒压过滤,已测得过滤面积为 $0.2m^2$,操作压强差为 $0.15MPa$。现测得,当过滤进行到 10min 时,共得到滤液 $0.002m^3$,又过滤 10min,再得到滤液 $0.001m^3$。求:(1)恒压过滤的基本方程式;(2)再过滤 10min,又能得到多少滤液?

解:(1)根据题意,$t_1 = 10 \times 60 = 600s$,$V_1 = 0.002m^3$;$t_2 = (10+10) \times 60 = 1200s$,$V_2 = 0.002 + 0.001 = 0.003m^3$。

分别代入恒压过滤方程式: $V^2 + 2V_e V = KA^2 t$

得到: $(0.002)^2 + 2 \times 0.002 V_e = 600 \times 0.2^2 K$ (1)

$(0.003)^2 + 2 \times 0.003 V_e = 1200 \times 0.2^2 K$ (2)

联立式(1)、(2)两式,得: $K = 2.5 \times 10^{-7} m^2/s$ $V_e = 5 \times 10^{-4} m^3$

所以,恒压过滤方程式为: $V^2 + 0.001V = 10^{-8} t$

(2) $t_3 = (10+10+10) \times 60 = 1800s$,代入恒压过滤方程式,得到:

$$V_3^2 + 10^{-3}V_3 = 10^{-8} \times 1800$$

解上面的方程,得: $V_3 = 0.00375m^3$

所以: $\Delta V = V_3 - V_2 = 0.00375m^3 - 0.003m^3 = 0.00075m^3$

即再过滤 10min，又能得到 0.00075m³ 的滤液。

例 5-2　用一台工业过滤机过滤某碳酸钙悬浮液，过滤面积为 12m²，可容纳滤饼的容积为 0.15m³，实验测得过滤常数 K 为 2×10^{-4} m²/s，V_e 为 5×10^{-3} m³，每获得 1m³ 体积的滤液所形成的滤饼体积 c 为 0.03m³/m³。求：(1) 过滤到设备内充满滤渣所需的过滤时间；(2) 当设备内充满滤渣时的过滤速率。

解：(1) 根据题意，当过滤到设备内充满滤渣时，滤饼体积为 0.15m³，故所得滤液的体积为：

$$V = \frac{0.15}{c} = \frac{0.15}{0.03} = 5 \text{m}^3$$

由恒压过滤方程式 $V^2 + 2V_e V = KA^2 t$，得到过滤时间 t 为：

$$t = \frac{V^2 + 2VV_e}{KA^2} = \frac{5^2 + 2 \times 5 \times 5 \times 10^{-3}}{2 \times 10^{-4} \times 12^2} \text{s} = 870 \text{s}$$

(2) 当设备内充满滤渣时，获得滤液体积为 $V_E = 5$m³，则过滤速率为：

$$\left(\frac{dV}{dt} \right)_E = \frac{KA^2}{2(V_E + V_e)} = \frac{2 \times 10^{-4} \times 12^2}{2(5 + 5 \times 10^{-4})} \text{m}^3/\text{s} = 2.88 \times 10^{-3} \text{m}^3/\text{s}$$

5.3.4　转筒真空连续过滤

在转筒真空连续过滤中，滤浆、滤液及滤饼的移动都是恒定的，整个过程包括滤饼的形成、洗涤、干燥和换装这几个步骤。在滤饼形成过程中，两侧的压强差是恒定的。因此，转筒真空连续过滤的计算完全可以参照前面所述的压滤机过滤的计算。

实际过滤时间为 t，由式(5-28)得：

$$(V + V_e)^2 = KA^2 t + V_e^2 \tag{5-38}$$

式中：V 是时间 t 内收集的滤液体积，m³。解上式中的 V，得：

$$V = \sqrt{KA^2 t + V_e^2} - V_e \tag{5-39}$$

若转筒浸没在滤浆中的部分占整个转筒的比例分数为 φ，转筒转速为 $n(\text{r}/\text{s})$，则：

$$t = \frac{\varphi}{n} \tag{5-40}$$

将式(5-40)代入式(5-39)，消去 t，得：

$$V = \sqrt{KA^2 \frac{\varphi}{n} + V_e^2} - V_e \tag{5-41}$$

由式(5-41)计算得到的 V 是转筒旋转一周后收集的滤液体积。故转筒真空过滤机的生产能力 Q 为：

$$Q = nV = \sqrt{KA^2 n\varphi + n^2 V_e^2} - nV_e \tag{5-42}$$

在连续过滤中，相比于滤饼阻力，过滤介质阻力通常可以忽略。故式(5-42)中 $V_e =$

0，即：

$$Q = A \sqrt{K\varphi n} \tag{5-42a}$$

忽略过滤介质阻力（$V_e = 0$），对式（5-39）求导数，得到过滤速率 dV/dt 为：

$$\frac{dV}{dt} = \frac{A}{2} \sqrt{\frac{K}{t}} \tag{5-43a}$$

将式（5-40）代入上式，得：

$$\frac{dV}{dt} = \frac{A}{2} \sqrt{\frac{Kn}{\varphi}} \tag{5-43b}$$

从式（5-43b）可以看出，过滤速率 dV/dt 随着转筒转速 n 的增加而增加，这是由于转筒高速转动形成的滤饼厚度要小于转筒低速转动形成的滤饼厚度。然而当转速超过某个临界值后，过滤速度不再增加，而是保持恒定，这是因为此时的滤饼变得潮湿且不易清理。

5.4 绕流过浸没物体的流体流动

浸没在流体中的物体称为浸没物体。有时流体静止而浸没物体在流体中运动；有时浸没物体静止而流体绕流过浸没物体；或者两者都在运动。本节主要讨论流体绕流过浸没物体的情况，这种情况下，浸没物体与流体的相对速度非常重要。

当流体绕流过浸没物体时，浸没物体受到沿流体流动方向的作用力，该作用力称为流体对浸没物体的曳力。根据牛顿第三定律，有一个跟曳力大小相等方向相反的力被浸没物体施加给流体。浸没物体的固体壁面与流体流动方向存在一定夹角，如图 5-10 所示。流体对浸没物体的作用力分两部分：①流体沿垂直于固体壁面的方向产生流体静压强 p，该方向与流体流动方向的夹角为 α；②流体沿固体壁面的切向方向产生剪切应力 τ_w。流体静压强 p

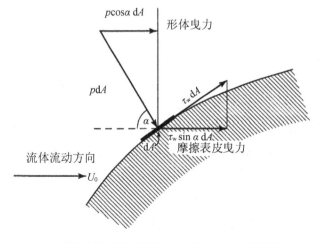

图 5-10　流体作用于浸没固体上的形体曳力和摩擦表皮曳力

作用于固体壁面面积微元 dA 上的压力为 $p\,dA$，则该压力在流体流动方向上的分力为 $p\cos\alpha dA$；剪切应力 τ_w 作用于固体壁面面积微元 dA 上的剪切力为 $\tau_w dA$，该剪切力在流体流动方向上分力为 $\tau_w\sin\alpha dA$。

对固体壁面面积积分可求得作用于整个浸没物体的流体静压力分力（称为形体曳力）和剪切力分力（称为摩擦表皮曳力），而流体作用于物体上的整个曳力等于形体曳力和摩擦表皮曳力之和。

实际流体对浸没物体产生的曳力是十分复杂的，一般情况下是无法预测的。球形及其他规则形状的浸没物体处于低流速流体中，其流动模型及受力情况可以用已有理论关联式来估算。对于不规则形状浸没物体处于高速流体中，其曳力需要通过实验来确定。

光滑球形颗粒浸没于流体中，流体匀速流动（流速为 u，流体密度为 ρ）绕流过该光滑球形颗粒。颗粒在流体流动方向上的投影区域定义为投影面积 A_p。对于球形颗粒，其投影面积是一个完整的圆，面积等于 $(\pi/4)d_p^2$，d_p 是颗粒直径。如果 F_D 表示总曳力，则在单位投影面积上的曳力为 F_D/A_p。定义曳力系数 C_D 为 F_D/A_p 与 $\rho u^2/2$ 的比值，即：

$$C_D = \frac{F_D/A_p}{\rho \cdot u^2/2} \tag{5-44}$$

当浸没物体不是球形而是其他形状时，有必要确定其特征尺寸。将浸没物体的主要尺寸作为特征尺寸，其他重要的尺寸通过其与特征尺寸的比值给出。如圆柱形颗粒，直径 d 作为特征尺寸，而长度通过比值 L/d 给出。投影面积 A_p 根据流体流动方向和浸没物体方向确定并计算。如圆柱形颗粒，投影面积 A_p 根据流体流动方向与圆柱轴线方向确定。当圆柱形颗粒垂直于流体流动方向时，$A_p = Ld_p$，L 是圆柱长度。而当圆柱颗粒平行于流体流动方向时，$A_p = (\pi/4)d_p^2$，其面积等于同直径圆面积。

曳力系数 C_D 取决于流体雷诺准数及浸没颗粒的形状。对于确定形状的浸没颗粒，则：

$$C_D = \varphi(Re_p) \tag{5-45}$$

流体雷诺准数定义为：

$$Re_p = \frac{d_p u\rho}{\mu} \tag{5-46}$$

式中：d_p 为浸没物体特征长度。

不同球形度 Φ_s 的浸没颗粒的曳力系数 C_D 随流体雷诺准数 Re_p 变化关系是不同的，这些关系通常用实验确定。在图 5-11 中显示了不同球形度的浸没颗粒 C_D 与 Re_p 的关系曲线。这些曲线适用于流体流动且浸没颗粒静止的情况，即流体绕流过浸没颗粒的情况。对于流体静止且浸没颗粒运动的情况，少数情况适用图 5-11 这些曲线，但多数情况是不适用的，曳力系数需要修正。圆盘或圆柱颗粒受重力作用在静止流体中沉降（沉降见 5.5.2 小节），颗粒会发生旋转或翻转，此时曳力系数是一个完全不同的值。球形颗粒在静止流体中沉降，如球形颗粒遵循螺旋路径，此时的曳力系数也是一个完全不同的值。颗粒从静止开始下降并加速达到沉降速度，颗粒在加速过程中的曳力系数比图 5-11 显示的值要略微大一些;而颗粒在快速流动的流体中,颗粒从静止到加速直至达到流体的流速,颗粒在加速过程中的曳力系数要比图 5-11 显示的值小。在大部分情况下,小体积颗粒加速至沉降速度的时间很短且在分析过程中经常被忽略。另外,当颗粒之间及颗粒与容器壁间的距离比较小,颗粒运动受到其他颗粒及容器壁的影响,曳力系数会增大。而当颗粒是气泡或不相溶的液滴时,由于气泡液滴等颗粒形状会随着其自身运动而改变,故曳力系数又是一个完全不同的值。

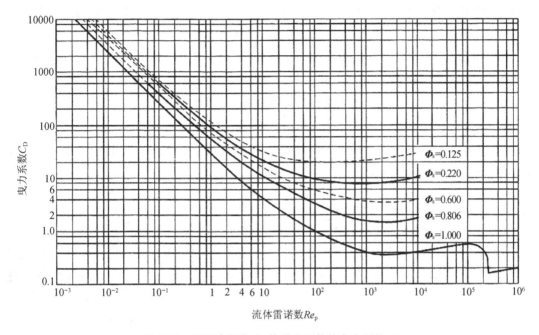

图 5-11　不同球形度 Φ_s 的浸没颗粒的曳力系数 C_D

从图 5-11 可看出,曳力系数 C_D 随 Re_p 的变化较复杂。曳力系数随雷诺准数的变化由形体曳力和摩擦表皮曳力的各种因素相互影响而决定。

球形颗粒的曲线在图 5-11 中按流体雷诺准数 Re_p 大致分为三个区,各区曲线分别用相应的关系式表达。

层流区或斯托克斯(Stokes)定律区($10^{-4} < Re_p < 1$):

$$C_D = \frac{24}{Re_p} \tag{5-47}$$

过渡区或艾伦(Allen)定律区($1 < Re_p < 10^3$):

$$C_D = \frac{18.5}{Re_p^{0.6}} \tag{5-48}$$

湍流区或牛顿(Newton)定律区($10^3 < Re_p < 2 \times 10^5$):

$$C_D = 0.44 \tag{5-49}$$

在斯托克斯定律下(雷诺准数小于 1)的流体流动,摩擦表皮曳力占主导地位,该流动称为爬流。斯托克斯定律用于计算在气体或液体中低速移动的灰尘、雾等小颗粒或者在高黏度的流体中运动的较大粒径颗粒所受到的曳力。

当雷诺准数大于 1 时,球形颗粒后方的流型与颗粒前方不同,其曳力系数比斯托克斯定律推导的 $24/Re_p$ 大。当雷诺准数等于 20 时,环流尾涡区域在球形颗粒后方形成,该区域随雷诺准数增大而增大。当 $Re_p=100$ 时,尾涡区域会增大到球形颗粒一半的面积,尾涡消耗相当多的机械能,导致颗粒后方的流体压力小于颗粒前方的流体压力,故颗粒的形体曳力大于颗粒的摩擦表皮曳力。当雷诺准数介于 $200 \sim 300$ 时,尾涡产生振动出现泰勒涡,泰勒涡以规则的形式从尾涡脱离,在流体下游形成一系列移动的泰勒涡。

雷诺准数在 $10^3 \sim 10^5$ 时,曳力系数位于 $0.40 \sim 0.45$,此时出现层流边界层分离。随着雷诺准数增大,层流边界层分离点缓慢向球形颗粒前方移动,曳力系数有微小的变动。图 5-12a 所示是 $Re_p=10^5$ 的流型,此时球形颗粒前面的边界层仍然是层流,并且其分离角度为 85°。当雷诺准数大于 3×10^5,出现湍流边界层分离。图 5-12b 所示是 $Re_p=3 \times 10^5$ 的流型,由于边界层转变成湍流边界层,边界层分离点向颗粒后部移动,尾涡产生收缩。由于尾涡范围缩小导致形体曳力相应减小,曳力系数从 0.45 骤降至 0.10。

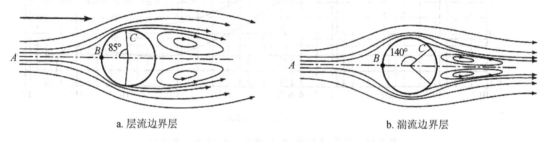

a. 层流边界层　　　　　　　　　　　　　　b. 湍流边界层

图 5-12　流体流过单个球形颗粒时的尾涡及边界层

B 点是驻点,C 点是分离点

5.5　固体颗粒在流体中运动

许多生产过程,尤其是机械分离,都包含了固体颗粒或液滴在流体中的运动。这些流体可能是气体或液体,且它们可能运动也可能静止。如空气或气流中分离灰尘或烟,或除去废水中固体颗粒,以及从制酸厂排放的废气中回收酸性物质等。

5.5.1　固体颗粒在流体中的一维运动

颗粒在流体中运动需要对其施加一个外力,这个外力可以是重力或离心力,也可以是电磁场力。本小节只讨论颗粒在重力和离心力作用下进行的运动。

颗粒在三个力的作用下在流体中运动:①场力,如重力或离心力;②浮力;③阻力,只要颗粒与流体存在相对运动,该力就会存在,该力阻止颗粒运动。当颗粒进行二维运动时,阻力会被分解为几个力,这导致颗粒运动变得复杂。对于颗粒一维运动,所有作用在颗粒上的力在同一线上。

一个质量 m 的固体颗粒在场力 F_e 作用下在流体中运动,颗粒相对于流体的运动速度为 u,颗粒所受浮力为 F_b,曳力为 F_D,则作用于颗粒的合外力为 $F_e - F_b - F_D$,颗粒加速度为 du/dt,故:

$$m \frac{du}{dt} = F_e - F_b - F_D \tag{5-50}$$

场力 F_e 用颗粒质量 m 和场加速度 a_e 的乘积来表示,即:

$$F_e = ma_e \tag{5-51}$$

浮力等于被颗粒排开流体的质量和场加速度的乘积,颗粒体积是 m/ρ_p(ρ_p 是颗粒密度),故被排开流体的质量为 $\rho m/\rho_p$(ρ 是流体密度),浮力为:

$$F_b = \frac{m\rho \cdot a_e}{\rho_p} \tag{5-52}$$

曳力根据式(5-44),得:

$$F_D = \frac{C_D u^2 \rho A_p}{2} \tag{5-53}$$

式中:C_D 为曳力系数;A_p 为颗粒在运动方向上的投影面积。

将式(5-51)、(5-52)和(5-53)代入式(5-50),得:

$$\frac{du}{dt} = a_e - \frac{\rho a_e}{\rho_p} - \frac{C_D u^2 \rho A_p}{2m} = a_e \frac{\rho_p - \rho}{\rho_p} - \frac{C_D u^2 \rho A_p}{2m} \tag{5-54}$$

如果场力是重力,则 $a_e = g$,式(5-54)变为:

$$\frac{du}{dt} = g \frac{\rho_p - \rho}{\rho_p} - \frac{C_D u^2 \rho \cdot A_p}{2m} \tag{5-55}$$

5.5.2　沉降速度

在重力场中 g 是常数。在初始阶段,颗粒的速度逐渐增大,但曳力随颗粒速度的增加而增大,则加速度将减小直至最终等于 0,此时颗粒达到一个恒定速度,该速度为颗粒所能达到的最大速度,称为沉降速度。令式(5-55)中的 $du/dt = 0$,沉降速度 u_t 为:

$$u_t = \sqrt{\frac{2g(\rho_p - \rho)m}{A_p \rho_p C_D \rho}} \tag{5-56}$$

颗粒形状的变化通过图 5-11 中球形度 Φ_s 对 $C_D - Re_p$ 曲线的影响来计算。在下面讨论中,颗粒为固体,形状为球形,颗粒之间距离及颗粒与容器壁间的距离充分大,颗粒沉降不会受到干扰,且颗粒运动没有螺旋路径,此种过程称为自由沉降。颗粒自由沉降的曳力系数与图 5-11 显示的曳力系数值相同。当一群颗粒发生沉降,即使颗粒间相互接近但未发生碰撞,但只要颗粒沉降受其他颗粒的影响,这个沉降过程称为干扰沉降。干扰沉降的曳力系数大于自由沉降。

如果球形颗粒在流体中发生自由沉降,颗粒直径为 d_p,则:

$$m = \frac{1}{6}\pi \cdot d_p^3 \rho_p \tag{5-57}$$

$$A_p = \frac{1}{4}\pi \cdot d_p^2 \tag{5-58}$$

将式(5-57)和式(5-58)代入式(5-56),得:

$$u_t = \sqrt{\frac{4g(\rho_p - \rho)d_p}{3C_D\rho}} \tag{5-59}$$

将式(5-47)、(5-48)和(5-49)分别代入式(5-59),得到球形颗粒在各区相应的沉降速度公式,即:

层流区 $$u_t = \frac{d_p^2(\rho_p - \rho)g}{18\mu} \quad (10^{-4} < Re_p < 1) \tag{5-60}$$

过渡区 $$u_t = 0.27\sqrt{\frac{d_p(\rho_p - \rho)g}{\rho}Re_p^{0.6}} \quad (1 < Re_p < 10^3) \tag{5-61}$$

湍流区 $$u_t = 1.74\sqrt{\frac{d_p(\rho_p - \rho)g}{\rho}} \quad (10^3 < Re_p < 2 \times 10^5) \tag{5-62}$$

式(5-60)、(5-61)和(5-62)分别称为斯托克斯公式、艾伦公式和牛顿公式。牛顿公式适用于大颗粒在气体或低黏性流体中沉降。对于式(5-60)和(5-62),在层流区,沉降速度 u_t 与 d_p^2 成正比;而在湍流区,u_t 与 $d_p^{0.5}$ 成正比。

一般情况下,沉降速度通过先设定 Re_p 得到一个最初的 C_D 估值进而试差来得到。在雷诺准数很低或很高时,u_t 可以通过方程直接计算得到。

例 5-3 方铅矿与石灰石颗粒混合物,用流速为 0.005m/s 的水流冲洗。假设这两种物质颗粒粒径分布是相同的,请分别估算多少粒径以下的方铅矿颗粒和多少粒径以下的石灰石颗粒会被水流冲走? 水的黏度为 1×10^{-3}Pa·s,使用斯托克斯公式(方铅矿及石灰石的密度分别为 7500kg/m³ 和 2700kg/m³)。

解:颗粒的沉降速度等于上游水流的流动速度 0.005m/s,水的密度是 1000kg/m³。假设颗粒的沉降速度由斯托克斯公式计算:

$$u_t = \frac{d_p^2(\rho_p - \rho)g}{18\mu}$$

对于以 0.005m/s 运动的方铅矿颗粒有:

$$0.005 = \frac{d_p^2(7500 - 1000) \times 9.81}{18 \times 1 \times 10^{-3}}$$

得到: $$d_p = 3.76 \times 10^{-5}\text{m} = 37.6\mu\text{m}$$

计算流体雷诺准数为:$Re_p = \frac{ud_p\rho}{\mu} = \frac{5 \times 10^{-3} \times 37.6 \times 10^{-6} \times 1000}{1 \times 10^{-3}} = 0.188 < 1.0$,

属于层流区,颗粒的沉降速度能由斯托克斯公式计算。

对于以 0.005m/s 移动的石灰石颗粒有:

$$0.005 = \frac{d_p^2(2700 - 1000) \times 9.81}{18 \times 1 \times 10^{-3}}$$

得到:

$$d_p = 7.35 \times 10^{-5}\mathrm{m} = 73.5\mu\mathrm{m}$$

计算流体雷诺准数, $Re_p = \dfrac{ud_p\rho}{\mu} = \dfrac{5 \times 10^{-3} \times 73.5 \times 10^{-6} \times 1000}{1 \times 10^{-3}} = 0.3675 < 1.0$,

属于层流区,颗粒的沉降速度能由斯托克斯公式计算。

因此,粒径小于 37.6μm 的方铅矿颗粒及粒径小于 73.5μm 的石灰石颗粒都会被水流带走。

5.5.3　颗粒沉降运动范围的判断标准

为判断颗粒沉降运动范围,先通过斯托克斯公式(5-60)给出的 u_t 计算流体雷诺准数 Re_p,即:

$$Re_p = \frac{d_p u_t \rho}{\mu} = \frac{d_p^3(\rho_p - \rho)\rho g}{18\mu^2} \tag{5-63}$$

应用斯托克斯公式, Re_p 必须小于 1.0,则提出一个参数 K,即:

$$K = d_p\left[\frac{\rho(\rho_p - \rho)g}{\mu^2}\right]^{1/3} \tag{5-64}$$

从式(5-63)可知, $Re_p = (1/18)K^3$。设定 $Re_p = 1.0$,可解出 $K = 2.6$。如果颗粒尺寸已知, K 从式(5-64)解出。如果 K 计算值小于 2.6,则斯托克斯定律可用。同理,将湍流区公式(5-62)中的 u_t 代入流体雷诺准数 Re_p,得到湍流区的 $Re_p = 1.75K^{1.5}$。如 $Re_p = 1000$,则 $K = 68.9$;如 $Re_p = 2 \times 10^5$,则 $K = 2360$,故当 68.9 $< K <$ 2360 时,湍流区公式可用。当 $K >$ 2360 时,曳力系数会随流体速度细微的变化而有很大的变化。在过渡区(2.6 $< K <$ 68.9)内,颗粒沉降速度从图 5-11 中找到一个合适的 C_D 值再通过式(5-59)计算。

例 5-4　估算 30℃ 水中沉降粒径为 0.161mm 的石灰石颗粒($\rho_p = 2800\mathrm{kg/m^3}$, $\Phi_s = 0.806$)的沉降速度。

解: 粒径为 $d_p = 0.161$mm。30℃ 水 $\mu = 0.801 \times 10^3$Pa·s, $\rho = 995.7\mathrm{kg/m^3}$。由式(5-64)有:

$$K = d_p\left[\frac{\rho(\rho_p - \rho)g}{\mu^2}\right]^{1/3} = 0.161 \times 10^{-3}\left[\frac{9.81 \times 995.7(2800 - 1000)}{0.801 \times 10^{-3}}\right]^{1/3} = 4.86$$

这已超出斯托克斯区,属于过渡区,故计算沉降速度需要试差。假设 $Re_p = 5$,查图 5-11 得到 $C_D \approx 14$,由式(5-59)得:

$$u_t = \sqrt{\frac{4gd_p(\rho_p - \rho)}{3C_D\rho}} = \sqrt{\frac{4 \times 9.81(2800 - 1000)0.161 \times 10^{-3}}{3 \times 14 \times 995.7}}\mathrm{m/s} = 0.0165\mathrm{m/s}$$

检验:　　$Re_p = \dfrac{d_p u_t \rho}{\mu} = \dfrac{0.161 \times 10^{-3} \times 0.0165 \times 995.7}{0.801 \times 10^{-3}} = 3.30$

$Re_p = 3.30$ 时,查图 5-11 得到 $C_D \approx 25 > 14$,故假设不符。再假设 $Re_p = 2.5$,查图 5-11 得到 $C_D \approx 20$,则:

$$u_t = 0.0165 \sqrt{\frac{14}{20}} \text{m/s} = 0.0138 \text{m/s}$$

$$Re_p = 3.30 \left(\frac{0.0138}{0.0165}\right) = 2.76$$

这个 Re_p 值已经足够接近所假设的 $Re_p = 2.5$,所以 $u_t \approx 0.014$ m/s。

5.6　固体颗粒在气相中的沉降分离

自然界的混合物分为均相混合物和非均相混合物。均相混合物系内部不存在相界面,分为固体、液体和气体均相混合物。非均相混合物由具有相界面的分散相和连续相组成。机械分离应用在非均相混合物中,这种技术是基于非均相混合物中分散相和连续相具有不同的物理特性,如尺寸、形状与密度。利用物理特性的差异实现分散相和连续相的相对运动从而完成机械分离。

在重力场或离心力场作用下,利用固体颗粒或液滴与流体之间的密度差,使之发生相对运动而实现分离的操作称为沉降分离。流体可以是气体或液体,流体可以运动也可以静止。沉降分离的目的是从气体或液体中除去或回收固体颗粒,例如除去空气中灰尘或废水中悬浮物。

5.6.1　重力沉降

一个固体颗粒从静止开始进入流体并在重力作用下穿过流体,其运动分为两个阶段。第一阶段是短暂的加速,颗粒速度从 0 加速到沉降速度。第二阶段是颗粒以沉降速度运动,颗粒以沉降速度在设备中运动较长一段时间。因为第一阶段的加速过程很短,通常只有零点几秒甚至更少,故最初的加速阶段忽略。

1. 降尘室

从气体中除去固体颗粒有很多方法,对于粒径大于 $43\mu m$ 的颗粒,可以用重力沉降方法除去。利用重力沉降从气流中分离出固体颗粒的设备称为降尘室。降尘室见二维码。

降尘室二维码

设计降尘室最先要明确其横截面积和高度。图 5-13 是一个重力降尘室。在没有空气流动时,颗粒以沉降速度降落到降尘室底部。为了防止空气流将底部颗粒卷起,空气速度不能大于 3m/s。在下面讨论中,颗粒都设为球形颗粒,且颗粒距离容器边界及颗粒与颗粒间距离很大,其沉降不受干扰,为自由沉降。

a. 降尘室

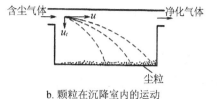
b. 颗粒在沉降室内的运动

图 5-13　重力降尘室示意图

如图 5-14 所示,降尘室高度为 H 时,位于降尘室顶部的颗粒降落到降尘室底部的时间 τ_t 为:

$$\tau_t = \frac{H}{u_t} \tag{5-65}$$

气体在降尘室水平流动的速度为 u,而降尘室中的颗粒在水平方向的运动速度与气体速度相同,也为 u。降尘室长 L,则颗粒在降尘室中的停留时间 τ 为:

$$\tau = \frac{L}{u} \tag{5-66}$$

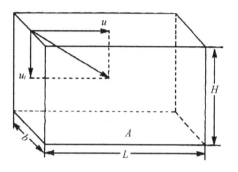

图 5-14　颗粒在降尘室中的运动速度

要使颗粒从气流中分离出来,则颗粒在降尘室中的停留时间 τ 应不小于颗粒的沉降时间 τ_t,即:

$$\tau \geqslant \tau_t \quad 或 \quad \frac{L}{u} \geqslant \frac{H}{u_t} \tag{5-67}$$

气体通过降尘室的水平流速为:

$$u = \frac{Q}{Hb} \tag{5-68}$$

式中:Q 为含尘气体的体积流量,即降尘室的生产能力,m^3/s;b 和 H 分别为降尘室的宽度和高度,m。

联立式(5-68)和(5-67)得到:

$$u_t \geqslant \frac{Q}{bL} \tag{5-69}$$

对于特定的降尘室,若某粒径的颗粒在沉降时能满足 $\tau = \tau_t$ 的条件,则该粒径为该降尘室能完全除去的最小粒径,称为临界粒径,用 d_c 表示。由式(5-69)可知,对于单层降尘室,与临界粒径 d_c 相对应的临界沉降速度 u_{tc} 为:

$$u_{tc} = \frac{Q}{bL} \tag{5-70}$$

若颗粒在降尘室中的沉降服从斯托克斯公式 $u_t = g(\rho_p - \rho)d^2/(18\mu)$,将式(5-70)代入斯托克斯公式,得到:

$$d_c = \sqrt{\frac{18\mu \cdot u_{tc}}{g(\rho_p - \rho)}} = \sqrt{\frac{18\mu}{g(\rho_p - \rho)} \cdot \frac{Q}{bL}} \tag{5-71}$$

式(5-69)也可改写成：

$$Q \leqslant bLu_t \tag{5-72}$$

由式(5-72)可见，降尘室的生产能力仅取决于沉降面积 bL 和颗粒的沉降速度 u_t，而与降尘室的高度 H 无关。但降尘室的高度不能太小，否则气体通过降尘室的水平速度会太大，将沉降下来的尘粒重新卷起。一般情况下，气体通过降尘室的水平速度取 $0.5\sim1\text{m/s}$。

例 5-5　某药厂用长 5m、宽 2.5m、高 2m 的降尘室回收气体中所含的圆球形固体颗粒。气体密度为 0.75kg/m^3，黏度为 $2.6\times10^{-5}\text{Pa}\cdot\text{s}$，流量为 $5\text{m}^3/\text{s}$，固体密度为 3000kg/m^3。计算理论上能完全收集下来的最小颗粒直径。

解：能从降尘室完全分离出来的最小颗粒的沉降速度为：

$$u_{tc} = \frac{Q}{bL} = \frac{5}{2.5\times5}\text{m/s} = 0.4\text{m/s}$$

设颗粒的沉降服从斯托克斯公式，故：

$$d_c = \sqrt{\frac{18\mu\cdot u_{tc}}{g(\rho_p-\rho)}} = \sqrt{\frac{18\times2.6\times10^{-5}\times0.4}{9.8\times(3000-0.75)}}\text{m} = 8\times10^{-5}\text{m}$$

核算流动类型：计算雷诺准数 $Re_p = \dfrac{u_{tc}d_c\rho}{\mu} = \dfrac{0.4\times8\times10^{-5}\times0.75}{2.6\times10^{-5}} = 0.92<1$，属于层流区，颗粒的沉降速度能由斯托克斯公式计算，原假设成立。故理论上能完全收集下来的最小颗粒直径等于临界粒径 d_c。

2. 沉降槽

从悬浮液中除去固体颗粒可以使用沉降槽。沉降槽是利用重力沉降来分离悬浮液，以得到澄清液体的设备。沉降槽可以间歇操作，也可以连续操作。沉降槽见二维码。

沉降槽二维码

间歇沉降槽通常是带有锥底的圆槽，需要处理的悬浮液在槽内静置足够的时间后，增浓的沉渣从槽底排出，清液从槽上部排出管排出。

连续沉降槽主体部分是略呈锥形的大直径浅槽，如图 5-15 所示。料浆（悬浮液）由位于中央的进料口送至液面下，分散到沉降槽内部。液体向上流动，清液由槽顶端四周的溢流槽连续流出，称为溢流。固体颗粒下沉到底部，形成沉淀层。在槽底通过缓慢转动的耙将颗粒从底部的排渣口排出，称为底流。连续沉降槽的直

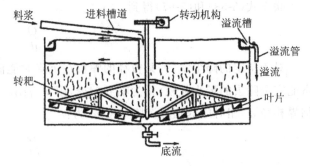

图 5-15　连续沉降槽

径从几米到数十米，高度一般为 $2.5\sim4\text{m}$。为节省占地面积，可将几个沉降槽叠在一起构成多层沉降槽。

5.6.2 离心沉降

重力沉降室是最简单的降尘设备之一,它的工业应用的一个限制就是它能处理的颗粒直径要大于 $43\mu m$。在重力场中颗粒所受的重力是一个定值,而在离心力场中,离心力随旋转速度的增大而增大。因此,利用离心力的分离设备,可以分离出比较小的颗粒,而且设备的体积也可以缩小。

在离心力场中,颗粒受到的离心加速度为 a_C,则:

$$a_c = \omega^2 r = \frac{u_T^2}{r} \tag{5-73}$$

式中:a_C 为颗粒受到的离心加速度,m/s^2;ω 为旋转角速度,$\cdot/s$;r 为旋转半径,m;u_T 为切向速度,m/s。

颗粒在离心力场中沉降采用重力沉降的公式(5-59),将其中的加速度 g 改为离心加速度 a_C,得到:

$$u_r = \sqrt{\frac{4d_p(\rho_p - \rho)}{3C_D\rho} \cdot \frac{u_T^2}{r}} \tag{5-74}$$

式中:u_r 为离心沉降速度,相当于重力作用下的沉降速度 u_t,但 u_r 的方向是径向向外。应该注意的是,u_r 并不是颗粒运动的绝对速度,而是它的径向分量,即是颗粒离开旋转中心的速度。颗粒在旋转介质中的运动,实际上是沿着半径逐渐增大的螺旋形轨道前进的。

当颗粒与流体的相对运动属于层流,曳力系数 C_D 用斯托克斯公式表示,则:

$$u_r = \frac{d_p^2(\rho_p - \rho)}{18\mu} \cdot \frac{u_T^2}{r} \tag{5-75}$$

同一颗粒在相同的流体介质中,其离心沉降速度与重力沉降速度之比,称为离心分离因子,用 K_c 表示,相应的定义式写成:

$$K_c = \frac{u_r}{u_t} = \frac{u_T^2}{gr} \tag{5-76}$$

离心分离因子是考察离心分离设备的重要性能参数。对于绝大多数的离心分离设备,其离心分离因子介于 $5\sim2500$。

离心沉降设备是利用离心力沉降原理从流体中分离出颗粒的设备,离心沉降设备是离心分离设备的一种。工业上用的较多的是旋风分离器、旋液分离器和离心机。

1. 旋风分离器

旋风分离器是利用离心力作用,从含尘气体中离心分离出尘粒的设备,又称旋风除尘器。旋风分离器见二维码。由于它结构简单,制造方便,并可用于高温含尘气体,因此在工业上得到广泛的应用。

旋风分离器二维码

图 5-16 是一个标准的旋风分离器。器体的上部呈圆筒形,下部呈圆锥形。含尘气体由圆筒上侧面的矩形进气管以切线方向进入,通过圆形器壁的作用而获得旋转运动,先由上而下,然后又自下而上地经过圆筒顶部直径为 D_1 的排气管而排出。气流在器内旋转运动的过程中,尘粒被甩向器壁,由圆锥形部分落入排灰口收集,实现尘粒与气体的分离。

一个直径为 0.3m 的旋风分离器,进气管的气体速度为 15m/s,此时离心分离因子 K_c 为 76。相同进气速度下,旋风分离器直径越大,其分离因子 K_c 越小。当进气速度超过 20m/s,气体压降和机械能损耗将非常大。小直径的旋风分离器的分离因子可达到 2500。

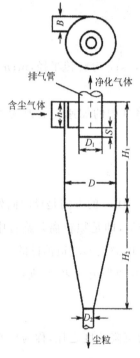

图 5-16　标准旋风分离器

$h = D/2,\ B = D/4,\ D_1 = D/2,\ H_1 = 2D,\ H_2 = 2D,\ S = D/8,\ D_2 = D/4$

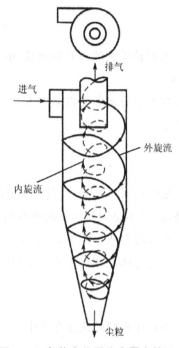

图 5-17　气体在旋风分离器中的运动

图 5-17 是气体在旋风分离器内的运动流线示意图。通常把下行的螺旋气流称为外旋流,上行的螺旋气流称为内旋流。操作时,两旋流的旋转方向相同,其中除尘区主要集中于外旋流的上部。旋风分离器内的压强是各处不同的,器壁附近的压强最大,越靠近中心轴处,压强越小。通常在中心轴会形成一个负压气柱。因此,旋风分离器的出灰口必须要严格密封,否则会造成外界气流渗入,进而卷起已沉降的尘粒,降低除尘效率。

旋风分离器于 1885 年投入使用,在普通操作条件下,分离颗粒的离心力是 5～2500 倍的重力。气体在进口处的速度一般采用 12～25m/s。为减小颗粒对器壁的磨蚀,通常粒径大于 200μm 的大颗粒最好使用重力沉降器来预先除去。对于粒径为 5～10μm 的小颗粒,在旋风分离器内的分离效率已经不高,可以在其后面连接袋滤器或湿式除尘器来捕集。

旋风分离器的本体构造非常简单,但含尘气流在器内的运动却十分复杂。旋风分离器能完全除去的最小颗粒粒径(即临界粒径 d_c)的公式推导,应根据以下假设:①颗粒与气体在旋风分离器内的切线速度恒定,并且等于进气口的气体速度 u_i;②颗粒穿过一定厚度的气流层才能到达器壁,气流通过进气口以后形状不变,因此颗粒所穿过的气流层厚度等于进气口宽度 B;③颗粒与气流的相对运动为层流,旋转半径取平均值,以 r_m 表示。

式(5-75)可以写成:

$$u_r = \frac{d_p^2(\rho_p - \rho)}{18\mu} \cdot \frac{u_i^2}{r_m} \tag{5-77}$$

临界直径 d_c 是判断旋风分离器效率高低的重要指标。临界直径越小,旋风分离器的分离性能越好。颗粒到达器壁以前在径向上的运动距离等于进气口宽度 B,故沉降时间 τ_t 为:

$$\tau_t = \frac{B}{u_r} = \frac{18\mu \cdot r_m B}{(\rho_p - \rho)d_p^2 u_i^2} \tag{5-78}$$

令气体到达排气管以前的螺旋运动的旋转圈数为 N,则气体所运动的距离为 $2\pi r_m N$,故停留时间 τ 为:

$$\tau = \frac{2\pi \cdot r_m N}{u_i} \tag{5-79}$$

只要颗粒到达壁所需要的沉降时间 τ_t 不大于停留时间 τ,颗粒就可以从气流中分离出来。因此,$\tau_t = \tau$ 的颗粒即为旋风分离器能够完全除去的最小颗粒。令式(5-78)和式(5-79)相等,解出的 d 即为临界直径 d_c:

$$d_c = \sqrt{\frac{9\mu B}{\pi N(\rho_p - \rho)u_i}} \tag{5-80}$$

式中:气体的旋转圈数 N 与进口气速有关。对于常用型式的旋风分离器,风速为 $12\sim25\text{m/s}$,一般可取 $N = 3\sim4.5$。风速越大,N 也越大。

例 5-6 已知某标准旋风分离器圆筒部分直径 $D = 400\text{mm}$,$h = D/2$,$B = D/4$,气体在器内旋转圈数 $N = 5$。含尘气体体积流量为 $1000\text{m}^3/\text{h}$,气体密度为 0.6kg/m^3,黏度为 $3\times10^{-5}\text{Pa}\cdot\text{s}$,粉尘密度为 4500kg/m^3,求临界直径。

解: $B = D/4 = 100\text{mm} = 0.1\text{m}$,$\mu = 3\times10^{-5}\text{Pa}\cdot\text{s}$,$N = 5$,$\rho_p = 4500\text{kg/m}^3$,$\rho = 0.6\text{kg/m}^3$,则:

$$u_i = V/(hB) = (1000/3600)/(0.2\times0.1)\text{m/s} = 13.9\text{m/s}$$

将以上数据代入式(5-80),得:

$$d_c = \sqrt{\frac{9\mu B}{\pi N(\rho_p - \rho)u_i}} = \sqrt{\frac{9\times3\times10^{-5}\times0.1}{3.14\times5\times(4500-0.6)\times13.9}}\text{m}$$

$$= 5.2\times10^{-6}\text{m} = 5.2\mu\text{m}$$

检验雷诺准数:

$$r_m = \frac{D}{2} - \frac{B}{2} = \frac{0.4}{2}\text{m} - \frac{0.1}{2}\text{m} = 0.15\text{m}$$

由式(5-77),得：

$$u_r = \frac{d_p^2(\rho_p - \rho)}{18\mu} \frac{u_i^2}{r_m} = \frac{(5.2 \times 10^{-6}) \times (4500 - 0.6) \times 13.9^2}{18 \times 3 \times 10^{-5} \times 0.15} \text{m/s} = 0.29\text{m/s}$$

$$Re_p = \frac{u_r d_c \rho}{\mu} = \frac{0.29 \times 5.2 \times 10^{-6} \times 0.6}{3 \times 10^{-5}} = 0.03 < 1$$

颗粒沉降服从斯托克斯公式。

2. 旋液分离器

旋液分离器又称水力旋流器,是利用离心沉降原理从悬浮液中分离固体颗粒的设备。旋液分离器见二维码。它的结构和操作原理与旋风分离器类似。设备主体由圆筒和圆锥两部分组成,如图5-18所示。悬浮液从圆筒上部的切向入口进入,旋转向下流动。悬浮液中的固体颗粒受离心力作用,沉降到器壁,并下降到圆锥底部的出口,成为黏稠的悬浮液而排出,称为底液。澄清的液体形成向上的内旋流,由圆筒上部的中心管排出。旋液分离器的特点是圆筒部分短而圆锥部分长,这样的结构有利于固液分离。悬浮液的进口速度一般为 $5\sim15\text{m/s}$,压降损失为 $50\sim200\text{kPa}$,分离的固体颗粒直径为$10\sim40\mu\text{m}$。

旋液分离器二维码

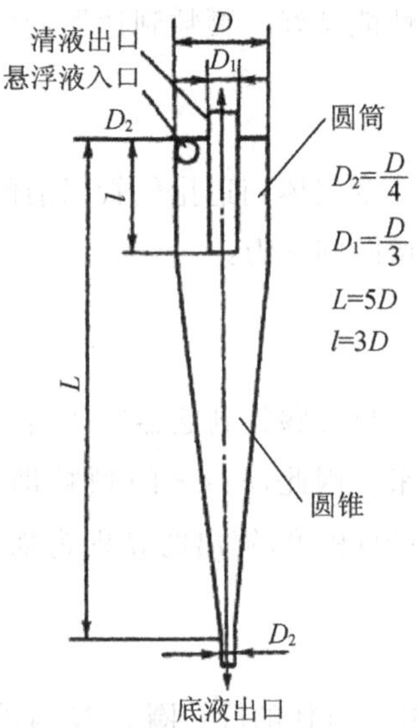

图 5-18 旋液分离器

清液出口
悬浮液入口
圆筒
$D_2 = \dfrac{D}{4}$
$D_1 = \dfrac{D}{3}$
$L = 5D$
$l = 3D$
圆锥
底液出口

3. 离心机

离心机是利用离心力实现液体与固体颗粒(液固,即悬浮液)、液体与液体(液液,即乳浊液)两相分离的机械设备。离心机与旋风(液)分离器的主要区别在于：旋风(液)分离器的离心力是含尘气体或悬浮液以切线方向进入设备引起的;而离心机的离心力则由设备本身的旋转产生的。离心机有转动部件,转速可以根据需要任意选取。常用的离心机有管式离心机和碟式离心机等。

(1)管式离心机

管式离心机是目前用离心法进行分离的理想设备,主要用于液固、液液两相分离,甚至液液固三相分离,其最小分离颗粒的直径为 $1\mu\text{m}$,对一些液固密度差异小、固体粒径细、含量低,介质腐蚀性强等物料的提取、浓缩、澄清较为适用。与其他分离机械相比,管式离心机具有连续运转、自动控制、操作安全可靠、节省人力和占地面积小、减轻劳动强度和改善劳动条件等优点,已广泛应用在生物医学、中药制剂、保健食品与饮料生产、化工等行业。管式离心机见二维码。

管式离心机
二维码

管式离心机由电动机、传动装置、转鼓、集液盘等组成。电动机通过传送带，使转鼓绕自身轴线高速旋转，形成强大的离心力场。液固两相分离的管式离心机如图 5-19 所示。悬浮液从管式离心机底部进液口进入转鼓，在转鼓内高速旋转，同时自下而上运动，液体在转鼓顶部流出，由集液盘收集，然后从排液口连续排出。假定悬浮液以均匀的速度 u 带着固体颗粒向上运动，同时固体颗粒以离心沉降速度 u_r 做径向运动，转鼓高度为 b，转鼓内半径为 r_1，外半径为 r_2。当液体到达转鼓顶部时，颗粒离转鼓中心轴的径向距离为 r_B。如果 $r_B < r_2$，那么颗粒随液体离开容器。如果 $r_B > r_2$，颗粒在容器壁面上沉积，除去固体颗粒

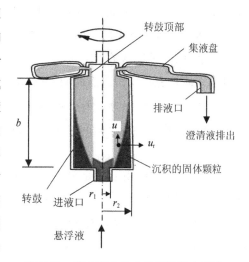

图 5-19　管式离心机中的颗粒离心沉降

的澄清液从排液口排出，实现液固两相分离。颗粒在容器壁面上沉积达到一定程度，管式分离机停机卸出沉积的固体颗粒。

（2）碟式离心机

碟式离心机也可快速连续地对悬浮液（或乳浊液）进行分离。转鼓装在立轴上端，通过传动装置由电动机驱动而高速旋转。转鼓内有一组互相套叠在一起的碟形零件——碟片（图 5-20）。碟片与碟片之间留有很小的间隙。悬浮液（或乳浊液）由位于转鼓中心的进料管加入转鼓。当悬浮液（或乳浊液）流过碟片之间

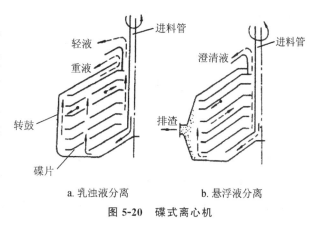

a. 乳浊液分离　　　　b. 悬浮液分离

图 5-20　碟式离心机

的间隙时，固体颗粒（或液滴）在离心机作用下沉降到碟片上形成沉渣（或液层）。沉渣沿碟片表面滑动而脱离碟片并积聚在转鼓内直径最大的部位，分离后的液体从出液口排出转鼓。碟片的作用是缩短固体颗粒（或液滴）的沉降距离和扩大转鼓的沉降面积。由于转鼓安装了碟片，离心机生产能力大大提高。积聚在转鼓内的固体在离心机停机后拆开转鼓由人工清除，或通过排渣机构在不停机的情况下从转鼓中排出。

▶▶▶▶ 习　　题 ◀◀◀◀

1. 某板框压滤机有 10 个框，框的长、宽、厚为 $500\text{mm} \times 500\text{mm} \times 20\text{mm}$。经恒压过滤

30min 得滤液 5m³。设滤布阻力不计。求过滤常数 K。（5.56×10^{-4} m²/s）

2. 板框压滤机框的长、宽、厚为 250mm×250mm×30mm，共 8 个框。以此过滤机过滤某悬浮液，已知过滤常数 $K = 5 \times 10^{-5}$ m²/s，$q_e = 0.0125$ m³/m²，滤饼与滤液体积比为 0.075，求过滤至滤框充满滤饼所需时间。（15min）

3. 采用过滤面积为 0.1m² 的过滤器，对某药物颗粒在水中的悬浮液进行过滤。若过滤 5min 得到滤液 1.2L，又过滤 5min 得到滤液 0.8L，计算再过滤 5min 所增加的滤液量。（0.67L）

4. 在实验室内用一过滤面积为 0.05m² 的过滤机在 $\Delta p = 65$kPa 的条件下进行恒压过滤实验。已知在 300s 内获得 400cm³ 的滤液，再过了 600s，又获得 400cm³ 的滤液。（1）计算该过滤压下的过滤常数 K 和当量滤液体积 q_e；（2）再收集 400cm³ 的滤液需要多少时间？（$K = 4.267 \times 10^{-7}$ m²/s，$q_e = 0.004$ m³/m²；900s）

5. 某叶滤机进行恒压过滤 1h 得 11m³ 滤液后即停止过滤，然后用 3m³ 清水（其黏度与滤液相同）在同样的压强差下对滤饼进行洗涤，求洗涤时间（滤布阻力可以忽略）。（0.545h）

6. 以板框压滤机过滤某悬浮液，已知过滤面积 8.0m²，过滤常数 $K = 8.50 \times 10^{-5}$ m²/s，过滤介质阻力可略。求：（1）滤液 $V_1 = 5.0$m³ 所需过滤时间 t_1；（2）若操作条件不变，在上述过滤时间 t_1 的基础上再过滤时间 t_1，又可得多少体积的滤液？（3）若过滤终了时共得滤液 3.40m³，以 0.42m³ 洗液洗涤滤饼，操作压力不变，洗液与滤液黏度相同，洗涤时间是多少？（1.28h；2.07m³；35min）

7. 转筒真空过滤机过滤颗粒在水中的悬浮液。转筒浸沉部分 $\varphi = 0.25$，过滤常数 $K = 6.25 \times 10^{-5}$ m²/s，每 3min 转一圈。过滤介质阻力不计。其滤饼结构为：固相占 50%（体积分数，下同），水占 30%，其余为空气。悬浮液中固含量为 0.2kg 固体/kg 水，固相密度 $\rho_s = 3000$kg/m³。求滤饼厚度。（7.37×10^{-3} m）

8. 某转筒真空过滤机转速为每分钟 2 转，将转速提高到每分钟 3 转，若其他情况不变，问此过滤机的生产能力有何变化？设介质阻力忽略不计。（生产能力提高 22.5%）

9. 球径 0.50mm、密度 2700kg/m³ 的光滑球形固体颗粒在 $\rho = 920$kg/m³ 的液体中自由沉降，自由沉降速度为 0.016m/s，计算该液体的黏度。（0.0152Pa·s）

10. 密度为 1850kg/m³ 的颗粒，在水中按斯托克斯定律计算，问在 50℃ 和 20℃ 的水中，其沉降速度相差多少？（50℃ 为 20℃ 时的 1.84 倍）

11. 已知直径为 40μm 的小颗粒（颗粒皆为球形）在 20℃、常压空气（空气密度 1.2kg/m³，黏度 1.81×10^{-5}Pa·s）中的沉降速度 $u_t = 0.08$m/s。相同密度的颗粒如果直径减半，则沉降速度 u_t 为多大？（0.02m/s）

12. 在底面积 $A = 40$m² 的降尘室内回收含尘气体中的球形固体颗粒。含尘气体流量为 3600m³/h（操作条件下体积），气体密度 $\rho = 1.06$kg/m³，黏度 $\mu = 0.02$cP，尘粒密度 $\rho_s = 3000$kg/m³。计算理论上能完全除去的最小颗粒直径。（1.75×10^{-5} m）

13. 一降尘器高 4m，长 8m，宽 6m，用于除去炉气中的灰尘，尘粒密度 $\rho_s = 3000 kg/m^3$，炉气密度 $\rho = 0.5 kg/m^3$，黏度 $\mu = 0.035 cP$。若要求完全除去粒径大于 $10 \mu m$ 的尘粒，则每小时可处理多少立方米的炉气？$(806 m^3/h)$

14. 已知含尘气体中尘粒的密度为 $2300 kg/m^3$，气体流量为 $1000 m^3/h$，黏度为 $3.6 \times 10^{-5} Pa \cdot s$，密度为 $0.674 kg/m^3$，采用标准型旋风分离器进行除尘。若旋风分离器圆筒直径为 $0.4m$，计算颗粒的临界粒径。$(8.04 \mu m)$

15. 落球黏度计由一钢球和玻璃筒组成，测试时筒内先装入被测液体。若记录下钢球下落一定距离所需要的时间，则可算出液体黏度。现已知球直径为 10mm，下落距离为 200mm，在某糖浆中下落时间为 9.02s，此糖浆密度为 $1300 kg/m^3$，钢的密度为 $7900 kg/m^3$，求此糖浆的黏度。$(16.22 Pa \cdot s)$

第6章

气体吸收

6.1 扩散与传质

质量传递(传质)是工程中许多学科的一个分支,与物质在相间的传递有关,如水自人体的皮肤向空气蒸发即属此例。传质理论在日常生活、生物以及更为重要的工业中有大量应用。它可以用来解释并定量描述化学及生化工业中的分离过程以及反应器的性质。

放眼静观自然,传质无处不在。植物和泥土的芬芳与空气中的组分混合,露水在绿草上凝结,云中的水汽凝结成水滴落下,植物和动物通过肌体内的膜传递着养分……质量传递(传质)的方式有分子传质(扩散)和对流传质两种,两种传递方式可同时存在。分子传质(扩散)指在单一相内存在组分的浓度梯度时由分子热运动引起的质量传递;对流传质指伴随流体质点或微团的宏观运动而产生的质量传递。分子传质与对流传质之间的差别与热量传递中导热与对流传热之间的差别类似。

6.1.1 分子传质(扩散)

1. 费克定律

若把几粒有色的晶体例如硫酸铜放到装满水的高瓶底部,颜色会慢慢地散开到整个瓶子。刚开始时,颜色会集中到瓶底。一天后颜色会向上爬几厘米,几天后整瓶中都会看到均相的溶液。造成上述有色物质移动的过程即为扩散,扩散又可称为分子传质。扩散起因于物质分子的随机热运动。扩散在气相、液相和固相中均能发生。例如,在一开口的水槽内,液态水蒸发到静止的空气中;糖块放在水中,糖在水中溶解并向四周扩散;湿木材在干燥过程中,湿木材中的水分由内部扩散到表面,再扩散到大气中去。扩散是一种缓慢的过程,在气相中,扩散速率约为 100mm/min;在液相中,约为 0.5mm/min;而在固相中,仅约 0.0001mm/min。

想象用一根细长毛细管连接两个球,这两个球均处于恒温和恒压下,且体积相等。一个球充以二氧化碳气体,另一个球充以氮气。球内的二氧化碳气体和氮气通过细长毛细管相互扩散和混合,如图 6-1 所示。我们测量在充氮气的球中二氧化碳浓度的变化。在刚开始的阶段,二氧化碳浓度随时间呈线性变化,由此可知单位时间内迁移的二氧化碳气体的物质的量。定义扩散通量 J:

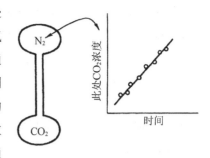

图 6-1　扩散实验

最初含有不同气体的两个球由一细长毛细管连接,每个球的浓度变化都可度量扩散

$$二氧化碳扩散通量 J = \frac{迁移的二氧化碳气体的物质的量}{时间 \times 毛细管截面积}$$

$$(6-1)$$

扩散通量 J 是分子在单位时间内通过单位截面积的物质的量,单位为 $mol/(m^2 \cdot s)$。我们发现二氧化碳扩散通量 J 随二氧化碳浓度差的增大而线性增大,随毛细管长度的增大而线性减小,因此得到:

$$二氧化碳扩散通量 J = D\left(\frac{二氧化碳气体浓度差}{毛细管长度}\right) \qquad (6-2)$$

式中: D 为扩散系数。

对于两组分(A+B)物系,某种组分的扩散通量与该组分扩散方向上的浓度梯度成正比,扩散通量的方向与浓度梯度方向相反,这个关系称为费克(Fick)定律(费克于 1855 年提出)。如果扩散沿 z 方向进行,其数学表达式为:

$$J_{A,z} = -D_{AB}\frac{dc_A}{dz} \qquad (6-3)$$

式中: $J_{A,z}$ 为组分 A 在 z 方向上的扩散通量, $mol/(m^2 \cdot s)$; c_A 为 A 组分的浓度, mol/m^3; z 为在扩散方向上的扩散距离,m; dc_A/dz 为组分 A 的浓度梯度, mol/m^4; D_{AB} 为组分 A 在介质 B 中的扩散系数, m^2/s。费克定律表明,组分扩散是逆浓度梯度进行的。

通过恒定截面积的薄膜扩散是最简单的扩散问题。如图 6-2 所示,薄膜厚度为 Δz,组分 A 薄膜两侧边界上的浓度分别为 c_{A1} 和 c_{A2}。组分 A 在薄膜内沿 z 方向的扩散通量 $J_{A,z}$ 可用式(6-3)或式(6-4)表示:

$$J_{A,z} = -D_{AB}\frac{\Delta c_A}{\Delta z} \qquad (6-4)$$

式(6-3)是膜扩散的微分形式,式(6-4)是膜扩散的差分形式。

有时,我们感兴趣的并不是扩散通量 J_A,而是组分 A 相对于某个界面或截面的通量,该通量称为传质通量

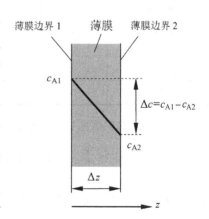

图 6-2　通过恒定截面积的薄膜扩散

N_A。含有组分 A 的混合物的整体通量为 N,仅当混合物的整体通量 N 为 0 时,扩散通量 J_A 和传质通量 N_A 相等。当 $N \neq 0$ 时,传质通量 N_A 等于滑移通量 $N \cdot x_A$ 加上扩散通量 J_A,即:

$$N_A = J_A + N \cdot x_A = -D_{AB} \frac{dc_A}{dz} + N \cdot x_A \tag{6-5a}$$

$$N = N_A + N_B \tag{6-5b}$$

式中:x_A 为组分 A 在混合物中的摩尔分数;N_A 为组分 A 的传质通量,$mol/(m^2 \cdot s)$;N_B 为组分 B 的传质通量,$mol/(m^2 \cdot s)$;N 为总传质通量,$mol/(m^2 \cdot s)$。

有时候,滑移通量并不重要,因此可以假定 N_A 和 J_A 相等。但有时候滑移通量需要考虑。

2. 扩散系数

费克定律中的扩散系数 D 反映某个组分在介质中扩散的快慢。扩散系数较为复杂,它至少涉及两种物质,因而有多种多样的搭配方式,且随温度的变化较大,还与压力和浓度有关。

(1) 气体中的扩散系数

根据气体动力学可以准确计算气体的扩散系数。该理论假设分子为硬球,扩散系数与气体组成无关,扩散系数随温度增加而增加,而与压力成反比。对于大而重的分子,扩散系数小。气体中的扩散系数的数量级为 $10^{-5} m^2/s$。对于二元气体 A 和 B 的扩散,A 在 B 中的扩散系数和 B 在 A 中的扩散系数相等,即 $D_{AB} = D_{BA} = D$。表 6-1 给出了某些二元气体在常压下($1.013 \times 10^5 Pa$)的扩散系数。

表 6-1　某些二元气体在常压下($1.013 \times 10^5 Pa$)的扩散系数

物系	温度/℃	扩散系数/($\times 10^{-5} m^2/s$)	物系	温度/℃	扩散系数/($\times 10^{-5} m^2/s$)
空气-氨	0	1.98	空气-水	25	2.56
空气-苯	25	0.962	氢-氨	25	7.83
空气-二氧化碳	0	1.38	氢-氧	20	8.49
空气-乙醇	25	1.32	氮-氨	25	2.30
空气-甲醇	25	1.62	氮-水	25	2.93
空气-二氧化硫	0	1.22	氮-乙烷	25	1.48
空气-氯	0	1.24	氧-二氧化碳	25	1.56

二元气体的扩散系数通常用富勒(Fuller)公式估算,富勒公式的相对误差一般小于 10%。

$$D = \frac{0.0101 T^{1.75} \sqrt{(1/M_A) + (1/M_B)}}{P\left[\left(\sum v_A\right)^{1/3} + \left(\sum v_B\right)^{1/3}\right]^2} \tag{6-6}$$

式中:D 为 A,B 二元气体的扩散系数,m^2/s;P 为气体总压,Pa;T 为气体温度,℃;M_A 和 M_B 分别为组分 A 和 B 的摩尔质量,$kg/kmol$;$\sum v_A$ 和 $\sum v_B$ 分别为组分 A 和 B 的分子扩

散体积,cm^3/mol,一般有机化合物的分子扩散体积按分子式可由表 6-2 查出相应的原子扩散体积加和得到,而简单物质的分子扩散体积则直接给出。

表 6-2　原子扩散体积和分子扩散体积

原子扩散体积 v /(cm^3/mol)		分子扩散体积 $\sum v$ /(cm^3/mol)		原子扩散体积 v /(cm^3/mol)		分子扩散体积 $\sum v$ /(cm^3/mol)	
C	15.9	He	2.67	Br	21.9	CO_2	26.9
H	2.31	H_2	6.12	I	29.8	NH_3	20.7
O	6.11	N_2	18.5	S	22.9	H_2O	13.1
N	4.54	O_2	16.3			Cl_2	38.4
F	14.7	空气	19.7			Br_2	69.0
Cl	21.0	CO	18.0			SO_2	41.8

(2) 液体中的扩散系数

对于液体,情形不令人满意,可以说没有准确的理论。在许多液体溶液中,溶剂和溶质分子相互结合,特别是两者形成氢键更是如此,溶剂分子之间也可以相互键合。氢键通常出现在与水有关的溶液中,这也就是水溶液中的扩散系数难以计算的原因之一。一般二组分液体溶液的扩散系数数量级为 $10^{-9}\,m^2/s$。

液体溶液中的扩散系数与物质的种类、温度有关,而且随组分的摩尔分数而变化,溶质 A 在溶剂 B 中的扩散系数 D_{AB} 往往与溶质 B 在溶剂 A 中的扩散系数 D_{BA} 不相等。表 6-3 给出了某些物质在 25℃水中无限稀释溶质的扩散系数。

表 6-3　在 25℃水中无限稀释溶质的扩散系数

溶质	扩散系数/ $(\times10^{-9}m^2/s)$	溶质	扩散系数/ $(\times10^{-9}m^2/s)$	溶质	扩散系数/ $(\times10^{-9}m^2/s)$
空气	2.00	氧	2.10	正丁醇	0.77
溴	1.18	氦	6.28	甲酸	1.50
二氧化碳	1.92	氮	1.64	乙酸	1.21
一氧化碳	2.03	苯	1.02	丙酸	1.06
氯	1.25	丙烷	0.97	丙酮	1.16
乙烷	1.20	硫化氢	1.41	苯甲酸	1.00
乙烯	1.87	甲醇	0.84	硫酸	1.73
氢	4.50	乙醇	0.84	硝酸	2.60
甲烷	1.49	1-丙醇	0.87	卵清蛋白	0.078
氮	1.88	2-丙醇	0.87	血红蛋白	0.069

这些扩散系数远远小于气体扩散系数。液体扩散缓慢意味着液体中的扩散是总速率的控制步骤。估算液体扩散系数最常用的方程是 Stokes-Einstein 方程。虽然由此方程得到的扩散系数误差有 20%，但此方程仍被用作评判其他关联式的标准。Stokes-Einstein 方程表达式为：

$$D = \frac{k_B T}{6\pi\mu R_0}$$ (6-7)

式中：k_B 是玻尔兹曼常数；T 是液体温度；μ 是溶剂黏度；R_0 是溶质分子半径。

关于扩散系数测量的内容非常多，其中两种常用的方法是多孔膜的扩散池法和离散毛细管法。

6.1.2　稳态扩散

图 6-2 中的通过恒定截面积的薄膜扩散，如果组分 A 和 B 在薄膜边界和内部各处的浓度保持定值，不随时间而变化，且扩散系数也不随时间而变化，此扩散即为稳态扩散。稳态扩散中的两种典型情况是单向扩散和等摩尔反向扩散。

单向扩散指组分 A 通过停滞组分 B 的扩散，这在两组分气体吸收和解吸的单元操作中碰到。由于 B 是停滞组分，在式(6-5b)中 $N_B = 0$。故由式(6-5a)得到：

$$N_A = -D_{AB}\frac{dc_A}{dz} + N_A \cdot x_A$$ (6-8)

如果薄膜是组分 A 和 B 组成的气膜，气膜内的压力和温度恒定，则总摩尔浓度 C 恒定。如果薄膜是由溶剂 B 和低浓度的溶质 A 组成的液膜，则总摩尔浓度 C 也恒定。组分 A 或溶质 A 的摩尔浓度 $c_A = C \cdot x_A$，代入式(6-8)，变形得：

$$N_A = -\frac{CD_{AB}}{1-x_A}\frac{dx_A}{dz}$$ (6-9)

薄膜边界面 1 和 2 上的边界条件为 $z = z_1, x_A = x_{A1}; z = z_2, x_A = x_{A2}$。对式(6-9)积分，得：

$$N_A = \frac{CD_{AB}}{z_2 - z_1}\ln\frac{1-x_{A2}}{1-x_{A1}} = \frac{CD_{AB}}{z_2 - z_1}\ln\frac{x_{B2}}{x_{B1}}$$ (6-10)

定义薄膜边界面 1 和 2 上的 x_{B1} 和 x_{B2} 的对数平均值 x_{Bm} 为：

$$x_{Bm} = \frac{x_{B2} - x_{B1}}{\ln(x_{B2}/x_{B1})} = \frac{x_{A1} - x_{A2}}{\ln(x_{B2}/x_{B1})}$$ (6-11)

式(6-11)代入式(6-10)，得到：

$$N_A = \frac{CD_{AB}}{z_2 - z_1}\frac{x_{A1} - x_{A2}}{x_{Bm}}$$ (6-12)

当气膜内的气体是理想气体时，式(6-12)变成：

$$N_A = \frac{D_{AB}}{RT(z_2 - z_1)}\frac{P}{p_{Bm}}(p_{A1} - p_{A2})$$ (6-13)

等摩尔反向扩散是指两组分 A 和 B 的传质方向相反而传质通量的大小相等,即 $N_A = -N_B$。这在两组分精馏的单元操作中碰到。将 $N_A = -N_B$ 代入式(6-5a)和(6-5b),得到:

$$N_A = -D_{AB} \frac{dc_A}{dz} \tag{6-14}$$

同理,总摩尔浓度 C 恒定,边界条件为 $z = z_1, x_A = x_{A1}; z = z_2, x_A = x_{A2}$。对式(6-14)积分,得:

$$N_A = \frac{CD_{AB}}{z_2 - z_1}(x_{A1} - x_{A2}) \tag{6-15}$$

对于理想气体,式(6-15)变成:

$$N_A = \frac{D_{AB}}{RT(z_2 - z_1)}(p_{A1} - p_{A2}) \tag{6-16}$$

比较式(6-12)和式(6-15),以及式(6-13)和式(6-16),发现单向扩散的传质通量比等摩尔反向扩散的传质通量多了一个因子 $(1/x_{Bm})$ 和 (P/p_{Bm}),其值都大于 1。这表明单向扩散的传质通量比等摩尔反向扩散的传质通量大。这是因为单向扩散的滑移通量 $N \cdot x_A (= N_A \cdot x_A)$ 不为 0,而等摩尔反向扩散的滑移通量为 0。扩散通量、滑移通量和传质通量三者之间的关系类似于船在河流上行驶,扩散通量类似于船相对于河流的速度,滑移通量类似于河流的速度,而传质通量类似于船的速度。因子 $(1/x_{Bm})$ 和 (P/p_{Bm}) 称为漂流因子。

当组分 A 的浓度很小,组分 B 的摩尔分数 x_B 接近于 1,或组分 B 的分压 p_B 接近于总压 P,则漂流因子 $(1/x_{Bm})$ 和 (P/p_{Bm}) 接近于 1,总体流动的影响可以忽略,单向扩散的传质通量和等摩尔反向扩散的传质通量也接近相等。

例 6-1　在温度 25℃和总压 $1.013 \times 10^5\,Pa$ 下,用水吸收空气中的甲醇蒸气(A)。气相主体含甲醇蒸气 20%(摩尔分数,下同)。由于水中甲醇的浓度很低,其平衡分压可取为 0。若甲醇蒸气在气相中的扩散相当于甲醇蒸气在厚度为 2mm 的气膜中扩散,扩散系数 $D = 1.62 \times 10^{-5}\,m^2/s$,求吸收的传质通量 N_A。若气相主体中含甲醇蒸气为 10%,则结果如何?

解:甲醇蒸气在气相中的扩散属于单向扩散,应用式(6-13),得:

$z_2 - z_1 = 0.002\,m, D = 1.62 \times 10^{-5}\,m^2/s, T = 298K, P = 1.013 \times 10^5\,Pa$

气相主体含甲醇蒸气 20%,则:

$$p_{A1} = 0.20 \times 1.013 \times 10^5\,Pa = 0.203 \times 10^5\,Pa \quad p_{A2} = 0$$

$$p_{B1} = (1 - 0.20) \times 1.013 \times 10^5\,Pa = 0.810 \times 10^5\,Pa \quad p_{B2} = 1.013 \times 10^5\,Pa$$

$$p_{Bm} = \frac{p_{B2} - p_{B1}}{\ln(p_{B2}/p_{B1})} = \frac{1.013 \times 10^5 - 0.810 \times 10^5}{\ln(1.013/0.810)}Pa = 0.908 \times 10^5\,Pa$$

$$\frac{P}{p_{Bm}} = \frac{1.013 \times 10^5}{0.908 \times 10^5} = 1.12$$

$$N_A = \frac{D}{RT(z_2 - z_1)} \frac{P}{p_{Bm}}(p_{A1} - p_{A2})$$

$$= \frac{1.62 \times 10^{-5}}{8314 \times 298 \times 0.002} \times 1.12 \times (0.203 \times 10^5 - 0)\,kmol/(m^2 \cdot s)$$

$$= 7.43 \times 10^{-5}\,kmol/(m^2 \cdot s)$$

若气相主体含甲醇蒸气 10%，则：

$$p_{A1} = 0.10 \times 1.013 \times 10^5\,Pa = 0.101 \times 10^5\,Pa \quad p_{A2} = 0$$

$$p_{B1} = (1 - 0.10) \times 1.013 \times 10^5\,Pa = 0.912 \times 10^5\,Pa \quad p_{B2} = 1.013 \times 10^5\,Pa$$

$$p_{Bm} = \frac{p_{B2} - p_{B1}}{\ln(p_{B2}/p_{B1})} = \frac{1.013 \times 10^5 - 0.912 \times 10^5}{\ln(1.013/0.912)}\,Pa = 0.962 \times 10^5\,Pa$$

漂流因子 $\dfrac{P}{p_{Bm}} = \dfrac{1.013 \times 10^5}{0.962 \times 10^5} = 1.05$

$$N_A = \frac{D}{RT(z_2 - z_1)} \frac{P}{p_{Bm}}(p_{A1} - p_{A2})$$

$$= \frac{1.62 \times 10^{-5}}{8314 \times 298 \times 0.002} \times 1.05 \times (0.101 \times 10^5 - 0)\,kmol/(m^2 \cdot s)$$

$$= 3.467 \times 10^{-5}\,kmol/(m^2 \cdot s)$$

当甲醇蒸气浓度较低(10%)时，漂流因子接近于1，滑移通量的影响可以忽略。

6.1.3　对流传质

对流传质指运动流体与固体壁面或两股直接接触的流动流体之间的质量传递，如晶体在流动的液体中溶解发生对流传质，流动的气液接触发生对流传质。流体流动状况对对流传质影响很大。一般情况下，流体的流动型态多为湍流。湍流存在大量质点的强烈脉动，故扩散通量和传质通量得到极大的增加。

对于流动的气液接触对流传质，一般采用双膜模型。这个模型反映了许多真实系统的主要特征，模型的要点是：气液接触的界面为相界面，气液在相界面两侧流动；气液主体流动为湍流，其中存在各种不同尺度的涡流，导致流体迅速混合，在主体流中没有浓度梯度；在近相界面处，涡流消失，传质仅由扩散控制，存在浓度梯度，如图6-3所示。组分A在主体流中浓度均一，浓度曲

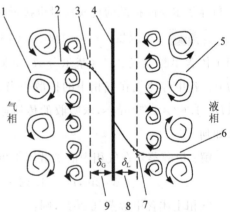

图 6-3　气液接触对流传质的双膜模型

1-气相主体流动中的不同尺度的涡流；2-气相中组分 A 的浓度曲线；3-气相中组分 A 浓度曲线延长的交点；4-气液相界面；5-液相主体流动中的不同尺度的涡流；6-液相中组分 A 的浓度曲线；7-液相中组分 A 浓度曲线延长的交点；8-厚度 δ_L 的液膜；9-厚度 δ_G 的气膜

线是水平线;组分 A 在近相界面处存在浓度差,浓度曲线是倾斜线。将水平浓度曲线和倾斜浓度曲线延长并相交,交点到气液相界面的距离即为气膜和液膜的厚度。一般,气膜厚度 δ_G 约为 10^{-4} m,而液膜厚度 δ_L 约为 10^{-5} m。

对于单向扩散:

气相

$$N_A = \frac{D_G}{RT\delta_G} \frac{P}{p_{Bm}} (p_{A1} - p_{A2}) \tag{6-17a}$$

液相

$$N_A = \frac{CD_L}{\delta_L} \frac{x_{A1} - x_{A2}}{x_{Bm}} = \frac{D_L}{\delta_L} \frac{C}{c_{Bm}} (c_{A1} - c_{A2}) \tag{6-17b}$$

式中:D_G 和 D_L 分别为组分 A 在气相和液相中的扩散系数;δ_G 和 δ_L 分别为气膜和液膜的厚度。

令:

$$k_G = \frac{D_G}{RT\delta_G} \frac{P}{p_{Bm}} \tag{6-18a}$$

$$k_L = \frac{D_L}{\delta_L} \frac{C}{c_{Bm}} \tag{6-18b}$$

则式(6-17a)和(6-17b)变成:

气相

$$N_A = k_G (p_{A1} - p_{A2}) \tag{6-19a}$$

液相

$$N_A = k_L (c_{A1} - c_{A2}) \tag{6-19b}$$

式中:$(p_{A1} - p_{A2})$ 是压差传质推动力,Pa;$(c_{A1} - c_{A2})$ 是浓度差传质推动力,mol/m³;k_G 是气相传质系数,kmol/(m² · s · Pa);k_L 是液相传质系数,m/s。

从式(6-18)可以看出,传质系数 k 与扩散系数与膜厚的比值 D/δ 成正比,即:

$$k \propto \frac{D}{\delta} \quad 或 \quad \delta \propto \frac{D}{k} \tag{6-18c}$$

传质系数 k 的单位与传质推动力有关,随传质推动力单位的变化而变化。由于膜厚 δ_G 和 δ_L 多属未知,传质系数 k_G 和 k_L 无法由式(6-18)计算。与传热系数类似,传质系数通常需实验测定,再关联成公式。

传质系数的关联式以无因次准数给出。重要的无因次准数有:舍伍德(Sherwood)准数 $Sh = kd/D_{AB}$,雷诺(Reynold)准数 $Re = du\rho/\mu$,施密特(Schmidt)准数 $Sc = \mu/\rho D_{AB}$。舍伍德准数和雷诺准数中均含有直径 d,该直径与讨论的问题有关。如对流传质与管壁有关,该直径为管直径;如对流传质与球颗粒有关,该直径为球直径。

舍伍德准数 $Sh(=kd/D_{AB})$ 包含传质系数 k,可以将舍伍德准数视为系统直径 d 与膜厚 δ 的比。雷诺准数 $Re(=du\rho/\mu)$ 描述流动的特征,该数小时,流动为层流;该数大时,流动为湍流。对于管流,流动在 $Re = 2000$ 时从层流转变成湍流,但并非总是如此。许多流动在 $Re > 100$ 时出现涡流和流动不稳定。施密特准数 $Sc(=\mu/\rho D_{AB})$ 仅含流体物性。对于气体,施密特准数接近于 1,对于常规液体该准数可达约 1000。

传质系数关联式分为流体-流体界面、流体-固体界面两类。流体-流体界面的关联式尤为重要,适用于气体吸收、液液萃取和蒸馏。关联式一般表示成 $Sh = f(Re, Sc)$。具体的关联式见后面各章节。

　　双膜模型对分析通过相界面的扩散尤其适用。它假设主要的浓度变化仅仅发生在相界面附近,远离相界面的流体混合均匀。传质系数为复杂的多相体系提供了特别有用的描述,是分析气体吸收、液液萃取和蒸馏的基础。

6.2　气体吸收概述

　　在气相、液相和固相中,许多化学物质和生物物质是以不同组成的混合物存在的。为了从混合物中分离或移除一种或更多的组成物质,这就必须涉及到另外一种相,这两种相要互相之间有或多或少的紧密联系以便一种溶质或多种溶质从一种相扩散到另一种相,这两相可以是气液、气固、液液、或者是液固。在两相接触的时候,原始混合物在两相之间重新分配,然后各相通过简单的物理方法分离。要选择合适的条件和相,一个相要充分吸收一种或更多组分,而另一个相耗尽一种或多种组分。

　　用液体吸收剂吸收气体的过程叫吸收,气体定量地溶解在该液体吸收剂中。反之,被溶解的气体从溶液中释放出来的过程叫解吸。参与吸收或解吸过程的两个相是液相和气相,进行从气相到液相(吸收)或从液相到气相(解吸)的物质传递。

　　在吸收中,气相中能溶解在液体吸收剂中的气体叫溶质,而没有被溶解的气体称为惰性气体。液相由液体吸收剂和溶质组成。溶有溶质的吸收剂称为吸收液或溶液。溶质气体和惰性气体的混合物称为混合气体。惰性气体和液体吸收剂各自为气相和液相中溶质的载体。例如,通过水吸收空气中的氨,再把得到的氨水蒸馏得到纯净的氨气。另一个例子就是用碱性溶液吸收气体中的 SO_2。与吸收相反的就是气提或解吸,它们具有相同的理论和基本的原则。例如,难挥发油的气提,在这种过程中,蒸气与油接触,并且油中小部分易挥发的组分随着气流出去。

　　工业上进行的吸收也可进行解吸或不再解吸,如果不进行解吸则吸收剂只使用一次,这时,吸收的结果是得到成品、半成品,或者吸收是为了气体的卫生净化,则废液(消毒后)就排放至污水道。

　　有解吸的吸收,吸收剂能够多次使用并可将被吸收的组分分离成纯组分。吸收后的吸收液送往解吸塔,在解吸塔中进行溶质的释放,而被再生的吸收剂重新去吸收。在这样的循环流程中如不考虑它的某些损失,吸收剂是不消耗的,总是沿着吸收器—解吸器—吸收器的系统循环。如吸收伴随不可逆化学反应时,吸收剂不能用解吸方法再生,可用化学方法进行再生。

　　吸收过程在化学和相类似的工业部门中的应用极为广泛。现将这些部门中的一些应用介绍如下:

　　(1)用液体吸收气体的方法以获得成品。例如:在硫酸生产中 SO_3 的吸收;吸收 HCl 以制得盐酸;用水或用碱溶液吸收氮氧化物生产硝酸或硝酸盐,这时,吸收后就不再进行解吸了。

　　(2)为分出一种或几种有用组分的气体混合物的分离。此时所用的吸收剂对需要提取组分的吸收能力应尽可能大,而对应气体混合物中的其他组分的吸收能力应尽可能小(也就是有选择性地吸收或选择吸收)。此时在循环过程中往往把吸收和解吸结合起来。可作为例子的有:从焦炉气中吸收苯;从裂化气或天然气的高温裂解气中吸收乙炔;从乙醇催化裂解气中吸收丁二烯等等。

(3)除去有害杂质的气体净化。这样的净化首先是为了除去在气体继续加工时所不允许有的杂质(例如:从石油气和焦炉气中除去 H_2S 的净化;用于合成氨的氮氢混合气,除去 CO_2 和 CO 的净化;在接触法生产硫酸中二氧化硫的干燥等)。除此之外,还有释放于大气中的废气的卫生净化(例如:烟道气除 SO_2 的净化;液氯冷凝后的废气除去氯气的净化;除去在生产矿物肥料时所分解出的气体氟化物的净化等)。

在上述情况下,取出的组分通常是可利用的,因此,可利用解吸方法把组分分出或将溶液再进行适当的加工。有时,如取出的组分量很少而吸收剂又贵,则吸收后的溶液可直接排放于污水道。

(4)从气体混合物中回收有价值的组分。为了防止有价值组分的损失以及从卫生考虑,例如,易挥发性溶剂(醇、酮、醚等)的回收。

应当指出,对于气体混合物的分离、气体的净化和回收有价值组分,除用吸收方法外还可采用其他方法:如吸附,深度冷冻方法等。选择哪一种方法要由技术经济观点来确定。通常当提取的组分不要求很完全时,吸收是最好的方法。

吸收时的传质速率取决于过程推动力(即系统与平衡状态的偏离程度)、吸收剂、溶质、惰性气体的性质,以及两相间的接触方式(吸收设备结构和气液流体力学状态)。在吸收设备中,推动力通常沿着设备的长度而变化,并取决于气液两相流动方式(气液逆流、并流、错流),同时也可以实现连续接触(填料塔)和逐级接触(板式塔)。

在吸收过程中,填料塔作为气体和液体连续逆流接触装置,如图 6-4 所示。填料吸收塔见二维码。填料塔为圆柱形装置,塔底有气体分布器和填料支撑装置,塔顶有液体分布器,在塔内部填充散装填料或规整填料。气体从气体入口进入填料塔后,在填料的间隙中向上流动。液体从液体入口进入填料塔后,在填料表面形成液膜向下流动。气体和液体逆流接触,填料表面使液体和气体充分接触,发生气液间的传质传热。吸收填料塔的半径取决于填料形状和尺寸、气体和液体的体积流量、气体和液体的物性、气体和

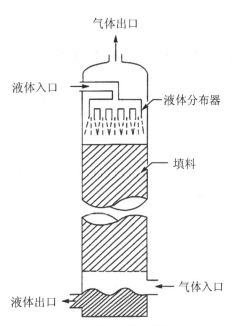

图 6-4 用于吸收的填料塔

填料吸收塔
二维码

液体的相对速度。填料塔的高度取决于吸收要求、气液溶液相平衡、溶质的物料衡算、热量衡算、操作条件以及传质系数和气液比表面积等。

多数工业吸收操作都是将气体中少量溶质组分去除。当进塔混合气中的溶质浓度不高（一般小于 10%）时，通常称为低浓度气体吸收。计算此类吸收问题可作如下假设：

（1）因被吸收的溶质量少，流经全塔的混合气体摩尔流率 V［单位为 $kmol/(m^2 \cdot s)$］和吸收液摩尔流率 L［单位为 $kmol/(m^2 \cdot s)$］视为常数，操作线为直线。

（2）因被吸收的溶质量少，由溶解热而引起的液体温度变化不显著，故认为吸收在等温下进行。

（3）气液溶解相平衡常数 m 在吸收过程中不变，故气液溶解相平衡线为直线。

（4）由于全塔混合气体摩尔流率和吸收液摩尔流率为常数，故气相传质系数和液相传质系数在全塔视为常数。

6.3　吸收中的气液溶解相平衡

6.3.1　判断过程的方向

吸收过程的相平衡是气液溶解相平衡，气液溶解相平衡关系见第 4 章 4.4.1 小节。不平衡的气液两相接触，发生的传质过程是吸收还是解吸，取决于相平衡关系。如果气液两相组成分别为 y 和 x，与液相组成 x 成平衡的气相组成为 y^*，与气相组成 y 成平衡的液相组成为 x^*，则过程方向为：当 $y > y^*(x^* > x)$，过程为吸收过程；当 $y < y^*(x^* < x)$，过程为解吸过程。

用气液溶解相平衡图来判断传质方向更加直观。已知气液两相的组成 y_A 和 x_A，由此确定其状态点 A。若点 A 在平衡线上方，发生吸收，如图 6-5 所示；相反，若点 A 在平衡线下方，发生解吸。

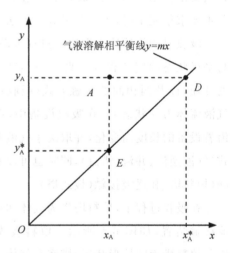

图 6-5　判断过程方向和计算过程推动力

例 6-2　在 101.3kPa,20℃下，稀氨水的气液溶解相平衡关系为 $y = 0.94x$。若有含氨 0.094（摩尔分数，下同）的混合气和含氨 0.05 的氨水接触，确定过程的方向。若含氨 0.02 的混合气和含氨 0.05 的氨水接触，过程的方向又如何？

解：与气相组成 $y_A = 0.094$ 呈相平衡的液相组成为：$x_A^* = \dfrac{y}{0.94} = \dfrac{0.094}{0.94} = 0.1$，而液

相组成 $x_A = 0.05$，则 $x_A < x_A^*$。故氨从气相转入液相，发生吸收过程。

或者，与液相组成 $x_A = 0.05$ 呈平衡的气相组成：$y_A^* = 0.94x_A = 0.94 \times 0.05 = 0.047$，而气相组成 $y_A = 0.094$，则 $y_A > y_A^*$。故氨从气相转入液相，发生吸收过程。

若含氨 0.02（摩尔分数）的混合气和含氨 0.05（摩尔分数）的氨水接触。与气相组成 $y_A = 0.02$ 呈相平衡的液相组成为：$x_A^* = \dfrac{y}{0.94} = \dfrac{0.02}{0.94} = 0.021$，而液相组成 $x_A = 0.05$，则 $x_A > x_A^*$，气液两相接触时，氨由液相转入气相，发生解吸过程。

6.3.2　指明过程的极限

在一定操作条件下，当气液两相达到平衡，过程即停止，故平衡是过程的极限。在工业生产的逆流填料吸收塔中，即使填料层很高，在吸收液用量很少的情况下，离开吸收塔的吸收液组成 x_b 也不会无限增大，其极限与进塔气相组成 y_b 呈平衡，即 $x_b = y_b/m$。同样，当混合气体流量很小时，即使填料层很高，出塔混合气体组成 y_a 也不会无限减小，其极限与进塔的吸收液组成 x_a 呈平衡，即 $y_a = mx_a$。

由此可见，相平衡关系限制了吸收液出塔的最高浓度和混合气体出塔的最低浓度。

6.3.3　判断过程的推动力

在吸收过程中，以实际的气液相组成与其平衡组成的偏离程度来表示吸收过程的推动力。如图 6-5 所示，若气液的实际组成为 x_A 和 y_A，则过程推动力用气相组成差表示，即 $\Delta y = y_A - y_A^*$，也可用液相组成差表示，即 $\Delta x = x_A^* - x_A$。

6.4　低浓度气体吸收的过程模型

6.4.1　物料衡算和操作线

吸收塔逆流操作，混合气体从塔底向塔顶流动，吸收液体从塔顶向塔底流动，分别标 a、b 代表塔顶和塔底，如图 6-6 所示。V 为混合气体摩尔流率，$kmol/(m^2 \cdot s)$；L 为吸收液摩尔流率，$kmol/(m^2 \cdot s)$；x 为吸收塔任一横截面处吸收液中溶质摩尔分数；x_a 为吸收塔顶部吸收液进口处的溶质摩尔分数；x_b 为吸收塔底部吸收液出口处的溶质摩尔分数；y 为吸收塔任一横截面处混合气体中溶质摩尔分数；y_a 为吸收塔顶部混合气体出口处的溶质摩尔分数；y_b 为吸收塔底部混合气体进口处的溶质摩尔分数。在气液接触过程中，惰性气体认为完全不能溶解于吸收剂中，而吸收剂完全不挥发，则只有溶质从气相惰性气体中传质到液相吸收剂中，则气相失去的溶质的物质的量即为液相得到的溶质的物质的量。

对逆流操作吸收塔塔顶和塔底就溶质进行全塔物料衡算：

$$V(y_b - y_a) = L(x_b - x_a) \qquad (6\text{-}20)$$

对吸收塔任一横截面与塔顶间（图 6-6 中虚线所示范围）就溶质做物料衡算，得：

$$V(y - y_a) = L(x - x_a) \qquad (6\text{-}21)$$

对式(6-21)整理，得：

$$y = \frac{L}{V}x + \left(y_a - \frac{L}{V}x_a\right) \qquad (6\text{-}22)$$

同样，对吸收塔任一横截面与塔底间（图 6-7 中虚线所示范围）就溶质做物料衡算：

$$V(y_b - y) = L(x_b - x) \qquad (6\text{-}23)$$

对式(6-23)整理，得：

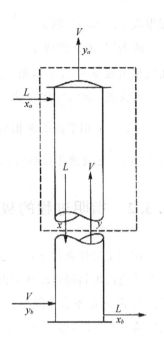

图 6-6　填料塔中的物料衡算

$$y = \frac{L}{V}x + \left(y_b - \frac{L}{V}x_b\right) \qquad (6\text{-}24)$$

根据全塔物料衡算式(6-20)，式(6-22)中 $y_a - (L/V)x_a$ 与式(6-24)中 $y_b - (L/V)x_b$ 相等，故式(6-22)和式(6-24)是等价的，称式(6-22)和式(6-24)为逆流吸收塔的操作线方程，它表明逆流吸收塔内任一横截面上的气相溶质摩尔分数 y 和液相溶质摩尔分数 x 之间呈直线关系，直线斜率为 L/V，且该直线通过塔顶气液溶质摩尔分数组成的点 $a(x_a, y_a)$ 和塔底气液溶质摩尔分数组成的点 $b(x_b, y_b)$，如图 6-8 所示。

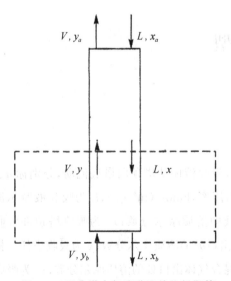

图 6-7　吸收塔中气液逆流的物料衡算

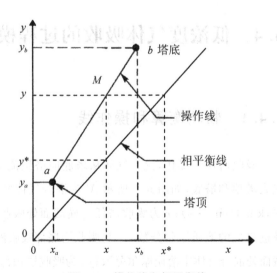

图 6-8　操作线和相平衡线

　　图 6-8 将逆流吸收塔的操作线方程和气液溶解相平衡方程放在一起。操作线位于气液溶解平衡线上方。操作线 ab 上任一点 M 代表塔内相应横截面上气液溶质摩尔分数 x 和 y。在相平衡线上，与 x 对应的是 y^*，与 y 对应的是 x^*，则 $(y-y^*)$ 为用气相摩尔分数差表示的总传质推动力，(x^*-x) 为用液相摩尔分数差表示的总传质推动力。操作线离相平衡线越远，则气相或液相总传质推动力越大。当进行吸收操作时，操作线位于气液溶解平衡线上方。反之，当操作线位于气液溶解平衡线下方，则进行解吸操作。

6.4.2　最小液气比

　　在吸收过程中，一般情况下，混合气体的摩尔流率 V、吸收塔底部混合气体进口处的溶质摩尔分数 y_b 和吸收塔顶部吸收液进口处的溶质摩尔分数 x_a 均由工艺条件所规定，为已知量。而表征吸收程度有两种方式：① 规定吸收塔顶部混合气体出口处的溶质摩尔分数 y_a；② 用吸收率 η 表示。

$$\eta = \frac{\text{被吸收的溶质}}{\text{进塔混合气中的溶质}} = \frac{y_b - y_a}{y_b} = 1 - \frac{y_a}{y_b} \tag{6-25}$$

　　需要计算吸收液摩尔流率 L 和吸收塔底部吸收液出口处的溶质摩尔分数 x_b。如果确定 L 和 x_b 任意一个，则通过全塔物料衡算式(6-20)可得到另外一个。

　　通过以上条件可知，操作线 ab 的下端点 $a(x_a, y_a)$ 已经确定，而上端点 $b(x_b, y_b)$ 的 y_b 确定，x_b 不确定，故上端点 b 可在水平线 $y=y_b$ 上左右移动。

　　当吸收液摩尔流率 L 减少，操作线斜率 (L/V) 减小，上顶端 b 沿水平线 $y=y_b$ 向右移动，靠近相平衡线，因而总传质推动力减小，但 x_b 增大，如图 6-9 所示。当 b 移动到达相平衡线时，则 b 成为 b'，且 $x_b = x_b^*$，即出塔液和进塔气达到相平衡。此时，总传质推动力为 0，即传质为 0，且操作线斜率 (L/V) 最小，要实现规定的吸收要求就需要无限高的吸收塔，这在实际上行不通。此种状况下的液气比称为

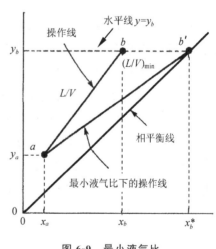

图 6-9　最小液气比

最小液气比 $(L/V)_{\min}$，相应的吸收液摩尔流率为最小吸收液摩尔流率 $L_{\min}$。$(L/V)_{\min}$ 和 $L_{\min}$ 可用下式求得：

$$\left(\frac{L}{V}\right)_{\min} = \frac{y_b - y_a}{x_b^* - x_a} \tag{6-26a}$$

或：

$$L_{\min} = V \frac{y_b - y_a}{x_b^* - x_a} \tag{6-26b}$$

实际吸收液用量要大于最小吸收液用量。吸收液用量越大,液气比越大,操作线斜率越大,操作线越远离相平衡线,总传质推动力越大,对吸收传质越有利,则吸收塔的高度可以降低,则设备费用下降。但是,吸收液的消耗、输送和回收等操作费用也随之增大。因而,考虑操作费用和设备费用的权衡,一般来讲,实际的吸收液摩尔流率 L 是最小吸收液摩尔流率 $L_{\min}$ 的 $1.1\sim2.0$ 倍,即:

$$\frac{L}{V} = (1.1 \sim 2.0)\left(\frac{L}{V}\right)_{\min} \tag{6-27a}$$

或: $$L = (1.1 \sim 2.0)L_{\min} \tag{6-27b}$$

6.4.3 传质速率方程

气体吸收是把气相中的溶质传递到液相的过程,即相际间传质。对于稳态传质,它由气相与界面的对流传质、界面上溶质组分的溶解、界面与液相的对流传质三个步骤串联而成。一般采用双膜论进行描述。双膜论认为:相互接触的气液两相流体间存在稳定的相界面,界面两侧各有一个很薄的膜,气膜厚度 δ_G,液膜厚度 δ_L。在膜以外的气液两相主体中,流体充分湍动,溶质浓度均一。界面上溶质从气相传入液相的过程很快,故在相界面处气液两相达到平衡。

在吸收塔某一横截面上气液两相主体中溶质的摩尔分数分别为 x 和 y,或气相主体中溶质分压为 p_G,液相主体中溶质浓度为 c_L;气液两相界面上溶质的摩尔分数分别为 x_i 和 y_i,或界面上气相溶质分压为 p_i,液相溶质浓度为 c_i,如图 6-10 所示。采用气相溶质分压 p_G、p_i 和液相溶质浓度 c_L、c_i,式(6-18a)和式(6-18b)的传质速率(传质通量)N_A 和气液界面上 p_i 和 c_i 的相平衡关系表示为:

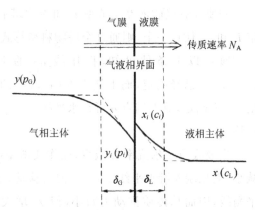

图 6-10 双膜论和溶质在气液两相的浓度分布

$$N_A = k_G(p_G - p_i) \tag{6-28a}$$

$$N_A = k_L(c_i - c_L) \tag{6-28b}$$

$$p_i = \frac{c_i}{H} \tag{6-28c}$$

采用气相摩尔分数 y、y_i 和液相摩尔分数 x、x_i,传质速率 N_A 可表示为:

$$N_A = k_y(y - y_i) \tag{6-29a}$$

$$N_A = k_x(x_i - x) \tag{6-29b}$$

$$y = mx \tag{6-29c}$$

式中：k_y 是摩尔分数表示的气相分传质系数，
$kmol/(m^2 \cdot s)$，$k_y = k_G P(P$ 是气相总压，$Pa)$；k_x
是摩尔分数表示的液相分传质系数，$kmol/(m^2 \cdot s)$，
$k_x = k_L C(C$ 是液相总摩尔浓度，$kmol/m^3)$。

将吸收塔某一横截面上气液两相主体中溶质
的摩尔分数 x 和 y[用点 $M(x,y)$ 表示]和气液两
相界面上溶质的摩尔分数 x_i 和 y_i[用点 $P(x_i,y_i)$
表示]分别绘在气液溶解相平衡图上，如图 6-10 所
示。点 $P(x_i,y_i)$ 在气液溶解相平衡线 $y = mx$ 上。
y^* 是与 x 呈平衡的气相摩尔分数，x^* 是与 y 呈平
衡的气相摩尔分数。由图 6-11 的几何关系可得：

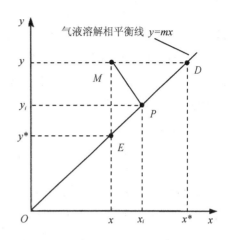

图 6-11　气液两相主体中溶质的摩尔分数和
气液两相界面溶质的摩尔分数

$$\frac{y_i - y^*}{x_i - x} = m \qquad (6-30)$$

由式(6-29a)和(6-29b)可得：

$$N_A = \frac{y - y_i}{\dfrac{1}{k_y}} = \frac{x_i - x}{\dfrac{1}{k_x}} = \frac{m(x_i - x)}{\dfrac{m}{k_x}} = \frac{(y - y_i) + m(x_i - x)}{\dfrac{1}{k_y} + \dfrac{m}{k_x}} \qquad (6-31)$$

将式(6-30)代入式(6-31)，得：

$$N_A = \frac{(y - y_i) + (y_i - y^*)}{\dfrac{1}{k_y} + \dfrac{m}{k_x}} = \frac{y - y^*}{\dfrac{1}{k_y} + \dfrac{m}{k_x}} = \frac{y - y^*}{\dfrac{1}{K_y}} \qquad (6-32)$$

即：
$$N_A = K_y(y - y^*) \qquad (6-33a)$$

式中：K_y 为气相总传质系数，$kmol/(m^2 \cdot s)$。它与气相分传质系数和液相分传质系数的关
系如下：

$$\frac{1}{K_y} = \frac{1}{k_y} + \frac{m}{k_x} \qquad (6-34a)$$

式(6-33a)为气相总传质速率方程，式(6-34a)为气相总传质系数方程。

同理，得到：

$$N_A = K_x(x^* - x) \qquad (6-33b)$$

式中：K_x 为液相总传质系数，$kmol/(m^2 \cdot s)$。它与气相分传质系数和液相分传质系数的关
系如下：

$$\frac{1}{K_x} = \frac{1}{k_x} + \frac{1}{mk_y} \qquad (6-34b)$$

式(6-33b)为液相总传质速率方程，式(6-34b)为液相总传质系数方程。

气相总传质系数 K_y 和液相总传质系数 K_x 的关系如下：

$$mK_y = K_x \qquad (6-35)$$

现在讨论式(6-34a)和式(6-34b)的两个特殊情况。如果 $k_x > k_y$，且 m 很小，图 6-11 中的气液溶解相平衡线几乎成水平线，气相溶质在液相中易溶，线段 MP 几乎成垂直线，如图 6-12a 所示，则式(6-34a)中的 m/k_x 远小于 $1/k_y$，故：

$$\frac{1}{K_y} \approx \frac{1}{k_y} \qquad (6\text{-}36a)$$

此时，传质阻力集中在气相，称为"气膜控制"。点 P 移动到靠近点 E 的位置，且 $y_i \approx y^*$。例如，用水吸收 NH_3 或 HCl 就是气膜控制。

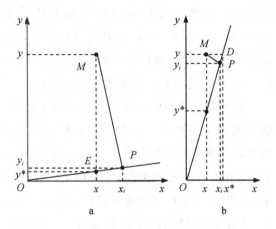

图 6-12 气膜控制和液膜控制示意图

如果 $k_x < k_y$，且 m 很大，图 6-11 中的气液溶解相平衡线几乎成垂直线，气相溶质在液相中难溶，线段 MP 几乎成水平线，如图 6-12b 所示，则式(6-34b)中的 $1/(mk_x)$ 远小于 $1/k_x$，故：

$$\frac{1}{K_x} \approx \frac{1}{k_x} \qquad (6\text{-}36b)$$

此时，传质阻力集中在液相，称为"液膜控制"。点 P 移动到靠近点 D 的位置，且 $x_i \approx x^*$。

6.4.4 气液相界面上溶质浓度的求取

如果知道气液两相主体中溶质的摩尔分数 x 和 y，以及气相分传质系数 k_y 和液相分传质系数 k_x，气液相界面上溶质的摩尔分数 x_i 和 y_i 可通过以下方式求得。x_i 和 y_i 满足气液溶解相平衡线，即：

$$y_i = mx_i \qquad (6\text{-}37)$$

由式(6-29a)和式(6-29b)可得：

$$\frac{y - y_i}{x - x_i} = -\frac{k_x}{k_y} \qquad (6\text{-}38)$$

联立求解式(6-37)和式(6-38)，可得 x_i 和 y_i。

通过作图法也可求得 x_i 和 y_i。采用式(6-38)作一条通过点 $M(x, y)$ 和斜率为 $-k_x/k_y$ 的直线，该直线与气液溶解相平衡线相交于点 $P(x_i, y_i)$，如图 6-11 所示。

例 6-3 在总压 1000kPa 和温度 25℃下，含 CO_2 摩尔分数为 0.06 的空气与含 CO_2 为 0.1g/L 的水溶液接触。问：(1)将发生吸收还是解吸？(2)以分压差和摩尔分数差表示的推动力各为多少？(3)气体和水溶液在吸收塔内逆流接触，吸收塔无穷高，空气中 CO_2 的含量最低可降到多少?

解:(1) CO_2 在空气中的摩尔分数 $y_{CO_2} = 0.06$,则气体中 CO_2 分压:$p_{CO_2} = 1000 \times 0.06$kPa $= 60$kPa。因为水溶液 CO_2 浓度很低,其密度与平均摩尔质量皆与水相同,所以溶液的总摩尔浓度 $c = \rho/M = 997/18$kmol/m³ $= 55.4$kmol/m³。

CO_2 在水中的摩尔分数 $x_{CO_2} = \dfrac{0.1/44}{55.4} = 4.10 \times 10^{-5}$,25℃下 CO_2 溶解在水中的亨利系数 $E = 1.66 \times 10^5$kPa,则相平衡常数 $m = E/P = 1.66 \times 10^5/1000 = 166$。故平衡分压为:$p_{CO_2}^* = Ex_{CO_2} = 1.66 \times 10^5 \times 4.10 \times 10^{-5}$kPa $= 6.81$kPa,且 $y_{CO_2}^* = mx_{CO_2} = 166 \times 4.10 \times 10^{-5} = 0.00681$,$x_{CO_2}^* = y_{CO_2}/m = 0.06/166 = 3.61 \times 10^{-4}$。故 $p_{CO_2} > p_{CO_2}^*$,故该过程是 CO_2 由气相转入液相的吸收过程。

(2) 分压差表示的推动力 $\Delta p = p_{CO_2} - p_{CO_2}^* = 60$kPa $- 6.81$kPa $= 53.19$kPa

气相摩尔分数差表示的推动力 $\Delta y = y_{CO_2} - y_{CO_2}^* = 0.06 - 0.00681 = 0.0532$

液相摩尔分数差表示的推动力 $\Delta x = x_{CO_2}^* - x_{CO_2} = 3.61 \times 10^{-4} - 4.10 \times 10^{-5} = 3.20 \times 10^{-4}$

(3) 当空气中 CO_2 的推动力 $\Delta y = 0$ 时,空气中 CO_2 含量 $y_{CO_2} = 0.00681$,其含量降到最低。

例 6-4 在吸收塔中,A 和 B 混合气体中溶质 A 被液体吸收,气液溶解相平衡为 $y = 40.2x$。在塔中某一截面,气体的主体浓度为 $y = 0.120$,液体的主体浓度为 $x = 0.00110$。塔的操作条件为 298K 和 1.013×10^5Pa。气体分传质系数 $k_y = 1.465 \times 10^{-3}$kmol/(m² · s),液体分传质系数 $k_x = 2.87 \times 10^{-4}$kmol/(m² · s),求相界面溶质摩尔分数 x_i 和 y_i,总传质系数 K_y 和 K_x,并对传质阻力进行分析。

解: 由 $\dfrac{y - y_i}{x - x_i} = -\dfrac{k_x}{k_y}$,可得:

$$\frac{0.120 - y_i}{0.00110 - x_i} = -\frac{2.87 \times 10^{-4}}{1.465 \times 10^{-3}}$$

又知 $y_i = 40.2x_i$。联立求解,得:

$$\begin{cases} x_i = 0.002976 \\ y_i = 0.1196 \end{cases}$$

根据式(6-34a)和式(6-34b),可求得总传质系数 K_y 和 K_x:

$$K_y = \frac{1}{\dfrac{1}{k_y} + \dfrac{m}{k_x}} = \frac{1}{\dfrac{1}{1.465 \times 10^{-3}} + \dfrac{40.2}{2.87 \times 10^{-4}}}\text{kmol/(m}^2 \cdot \text{s)}$$

$$= 7.105 \times 10^{-6}\text{kmol/(m}^2 \cdot \text{s)}$$

$$K_x = \frac{1}{\dfrac{1}{k_x} + \dfrac{1}{mk_y}} = \frac{1}{\dfrac{1}{2.87 \times 10^{-4}} + \dfrac{1}{40.2 \times 1.465 \times 10^{-3}}}\text{kmol/(m}^2 \cdot \text{s)}$$

$$= 2.856 \times 10^{-4}\text{kmol/(m}^2 \cdot \text{s)}$$

由式(6-34a),液相分传质阻力 $m/k_x = 1.401 \times 10^5$,气相分传质阻力 $1/k_y = 682.6$,总传质阻力 $1/K_y = 1.407 \times 10^5$,液相分传质阻力占总传质阻力的比值为 99.57%,气相分传质阻力占总传质阻力的比值为 0.43%。

由式(6-34b),液相分传质阻力 $1/k_x = 3484.3$,气相分传质阻力 $1/(mk_x) = 16.980$,总传质阻力 $1/K_x = 3501.4$,液相分传质阻力占总传质阻力的比值为 99.51%,气相分传质阻力占总传质阻力的比值为 0.49%。从以上分析可知,传质阻力集中在液相,该传质过程是液膜控制。

6.5 填料层高度的计算

6.5.1 计算模型

如图 6-13 所示的填料塔,填料塔横截面的面积是 S,单位为 m²;单位体积填料层所提供的有效气液相界面积称为气液比表面积,用 a 表示,单位为 m²/m³;对填料层取一个微元填料层高度 dz,则得到一个微元填料层体积 Sdz。在这个微元填料层中对溶质做物料衡算:

单位时间内离开混合气体溶质的物质的量＝单位时间内进入吸收液溶质的物质的量

即:
$$S \cdot d(Vy) = S \cdot d(Lx) \qquad (6-39)$$

式中:V 为混合气体摩尔流率,kmol/(m²·s);L 为吸收液摩尔流率,kmol/(m²·s)。

由式(6-39)得:

$$S \cdot (Vdy + ydV) = S \cdot (Ldx + xdL) \qquad (6-40)$$

由于 V 和 L 都为常量,故:

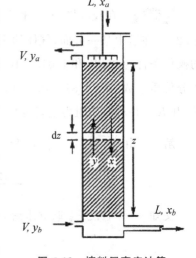

图 6-13　填料层高度计算

$$S \cdot Vdy = S \cdot Ldx \qquad (6-41)$$

在微元填料层体积 Sdz 内,有效气液相界面积为 $aSdz$,则单位时间内从气相传质到液相的溶质的物质的量为 $N_A aSdz$。将式(6-33a)和式(6-33b)代入,得:

$$N_A aSdz = K_y(y - y^*)aSdz = K_x(x^* - x)aSdz \qquad (6-42)$$

由于单位时间内从气相传质到液相的溶质的物质的量＝单位时间内离开混合气体的溶质的物质的量＝单位时间内进入吸收液溶质的物质的量,故:

$$N_A aSdz = K_y(y - y^*)aSdz = S \cdot Vdy \qquad (6-43a)$$

$$N_A a S \mathrm{d}z = K_x (x^* - x) a S \mathrm{d}z = S \cdot L \mathrm{d}x \qquad (6\text{-}43\mathrm{b})$$

对式(6-43a)和式(6-43b)整理并积分,得:

$$\int_0^z \mathrm{d}z = \frac{V}{K_y a} \int_{y_a}^{y_b} \frac{\mathrm{d}y}{y - y^*} \qquad (6\text{-}44\mathrm{a})$$

$$\int_0^z \mathrm{d}z = \frac{L}{K_x a} \int_{x_a}^{x_b} \frac{\mathrm{d}x}{x^* - x} \qquad (6\text{-}44\mathrm{b})$$

由式(6-44a)和式(6-44b)得到填料层高度为:

$$z = \frac{V}{K_y a} \int_{y_a}^{y_b} \frac{\mathrm{d}y}{y - y^*} \qquad (6\text{-}45\mathrm{a})$$

$$z = \frac{L}{K_x a} \int_{x_a}^{x_b} \frac{\mathrm{d}x}{x^* - x} \qquad (6\text{-}45\mathrm{b})$$

式中:气液比表面积 a 不仅与填料的形状和尺寸有关,还与气液物性和气液流动状况有关。一般,常将气液比表面积 a 和总传质系数 K_y、K_x 的乘积视为一体,作为一个完整的物理量来看待,这个物理量称为总体积传质系数。$K_y a$ 和 $K_x a$ 分别称为气相总体积传质系数和液相总体积传质系数,单位 $\mathrm{kmol/(m^3 \cdot s)}$。如气膜控制,则 $K_y a \propto V^{0.7}$;如液膜控制,则 $K_x a \propto L^{0.7}$。

令:

$$H_{OG} = \frac{V}{K_y a} \qquad (6\text{-}46\mathrm{a})$$

$$N_{OG} = \int_{y_a}^{y_b} \frac{\mathrm{d}y}{y - y^*} \qquad (6\text{-}46\mathrm{b})$$

$$H_{OL} = \frac{L}{K_x a} \qquad (6\text{-}47\mathrm{a})$$

$$N_{OL} = \int_{x_a}^{x_b} \frac{\mathrm{d}x}{x^* - x} \qquad (6\text{-}47\mathrm{b})$$

则:

$$z = H_{OG} N_{OG} \qquad (6\text{-}48\mathrm{a})$$

$$z = H_{OL} N_{OL} \qquad (6\text{-}48\mathrm{b})$$

式中:H_{OG} 称为气相总传质单元高度,m;N_{OG} 称为气相总传质单元数,无因次;H_{OL} 称为液相总传质单元高度,m;N_{OL} 称为液相总传质单元数,无因次。

总传质单元高度 H_{OG} 和 H_{OL} 包括气液摩尔流率和气液相总体积传质系数,故总传质单元高度由气液流动过程和传质过程条件所决定。总传质单元高度反映传质阻力的大小、填料性能的优劣及润湿状况的好坏。总传质单元高度的单位是"m",比传质系数的单位简单得多,同时对每种填料而言,传质单元高度的变化幅度也比传质系数小得多。

总传质单元数 N_{OG} 和 N_{OL} 反映吸收过程的难度。吸收任务要求的气体溶质浓度变化越大,过程的平均推动力越小,则意味吸收过程难度越大,所需的总传质单元数越多。

6.5.2　总传质单元数的求法

一般总传质单元数通过对数平均推动力法和吸收因数法计算求得。

1. 对数平均推动力法

如果气液溶解相平衡线($y=mx$)是直线,操作线也是直线,则总传质推动力 Δy 和 Δx 分别随 y 和 x 线性变化,通过推导可得气相总传质单元数计算公式如下:

$$N_{\mathrm{OG}} = \frac{y_b - y_a}{\dfrac{\Delta y_b - \Delta y_a}{\ln \dfrac{\Delta y_b}{\Delta y_a}}} = \frac{y_b - y_a}{\Delta y_{\mathrm{m}}} \tag{6-49a}$$

式中:$\Delta y_b = y_b - y_b^*$,为塔底气相总推动力;$\Delta y_a = y_a - y_a^*$,为塔顶气相总推动力,如图 6-14 所示;Δy_{m} 为塔底气相总推动力和塔顶气相总推动力的对数平均值,称为气相对数平均传质推动力,即:

$$\Delta y_{\mathrm{m}} = \frac{\Delta y_b - \Delta y_a}{\ln \dfrac{\Delta y_b}{\Delta y_a}} \tag{6-49b}$$

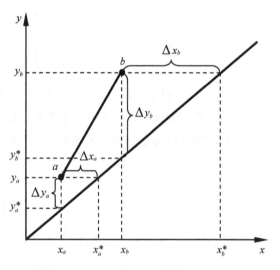

从式(6-49a)可以看出,气相总传质单元数 N_{OG} 与气相对数平均传质推动力 Δy_{m} 成反比。当 N_{OG} 减小,且 $y_b - y_a$ 不变时,则气相对数平均传质推动力 Δy_{m} 增大,即操作线远离相平衡线。

图 6-14　对数平均推动力

同样,液相总传质单元数的计算公式如下:

$$N_{\mathrm{OL}} = \frac{x_b - x_a}{\dfrac{\Delta x_b - \Delta x_a}{\ln \dfrac{\Delta x_b}{\Delta x_a}}} = \frac{x_b - x_a}{\Delta x_{\mathrm{m}}} \tag{6-50a}$$

式中:$\Delta x_b = x_b^* - x_b$,为塔底液相总推动力;$\Delta x_a = x_a^* - x_a$,为塔顶液相总推动力;Δx_{m} 为塔底液相总推动力和塔顶液相总推动力的对数平均值,称为液相对数平均传质推动力,即:

$$\Delta x_{\mathrm{m}} = \frac{\Delta x_b - \Delta x_a}{\ln \dfrac{\Delta x_b}{\Delta x_a}} \tag{6-50b}$$

2. 吸收因数法

将气液溶解相平衡关系($y=mx$)和操作线方程(6-22)代入式(6-46b),直接积分求取气相总传质单元数:

$$N_{\mathrm{OG}} = \frac{1}{1 - \dfrac{mV}{L}} \ln\left[\left(1 - \frac{mV}{L}\right)\frac{y_b - mx_a}{y_a - mx_a} + \frac{mV}{L}\right] \tag{6-51}$$

令 $S = mV/L$,S 为脱吸因数,其物理意义为平衡线斜率 m 与操作线斜率 L/V 的比值,则:

$$N_{OG} = \frac{1}{1-S} \ln \left[(1-S)\frac{y_b - mx_a}{y_a - mx_a} + S \right] \tag{6-52}$$

图 6-15 显示了气相总传质单元数 N_{OG} 和 S 以及 $(y_b - mx_a)/(y_a - mx_a)$ 的关系。当 $S <$ 1.0 时，N_{OG} 随 $(y_b - mx_a)/(y_a - mx_a)$ 的增大而增大。

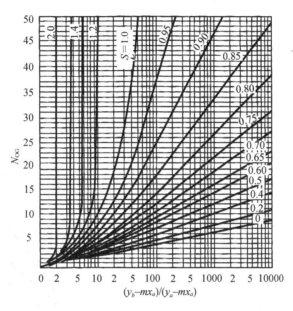

图 6-15 N_{OG} 与 $(y_b - mx_a)/(y_a - mx_a)$ 的关系

如果进入吸收塔的吸收剂是纯溶剂，即 $x_a = 0$，又由式(6-25)得到 $y_b/y_a = 1/(1-\eta)$（η 是吸收率），代入式(6-52)，得：

$$N_{OG} = \frac{1}{1-S} \ln \left[\frac{1-S}{1-\eta} + S \right] \tag{6-53}$$

同理，液相总传质单元数的计算公式如下：

$$N_{OL} = \frac{S}{1-S} \ln \left[(1-S)\frac{y_b - mx_a}{y_a - mx_a} + S \right] = SN_{OG} \tag{6-54}$$

6.5.3 等板高度和理论塔板数

填料层高度 z 还可以用等板高度和理论塔板数的乘积表示，即：

$$z = HETP \cdot N_T \tag{6-55}$$

式中：$HETP$ 为等板高度；N_T 为理论塔板数。

理论塔板数 N_T 可用图解法求得。如图 6-16 所示，从操作线端点 A 出发，作水平线与相平衡线 OE 相交于点 E_1，再从点 E_1 出发作垂直线交操作线 AB 于点 P_1。依次在

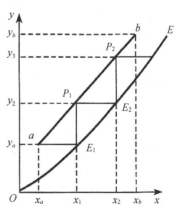

图 6-16 图解法求理论塔板数

操作线 AB 和相平衡线 OE 之间作梯级，直到越过点 B 为止，所得的梯级数即为理论塔板数 N_T，不足一个梯级的按比例求取。

等板高度 $HETP$ 与气相总传质单元高度 H_{OG} 的关系如下：

$$HETP = H_{OG} \frac{\ln(1/S)}{1-S} \tag{6-56}$$

则理论塔板数 N_T 与气相总传质单元数 N_{OG} 的关系如下：

$$N_T = N_{OG} \frac{1-S}{\ln(1/S)} \tag{6-57}$$

6.5.4　操作压强的影响

吸收塔常在一定操作压强下操作以增加传质速率。如果气体和液体摩尔流率不变，操作线不会因操作压强增大而发生变化。但是，气液溶解相平衡常数 m 随操作压强增大而减小，故压强增大导致气液溶解相平衡线远离操作线，如图 6-17 所示，总传质单元数 N_{OG} 和 N_{OL} 因而减小。

另外，液膜分阻力 $m/(k_x a)$ 随操作压强增大而在减小，而气膜分阻力 $1/(k_y a)$ 随操作压强变化基本不变，故气相总阻力 $1/(K_y a)$ 随操作压强增大而减小，则气相总体积传质系数 $K_y a$ 随操作压强增大而增加。

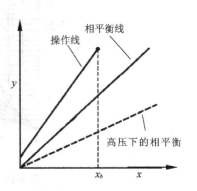

图 6-17　压力对吸收的影响

例 6-5　用一直径为 0.9m 的填料塔回收混合气体中的溶质气体 A，混合气中溶质 A 的体积分数为 9%，处理量为 $2240\text{m}^3/\text{h}$（标准状况下）。气液溶解相平衡关系为 $y=1.5x$。气相总体积传质系数为 $K_y a = 187\text{kmol}/(\text{m}^3 \cdot \text{h})$，吸收液入塔时含摩尔分数为 0.005 的溶质 A，实际液气比为最小液气比的 1.2 倍，采用气液逆流操作。

（1）要求溶质 A 的回收率达到 88%，求所需填料层高度。

（2）欲提高溶质 A 的回收率，可采取什么措施，定性地提出两种方案。如果无限地提高填料层高度，回收率能达到多少？

（3）定性分析，填料层高度不变，混合气体处理量增加，且气膜控制时（$K_y a \propto V^{0.7}$），吸收剂用量不变，混合气体和吸收液中溶质 A 的出塔浓度如何变化？

（4）如果混合气体处理量增加 10%，且气膜控制时（$K_y a \propto V^{0.7}$），吸收剂用量不变，为保证溶质 A 的回收率保持在 88%，填料层高度应增加多少？

解：（1）求填料层高度需知道总传质单元高度和总传质单元数。现已知塔径 $D = 0.9\text{m}$，故单位吸收塔横截面面积上的气体摩尔流率为：

$$V = \frac{2240}{22.4 \times \frac{\pi}{4}D^2} = \frac{2240}{22.4 \times 0.785 \times 0.9^2}\text{kmol}/(\text{m}^2 \cdot \text{h}) = 157.3\text{kmol}/(\text{m}^2 \cdot \text{h})$$

又知 $K_y a = 187 \text{kmol}/(\text{m}^3 \cdot \text{h})$，故气相总传质单元高度为：

$$H_{OG} = \frac{V}{K_y a} = \frac{157.3}{187} \text{m} = 0.841 \text{m}$$

气相总传质单元数通过吸收因数法求得。已知回收率 $\eta = 0.88$，则：

$$y_a = y_b(1 - \eta) = 0.09 \times (1 - 0.88) = 0.0108$$

该过程的最小液气比为：

$$\left(\frac{L}{V}\right)_{\min} = \frac{y_b - y_a}{x_b^* - x_a} = \frac{0.09 - 0.0108}{\frac{0.09}{1.5} - 0.005} = 1.44$$

则：

$$\frac{L}{V} = 1.2\left(\frac{L}{V}\right)_{\min} = 1.2 \times 1.44 = 1.728$$

脱吸因数为：

$$S = mV/L = 1.5/1.728 = 0.8681$$

气相总传质单元数为：

$$N_{OG} = \frac{1}{1-S}\ln\left[(1-S)\frac{y_b - mx_a}{y_a - mx_a} + S\right]$$

$$= \frac{1}{1 - 0.8681}\ln\left[(1 - 0.8681)\frac{0.09 - 1.5 \times 0.005}{0.0108 - 1.5 \times 0.005} + 0.8681\right] = 10.81$$

气相总传质单元数通过对数平均推动力法求得。

$$x_b = \frac{V}{L}(y_b - y_a) + x_a = \frac{0.09 - 0.0108}{1.728} + 0.005 = 0.0508$$

$$\Delta y_b = y_b - mx_b = 0.09 - 1.5x_b = 0.09 - 1.5 \times 0.0508 = 0.0138$$

$$\Delta y_a = y_a - mx_a = 0.0108 - 1.5 \times 0.005 = 0.0033$$

气相总传质单元数为：

$$N_{OG} = \frac{y_b - y_a}{(\Delta y_b - \Delta y_a)/\ln(\Delta y_b/\Delta y_a)} = \frac{0.09 - 0.0108}{(0.0138 - 0.0033) \times \dfrac{1}{\ln\left(\dfrac{0.0138}{0.0033}\right)}} = 10.79$$

故所需的填料层高度为：$z = H_{OG} \cdot N_{OG} = 0.841 \times 10.81 \text{m} = 9.09 \text{m}$

(2) 欲提高 A 的回收率可采用：①增加填料层高度；②增加吸收剂用量。

若填料层高度可无限提高，则最终在塔内的某一位置，气液两相达平衡，此时的回收率即为最大的溶质回收率。当吸收过程的操作线和平衡线均为直线时，可有三种情况：①操作线斜率大于平衡线斜率，在塔顶达到平衡。②操作线斜率小于平衡线斜率，在塔底达到平衡。③操作线斜率等于平衡线斜率，则塔顶和塔底同时达到平衡。根据本题情况，因 $S = 0.8681 < 1$，故操作线斜率大于平衡线斜率，气液在塔顶达到平衡，则：

$$y_a = y_a^* = mx_a = 1.5 \times 0.005 = 0.0075$$

所以，其最大回收率为：

$$\eta_{\max} = \frac{y_b - y_a}{y_b} = \frac{0.09 - 0.0075}{0.09} = 91.7\%$$

（3）气体处理量增加，即 V 增加，则液气比 L/V 减小，操作线由 1 变为 3，操作线靠近平衡线，如图 6-18 所示。由于气膜控制时（$K_y a \propto V^{0.7}$），则 $H_{OG} = V/(K_y a) \propto V^{0.3}$；又填料层高度 z 不变，且 $N_{OG} = z/H_{OG}$。气体处理量增加，V 增加，导致 H_{OG} 增大和 N_{OG} 减小。故操作线 3 要远离相平衡线，操作线 3 平移变成操作线 2，操作线 2 即为气体处理量增加后的操作线。气体入塔浓度 y_b 和吸收液入塔浓度 x_a 均不变，由图 6-18 可知，气体出塔浓度由 y_a 增大为 y_a'，吸收液出塔浓度由 x_b 增大为 x_b'。

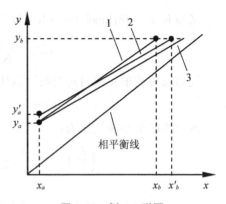

图 6-18　例 6-5 附图

1-原操作线；2-减小 N_{OG} 而平移后的操作线；3-气体处理量增加后的操作线

（4）若气体处理量增加 10%，且气膜控制时，有 $K_y a \propto V^{0.7}$，则 $H_{OG} \propto V^{0.3}$。气相总传质单元高度发生变化，其值为：

$$H'_{OG} = H_{OG}\left(\frac{V'}{V}\right)^{0.3} = 0.841 \times 1.1^{0.3}\,\mathrm{m} = 0.8654\,\mathrm{m}$$

同时，由于气量增加，脱吸因数 S 也变化，从而导致气相总传质单元数变化。

$$S' = \frac{mV'}{L} = \left(\frac{V'}{V}\right)\frac{mV}{L} = \left(\frac{V'}{V}\right)S = 1.1 \times 0.8681 = 0.9548$$

则：
$$N'_{OG} = \frac{1}{1-S'}\ln\left[(1-S')\frac{y_b - mx_a}{y_a - mx_a} + S'\right]$$

$$= \frac{1}{1-0.9548}\ln\left[(1-0.9548)\frac{0.09 - 1.5 \times 0.005}{0.0108 - 1.5 \times 0.005} + 0.9548\right] = 16.25$$

故所需的填料层高度为：$h' = H'_{OG}N'_{OG} = 0.8654 \times 16.25\,\mathrm{m} = 14.1\,\mathrm{m}$

填料层增加量为：　　　$\Delta h = 14.1\,\mathrm{m} - 9.09\,\mathrm{m} = 5.01\,\mathrm{m}$

例 6-6[*]　某填料吸收塔高 2.7m，在常压下用清水逆流吸收混合气中的氨，混合气入塔的摩尔流率为 0.03kmol/(m²·s)，清水的喷淋密度为 0.018kmol/(m²·s)。进口气体中氨的体积分数为 2%，已知气相总体积传质系数 $K_y a = 0.1\,\mathrm{kmol/(m^3 \cdot s)}$，操作条件下亨利系数为 60kPa，求排出气体中的氨的浓度。

解：（1）采用试差法

首先通过题目已知的吸收塔高度、气体流率及传质系数 $K_y a$ 求得传质单元数 N_{OG}，即：

$$N_{OG} = \frac{H}{H_{OG}} = \frac{HK_y a}{G} = \frac{2.7 \times 0.1}{0.03} = 9$$

再用气相总传质单元数计算公式得：

$$N_{OG} = \frac{y_1 - y_2}{\Delta y_m} = \frac{(y_1 - y_2)\ln\dfrac{y_1 - mx_1}{y_2 - mx_2}}{(y_1 - mx_1) - (y_2 - mx_2)} = \frac{(0.02 - y_2)\ln\dfrac{0.02 - 0.592x_1}{y_2}}{(0.02 - 0.592x_1) - y_2} = 9 \quad (1)$$

上式中有两个未知数 y_2、x_1，因此需进一步利用物料衡算方程来获得 y_2、x_1 的关系。

物料衡算方程： $\qquad\qquad V(y_1 - y_2) = L(x_1 - x_2)$ $\qquad\qquad$ (2)

代入已知数据并整理得： $\quad x_1 = 1.667 \times (0.02 - y_2)$ $\qquad\qquad$ (3)

联立公式(1)和(3)，试差得： $\qquad y_2 = 0.0019 \quad x_1 = 0.03$

（2）采用消元法

通过分析可以知道，该题目为低浓度气体的吸收，其中相平衡线为直线，因此可通过简单的数学处理将其线性化，然后关联物料衡算方程消元求解得到气液出口组成(此方法简称为消元法)。

通过传质单元数计算公式的简单处理可得：

$$N_{OG} = \frac{y_1 - y_2}{\Delta y_m} = \frac{y_1 - y_2}{\Delta y_1 - \Delta y_2} \ln \frac{\Delta y_1}{\Delta y_2} = \frac{y_1 - y_2}{(y_1 - mx_1) - (y_2 - mx_2)} \ln \frac{\Delta y_1}{\Delta y_2}$$

$$= \frac{y_1 - y_2}{y_1 - y_2 - m(x_1 - x_2)} \ln \frac{\Delta y_1}{\Delta y_2} = \frac{1}{1 - \dfrac{m(x_1 - x_2)}{y_1 - y_2}} \ln \frac{\Delta y_1}{\Delta y_2} = \frac{1}{1 - \dfrac{mV}{L}} \ln \frac{\Delta y_1}{\Delta y_2}$$

整理得： $\qquad\qquad \dfrac{\Delta y_1}{\Delta y_2} = \dfrac{y_1 - mx_1}{y_2 - mx_2} = e^{\left(1 - \frac{mV}{L}\right)N_{OG}}$

再通过物料衡算公式(2)消去未知数 x_1 得：

$$\frac{y_1 - \dfrac{mV}{L}(y_1 - y_2) + mx_2}{y_2 - mx_2} = e^{\left(1 - \frac{mV}{L}\right)N_{OG}}$$

将已知数据代入上式可得： $\dfrac{0.02 - \dfrac{0.592 \times 0.03}{0.018}(0.02 - y_2)}{y_2} = e^{\left(1 - \frac{0.592 \times 0.03}{0.018}\right) \times 9}$

解线性方程得：$y_2 = 0.0019$；进而由物料衡算方程求得液体出口组成 $x_1 = 0.03$。

（3）采用吸收因数法

进一步分析该题目知，操作线和相平衡线均为直线，因此也可以通过吸收因数法进行计算。吸收因数法的计算公式：

$$N_{OG} = \frac{1}{1 - \dfrac{mV}{L}} \ln \left[\left(1 - \frac{mV}{L} \right) \frac{y_1 - mx_2}{y_2 - m_2} + \frac{mV}{L} \right]$$

将题目已知数据代入上式，即可解得 y_2、x_1。

（4）捷算法

通过物料衡算方程获得的操作线为：$y_1 = \dfrac{L}{V}(x_1 - x_2) + y_2 = 0.6x_1 + y_2$；而操作条件

下气体中氨在水中的平衡线为：$y = mx = \dfrac{E}{P}x = \dfrac{60 \times 10^3}{101.3 \times 10^3} = 0.592$。

通过操作线与平衡线比较可知，两条线可近似认为平行(误差在 2% 以内，该假设是完全可以接受的)，因此有 $\Delta y_m = \Delta y_1 = \Delta y_2 = y_2$，所以有下式：

$$N_{OG} = \frac{y_1 - y_2}{\Delta y_m} = \frac{y_1 - y_2}{y_2} = \frac{0.02 - y_2}{y_2} = 9$$

解得 $y_2 = 0.002$；进而可求得 $x_1 = 0.03$。

该计算结果和试差法、消元法及吸收因数法基本一致。但是该方法物理意义明确，数学求解简单。应用该方法的前提是要对所处理的问题特点进行具体分析，然后提出创新性的解决方案。

6.6 低浓度气体解吸(脱吸)

在很多情况下需要把从混合气体吸收的溶质从吸收液中解析出来，使吸收剂再生。溶质从液相转移到气相的过程叫解吸，又叫脱吸。解吸一般采用气提解吸和减压解吸。

1. 气提解吸

吸收液从解吸塔顶部自上往下流动，载气从解吸塔底部自下往上流动，气液逆流接触，吸收液中的溶质传递到载气中。载气一般为惰性气体或水蒸气。以空气、氮气、二氧化碳等惰性气体作载气，适用于脱出少量溶质以净化液体或使吸收剂再生。以水蒸气作载气，若溶质为不凝性气体或溶质冷凝液不溶于水，则可通过水蒸气冷凝的方法获得高纯度溶质组分；若溶质冷凝液溶于水，则要通过精馏等方法获得高纯度溶质组分。

2. 减压解吸

对于在加压条件下获得的吸收液，采用一次或多次减压的方法，使溶质从吸收液中释放出来。

解吸(脱吸)塔中，气体从塔底向塔顶流动，液体从塔顶向塔底流动，气液逆流接触，如图6-19所示。适用于吸收的理论同样适用于解吸。与吸收不同的是，解吸塔底部的气液溶质浓度比顶部的气液溶质浓度低，而且，解吸过程的操作线位于气液溶解相平衡线下方，如图6-20所示。

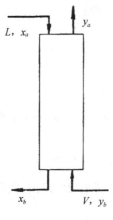

图 6-19 解吸塔

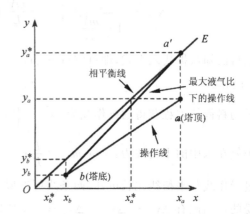

图 6-20 解吸塔的操作线和气液溶解相平衡线

解吸操作线方程为:

$$y = \frac{L}{V}x + \left(y_b - \frac{L}{V}x_b\right) \tag{6-58}$$

一般,解吸操作线 ab 的下端点 $b(x_b, y_b)$ 已经确定,而上端点 $a(x_a, y_a)$ 的 x_a 确定,y_a 不确定,故上端点 a 可在垂直线 $x = x_a$ 上下移动。

当气体摩尔流率 V 减少,操作线斜率(L/V)增大,上端点 a 沿垂直线 $x = x_a$ 向上移动。当 a 移动到达相平衡线时,则 a 成为 a',且 $y_a = y_a^*$,即入塔液和出塔气达到相平衡。此时,总传质推动力为 0,即传质为 0,且操作线斜率(L/V)最大,要实现规定的解吸要求就需要无限高的解吸塔,这在实际上行不通。此种状况下的液气比称为最大液气比$(L/V)_{\max}$,相应的气体摩尔流率为最小气体摩尔流率 $V_{\min}$。$(L/V)_{\max}$ 和 $V_{\min}$ 用下式求得:

$$\left(\frac{L}{V}\right)_{\max} = \frac{y_a^* - y_b}{x_a - x_b} \tag{6-59}$$

或:

$$V_{\min} = L\frac{x_a - x_b}{y_a^* - y_b} \tag{6-60}$$

实际气体用量要大于最小气体用量。一般来讲,实际气体摩尔流率 V 是最小气体摩尔流率 $V_{\min}$ 的 1.1~2.0 倍,即:

$$V = (1.1 \sim 2.0)V_{\min} \tag{6-61}$$

解吸的液相总传质单元数 N_{OL} 可以用对数平均推动力法求得,即:

$$N_{\text{OL}} = \frac{x_a - x_b}{\dfrac{\Delta x_a - \Delta x_b}{\ln \dfrac{\Delta x_a}{\Delta x_b}}} = \frac{x_a - x_b}{\Delta x_m} \tag{6-62}$$

也可以用吸收因数法求得,即:

$$N_{\text{OL}} = \frac{1}{1-A}\ln\left[(1-A)\frac{x_a - y_b/m}{x_b - y_b/m} + A\right] \tag{6-63}$$

式中:A 为吸收因数,$A = L/(mV) = 1/S$。

解吸塔高度 z 为:

$$z = H_{\text{OL}}N_{\text{OL}} \tag{6-64}$$

6.7 气液并流的低浓度气体吸收

气液并流吸收塔中,气体和液体都从塔顶向塔底流动,气液并流接触,如图 6-21 所示。塔顶的气相溶质摩尔分数大于塔底的气相溶质摩尔分数,塔顶的液相溶质摩尔分数小于塔底的液相溶质摩尔分数。因此,气液并流的操作线方程斜率为负,如图 6-22 所示,这和气液逆流的吸收塔和解吸塔都不同。气液并流的操作线方程为:

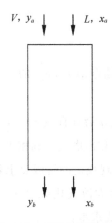

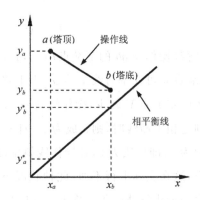

图 6-21　气液并流吸收塔　　　图 6-22　气液并流吸收塔的操作线和气液溶解相平衡线

$$y = -\frac{L}{V}x + \left(y_a + \frac{L}{V}x_a\right)　　　　　　(6-65)$$

气液并流的气相总传质单元数 N_{OG} 用对数平均推动力法求得:

$$N_{OG} = \frac{y_a - y_b}{\dfrac{\Delta y_a - \Delta y_b}{\ln \dfrac{\Delta y_a}{\Delta y_b}}}　　　　　　(6-66)$$

式中: $\Delta y_a = y_a - y_a^* = y_a - mx_a$; $\Delta y_b = y_b - y_b^* = y_b - mx_b$。

6.8　非等温吸收

　　前面讨论吸收塔时,都忽略气液两相在吸收过程中的温度变化,即没有考虑吸收过程所伴随的热效应。实际上,气体吸收过程往往伴随着热量的释出,原因主要是气体的溶解热,当有化学反应发生时,还将放出反应热。这些热效应使塔内液相温度随其组成的升高而升高,相平衡关系将发生不利于吸收的变化,如气体溶解度变小,吸收推动力变小,因而非等温吸收需要比等温吸收更大的液气比或更高的填料层。例如氨的吸收,空气中的氨气向水传质,如图6-23所示。气液逆流操作,清水自塔顶部加入。含高浓度氨的氨-空气混合气体自塔底部引入,在塔内部气液接触,氨不断被吸收,溶解热被释放,液体温度升高,导致水被蒸发。因而,气相的传质涉及

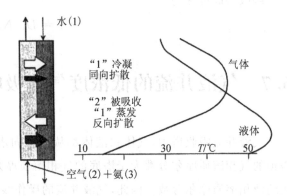

图 6-23　沿氨吸收塔高的温度变化

三个组分：氨、水和(不发生传质的)空气。在塔的底部,氨和水蒸气沿相反的方向扩散;靠近塔的顶部,蒸气遇到加入的冷水,因此水蒸气在塔顶部冷凝,此时氨和水在空气中向相同方向扩散。注意水在底部蒸发,在顶部冷凝。结果沿塔高的温度分布曲线,在靠近塔的底部有明显的凸出。

只有当混合气体中溶质浓度很低或溶解度很小,吸收剂用量相对很大,且溶解热与吸收剂的热容量相比甚小,不足以引起液相温度显著变化时,或者吸收设备散热良好,能够及时取走过程所释放的热量而维持液相温度大体不变时,才可按等温吸收处理,并按塔顶及塔底的平均温度确定平衡关系。当吸收过程的热效应很大,例如用水吸收 HCl,用 C_3 馏分吸收石油裂解气中的乙烯、丙烯等组分的过程,必须设法排除热量,以控制吸收过程的温度。通常采取的措施有以下几种：

(1) 在吸收塔内装置冷却元件。如板式塔可在塔板上安装冷却蛇管或在板间设置冷却器。

(2) 引出吸收剂到外部进行冷却。填料塔不宜在塔内装置冷却元件,可将温度升高的吸收剂中途引出塔外,冷却后重新送入塔内继续进行吸收。

(3) 采用边吸收边冷却的吸收装置。例如盐酸吸收,采用管壳式换热器形式的设备,吸收在管内进行的同时,向管外壳程侧不断通入冷却剂以移除大量溶解热。

(4) 采用大的喷淋密度,使吸收过程释放的热量以显热的形式被大量吸收剂带走。

▶▶▶▶ 拓展内容 ◀◀◀◀

6.9　化学吸收

前面讨论的吸收过程,气体组分在吸收剂中只是单纯的溶解,因而称为物理吸收。而在实际生产中,多数吸收过程都伴有化学反应,即被溶解的组分(溶质)与吸收剂中的活性组分发生化学反应,这种伴有显著化学反应的吸收过程称为化学吸收。例如用 NaOH 或 Na_2CO_3、NH_4OH 等水溶液吸收 CO_2 或 SO_2、H_2S,以及用硫酸吸收氨等等,都属于化学吸收。

溶质 A 首先由气相主体扩散至气液相界面,随后再由相界面向液相主体扩散,与吸收剂中的活泼组分发生化学反应。因此,溶质 A 的浓度沿扩散途径的变化不仅与其自身的扩散速率有关,而且与液相中活泼组分的扩散速率、化学反应速率以及反应产物的扩散速率等因素有关。这导致化学吸收的速率关系十分复杂。总的说来,由于化学反应消耗了进入液相中的溶质 A,液相主体中 A 的浓度 c_{AL} 降低,传质推动力 $(c_{Ai}-c_{AL})$ 因而增加,且化学反应增加了溶质 A 在液相中的溶解度,即相平衡常数 m 减小,则气体溶质 A 的平衡分压降低;同时,由于溶质 A 在液膜内因反应而消耗,其扩散距离和扩散阻力,因此减小,液相分传质系数因而增大。因此,发生化学反应总会使吸收速率得到不同程度的提高。引入"增强因子"的概念来表示化学反应对传质速率的增强程度。所谓增强因子,就是与相同条件下的物理吸收比较,由于化学反应而使传质系数增加的倍数。增强因子 E 的定义式为:

$$E = k'_L/k_L \qquad (6\text{-}67)$$

式中:k'_L 为化学吸收的液相分传质系数,m/s;k_L 为无化学反应的液相分传质系数,m/s。

在化学吸收中,液相不仅存在着扩散过程,还有化学反应。不同类型的化学反应,包括瞬时反应、快速反应、中速反应和慢速反应,表现出各类化学吸收过程不同的浓度分布特征,如图 6-24 所示。

瞬时反应是溶质 A 与吸收剂中活性组分 B 相遇后立即完成的反应。此类反应的特征是反应速率远远大于传质速率,反应必将在液膜内的某一反应面上完成,见图 6-24a。若吸收剂活性组分 B 的浓度很高,传递速度又快,则反应面将与气液界面重合。快速反应是反应速率大于传质速率,此时,溶质 A 在液膜中边扩散边反应,因此溶质 A 的浓度随膜厚的变化不再是直线关系,而是一个向下弯曲的曲线。在液膜内存在一个反应物 A 和 B 的共存区,在这个区域内完成反应,见图 6-24b。中速反应是反应速率与传质速率相差不大,反应从液膜开始,边扩散边反应。反应区一直扩散到液相主体,见图 6-24c。慢速反应是反应速率远远小于传质速率,溶质 A 通过液膜扩散时来不及反应便进入液相主体,因此反应主要在液相主体中进行,液膜的传质阻力是整个化学吸收过程阻力的组成部分,见图 6-24d。

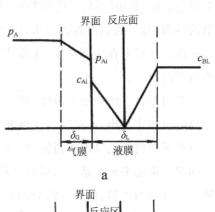

a

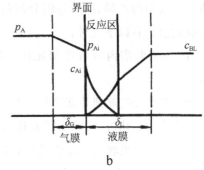

b

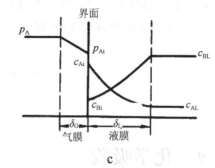

c

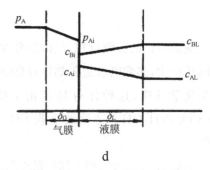

d

图 6-24　化学吸收溶质 A 的浓度分布

对于慢速反应,在反应发生前溶质 A 已经扩散进入液相主体,故反应主要在液相主体中进行。吸收过程中的气液两膜扩散阻力均未发生变化,仅在液相主体中因化学反应导致溶质 A 浓度降低,过程的总推动力比单纯的物理吸收大。用碳酸钠水溶液吸收二氧化碳的过程即属此种情况。对于该情况,化学反应仅影响推动力,对液相分传质系数无增强作用,即 $k'_L = k_L$ 和 $E = 1$。

另一个极端情况是瞬时反应。当液相中活泼组分 B 的浓度足够大,而且发生的是快速不可逆反应时,溶质 A 进入液相后立即反应而被消耗掉,故相界面上的溶质分压为 0,吸收过程速率为气膜中的扩散阻力所控制,可按气膜控制的物理吸收计算。例如硫酸吸收氨的过程即属此种情况。

在上述两种情况之间存在着一个很宽的范围,包括快速反应和中速反应,液相分传质系数 k_L 是反应速率的函数,同时也受传质的影响,其吸收速率计算,目前仍无可靠的一般方法,设计时往往依靠实测数据。

▶▶▶▶ 习　　题 ◀◀◀◀

1. 用富勒公式估算 298K 和 1.0×10^5 Pa 下,气体烯丙基氯 C_3H_5Cl(A)(C_3H_5Cl 的分子扩散体积为 $80.25 cm^3/mol$)在空气(B)中的扩散系数。($0.96 \times 10^{-5} m^2/s$)

2. 氨气(A)与氮气(B)在一等径管两端相互扩散,管子各处的温度均为 298K,总压均为 1.013×10^5 Pa。在端点 1 处,$p_{A1} = 1.013 \times 10^5$ Pa,在端点 2 处,$p_{A2} = 0.507 \times 10^5$ Pa,点 1 和 2 之间的距离为 0.1m。已知扩散系数 $D_{AB} = 2.3 \times 10^{-5} m^2/s$。试求 A 组分传质通量。$[4.70 \times 10^{-7} kmol/(m^2 \cdot s)]$

3. 容器内盛水,水深 5mm,在 101.3kPa 及 298K 下向大气蒸发。假定传质阻力相当于 3mm 厚的静止气层,气层外的水蒸气压可以忽略,扩散系数为 $2.56 \times 10^{-5} m^2/s$,求水蒸发完所需的时间。(6.96h)

4. 一填料塔在常压和 295K 下操作,用水洗去含氨气体中的氨。在塔内某处,氨在气相中的组成 $y_A = 5\%$(摩尔分数),液相的平衡分压 $p^* = 660$Pa,传质通量 $N_A = 10^{-4} kmol/(m^2 \cdot s)$,气相扩散系数 $D_G = 2.4 \times 10^{-5} m^2/s$,试求气膜厚度。(0.444mm)

5. 101.3kPa,含 CO_2 6%(体积分数)的空气,在 20℃下与 CO_2 浓度为 $3mol/m^3$ 的水溶液接触,试判别其传质方向。若要改变传质方向,可采取哪些措施?(略)

6. 常压和 25℃下某已知体系的相平衡关系符合亨利定律,亨利系数 E 为 0.15×10^4 atm,溶质 A 的分压为 0.54atm 的混合气体分别与三种溶液接触:(1)溶质 A 浓度为 0.02mol/L 的水溶液;(2)溶质 A 浓度为 0.001mol/L 的水溶液;(3)溶质 A 浓度为 0.003mol/L 的水溶液。判断上述 3 种情况下溶质 A 在两相间的转移方向。(略)

7. 焦炉煤气(标准状态)含粗苯 $30g/m^3$,流量 $10000m^3/h$,经洗油吸收后,降为 $1.5g/m^3$,求

粗苯的吸收率和吸收量。(95%,285kg/h)

8. 气液接触,气相主体浓度 $y=0.25$,液相主体浓度 $x=0.05$,液相分传质系数 $k_x=1.967\times10^{-3}$ kmol/(m² · s),气相分传质系数 $k_y=1.465\times10^{-3}$ kmol/(m² · s),相平衡常数 m 为 0.8,计算:(1) 气液相界面浓度 x_i 和 y_i;(2) 总传质系数 K_x 和 K_y;(3) 传质通量(速率)N_A。[$x_i=0.148$,$y_i=0.118$,$K_x=0.734\times10^{-3}$ kmol/(m³ · s),$K_y=0.918\times10^{-3}$ kmol/(m³ · s),$N_A=0.193\times10^{-3}$ kmol/(m³ · s)]

9. 填料塔中用清水吸收气体中所含的丙酮蒸气,操作温度 20℃、压强 100kPa。若已知传质系数 $k_G=3.5\times10^{-6}$ kmol/(m² · s · kPa),$k_L=1.5\times10^{-4}$ m/s,平衡关系服从亨利定律,亨利系数 $E=3.2$MPa,求传质系数 k_x、k_y、K_x、K_y 和气相阻力在总阻力中所占的比例。[$k_x=8.33\times10^{-3}$ kmol/(m² · s),$k_y=3.5\times10^{-4}$ kmol/(m² · s),$K_x=4.78\times10^{-3}$ kmol/(m² · s),$K_y=1.49\times10^{-4}$ kmol/(m² · s)]

10. 气体含氨 0.06(摩尔分数),其余为惰性气体。在 25℃ 和 1atm 下,相平衡关系 $y=1.3x$,进入填料吸收塔的气体摩尔流率为 181.4kmol/h,进塔的吸收液为含氨 0.0001(摩尔分数)的水,出塔气体浓度含氨 0.001(摩尔分数)。(1) 计算最小液体摩尔流率。(2) 如实际的液体摩尔流率是其最小值的 1.5 倍,计算操作线。(232.4kmol/h;$y=1.922x+0.000808$)

11. 设计常压填料吸收塔,用清水处理 3000m³/h、含氨 5%(体积)的空气,要求氨回收率为 99%,取塔底空塔气速为 1.1m/s,实际用水量为最小水量的 1.5 倍。已知塔内操作温度为 25℃,相平衡关系为 $y=1.3x$,气相体积总传质系数 K_ya 为 270kmol/(m³ · h),求:(1) 用水量和出塔溶液浓度;(2) 填料层高度;(3) 若入塔水中已含氨 0.1%(摩尔分数),所需填料层高度可随意增加,能否达到 99% 的回收率?(说明理由)。(4.264m³/h,0.0256,6.44m)

12. 气体混合物中溶质摩尔分数为 0.02,要求在填料塔中吸收其 99%。平衡关系为 $y=1.0x$。求下列各情况下所需的气相总传质单元数:(1) 入塔液体 $x_a=0$,液气比 $L/G=2.0$;(2) 入塔液体 $x_a=0$,液气比 $L/G=1.25$;(3) 入塔液体 $x_a=0.0001$,液气比 $L/G=1.25$。($N_{OG}=7.80$,15.09,18.34)

13. 在一逆流吸收塔中用三乙醇胺水溶液吸收混于气态烃中的 H_2S,进塔混合气含 H_2S 2.91%(体积分数),要求吸收率不低于 99%,操作温度 300K,压强为 101.33kPa,平衡关系为 $y=2x$,进塔液体为新鲜溶剂,出塔液体中 H_2S 组成为 0.013。已知混合气摩尔流率为 0.015kmol/(m² · s),气相总体积传质系数为 0.0395kmol/(m³ · s),求所需填料层高度。(9.22m)

14. 有一吸收塔,填料层高度为 13m,操作压强为 101.33kPa,温度为 20℃,用清水吸收混于空气中的氨。混合气质量流速为 580kg/(m² · h),含氨 6%(体积),吸收率为 99%;水的质量流速为 770kg/(m² · h)。该塔在等温下逆流操作,平衡关系为 $y=1.3x$。K_Ga 与气

相质量流速的 0.7 次方成正比,与液相质量流速大体无关。计算当操作条件分别作下列改变时,填料层高度应如何改变才能保持原来的吸收率(塔径不变):(1) 液体流量增大一倍;(2) 气体流量增大一倍。($2.395\mathrm{m};7.92\mathrm{m}$)

15. 证明何种条件下的吸收过程存在如下关系:

$$N_{\mathrm{OG}} = N_{\mathrm{T}}$$

16. 对逆流填料吸收塔,分析影响吸收操作的主要因素。(略)

17. 在吸收塔内用清水吸收空气混合物中的丙酮,混合气含丙酮 8%(体积分数),处理量为 $4000\mathrm{m^3/h}$(标准状态),要求吸收率为 98%,操作条件下气液平衡关系为 $y=1.68x$,求:(1) 丙酮的吸收量($\mathrm{kg/h}$);(2) 水用量为 $6200\mathrm{kg/h}$ 的出塔液浓度;(3) 若溶液出口浓度为 0.0305,所需用水量为最小用水量的多少倍? [$813\mathrm{kg/h};x_{\mathrm{b}}=0.0406;1.56$]

第7章

蒸　馏

7.1　概述

蒸馏是一种分离液体混合物的重要工艺,它是利用均相液体混合物中各组分挥发度的差异,使低沸点组分蒸发再冷凝来分离组分的单元操作。

通常,液体具有一定的挥发成蒸气的能力,不同液体的挥发能力不同,因此可以利用液体挥发能力的不同实现均相液体混合物的分离。例如,对双组分体系,一般将液体混合物中的易挥发组分 A 称为轻组分,难挥发组分 B 则称为重组分。在一密闭容器中,若将 A、B 两液体混合物加热至泡点以上使之部分汽化,由于挥发作用,轻组分 A 在气相中的组成高于其液相,即 $y_A > x_A$;同理得到重组分的气液组成关系为 $y_B < x_B$。如果将蒸气混合物冷却到露点以下,使之部分冷凝也会得到相似的结果,即部分汽化与部分冷凝均可使混合物得到一定程度的分离。两种情况所得到的气液组成均满足：$\dfrac{y_A}{x_A} > \dfrac{y_B}{x_B}$。当两个比值相差越大,液体混合物越容易分离。因此,部分汽化及部分冷凝均可使混合物得到一定程度的分离,它们均是依据混合物中各组分挥发性的差异而达到分离的目的,这就是蒸馏及精馏分离的依据。

通常,通过一次的部分汽化和部分冷凝不能进行完全分离,与产品所要求的纯度相距甚远,但可以利用反复蒸发和冷凝实现深度分离,逐步达到所要求的目标纯度。与萃取、吸附等分离手段相比,蒸馏工艺的优点在于不需使用系统组分以外的其他物质,从而保证不会引入新的杂质。在工业生产中,蒸馏分离液体混合物不仅用于最终产品的精制,还用于原料的提纯、溶剂和废料的回收等方面,如石油、化工、轻工等工业生产中,是液体混合物分离中首选的分离方法。

蒸馏按照操作压力不同,分为常压精馏、减压精馏、加压精馏;按照操作方式是否连续,分为连续精馏、间歇精馏;按照组分多少,分为双组分、多组分精馏;按照大类,分简单蒸馏、平衡蒸馏、精馏、特殊精馏(共沸精馏、萃取精馏等)。本章主要介绍平衡蒸馏、简单蒸馏与双组分连续精馏。

7.2 平衡蒸馏与简单蒸馏

蒸馏过程的相平衡是气液相平衡,气液相平衡关系见第 4 章 4.4.2 小节。根据气液相平衡关系,气相中易挥发组分含量高于液相中易挥发组分含量。在实际生产中,最简单的蒸馏是平衡蒸馏和简单蒸馏。

7.2.1 平衡蒸馏

1. 平衡蒸馏装置

平衡蒸馏是将液体混合物在蒸馏釜内部分汽化,使气液两相达到平衡状态,并将气液两相分离的过程。平衡蒸馏是一种单级的蒸馏操作,此操作既可以间歇进行又可以连续进行;平衡蒸馏分离器中气液两相达到平衡,气液组成和温度恒定不变。连续操作的平衡蒸馏又称闪蒸,不能得到高纯度产物,常用于分离要求不高的过程。例如,在石油炼制及石油裂解分离的过程中常用于多组分溶液的初步分离。平衡蒸馏装置如图 7-1 所示,原理如图 7-2 所示。组成为 x_F、进料温度为 t_F、流率为 F 的原料液经泵输送加压进入加热器,在加热器中升温至 T,原料液温度高于闪蒸塔压力下的泡点。通过减压阀后原料液呈过热状态,原料液高于泡点的显热随即变为潜热,使部分液体汽化,温度降至 t_e。经闪蒸后的平衡气液两相组成分别为 y 和 x,在闪蒸塔中分离,气液两相流率分别为 D 与 W,经闪蒸塔顶和塔底排出。平衡气液两相组成 y 和 x,以及平衡温度 t_e 如图 7-2 所示。

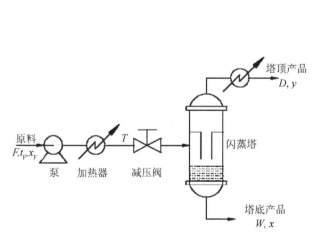

图 7-1 平衡蒸馏装置

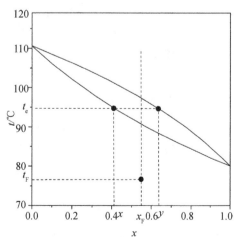

图 7-2 平衡蒸馏 t-x-y 原理图

2. 平衡蒸馏的计算

对于平衡蒸馏的计算,通常已知原料液流量、组成、温度及液化率,计算平衡的气、液相组成及温度,所应用的关系包括以下三方面:

(1) 物料衡算

对整个平衡蒸馏装置做物料衡算得:

总物料 $\qquad\qquad\qquad F = D + W$ $\qquad\qquad\qquad$ (7-1)

易挥发组分 $\qquad\qquad\quad Fx_F = Dy + Wx$ $\qquad\qquad\qquad$ (7-2)

式中:F、D、W 分别为原料液、气相与液相产品流量,kmol/h;x_F、y、x 分别为原料液、气相与液相产品的摩尔分数。

根据总物料和易挥发组分的物料衡算式得:

$$y = \left(1 - \frac{F}{D}\right)x + \frac{F}{D}x_F \qquad\qquad (7\text{-}3)$$

令 $q = \dfrac{W}{F}$,则 $\dfrac{D}{F} = 1 - q$,q 称为液化率,$1 - q$ 称为汽化率,代入上式得:

$$y = \frac{q}{q-1}x - \frac{x_F}{q-1} \qquad\qquad (7\text{-}4)$$

式(7-4)亦称为平衡蒸馏特征方程,它反映了平衡蒸馏的气液相组成关系。

(2) 气液相平衡关系

平衡蒸馏体系在满足物料衡算的同时,亦应满足气液相平衡关系,见式(4-44)。

已知进料组成及液化率,联立求解平衡蒸馏特征方程式(7-4)与相平衡方程式(4-44)即可获得平衡蒸馏的气液相组成。

(3) 热量衡算

对平衡蒸馏过程,根据体系特点及工艺要求对原料液(气)进行加热(或者冷却),确定原料液进入分离器的温度及该过程的热负荷。

假设体系热损失可忽略,对加热器进行热量衡算,则有:

$$Q = Fc_F(T - t_F) \qquad\qquad (7\text{-}5)$$

式中:Q 为加热器的热负荷,kJ/h;c_F 为原料液比热容,kJ/(kmol·℃);t_F 为原料液温度,℃;T 为通过加热器后原料液的温度,℃;F 为原料液摩尔流率,kmol/h。

原料液进入闪蒸塔,温度由 T 降到 t_e 所放出的显热等于汽化液体所需的潜热,即:

$$Fc_F(T - t_e) = (1 - q)Fr \qquad\qquad (7\text{-}6)$$

由此式可求得原料液加热温度为:$T = t_e + (1 - q)\dfrac{r}{c_F}$ $\qquad\qquad$ (7-7)

式中:t_e 为闪蒸塔中的平衡温度,℃;r 为原料液的汽化潜热,kJ/kmol。

根据工艺要求确定合理的 q,并由闪蒸后的气液组成通过相平衡关系求取 t_e,也可通过图解法求解 t_e,如图7-3所示。

首先对给定体系作出 $y-x$ 图,根据液化率在图中作出平衡蒸馏特征方程,为一条过 $F(x_F,x_F)$ 点,斜率为 $\dfrac{q}{q-1}$ 的直线,该直线与相平衡线的交点 e 所对应的气液相组成即为平衡蒸馏的气液两相组成。由 e 点向下作垂线,与 $t-x$ 曲线的交点所对应的温度即为 t_e。

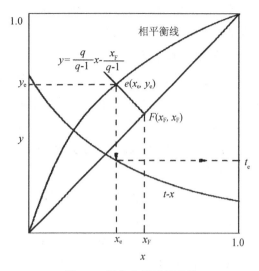

图 7-3　平衡蒸馏图解计算

例 7-1　常压下将含苯 50%(摩尔分数,下同)和甲苯 50% 的混合液进行平衡精馏。物系的相对挥发度为 2.47,设液化率为 1/3,试求此时气液相产物的组成。

解:由已知 $x_F=0.5$,$q=1/3$,故物料衡算式为:

$$y=\frac{q}{q-1}x-\frac{x_F}{q-1}=\frac{\dfrac{1}{3}}{\dfrac{1}{3}-1}x-\frac{0.5}{\dfrac{1}{3}-1}=-0.5x+0.75$$

相平衡方程为:

$$y=\frac{\alpha x}{1+(\alpha-1)x}=\frac{2.47x}{1+1.47x}$$

联立上述两式,可得:

$$x=0.353\quad y=0.5735$$

7.2.2　简单蒸馏

1. 简单蒸馏装置

简单蒸馏是混合液在蒸馏釜中逐渐受热汽化,不断将产生的蒸气引入冷凝器内冷凝,达到混合液中各组分部分分离的方法。简单蒸馏又称微分蒸馏,也是一种单级蒸馏操作,此操作只能间歇进行。简单蒸馏装置如图 7-4 所示。简单蒸馏的特点是动态过程,物系的温度和组成均随时间而变;易挥发组分更多地进入气相中,釜液温度不断升高;馏出液与釜液组成随时间

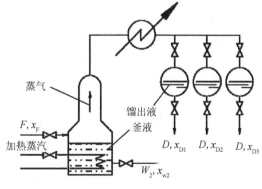

图 7-4　简单蒸馏装置

而改变;蒸气与釜液处于平衡状态。简单蒸馏的馏出液通常是按不同组成范围分罐收集的,最终将釜液一次排出。因此,简单蒸馏只能使混合液部分分离,故只适用于沸点相差较大且

分离要求不高的场合,或作为产品的初步加工,粗略地分离多组分混合液。例如,含乙醇 10°的发酵液经过简单蒸馏可以得到 60°左右的烧酒。

2. 简单蒸馏计算

简单蒸馏计算要根据混合液的量和组成来确定馏出液与釜液的量和组成之间的关系。而简单蒸馏过程中,釜液的量和组成均随时间而变。设 W 为某瞬时釜液的量,它随时间而变,由初态 W_1 变至终态 W_2;x 为某瞬时釜液的组成,它由初态 x_1 降至终态 x_2;y 为某瞬时釜中蒸出的蒸气的组成,随时间而变。现对简单蒸馏选取某一时刻 τ,在 $\tau \sim \tau + \mathrm{d}\tau$ 时间微元内做物料衡算。

若 $\mathrm{d}\tau$ 时间内蒸出的釜液量为 $\mathrm{d}W$,釜液组成相应地由 x 降为 $(x - \mathrm{d}x)$,在该时间微元内对易挥发组分做物料衡算可得:

$$Wx = y\mathrm{d}W + (W - \mathrm{d}W)(x - \mathrm{d}x) \tag{7-8}$$

略去二阶无穷小量,上式整理为:

$$\frac{\mathrm{d}W}{W} = \frac{\mathrm{d}x}{y - x} \tag{7-9}$$

将此式积分得:

$$\ln \frac{W_1}{W_2} = \int_{x_2}^{x_1} \frac{\mathrm{d}x}{y - x} \tag{7-10}$$

简单蒸馏任一瞬间的气液相组成 y 与 x 互为平衡,气液相组成关系为相平衡方程式(4-44)。

若体系为理想体系,则式(4-44)中的相对挥发度 α 为常数,将式(4-44)代入式(7-10)并积分得:

$$\ln \frac{W_1}{W_2} = \frac{1}{\alpha - 1}\left(\ln \frac{x_1}{x_2} + \alpha\ln \frac{1 - x_2}{1 - x_1}\right) \tag{7-11}$$

馏出液量 D 和馏出液的平均组成 x_D,可通过物料衡算求得,即:

总物料: $$D = W_1 - W_2 \tag{7-12}$$

易挥发组分: $$Dx_\mathrm{D} = W_1 x_1 - W_2 x_2 \tag{7-13}$$

利用式(7-11)和式(7-12)、(7-13)便可求得 D、W_2 与 x_D。

例 7-2　一蒸馏釜中装有含苯 0.6(摩尔分数,下同)、甲苯 0.4 的混合液。若要使残液中甲苯含量达到 0.8 时,试求原料应蒸出百分之多少才能实现。已知操作压强为 121kPa(绝压),苯的相对挥发度可近似取为常数,$\alpha = 2.41$。

解: 根据给定条件,代入式(7-11)中计算可得:

$$\ln \frac{W_1}{W_2} = \frac{1}{\alpha - 1}\left(\ln \frac{x_1}{x_2} + \alpha\ln \frac{1 - x_2}{1 - x_1}\right) = \frac{1}{2.41 - 1}\left(\ln \frac{0.6}{0.2} + 2.41 \times \ln \frac{1 - 0.2}{1 - 0.6}\right) = 1.963$$

整理得: $$\frac{W_1}{W_2} = 7.127$$

即: $$\frac{W_2}{W_1} = 0.14$$

因此,将原料蒸出 86% 时,即可达到以上要求。

7.3 双组分精馏

7.3.1 精馏过程原理

从前面的分析可知,平衡蒸馏和简单蒸馏不能实现高纯度的分离,因为平衡蒸馏只经过一次部分汽化;简单蒸馏为间歇过程,顶部蒸气组成随釜液组成的降低而降低,得不到高纯度的顶部产品。如何得到高纯度的产品? 由平衡蒸馏可知,通过原料的部分汽化或部分冷凝可以对组分进行部分的分离,因此,可以设计如图 7-5 的流程对原料进行分离。根据温度-组成$(t-x-y)$相图,在恒压条件下,通过多次部分汽化和多次部分冷凝,最终可获得接近纯态的易挥发组分和难挥发组分,但得到的气相量和液相量却越来越少。

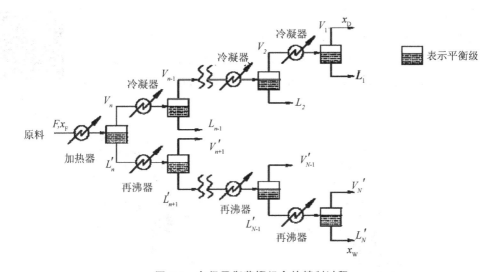

图 7-5 多级平衡蒸馏组合的精制过程

图 7-5 的流程中,每个平衡蒸馏过程均需要冷凝器与再沸器,同时存在大量未利用的部分冷凝液体与部分汽化蒸气。因此,设计如图 7-6 的带回流的平衡蒸馏组合流程,利用上一级的冷凝液体部分冷却下一级的上升蒸气,而下一级上升的蒸气同时部分汽化上一级的液体。因此,这样多个平衡蒸馏串联组合而成的多级分离过程,可同时进行多次部分汽化和部分冷凝的过程,使原料混合液得到几乎完全的分离,这称为精馏。该流程中,原料进口以上部分,轻组分浓度不断上升,得到精制,称之为精馏段;进口以下部分,重组分不断被提浓,称之为提馏段。

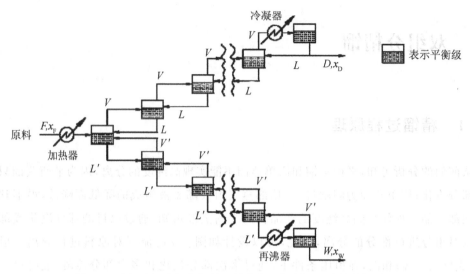

图 7-6 冷凝液回流与蒸气循环的多级平衡蒸馏组合的精馏过程

该流程仅最顶端平衡级设有冷凝器,最底端平衡级设有再沸器,同时循环利用了图 7-5 流程中的蒸气与冷凝液。但是,若采用该流程用于工业生产,亦存在流程复杂、设备费用高等困难。为了克服上述缺点,在实际生产中,该流程是通过图 7-7 所示的板式或填料精馏塔来实现的。板式精馏塔见二维码。

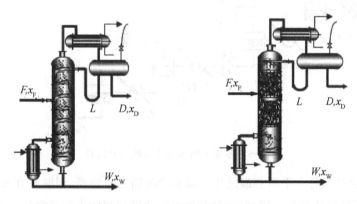

图 7-7 板式精馏塔与填料精馏塔

利用 $t-x-y$ 相图对图 7-6 的精馏过程进行说明。如图 7-8 所示,原料液组成为 x_F,经加热与下一平衡级上升蒸气、上一平衡级下降液体接触传质后,得到流率为 L' 与 V 的液流与气流,其中上升蒸气中轻组分浓度得到提高,下降液体中重组分浓度提高。当流率为 V 的气流被上一平衡级流下来的液体部分冷凝,轻组分浓度再次提高;上升蒸气在各平衡级(或塔板)中依次被反复部分冷凝,直至其浓度达到工艺要求的 x_D。同理,流率为 L' 的向下流动的液体被下一平衡级上升的流率为 V' 的蒸气部分汽化,重组分浓度得到进一步提高,而轻组分浓度则进一步下降。下降液流在各平衡级(或塔板)中依次被反复部分汽化,直至其轻组分浓度低于工艺要求的 x_W。

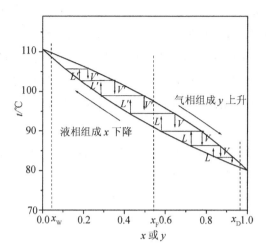

图 7-8 部分冷凝与部分汽化的多级平衡蒸馏 $t-x-y$ 原理图

通过上面的分析,为实现整个精馏过程的部分汽化与部分冷凝,图 7-6 中第一级平衡蒸馏的冷凝器与最后一级的再沸器必不可少。因此,对应图 7-7 的精馏塔塔顶必须进行液体回流,相应塔顶需要设置冷凝器;而塔底必须有上升蒸气,相应塔底需设置再沸器。精馏与蒸馏的区别就在于精馏有"回流",而蒸馏没有"回流"。回流包括塔顶的液相回流与塔釜部分汽化造成的气相回流。因此,回流液的逐板下降和蒸气的逐板上升是实现精馏过程的必要条件。

精馏塔的塔板提供了气液传质的场所,塔板可以作为平衡级。上升的蒸气与下降的液体在塔板(平衡级)上经充分的接触,达到或接近相平衡。由于板式精馏塔是由多块塔板构成的、气液逐级接触、塔顶轻组分与塔釜重组分浓度不断提高的分离设备,相邻塔板的气液组成变化不是连续的,因此板式精馏塔亦称为逐级接触式传质设备。而填料精馏塔中,通过填料的气液组成变化是连续的,称之为连续接(微分)触式传质设备。

在一个精馏塔内,温度自上而下逐级升高,塔顶温度最低,塔釜温度最高。引入原料的塔板称为进料板,进料板以上的部分称为精馏段,进料板以及其下的部分称为提馏段。一个完整的精馏塔既具有精馏段又具有提馏段。有时根据生产的不同要求,精馏塔只有精馏段或只有提馏段。

7.3.2 双组分体系连续精馏的计算

1. 理论塔板假定和恒摩尔流假定

如图 7-6 所示,在每个平衡级上,气液达到平衡;而对图 7-7 所示的板式塔,由于下一块塔板上升的蒸气与上一块塔板下降的液体在塔板上的接触不可能完全混合均匀,因此实际操作中,塔板上的气液不可能达到相平衡。为便于研究,在此引入理论塔板概念。不论进入理论塔板的蒸气和液体组成如何,离开该理论塔板的蒸气和液体达到平衡状态,即理论塔板相当于一平衡级,此为精馏塔的"理论板假定"。离开理论塔板的蒸气和液体,它们的温度相同,而且蒸气为饱和蒸气,液体为饱和液体。平衡蒸馏的闪蒸塔就相当于一块理论塔板。基于这个假定,精馏计算中可略去传质速率方程。理论塔板是理想化的塔板,是气液传质达到的热力学平衡极限。在此基础上,通过引入塔板效率得到实际塔板,这一部分在第 8 章 8.2.3 小节阐述。

精馏塔设计与操作的核心是准确地计算每块理论塔板上的气液流率及组成。如图 7-9 所示,V_n、L_n、y_n、x_n 分别是离开第 n 块理论塔板的蒸气和液体的摩尔流率,以及气相组成和液相组成;V_{n+1} 和 y_{n+1} 分别是从下面一块理论塔板上升的蒸气的摩尔流率和气相组成;L_{n-1} 和 x_{n-1} 分别是从上面一块理论塔板下降的液体的摩尔流率和液相组成。

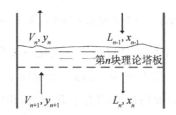

图 7-9 精馏塔无进料与采出的单块塔板气液流率分析

如果符合下列条件:

(1) 轻组分和重组分的摩尔汽化潜热相等。

(2) 与潜热相比,轻、重组分的显热($c_p \Delta t$)变化和混合热可以忽略。

(3) 精馏塔绝热良好,热损失可以忽略。

这个条件称为 McCabe-Thiele 假定,则由此导致 $L_{n+1} = L_n$ 和 $V_{n+1} = V_n$。

因此,对于板式塔的精馏段,每层塔板上升的蒸气与下降的液体摩尔流率都不变;对于提馏段,提馏段内每层塔板上升的蒸气与下降的液体摩尔流率亦不变,此即为精馏塔的"恒摩尔流假定"。但是,精馏段与提馏段的气液摩尔流率不一定相等,因为还要考虑进料的影响。以下的讨论均符合理论塔板假定和恒摩尔流假定。

2. 精馏塔的进料

在实际生产中,进精馏塔中的原料液可能有五种热状况:①温度低于泡点的过冷液体;②泡点下的饱和液体;③温度介于泡点和露点之间的气液混合物;④露点下的饱和蒸气;⑤温度高于露点的过热蒸气。

当进料为过冷液体时,如图 7-10a 所示。进料的过冷液体会使提馏段上升的部分蒸气冷凝下来,则提馏段液体流率 L' 等于精馏段下降液体流率 L、进料液体流率 F、提馏段上升的部分蒸气冷凝下来的液体流率之和。而上升到精馏段的蒸气流率 V 小于提馏段的

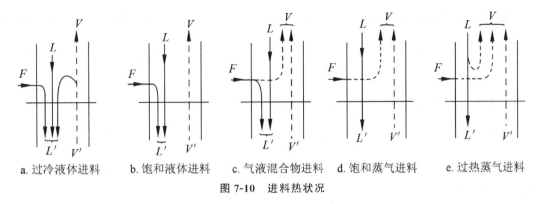

a. 过冷液体进料　　b. 饱和液体进料　　c. 气液混合物进料　　d. 饱和蒸气进料　　e. 过热蒸气进料

图 7-10　进料热状况

蒸气流率 V'。

当进料为饱和液体时,如图 7-10b 所示。原料液全部进入提馏段,而精馏段和提馏段的蒸气流率相等,即:

$$L' = L + F \tag{7-14}$$

$$V' = V \tag{7-15}$$

当进料为气液混合物时,如图 7-10c 所示。提馏段液体流率 L' 等于精馏段下降液体与进料中的液体流率之和;精馏段蒸气流率 V 等于提馏段上升蒸气与进料中的蒸气流率之和。

当进料为饱和蒸气时,如图 7-10d 所示。原料蒸气全部进入精馏段,而精馏段和提馏段的液体流率相等,即:

$$L = L' \tag{7-16}$$

$$V = V' + F \tag{7-17}$$

当进料为过热蒸气时,如图 7-10e 所示。进料的过热蒸气会使精馏段下降的部分液体汽化,则精馏段蒸气流率 V 等于提馏段上升蒸气流率 V'、进料蒸气流率 F、精馏段下降的部分液体汽化的蒸气流率之和。而下降到提馏段中的液体流率 L' 小于精馏段的液体流率 L。

所有这五种进料热状况可以用进料热状况参数 q 表示。参数 q 定义为精馏塔内液体下降通过进料板后,提馏段比精馏段增加的液体摩尔流率与进料摩尔流率之比值,即:

$$q = \frac{L' - L}{F} \tag{7-18}$$

因此,对于五种进料热状况的 q 值为:

过冷液体　　　　　　　　　　$q > 1$ 　　　　　　　　　　　　(7-19a)

饱和液体　　　　　　　　　　$q = 1$ 　　　　　　　　　　　　(7-19b)

气液混合物　　　　　　　$0 < q < 1$ 　　　　　　　　　　　　(7-19c)

饱和蒸气　　　　　　　　　　$q = 0$ 　　　　　　　　　　　　(7-19d)

过热蒸气　　　　　　　　　　$q < 0$ 　　　　　　　　　　　　(7-19e)

如果进料是气液混合物，根据式(7-18)，参数 q 即为进料中液相所占的分率。若气液混合物进料，气相与液相的物质量之比为 $2:1$，则 $q = \dfrac{\text{液相的物质的量}}{\text{进料中的物质的量}} = \dfrac{1}{2+1} = \dfrac{1}{3}$。应用这种方法可方便地求取气液混合物进料的 q 值。

根据参数 q 的定义[即式(7-18)]，我们可以得到下式：

$$q = \frac{1\text{kmol 进料从进料状况变成饱和蒸气所需的热量}}{1\text{kmol 进料的汽化潜热}} = \frac{H_{VF} - h_F}{r} = \frac{H_{VF} - h_F}{H_{VF} - h_{LF}} \qquad (7\text{-}20)$$

式中：r 为进料的汽化潜热，kJ/kmol；h_F 为进料的焓，kJ/kmol；H_{VF} 和 h_{LF} 分别为进料的饱和蒸气焓和饱和液体焓，kJ/kmol。

通过式(7-20)，可以计算过冷液体和过热蒸气的 q 值，见例 7-3。

由式(7-18)可知，进料对精馏塔内液体流率的增加量为 qF，故：

$$L' = L + qF \qquad \text{和} \qquad L' - L = qF \qquad\qquad (7\text{-}21)$$

进料对精馏塔内气体流率的增加量为 $(1-q)F$，故：

$$V = V' + (1-q)F \qquad \text{和} \qquad V' = V + (q-1)F \qquad\qquad (7\text{-}22)$$

例 7-3 用一常压连续精馏塔分离含苯 44%（摩尔分数，下同）和甲苯 56% 的混合液。求 $30℃$ 冷液进料和 $150℃$ 过热蒸气进料的 q 值。

解： 根据 $x_F = 0.44$，查常压下苯和甲苯的温度-组成图，得：泡点 $t_b = 94℃$，露点 $t_d = 100.5℃$。

进料从 $94℃$ 的饱和液体变为 $100.5℃$ 的饱和蒸气要吸收的热量近似等于 $94℃$ 料液的汽化潜热。查得 $94℃$ 时苯和甲苯的汽化潜热分别是 29986kJ/kmol 和 34173kJ/kmol，于是料液的汽化潜热为：

$$r = 0.44 \times 29986\text{kJ/kmol} + 0.56 \times 34173\text{kJ/kmol} = 32331\text{kJ/kmol}$$

$30℃$ 冷液进料。平均温度为 $(94+30)/2 = 62℃$，查得苯液和甲苯液的比热容分别为 143kJ/(kmol·℃) 和 169.2kJ/(kmol·℃)，于是 $62℃$ 下，料液的比热容为：

$$c_{pL} = 0.44 \times 143\text{kJ/(kmol·℃)} + 0.56 \times 169.2\text{kJ/(kmol·℃)} = 157.7\text{kJ/(kmol·℃)}$$

根据式(7-20)，得：

$$q = \frac{H_{VF} - h_F}{H_{VF} - h_{LF}} = \frac{H_{VF} - h_{LF} + h_{LF} - h_F}{H_{VF} - h_{LF}} = 1 + \frac{c_{pL}(t_b - t_F)}{r}$$

$$= 1 + \frac{157.7 \times (94 - 30)}{32331} = 1.31$$

$150℃$ 过热蒸气进料。平均温度为 $(150+100.5)/2 = 125.25℃$，查得苯蒸气和甲苯蒸气的比热容分别为 111.8kJ/(kmol·℃) 和 139.4kJ/(kmol·℃)，于是 $125.25℃$ 下，进料蒸气的比热容为：

$$c_{pV} = 0.44 \times 111.8\text{kJ/(kmol·℃)} + 0.56 \times 139.4\text{kJ/(kmol·℃)}$$

$$= 127.3\text{kJ/(kmol·℃)}$$

根据式(7-20),得:

$$q = \frac{H_{VF} - h_F}{H_{VF} - h_{LF}} = \frac{H_{VF} - [H_{VF} + c_{pV}(t_F - t_d)]}{r}$$

$$= \frac{-c_{pV}(t_F - t_d)}{r} = \frac{127.3 \times (150 - 100.5)}{32331} = -0.195$$

3. 全塔物料衡算

对精馏塔进行全塔物料衡算,可以求出精馏塔顶和塔底产品的流率 D(塔顶馏出液流率,kmol/h)和 W(塔底釜液流率,kmol/h);x_D(馏出液中轻组分的摩尔分数)、x_W(釜液中轻组分的摩尔分数)、x_F(进料液中轻组分的摩尔分数)和进料 F(进料液流率,kmol/h)之间的关系。对图 7-11 的连续精馏塔物料衡算得:

总物料衡算:　$F = D + W$ 　　　　(7-23)

轻组分的物料衡算:$F x_F = D x_D + W x_W$ (7-24)

联立以上两式可得:

$$\frac{D}{F} = \frac{x_F - x_W}{x_D - x_W} \tag{7-25}$$

$$\frac{W}{F} = 1 - \frac{D}{F} = \frac{x_D - x_F}{x_D - x_W} \tag{7-26}$$

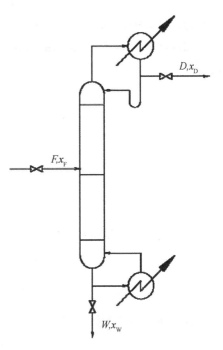

图 7-11　精馏塔

式中:$\dfrac{D}{F}$ 与 $\dfrac{W}{F}$ 分别为馏出液和釜液的采出率。进料组成 x_F 通常是给定的,精馏的其余各变量受以下因素约束:

当规定塔顶、塔底产品组成 x_D、x_W 时,即规定了产品组成,由式(7-25)与(7-26)可知,产品采出率相应确定。

当规定塔顶产品的采出率及其组成,则塔底产品的组成 x_W 及采出率确定;同理,规定塔底产品的采出率及组成,塔顶采出率及组成亦确定。

注意在精馏计算中,分离程度除用 x_D 与 x_W 表示外,有时还用回收率表示:

塔顶易挥发组分回收率　　　　　　　$\eta = \dfrac{D x_D}{F x_F}$ 　　　　　　　　　　　　　(7-27)

塔底难挥发组分回收率　　　$\eta = \dfrac{W(1 - x_W)}{F(1 - x_F)}$ 　　$\eta \leqslant 1$ 　　　　　　(7-28)

回收率通常小于 1,因此,在规定分离要求时应使 $D x_D \leqslant F x_F$。

例 7-4 每小时将 5000kg 含苯 30% 和甲苯 70% 的混合物在连续精馏塔中进行分离,要求馏出物中含甲苯不小于 98%,釜液中含苯不大于 3%(以上均为质量分数),试求馏出液和釜液的质量流量和摩尔流率。

解：由物料衡算式得：

$$m_F = m_D + m_W$$

$$m_F w_F = m_D w_D + m_W w_W$$

将已知的进料质量流量 m_F，质量分数 w_F、w_D 和 w_W 代入可解得：

$$m_D = 1421\text{kg/h} \quad m_W = 3579\text{kg/h}$$

精馏计算中，质量流量和质量分数多以摩尔流率和摩尔分数表示，计算如下：

苯的摩尔质量为 78kg/kmol，甲苯的摩尔质量为 92kg/kmol。当组成以摩尔分数表示时：

$$x_F = \frac{\dfrac{0.3}{78}}{\dfrac{0.3}{78} + \dfrac{0.7}{92}} = 0.3358 \quad x_D = \frac{\dfrac{0.98}{78}}{\dfrac{0.98}{78} + \dfrac{0.02}{92}} = 0.983$$

$$x_W = \frac{\dfrac{0.03}{78}}{\dfrac{0.03}{78} + \dfrac{0.97}{92}} = 0.0352$$

进料的平均摩尔质量：

$$M_F = 78 \times 0.3358\text{kg/kmol} + 92 \times (1 - 0.3358)\text{kg/kmol} = 87.3\text{kg/kmol}$$

进料的摩尔流率为： $\quad F = \dfrac{5000}{87.3}\text{kmol/h} = 57.3\text{kmol/h}$

将上述数据代入物料衡算式(7-23)和式(7-24)中，得：

$$D = 18.18\text{kmol/h} \quad W = 39.12\text{kmol/h}$$

4. 精馏塔的操作线方程

(1) 精馏段操作线方程

按图 7-12 虚线范围做物料衡算，在精馏段第 n 块板与第 $n+1$ 块板(塔板序号是从塔顶往下数)之间的塔截面到塔顶全凝器之间进行衡算：

总物料衡算： $V = L + D$ 　　　　　(7-29)

对轻组分物料衡算：

$$V y_{n+1} = L x_n + D x_D \qquad (7\text{-}30)$$

整理式(7-30)得：

$$y_{n+1} = \frac{L}{V} x_n + \frac{D}{V} x_D \qquad (7\text{-}31)$$

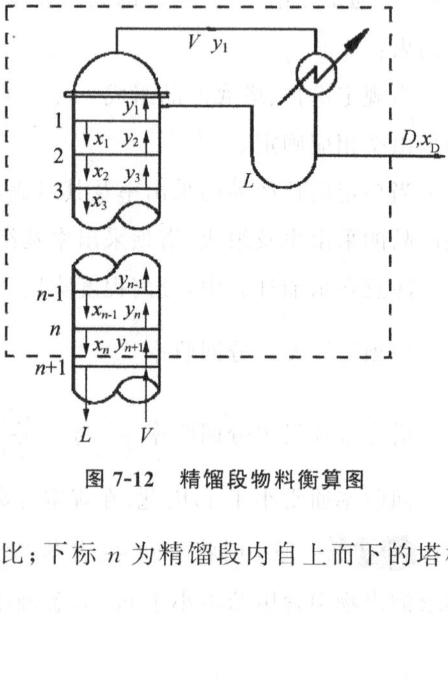

图 7-12　精馏段物料衡算图

式中：L、V 分别为精馏段内下降液体和精馏段内上升蒸气的流率，kmol/h；L/V 称为精馏段的液气比；下标 n 为精馏段内自上而下的塔板序号。

令 $R=L/D$，R 为下降液体与馏出液的摩尔流率之比，称为回流比。R 的取值范围为维持精馏塔稳定操作的最小回流比(R_{min})与全回流(R_∞)之间。但要注意，回流比增加并不意味着馏出液流率 D 的减少，而是意味着上升蒸气流率的增加。回流比增加可以通过增加塔底加热速率来实现，是以增加能耗为代价的。

将 $L=RD$ 代入式(7-31)可得：

$$y_{n+1} = \frac{R}{R+1}x_n + \frac{x_D}{R+1} \tag{7-32}$$

上式反映精馏段第 n 层塔板下降的液相组成 x_n 与相邻下一层塔板(第 $n+1$ 板)上升的气相组成 y_{n+1} 之间的关系，称为精馏段操作线方程。该方程为斜率 $\frac{R}{R+1}$，截距 $\frac{x_D}{R+1}$，过点 (x_D, x_D) 的直线，如图 7-13 所示。精馏段操作线位于相平衡线下方，操作线偏离相平衡线越远，表示气液传质推动力越大。当操作线方程(7-32)斜率增大(即回流比 R 增大，或液气比 L/V 增大)，精馏段操作线远离相平衡线，推动力增大，有利于分离。

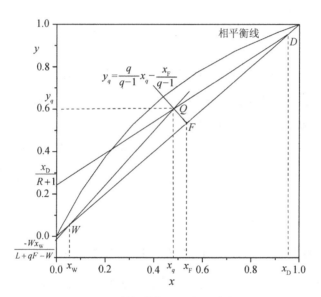

图 7-13 精馏塔操作线与 q 线方程

(2) 提馏段操作线方程

按图 7-14 虚线范围做物料衡算，在提馏段第 m 层塔板与第 $m+1$ 层塔板之间的塔截面到塔底再沸器之间进行衡算：

总物料衡算：
$$V' = L' - W \tag{7-33}$$

对轻组分物料衡算：
$$V'y_{m+1} = L'x_m - Wx_W \tag{7-34}$$

整理得：
$$y_{m+1} = \frac{L'}{V'}x_m - \frac{W}{V'}x_W \tag{7-35}$$

将式(7-33)与式(7-21)代入式(7-35)得：

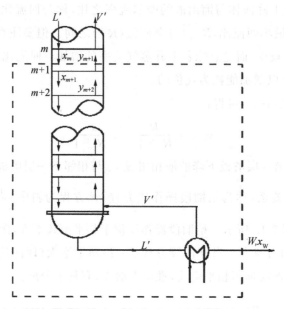

图 7-14　提馏段物料衡算图

$$y_{m+1} = \frac{L + qF}{L + qF - W}x_m - \frac{W}{L + qF - W}x_W \tag{7-36}$$

式中：L'、V' 分别为提馏段内下降液体和提馏段内上升蒸气的流率，$kmol/h$；L'/V' 称为提馏段液气比；下标 m 为提馏段自上而下的塔板序号。

上式反映提馏段第 m 板下降的液相组成 x_m 与相邻的下一层板（第 $m+1$ 板）上升的气相组成 y_{m+1} 之间的关系，称为提馏段操作线方程。该方程是斜率为 $\dfrac{L + qF}{L + qF - W}$，截距为 $\dfrac{-Wx_W}{L + qF - W}$，过点 (x_W, x_W) 的直线，如图 7-13 所示。

由于提馏段操作线在 y 轴上的截距为负值且其绝对值较小（x_W 值通常较小），点 $\left(0, \dfrac{-Wx_W}{L + qF - W}\right)$ 与 (x_W, x_W) 靠得很近，作图不易准确。提馏段操作线也位于相平衡线下方。当操作线方程(7-35)斜率增大（即液气比 L'/V' 增大），提馏段操作线靠近相平衡线，推动力减小，不利于分离。

5. q 线方程

由前面的分析可知，进料板是精馏段与提馏段的交汇处。精馏段和提馏段操作线的交点应同时满足精馏段与提馏段操作线方程。但是，交点的气液相组成不一定为进料板上升蒸气与下降液体的组成。将精馏段与提馏段的轻组分物料衡算方程略去角标得：

$$Vy = Lx + Dx_D \tag{7-37}$$

$$V'y = L'x - Wx_W \tag{7-38}$$

两式相减，并将精馏段与提馏段的气液流率关系式 $L' - L = qF$ 与 $V' - V = (q-1)F$ 代入整理得：

$$y_q = \frac{q}{q-1}x_q - \frac{x_F}{q-1} \tag{7-39}$$

式中：x_q 与 y_q 分别为两操作线交点的气、液组成。

该方程称为 q 线方程，是过点 (x_F, x_F)，斜率为 $\dfrac{q}{q-1}$ 的直线，如图 7-13 所示。它反映精馏操作条件改变时两操作线交点 Q 的轨迹方程。

由此，在 $y-x$ 相图上，作出精馏段操作线方程后，作过点 (x_F, x_F)，斜率为 $\dfrac{q}{q-1}$ 的 q 线，将 q 线与精馏段操作线的交点与点 (x_W, x_W) 相连，即得提馏段操作线，如图 7-13 所示。

7.3.3　进料状态的影响

在实际生产中，精馏塔原料液进料状态分为冷液、泡点、气液混合、饱和蒸气及过热蒸气等五种热状况。将不同进料热状态的 q 线方程分别做于图 7-15。由图可以看出，在回流比 R、进料组成 x_F 及分离要求 x_D 与 x_W 一定的情况下，q 值减小，即进料由冷液逐渐变为过热蒸气，精馏段操作线不变，但 q 线与精馏段操作线交点逐渐下移，导致提馏段操作线斜率逐渐变大，并靠近相平衡线，气液传质推动力降低。

由全塔的热量衡算可知，塔底加热量加上进料带入热量为全塔总供热量。当回流比一定时，全塔总供热量一定，当 q 值减小，进料带入热量增多，塔底供热量则相应减少，

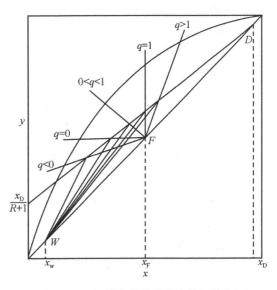

图 7-15　进料热状况对操作线的影响

这意味着塔釜上升的蒸气量相应地减小，使提馏段操作线斜率 $\dfrac{L'}{V'}$ 增大，提馏段操作线向平衡线靠近，推动力减小，不利于分离。若塔釜供热量不变，则提馏段上升的蒸气流率不变，q 值减小导致进料带入热量增加，则 $V = V' + (1-q)F$ 变大，塔顶冷凝量必定增大，回流比 R 相应变大，精馏段操作线斜率 $\dfrac{R}{R+1}$ 增大，操作线远离相平衡线，推动力增大，有利于分离。但这是以增加能耗为代价的。因此，在总供热量不变的情况下，热量应尽可能在塔底输入，使所产生的蒸气回流能在全塔中发挥作用；而冷量应尽可能施加于塔顶，使所产生的液体回流能经过全塔而发挥最大的效能。

根据以上分析,原料不应经预热或部分汽化,前道工序的来料状态就是进料状态。对一些热敏性物系,有时采用对原料进行加热甚至气态进料,目的是为了减少塔釜的加热量,因为塔釜温度较高时,物料易产生聚合或结焦。

7.3.4　双组分精馏的设计型计算

1. 精馏塔设计型计算的命题

设计型计算通常已知进料的组成及状态,工艺要求规定了分离要求,要求选择合适的操作条件,计算完成分离任务所需的理论塔板数。

根据前面双组分精馏计算的知识可知,精馏塔设计计算的核心是求解每块塔板上的物流流率及组成,这可以通过求解精馏操作线及相平衡线方程来解决。具体可以分为逐步计算法与图解法。

2. 逐板计算法

若塔顶采用全凝器,从塔顶最上一层板(第1层板)上升的蒸气进入冷凝器中被全部冷凝,则塔顶馏出液及回流液组成均与第1层板的上升蒸气组成相同,即 $y_1 = x_D$。由于离开每层理论塔板的气液两相平衡,故可由 y_1 用气液平衡方程求得 x_1。

而第2层塔板上升的蒸气组成 y_2 与 x_1 符合精馏段操作关系,由此用 x_1 求得 y_2。

同理,通过相平衡方程由 y_2 求得 x_2;再用精馏段操作线方程由 x_2 求得 y_3,如此交替重复进行逐板下行计算,直至 $x_n \leqslant x_q$ 时,说明第 n 块板为加料板,精馏段所需理论塔板数为 $n-1$。

跨过加料板后,操作线方程改用提馏段操作线,仍采用相平衡方程与提馏段操作线方程交替重复逐板下行,直至 $x_N \leqslant x_W$ 为止。在计算塔板数时,通常将进料板作为提馏段,因此提馏段所需理论塔板数为 $N-n$,完成分离任务的总塔板数为 N。

注意,在计算过程中,每使用一次平衡关系,表示需要一块理论塔板。

逐板计算法是求算理论塔板数的基本方法,计算结果准确,且可同时求得各块塔板上的气液相组成,但该法比较繁琐。

例 7-5　常压下用连续精馏塔分离含苯 0.44(摩尔分数,下同)的苯-甲苯混合物。进料为泡点液体,进料流量为 100kmol/h。要求馏出液中含苯不小于 0.94,釜液中含苯不大于 0.08。设该物系为理想溶液,相对挥发度为 2.47,塔顶设全凝器,泡点回流,选用的回流比为 3。试计算精馏塔两端产品的流量及所需的理论塔板数。

解:由全塔物料衡算:

$$F = D + W$$

$$F x_F = D x_D + W x_W$$

已知 $x_F = 0.44$,$x_D = 0.94$,$x_W = 0.08$,$F = 100 \text{kmol/h}$,将这些已知值代入上式,得:

$$D = 41.86 \text{kmol/h} \quad W = 58.14 \text{kmol/h}$$

$$L = RD = 3 \times 41.86 \text{kmol/h} = 125.58 \text{kmol/h}$$

由精馏段操作方程 $y_{n+1} = \dfrac{R}{R+1}x_n + \dfrac{x_D}{R+1}$ 得:

$$y_{n+1} = \frac{3}{3+1}x_n + \frac{0.94}{3+1} = 0.75x_n + 0.235$$

提馏段操作方程为:

$$y_{n+1} = \frac{L+qF}{L+qF-W}x_n - \frac{Wx_W}{L+qF-W}$$

泡点液体进料,$q = 1$,故提馏段操作方程为:

$$y_{n+1} = \frac{125.58+100}{125.58+100-58.14}x_n - \frac{58.14 \times 0.08}{125.58+100-58.14} = 1.3472x_n - 0.0278$$

相平衡方程为:

$$y_n = \frac{\alpha x_n}{1+(\alpha-1)x_n}$$

则:

$$x_n = \frac{y_n}{\alpha-(\alpha-1)y_n} = \frac{y_n}{2.47-1.47y_n}$$

对于泡点进料:

$$x_q = x_F = 0.44$$

设由塔顶开始计算,第 1 块板上升蒸气组成为 $y_1 = x_D = 0.94$。第 1 块板下降液体组成 x_1 由相平衡方程式计算:

$$x_1 = \frac{0.94}{2.47-1.47 \times 0.94} = 0.8638$$

第 2 块板上升蒸气组成 y_2 由精馏段操作方程计算:

$$y_2 = 0.75 \times 0.8638 + 0.235 = 0.8829$$

第 2 块板下降液体组成 x_2 由相平衡方程计算可得:

$$x_2 = 0.7532$$

如此逐板往下计算,可得:

$$y_3 = 0.8 \qquad x_3 = 0.618$$

$$y_4 = 0.6985 \qquad x_4 = 0.484$$

$$y_5 = 0.598 \qquad x_5 = 0.376$$

因为 $x_5 < x_q = 0.44$,故第 5 块板为进料板。进料板包括在提馏段内,故精馏段有 4.4[4+(0.484-0.44)/(0.484-0.376)]块理论塔板。自第 5 块板开始,改用提馏段操作方程,由 x_n 求下一板上升蒸气组成 y_{n+1}。

故:

$$y_6 = 1.3472 \times 0.376 - 0.0278 = 0.4787$$

第 6 块板下降液体组成 x_6 由相平衡方程计算得:

$$x_6 = \frac{0.487}{2.47-1.47 \times 0.4787} = 0.271$$

如此继续计算,可得:

$$y_7 = 0.3373 \qquad x_7 = 0.1709$$

$$y_8 = 0.2024 \qquad x_8 = 0.09316$$

$$y_9 = 0.0977 \qquad x_9 = 0.042$$

因 $x_9 < x_W = 0.08$,故所求的总塔板数为 $8.3[8+(0.09316-0.08)/(0.09316-0.042)]$块(包括釜)。

3. 图解法

图解法求理论塔板数的基本原理与逐板计算法的完全相同,只是用相平衡线和操作线分别代替平衡方程和操作线方程,用简便的作图代替了逐板计算,如图 7-16 所示。图解法的具体步骤如下:

根据工艺要求作出相应体系的 $y-x$ 相平衡曲线;

由 x_D、x_F、x_W 作垂线与对角线交于 D、F、W 点;

由点 $D(x_D, x_D)$ 和截距 $\dfrac{x_D}{R+1}$ 作精馏段操作线;

由点 $F(x_F, x_F)$ 和斜率 $\dfrac{q}{q-1}$ 作 q 线;

由交点 $Q(x_q, y_q)$ 和点 $W(x_W, x_W)$ 作提馏段操作线;

由 D 点开始,在平衡线与操作线之间画梯级,当梯级跨越 Q 点(x_q, y_q)时,对应的梯级为进料板;当梯级跨越 W 点(x_W, x_W),对应梯级数即为完成精馏分离任务所需的理论塔板数。

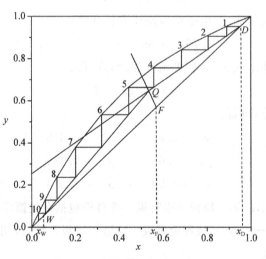

图 7-16　板式塔图解法示意图

为正确理解梯级的物理意义,图 7-17 给出了任一理论塔板气液组成变化及其梯级(图7-18)示意图。由图 7-18 可知,梯级水平线长度 $\overline{nb}$ 表示通过第 n 块理论塔板液相组成变化 $\Delta x = x_{n-1} - x_n$;垂直水平线长度 $\overline{nc}$ 表示通过第 n 块板气相组成变化 $\Delta y = y_n - y_{n+1}$,即梯级线段的长度代表了气液相通过理论塔板传质后的组成变化值,也代表了传质推动力大小。

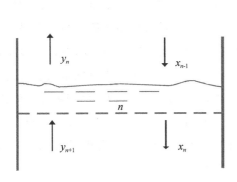

图 7-17　气、液通过任一理论塔板时
组成的变化示意图

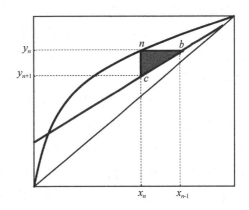

图 7-18　气、液通过任一理论塔板时组成
变化的梯级示意图

当操作线离相平衡线越远,则梯级线段越长,传质推动力越大,完成相同分离任务所需
要的梯级(理论塔板)越少;反之,当操作线离相平衡线越近,传质推动力越小,完成精馏分离
任务所需理论塔板越多;当操作线与相平衡线相交,则在交点处传质推动力为 0,完成分离任
务所需理论塔板数无限多。

图解法避免了繁琐的计算,梯级物理意义明确,形象直观,便于理解和分析实际问题。

例 7-6　利用图解法求解例 7-5。

解: 按照图解法的步骤,首先在图 7-19 中绘制相平衡曲线;过对角线上点(x_D,x_D)、y
轴上点 $\left(0,\dfrac{x_D}{R+1}\right)$ 作精馏段操作线;本例 $q=1$ 时,则过点(x_F,x_F)作垂线与精馏段操作线

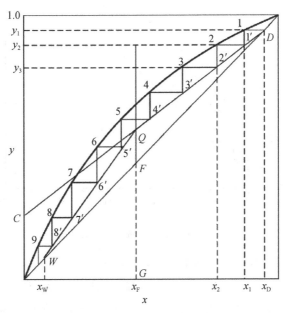

图 7-19　例 7-6 附图

交于 Q 点;连接对角线上(x_W,x_W)及 Q 点作提馏段操作线。

从图 7-19 中点(x_D,x_D)出发,作水平线相交平衡线于 1 点,过 1 点作垂线交精馏段操作线于 $1'$ 点,完成一个梯级,即获得第 1 块理论塔板。以此类推,在相平衡线与精馏段操作线之间逐级向下作梯级,当水平线跨过 Q 点时,操作线应换成提馏段操作线,在提馏段操作线与平衡线之间继续作梯级,直至梯级达到或跨过点(x_W,x_W)结束。本例图解法获得的全塔理论塔板数为 8.3,进料板为第 5 块,与逐板法结果基本一致。因再沸器将釜液部分汽化,具有分离能力,也相当于一块理论塔板,故塔内理论塔板数为 7.3(8.3-1)块(不含釜)。进料板以上(不含进料板)为精馏段,含 4.4 块理论塔板。在进料板以下(含进料板)的塔段为提馏段,其理论塔板数为 2.9(7.3-4.4)块(不含再沸器)。

7.3.5　进料位置的选择

按照前面的分析,为避免操作线与相平衡线相交导致的无传质推动力和塔板数无限多的情况,进料板可能的位置应在精馏段操作线与相平衡线的交点 P 与提馏段操作线与相平衡线的交点 M 之间,如图 7-20 所示。最佳的进料位置为两操作线交点 Q 对应的理论塔板。从图 7-20 的示例可以看出,如果在最佳位置(两操作线交点)进料,完成分离任务所需理论塔板为 9 块。

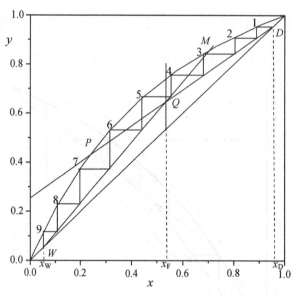

图 7-20　进料位置的允许范围

提前进料相当于提馏段操作线向上延伸,如图 7-21 所示。提前进料导致提馏段操作线顶端离相平衡线较近。滞后进料相当于精馏段操作线向下延伸,如图 7-22 所示。滞后进料导致精馏段操作线底端离相平衡线较近。两种情况均会导致传质推动力减小,理论塔板数增加。在本例中提前与滞后进料均使理论塔板数增加为 11，大于最佳进料位置所需理论塔板数。

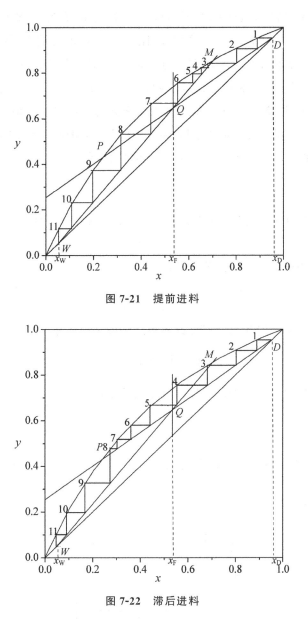

图 7-21　提前进料

图 7-22　滞后进料

7.3.6　回流比的影响和选择

　　回流是保证精馏塔连续稳定操作的必要条件之一，且回流比是影响精馏操作费用和投资费用的重要因素。对于一个给定的分离任务（F，x_F，x_D，x_W，q 一定），选择适宜的回流比是精馏塔设计的重要指标。回流比的上限为全回流，下限为满足精馏分离任务对应的最小回流比。实际回流比应为介于两极限值之间的某适宜值。

1. 全回流($R=\infty$)与最少理论塔板数 N_{min}

全回流时塔顶不出料，即 $D=0$，根据物料衡算，F 与 W 亦为 0，即体系没有进料与出料。根据回流比定义，全回流时 $R=\infty$，精馏塔两操作线与对角线重合，操作线方程为对角线 $y_{n+1}=x_n$，则任意两块相邻理论塔板之间的截面上，上升蒸气组成 y_{n+1} 与下降液体组成 x_n 相等。显然，全回流时操作线和相平衡线相距最远，传质推动力最大，达到指定分离程度所需的理论塔板数最少，以 N_{min} 表示。最少理论塔板数的求解可采用前面所讲的逐板计算法或图解法确定。对于理想溶液，可通过 Fenske 方程计算，相应推导如下：

全回流时操作线方程为 $y_{n+1}=x_n$，对塔顶全凝器，有 $y_1=x_D$，亦可表达为：

$$\left(\frac{y_A}{y_B}\right)_1=\left(\frac{x_A}{x_B}\right)_D \tag{7-40a}$$

式中：y_A 和 x_A 分别为气、液相轻组分的摩尔分数；y_B 和 x_B 分别为气、液相重组分的摩尔分数。

由第 1 层理论塔板的气液平衡关系得：

$$\left(\frac{y_A}{y_B}\right)_1=\alpha_1\left(\frac{x_A}{x_B}\right)_1 \tag{7-40b}$$

由操作线方程得第 1 层和第 2 层理论塔板间气液组成关系：

$$\left(\frac{y_A}{y_B}\right)_2=\left(\frac{x_A}{x_B}\right)_1 \tag{7-41a}$$

由气液平衡方程得第 2 层理论塔板气液组成关系：

$$\left(\frac{y_A}{y_B}\right)_2=\alpha_2\left(\frac{x_A}{x_B}\right)_2 \tag{7-41b}$$

同理，重复利用操作线方程与相平衡线方程，得 $\left(\frac{y_A}{y_B}\right)_{n+1}=\left(\frac{x_A}{x_B}\right)_n$，$\left(\frac{y_A}{y_B}\right)_n=\alpha_n\left(\frac{x_A}{x_B}\right)_n$，直至 $\left(\frac{x_A}{x_B}\right)_N\leqslant\left(\frac{x_A}{x_B}\right)_W$。

整理得：

$$\left(\frac{y_A}{y_B}\right)_1=\alpha_1\alpha_2\cdots\cdots\alpha_N\left(\frac{x_A}{x_B}\right)_N \tag{7-42a}$$

令 $\alpha=\sqrt[N]{\alpha_1\alpha_2\cdots\cdots\alpha_N}$，整理得：

$$N_{min}=\frac{\lg\left[\left(\frac{x_A}{x_B}\right)_D\Big/\left(\frac{x_A}{x_B}\right)_W\right]}{\lg\alpha} \tag{7-42b}$$

2. 最小回流比 R_{min}

对于一个给定的分离任务，其分离要求及进料热状态确定。当回流比 R 减小，塔顶回流液体及塔釜上升蒸气量减小；同时，操作线交点 Q 向相平衡线方向移动，导致传质推动力降低，理论塔板数 N 随之增加。当回流比继续减小，使两操作线交点落在平衡曲线上，如图 7-23 中 E 点所示。此时传质推动力为 0，完成分离任务需要的理论塔板数无限多，对应的回流比为最小回流比 $R_{\min}$。

$$\frac{R_{\min}}{R_{\min}+1} = \frac{x_{\mathrm{D}}-y_{\mathrm{e}}}{x_{\mathrm{D}}-x_{\mathrm{e}}} \qquad (7\text{-}43)$$

整理可得： $$R_{\min} = \frac{x_{\mathrm{D}}-y_{\mathrm{e}}}{y_{\mathrm{e}}-x_{\mathrm{e}}} \qquad (7\text{-}44)$$

式中：y_{e} 与 x_{e} 为相平衡线上 E 点气液相摩尔分数。

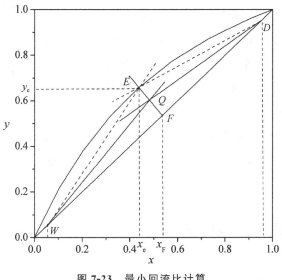

图 7-23　最小回流比计算

对相平衡线没有下凹的物系，E 点为 q 线与相平衡线的交点；对相平衡线有下凹的体系，E 点为相平衡线与操作线的切点，如乙醇-水体系。E 点确定后，进而求得最小回流比，如图 7-24 所示。

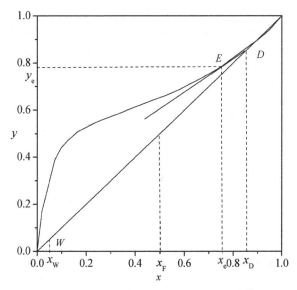

图 7-24　下凹型相平衡线最小回流比计算

3. 适宜回流比的选择

通过上面分析可知,若采用全回流操作,虽然所需理论塔板数最少,但得不到产品;若采用最小回流比操作,所需理论塔板数为无限多。因此,实际回流比应介于两种极限情况之间。适宜回流比应通过经济衡算来决定,即按照操作费用与设备折旧费用之和为最小的原则来确定。当回流比为 R_{min},其塔为无穷高,设备费用直线上升为无穷大,如图 7-25 所示。当 R 适当提高时,设备费用很快下降,总成本降低;当回流比继续增大时,能耗随之增大,操作费用增加;同时由于流率增加导致塔径增大,相应设备费用亦开始升高,使总成本增加。因此,回流比存在一最优值。如图 7-25 所示,总费用最小的回流比为最优回流比 R_{opt}。回流比通常选最小回流比倍数,大多数文献建议 $R=(1.1\sim2)R_{min}$。

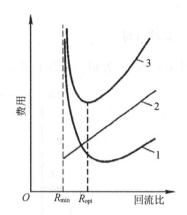

图 7-25　回流比对精馏费用的影响
1-设备费用;2-操作费用;3-总费用

7.3.7　简捷法求理论塔板数

1. 简捷法的思想基础

对于一个给定的分离任务(F,x_F,x_D,x_W,q 一定),当精馏塔在最小回流比操作时,所需理论塔板数为无限多;当其全回流时,所需理论塔板数为最少。因此,推测存在理论塔板数与回流比的函数关系 $N=f(R)$。

2. 吉利兰图

通过对 R_{min}、R、N_{min} 和 N 四个变量间关系的大量实验研究,确定了四者之间的关系,如图 7-26 所示,该图称为吉利兰(Gilliland)图。吉利兰关联图为双对数坐标图,横坐标为 $\dfrac{R-R_{min}}{R+1}$,纵坐标为 $\dfrac{N-N_{min}}{N+1}$。

图中,曲线在 $0.1<\left(\dfrac{R-R_{min}}{R+1}\right)<0.5$ 范围内可近似表示为:

$$\frac{N-N_{min}}{N+1}=0.75\left[1-\left(\frac{R-R_{min}}{R+1}\right)^{0.5667}\right] \tag{7-45}$$

简捷法具体步骤为:根据精馏给定条件计算 R_{min};由 Fenske 方程或图解法计算 N_{min};根据 $X=\dfrac{R-R_{min}}{R+1}$ 由吉利兰图查得 $Y=\dfrac{N-N_{min}}{N+1}$;计算理论塔板数 N。

简捷法准确度稍差,但因简便,特别适用于初步设计计算;同时简捷法亦适合多组分精馏体系。

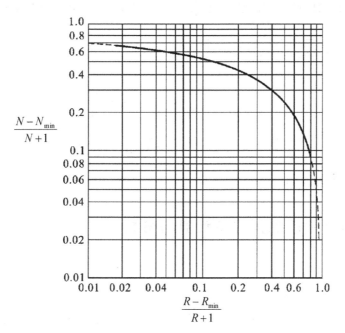

图 7-26 吉利兰关联图

例 7-7 试利用简捷法求例 7-5 所需的理论塔板数及进料位置。

解： 该例的已知条件为：$x_D = 0.94$，$x_W = 0.08$，$x_F = 0.44$，$q = 1$，$R = 3$ 和 $\alpha = 2.47$。

由 $N_{min} = \dfrac{\lg\left[\left(\dfrac{x_D}{1-x_D}\right)\Big/\left(\dfrac{x_W}{1-x_W}\right)\right]}{\lg\alpha}$ 得：

$$N_{min} = \frac{\lg\left[\left(\dfrac{0.94}{1-0.94}\right)\Big/\left(\dfrac{0.08}{1-0.08}\right)\right]}{\lg 2.47} = \frac{\lg 180.2}{\lg 2.47} = 5.744$$

又 $R_{min} = \dfrac{x_D - y_e}{y_e - x_e}$，对泡点液体进料：$x_e = x_F = 0.44$，$y_e$ 可由相平衡方程 $y = \dfrac{\alpha x}{1+(\alpha-1)x}$

求得：

$$y_e = \frac{2.47 \times 0.44}{1+(2.47-1)\times 0.44} = 0.66$$

故：

$$R_{min} = \frac{0.94 - 0.66}{0.66 - 0.44} = 1.273$$

计算得：$\dfrac{R - R_{min}}{R+1} = \dfrac{3 - 1.273}{3+1} = 0.432$，由图 7-26 可查得 $\dfrac{N - N_{min}}{N+1} = 0.284$

或由式(7-45)计算得：

$$\frac{N - N_{min}}{N+1} = 0.75\left[1 - \left(\frac{R - R_{min}}{R+1}\right)^{0.5668}\right] = 0.75(1 - 0.432^{0.5668}) = 0.284$$

将 N_{min} 值代入，即可解得 $N = 8.4$(包括釜)。

接下来计算精馏段最少理论塔板数 $N_{r,min}$。精馏段的相对挥发度近似取 $\alpha_r=2.47$。

由 $N_{r,min}=\dfrac{\lg\left[\left(\dfrac{x_D}{1-x_D}\right)\bigg/\left(\dfrac{x_F}{1-x_F}\right)\right]}{\lg\alpha_r}$ 得：

$$N_{r,min}=\frac{\lg\left[\left(\dfrac{0.94}{1-0.94}\right)\bigg/\left(\dfrac{0.44}{1-0.44}\right)\right]}{\lg 2.47}=3.31$$

由 $\dfrac{N_r-N_{r,min}}{N_r+1}\approx\dfrac{N-N_{min}}{N+1}=0.284$，可求得精馏段理论塔板数 $N_r=5$，故应在第 5 板进料，计算结果与逐板法、图解法相一致。

7.3.8　双组分精馏的操作型计算与分析

1. 精馏过程的操作型计算

（1）操作型计算的命题

操作型计算的任务是在设备（精馏段塔板数及全塔理论塔板数）已定的条件下，由指定的操作条件预计精馏操作的结果。

计算所用的方程与设计时相同，此时的已知量为：全塔总板数 N 及加料板位置（第 m 块板）；相平衡曲线或相对挥发度；原料组成 x_F 与热状态 q、回流比 R；并规定塔顶馏出液的采出率 D/F。待求的未知量为精馏操作的最终结果——产品组成 x_D、x_W 以及逐板的组成分布。

（2）操作型计算的特点

①由于众多变量之间的非线性关系，操作型计算一般均须通过迭代试差，即先假设一个塔顶（或塔底）组成，再用物料衡算及逐板计算予以校核的方法来解决。

②加料板位置（或其他操作条件）一般不满足最优化条件。

（3）操作型计算的步骤

先设定某一 x_W 值，按物料衡算式求出：$x_D=\dfrac{x_F-x_W(1-D/F)}{D/F}$；从组成 x_D 起交替使用精馏段操作线方程 $y_{n+1}=\dfrac{R}{R+1}x_n+\dfrac{x_D}{R+1}$ 及相平衡方程（理想溶液 $x_n=\dfrac{y_n}{\alpha-(\alpha-1)y_n}$）进行 $m-1$ 次逐板计算，算出第 1 至 m 板（进料板）的气液相组成；跨过进料板后，需用相平衡方程与提馏段操作线方程 $y_{n+1}=\dfrac{L+qF}{L+qF-W}x_n-\dfrac{W}{L+qF-W}x_W$ 进行 $N-m$ 次逐板计算，算出最后一块理论塔板的液体组成 x_N；若 x_N 值与所假设的 x_W 接近，则计算有效，否则重新试差直至两者之差达到要求计算精度。

例 7-8　一常压连续精馏塔操作分离苯和甲苯混合液。现保持进料位置、进料量 F、组成 x_F、进料热状况 $q=1$、馏出液量 D 不变，若增大回流比 R，再沸器的加热蒸汽量、馏出液和釜液的组成 x_D 和 x_W 如何变化？

解：回流比 R 增大，馏出液量 D 不变，则 $V' = V = (R+1)D$ 增大，所以，再沸器的加热蒸汽量增大。

回流比 R 增大，精馏段操作线斜率减小，精馏段操作线由线 1 变成线 2，远离相平衡线，如图 7-27 所示。精馏段的理论塔板数减小。但实际上，精馏段理论塔板数不变，故线 2 平衡向相平衡线靠近，线 2 变成线 3。线 3 即为回流比增大后的精馏段操作线。由此可以看出，馏出液组成由 x_D 变成 x_D'，即 x_D 增大。

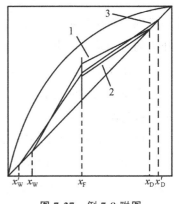

图 7-27　例 7-8 附图

进料量 F 和进料组成 x_F 不变，馏出液量 D 也不变，馏出液组成 x_D 增大。根据全塔物料衡算，釜液量不变，釜液组成 x_W 减小。

2. 精馏塔的温度分布和灵敏板

(1) 精馏塔的温度分布

精馏塔操作时，不仅需要知道每块塔板的气液组成，有时需要了解塔板的温度及其分布。通常，溶液的泡点与压强及组成有关。精馏塔内各块塔板上物料的组成及压强并不相同，因而塔顶至于塔底形成某种温度分布。在加压或常压精馏中，各板的压强差别不大，形成全塔温度分布的主要原因是各板组成不同。图 7-28a 表示各板组成与温度的对应关系，于是可求出各板的温度并将它标绘在图 7-28b 中，即得全塔温度分布曲线。

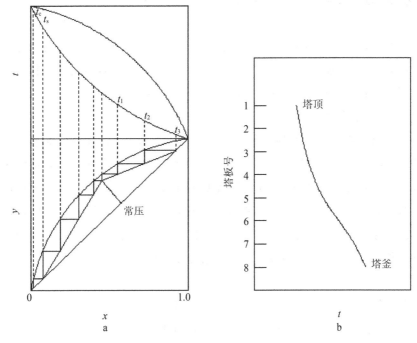

图 7-28　精馏塔的温度分布

　　减压精馏中,蒸气每经过一块塔板有一定压降,如果塔板数较多,塔顶与塔底压强的差别与塔顶绝对压强相比,其数值相当可观,总压降可能是塔顶压强的几倍。因此,各板组成与压力的差别是影响全塔温度分布的重要原因,且往往更为显著。

　　(2) 灵敏板

　　一个正常操作的精馏塔当受到某一外界因素的干扰(如回流比、进料组成发生波动等),全塔各板的组成发生变动,全塔的温度分布也将发生相应的变化。因此,可用测量温度的方法监控塔内组成尤其是塔顶馏出液的变化。

　　在一定总压下,塔顶温度是馏出液组成的直接反映。但在高纯度分离时,在塔顶(或塔底)相当高的一个塔段中温度变化极小。因此,当塔顶温度有了可觉察的变化,馏出液组成的波动早已超出允许的范围。以乙苯-苯乙烯在 8kPa 下减压精馏为例,当塔顶馏出液中含乙苯由 99.9% 降至 90% 时,泡点变化仅为 0.7℃。可见高纯度分离时一般不能用测量塔顶温度的方法来控制馏出液的质量。

　　仔细分析操作条件变动前后温度的变化,即可发现在精馏段或提馏段的某些塔板上,温度变化量最为显著。或者说,这些塔板的温度对外界干扰因素的反映最灵敏,故将这些塔板称之为灵敏板。将感温元件安置在灵敏板上可以较早觉察精馏操作所受到的干扰;而且灵敏板比较靠近进料口,可在塔顶馏出液组成尚未产生变化之前先感受到进料参数的变动并及时采取调节手段,以稳定馏出液的组成。

7.3.9　双组分精馏的特殊操作

　　在实际生产中,针对不同的物系、不同的操作条件及不同的分离要求需采用特殊的精馏操作方式。例如,不同的加热方式有间接加热和水蒸气直接加热,不同的进料方式有一股和多股进料,产品采出方式有带侧线和无侧线产品采出等方式。

　　1. 水蒸气直接加热的蒸馏

　　若分离混合物是由水和比水易挥发组分组成的混合物等,通常可将水蒸气直接加入塔釜进行加热,这样直接传热既提高了传热效率,又可节省一台换热设备,如图 7-29a 所示。设直接加入塔釜的水蒸气量为 S,它与间接加热的主要区别是加热蒸汽不但将热量加入塔内,同时也在精馏塔内增加一股物料。直接蒸汽加热本质上是取消了间接加热精馏塔釜部分汽化造成的气相回流,用水蒸气直接加入塔釜代替气相回流。按恒摩尔流假设,对精馏段和提馏段进行物料衡算,可知直接蒸汽加热的精馏段操作线方程、提馏段操作线方程与间接加热相同。

　　全塔物料衡算:
$$S + F = D + W \qquad (7\text{-}46a)$$
$$SD + Fx_F = Dx_D + Wx_w \qquad (7\text{-}46b)$$

　　将式(7-46b)与间接加热精馏的计算式(7-24)比较得到,直接蒸汽加热的 Wx_w 与间接

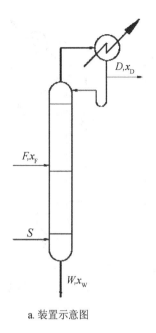

a. 装置示意图

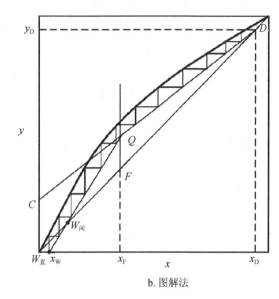

b. 图解法

图 7-29 水蒸气直接加热精馏塔

加热相同。

对提馏段进行物料衡算可得： $L' + S = V' + W$ (7-47)

对轻组分物料衡算得： $L'x_n + Sy_0 = V'y_{n+1} + Wx_W$ (7-48)

设加入的水蒸气为饱和水蒸气，根据恒摩尔流假设，$S = V'$，因此，$L' = W$；由于水蒸气中不含轻组分，因此 $y_0 = 0$，整理得：

$$y_{n+1} = \frac{L'}{V'}x_n - \frac{W}{V'}x_W = \frac{W}{S}x_n - \frac{W}{S}x_W$$ (7-49)

式(7-49)为直接蒸汽加热精馏的提馏段操作线方程，为斜率为 $\frac{W}{S}$，过点 $W_{\text{直}}(x_W, 0)$ 的直线，如图 7-29b 所示。式(7-49)与式(7-35)相同，故直接蒸汽加热提馏段操作线只是将间接加热的提馏段操作线 $QW_{\text{间}}$ 延长至点 $W_{\text{直}}$。点 $W_{\text{直}}$ 在点 $W_{\text{间}}$ 左边，故直接蒸汽加热塔釜排放的轻组分浓度 x_W 低于间接加热塔釜排放的轻组分浓度，其原因是加入的直接蒸汽最后都从塔釜排出，塔釜的釜液被稀释，轻组分浓度下降。因此，直接蒸汽加热所需的理论塔板数要多一些。

2. 带侧线采出的精馏

在实际生产中，特别是在石油化工生产过程中，常常需要几种不同纯度的产品，或某混合物只需按其沸程做大概的分割等。对此类分离可采用带侧线的精馏进行，如图 7-30 所示。侧线产品可在精馏段或提馏段采出；可气相采出，也可液相采出；可一股采出，也可多股采出。具体方案要视生产工艺要求和体系的性质、操作条件而定。现就双组分带侧线采出的精馏过程讨论如下：

设在精馏段侧线采出,流量为 D',液相侧线组成为 x'_D,气相侧线组成为 y'_D,其他规定同前。按恒摩尔流假设处理,确定各段塔内操作线方程。图 7-30 中,由进料及侧线采出流股将塔分为 2 段,因此,具有 3 个操作线方程。对侧线产品的位置以上及进料位置以下分别进行两端物料衡算,所得操作线方程同前面介绍过的精馏段、提馏段操作线方程。只是在侧线抽出和进料位置之间与前述情况有所不同。

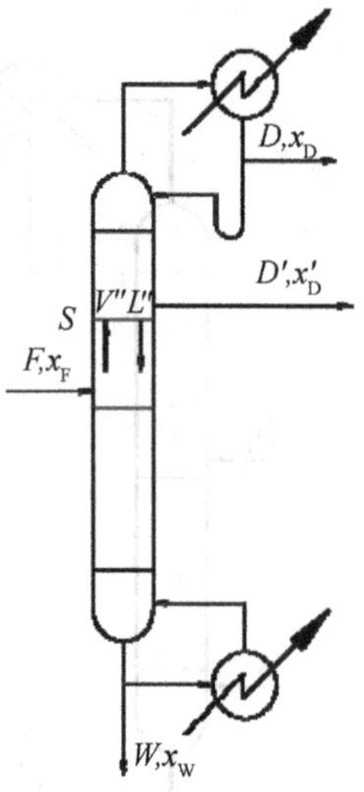

对液相侧线采出情况,设该塔段气、液相流量为 V'' 与 L'',依据恒摩尔流假设,在该塔段内对塔上部做物料衡算,如图 7-30 所示。

总物料衡算得:

$$V'' = V = (R+1)D \quad 及 \quad L'' = L - D' \quad (7\text{-}50)$$

图 7-30　侧线采出精馏塔

对轻组分物料衡算得:

$$y_{S+1}V'' = L''x_S + Dx_D + D'x'_D \quad (7\text{-}51)$$

整理得:

$$y_{S+1} = \frac{R - \dfrac{D'}{D}}{R+1}x_S + \frac{x_D + \dfrac{D'}{D}x'_D}{R+1} \quad (7\text{-}52)$$

式(7-52)为采侧线与进料位置之间塔段的操作方程。从操作线方程可知,其斜率小于精馏段操作线的斜率,即该段操作线向相平衡线方向移动,削弱了侧线下方各板的分离能力,如图 7-31 所示。如果采出气相的侧线产品,用同样的方法亦可得到该塔段操作线斜率也小于精馏段操作线的斜率,导致侧线采出板与进料板之间塔板的分离能力下降,如图 7-32 所示。同时,在精馏段设侧线采出使操作线斜率减小,还将引起最小回流比增大,使得操作回流比调节范围减小,这显然对精馏过程的分离和生产过程的节能不利。但是,在精馏过程中,增加一个产品,通常还应增加一个精馏塔,所以采出侧线产品可省去一个塔设备的投资费

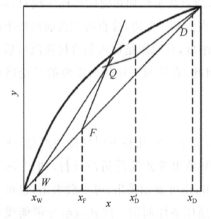

图 7-31　液相侧线采出精馏塔图解法

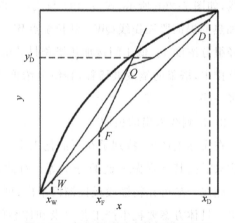

图 7-32　气相侧线采出精馏塔图解法

及操作费。故综合比较,侧线采出的精馏方法是经济合理的。但是,在操作上由于实际生产中各种因素的影响,使得塔内各板上组成分布会发生波动,侧线采出组成亦发生变化,难以保证侧线产品的质量。因此,对于精度要求较高的产品一般不从侧线采出。

3. 多股进料的精馏

当两股组分相同而组成不同的物料在同一塔内分离时,为避免物料的返混以减少分离过程能耗,可将两股物料分别加入两个不同的适宜位置,如图 7-33 所示。两股进料将精馏塔分为三段,其精馏段和提馏段的操作方程与简单塔连续精馏的操作方程完全相同,两股进料间的操作线方程不同。在图解计算时,首先应确定精馏段及提馏段操作线,然后确定两 q 线与两操作线的交点,连接两交点即得两股进料之间塔段的操作线,如图 7-34 所示。由图可以看出,无论进料状态如何,都将使两股进料间的塔段上液、气流量比相对增大,使操作线斜率大于精馏段的斜率,其变化与侧线采出正好相反。由此可见,两股进料避免了返混,提高了部分塔段的分离能力,对分离有利。

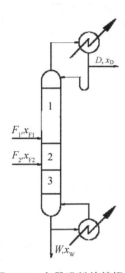

图 7-33 多股进料的精馏塔

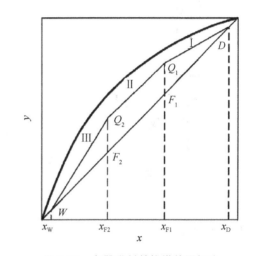

图 7-34 多股进料精馏塔的图解法

4. 回收塔

在原油加工中的轻质油气提、废水处理中脱除水中的氨、甲醇等,这些塔只有提馏段而没有精馏段,称为回收塔或气提塔、蒸出塔。原料从塔顶进入,热量从塔底再沸器加入,需脱除的轻组分随蒸气从塔顶排出,经冷凝后作为产品,重组分作为釜液从塔底采出,如图 7-35 所示。此类塔多用于轻、重组分相对挥发度相差较大,对轻组分产品纯度要求不高,主要考虑重组分提纯,或回收稀溶液的轻组分。回收塔操作线由任意塔截面对塔下端进行物料衡算可得:

$$L = V + W \tag{7-53}$$

$$y_{n+1} = \frac{L}{V} x_n - \frac{W}{V} x_W \tag{7-54}$$

当进料为饱和液体,根据恒摩尔流假设,有 $L = F, V = D$,并代入式,整理得其操作线方程:

$$y_{n+1} = \frac{F}{D}x_n - \frac{W}{D}x_W \tag{7-55}$$

式(7-55)所表示的直线通过点 (x_W, x_W),斜率为 $\frac{F}{D}$,由 q 线与该操作线方程解得交点为 $Q(x_F, x_D)$。可采用图解方法求解所需理论塔板数。当泡点进料时,$q = 1$,其图解结果如图 7-36 所示。

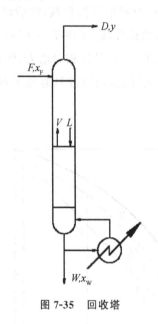

图 7-35　回收塔

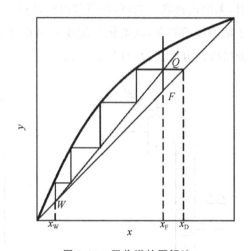

图 7-36　回收塔的图解法

7.3.10　间歇精馏

间歇精馏亦称分批精馏,其装置与连续精馏大致相同,其流程如图 7-37 所示。间歇精馏开始时,全部物料加入精馏釜中,再加热汽化,塔顶引出的蒸气经冷凝后,一部分经回流送回塔内,另一部分作为馏出液产品,待釜液组成降到规定值后,将物料一次排出,然后进行下一批精馏操作。当混合液的分离要求较高而料液品种或组成经常变化时,采用间歇精馏的操作方式比较灵活机动。

1. 间歇精馏的特点

间歇精馏与连续精馏相比,有以下特点:

(1) 间歇精馏全塔均为精馏段,没有提馏段,物料全部加

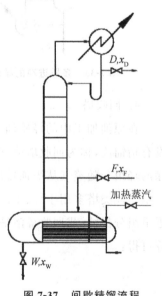

图 7-37　间歇精馏流程

到精馏釜中,操作中没有进料、出料过程。间歇精馏有两种基本操作方式:一是回流比恒定的间歇精馏操作,即回流比保持恒定,而馏出液的组成逐渐减小;二是馏出液体组成恒定的间歇精馏操作,即馏出液组成保持恒定,而相应的回流比不断增大。实际生产中,有时可以采用联合操作方式,即某一阶段(如操作初期)采用恒馏出液组成的操作,另一阶段(如操作后期)采用恒回流比下的操作。

(2)间歇精馏为不稳定操作过程。由于釜中液相组成随精馏过程的进行而不断降低,因此塔内操作参数(如温度、组成)不仅随位置变化,而且随时间变化。在精馏过程中,釜液组成不断降低。若在操作时保持回流比不变,则馏出液组成将随之下降;反之,为使馏出液组成保持不变,则在精馏过程中应不断加大回流比。为达到预定的要求,实际操作可以灵活多样。例如,在操作初期可逐步加大回流比以维持馏出液组成大致恒定;但回流比过大,在经济上并不合理。故在操作后期可保持回流比不变,若所得的馏出液不符合要求,可将此部分产物并入下一批原料再次精馏。此外,由于过程的不稳定性,塔身积存的液体量(持液量)的多少将对精馏过程及产品的数量产生影响。为尽量减少持液量,间歇精馏往往采用填料塔。

间歇精馏操作适宜应用场合:精馏的原料液分批生产得到;在实验室或科研室原料处理量较少,且品种、组成及分离程度经常变化;多组分混合液的初步分离,要求获得不同馏分的产品。

2. 馏出液组成恒定的间歇精馏计算

间歇精馏时,釜液组成不断下降,为保持恒定的馏出液组成,回流比必须不断地变化。在这种操作方式中,通常已知原料液量 F 和组成 x_F、馏出液组成 x_D 及最终的釜液组成 x'_W,要求设计者确定理论塔板数、回流比范围和汽化量等。

(1)确定理论塔板数

对于馏出液组成恒定的间歇精馏,由于操作终了时釜液组成 x_W 最低,所要求的分离程度最高,因此需要的理论塔板数应按精馏最终阶段进行计算。

①最小回流比 R_{min} 和操作回流比 R 的计算

由馏出液组成 x_D 和最终的釜残液组成 x'_W,按下式求最小回流比,即:

$$R_{min} = \frac{x_D - y_{W_e}}{y_{W_e} - x'_W} \tag{7-56}$$

式中:y_{W_e} 与 x'_W 为呈平衡的气、液相的摩尔分数。

同样,由 $R = (1.1\sim2)R_{min}$ 的关系确定精馏最后阶段的回流比 R'。为使塔板数保持在合理范围内,操作终了的回流比 R' 应大于上式 R_{min} 的某一倍数。此最终回流比的选择由经济因素决定。

②图解法求理论塔板数

在 $y-x$ 图上,由 x_D、x_W 获得 R_{min},进而计算得到 R',画出操作线,图解求出理论塔板数。如图 7-38 所示,图中表示需要 5.5 块理论塔板。

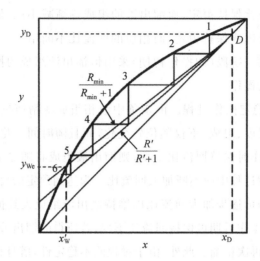

图 7-38　恒馏出液组成的间歇精馏回流比及理论塔板层数的确定

(2)确定 x_W 和 R 的关系

在一定的理论塔板数下,不同的釜液组成 x_W 与回流比 R 之间具有固定的对应关系。若已知精馏过程某一时刻的回流比 R,对应的 x_W 可按下述步骤求得:

①计算操作线截距 $\dfrac{x_D}{R+1}$,在 $y-x$ 图作出点 $\left(0, \dfrac{x_D}{R+1}\right)$;

②联接点 (x_D, x_D) 和点 $\left(0, \dfrac{x_D}{R+1}\right)$,所得的直线即为回流比 R 下的操作线;

③从点 (x_D, x_D) 开始在平衡线和操作线间绘梯级,使其等于给定的理论塔板数,则最后一个梯级所达到的液相组成即为釜液组成 x_W。

依相同的方法,可求出不同回流比 R 下的釜液组成 x_W。操作初期可采用较小的回流比。

若已知精馏过程某一时刻下釜液组成 x_W,对应的 R 可用上述相同步骤求得,不过应采用试差作图的方法,即先假设一 R 值,然后在 $y-x$ 图上图解求理论塔板层数,若梯级数与给定的理论塔板层数相等,则 R 即为所求。否则重设 R 值,直至满足要求为止。

(3)计算汽化量

设在 $d\tau$ 时间内,溶液的汽化量为 dV(kmol),馏出液量为 dD(kmol),回流液量 dL (kmol),则回流比为:

$$R = \frac{dL}{dD} \tag{7-57}$$

对塔顶冷凝器做物料衡算得:

$$dV = dL + dD = \frac{dL}{dD}dD + dD = (R+1)dD \tag{7-58}$$

设釜液瞬间组成为 x，F 为间歇精馏初始物料量，忽略塔内滞液量，一批操作中任一瞬间前馏出液量 D 可由物料衡算得：

$$D = F\left(\frac{x_F - x}{x_D - x}\right) \tag{7-59}$$

微分得：
$$\mathrm{d}D = F\,\frac{(x_F - x_D)}{(x_D - x)^2}\mathrm{d}x \tag{7-60}$$

所以：
$$\mathrm{d}V = F(x_F - x_D)\,\frac{(R+1)}{(x_D - x)^2}\mathrm{d}x \tag{7-61}$$

积分上式得：
$$V = \int_0^V \mathrm{d}V = F(x_D - x_F)\int_{x_W}^{x_F} \frac{(R+1)}{(x_D - x)^2}\mathrm{d}x \tag{7-62}$$

式中：V 为釜液组成为 x_W 时的汽化总量。式(7-62)可用图解积分法求解。

3. 回流比恒定的间歇精馏计算

间歇精馏时，由于釜中溶液的组成随过程进行而不断降低，因此在恒定回流比下，馏出液组成必随之减低。当馏出液的平均组成达到规定值时，就停止精馏操作。恒回流比下的间歇精馏的主要计算内容如下：

(1) 确定理论塔板数

间歇精馏理论塔板数的确定原则与连续精馏的完全相同。通常，计算中已知原料液组成 x_F、馏出液平均组成 x_D 或最终釜液组成 x_W，设计者选择适宜的回流比后，即可确定理论塔板数。

①计算最小回流比 $R_{\min}$ 和确定适宜回流比 R

恒回流比间歇精馏时，馏出液组成和釜液组成具有对应的关系，计算中以操作初态为基准，此时釜液组成为 x_F，最初的馏出液组成为 x_{D1}（此值高于馏出液平均组成，由设计者假定）。根据最小回流比的定义，由 x_{D1}、x_F 及气液平衡关系可求出 $R_{\min}$，如图 7-39 所示。

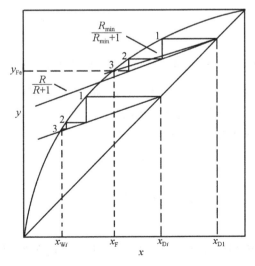

图 7-39　恒回流比组成的间歇精馏回流比及理论塔板层数的确定

$$R_{\min} = \frac{x_{\mathrm{D1}} - y_{\mathrm{Fe}}}{y_{\mathrm{Fe}} - x_{\mathrm{F}}} \tag{7-63}$$

式中：y_{Fe} 与 x_{F} 为呈平衡的气、液相的摩尔分数。

如前所述，操作回流比为最小回流比的某一倍数，即 $R = (1.1 \sim 2)R_{\min}$。

②图解法求理论塔板数

恒回流比精馏图解法与馏出液组成恒定的计算类似，即在 $y\text{-}x$ 图上，由 x_{D1}、x_{F} 和 R 图解求得理论塔板数。如图 7-39 所示，由初始釜液组成 x_{F} 间歇精馏达到塔顶组成为 x_{D1} 需要 2.4 块理论塔板。

（2）对具有一定理论塔板数的精馏塔，确定操作过程中各瞬间的 x_{D} 和 x_{W} 的关系

由于间歇精馏操作过程中回流比不变，因此瞬间的各操作线斜率 $R/(R+1)$ 都相同，操作线为彼此平行的直线。若在馏出液的初始和终了组成的范围内，任意选定若干 $x_{\mathrm{D}i}$ 值，通过各点 $(x_{\mathrm{D}i}, x_{\mathrm{D}i})$ 作一系列斜率为 $R/(R+1)$ 的平行线，获得对应某 $x_{\mathrm{D}i}$ 的瞬间操作线。然后，在每条操作线和平衡线间绘梯级，使其等于所规定的理论塔板数，最后一个梯级所达到的液相组成，就是与 $x_{\mathrm{D}i}$ 相对应的 $x_{\mathrm{W}i}$ 值。

（3）恒回流比间歇精馏的计算

恒回流比间歇精馏的设计型计算命题为：已知料液量及组成 x_{F}、最终的釜液组成 x_{W}、馏出液的平均组成 $\bar{x}_{\mathrm{D}}$，选择适宜的回流比后求理论塔板数。以操作初态为基准，假设一最初的馏出液组成 x_{D1}，根据设定的 x_{D1} 与料液组成 x_{F} 求出所需的最小回流比 $R_{\min}$，然后，选择适宜的回流比 R，计算理论塔板数 N。

x_{D1} 的验算：设定的 x_{D1} 是否合适，应以全精馏过程所得的馏出液平均组成是否等于或大于现定值为准。与简单蒸馏相同，对某一瞬间 $\mathrm{d}\tau$ 做物料衡算，蒸馏釜中轻组分的减少量应等于塔顶蒸气所含的轻组分量。此时，式（7-10）中的气相组成 y 即为瞬时的馏出液组成 x_{D}，故有：

$$\ln\frac{F}{W} = \int_{x_{\mathrm{W}}}^{x_{\mathrm{F}}} \frac{\mathrm{d}x}{x_{\mathrm{D}} - x} \tag{7-64}$$

式中：W 为瞬时的釜液量；F 为料液量；x 为瞬时的釜液组成，由 x_{F} 降为 x_{W}。

因板数及回流比 R 为定值，任一精馏瞬间的釜液组成 x 必与一馏出液组成 x_{D} 相对应，于是可通过数值积分或图解积分由上式算出残液量 W。

馏出液平均组成由全过程物料衡算决定，即：

$$\bar{x}_{\mathrm{D}} = \frac{Fx_{\mathrm{F}} - Wx_{\mathrm{W}}}{D} \tag{7-65}$$

当此 $\bar{x}_{\mathrm{D}}$ 等于或稍大于规定值，则上述计算有效。否则，需重新假设 x_{D1} 计算直至馏出液平均组成满足工艺要求。

例 7-9　将二硫化碳和四氯化碳混合液进行恒馏出液组成的间歇精馏。原料液量为 50kmol，组成为 0.4（摩尔分数，下同），馏出液组成为 0.95（维持恒定），釜液组成达到 0.079

时即停止操作。设最终阶段操作回流比为最小回流比的 1.76 倍,试求:(1)理论塔板数;
(2)汽化总量。操作条件下物系的平衡数据见表 7-1。

表 7-1 例 7-9 附表 1

液相中二硫化碳 摩尔分数 x	气相中二硫化碳 摩尔分数 y	液相中二硫化碳 摩尔分数 x	气相中二硫化碳 摩尔分数 y
0.000	0.000	0.308	0.634
0.030	0.082	0.532	0.747
0.062	0.156	0.663	0.829
0.111	0.266	0.757	0.879
0.144	0.333	0.860	0.932
0.259	0.495	1.000	1.000

解:(1)求理论塔板数

在 $y-x$ 图上绘平衡曲线和对角线,由相平衡线可知:当 $x'_W = 0.079$ 时,$y_{Wc} = 0.2$,则:

$$R_{min} = \frac{x_D - y_{Wc}}{y_{Wc} - x'_W} = \frac{0.95 - 0.2}{0.2 - 0.079} = 6.20$$

所以 $R = 1.76R_{min} = 10.9$,相应 $\dfrac{x_D}{R+1} = \dfrac{0.95}{10.9+1} = 0.08$

在 $y-x$ 图上画出操作线,在平衡线和操作线间绘梯级,直至 $x_n \leqslant 0.079$ 止,如图 7-40 所示,完成分离任务共需 7 块理论塔板。

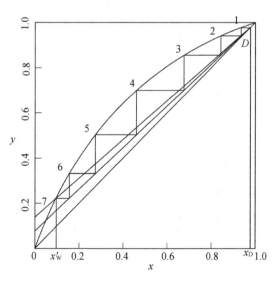

图 7-40 例 7-9 附图 1

（2）汽化总量

逐渐改变回流比 R，以 $x_D/(R+1)$ 为截距在 $y-x$ 图上作操作线，然后从点 a 开始绘 7 个梯级，最后一级对应液相组成为 x_W，由此获得不同回流比 R 对应的 x_W 与 $\dfrac{(R+1)}{(x_D-x_W)^2}$，所得结果见表 7-2。

表 7-2　例 7-9 附表 2

$x_D/(R+1)$	R	x_W（读图）	$(R+1)/(x_D-x_W)^2$
0.345	1.75	0.4	9.09
0.292	2.26	0.312	8.01
0.250	2.80	0.258	7.94
0.200	3.75	0.185	8.12
0.140	5.79	0.126	10
0.080	10.9	0.079	15.7

在直角坐标上标绘 x_W 和 $(R+1)/(x_D-x_W)^2$ 的关系曲线，如图 7-41 所示。由图可读得釜液组成从 $x_F=0.4$ 变至 $x'_W=0.079$ 时，曲线所包围的面积为 2.90 个单位，即

$$\int_{0.079}^{0.4} \frac{(R+1)}{(x_D-x_W)^2}\mathrm{d}x_W = 2.90。$$

所以：
$$V=50(0.95-0.4)\times 2.9\,\text{kmol}=79.8\,\text{kmol}$$

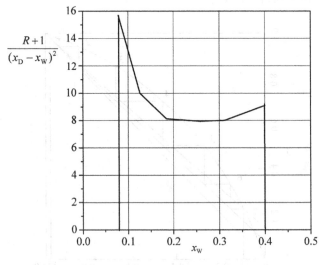

图 7-41　例 7-9 附图 2

▶▶▶▶ 拓展内容 ◀◀◀◀

7.4 多组分精馏

化工生产中的精馏操作大多是多组分溶液的分离。虽然多组分精馏与双组分精馏的基本原理是相同的,但因多组分精馏中溶液的组分数目增多,故影响精馏操作的因素也增多,计算过程更为复杂。本节重点讨论多组分精馏的流程、气液平衡关系及理论塔板层数的简化计算方法。

7.4.1 多组分精馏的工艺流程

1. 流程方案的选择

采用双塔分离三组分溶液时,可能有两种流程安排(方案)。组分数目增多,不仅塔数增多,而且可能操作的流程方案数目也增多。对于多组分精馏,首先要确定流程方案,然后才能进行计算。一般较佳的方案应满足以下要求:①耗能量低、收率高、操作费用低;②能保证产品质量,满足工艺要求,生产能力大;③流程短,设备投资费用少;④操作管理方便。多组分精馏流程方案的确定是比较困难的,通常设计时可初选几个方案,通过计算、分析比较后,从中择优选定。

2. 精馏塔的数目

若用普通精馏塔(指仅有一个进料口、一个塔顶和一个塔底出料口的塔)以连续精馏的方式将多组分溶液分离为纯组分,则需多个精馏塔。分离三组分溶液时需要两个塔,分离四组分溶液时需要三个塔,分离 n 组分溶液需要 $(n-1)$ 个塔。若不要求将全部组分都分离为纯组分,或原料液中某些组分的性质及数量差异较大时,可以采用具有侧线出料口的塔,此时塔数可减少。此外,若分离少量的多组分溶液,可采用间歇精馏,塔数也可减少。

7.4.2 多组分精馏的计算

1. 多组分物系的气液平衡

与两组分精馏一样,气液平衡是多组分精馏计算的理论基础。由相律可知,对 n 个组分的物系,共有 n 个自由度。除了压强恒定外,还需要知道 $(n-1)$ 个其他变量,才能确定此平衡物系。可见,多组分物系的气液平衡关系较两组分物系要复杂得多。

（1）理想系统的气液平衡

多组分溶液的气液平衡关系，一般采用平衡常数法和相对挥发度法表示。

①平衡常数法

当系统的气液两相在恒定压强和温度下达到平衡时，液相中某组分 i 的组成 x_i 与该组分在气相中的平衡组成 y_i 的比值，称为组分 i 在此温度和压强下的平衡常数，通常表示为：

$$K_i = \frac{y_i}{x_i} \tag{7-66}$$

式中：K_i 为平衡常数。下标 i 表示溶液中任意组分。上式表示为气液平衡关系的通式，它既适用于理想系统，也适用于非理想系统。对理想气体，任意组分 i 的分压 p_i 可用分压定律表示，即：

$$p_i = Py_i \tag{7-67}$$

对理想溶液，任意组分 i 的平衡分压可用拉乌尔定律表示，即：

$$p_i = p_i^{\circ} x_i \tag{7-68}$$

气液两相达到平衡时，上两式等号左侧的 p_i 相等，则：

$$Py_i = p_i^{\circ} x_i$$

所以：

$$K_i = \frac{y_i}{x_i} = \frac{p_i^{\circ}}{P} \tag{7-69}$$

上式仅适用于理想系统。由该式可以知道，理想物系中任意组分 i 的相平衡常数 K_i 只与总压 P 及该组分的饱和蒸气压有关，而饱和蒸气压又直接由物系的温度所决定，故 K_i 随组分性质、总压及温度而定。应予说明，在精馏塔中，由于各层板上的温度是不等的，因此，平衡常数也是变量，利用 K 值计算各组分溶液的平衡关系就比较麻烦。但由于相对挥发度随温度变化较小，全塔可取定值或平均值，故采用相对挥发度表示平衡关系可使计算大为简化。

②相对挥发度法

在精馏塔中，由于各层板上的温度不相等，因此平衡常数也是变量，利用平衡常数法表达多组分溶液的平衡关系就比较麻烦。而相对挥发度随温度变化较小，全塔可取定值或平均值，故采用相对挥发度法表示平衡关系可使计算大为简化。用相对挥发度法表示多组分溶液的平衡关系时，一般取较难挥发的组分 j 作为基准组分，根据相对挥发度定义，可写出任一组分的相对挥发度为：

$$\alpha_{ij} = \frac{y_i/x_i}{y_j/x_j} = \frac{K_i}{K_j} = \frac{p_i^{\circ}}{p_j^{\circ}} \tag{7-70}$$

气液平衡组成与相对挥发度的关系可推导如下：

因为：

$$y_i = K_i x_i = \frac{p_i^{\circ}}{P} x_i \tag{7-71}$$

而：

$$P = p_1^{\circ} x_1 + p_2^{\circ} x_2 + \cdots + p_n^{\circ} x_n \tag{7-72}$$

所以：

$$y_i = \frac{p_i^{\circ} x_i}{p_1^{\circ} x_1 + p_2^{\circ} x_2 + \cdots + p_n^{\circ} x_n} \tag{7-73a}$$

上式等号右边的分子与分母同除以 p_j^0，并代入挥发度公式得：

$$y_i = \frac{\alpha_{ij} x_i}{\alpha_{1j} x_1 + \alpha_{2j} x_2 + \cdots + \alpha_{nj} x_n} = \frac{\alpha_{ij} x_i}{\sum\limits_{i=1}^{n} \alpha_{ij} x_i} \qquad (7\text{-}73\text{b})$$

同理可得：

$$x_i = \frac{y_i / \alpha_{ij}}{\sum\limits_{i=1}^{n} y_i / \alpha_{ij}} \qquad (7\text{-}74)$$

显然，只要求出各组分对基准组分的相对挥发度，就可利用上两式计算平衡时的气相或液相组成。上述两种气液平衡表示法，没有本质差别。一般，若精馏塔中相对挥发度变化不大，则用相对挥发度法计算平衡关系较为简便；若相对挥发度变化较大，则用平衡常数法计算较为准确。

（2）非理想系统的气液平衡

非理想系统的气液平衡可分为以下几种情况：

①气相为理想气体，液相为非理想溶液

非理想溶液遵循修正的拉乌尔定律，即：

$$p_i = \gamma_i p_i^0 x_i \qquad (7\text{-}75)$$

式中：γ_i 为组分 i 的活度系数。

对理想溶液，活度系数等于 1；对非理想溶液，活度系数可大于 1 也可小于 1，分别称之为正偏差或负偏差的非理想溶液。理想气体遵循道尔顿定律，即：

$$p_i = P y_i \qquad (7\text{-}76)$$

将上式代入平衡常数公式整理得：

$$K_i = \frac{\gamma_i p_i^0}{P} \qquad (7\text{-}77)$$

活度系数随压强、温度及组成而变，其中压强影响较小，一般可忽略，而组成的影响较大。活度系数的求法可参阅有关资料。

②气相是非理想气体，液相是理想溶液

若系统的压强较高，气相不能视为理想气体，但液相仍是理想溶液，此时需用逸度代替压强，修正的拉乌尔定律和道尔顿定律可分别表示为：

$$f_{iL} = f_{iL}^0 x_i \qquad (7\text{-}78)$$

$$f_{iV} = f_{iV}^0 y_i \qquad (7\text{-}79)$$

式中：f_{iL}、f_{iV} 分别为液相及气相混合物中组分 i 的逸度，Pa；f_{iL}^0、f_{iV}^0 分别为液态和气态的纯组分 i 在压强 p 及温度 T 下的逸度，Pa。

两相达到平衡时，$f_{iL} = f_{iV}$，所以：

$$K_i = \frac{y_i}{x_i} = \frac{f_{iL}^0}{f_{iV}^0} \qquad (7\text{-}80)$$

在压强较高时，只要用逸度代替压强，就可以计算得到平衡常数。逸度的求法可参阅有关资料。

③两相均为非理想溶液(气相为非理想气体,液相为非理想溶液)

同理可得两相均为非理想溶液的平衡常数公式为：

$$K_i = \frac{\gamma_i f_{iL}^o}{f_{iV}^o} \tag{7-81}$$

2. 关键组分

在待分离的多组分溶液中,选取工艺中最关心的两个组分(一般是选择挥发度相邻的两个组分),规定它们在塔顶和塔底产品中的组成或回收率,即分离要求,那么在一定的分离条件下,所需的理论塔板数和其他组分的组成也随之而定。由于所选定的两个组分对多组分溶液的分离起控制作用,故称它们为关键组分,其中挥发度高的那个组分称为轻关键组分;挥发度低的称为重关键组分。

所谓轻关键组分,是指在进料中比其还要轻的组分(即挥发度更高的组分)及其自身的绝大部分进入馏出液中,而它在釜液中的组成应加以限制。所谓重关键组分,是指进料中比其还要重的组分(即挥发度更低的组分)及其自身的绝大部分进入釜液中,而它在馏出液中的组成应加以限制。

分离由组分 A、B、C、D 和 E(按挥发度降低的顺序排列)所组成的混合液,根据分离要求规定 B 为轻关键组分,C 为重关键组分。因此,在馏出液中有组分 A、B 及限量的 C,而比 C 更重的组分(D 和 E)在馏出液中只有极微量或没有。同样,在釜液中有组分 E、D、C 及限量的 B,比 B 还轻的组分 A 在釜液中含量极微或不出现。

此外,有时因相邻的轻、重关键组分之一的含量很低,也可选择与它们邻近的某一组分为关键组分,如上述的组分 C 含量若很低,就可选择 B、D 分别为轻、重关键组分。

3. 塔顶和塔底产品中组分的分配

在多组分精馏中,一般先规定关键组分在塔顶和塔底产品中的组成或回收率,其他组分的分配应通过物料衡算或近似估算得到。待求出理论塔板数后,再核算塔顶和塔底产品的组成。根据各组分间挥发度的差异,可按以下两种情况进行组分在产品中的预分配。

(1) 清晰分割

若两关键组分的挥发度相差较大,且两者为相邻组分,此时可认为比重关键组分还重的组分全部在塔底产品中,比轻关键组分还轻的组分全部在塔顶产品中,这种情况称为清晰分割。清晰分割时,非关键组分在两产品中的分配可以通过物料衡算求得,计算过程见下面例题。

例 7-10　在连续精馏塔中,分离由组分 A、B、C、D、E、F 和 G(按挥发度降低的顺序排列)所组成的混合液。若 C 为关键组分,在釜液中的组成为 0.004(摩尔分数,下同);D 为重关键组分,在馏出液中的组成为 0.004,试估算其他组分在产品中的组成。假设本题为清晰分割。原料液的组成见表 7-3。

表 7-3　例 7-10 附表 1

组分	A	B	C	D	E	F	G	合计
x_{Fi}	0.213	0.144	0.108	0.142	0.195	0.141	0.057	1.00

解：基准：$F=100\text{kmol/h}$。C 为轻关键组分，且 $x_{WC}=0.004$，D 为重关键组分，且 $x_D=0.004$。因为本题为清晰分割，即比重关键组分还重的组分在塔顶产品中不出现，比轻关键组分还轻的组分在塔底产品中不出现，故对全塔作各组分的物料衡算，即：$F_i=D_i+W_i$。计算结果列于表 7-4 中。

表 7-4　例 7-10 附表 2

组分	A	B	C	D	E	F	G	合计
进料量/(kmol/h)	21.3	14.4	10.8	14.2	19.5	14.1	5.7	100
塔顶产品流量/(kmol/h)	21.3	14.4	$(10.8-0.004W)$	$0.004D$	0	0	0	D
塔底产品流量/(kmol/h)	0	0	$0.004W$	$(14.2-0.004D)$	19.5	14.1	5.7	W

由上表可知馏出液流量为：

$$D=21.3+14.4+(10.8-0.004W)+0.004D$$

整理得：

$$0.996D=46.5-0.004W$$

又由总物料衡算得：$D=100-W$

联立上两式解得：$D=46.5\text{kmol/h}\quad W=53.5\text{kmol/h}$

计算得到的各组分在两产品中的预分配情况列于表 7-5 中。

表 7-5　例 7-10 附表 3

组分		A	B	C	D	E	F	G	合计
塔顶产品	流量/(kmol/h)	21.3	14.4	10.6	0.19	0	0	0	46.5
	组成	0.458	0.31	0.228	0.004	0	0	0	1.00
塔底产品	流量/(kmol/h)	0	0	0.21	14.0	19.5	14.1	5.7	53.5
	组成	0	0	0.004	0.262	0.365	0.264	0.107	1.00

（2）非清晰分割

若两关键组分不是相邻组分，则塔顶和塔底产品中必有中间组分；或若进料中非关键组分的相对挥发度与关键组分的相差不大，则塔顶产品中就含有比重关键组分还重的组分，塔底产品中就会含有比轻关键组分还轻的组分，上述两种情况称为非清晰分割。非清晰分割时，各组分在塔顶和塔底产品中的分配情况不能用上述的物料衡算求得，但可用芬斯克全回流公式进行估算。计算中需做以下假设：

①在任何回流比下操作时,各组分在塔顶和塔底产品中的分配情况与全回流操作时的相同。

②非关键组分在产品中的分配情况与关键组分的也相同。

多组分精馏时,全回流操作下芬斯克方程式可表示为:

$$N_{\min} + 1 = \frac{\log\left[\left(\frac{x_i}{x_h}\right)_D \Big/ \left(\frac{x_i}{x_h}\right)_W\right]}{\log\alpha_{ih}} = \frac{\log\left[\left(\frac{x_l}{x_h}\right)_D \Big/ \left(\frac{x_l}{x_h}\right)_W\right]}{\log\alpha_{lh}} \tag{7-82}$$

式中:i 为任意组分下标;l,h 分别为轻、重关键组分的下标;D,W 分别为塔顶、塔底的下标;α_{ih} 为任意组分 i 对重关键组分相对挥发度。

因为:

$$\left(\frac{x_i}{x_h}\right)_D = \frac{D_l}{D_h} \qquad\qquad \left(\frac{x_h}{x_l}\right)_W = \frac{W_h}{W_l}$$

式中:D_l,D_h 分别为馏出液中轻、重关键组分的流量,kmol/h;W_l,W_h 分别为釜液中轻、重关键组分的流量,kmol/h。

所以:

$$N_{\min} + 1 = \frac{\lg\left[\left(\frac{D_l}{D_h}\right)_D \Big/ \left(\frac{W_h}{W_l}\right)_W\right]}{\lg\alpha_{lh}} = \frac{\lg\left[\left(\frac{D}{W}\right)_l \Big/ \left(\frac{W}{D}\right)_h\right]}{\lg\alpha_{lh}} \tag{7-83}$$

上式表示全回流下轻、重关键组分在塔顶和塔底产品中的分配关系。此公式也适用任意组分和重关键组分之间的分配,即:

$$N_{\min} + 1 = \frac{\lg\left[\left(\frac{D}{W}\right)_i \left(\frac{W}{D}\right)_h\right]}{\lg\alpha_{ih}} \tag{7-84}$$

所以:

$$N_{\min} + 1 = \frac{\lg\left[\left(\frac{D}{W}\right)_l \Big/ \left(\frac{W}{D}\right)_h\right]}{\lg\alpha_{lh}} = \frac{\lg\left[\left(\frac{D}{W}\right)_i \left(\frac{W}{D}\right)_h\right]}{\lg\alpha_{ih}} \tag{7-85}$$

因为 $\alpha_{hh} = 1$,$\lg\alpha_{hh} = 0$,故上式可改写为:

$$\frac{\lg\left(\frac{D}{W}\right)_l - \lg\left(\frac{D}{W}\right)_h}{\lg\alpha_{lh} - \lg\alpha_{hh}} = \frac{\lg\left(\frac{D}{W}\right)_i - \lg\left(\frac{D}{W}\right)_h}{\lg\alpha_{ih} - \lg\alpha_{hh}} \tag{7-86}$$

上式表示全回流下任意组分在两产品中的分配关系。该式可用于估算任何回流比下各组分在两产品中的分配。这种估算各组分在塔顶和塔底产品中的分配的方法称为亨斯特别克(Hengstebeck)法。

例 7-11 在连续精馏塔中,分离表 7-6 所示的液体混合物。操作压强为 2776.4kPa。若要求馏出液中回收进料中 91.1%(摩尔分数,下同)的乙烷,釜液中回收进料中 93.7%的丙烯,试估算各组分在两产品中的组成。原料液的组成及平均操作条件下各组分对关键组分的相对挥发度列于表 7-6 中。

表 7-6　例 7-11 附表 1

组分	甲烷	乙烷	丙烯	丙烷	异丁烷	正丁烷
组成 x_{Fi}(摩尔分数)	0.05	0.35	0.15	0.20	0.10	0.15
平均相对挥发度 α_{ih}	10.95	2.59	1	0.884	0.422	0.296

解： 以 100kmol/h 原料液为基准，根据题意知：乙烷为关键组分，丙烯为重关键组分。

(1) 轻、重关键组分在两产品中的分配比，塔顶产品中乙烷流量为：

$$D_1 = 100 \times 0.35 \times 0.911 \text{kmol/h} = 31.89 \text{kmol/h}$$

塔底产品中乙烷流量为：

$$W_1 = F_i - D_1 = 100 \times 0.35 \text{kmol/h} - 31.89 \text{kmol/h} = 3.11 \text{kmol/h}$$

所以：

$$\left(\frac{D}{W}\right)_1 = \frac{31.89}{3.11} = 10.25$$

又塔底产品中丙烯流量为：$W_h = 100 \times 0.15 \times 0.937 \text{kmol/h} = 14.06 \text{kmol/h}$

塔顶产品中丙烯流量为：$D_h = F_h - W_h = 100 \times 0.15 \text{kmol/h} - 14.06 \text{kmol/h} = 0.94 \text{kmol/h}$

所以：

$$\left(\frac{D}{W}\right)_h = \frac{0.94}{14.06} = 0.067$$

(2) 各组分在两产品中的分配：$\dfrac{\lg\left(\dfrac{D}{W}\right)_1 - \lg\left(\dfrac{D}{W}\right)_h}{\lg\alpha_{ih} - \lg\alpha_{hh}} = \dfrac{\lg(10.25) - \lg(0.067)}{\lg 2.59 - \lg 1} = 5.29$

对组分甲烷可求得：$\lg\left(\dfrac{D}{W}\right)_{甲烷} = 5.286\lg(10.95) + \lg(0.067) = 4.32$

则：

$$\left(\frac{D}{W}\right)_{甲烷} = 20900$$

$$D_{甲烷} + W_{甲烷} = F_{甲烷} = 100 \times 0.05 = 5$$

联立以上两式解得：$D_{甲烷} = 5 \quad W_{甲烷} = 0$

产品中其他各组分流量 D_i 和 W_i 可根据分配比和物料衡算求得，计算结果见表 7-7。

表 7-7　例 7-11 附表 2

组分	甲烷	乙烷	丙烯	丙烷	异丁烷	正丁烷	合计
α_{ih}	10.95	2.59	1	0.884	0.422	0.296	
$\left(\dfrac{D}{W}\right)_i$	20.900	10.25	0.067	0.0349	0.0007	0.0001	
D_i/(kmol/h)	5	31.89	0.94	0.67	0.007	0	38.5
x_{Di}	0.130	0.828	0.0245	0.0174	0.000182	0	1.00
W_i/(kmol/h)	0	3.11	14.06	19.33	9.993	15	61.5
x_{Wi}	0	0.0506	0.229	0.314	0.162	0.244	1.00

4. 多组分精馏最小回流比

在两组分精馏计算中,通常用图解法确定最小回流比。对于有正常形状平衡曲线的物系,当在最小回流比下操作时,一般来说进料板附近区域为恒浓区(亦称挟紧区),即在此处精馏无增浓作用,因此为完成一定分离任务就无需多层理论塔板。在多组分精馏计算中,必须用解析法确定最小回流比。在最小回流比下操作时,塔内会出现恒浓区,但常常有两个恒浓区,一个在进料板以上某一位置,称为上恒浓区;另一个在进料板以下某一位置,称为下恒浓区。具有两个恒浓区的原因是由于进料中所有组分并非全部出现在塔顶或塔底产品中的缘故。例如,比重关键组分还重的某些组分可能不出现在塔顶产品中,这些组分在精馏段下部的几层塔板中被分离,其组成便达到无限低,而后其他组分才进入上恒浓区。同样,比轻关键组分还轻的某些组分可能不出现在塔底产品中,这些组分在提馏段上部的几层塔板中被分离,其组成便达到无限低,而后其他组分才进入下恒浓区。若所有组分都出现在塔顶产品中,则上恒浓区接近于进料板;若所有组分都出现在塔底产品中,则下恒浓区接近于进料板;若所有组分同时出现在塔顶的和塔底的产品中,则上下恒浓区合二为一,即进料板附近为恒浓区。

与双组分精馏一样,在最小回流条件下操作精馏塔,显然,达不到规定的分离要求。按最小回流比 R_{min} 设计塔,则理论塔板数为∞。在塔形成恒浓区或挟紧点,而多组分则可形成两个恒浓区或挟紧点。R_{min} 的确定,关键确定塔内恒浓区的位置。多组分精馏恒浓区确定比较复杂。根据恒摩尔流假设,按安德伍德提出的方法估算最小回流比 R_{min}。

$$\sum_{i=1}^{C} \frac{\alpha_{ih} x_{F_i}}{\alpha_{ih} - \theta} = 1 - q \tag{7-87}$$

$$R_{min} = \sum_{i=1}^{c} \frac{\alpha_{ih} x_{Di}}{\alpha_{ih} - \theta} - 1 \tag{7-88}$$

式中:$i = 1, 2, \cdots, c$;θ 为式(7-87)的根;q 为进料热状态参数;θ 在两关键组分相对挥发度之间:$\alpha_{ch} > \theta > \alpha_{hh}$。$\alpha_{ih}$ 在全塔均会发生变化,但通常取其平均值,可按下式求得其平均值。

$$\alpha_{ih} = (\alpha_{ihD} \cdot \alpha_{ihW})^{\frac{1}{2}} \tag{7-89}$$

$$\alpha_{ih} = (\alpha_{ihD} \cdot \alpha_{ihF} \cdot \alpha_{ihW})^{\frac{1}{3}} \tag{7-90}$$

式中:α_{ihD}、α_{ihF}、α_{ihW} 分别为 i 组分在塔顶进料及塔底的相对挥发度。

首先采用试差方法求解 θ,再计算出 R_{min}。

5. 多组分精馏塔理论塔板数计算

(1) 简捷法

用简捷法求理论塔板层数时,基本原则是将多组分精馏简化为轻关键组分的"两组分精馏",故可采用芬斯克方程及吉利兰图求理论塔板层数。简捷法求算理论塔板层数的具体步骤如下:

①根据分离要求确定关键组分。

②根据进料组成及分离要求进行物料衡算,初估各组分在塔顶的和塔底的产品中的组

成,并计算各组分的相对挥发度。

③根据塔顶和塔底产品中轻重关键组分的组成及平均相对挥发度,用芬斯克方程式计算最小理论塔板层数 N_{min}。

④用安德伍德公式确定最小回流比 R_{min},再由 $R=(1.1\sim2)R_{min}$ 的关系选定操作回流比 R。

⑤利用吉利兰图求算理论塔板数 N。

⑥可仿照两组分精馏计算中所采用的方法确定进料板位置。若为泡点进料,也可用下面的经验公式计算:

$$\lg\frac{n}{m}=0.206\lg\left[\left(\frac{W}{D}\right)\left(\frac{x_{hF}}{x_{lF}}\right)\left(\frac{x_{lD}}{x_{hD}}\right)^2\right] \qquad (7-91)$$

式中:n 为精馏段理论塔板数;m 为提馏段理论塔板数(包括再沸器)。

简捷求理论塔板层数虽然简单,但因没有考虑其他组分存在的影响,计算结果误差较大。简捷法一般适用于初步估算或初步设计中。

例 7-12 在连续精馏塔中分离多组分混合液。进料和产品的组成以及各组分对重关键组分的相对挥发度列于表 7-8 中,进料为饱和液体。(1)试求最小回流比 R_{min};(2)若回流比 $R=1.5R_{min}$,用简捷法求理论塔板层数。

表 7-8 例 7-12 附表 1

组分	进料组成 x_{Fi}	馏出液组成 x_{Di}	釜液组成 x_W	相对挥发度 α_{ih}
A	0.25	0.5	0	5
B(轻关键组分)	0.25	0.48	0.02	2.5
C(重关键组分)	0.25	0.02	0.48	1
D	0.25	0	0.5	0.2

解:(1)最小回流比

因饱和液体进料,故 $q=1$。先用试差法求下式的 θ 值($1<\theta<2.5$),即 $\sum_{i=1}^{4}\frac{\alpha_{ih}x_{Fi}}{\alpha_{ih}-\theta}-1=1-q=0$。

假设若干 θ 值,计算得到的结果列于表 7-9 中。

表 7-9 例 7-12 附表 2

假设的 θ 值	1.3	1.31	1.306	1.307
$\sum_{i=1}^{4}\frac{\alpha_{ih}x_{Fi}}{\alpha_{ih}-\theta}$	-0.0201	0.0125	-0.00031	-0.00287

由上表可知 $\theta=1.306$。

最小回流比 R_{min} 由下式计算,即:

$$R_{\min} = \sum_{i=1}^{4} \frac{\alpha_{ih} x_{Di}}{\alpha_{ih} - \theta} - 1 = \frac{5 \times 0.5}{5 - 1.306} + \frac{2.5 \times 0.48}{2.5 - 1.306} + \frac{1 \times 0.02}{1 - 1.306} + \frac{0.2 \times 0}{0.2 - 1.306} - 1 = 0.62$$

取：$\qquad\qquad R = 1.5 R_{\min} = 1.5 \times 0.62 = 0.93$

（2）理论塔板层数

由芬斯克方程式求 $N_{\min}$，即：

$$N_{\min} = \frac{\lg\left[\left(\dfrac{x_l}{x_h}\right)_D \left(\dfrac{x_h}{x_l}\right)_W\right]}{\lg \alpha_{lh}} - 1 = \frac{\lg\left[\left(\dfrac{0.48}{0.02}\right)\left(\dfrac{0.48}{0.02}\right)\right]}{\lg 2.5} - 1 = 5.9$$

而 $\qquad\qquad \dfrac{R - R_{\min}}{R + 1} = \dfrac{0.93 - 0.62}{0.93 + 1} = 0.161$

查吉利兰图得：$\qquad\qquad \dfrac{N - N_{\min}}{N + 1} = 0.47$

解得：$\qquad\qquad N = 13（不包括再沸器）$

（2）逐板计算塔板数

逐板计算方法有多种，这里介绍简化的刘易斯-麦提逊逐板计算法。此法以恒摩尔流假定为前提，用相平衡方程确定离开同一块板的气液两相的含量关系，以物料衡算即操作线方程确定同一塔截面处气液两相的含量关系，从塔顶或塔底出发，交替适用相平衡和操作线方程进行逐板计算，直至塔顶和塔底的各组分摩尔分数同时服从物料衡算和逐板计算结果，就可确定理论塔板数。逐板计算的基本步骤如下：

①根据已知的进料量、摩尔分数及分离要求，用全塔物料衡算方法，估算初定的塔顶、塔底产量及各组分摩尔分数（如清晰分割法、全回流近似法等）。

②计算最小回流比，选定适宜回流比，并由恒摩尔流假定和加料热状态 q 计算塔内精馏段和提馏段的气液相流量。

③列出各组分的操作线方程，即：

精馏段 $\qquad\qquad y_{i(m+1)} = \dfrac{R}{R+1} x_{i(m)} + \dfrac{x_{Di}}{R+1}$ $\qquad\qquad$ (7-92)

提馏段 $\qquad\qquad y_{i(m+1)} = \dfrac{\overline{L}}{\overline{V}+1} x_{i(m)} + \dfrac{W x_{Wi}}{\overline{V}}$ $\qquad\qquad$ (7-93)

式中：下标 m 为从塔顶往下计的塔板序号。

然后，求出关键组分在精馏段操作线方程与提馏段操作线方程交点处的组成 x_{ql} 和 x_{qh}，组分 i 在交点处的液相组成 x_{qi} 可用下式计算，即：

$$x_{qi} = \frac{(R+1) x_{Fi} + (q-1) x_{Di}}{R + q}$$ $\qquad\qquad$ (7-94)

④用相平衡关系计算离开同一塔板的气液相组成，如：

$$y_{i(m)} = \frac{\alpha_{ij} x_{i(m)}}{\sum (\alpha_{ij} x_{i(m)})}$$ $\qquad\qquad$ (7-95)

$$x_{i(m)} = \frac{y_{i(m)}/\alpha_{ij}}{\sum(y_{i(m)}/\alpha_{ij})} \tag{7-96}$$

⑤由于塔顶、塔底产品中的各组分含量应当既满足全塔物料衡算,又满足一定理论塔板数的分离程度。因此,从初定的塔顶各组分含量开始向下逐板计算,所得的塔底各组分含量要与由初定的塔顶各组分含量经全塔物料衡算所得的塔底各组分含量进行比较,当两者基本相符时,计算结束。若两者的各组分含量不相符合,则须重新调整初定的塔顶各组分含量,再行全塔物料衡算和逐板计算。具体地,由初定的塔顶各组分含量开始向下进行逐板计算,先交替使用相平衡方程和精馏段操作线方程,算至 $x_{l(m)}/x_{h(m)}$ 小于等于 x_{ql}/x_{qh} 时,换用提馏段操作线方程。然后继续逐板计算至 $x_{l(m)}$ 小于等于 x_{Wl},在塔底将各组分含量与物料衡算所得含量比较。或者,由初定的塔底各组分含量开始向上进行逐板计算,先用提馏段操作方程,算至 $x_{l(m)}/x_{h(m)}$ 大于等于 x_{ql}/x_{qh} 时,换用精馏段操作方程。然后继续逐板计算至 $x_{h(m)}$ 小于等于 x_{Dh},在塔顶将各组分含量与物料衡算所得含量比较。此外,也可以从两端算起,在加料板处会合。如果会合处的各组分含量不符,则须对塔顶、塔底产品中非关键组分的含量稍作调整,或适当改变回流比,重新计算,直至基本相符为止。

清晰分割法所计算的产品各组分含量中,塔顶不含重组分,塔底不含轻组分。这样,算至加料板处时,就不含这些组分。显然,这与实际情况不符,为此,计算中就必须在适当的塔板处加入这些微量组分。即使采用全回流近似法所算的产品各组分含量作初值,也不一定就能在会合处契合,因为部分回流下的产品各组分含量与全回流下的产品各组分含量有一定差别,因此须根据实际计算情况调整产品各组分含量的初值。

7.5 特殊精馏

7.5.1 恒沸精馏

对具有恒沸点的双组分非理性溶液,由于共沸点相对挥发度等于 1,不能用一般的精馏方法进行分离;另外,有些相对挥发度接近 1 的物系,采用一般精馏方法需要很多理论塔板,且所需回流比较大,费用上不经济。

若在被分离的物系中加入共沸剂(亦称共沸组分),该共沸剂必须能和物系中一个或几个组分形成最低恒沸物,使需要分离的物质间的沸点差(或相对挥发度)增大。在精馏时,共沸组分能以恒沸物的形式从塔顶蒸出,工业上把这种方法称为恒沸精馏,第三组分称之为挟带剂或质量分离剂。

在 A、B 双组分恒沸溶液或相对挥发度很小的双组分溶液中加入挟带剂 C,C 与原溶液中一个或两个组分形成新的恒沸物(AC 或 ABC),新的恒沸物的沸点比纯组分 B(或 A)或原恒沸物(AB)的沸点低得多,使溶液变成"恒沸物-纯组分"的精馏,其相对挥发度大而易于分离。

以常压乙醇-水溶液分离为例,其最低恒沸点 78.3℃,恒沸组成中乙醇摩尔分数为 0.894。加入苯后,乙醇-水恒沸物＋苯(挟带剂)──→乙醇-水-苯三元恒沸物＋纯乙醇,即 (AB)＋C──→(ABC)＋A 体系。其中:

(ABC)组成:A(乙醇)0.228,B(水)0.233,C(苯)0.539

(AB)中水对乙醇的摩尔比 $X=(1-0.894)/0.894=0.119$

(ABC)中水对乙醇的摩尔比 $X'=\dfrac{0.233}{0.228}=1.022>X$

故只要有足量的苯作为挟带剂,在精馏时水将全部集中于三元恒沸物(ABC)中从 1 塔塔顶带出,而 1 塔塔底产品为无水酒精,其流程见图 7-42,2 塔用于回收苯,3 塔用于回收乙醇。作为挟带剂的苯在系统中循环使用,补充损失的苯量在正常情况下低于无水酒精产量的千分之一。除苯以外,乙醇-水溶液恒沸精馏的挟带剂还可以用戊烷、三氯乙烯等。

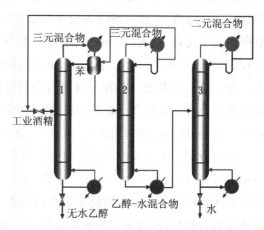

图 7-42　恒沸精馏制取无水乙醇流程

若双组分溶液的恒沸物是非均相的,在恒沸组成下溶液可分为两个具有一定互溶度的液层,此类混合物的分离毋需加入第三组分而只要用两个塔联合操作,便可获得两个纯组分,如糠醛溶液的分离。

7.5.2　萃取精馏

萃取精馏是向精馏塔连续加入高沸点添加剂,改变原料液中被分离组分间的相对挥发度,使普通精馏难以分离的液体混合物变得易于分离的一种特殊精馏方法。与恒沸精馏不同,萃取剂的沸点较原料液中各组分的沸点高得多,不与分离组分形成恒沸液。通常,萃取剂用量对于萃取精馏的分离效果和经济性有很大影响。例如,在常压下苯的沸点为 80.1℃,环己烷的沸点为 80.73℃,若在苯-环己烷溶液中加入萃取剂糠醛,则溶液的相对挥发度发生显著的变化,如表 7-10 所示。

表 7-10　苯-环己烷溶液中加入糠醛后 α 的变化

糠醛摩尔分数	0	0.2	0.4	0.5	0.6	0.7
环己烷对苯的 α	0.98	1.38	1.86	2.07	2.36	2.7

由表 7-10 可见,相对挥发度随萃取剂量加大而增高,完成分离任务所需的塔板数

也相应减少。然而萃取剂用量大,回收费用增加。因此,添加剂的最佳用量,须通过经济核算来决定。当原料和萃取剂按一定比例加入时,还有相应的最适宜回流比。操作时不适当地增大回流比,就降低了添加剂浓度,反而使分离效果变坏。环己烷-苯的萃取精馏流程如图 7-43 所示。萃取剂糠醛在塔 1 上部加入,塔顶得到较纯的环己烷,塔底得到糠醛-苯的混合溶液;釜液送至塔 2 精馏,塔顶得到苯,釜液糠醛则回送至塔 1 循环使用。考虑到萃取剂的部分挥发性,在塔 1 上方增设几块塔板以脱除上升蒸气中少量的糠醛。

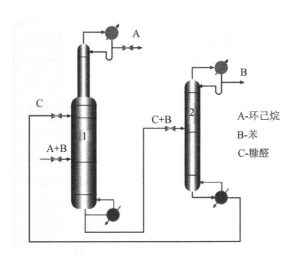

A-环己烷
B-苯
C-糠醛

图 7-43 萃取精馏制取无水乙醇流程

萃取精馏与恒沸精馏比较如下:

(1)萃取剂比挟带剂易于选择;

(2)萃取剂在精馏过程中基本上不汽化,故萃取精馏的耗能量较恒沸精馏少;

(3)萃取精馏中,萃取剂加入量的变动范围较大,而在恒沸精馏中,适宜的挟带剂量多为定值,故萃取精馏的操作较灵活,易控制;

(4)萃取精馏不宜采用间歇操作,而恒沸精馏则可采用间歇操作方式;

(5)恒沸精馏操作温度较萃取精馏低,故恒沸精馏较适用于分离热敏性溶液。

7.5.3 加盐精馏和加盐萃取精馏

加盐精馏亦称为盐溶精馏,是使用无机盐作为特殊萃取剂的萃取精馏,用于分离较难分离的混合物。例如乙醇-水、丙醇-水、水-乙酸等溶液的分离,加入萃取剂 $CaCl_2$、KAc 等盐类,可以使有机物与水的相对挥发度增大,有利于精馏方法进行分离。加盐精馏的优点为盐不易挥发,从釜中排出,易于回收,循环使用,能耗低,易保证产品的纯度。其缺点为若加入固体盐,则溶解比较困难,同时易结晶析出堵塞管道,造成输送困难,使应用受到限制。

　　由于加盐精馏的缺点限制了其应用,加盐萃取精馏是基于盐溶精馏和萃取精馏两种分离技术的优点融合而提出的。该方法采用含盐溶剂作为萃取剂,其流程安排和操作方式与传统萃取精馏相同。这种方法既利用盐效应提高了分离组分之间的相对挥发度,又克服了传统萃取精馏溶剂用量大、效率低、溶剂回收能耗大的缺点。同时,由于盐溶于萃取溶剂中,可随着萃取剂的回收而循环利用,克服了溶盐精馏过程中盐难以回收、不便输送等不足,因而便于实现工业化生产。加盐萃取精馏已受到科技人员的广泛关注,其在化工、医药、印染等行业生产应用的可行性也得到了积极探索。

　　加盐萃取精馏理论基础是盐溶精馏的盐效应理论和萃取精馏的溶剂选择性理论。盐效应就是在相互平衡的两相体系中加入非挥发性的盐,改变混合物的沸点、组分间的互溶度以及平衡组成等,使得各组分的活度系数发生改变,进而改变各组分的相对挥发度,改善分离效果。盐效应机理可以解释为:微观上,盐在溶剂中解离为离子,产生电场,使得分子电子云流动性强的组分能够富集在离子周围,增大了该组分与溶剂间的吸引力,改变了溶液中分子间的作用力。宏观上,盐的加入改变了组分的活度系数,使待分离组分间的相对挥发度增大,从而使组分间的分离易于实现。萃取精馏则是利用溶剂对组分溶解具有选择性来实现。溶剂的加入,能够使原有组分的相对挥发度按照分离要求的方向改变。在溶剂中,溶解度较小的组分向气相富集,而溶解度较大的组分富集在高沸点的萃取溶剂中,这便提高了待分离组分间的相对挥发度,使沸点相近组分得以分离。加盐萃取精馏由于萃取溶剂中含有盐,而盐离子对溶液组分间的相对挥发度的改变要远大于萃取溶剂对溶液组分间的相对挥发度的改变,即盐效应大于溶剂效应,这就使得加盐萃取精馏与传统萃取精馏相比,萃取剂的用量大为降低,从而减少了设备投资和运行费用,有利于工业推广应用。

　　由于加盐萃取精馏在原有待分离体系中既引入了萃取溶剂又引入了助分离剂盐,使体系变得复杂起来,即使原来最为简单的二元混合物也变成了四元体系。另外,不同的盐对同一体系的盐效应不同;而且相同的盐在不同浓度下对同一体系的盐效应也不相同,这就需要积累大量的实验数据以对盐、盐浓度的选择,以及加盐萃取剂对极性和非极性体系相平衡的影响规律作进一步的理论探索,这是加盐萃取精馏技术的难点,也是研究工作的重点。虽然加盐萃取精馏技术尤其是盐效应预测理论上还有很多亟待完善的地方,使得工业化的工作没有通用的理论模型作指导,而只能以具体的实验来推动,但随着人们对加盐萃取精馏分离技术研究的不断深入,该技术必将更加成熟完善,并以其特有优点给化工分离过程带来更大范围的革新。

7.5.4　水蒸气蒸馏

　　水蒸气蒸馏是指将含挥发性成分药材的粗粉或碎片,浸泡湿润后,直接通入水蒸气蒸馏,也可在多能式中药提取罐中对药材边煎煮边蒸馏,药材中的挥发性成分随水蒸气蒸馏而带出,经冷凝后收集馏出液。一般需再蒸馏一次,以提高馏出液的纯度和浓度,最后收集一定体积的蒸馏液;但蒸馏次数不宜过多,以免挥发油中某些成分氧化或分解。本法的基本原理是根据道尔顿定律,相互不溶也不起化学作用的液体混合物的蒸气总压,等于该温度下各组分饱和蒸气压之和。因此,尽管各组分本身的沸点高于混合液的沸点,但当分压总和等于大气压时,液体混合物即开始沸腾并被蒸馏出来。

水蒸气蒸馏法只适用于具有挥发性的,能随水蒸气蒸馏而不被破坏、与水不发生反应,且难溶或不溶于水的成分的提取。此类成分的沸点多在 100℃ 以上,与水不相混溶或仅微溶,并在 100℃ 左右有一定的蒸气压。当与水一起加热时,其蒸气压和水的蒸气压总和为一个大气压时,液体就开始沸腾,水蒸气将挥发性物质一并带出。例如中草药中的挥发油,某些小分子生物碱(麻黄碱、萧碱、槟榔碱等),以及某些小分子的酚性物质(牡丹酚等),都可应用本法提取。有些挥发性成分在水中的溶解度稍大些,常将蒸馏液重新蒸馏,在最先蒸馏出的部分,分出挥发油层,或在蒸馏液水层经盐析法并用低沸点溶剂将成分提取出来。例如玫瑰油、原白头翁素等的制备多采用此法。水蒸气蒸馏法需要将原料加热,不适用于化学性质不稳定组分的提取。

▶▶▶▶ 习　　题 ◀◀◀◀

1. 常压下将含甲醇 60%(摩尔分数)的水溶液进行简单蒸馏,设操作范围内该物系的平衡关系近似为 $y=0.46x+0.55$,求蒸馏出 1/3 釜液量时所得馏出液和釜液的组成。($x_D=0.804, x_W=0.498$)

2. 若题 1 改用平衡蒸馏方法分离,并设汽化率为 1/3,则馏出液和釜液的组成分别为多少? ($x_D=0.784, x_W=0.508$)

3. 从苯-甲苯精馏塔精馏段内的一块理论塔板上取其流下的液体样分析得:含苯的摩尔分数为 $x_n=0.575$,测得板上液体的温度为 90℃。已知:塔顶产品组成 $x_D=0.9$(摩尔分数),回流比为 2.5。求进入该理论塔板的液相及气相的组成 x_{n-1}、y_{n+1},离开塔板的蒸气组成 y_n,塔板的操作压强。($x_{n-1}=0.515, y_{n+1}=0.668, y_n=0.773, p=101.95\text{kPa}$)

4. 用连续精馏方法分离乙烯、乙烷混合物。已知进料中含乙烯 88%(摩尔分数,下同),流量为 200kmol/h。今要求馏出液中乙烯的回收率为 99.5%,釜液中乙烷的回收率为 99.4%,求所得的馏出液、釜液的流量和组成。($D=175.3\text{kmol/h}, x_D=0.999, W=24.7\text{kmol/h}, x_W=0.036$)

5. 常压乙醇-水精馏塔,塔底用加热蒸汽间接加热,进料含乙醇 14.4%(摩尔分数),进料流量为 80kmol/h。设精馏段上升蒸气的流率为 100kmol/h,塔顶全凝器中冷却水进、出口温度分别为 25℃ 和 30℃。若不计热损失,试分别计算:(1)进料为饱和液体,(2)进料为饱和蒸气,(3)进料为 $q=1.1$ 的过冷液体,三种情况下,再沸器的加热蒸汽消耗量。

(100kmol/h,20kmol/h,108kmol/h)

6. 常压分离丙酮水溶液的连续精馏塔,进料中含丙酮 50%(摩尔分数,下同),其中气相占 80%。要求馏出液和釜液中丙酮的组成分别为 95% 和 5%,若取回流比 $R=2$,试按进料流量为 100kmol/h,分别计算精馏段与提馏段的气相流率 V、V' 和液相流率 L、L',并写出相应的两段操作方程和 q 线方程。($V=150$kmol/h,$V'=70$kmol/h,$L=100$kmol/h,$L'=120$kmol/h;精馏段操作性方程 $y_{n+1}=0.667x_n+0.317$;提馏段操作性方程 $y_{n+1}=1.711x_n-0.036$;q 线方程 $y_q=-0.25x_q+0.625$)

7. 连续精馏塔的操作方程分别为:精馏段 $y_{n=1+1}=0.723x_n+0.263$;提馏段 $y_{n+1}=1.25x_n-0.0187$。设进料为泡点液体,求上述条件下的回流比,以及馏出液、釜液和进料的组成。($R=2.61$,$x_D=0.95$,$x_W=0.075$,$x_F=0.535$)

8. 使用图解法求题 6 所需要的理论塔板数及进料位置。常压下(101.3kPa)下,丙酮-水混合物的相平衡数据如本题附表所示。

习题 8 附表

温度 t/℃	100	92.7	86.5	75.8	66.5	62.1	60.0	59.0	57.5	56.13
丙酮 x	0.0	0.01	0.02	0.05	0.10	0.20	0.50	0.70	0.90	1.0
丙酮 y	0.0	0.253	0.425	0.624	0.755	0.815	0.849	0.874	0.935	1.0

(理论塔板数为 7,进料板在第 5 块塔板)

9. 常压下用连续精馏方法分离甲醇水溶液,要求馏出液中含甲醇含量不低于 0.95(摩尔分数,下同),釜液中含甲醇含量不大于 0.04。设进料为泡点液体,其中甲醇组成为 0.6,又取回流比为 1.2,利用图解法求所需理论塔板数及适宜进料位置。甲醇水溶液的平衡数据见附录。若进料状态改为饱和蒸气,求此时的理论塔板数和进料位置。(泡点进料,理论塔板数为 8,进料板在第 5 块;饱和蒸气进料为,理论塔板数为 11,进料板在第 8 块)

10. 利用图解法求习题 9 条件下的最小回流比和最少理论塔板数。($R_{min}=0.64$,$N_{min}=5$)

11. 试利用简捷法求题 4 所需要的理论塔板数和进料位置。设操作条件下乙烯对乙烷的相对挥发度可取 1.76,进料为泡点液体,回流比取 $1.3R_{min}$。(理论塔板数为 38,进料板在第 19 块)

12. 设题 9 中,塔釜改用直接蒸汽加热,并维持 x_D、x_W 和 R 等不变,试利用图解法求所需的理论塔板数,并以 100kmol/h 进料流量为基准,比较两种加热情况下甲醇在馏出液中的回收率;又若要求直接蒸汽加热时的 x_D 和回收率与间接蒸气加热时的相同,则此时 x_W 应降为多少?(理论塔板数为 8;间接加热甲醇回收率为 97.44%;直接加热回收率为 88.84%,塔釜组成降为 0.009)

13. 设题 9 中塔顶的回流液温度低于泡点温度,为 20℃,其余的给定条件不变,试求此时塔内的实际回流比和操作线方程。($R=1.332$,$y_{n+1}=0.571$,$x_n+0.407$)

14. 常压下分离乙醇水溶液的连续精馏塔,进料为含乙醇 20%(摩尔分数,下同)的泡点液体。要求馏出液中乙醇含量达 86%,釜液中乙醇含量不大于 2%。设取回流比为 $1.7R_{min}$,试利用图解法求此时的 R_{min}、所需的理论塔板数和进料位置。乙醇-水的气液平衡组成见附录 21。为提高图解的精度,宜将 $x-y$ 图做局部放大。($R_{min}=2.9, N=17$, $N_F=15$)

15. 含氨 30%(摩尔分数,下同)的水溶液在泡点下加至一回收塔的塔顶,流量为 100kmol/h。要求蒸出气相中含氨 80%,氨的回收率为 92%。操作条件下氨水的平衡数据如本题附表所示。

习题 15 附表

x	0	0.0529	0.1053	0.2094	0.312	0.414	0.514	0.614	0.712	1.0
y	0	0.272	0.474	0.742	0.891	0.943	0.977	0.987	0.99	1.0

塔顶没有回流,试利用图解法求所需的理论塔板数,并计算所得蒸出的气相和釜液的流率。($N=4, L=34.5kmol/h, L'=65.5kmol/h$)

16. 组成为 0.6(摩尔分数,下同)、流率为 100kmol/h 和组成为 0.2、流率为 200kmol/h 的两股乙醇水溶液,分别在适宜的位置加入一常压连续精馏塔,进料均为泡点液体,要求馏出液和釜液中乙醇的组成分别为 0.8 和 0.02,设操作回流比为 2,求:(1)馏出液和釜液的流率;(2)利用图解法求所需理论塔板数($L=120kmol/h, L'=180kmol/h, N=9$)

17. 常压下分离乙醇水溶液的精馏塔,进料为饱和液体,其中含乙醇 16%(摩尔分数,下同),操作回流比为 2。要求馏出液和釜液中乙醇的组成分别为 77% 和 2%,同时还于精馏段某处引出乙醇组成等于 50% 的侧线液体,其摩尔流率为馏出液流率的 1/3。利用图解法求所需的理论塔板数。($N=9$)

18. A 和 B 的双组分混合物,其相对挥发度 $\alpha_{AB}=4$。今将含 A 20%(摩尔分数,下同)的饱和蒸气连续加至精馏塔的底部,流率为 100kmol/h。在恒摩尔流条件下,若要求馏出液和釜液中 A 的组成分别为 95% 和 10%,求此时的回流比,并用逐板计算法求所需的理论塔板数。($R=7.5, N=5$)

19. 一分离正己烷(A)、正庚烷(B)和正辛烷(C)的精馏塔,进料组成为 $x_{FA}=0.33$(摩尔分数,下同),$x_{FB}=0.34, x_{FC}=0.33$。要求馏出液中正庚烷组成 $x_{DB}<0.01$,釜液中正己烷组成 $x_{WA}<0.01$,试以进料流率 100kmol/h 为基准,按清晰分割预计两端产品的流率和组成。($L=32.653kmol/h, L'=67.34kmol/h; x_{DA}=0.99, x_{DB}=0.01, x_{DC}=0; x_{WA}=0.01, x_{WB}=0.5, x_{WC}=0.49$)

第 8 章

板式塔和填料塔

8.1 填料塔的设计

8.1.1 填料塔和填料

1. 填料塔

填料塔是一种广泛用于气体吸收、精馏和某些其他操作的设备,如图 8-1 所示。填料塔总体结构及填料吸收塔见二维码。该设备由圆筒柱塔体组成,塔底装有气体进口,塔顶装有液体进口和液体分布器;塔内装填有一定高度的有固体形状的载体,称作塔填料,填料可以散堆或整砌。塔底装有填料支撑板,填料支承板为具有波纹结构有一定机械强度的栅板,或为具有升气管结构的孔管板,如图 8-2 所示。填料支撑板见二维码。支撑

填料塔总体结构二维码

填料吸收塔二维码

填料支撑板二维码

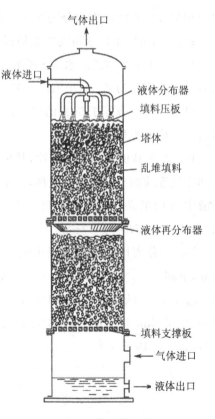

图 8-1 填料塔结构

板能防止填料的移动。填料上方装有填料压板。液体分布器位于填料上端,它将来自塔顶的进料液体(纯溶剂或含有少量溶质的稀溶液)在理想操作条件下均匀分布到填料表面。液体分布器决定液体均匀分布的好坏及填料塔分离效率,分布器的主要结构如图 8-3 所示,中小型塔以多孔管式或莲蓬头式液体分布器为主。而大型塔以装有溢流管的盘式液体分布器较为常见。液体分布装置及液体分布器见二维码。

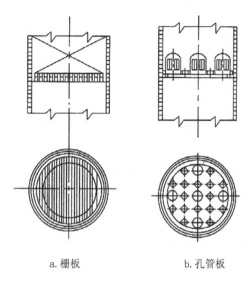

a. 栅板   b. 孔管板

图 8-2 填料支撑板

液体分布装置二维码   液体分布器二维码

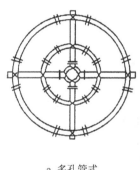 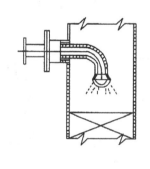 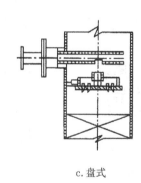

a. 多孔管式   b. 莲蓬头式   c. 盘式

图 8-3 液体分布器

含有溶质的混合气体从塔底的气体进口进入到填料底部的分布空间,然后通过填料之间的空隙向上流动,与自上而下沿填料表面流下的液体逆流接触传质。

液体在填料表面呈膜状流下,膜状液面提供气、液接触传质的场所。气体中的溶质被进入塔中的新鲜液体吸收,含有少量溶质的气体从塔顶排出。而液体在下流的过程中逐渐富含溶质,在塔底通过液体出口排出。气液组成沿塔高连续变化,所以填料塔属连续接触式的气液传质设备。

2. 填料

塔填料主要分为两类:一类是在塔内任意堆积的散装填料,还有一类是具有特定结构或顺序的规整填料。

（1）散堆填料

散堆填料的大小一般为6～75mm；小于 25mm 的填料一般用于实验塔或中试塔。散装塔填料一般由价格低廉的材料制成，例如陶瓷、各种塑料、不锈钢或铝等薄壁金属。散堆填料具有不规则和空心的堆积单元，流体拥有更多的空间和更大的通道。散堆填料相互交织成孔隙率达到 $60\%\sim90\%$ 的多孔性开放式结构。

表征填料物理特性的主要参数有比表面积 a（单位体积填料层的填料表面积，单位为 m^2/m^3）、空隙率 ε（单位体积填料层的空隙体积，单位为 m^3/m^3）、填料因子（将 a 与 ε 组合成 a/ε^3 的形式称为干填料因子，单位为 $1/m$。当有液体通过填料层，填料表面覆盖了一层液膜，a 和 ε 均发生相应的变化，此时的 a/ε^3 称为湿填料因子，用 ϕ 表示）、堆积密度 ρ_p（单位体积填料的质量，单位为 kg/m^3）。一般来说，填料比表面积 a 越大，填料层的传质效率越高。湿填料因子 ϕ 是填料层通量的标志，ϕ 越小，气体流动阻力越小，填料层允许的通量越大。堆积密度 ρ_p 越小，填料的壁面越薄，填料生产的材料成本可以降低。通常性能优良的填料具有较大的比表面积 a、较小的湿填料因子 ϕ 及较小的堆积密度 ρ_p。

填料的种类很多，按填料的装填方式不同，可分为散装填料和规整填料。散装填料有实心的固体块、环形填料和鞍型填料等。其常用的材料包括金属、塑料和陶瓷等。常用的散装填料如图 8-4 所示，它们的物理特性如表 8-1 所示。

　　a.拉西环　　　　　　b.金属鲍尔环　　　　　c.塑料鲍尔环　　　　d.弧鞍型填料

 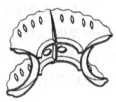 

　　e.矩鞍型填料　　　　f.改进矩鞍型填料　　　　　g.金属鞍环填料

图 8-4　散装填料

表 8-1　几种常用散装填料的特征

填料名称	尺寸/mm	材质及堆积方式	比表面积/(m²/m³)	孔隙率/(m³/m³)	1m³ 填料个数	堆积密度/(kg/m³)	干填料因子/(1/m)
拉西环	10×10×1.5	瓷质散堆	440	0.70	720×10³	700	1283
	10×10×0.5	钢质散堆	500	0.88	800×10³	960	740
	25×25×2.5	瓷质散堆	190	0.78	49×10³	505	400
	25×25×0.8	钢质散堆	220	0.92	55×10³	640	290
	50×50×4.5	瓷质散堆	93	0.81	6×10³	457	177
	50×50×1	钢质散堆	110	0.95	7×10³	430	130
	80×80×9.5	瓷质散堆	76	0.68	1.91×10³	714	242
	76×76×1.5	钢质散堆	68	0.95	1.87×10³	400	79
	(直径)×(高)×(厚)						
鲍尔环	25(直径)	塑料散堆	209	0.90	51.1×10³	72.6	287
	25×25×3	瓷质散堆	220	0.76	48×10³	505	501
	25×25×0.6	钢质散堆	209	0.94	61.1×10³	480	252
	50×50×4.5	瓷质散堆	110	0.81	6×10³	457	207
	50×50×0.9	钢质散堆	103	0.95	6.2×10³	355	120
	(直径)×(高)×(厚)						
阶梯环	25×12.5×1.4	塑料散堆	223	0.90	81.5×10³	97.8	306
	33.5×19×1.0	塑料散堆	132.5	0.91	27.2×10³	57.5	176
	(直径)×(高)×(厚)						
弧鞍型填料	25	瓷质	252	0.69	78.1×10³	725	767
	25	钢质	280	0.83	88.5×10³	1400	490
	50	钢质	106	0.72	8.87×10³	645	284
矩鞍型填料	25×3.3	瓷质	258	0.775	84.6×10³	548	554
	50×7	瓷质	120	0.79	9.4×10³	532	243
	(名义尺寸)×(厚)						

①拉西环是较早使用的填料类型,它的性能比最初使用的陶瓷球和碎石有显著提高。拉西环是直径和高度相等的环形实壁填料,是各种环形填料的基础,曾是工业上应用最广的填料。由于环的高径比大,其内表面和空间未得到充分利用,且在堆积时易形成线接触,不利于气液流动,目前已淘汰。拉西环填料、拉西环见二维码。

拉西环填料二维码

拉西环和鲍尔环二维码

②鲍尔环是在拉西环的壁上开一层或两层长方形小窗,小窗的舌片向环中心弯曲搭接。经此改进后,填料具有更开放的空间,填料表面更易润湿,对气相流动的阻力大为降低,气液

两相流动更易均布。鲍尔环在工业中得到广泛应用,已取代拉西环。某些鲍尔环填料床层的空隙率超过 90%,与其他相同尺寸的填料相比,鲍尔环有较低的压降。鲍尔环、鲍尔环填料见二维码。

鲍尔环填料
二维码

③阶梯环是在鲍尔环基础上加以改进而发展起来的一种新填料。阶梯环的高度仅为直径的一半,环的一端制成喇叭口。阶梯环一端的喇叭口形状,不仅增加了填料的力学强度,而且使填料个体之间多呈点接触,接触点使液膜不断更新,填料传质效率得以提高。阶梯环填料是目前使用的环形填料中性能最优良的一种。阶梯环填料见二维码。

④弧鞍型填料和拉西环一样,也是较早使用的填料类型,但现在已不常用。弧鞍型填料是表面开放的填料。马鞍是它的原型,为各种鞍型填料的基础。它的流道比拉西环均匀,故汽、液相均匀流动的性能优于拉西环。但弧鞍型填料间易发生叠合,减少了有效传质面积,增大了阻力,目前也已淘汰。弧鞍型填料见二维码。

阶梯环填料二维码　　　　弧鞍型填料二维码　　　　矩鞍型填料二维码

⑤矩鞍型填料在某些方面和弧鞍型填料类似,但它的形状能防止填料堆积时发生重叠,增加填料层的空隙率,在流体力学和传质性能上得到显著的提高。改进矩鞍型填料是带有扇形边的改进型填料,通常用陶瓷或塑料制造。矩鞍型填料见二维码。

⑥金属鞍环填料结合了环形填料孔隙率大和矩鞍型填料流体均布性好的优点。这种填料既有环形填料的表面开孔和内伸的舌片,也有类似矩鞍型填料的侧面。敞开的侧壁有利于气液通过,在填料层内极少产生滞留的死角。填料层内流通孔道增多,改善了液体分布。此外,由于金属鞍环结构的特点,即使采用极薄的金属板轧制,金属鞍环仍能保持较好的力学强度。金属鞍环填料是综合性能优良的散装填料,其性能优于鲍尔环和矩鞍型填料。金属鞍环填料、鞍环见二维码。

金属鞍环填料二维码　　　　　　鞍环二维码

（2）规整填料

规整填料是一种在塔内按均匀几何图形排列、整齐堆砌的填料。规整填料的特点是规定了气、液的流动通道,改善了气、液分布状况;在低压降下,提供了很大的比表面积和高孔隙率,塔的通量和传质性能得到大幅度提高。规整填料由 19 世纪 30 年代末期的斯特曼(Stedman)公司生产的填料发展而来,但直到 1965 年苏尔寿(Sulzer)公司研制的填料取得进展后才在工业上得以较多使用。规整填料见二维码。

规整填料二维码

　　根据几何结构,规整填料分为格栅填料、脉冲填料、波纹填料等数种,其中波纹填料应用最为广泛。波纹填料是由许多片波纹薄板组成的圆饼状填料,波纹与水平方向成 45°倾角。相邻两板反向靠叠,使波纹倾角方向相互垂直,如图 8-5 所示。圆饼高度约 40～60cm,各饼垂直叠放于塔内,相邻的上下两饼之间,波纹板片排列方向互成 90°角。波纹填料见二维码。

波纹填料二维码

a. 波纹薄板组成的圆饼状填料　　　　　b. 与水平方向呈45°倾角的波纹薄板

图 8-5　波纹填料

　　波纹填料结构紧凑、具有很大的比表面积,且相邻两饼间板片相互垂直,上升气流不断改变方向,下降液体不断重新分布,故传质效率高。填料规整排列,流动阻力减小,通量可以提高。

　　波纹填料有实体和网体两种。实体填料的波纹薄板由陶瓷、塑料或不锈钢等金属材料制造。波纹丝网填料的波纹薄板由金属丝网制成,属于网体填料。由于丝网细密,故波纹丝网填料空隙率高,比表面积大,可达 $700m^2/m^3$,传质效率大大提高,每米填料层有 10 块理论塔板,且压降小,每层理论塔板仅 50～70Pa。它特别适用于精密精馏和真空精馏,对难分离物系、热敏性物系及高纯度产品的精馏提供有效的手段。

　　近年来,又出现金属孔板波纹填料和金属压延孔板波纹填料。金属孔板波纹填料又称 Mellapak 填料,是在不锈钢波纹板片上钻出许多孔径为 5mm 左右的小孔。金属孔板波纹填料与同材质的波纹丝网填料相比,虽然效率和通量低于波纹丝网填料,但因造价低、强度高,特别适用于大直径精馏塔。金属压延孔板波纹填料与金属孔板波纹填料的主要区别在于其板片表面不是钻孔,而是刺孔,孔径为 0.5mm 左右,板片极薄,约为 0.1mm,其分离效率比孔板波纹填料高。

8.1.2　填料塔的流体力学性能

1. 气液接触

在填料塔内实现液体和气体较好的充分接触是很难的,而在大型填料塔内尤其困难。液体通过分布器喷淋到填料顶部,然后在填料表面形成液膜薄层向塔底流动。但事实上,这些液膜薄层在某些地方会变得厚些,而在另一些地方则变得薄些。因此,液体会汇集成小股流并沿着局部路径通过填料。当液体流速较低时,大部分填料表面可能是干的或者被一层不流动的液体覆盖,这种现象称为沟流,它是造成大型填料塔性能较差的主要原因。

当液体在填料层中流动时,有向塔壁流动的趋势,塔壁附近液体流量会逐渐增大,这种现象称为壁流。壁流导致气液两相在填料层中分布不均而使效率大幅下降。因此,需要将填料层分成若干段,每段约 5～10m,在段间设置液体再分布器,如图 8-6 所示。液体再分布器见二维码。

液体再分布器二维码

图 8-6　液体再分布器

2. 润湿性能

填料塔中气、液两相间的传质主要在填料表面流动的液膜上进行,而液体能否成膜取决于填料表面的润湿性能,只有润湿的填料表面才是有效的传质面积。为使填料获得良好的润湿,应使塔内的液体喷淋密度不低于某一极限值,此极限称为最小喷淋密度 L_{min}。液体喷淋密度 L 指单位时间通过塔单位横截面的液体体积,单位为 $m^3/(m^2 \cdot h)$。最小喷淋密度能维持填料最小润湿速率。润湿速率 L_w 指在塔的横截面上液体体积流量与填料周边长之比,单位为 $m^3/(m \cdot h)$。

最小喷淋密度和最小润湿速率之间的关系为:

$$L_{min} = (L_w)_{min} a \tag{8-1}$$

式中:L_{min} 为最小喷淋密度,$m^3/(m^2 \cdot h)$;$(L_w)_{min}$ 为最小润湿速率,$m^3/(m \cdot h)$;a 为填料比表面积,m^2/m^3。

填料直径小于 75mm 时,$(L_w)_{min}$ 为 $0.08m^3/(m \cdot h)$;填料直径大于 75mm 时,$(L_w)_{min}$ 为 $0.12m^3/(m \cdot h)$。实际上,液体喷淋密度必须大于最小喷淋密度。如果液体喷淋密度过低,那么塔径就应该减小。在某些过程中,可以通过增加回流量来增大液体喷淋密度。

3. 填料层的持液量

流体流经填料时,一部分液体停留在填料中,通常把单位体积填料所持有的液体体积称为填料层的持液量,单位为 m³(液体)/m³(填料)。它是填料塔流体力学性能重要参数之一。

填料的持液量由静持液量和动持液量两部分组成。静持液量是指填料塔的气液两相停止进料,经过一段时间的排液后填料层中不再有液体流下时填料层中的液体量。显然,静持液量与气、液流量无关,只取决于填料特性和液体性质。动持液量指填料塔气液两相停止进料后,从填料层中流出的那部分液体量。它与填料特性、液体性质、液体喷淋密度及气体速度有关。

一般来说,适当的持液量对填料塔操作的稳定性与传质是有利的。持液量过大,将导致填料层压降增大,填料塔的生产能力降低。持液量可由实验测定,也可由经验公式估算。

4. 气体通过填料层的气体压降和液泛气速

在填料塔内,液体从塔顶喷淋下来,依靠重力在填料表面做膜状流动,液膜与填料表面之间的摩擦阻力及液膜与上升气体之间的摩擦阻力构成了液膜流动的阻力。气体在填料层中流动也需要克服阻力,因而气体流动产生气体压强降,简称气体压降或压降。

气体压降与气、液流量有关。气体体积流量与填料塔横截面积之比定义为空塔气速 u,单位为 m/s。不同液体喷淋密度 L 下的单位高度填料层气体压降 $\Delta p/Z$ 与空塔气速 u 的关系如图 8-7 所示。图 8-7 的横坐标和纵坐标皆为对数坐标。

当填料塔内无液体喷淋即喷淋密度 $L_0=0$ 时,干填料的 $\Delta p/Z$ 与 u 的关系是一条斜率为 $1.8\sim 2.0$ 的直线(如图中直线 0 所示),即气体压降按气速的 1.8 次方～2.0 次方增大。如果有一定流量的液体流过填料(图中曲线 1、2、3 对应的液体喷淋密度依次增大),当气速较低时,液体在填料层内向下流动几乎与气速无关,填料表面上的液体

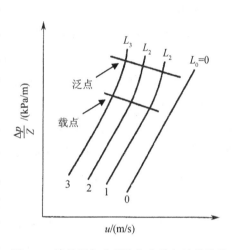

图 8-7　填料层每米压降与空塔气速的关系

膜层厚度不变,气体压降和气速之间的关系曲线是一条与干填料相平行的直线,但其压降大于干填料的气体压降。这是因为在同一气速下,湿填料层内的液体占据一定的空间,气体流动的空间减少,故其压降增大。当气速增大,压降-气速曲线变陡,此时上升气体与下降液体间的摩擦力开始阻碍液体向下流动,且填料层中液体持液量随气速的增加而增加。液体持液量开始增加的点称为载点,由压降-气速曲线斜率的变化来判断。

当气速继续增大,由于液体不能顺利下流,填料层内液体持液量不断增多,几乎充满填料层的空隙,压降急剧增大。当压降达到 $150\sim 250$ mm 液柱每米填料时,压降-气速曲线变为几乎垂直,该曲线近于垂直上升的转折点称为液泛点。达到液泛时的空塔气速称为液泛气速或泛点气速,以 u_{max} 表示。这时在塔内的局部区域,液体形成连续相,气体以气泡的形

式通过填料层。气速可以短暂继续增大,但液体会迅速积累,并且整座塔很快充满液体。

填料塔操作时,操作气速必需明显低于液泛气速。当操作气速在载点和泛点之间时,气体和液体湍动加剧,气、液接触良好,传质效果提高。液泛气速是填料塔操作的最大极限气速。填料塔设计者必须确定一个设计气速,该设计气速要小于液泛气速,又不能太小。太小的设计气速需要更大直径的塔,且会导致填料的传质效率降低。一般把设计气速定于液泛气速的 $0.6 \sim 0.8$。

液泛气速主要与填料特性、流体物性和液气比有关。填料的流体力学特性集中体现于湿填料因子 ϕ。湿填料因子 ϕ 值越小,液泛气速越大。流体物性指气体密度 ρ_V、液体黏度 μ_L 和液体密度 ρ_L 等。液体密度越大,液体在填料表面形成液膜向下流动的速度越大,则液泛气速越大;而气体密度越大,则同一气速下对液体的阻力也越大,液泛气速越小;液体黏度越大,液体向下流动的速度越小,液泛气速越小。液气比越大,填料层的持液量增加而空隙率减小,则液泛气速越小。当液体流量较小时,液泛气速随液量的 -0.3 次方 ~ -0.2 次方变化,随填料尺寸的 0.6 次方 ~ 0.7 次方变化。而当液体流量较大时,液量和填料尺寸对液泛气速的影响更明显。

目前工程设计上广泛采用埃克特通用关联图来计算填料塔压降和液泛气速。图 8-8 为通用关联图,采用 $(m_L/m_V)(\rho_V/\rho_L)^{0.5}$ 为横坐标,$(u^2 \phi\psi/g)(\rho_V/\rho_L)\mu_L^{0.2}$ 或 $(u_{max}^2 \phi\psi/g)(\rho_V/\rho_L)\mu_L^{0.2}$ 为纵坐标。图 8-8 最上方的三条线分别为弦栅填料、整砌拉西环及散堆填料的泛点线。与泛点线相对应的纵坐标值为 $(u_{max}^2 \phi\psi/g)(\rho_V/\rho_L)\mu_L^{0.2}$。若已知气、液两相质量流量比以及各自的密度,则可算出图中横坐标的值,由此点作垂线与泛点线相交,再由交点的纵坐标值求得液泛气速 u_{max}。纵坐标值中的湿填料因子 ϕ 取表 8-2 中的 ϕ_F。图中左下方线簇为乱堆填料层的等压降曲线。若已知气、液流量,分别求出横坐标值 $(m_L/m_V)(\rho_V/\rho_L)^{0.5}$ 和纵坐标值 $(u^2 \phi\psi/g)(\rho_V/\rho_L)\mu_L^{0.2}$,纵坐标值中的湿填料因子 ϕ 取表 8-2 中的 $\phi_{\Delta p}$,根据横、纵坐标值找到图中的一点,该点落在某等压降曲线上,该曲线的压降值即为该气液流量下的每米填料层压降 $\Delta p/Z$。

表 8-2　几种常用散装填料的湿填料因子

类型	瓷质拉西环				瓷质矩鞍型填料				塑料阶梯环		
规格	$D_g 50$	$D_g 38$	$D_g 25$	$D_g 16$	$D_g 50$	$D_g 38$	$D_g 25$	$D_g 16$	$D_g 50$	$D_g 38$	$D_g 25$
ϕ_F	410	600	832	1300	226	200	550	1100	127	170	260
$\phi_{\Delta p}$	228	450	576	1050	160	140	215	700	89	116	176

类型	塑料鲍尔环				金属鲍尔环		金属阶梯环		金属矩鞍型填料		
规格	$D_g 50$ (米字型)	$D_g 38$	$D_g 25$	$D_g 50$ (井字型)	$D_g 50$	$D_g 38$	$D_g 50$	$D_g 38$	$D_g 50$	$D_g 38$	$D_g 25$
ϕ_F	140	184	280	140	160	117	140	160	135	150	170
$\phi_{\Delta p}$	125	114	232	110	98	114	82	118	71	93.4	138

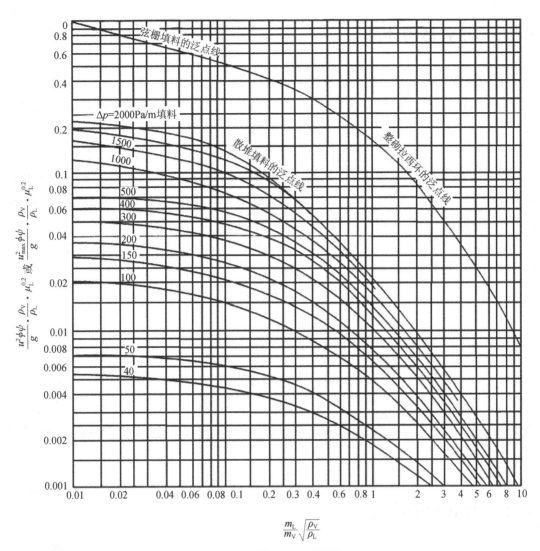

图 8-8　埃克特通用关联图

$u_{\max}$—泛点气速,m/s;u—空塔气速,m/s;g—重力加速度,m/s²;ϕ—湿填料因子,1/m;ψ—液体密度校正系数,等于水的密度与液体密度之比;ρ_{L},ρ_{V}—液体和气体的密度,kg/m³;μ_{L}—液体黏度,mPa·s;m_{L},m_{V}—液体和气体的质量流量,kg/s

　　埃克特通用关联图适用于各种散堆填料,如拉西环、鲍尔环、弧鞍、矩鞍等,但需要知道确切的湿填料因子 ϕ。湿填料因子 ϕ 要通过实验获得。没有一个关联式能很好地适用于所有填料,适用于低压降数据的 ϕ 值可能与适用于高压降数据或液泛数据的 ϕ 值明显不同。

　　规整填料的压降可以通过 Fair 和 Bravo 给出的更为复杂的方程估算得到。据 Spiegel 和 Meier 所说,大多数规整填料在压降大约为每米 1000Pa、设计气速为液泛气速的 90% 至 95% 时,规整填料达到其最大性能。

8.1.3 填料塔的计算

1. 填料层高度

对于填料精馏塔,通常先计算理论塔板数 N_T,再以理论塔板数 N_T 乘以等板高度(HETP)求得填料层高度 h_0,即:

$$h_0 = HETP \cdot N_T \tag{8-2}$$

等板高度为分离效果相当于一层理论塔板的一段填料层高度,等板高度越小,填料层的传质分离效果越好。等板高度的影响因素包括物性参数、结构参数和操作参数等,难以准确估计。设计时尽可能使用相近条件下的实测数据,或采用经验关联式估算。

填料吸收塔和气提塔也可通过计算理论塔板数 N_T 来进行设计,但通常还是采用传质单元数和传质单元高度的方法较为简便,即:

$$h_0 = H_{OG} N_{OG} \tag{8-3}$$

2. 塔径

填料塔的处理量取决于塔截面积。填料塔直径 D 由下式可得:

$$D = \sqrt{\frac{4V_s}{\pi \cdot u}} \tag{8-4}$$

$$u = (0.6 \sim 0.8) u_{max} \tag{8-5}$$

式中: V_s 为气体体积流率,$\mathrm{m^3/s}$; u_{max} 为液泛气速,$\mathrm{m/s}$。同时填料塔直径与填料直径之比必须大于 8,以防止产生沟流。

8.2 板式塔的设计

8.2.1 概述

精馏板式塔的种类很多,应用也很广泛,最大型的精馏塔一般用于石油工业。板式塔由圆筒形塔体和按一定间距水平装置在塔内的若干塔板组成,如图 8-9 所示。液体在重力作用下,自上而下依次流过各层塔板,至塔底排出;气体在压差推动下,自下而上依次穿过各层塔板,至塔顶排出。每块塔板上保持着一定深度的液层,气体通过塔板分散到液层中去,进行相际接触传质。塔径一般为 0.3~9m,塔板数从几块到大约 100 块。板间距约为 0.15~

塔板

图 8-9 板式塔

2m。板式精馏塔、降液管板式塔、塔板结构见二维码。

板式精馏塔二维码　　　　　降液管板式塔二维码　　　　　塔板结构二维码

　　工业上最早出现的板式塔是筛板塔和泡罩塔。筛板塔出现于 1830 年,很长一段时间内被认为难以操作,因而未得到重视。泡罩塔结构复杂,但容易操作,自 1854 年应用于工业生产以后,很快得到推广,直到 20 世纪 50 年代初,它始终处于主导地位。第二次世界大战后,炼油和化学工业发展迅速,泡罩塔结构复杂、造价高的缺点日益突出,而结构简单的筛板塔重新受到重视。通过大量的实验研究和工业实践,人们逐步掌握了筛板塔的操作规律和正确设计方法,还开发了大孔径筛板,解决了筛孔容易堵塞的问题。因此,20 世纪 50 年代起,筛板塔迅速发展成为工业上广泛应用的塔型。与此同时,还出现了浮阀塔,它操作容易,结构也比较简单,同样得到广泛应用。而泡罩塔的应用则日益减少,除特殊场合外,已不再新建。为满足设备大型化及有关分离操作所提出的各种要求,新型塔板不断出现,已有数十种。

1. 泡罩塔板

　　泡罩塔板的主要结构包括泡罩、升气管、溢流堰及降液管,如图 8-10 所示。溢流堰能使塔板上维持一定厚度的液层。塔板上开有若干个孔,孔上焊有短管作为上升气体的通道,称为升气管。升气管上覆以泡罩,泡罩下部周边开有很多齿缝。齿缝一般有矩形、三角形及梯形三种,常用的是矩形。泡罩在塔板上按正三角形排列。操作时,液体由上层塔板通过左侧的降液管底部的底隙进入塔板,横向流过塔板,越过溢流堰进入右侧的降液管,然后流入下一层塔板。上升的气体通过泡罩的齿缝进入液层,在液层中被分散成许多细小的气泡,在塔板上形成泡沫层,然后穿过泡沫层。在泡沫层中,气液发生剧烈的相际传质和传热。泡罩塔板见二维码。

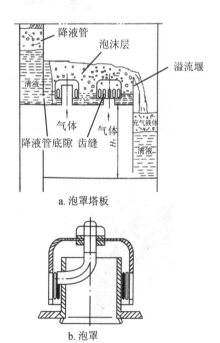

a. 泡罩塔板

b. 泡罩

图 8-10　泡罩塔板和泡罩

泡罩塔板二维码

　　泡罩塔板具有如下优点：①操作弹性(操作弹性指板式塔在满足要求的情况下操作时的允许最大气速与最小气速之比)较大,在负荷变动范围较大时仍能保持较高的分离效率。②无漏液(漏液指塔板上的液体在重力作用下自上而下穿过塔板上的开孔而漏下)。③塔板不易堵塞,能适用多种介质。泡罩塔板的不足之处在于结构复杂,造价高,安装维修复杂以及气相压降较大。然而,泡罩塔板经过长期的实践,积累的经验比其他任何塔型都丰富,常用的泡罩塔板已经标准化。泡罩塔的蒸气压力虽然高一些,但在常压和加压操作下,这并不是主要问题。

　　2. 筛板塔板

　　筛板塔板的结构如图 8-11 所示。塔板上开有许多均布的筛孔,工业上常用的筛孔孔径为 3～8mm,按正三角形排列。近年来有用大孔径(10～25mm)筛板的,它具有制造容易和不易堵塞的优点,但是容易漏液,操作弹性较小。与泡罩塔板操作类似,液体由上层塔板的降液管流下,横向流过塔板,经溢流堰进入降液管。气体自下而上穿过筛孔,在板上液层中分散成气泡,形成泡沫层,发生传质和传热。筛板塔板见二维码。

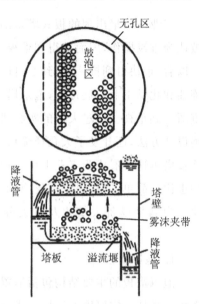

图 8-11　筛板塔板

筛板塔板二维码

　　筛板塔板有如下特点：①结构简单,制造维修方便。②生产能力较大。③塔板压降较低。④塔板效率较高,但比浮阀塔板稍低。⑤合理设计的筛板塔板具有适当的操作弹性。

　　3. 浮阀塔板

　　浮阀塔板兼有泡罩塔板和筛板塔板的优点,其结构特点是在塔板上开有若干大孔(称为阀孔,标准孔径为 39mm),每个孔上装有一个可以上下浮动的阀片,如图 8-12 所示。浮阀的

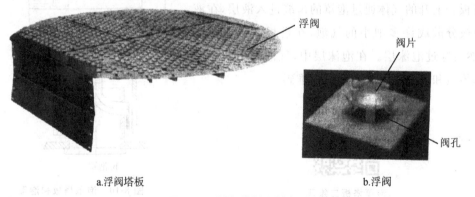

a.浮阀塔板　　　　　　　　　b.浮阀

图 8-12　浮阀塔板和浮阀

型式很多,国内已采用的浮阀如表 8-3 所示,其中常用的是 F1 型和 V-4 型。F1 型浮阀有三条"腿",插入阀孔后将各腿底脚扳转 90°,以限制操作时阀片在板上升起的最大高度。浮阀工作示意图、浮阀结构、浮阀塔板见二维码。

浮阀工作示意图二维码

浮阀结构二维码

浮阀塔板二维码

表 8-3　浮阀型式及特点

型式	F1 型(V-1 型)	V-4 型	V-6 型
简图			
特点	1. 结构简单,制造方便; 2. 有轻阀(25g)和重阀(33g)两种	1. 阀孔为文丘里型,阻力小,适于减压系统; 2. 只有一种轻阀(25g)	1. 操作弹性范围很大,适于中型试验装置和多种作业的塔; 2. 结构复杂,重量大,阀重 52g

型式	十字架型	A 型
简图		
特点	1. 性能与 V-1 型无显著区别; 2. 对于处理污垢或易聚合物,可能较好	1. 性能及用途同 V-1 型,但结构较复杂; 2. 国外有做成多层结构的

浮阀塔板结构包括浮阀、溢流堰和降液管。气体经过阀孔上升,顶开阀片,穿过阀片和塔板之间的环形缝隙,以水平方向吹入液层,在板上液层中分散成气泡,形成泡沫层。浮阀开度随气体流量而变,浮阀能在相当宽广的气速范围内自由调节和升降,保持塔板的稳定操作。

浮阀塔板具有以下特点:①浮阀塔板具有较大的开孔率,其处理能力比泡罩塔板大 20%～40%。②浮阀塔板的阀片可以自由升降以适应气量的变化,其操作弹性比泡罩塔板和筛板塔板都要大,操作弹性可达到 10 或更大。③浮阀塔板的上升气体以水平方向吹入液层,故气液接触时间长而雾沫夹带较小,其塔板效率高。④浮阀塔板构造简单,易于制造,其造价为泡罩塔板的 60%～80%,为筛板塔板的 120%～130%。浮阀塔板类型见二维码。

浮阀塔板类型
二维码

板式塔可以在高压或低压下操作,也可以在气液温度高达 900℃(如钠-钾蒸气精馏)的条件下操作。板式塔既可用于精馏操作,也可用于吸收操作,且塔板设计原理对这两种操作皆适用。对于大型且非常规的板式塔,最好由专家进行设计。精馏塔的可靠设计依赖于某些原理、经验关联式以及较多的经验和判断。

当把精馏的理论塔板数转化为实际塔板数时,必须要得到可靠的塔板效率。精馏塔的许多设计变量都会影响塔板效率。设计变量包括塔板类型、塔板上开孔尺寸和类型、降液管尺寸、板间距、堰高、允许的气液流量、每块塔板的压降、塔径。如果这些变量参数错误,会导致塔内混合物不易分离、生产能力下降、操作弹性差以及其他严重问题,最后精馏塔将无法运转。

8.2.2　板式塔的流体力学性能

1. 板式塔的正常操作

在板式塔内,上升的气体垂直流过一层层塔板,而下降的液体横向流过塔板后进入降液管,再流入下一层塔板。因此,每层塔板上的流动形式为错流式而不是逆流式,但是整座塔的气液流动仍为逆流式。塔板上液体的错流对于塔板的水力学性能分析和塔板效率的估算十分重要。

还有另一种塔板称为穿流塔板,塔板上不设有独立的降液管,气、液两相同时由板上孔道逆向穿流而过。这种塔板虽然结构简单,但需要较高的气速才能维持板上液层,且操作弹性小,工业上较少使用,这里不予讨论。

图 8-13 所示是在常规操作下的筛板塔。降液管位于弯曲塔壁与溢流堰之间的弓形区域。上游和下游降液管通常各占塔截面的 10%～15%,塔截面的 70%～80%用于筛孔区(在筛孔区产生气体鼓泡,并发生气液剧烈接触)和无孔区。对于大型塔,在塔板中间可能会装有附加的降液管以减少液流路径。有时,在降液管底隙外侧的塔板上加装入口堰,以改善塔板上的液体分布和防止塔板上的气体进入降液管。

液体离开上游降液管底隙,横向流过塔板,然后越过溢流堰进入下游降液管。气体穿过塔板上的筛孔通过塔板,这些筛孔占据了上、下游降液管之间的大部分塔板区域。塔板上开有筛孔的区域称为鼓泡区。靠近溢流堰的位置不开孔,以使液体在通过溢流堰前能够排出液体中所含的气体,这个区域称为破沫区。靠近上游降液管底隙的位置也不开孔,以避免塔板上的气体进入降液管中,这个区域称为安定区。靠近弧形塔壁的位置因有塔板支撑装置也不开孔,这个区域称为安装区。破沫区、安定区和安装区称为无孔区。鼓泡区和无孔区见图 8-11 和图 8-13。通常情况下,气体在塔板上的液层内部产生大量气泡,形成泡沫层。泡沫层内部存在很大的气液接触面积,泡沫层的泡沫密度可能只有液体密度的 0.2～0.5,故泡沫层高度是塔板上实际液层高度($=h_w+h_{ow}$)的数倍。

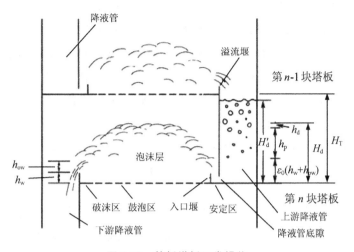

图 8-13　筛板塔板正常操作

2. 塔板压降

气体通过塔板上的筛孔、泡罩、浮阀等鼓泡元件和塔板上的充气液体层时,会产生气体压降。通过一块塔板的压降通常为 $50\sim100\text{mmH}_2\text{O}$,装有 40 块塔板的塔压降约为 $2\sim4\text{mH}_2\text{O}$。塔底再沸器使蒸气具有足够大的压强以克服塔和冷凝器内的压降。

塔板压降分为两部分:气体通过塔板鼓泡元件时产生的摩擦损失而导致的压降(即干板压降)和气体克服板上充气液层的静压力所产生的压降(即板上清液层高度)。压降通常用以毫米为单位的液柱高度来表示:

$$h_p = h_c + h_l \tag{8-6}$$

式中: h_p 为塔板压降,mm 液柱; h_c 为干板压降,mm 液柱; h_l 为板上清液层高度,mm 液柱。

考虑到气泡内、外压力的不同,有时式(8-6)中包含 h_σ。当液体表面张力较大且孔径 $\leqslant3\text{mm}$ 时, h_σ 约为 $10\sim20\text{mm}$。但是对于有机液体和更大孔径的筛板,通常忽略这项。

通过筛孔的干板压降用下式计算:

$$h_c = 1000 \cdot \frac{u_0^2}{C_0^2} \cdot \frac{\rho_V}{2g\rho_L} = 51.0\frac{u_0^2}{C_0^2} \cdot \frac{\rho_V}{\rho_L} \tag{8-7}$$

式中: u_0 为通过筛孔的气体速度,m/s; ρ_V 为气体密度,kg/m^3; ρ_L 为液体密度,kg/m^3; C_0 为孔流系数。

孔流系数 C_0 与开孔率(开孔率等于筛孔总面积和塔截面积之比)和孔径与板厚之比有关。对于大多数筛板而言,开孔率一般为 $0.08\sim0.10$,因此孔流系数 C_0 与孔径与板厚之比(d_0/δ,径厚比)的关系如图 8-14 所示,孔流系数 C_0 随径厚

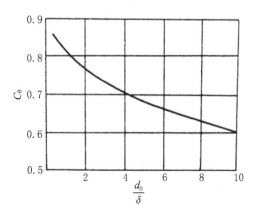

图 8-14　筛孔的孔流系数

比 d_0/δ 的增大而减小。当筛板的径厚比 d_0/δ 为 $3.3\sim10$ 时, C_0 为 $0.6\sim0.72$。

塔板上液体清液层高度 h_l 随堰高和液体流量的增加而增加;但随气体流量的增加而略微减少,这是因为气量增加会降低塔板上液体的泡沫密度。液体和气体的物性也会影响板上液体清液层高度。计算板上液体清液层高度只有近似方法,一种简单的方法是用堰高 h_w、堰上的清液高度 h_{ow} 及经验修正参数 ε_0 来估算板上液体清液层高度 h_l:

$$h_l = \varepsilon_0(h_w + h_{ow}) \tag{8-8}$$

堰上清液高度 h_{ow} 由 Francis 方程计算,平直堰的计算公式是:

$$h_{ow} = 2.84E\left(\frac{L_h}{l_w}\right)^{2/3} \tag{8-9}$$

式中: h_{ow} 为堰上清液高度,mm; L_h 为液相流量,m^3/h; l_w 为堰长,m; E 为液流收缩系数,由图 8-15 查出,图中 D 为塔径,单位为 m。一般情况下,可取 $E\approx1$,对计算结果影响不大。

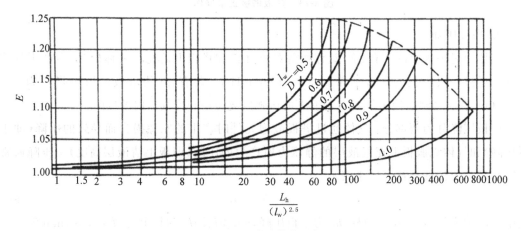

图 8-15　液流收缩系数

当堰高为 $25\sim50$mm 且气体速度在一般范围内, ε_0 值为 $0.4\sim0.7$。对大多数设计而言,式(8-8)中 $\varepsilon_0=0.6$。当 h_{ow} 相对 h_w 较小时,式(8-8)中的 h_l 可能小于 h_w,这意味着塔板上的清液层高度要小于堰高,这种情况很常见。

对于 F1 型浮阀塔板,通过单层塔板的压降可由式(8-6)计算,而干板压降由下述经验关联式确定:

若浮阀未完全打开($u_0 \leqslant u_{0c}$)　　$h_c = 19.9\,\dfrac{u_0^{0.175}}{\rho_L}$ 　　　　(8-10)

若浮阀完全打开($u_0 \geqslant u_{0c}$)　　$h_c = 5.34\,\dfrac{\rho_V u_0^2}{2\rho_L g}$ 　　　　(8-11)

式中: h_c 为干板压降,mm 液柱;其他物理量的单位则与前面相同。

将式(8-10)和式(8-11)联立而解出临界孔速 u_{0c},则:

$$u_{0c} = \left(\frac{73.1}{\rho_V}\right)^{1.825} \tag{8-12}$$

浮阀塔板的板上液体清液层高度 h_l 的计算也可采用式(8-8)。

3. 降液管高度

由于存在塔板压降,降液管中的液层高度必定大于塔板上的液层高度。由图 8-13 可知,第 n 块塔板的降液管顶部压力等于第 $n-1$ 块塔板的压力,降液管内清液层高度 H_d 包括塔板上的液体清液层高度 $h_l[=\varepsilon_0(h_w+h_{ow})]$、塔板压降 h_p 及降液管内液体从降液管底隙流出时产生的局部阻力 h_d,如图 8-13 所示,即:

$$H_d = \varepsilon_0(h_w+h_{ow})+h_p+h_d \tag{8-13}$$

式中: H_d、h_w、h_{ow}、h_p 和 h_d 的单位都为 mm。

对于不带入口堰的塔板,液体流出降液管的局部阻力 h_d(单位为 mm)用下述经验关联式计算:

$$h_d = 153\left(\frac{L_s}{l_w h_0}\right)^2 = 153(u'_0)^2 \tag{8-14}$$

带有入口堰塔板的 h_d 为:

$$h_d = 200\left(\frac{L_s}{l_w h_0}\right)^2 = 200(u'_0)^2 \tag{8-15}$$

式中: L_s 为液体流量,m^3/s;l_w 为堰长,m;h_0 为降液管底隙高度(即降液管底部到塔板间距),m;u'_0 为流过降液管底隙的液体速度,m/s。

由于越过溢流堰的液体会夹带气泡进入降液管,故降液管内实际存在的是充气液体。降液管内充气液体的实际高度 H'_d 要大于清液层高度 H_d。降液管内充气液体的高度为:

$$H'_d = H_d/\phi \tag{8-16}$$

式中: ϕ 为系数,对于易气泡物系,取 $0.3\sim0.4$;对于一般物系,取 0.5;对于不易发泡的物系,取 $0.6\sim0.7$。

板式塔内上、下相邻的两层塔板之间的距离称为板间距 H_T。当降液管内充气液体的高度超过了上层塔板的溢流堰,塔板上液体就无法越堰进入降液管,整座塔就会产生液泛。为了防止液泛,要求:

$$H'_d \leqslant H_T+h_w \tag{8-17}$$

式中: H'_d、H_T 和 h_w 单位都为 mm。

4. 操作限制和负荷性能图

(1) 漏液和液面落差

当穿过塔板筛孔的气体速度过低时,由此产生的压降不足以支持塔板筛孔上的液层,液体将在重力作用下由筛孔流下,形成塔板漏液。

漏液点是指刚使液体不从塔板上泄漏时的筛孔气速 u_{0m}。筛孔气速指通过塔板筛孔的气体速度,它等于气体体积流量除以塔板上筛孔的总面积。u_{0m} 可按以下经验关联式计算:

$$u_{0m}\sqrt{\rho_V}-4.51 = 0.00848(d_0+1.27)(h_w+h_{ow}+27.9) \tag{8-18}$$

式中: u_{0m} 为刚使液体不从塔板上泄漏时的筛孔气速,m/s;ρ_V 为气体密度,kg/m^3;d_0 为筛孔孔径,mm;h_w 和 h_{ow} 的单位都为 mm。筛板塔板实际的筛孔气速 u_0 通常大于 2 倍的漏液点气速 u_{0m}。

　　另外,还有一种不均匀漏气。液体横向流过塔板时,上游液体的液层高度高,而下游液体的液层高度低,上、下游液层的高度差为液面落差 Δ,如图 8-16 所示。液面落差 Δ 由液体横向流过塔板产生的阻力所引起,包括液体流过塔板表面产生的摩擦阻力、液体绕流过塔板鼓泡元件(泡罩和浮阀)及气体流而产生的局部阻力。当塔板直径较大,液面落差 Δ 就比较明显。因为存在液面落差 Δ,所以气体趋向于从液层较低区域流过,而漏液则在液层较高的区域

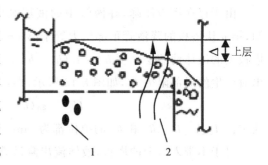

图 8-16　液面落差和不均匀漏液
1-漏液在液层较高的区域发生;
2-气体趋向于从液层较低区域流过

内发生。这部分漏下的液体未与气体接触就进入下一块板,所以不均匀漏液会降低塔板效率。有时可将塔板的进口区域抬高,降低上游液体的液层高度,从而减少或避免不均匀漏液。

　　(2)雾沫夹带和液泛

　　上升气流穿过塔板上液层时,将板上液体带到上层塔板的现象称为雾沫夹带,如图 8-11 所示。过量的雾沫夹带造成液相在塔板间的返混,严重时造成雾沫夹带液泛,导致塔板效率下降。返混是指雾沫夹带的液滴与液体主流做相反方向流动的现象。为保持板式塔的塔板效率,雾沫夹带被限制在一定限度内,规定 1kg 上升气体夹带到上层塔板的液体量不超过 0.1kg,即控制雾沫夹带量 $e_v<0.1$ kg(液)/kg(气)。影响雾沫夹带量的因素很多,最主要的是气体速度和板间距。气体速度越大,板间距越小,雾沫夹带量越大。一般采用下面关联式计算筛板的雾沫夹带量 e_v,即:

$$e_v = 0.22\left(\frac{73}{\sigma}\right)\left(\frac{u_n}{0.012(H_T-h_f)}\right)^{3.2} \tag{8-19}$$

式中:e_v 为雾沫夹带量,kg(液)/kg(气);σ 为液体表面张力,mN/m;u_n 为按有效空塔截面积计算的气体速度,m/s,有效空塔截面积等于塔截面积($=\pi D^2/4$,D 为板式塔塔径)减去降液管横截面积;H_T 为板间距,mm;h_f 为筛板上泡沫层高度,mm。泡沫层高度 h_f 可粗略地用下式计算:

$$h_f = 2.5(h_w + h_{ow}) \tag{8-20}$$

　　最大允许液泛气速 u_{max} 直接影响塔的直径。最大允许液泛气速 u_{max} 受板式塔的液泛制约。液泛有三种:一是筛板塔产生过量雾沫夹带,称为雾沫夹带液泛。二是降液管内充满含有气泡的液体,直至上层塔板,称为降液管液泛,降液管液泛可以发生在雾沫夹带液泛前(降液管液泛见二维码)。三是对于表面张力较低的液体,塔板上的泡沫层高度等于塔板间距,此时大量的液体被带到上层塔板,这种现象称为泡沫层高度液泛。无论哪种情况的

降液管液泛
二维码

液泛,都会使板式塔压降增大,效率下降,最后无法操作。

根据雾沫夹带液泛和悬浮液滴沉降原理,最大允许液泛气速 u_{max} 用下式计算:

$$u_{max} = C_\sigma \sqrt{(\rho_L - \rho_V)/\rho_V} \qquad (8-21)$$

式中: u_{max} 为最大允许液泛气速,m/s; C_σ 为气相负荷因子,m/s; ρ_L、ρ_V 分别为液体和气体密度,kg/m³。

气相负荷因子 C_σ 与气、液流量与密度,液滴的沉降空间高度,以及液体表面张力有关。图 8-17 是适用于筛板、浮阀和泡罩塔板的气相负荷因子 C_σ 的关系曲线图,横坐标是气液流动参数 $L_h/V_h(\rho_L/\rho_V)^{0.5}$,纵坐标是液体表面张力为 20mN/m 的气相负荷因子 C_{20}。当气液流动参数 $L_h/V_h(\rho_L/\rho_V)^{0.5}$ 和液滴沉降空间高度 $H_T - (h_w + h_{ow})$ 给定,通过图 8-17 得到气相负荷因子 C_{20} 值。液滴沉降空间高度越大,意味着分离空间越大,则雾沫夹带量减小,负荷因子 C_{20} 越大。当操作物系的液体表面张力为其他值时,气相负荷因子 C_σ 按下式校正:

$$C_\sigma = C_{20}\left(\frac{\sigma}{20}\right)^{0.2} \qquad (8-22)$$

式中: σ 是操作物系的液体表面张力,mN/m; C_σ 是气相负荷因子,m/s。

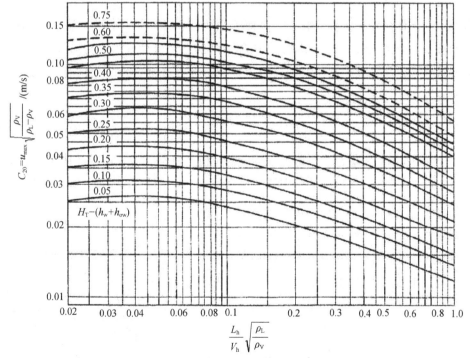

图 8-17　不同分离空间下的气相负荷因子

H_T—板间距,m; $(h_w + h_{ow})$—板上液层高度,m; L_h、V_h—塔内液相和气相的体积流量,m³/h; ρ_L、ρ_V—液相和气相密度,kg/m³

得到气相负荷因子 C_σ 后,用式(8-21)计算最大允许液泛气速 u_{max}。实际的空塔气速 $u = (0.6 \sim 0.8)u_{max}$。板式塔直径 D 由 $D = \sqrt{4V_s/(\pi \cdot u)}$ 计算得到。

在图 8-17 中,气体密度 ρ_V 增大,横坐标减小,气相负荷因子 C_σ 增大,但 C_σ 中的 ρ_V 也在增大,故最大允许液泛气速 u_{max} 缓慢减小。精馏塔操作压强的作用通过气体密度 ρ_V 显示,体现在图 8-17 的横坐标和纵坐标中。对于常压下操作的大多数精馏, $L_h/V_h(\rho_L/\rho_V)^{0.5}$ 很小, C_σ 近似于常数,故 ρ_V 对 u_{max} 的影响更大,则高压下操作的 u_{max} 小于常压下操作的 u_{max}。

(3) 操作范围和负荷性能图

塔板上最小允许的气相负荷通过式(8-18)的漏液点筛孔气速得到,最大允许的气相负荷通过式(8-19)的雾沫夹带量 e_v 等于 0.1kg(液)/kg(气)得到。

塔板上最小允许的液相负荷是防止塔板上液流不均匀。当液体流量很低时,塔板上的液层很薄,导致塔板上液流不均匀,降低塔板效率。另外,塔板上的液层很薄,气量稍大时,气体会把液体撕裂成液滴并夹带液滴向上喷出,导致板上几乎没有液体,塔板被"干吹"。塔板上最小允许的液相负荷根据堰上的清液高度 h_{ow} 必须大于 6mm 得到。

塔板上最大允许的液相负荷由下面三个方面决定:

①堰上的清液高度 h_{ow} 不超过 100mm。

②液体在降液管中的停留时间 θ 大于或等于 3~5s。

③降液管中清液层高度 H_d 不超过 $(H_T + h_w)$ 的一半。

含气泡的液体越堰进入降液管。当降液管中的液体速度过快,降液管内的液体所含的气泡不能被及时分离而被带入下层塔板,这称为降液管的液体气泡夹带。气泡被带入下层塔板会导致塔板效率降低。限制气泡夹带取决于液体在降液管内的停留时间,要求停留时间 θ 大于或等于 3~5s,即:

$$\theta = \frac{A_f H_T}{V_s} \geqslant 3 \sim 5s \tag{8-23}$$

式中: θ 为降液管内液体的停留时间,s; A_f 为降液管横截面积,m²; V_s 为液体体积流量,m³/s。

为防止降液管液泛,要求降液管中清液层高度 H_d 不超过 $(H_T + h_w)$ 的一半,即:

$$H_d \leqslant 0.5(H_T + h_w) \tag{8-24}$$

塔板上的气相和液相负荷均不能超出最小和最大允许的气液相负荷,否则,塔的操作将被破化。塔板的稳定操作范围由负荷性能图表示。图 8-18 为筛板的负荷性能图。曲线 1 为漏液线,表明不同液体流量下的最小气速。曲线 2 为雾沫夹带线,气速超过此线,雾沫夹带量将大于 0.1kg(液)/kg(气),塔板效率严重下降。曲线 3 为液量下限线,根据堰上的清液高度 h_{ow} 等于 6mm 作出,故最小液体流量为一定值,在负荷性能图上为一垂直线。曲线 4 为液量上限线,根据堰上的清液高度 h_{ow} 等于 100mm 或液体在降液管中的停留时间 θ 等

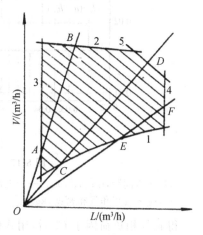

图 8-18　塔板负荷性能图

于 3~5s 作出。曲线 5 为降液管泛点线,根据降液管中清液层高度 H_d 等于(H_T+h_w)的一半作出。

对于一定液气比的操作过程,L_h/V_h 为一定值,故塔板的操作线在图 8-18 中为通过原点 O 的直线。图中分别列出不同液气比的三条操作线,各操作线的上下限分别为:OAB 线的上限为 B,下限为 A;OCD 线的上限为 C,下限为 D;OEF 线的上限为 E,下限为 F。这三条操作线的操作弹性分别为:线段 OB 长度与 OA 长度之比;OD 长度与 OC 长度之比;OF 长度与 OE 长度之比。显然,OD 长度与 OC 长度之比的操作弹性最大。负荷性能图通常用来检查塔板的设计是否满足条件,并确定操作液气比下的塔板操作弹性。

一般,泡罩塔板的操作弹性为 4~5;筛板塔板的操作弹性为 2~3;浮阀塔板的操作弹性最大,为 5~8。

例 8-1　常压下操作的筛板塔,采用精馏分离摩尔分数为 40% 的甲醇水溶液,馏出液量为 5800kg/h。(1) 回流比为 3.5,板间距为 450mm,计算最大允许液泛气速和塔的直径。(2) 筛板的厚度为 3mm,筛孔直径为 6mm,孔间距为 18mm,按塔横截面积计的塔板开孔率为 0.0701,堰高为 50mm,堰长为 1.84m,计算每块塔板的压降。

解:因为塔顶处的蒸气密度最大,在塔顶处最有可能先发生液泛,所以先计算塔顶处的最大允许液泛气速 u_{max}。

甲醇的摩尔质量为 32kg/kmol,常压下沸点为 65℃,甲醇蒸气的密度为:

$$\rho_V = \frac{32 \times 273}{22.4 \times (273+65)} \text{kg/m}^3 = 1.15\text{kg/m}^3$$

液体甲醇密度在 0℃下为 810kg/m³,在 20℃下为 792kg/m³。在 65℃下,估算液体甲醇密度为 750kg/m³。液体甲醇表面张力在 65℃下为 19mN/m。

(1) 最大允许液泛气速和塔径的计算

板间距 H_T 为 450mm,初选板上液层高度(h_w+h_{ow})为 50mm,故 $H_T-(h_w+h_{ow})=$ 400mm=0.40m。图 8-17 中的横坐标为:

$$\frac{L_h}{V_h}\left(\frac{\rho_L}{\rho_V}\right)^{1/2} = \frac{R/\rho_L}{(R+1)/\rho_V}\left(\frac{\rho_L}{\rho_V}\right)^{1/2} = \frac{3.5/750}{4.5/1.5}\left(\frac{750}{1.15}\right)^{1/2} = 3.04 \times 10^{-2}$$

查图 8-17,得 $C_{20}=0.088$m/s,故:

$$u_{max} = C_{20}\sqrt{\frac{\rho_L-\rho_V}{\rho_V}}\left(\frac{\sigma}{20}\right)^{0.2} = 0.088\sqrt{\frac{750-1.15}{1.15}}\left(\frac{19}{20}\right)^{0.2}\text{m/s} = 2.22\text{m/s}$$

取设计裕度为 0.7,故设计空塔气速为:

$$u = 0.7u_{max} = 0.7 \times 2.22\text{m/s} = 1.55\text{m/s}$$

气体流量为:　$V = D(R+1) = \frac{5800}{3600 \times 1.15} \times (3.5+1)\text{m}^3/\text{s} = 6.30\text{m}^3/\text{s}$

塔径为:　$D = \sqrt{\frac{V}{(\pi/4)u}} = \sqrt{\frac{6.30}{(\pi/4)1.55}}\text{m} = 2.275\text{m}$

（2）压降的计算

按塔横截面面积计的塔板开孔率 ψ_s 为 0.0701，则通过塔板筛孔的气速为：

$$u_0 = \frac{u}{\psi_s} = \frac{1.55}{0.0701}\text{m/s} = 22.1\text{m/s}$$

采用式（8-7）计算干板压降。从图 8-14 可知，$C_0 = 0.77$，故：

$$h_c = 51.0\frac{u_0^2}{C_0^2} \cdot \frac{\rho_V}{\rho_L} = 51.0\left(\frac{22.1^2}{0.77^2}\right)\left(\frac{1.15}{750}\right)\text{mm} = 71.7\text{mm}$$

堰高 h_w 为 50mm，堰长 l_w 为 1.84m，馏出液量 m_D 为 5800kg/h，回流比 $R = 3.5$，液相流量 L_h 为：

$$L_h = \frac{m_D R}{\rho_L} = \frac{5800 \times 3.5}{750}\text{m}^3\text{/h} = 27.07\text{m}^3\text{/h}$$

液流收缩系数 E 取 1，故堰上液流高度 h_{ow} 为：

$$h_{ow} = 2.84E\left(\frac{L_h}{l_w}\right)^{2/3} = 2.84 \times 1 \times \left(\frac{27.07}{1.84}\right)^{2/3}\text{mm} = 17.1\text{mm}$$

根据式（8-8），ε_0 取 0.6，则：

$$h_1 = \varepsilon_0(h_w + h_{ow}) = 0.6 \times (50 + 17.1)\text{mm} = 40.3\text{mm}$$

所以，根据式（8-6），塔板压降为：

$$h_p = 71.7\text{mm} + 40.3\text{mm} = 112.0\text{mm}$$

8.2.3　塔板效率

在板式塔精馏的计算中，我们假设离开一块塔板的蒸气和液体达到气液平衡，这种塔板称为理论塔板。实际上，气液两相在塔板上接触传质后一般达不到气液平衡。实际塔板和理论塔板的偏差采用塔板效率来修正。影响塔板效率的因素主要有：①所处理的物料的组成和物性；②气液两相的流率和流动状态；③塔板的结构及尺寸。根据不同的塔板效率定义，塔板效率有单板效率和全塔效率等。

1. 单板效率

单板效率又称为默弗里（Murphree）板效率。默弗里板效率指每一块塔板进出气相（或液相）达到的浓度变化之比，见图 8-19。默弗里板效率定义如下：

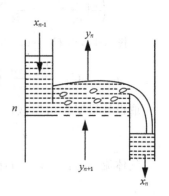

对于气相　　　　$E_{MV} = \dfrac{y_n - y_{n+1}}{y_n^* - y_{n+1}}$　　　　（8-25a）

对于液相　　　　$E_{ML} = \dfrac{x_{n-1} - x_n}{x_{n-1} - x_n^*}$　　　　（8-25b）

式中：E_{MV} 为气相板效率；E_{ML} 为液相板效率；y_n，y_{n+1} 分别为离开和进入第 n 块塔板的气相平均组成；x_n，x_{n-1} 分别为离开和进入

图 8-19　默弗里板效率模型图

第 n 块塔板的液相平均组成；y_n^* 为与 x_n 相平衡的气相组成；x_n^* 为与 y_n 相平衡的液相组成。

通过物料衡算，可以得出 E_{MV} 和 E_{ML} 的关系：

$$E_{MV} = \frac{E_{ML}}{E_{ML} + (mV/L)(1 - E_{ML})} \tag{8-26}$$

式中：m 为相平衡线斜率；V 为气相摩尔流率，mol/h；L 为液相摩尔流率，mol/h。

2. 全塔效率

理论塔板数 N_T 与实际塔板数 N 的比称为全塔效率 E_T，即：

$$E_T = \frac{N_T}{N} \tag{8-27}$$

全塔效率反映的是塔内所有塔板传质的总效果。

实际塔板和理论塔板的比较如图 8-20 所示。三角形 acd 代表理论塔板，三角形 abe 代表实际塔板。对于理论塔板，气体从 y_{n+1} 增加到 y_n^*，由线段 ac 表示，增加量为 $y_n^* - y_{n+1}$。而对于实际塔板，气体从 y_{n+1} 增加到 y_n，由线段 ab 表示，增加量为 $y_n - y_{n+1}$。根据默弗里板效率定义，气相板效率 E_{MV} 等于 ab/ac 的比值。把 E_{MV} 应用于整座塔，得到考虑气相板效率 E_{MV} 后的"拟平衡曲线"，如图 8-20 虚线所示。用"拟平衡曲线"代替真正的平衡曲线，在"拟平衡曲线"与操作线之间画的塔板数即为实际塔板数 N。在真正平衡曲线与操作线之间画的塔板数即为理论塔板数 N_T。由于"拟平衡曲线"比真正平衡曲线靠近操作线，则实际塔板数 N 多于理论塔板数 N_T。

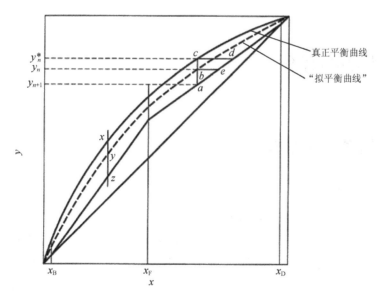

图 8-20　实际塔板和理论塔板的比较图

全塔效率的计算一般采用 O'Connell 关联式，关联式如下：

$$E_T = 0.492(\mu_L \cdot \alpha)^{-0.245} \tag{8-28}$$

式中：α 为塔顶、塔底平均温度下的相对挥发度；μ_L 为进料液相的平均黏度，mPa·s。μ_L 按下式计算：

$$\mu_L = \sum x_i \mu_{Li}$$

(8-29)

式中：x_i 为进料中各组分的摩尔分数；μ_{Li} 为塔顶、塔底平均温度下的进料中各组分的黏度，mPa·s。

　　由 O'Connell 关联式计算得到的全塔效率在 30%～90% 变动，且全塔效率随进料液相的黏度 μ_L 与相对挥发度 α 乘积值的增加而减小。液体黏度增加，导致液体扩散系数降低，液膜阻力增大，全塔效率降低。但在大多数精馏中，气膜阻力起控制作用，所以液体黏度对全塔效率影响不大。对于双组分精馏，α 值增大，导致气液相平衡常数 m 值增大，导致液膜阻力 m/k_x 增大和全塔效率降低。但是当 $y - x$ 相图中的横坐标 x 值接近 1 时，α 增大，m 增大很少，故 α 对全塔效率的影响很小。

　　更准确的全塔效率通过实验装置数据确定。为使实验数据的应用具有可比性，应该满足必要的条件：精馏物系相同，全回流操作，操作工况相对于液泛点的比值相同。

　　要得到良好的全塔效率，最需要恰当的操作塔板。气体和液体之间的充分紧密接触是必需的。塔的任何错误操作，例如过量雾沫夹带、气体分布不均、液体短路、漏液、塔板倾斜等都会降低塔板效率。

▶▶▶▶ 拓展内容 ◀◀◀◀

8.3　精馏塔的操作

8.3.1　精馏塔的开停车

1. 精馏塔的开车

　　一般包括下列步骤：①制定合理的开车步骤、时间表和必需的预防措施，准备好必要的原材料和水电汽供应，配备好人员编制，编妥有关的操作手册、操作记录表格。②完成相关的开车准备工作，此时塔的结构必须符合设计要求，塔中整洁，无固体杂物，无堵塞，并清除了一切不应存在的物质，例如塔中含氧量和含水量需符合要求，机泵和仪表调试正常，安全设施已调试好。③对塔进行加压或减压，使其达到正常操作压力。④对塔进行加热或冷却，使其接近操作温度。⑤向塔中加入原料。⑥开启再沸器和各加热器的热源，开启塔顶冷凝器和各冷却器的冷源。⑦对塔的操作条件和参数逐步调整，使塔的负荷、产品质量逐步且尽快地达到正常操作值，转入正常操作。

精馏塔开车时,进料要平稳,当塔釜中见到液位后,开始通入加热蒸汽使塔釜升温,同时开启塔顶冷凝器的冷却水。升温一定要缓慢,因为这时塔的上部分开始还是空的,没有回流,塔板上没有液体,如果蒸气上升过快,没有气液接触,就可能把过量的难挥发组分带到塔顶,使塔顶产品很长时间达不到要求,造成开车时间过长,要逐渐将釜温升到工艺指标。随着塔内压力的增大,应当开启塔顶通气口,排除塔内的空气或惰性气体,进行压力调节。待回流液槽中的液面达到 1/2 以上,就开始打回流,并保持回流液槽中的液面。当塔釜液面维持 1/2～2/3 时,可停止进料,进行全回流操作。同时对塔顶、塔釜产品进行分析,待达到预定的分离要求,就可以逐渐加料,从塔顶和塔釜采出馏出液和釜残液,调节回流量选择适宜的回流比,调节好加热蒸汽量,使塔的操作在一平衡状态下稳定而正常地进行,即可转入正常的生产。

2. 精馏塔的停车

一般包括下列步骤:①制订一个降负荷计划,逐步降低塔的负荷,相应地减少加热剂和冷却剂用量,直至完全停止;如果塔中通有直接蒸汽,为避免塔板漏液,多出些合格产品,降负荷时也可预先适当增加一些直接蒸汽量。②停止加料。③排放塔中的存液。④实施塔的降压或升压、降温或升温,用惰性气体清扫或水冲洗等,使塔接近常温常压,打开入孔通大气,为检修做好准备。

生产中一些想象不到的特殊情况下的停车称紧急停车。如某些设备损坏、某部分电气设备的电源发生故障、某一个或多个仪表失灵等,都会造成生产装置的紧急停车。发生紧急停车时,首先停止加料,调节塔釜加热蒸汽和凝液采出量,使操作处于待生产状态,及时抢修,排除故障,待停车原因消除后,按开车的程序恢复生产。

当生产过程中突然发生停电、停水、停汽或发生重大事故时,则要全面紧急停车。这种停车,操作者事前是不知道的,一定要尽力保护好设备,防止事故的发生和扩大。部分自动化程度较高的生产装置,在车间内备有紧急停车按钮,当发生紧急停车时,要以最快的速度按下此按钮。

8.3.2　精馏塔的操作调节

1.操作压强

精馏塔的操作压强是最主要的因素之一。稳定塔的操作压强是操作的基础,塔的操作压强稳定,与此相对应的参数调整到位后,精馏塔就正常了。在正常操作中,如果加料量、釜温以及塔顶冷凝器的冷凝剂量都不变化,则塔压将随采出量的多少而发生变化。采出量少,塔压升高;反之,采出量大,塔压下降。可见,采出量的相对稳定可使塔压稳定。有时釜温、加料量以及塔顶采出量都未变化,塔压却升高,可能是冷凝器的冷凝剂量不足或冷凝剂温度升高所引起的,应尽快使冷凝器的冷凝剂量恢复正常,有时也可加大塔顶采出或降低釜温以保证不超压。此外,塔顶或塔釜温度的波动也会引起塔压的相对波动,如果塔釜温度突然升高,塔内上升蒸气量增加,必然导致塔压的升高,这时可调节塔顶冷凝器的冷凝剂量和加大采出量,还应注意恢复塔的正常温度,如果处理不及时,会造成塔顶产品不合格;若塔釜温度突然降低,情况恰好相反,处理方法也要相应变化;塔顶温度的变化引起塔压变化的可能性很小。设备问题也会引起塔压变化,应适当地改变其他操作因素,进行适当调节,严重时停车修理。

2. 塔釜温度的调节

在一定的压力下,被分离混合物的汽化程度取决于温度,而温度由塔釜再沸器的蒸气量来控制。在釜温波动时,除分析再沸器的蒸气量和蒸气压力的变动以外,还应考虑塔压的升高或降低,这也可能引起釜温的变化。在正常操作中,有时釜温会随着加料量或回流量的改变而改变。因此,在调节加料量或回流量时,要相应地调节塔釜温度和塔顶采出量,使塔釜温度和操作压力平衡。

3. 回流量的调节

回流量是直接影响产品质量和塔的分离效果的重要因素。回流量的影响见8.3.3中关于回流比的影响的叙述。

4. 塔顶温度的调节

在精馏过程中,当塔压一定时,塔顶温度的高低即反映了塔顶产品组成,只有保持一定的塔顶温度才能保证一定的馏出液组成。塔顶温度随进料量、进料组成等的变化而变化,也随操作压力和塔釜温度的变化而变化。如果遇到塔顶温度随塔釜温度稍有下降而立即下降,或塔顶温度随塔釜温度稍有升高而立即升高这种情况,应调节釜温达到恢复塔顶温度的目的。如果由于塔顶冷凝器的冷凝效果不好而导致塔顶温度升高,应设法解决冷凝器的冷凝效果。

5. 塔釜液面的调节

无论是哪一种精馏操作,严格控制塔釜液面都是很重要的。控制塔釜的液面至一定高度,一方面起到塔釜液封的作用,使被蒸发的轻组分蒸气不致从塔釜排料管跑掉;另一方面,使被蒸发的液体混合物在釜内有一定的液面高度和塔釜蒸发空间以及塔釜混合液体在再沸器内的蒸发面与塔釜液面有一个位差高度,保证液体因静压头作用而不断循环去进行蒸发。塔釜液面一般以塔釜排出量来控制,但它随塔内温度、压力、回流量等条件的变化而变化。如当加料量不变时,塔釜温度下降,釜液中易挥发组分增多,塔釜液面增加。为了恢复正常,就要提高釜温或增大釜液排出,以稳定塔釜液面。如加料液中难挥发组分的含量高,在其他操作条件不变的情况下,必然会导致釜液排出量增加,这时应增大釜液排出量以控制塔釜液面。若采用升高塔釜温度来保持塔釜液位,则会使难挥发组分被蒸到塔顶,使塔顶产品质量下降。

8.3.3　精馏塔操作的优化

精馏是一个比较复杂的过程,不仅影响因素多,而且各种因素之间相互制约。生产上应综合考虑以使过程得到优化。

1. 整体观念

将精馏塔分为精馏段、提馏段是人为的,塔体本身是一个整体,分析精馏过程必须树立整体观念。例如,某操作人员采用加大冷却水用量的方法以达到在产量不变的条件下加大回流液量的操作目的。其理由是:冷却水用量加大,单位时间冷凝液量增加。试问:若不采取其他措施,能达到预期的目的吗?显然是不能,我们知道加大冷却水用量的同时,塔釜加热蒸汽量也必须增加,塔顶才有可能获得更多的冷凝液。也就是说,冷却量与加热量要保持平衡。塔顶回流液不是来自冷却水而是依靠加热蒸汽将釜液部分汽化而提供的上升蒸气。这就是分析精馏操作的整体观念,即精馏塔是一个整体,上、下相互关联、相互制约。

2. 物料平衡

保持精馏装置进出物料平衡是保证精馏塔稳定操作的必要条件。它包括两个方面的内容:一方面是物料的总进料量要恒等于总出料量,即 $F = D + W$。当进料量大于出料量时会引起淹塔,相反则会出现塔釜物料被蒸干。运行过程中要注意及时调节进料量和采出量以确保总物料平衡,防止这种不正常现象的出现。另一方面要注意在满足总物料平衡的条件下,满足组分物料平衡,即 $Fx_F = Dx_D + Wx_W$。为此,在进料量 F、进料组成 x_F 及产品组成 x_D 和 x_W 一定的情况下,应严格保证塔顶和塔底产品的采出率 D/F 和 W/F。否则,进出塔的两个组分的量不平衡,将引起塔内组分量的增减,导致塔内浓度变化,操作波动,使操作偏离最佳状态。

3. 热量平衡

塔釜加热的目的是使釜液沸腾并部分汽化,造成气相回流。精馏过程的传质发生在上升气流与下降液流之间,气流自下而上通过所有塔板无疑将提供最多的传质机会。因此,原则上所有热量应加入塔釜,使回流气相能逐个通过所有塔板。当生产中有废弃低温热源可供利用、加工预热装置投资不大时,可考虑先将进料适当预热,以提高进料温度。对于高温时易发生聚合和结焦的物料,为了防止釜温过高,加热量也不全部由培釜加入,而是引入部分热量通过预热器先将原料预热。同理,塔顶要消耗大量冷却水,为什么塔身还要保温?如果塔身不保温,上升蒸气在沿塔上升过程中将不断冷却得到回流液(内回流),为气液传质提供基础,而且还可在保持塔釜加热量不变的前提下,减少塔顶冷却水的消耗量。但是内回流不是来自塔顶,没有流经全部塔板,减少了气液传质机会,对传质不利。生产中的正确做法是:加强塔身保温,尽量减少内回流。即冷量应全部由塔顶冷凝器提供,使回流液流经全部塔板。为了减少精馏过程的能耗,回流液应尽量在塔顶冷凝器的冷凝温度下入塔(泡点回流),塔釜所产生的蒸气则应尽量在釜液沸腾温度下引入塔内(饱和蒸气进塔)。

4. 回流比的影响

回流比是影响精馏过程分离效果的主要因素,所以它是生产中用来调节产品质量的主要手段。一方面,回流比增大,精馏段操作线斜率增大,传质推动力增大,因此在精馏段理论塔板数不变的条件下,馏出液组成 x_D 增大;另一方面,回流比增大,提馏段中气液比增大,提馏段操作线斜率减小,传质推动力增大,因此在提馏段理论塔板数不变的条件下,釜残液组成 x_W 减小。也就是说,R 增大,增加了塔内下降的液体量,x_D 增大,同时也降低了塔顶温度,分离效果变好;反之,R 减小,分离效果变差,x_D 减小,x_W 增大。当然,操作回流比的调节,不能偏离最优回流比过大,否则,设备长期在不适宜的操作条件下运行,必然会降低其经济效率。

　　5. 进料状态的选择

　　进料状态不同,q 值不同。如果 q 值减小,即进料液带入的热量增多,这时为保持全塔热量平衡,可以采取回流比 R 不变,塔釜上升蒸气量减少;也可以采取回流比增大,塔釜上升蒸气量不变的措施。采用同样的方法可以得出,当 q 值增大,即进料液带入的冷量增多时,如果采用塔釜上升蒸气量不变、回流比减小的措施,结果会使精馏段和提馏段所需的理论塔板数增加。又如果采用塔釜上升蒸气量增加、回流比不变的措施,可以使提馏段所需的理论塔板数减少,但是,热能消耗增多,操作费用将随之上升。由上述分析可以看出,如果用改变进料状态的 q 值来试图减少塔顶冷凝器或塔釜再沸的负荷,将会降低分离效果。工业生产中,精馏塔的进料状态往往由前一工序所得物料的热状态所决定,一般情况下以饱和液体居多。

　　6. 产品质量控制

　　在一定压强下,混合物的泡点和露点直接取决于混合物的组成,所以理论上可以用温度来表示混合物的组成。对于馏出液,与一定的 x_D 相对应,有一定的露点温度 t_D,只要塔顶温度低于 t_D,就能保证馏出液组成高于 x_D。对于塔底釜残液,只要釜液温度高于合格釜残液的泡点温度,就能保证釜残液组成不高于 x_W。

　　7. 灵敏板

　　精馏塔内的温度分布自上而下逐渐升高,在接近精馏塔塔顶和塔釜相当一段高度内,气液组成变化不大。例如,乙苯-苯乙烯在 8.0kPa 下减压精馏,塔顶馏出液 x_d 从 99% 降低到 90%,泡点温度仅降低 0.7℃。因此,一旦塔顶(或塔釜)温度发生可觉察的变化时,塔顶(或塔釜)产品的组成就已不合格了,再设法调节已为时过晚。由馏出液分析精馏塔内沿塔高的温度分布情况可以看到,在距两端一定距离处的塔板上,温度开始有较大的变化。如果操作条件变化,则塔内浓度分布也随之变化,这些板上的温度变化用温度计测量发现,只要能够在塔顶温度未发生变化之前采取措施,就能防止 x_D 降低。这些塔板称为灵敏板,生产上常用测量和控制灵敏板的温度来调节和控制馏出液和釜残液的质量。

8.3.4　精馏塔的节能

　　由于精馏工艺和操作比较复杂,干扰影响因素多,在一般塔的操作中,通常为了获得合格的产品,大多都是以牺牲过多的能量进行"过分离"操作,换取在一个较宽的操作范围内获得合格的产品,这就使精馏塔消耗能量过大。在精馏塔中涉及的能量有:再沸器的加热量、料液带入的热量、塔顶产品带出的热量、塔顶冷凝器中的冷却量、塔底产品带出的热量。精馏过程的主要能量损失是流体阻力、不同温度的流体间的传热和混合及不同浓度的流体间的传质与混合。精馏塔的节能就是如何回收带出的热量和减少精馏塔的能量损失。近年来,人们对精馏过程节能问题进行了大量的研究,大致可归纳为两类:一是通过改进工艺设备达到节能;二是通过合理操作和改进精馏塔的控制方案达到节能。

1. 预热进料

精馏塔的馏出液、侧线馏分和塔釜液在其相应组成的沸点下由塔内采出,作为产品或排出液,但在送往工序使用、产品贮存或排弃处理之前常常需要冷却。利用这些液体释放的热量对进料或其他工艺流股进行预热,是最简单的节能方法之一。

2. 塔釜液余热的利用

塔釜液的余热除可直接利用其显热预热进料以外,还可将塔釜液的显热变为潜热来利用。例如,将塔釜液送入减压罐,利用蒸气喷射泵,将一部分塔釜液变为蒸气作为它用。

3. 塔顶蒸气的余热回收利用

塔顶蒸气的冷凝热从量上来讲是比较大的,通常采用以下几种方法回收:①直接热利用,即在高温精馏和加压精馏中,用蒸气发生器代替冷凝器将塔顶蒸气冷凝,可以得到低压蒸气,作为其他热源。②余热制冷,即采用吸收式制冷装置产生冷量,通常能产生高于 0℃的冷量。③余热发电,即用塔顶余热产生低压蒸气驱动透平机发电。

4. 热泵精馏

热泵精馏类似于热泵蒸气,即是将塔顶蒸气加压升温,作为塔底再沸器的热源,回收其汽化潜热。这种称为热泵精馏的操作虽然能够节约能源,但是以消耗机械能来达到目的,未能得到广泛采用。目前,热泵精馏只用于沸点相近的组分的分离,其塔顶和塔底温差不大。

5. 增设中间冷凝器和中间再沸器

在没有中间冷凝器和中间再沸器的塔中,塔所需的全部再沸热量均由塔底再沸器输入,塔所需移去的所有冷凝热量均由塔顶冷凝器输出。但实际上塔的总热负荷不一定非得从塔底再沸器输入,从塔顶冷凝器输出,采用中间再沸器将再沸器加热量分配到塔底和塔的中间段,采用中间冷凝器将冷凝器的热负荷分配到塔顶和塔的中间段,这就是节能的措施。

8.4　吸收塔的操作

8.4.1　吸收塔操作的调节

吸收的目的各不相同,但希望尽可能多地吸收溶质气体,也就是希望有较高的吸收率。吸收率的高低,不但与吸收塔尺寸、结构有关,而且也与吸收时的操作条件有关。影响吸收操作的因素有流量、温度、压力及塔底液位等,下面将分别予以介绍。

1. 流量的调节

（1）进气量的调节

进气量反映了吸收塔的操作负荷,由于进气量是由上一工段决定的,故进气量不易随意变动；如果在吸收塔前有缓冲气柜,可允许在短时间内做幅度不大的调节,这时可在进气管线上安装调节阀,根据流量的大小,开大或关小阀门进行调节。若吸收剂用量不变（L 不变）,减少进气量,即提高了液气比,使用同样的吸收剂,吸收少量气体的效果必然好,吸收率也就提高。反之,如果增加进气量,吸收效果必然变差,吸收率也下降。为了保持较高的吸收率,在操作条件允许的范围内应增大吸收剂的流量进行调节。

（2）吸收剂流量的调节

吸收剂用量对提高吸收率关系很大。吸收剂流量愈大,吸收剂在全塔都具有一定的浓度,有利于吸收,从而提高吸收率。当在操作中发现吸收塔中进气的浓度增大时,应开大阀门,增加吸收剂用量。但绝不能误认为吸收剂用量愈大愈好,因为增加吸收剂用量就增加了操作费用。同时对于塔底液体作为产品时,增加吸收剂用量,产品浓度就要降低,因而需要全面地权衡相应的指标。

2. 温度与操作压强的调节

（1）吸收剂温度的调节

由于气体吸收的反应绝大多数是放热反应,只是热效应有大有小而已。吸收剂由塔顶流到塔底,一般温度都有所升高,所以吸收剂流入贮槽后,再次进入吸收塔前,往往需要经冷却器用冷却剂（如冷却水或冷冻盐水等）将其热量带走,吸收剂的温度可通过调节冷却剂用量来调节。降低吸收剂温度,对吸收操作是有利的,因为吸收剂的温度愈低,气体溶解度愈大,吸收速率因而增大,有利于提高吸收率。但是吸收剂的温度也不能控制得过低,因为这要过多地消耗冷剂流量,导致费用增加。另一方面液体过冷,黏度增大,输送消耗的能量也大,且在塔内流动不畅,会使操作困难。故吸收剂温度的调节要全面地考虑。

（2）维持塔压

对于比较难溶的气体（例如二氧化碳）,提高压力,有利于吸收的进行。但加压吸收需要耐压设备,需要压缩机,费用较大,是否采用加压吸收,也应全面考虑。在日常操作时,塔的压力由压缩机的能力及吸收前各个设备的压降所决定。多数情况下,塔的压力很少是可调的。在操作时应注意维持,不要降低。

3. 塔底液位的维持

塔底液位要维持在某一高度上。液位过低,部分气体可能进入液体出口管造成事故或污染环境。液位过高,液体超过气体入口管,使气体入口阻力增大。液位可用液体出口阀来调节,液位过高,开大阀门；反之,关小阀门。对于高压下的吸收,塔底液位的维持更加重要,否则高压气体进入液体出口管,可能造成设备事故。

8.4.2　解吸塔操作

气体吸收中采用吸收与解吸相结合的流程十分普遍。吸收率的高低除受吸收塔操作影响外，还与解吸塔操作有关。这主要是因为：吸收塔入塔的吸收剂是来自解吸塔的再生液，解吸不好，必然会引起入塔吸收剂浓度增大，从而降低吸收率；不但吸收剂入塔浓度与解吸塔操作有关，而且与吸收剂入塔温度及解吸塔操作有关，如再生液未能很好地冷却，将直接影响吸收剂入塔的温度，从而影响整个吸收塔的操作。因此，应根据再生液浓度及温度的要求，控制解吸塔的操作条件，如吸收剂入塔温度升高则应加大再生液冷却器的冷却水量等。

8.4.3　吸收系统常见故障与处理

1. 吸收系统常见设备故障与处理

（1）塔体腐蚀

吸收系统塔体的腐蚀现象在国内外均有发生过，主要是吸收塔或再生塔内壁的表面因腐蚀出现凹痕，发生的原因如下：①塔体的制造材质选择不当；②溶液中缓蚀剂浓度与吸收剂浓度不对应；③溶液偏流，塔壁四周气液分布不均匀。一般在腐蚀发生的初始阶段，塔壁先是变得粗糙，钝化膜附着力变弱，然后出现局部脱落，进而腐蚀范围扩大，腐蚀速率加快。对于已发生腐蚀的塔壁要立即进行修复，即对所有被腐蚀处先补焊/堆焊后再衬以耐腐蚀钢带。在日常操作过程中应加强管理，严格控制工艺指标，适当增加对吸收溶液的分析频次，及时、准确、有效地监控溶液组分的变化，并及时清除溶液中的污物，保持溶液的洁净，减少系统污染。

（2）溶液分布器（再分布器）损坏

这在吸收系统中时常发生，不外乎以下几种：①由于设计不合理，受到液体高速冲刷造成腐蚀；②由于材料选择不当引起；③因为填料的摩擦作用产生侵蚀，分布器（再分布器）上的保护层被腐蚀；④经过多次开/停车，钝化不好。当系统发现溶液分布器（再分布器）损坏后，应立即停车处理，修复损坏部分，并及时找出损坏原因，采取相应的防范措施，防止事故的重复发生。

（3）填料损坏

对于采用填料塔的吸收系统而言，由于材质的不同，填料的损坏原因各异。①瓷质填料的耐压性较差，一般会受压破碎，有时也会发生腐蚀和析硅。瓷质填料损坏以后，设备、管道严重堵塞，系统无法继续运转。②塑料填料的耐热性不好，在高温下容易变形，其损坏的表现为变形。塑料填料变形导致填料层高度下降，阻力明显增加，传质传热效果变差，易引起拦液泛塔事故。③普通碳钢填料的耐热、耐压特性较好,受损方式通常是被溶液腐蚀。腐蚀发生后,填料性能变差,影响吸收或再生效果,降低溶液的吸收性能,同时由于溶液中铁离子大幅度增多,与溶液中的缓蚀剂形成共沉淀,缓蚀剂的浓度快速降低,直至失去缓蚀作用,引起其他设备的腐蚀加快。

(4) 溶液循环泵的腐蚀

吸收系统溶液循环泵的腐蚀在国内外都发生过,其表现是离心泵叶轮的叶片发生汽蚀,出现蜂窝状的蚀坑,严重时叶片变薄甚至穿孔,密封面和泵壳体也会发生腐蚀。溶液循环泵发生腐蚀的原因主要是汽蚀,当溶液泵入口压力、温度和流量达到汽蚀的临界条件后即发生汽蚀,因此严格控制溶液的温度、压力和流量,避免发生汽蚀是防止溶液循环泵腐蚀的关键。

(5) 塔体振动

吸收系统塔体的振动是指吸收塔或再生塔上部发生左右摇晃,其主要原因可能是系统负荷突然波动,塔体受到溶液流量突变的剧烈冲击。这种现象通常发生在再生塔,吸收塔比较少见,因为一般对于两段吸收两段再生流程而言,再受塔顶部溶液的流通量比较大,如果溶液进口分布不合理(两侧流量分配不均、入门角度偏差等)就会出现塔体及管线振动。根据以往的操作经验,采取以下措施可以减轻或解决塔体振动的问题:①设置限流孔板,控制塔体两侧的溶液流量,尽量保持两侧分配均匀;②在溶液总管上设置减振装置,如减振弹簧等,减轻管线的振动幅度;防止塔体和管线产生共振;③调整溶液入口角度,减少旋转力对塔体的影响;④控制系统波动范围,尽量保持平稳操作。

2. 吸收系统常见操作事故与防止

与其他单元操作一样,吸收系统的操作事故也会经常发生,只有在实际操作过程中尽心尽力,通过不断地积累经验,才能最大限度地减少操作事故,保证安全生产。吸收系统最常见的几种操作事故如下:

(1) 拦液和液泛

对于一定的吸收系统,在设计时已经把避免液泛的主要因素考虑了,因此按正常条件进行操作一般不可能发生液泛,但当操作负荷(特别是气体负荷)大幅度波动或溶液起泡后,气体夹带雾沫过多,就会形成拦液乃至液泛。操作过程中判断液泛的方法通常是观察塔体的液位,如果操作中溶液循环量正常而塔体液位下降,或者气体流量未变而塔体的压差增大,都可能是液泛发生的前兆。防止拦液和液泛的发生,首先要严格控制工艺参数,保持系统操作平稳,尽量减轻负荷波动,使工艺变化在装置许可的范围内;其次要不断提高操作人员的生产责任心和业务技能。按规格路线准时进行巡回检查,及时发现、正确判断解决生产中出现的各种问题,防患于未然。

(2) 溶液起泡

吸收溶液随着运转时间的延长,由于一些表面活性剂的作用,会生成一种稳定的泡沫。

这种泡沫不像非稳定性泡沫那样能够迅速生成又迅速消失,为气、液两相提供较大的接触面积,提高传质速率。由于稳定性泡沫不易破碎而逐步积累,当积累到一定量时就会影响吸收和再生效果,严重时会使气体带液,发生液泛,威胁系统安全运行。对于溶液起泡的处理目前一般采取以下方式:①高效过滤,即使用高效的机械过滤器,间断辅以活性炭过滤器,及时更换滤网和活性炭,这样可以有效地除去溶液中的泡沫、油污及细小的固体杂质微粒。②加强化学药品在采购、运输、贮存等环节的管理,提高化学药品质量,严格控制杂质含量。新配制的溶液,要将其静置几天,待"熟化"后再进入系统。③向溶液中加入消泡剂,良好的消泡剂可以减少泡沫的形成,通常选择那些难溶于吸收溶液、化学稳定性和热稳定性好、消泡能力强、无明显积累性副作用的消泡剂。消泡剂的加入要适度控制,因为过量的消泡剂会在溶液中积累、变质、沉淀,使溶液浓度增加、表面张力增大,反而成为发泡剂,产生稳定性的泡沫,造成恶性循环。使用消泡剂的基本原则是"因地制宜,择优而用,少用慎用,用除结合"。

(3) 塔压降升高

吸收系统塔的压降在正常的操作条件下应当是基本稳定的,通常在一个很小的范围内波动,但系统状况发生变化时塔压降会增大,这对操作相当不利,因此日常操作中应尽量避免。不考虑设计因素,引起塔压降增大的原因可能是溶液起泡、填料破碎,或机械杂质和脏物堵塞。针对引起塔压降增大的不同原因采用相应的处理方式。溶液起泡的处理前面已经讨论过。对于填料破裂或机械杂质引起堵塞的处理是降低负荷,通过调整操作参数维持生产,如有必要可停车进行清理及更换耐腐蚀的优质填料。

实际运行时吸收系统可能发生的操作事故远不止以上几种,处理事故的方式也不可一概而论,必须根据当时的具体情况酌情处理。为减少操作事故的发生,应主动防范而不应当等事故发生后被动处理,这才是吸收系统操作的关键所在。

▶▶▶▶ 习　　题 ◀◀◀◀

1. 填料塔的流体力学性能包括哪些?(略)

2. 填料塔的载点和泛点是什么?(略)

3. 有一筛板塔,其主要尺寸如下:塔径为 1200mm,板间距为 300mm,孔径为 4mm,板厚为 3mm,堰长为 794mm,堰高为 60mm,降液管截面积与塔截面积之比为 0.072,筛孔总面积与塔截面积之比为 0.048,降液管下沿与塔板板面间的距离为 47mm。现拟用此塔精馏某种溶液,其操作如下:气流体积流量为 $0.772 \text{m}^3/\text{s}$,液体体积流量为 $0.00173 \text{m}^3/\text{s}$,气体密度为 2.8kg/m^3,液体密度为 940kg/m^3,液体黏度为 $3.4 \times 10^{-4} \text{Pa} \cdot \text{s}$,液体表面张力为 0.034N/m。计算雾沫夹带量、每块塔板的压降、降液管中清液层高度和液体停留时间。[0.0524kg(液)/kg(气),90.8mm 液柱,133.85mm,14.1s]

4. 某塔的提馏段负荷性能图如本题附图所示，塔板操作线为直线 OAB，问：

（1）在该操作线下的操作弹性是多少？（3.2）

（2）要使最大允许的气液相负荷再提高，有何措施？（略）

5. 板式塔的负荷性能图的意义是什么？在板式塔的负荷性能图中，各条负荷曲线是如何作出的？（略）

6. 板式塔的单板效率和全塔效率的区别在哪里？（略）

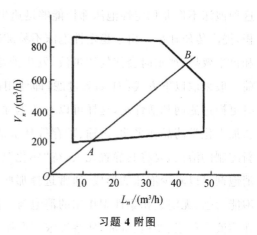

习题 4 附图

7. 哪些因素影响板式塔的降液管液泛？（略）

8. 综合比较板式塔和填料塔的性能特点。（略）

第9章

液 液 萃 取

9.1 概述

9.1.1 液液萃取简介

液液萃取,也称溶剂萃取,即在欲分离的液体混合物中加入一种与其不溶或部分互溶的液体溶剂,经过充分混合,利用混合液中各组分在溶剂中溶解度的差异而实现分离的一种单元操作,简称萃取或抽提。所选用的溶剂称为萃取剂,以 S 表示;萃取剂应对原料液中一个组分有大的溶解性,该易溶组分称为溶质,以 A 表示;对另一组分完全不溶解或部分溶解,该难溶组分称为稀释剂或原溶剂,以 B 表示。

萃取操作的基本流程如图 9-1 所示。将一定的溶剂加到被分离的混合物中,采取措施(如搅拌)使原料液和萃取剂充分混合,溶质通过相界面从混合液向萃取剂中扩散。萃取操作完成后使两液相进行沉降分层,一层以萃取剂 S 为主,并含有较多的溶质 A,称为萃取相,以 E 表示;另一层以原溶剂 B 为主,且含有未被萃取完的溶质 A,称为萃余相,以 R 表示。

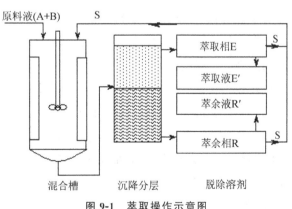

图 9-1 萃取操作示意图

萃取相 E 和萃余相 R 都是均相混合物,为了得到产品 A 并回收萃取剂 S,还需要对这两相分别进行分离。通常采用精馏方法进行分离,有时也可采用结晶或其他化学方法。脱除萃取剂后的萃取相和萃余相分别称为萃取液和萃余液,以 E′ 和 R′ 表示。

对于一种液体混合物,究竟采用何种方法加以分离,主要取决于技术上的可行性和经济上的合理性。一般来说,以下几种情况采取萃取过程较为有利:

(1) 混合液中各组分的沸点非常接近,或者说组分之间的相对挥发度接近于1。

(2) 混合液中的组分能形成恒沸物,用一般的精馏不能得到所需的纯度。

(3) 混合液需分离的组分是热敏性物质,受热易分解、聚合或发生其他化学变化。

(4) 需分离的组分浓度很低且为难挥发组分,用精馏方法需蒸馏出大量稀释剂,能耗很大。

用萃取法分离液体混合物时,混合液中的溶质既可以是挥发性物质,也可以是非挥发性物质(如无机盐类)。当分离溶液中的非挥发性物质时,与吸附离子交换等方法比较,萃取过程处理的是两流体,操作比较方便,常常是优先考虑的方法。当用于分离挥发性混合物时,与精馏比较,整个萃取过程比较复杂,譬如萃取相中萃取剂的回收往往还要应用精馏操作。但萃取过程本身具有常温操作、无相变以及选择适当溶剂可以获得较高的分离能力等优点,在很多的情况下,仍显示出经济上的优势。

9.1.2 液液萃取在工业上的应用

液液萃取作为分离和提纯物质的重要单元操作之一,优点在于常温操作,节省能源,不涉及固体、气体,操作方便,在石油化工、生物化工、精细化工、湿法冶金、环保等领域得到越来越广泛的应用。

1. 液液萃取在石油化工中的应用

随着石油工业的发展,液液萃取已广泛应用于分离和提纯各种有机物质。一般石油化工工业萃取过程分为如下三个阶段:

(1) 混合过程。将一定量的溶剂加入原料液中,采取措施使之充分混合,以实现溶质由原料向溶剂的转移过程;

(2) 沉降分层。分离出萃取相 E 和萃余相 R;

(3) 脱除萃取剂。获得萃取液 E′ 和萃余液 R′,回收的萃取剂循环使用。

例如轻油裂解和铂重整产生的芳烃混合物的分离就是其中的一例,用环丁砜、四甘醇、N-甲基吡咯烷酮为萃取剂,采取 Udex、Shell、Formex 等萃取流程萃取芳烃。用脂类溶剂萃取乙酸,用丙烷萃取润滑油中的石蜡等也得到了广泛的应用。以 $HF-BF_3$ 作萃取剂,从 C_8 馏分中分离二甲苯及其同分异构体。

2. 在生物化工和精细化工中的应用

在生化制药的过程中,会生成很复杂的有机液体混合物,这些物质大多为热敏性混合物。若选择适当的萃取剂进行萃取,可以避免受热损坏,提高有效物质的吸收率。例如青霉素的生产,用玉米发酵得到的含青霉素的发酵液,以乙酸丁脂为萃取剂,经过多次萃取得到青霉素的浓溶液。香料工业中用正丙醇从亚硫酸纸浆废水中提取香兰素,食品工业中用磷酸三丁酯 TBP 从发酵液中萃取柠檬酸。可以说,萃取操作已在制药工业、精细化工中占有重要的地位。

　　3. 湿法冶金中的应用

　　20 世纪 40 年代以来,由于原子能工业的广泛发展,大量的研究工作集中于铀、钍、铜等金属提炼,萃取法几乎完全代替了传统的化学沉淀法。最先在工业上应用成功的例子是以磷酸三丁酯(TBP)提取金属铀,以及用 2-乙基己醇从硼矿石中浸取液中提取硼酸。用 LIX63-65 等螯合萃取剂从铜的浸取剂中提炼铜是 70 年代以来湿法冶金的重要成就之一。近几十年来,由于有色金属使用量的剧增,加上开采的矿石品位的逐年降低,萃取法在这一领域迅速发展起来。目前认为只要价格与铜相当或超过铜的有色金属如钴、镍、锆等等,都应优先考虑溶剂萃取法。有色金属已逐渐成为溶剂萃取应用的领域。

9.1.3　萃取操作的特点

　　(1) 外界加入萃取剂建立两相体系,萃取剂与原料液只能部分互溶,完全不互溶为理想状态。

　　(2) 萃取是一个过渡性操作,E 相和 R 相脱溶剂后才能得到富集 A 或 B 组分的产品。

　　(3) 常温操作,适合于热敏性物系分离,并且显示出节能优势。

　　(4) 三元甚至多元物系的相平衡关系更为复杂,根据组分 B、S 的互溶度采用多种方法描述相平衡关系,其中三角形相图在萃取中应用比较普遍。三元体系的液液相平衡和三角形相图见第 4 章 4.4.3 小节。

9.1.4　萃取的分离效果

　　1. 萃取剂的用量

　　萃取剂用量增大,则萃取相中溶质的浓度降低,萃取效率提高。但用量太大,又会增加回收的负荷。

　　2. 萃取塔的操作

　　在萃取操作中,两相的流速和塔内滞留量对萃取有较大影响。

　　(1) 液泛

　　当萃取塔内两液相的速度增大至某一极限值时,会因阻力的增大而产生两个液相互相夹带的现象,称为液泛。

　　正常操作时,两相速度必须低于液泛速度。在填料萃取塔中,连续相的适宜操作速度一般为液泛速度的 50%～60%。

（2）塔内两相滞留量

连续相在塔内的滞留量应较大，分散相滞留量应较小。

在萃取塔开车时，应注意控制好两相的滞留量。首先将连续相注入塔内，然后开启分散相进口阀，逐渐加大流量至分散相在分层段聚集，两相界面至规定的高度后，才开启分散相的出口阀，并调节流量以使截面高度稳定。

若以轻相为分散相，则控制塔内分层段内两相界面高度；若以重相为分散相，则控制塔底两相界面高度。

9.1.5　萃取剂的选择

选择合适的萃取剂是保证萃取操作能够正常进行且经济合理的关键。萃取剂的选择主要考虑以下因素。

1. 萃取剂的选择性和选择性系数

萃取剂的选择性是指萃取剂 S 对原料液中两个组分溶解能力的差异。若萃取剂 S 对溶质 A 的溶解能力比对原溶剂 B 的溶解能力大得多，即萃取相中 y_A 比 y_B 大得多，萃余相中 x_A 比 x_B 小得多，那么这种萃取剂的选择性就好。

萃取剂的选择性可用选择性系数 β 表示，其定义式为：

$$\beta = \frac{\text{A 在萃取相中的质量分数}}{\text{B 在萃取相中的质量分数}} \Big/ \frac{\text{A 在萃余相中的质量分数}}{\text{B 在萃余相中的质量分数}} = \frac{y_A}{y_B} \Big/ \frac{x_A}{x_B} = \frac{y_A}{x_A} \Big/ \frac{y_B}{x_B} \quad (9\text{-}1)$$

将组分 A 和 B 的分配系数公式 $k_A = y_A / x_A$ 和 $k_B = y_B / x_B$ 代入上式得：

$$\beta = k_A \frac{x_B}{y_B} \quad (9\text{-}1a)$$

或：

$$\beta = k_A / k_B \quad (9\text{-}1b)$$

式中：β 为选择性系数，无因次；y_A，y_B 分别为萃取相 E 中组分 A、B 的质量分数；x_A，x_B 分别为萃余相 R 中组分 A、B 的质量分数；k_A，k_B 分别为组分 A、B 的分配系数。

β 值直接与 k_A 有关，k_A 值愈大，β 值也愈大。凡是影响 k_A 的因素（如温度、浓度）也同样影响 β 值。

由式（9-1b）可知，选择性系数 β 为组分 A、B 的分配系数之比，其物理意义类似蒸馏中的相对挥发度。若 $\beta > 1$，说明组分 A 在萃取相中的相对含量比萃余相中的高，即组分 A、B 得到了一定程度的分离，显然 β 值越大，组分 A、B 的分离也就越容易，相应的萃取剂的选择性也就越高。$\beta = 1$，则 $k_A = k_B$，即 $\frac{y_A}{x_A} = \frac{y_B}{x_B}$，萃取相和萃余相脱溶剂后得到的萃取液 E′ 和萃余液 R′，将具有同样的组成，并与原料液组成一样，故无分离能力，说明所选择的溶剂是不适宜的。$\beta < 1$，即 $k_A < k_B$，分离程度能发生，但溶质组分不是 A 而是 B。萃取剂的选择性高，对溶质的溶解能力大，对于一定的分离任务，可减少萃取剂用量，降低回收溶剂操作的能量消耗，

并且可获得高纯度的产品 A。

由式(9-1)可知,当组分 B、S 完全不互溶时,$y_B = 0$,则选择性系数 β 趋于无穷大,显然这是最理想的情况。

由于选择性系数 β 类似于蒸馏中的相对挥发度 α,所以溶质 A 在萃取液与萃余液中的组成关系也可用类似于蒸馏中的气液平衡方程来表示,即:

$$y_A = \frac{\beta x_A}{1 + (\beta - 1)x_A} \tag{9-2}$$

2. 原溶剂 B 与萃取剂 S 的互溶度

组分 B 与 S 的互溶度影响溶解度曲线的形状和分层区面积。图 9-2 表示了在相同温度下,同一种 A、B 二元料液与不同性能萃取剂 S_1、S_2 所构成的相平衡关系图。图 9-2a 表明 B 和 S_1 互溶度小,分层区面积大,可能得到的萃取液的最高浓度 y'_{max} 较高。所以说,B、S 互溶度愈小,愈有利于萃取分离。

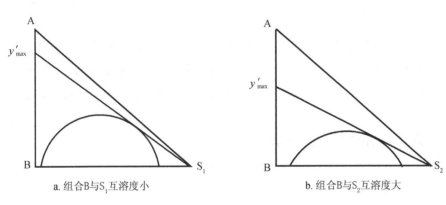

a. 组合 B 与 S_1 互溶度小   b. 组合 B 与 S_2 互溶度大

图 9-2 萃取剂性能与萃取操作的影响

3. 萃取剂回收的难易与经济性

萃取后的 E 相和 R 相,通常以蒸馏的方法进行分离。萃取剂回收的难易直接影响萃取操作的费用,从而在很大程度上决定萃取过程的经济性。因此,要求萃取剂 S 与原料液中组分的相对挥发度要大,不应形成恒沸物。若被萃取的溶质不挥发或挥发度很低时,而 S 为易挥发组分时,则要求 S 的汽化潜热要小,以节省能耗。

萃取剂的萃取能力大,可减少萃取剂的循环量,降低萃取相萃取剂回收费用;萃取剂在被分离混合物中的溶解度小,也可减少萃余相中萃取剂回收的费用。

4. 萃取剂的其他物性

为使两相在萃取器中能较快的分层,要求萃取剂与被分离混合物有较大的密度差,特别是对没有外加能量的设备,较大的密度差可加速分层,提高设备的生产能力。

两液相间的界面张力对萃取操作具有重要影响。萃取物系的界面张力较大时,分散相液滴易聚结,有利于分层,但界面张力过大,则液体不易分散,难以使两相充分混合,反而使萃取效果降低。界面张力过小,虽然液体容易分散,但易产生乳化现象,使两相较难分离。

因此,界面张力要适中。常用物系的界面张力数值可从有关文献中查取。

萃取剂的黏度对分离效果也有重要影响。萃取剂的黏度低,有利于两相的混合与分层,也有利于流动与传质。

此外,选择萃取剂时,还应考虑其他因素,如萃取剂应具有化学稳定性和热稳定性,对设备的腐蚀性要小,来源充分,价格较低廉,不易燃易爆等。

通常,很难找到能同时满足上述所有要求的萃取剂,这就需要根据实际情况加以权衡,以保证满足主要要求。

9.2 萃取过程的计算

萃取操作设备可分为分级接触式和连续接触式两类。本节主要讨论分级接触式萃取过程的计算。

在分级接触式萃取过程计算中,无论是单级还是多级萃取操作,均假设各级为理论级,即离开每级的 E 相和 R 相互为平衡。萃取操作中的理论级概念与蒸馏中的理论塔板相当,一个实际萃取级的分离能力达不到一个理论级,两者的差异用级效率校正。级效率通过实验测定。

9.2.1 单级萃取过程的计算

1. 单级萃取流程

单级萃取是液液萃取中最简单的操作形式,一般用于间歇操作,也可以进行连续操作,如图 9-3 所示。原料液 F 与萃取剂 S 一起加入混合器 1 内,并用搅拌器加以搅拌,使两种液体充分混合,然后将混合液 M 引入分离器 2,经静置后分层,萃取相 E 进入分离器 3,经分离

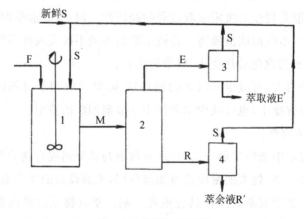

图 9-3 单级萃取流程
1-混合器;2-分层器;3-萃取相分离器;4-萃余相分离器

后获得萃取剂 S 和萃取液 E′；萃余相 R 进入分离器 4，经分离后获得萃取剂 S 和萃余液 R′，分离器 3 和分离器 4 的萃取剂 S 循环使用。

单级萃取操作不能对原料液进行较完全的分离，萃取液 E′浓度不高，萃余液 R′中仍含有较多的溶质 A，但其流程简单，在化工生产中仍广泛采用，特别是当萃取剂分离能力大、分离效果好，或工艺对分离要求不高时，采用此种流程更为合适。为简便起见，假定所有流股的组成均以溶质 A 的含量表示。

2. 单级萃取过程计算

单级萃取操作的计算中，一般已知的条件是：操作条件下的相平衡数据，所需处理的原料液 F 的量及其组成、萃取剂 S 的组成、萃余相 R 的组成。要求计算萃取剂 S 的用量、萃取相 E 的量及其组成、萃余相 R 的量。

（1）原溶剂 B 与萃取剂 S 部分互溶的物系

由于此类物系的相平衡数据难以用简单的函数关系式表达，所以，工程上常采用基于杠杆规则的图解法进行计算。计算步骤如下：

①由已知相平衡数据在三角形相图中作出溶解度曲线，如图 9-4 所示。

②在三角相图的 AB 边上根据原料液的组成 x_F 确定点 F，根据萃取剂的组成确定点 S（若萃取剂是纯溶剂，则点 S 为三角形的顶点），连接点 F、S，则原料液与萃取剂的混合液的组成点 M 必在 FS 线上。

③ 由已知的萃余相的组成 x_R，在相图上确定点 R，再由点 R 利用辅助曲线求出点 E，连接点 R、E，RE 线与 FS 线的交点即为混合液的组成点 M。

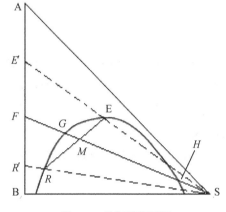

图 9-4　单级萃取图解

④ 由物料衡算和杠杆规则求出 F、E、S 的量。

由总物料衡算：
$$F + S = E + R = M \tag{9-3}$$

按照杠杆规则得：
$$S = F \times \frac{\overline{MF}}{\overline{MS}} \tag{9-4}$$

$$E = M \times \frac{\overline{RM}}{\overline{RE}} \tag{9-5}$$

$$R = M - E \tag{9-6}$$

式中：F、S、E、R 和 M 分别是原料液 F、萃取剂 S、萃取相 E 和萃余相 R 的质量，kg。

若从萃取相 E 和萃余相 R 中脱除全部萃取剂 S，则得到萃取液 E′和萃余液 R′，其组成点分别为 SE、SR 的延长线与 AB 边的交点 E' 和 R'，其组成可由图 9-4 的相图中读出。E' 和 R' 的量也可由杠杆规则求得：

$$E' = F \times \frac{\overline{R'F}}{\overline{R'E'}} \tag{9-7}$$

$$R' = F - E' \tag{9-8}$$

式中：E' 和 R' 分别是萃取液 E′ 和萃余液 R′ 的质量，kg。

以上各式中各线段的长度均可从三角形相图直接读出。

对式(9-3)做溶质 A 的物料衡算，得：

$$Fx_F + Sy_S = Ey_E + Rx_R = Mx_M \tag{9-9}$$

联立式(9-3)和式(9-9)，整理得：

$$S = F \frac{x_F - x_M}{x_M - y_S} \tag{9-10}$$

$$E = M \frac{x_M - x_R}{y_E - x_R} \tag{9-11}$$

同理，可得到的 E′ 和 R′ 的量，即：

$$E' = F \frac{x_F - x_{R'}}{y_{E'} - x_{R'}} \tag{9-12}$$

$$R' = F - E'$$

在单级萃取操作中，对应一定的原料液量，存在两个极限萃取剂用量，在这两个极限用量下，原料液与萃取剂的混合液组成点恰好落在溶解度曲线上，如点 G 和点 H 所示，由于此时混合液只有一个相，故不能起分离作用。此二极限萃取剂用量分别表示能进行萃取分离的最小溶剂用量 S_{min}（与点 G 对应的萃取剂用量）和最大溶剂用量 S_{max}（与点 H 对应的萃取剂用量），其值可由杠杆规则分别计算如下，即：

$$S_{min} = F \times \frac{\overline{FG}}{\overline{GS}} \tag{9-13}$$

$$S_{max} = F \times \frac{\overline{FH}}{\overline{HS}} \tag{9-14}$$

显然，适应的萃取剂用量应介于两者之间，即：

$$S_{min} < S < S_{max}$$

（2）原溶剂 B 与萃取剂 S 不互溶的物系

对于此类物系的萃取，因溶剂只能溶解组分 A，而与组分 B 完全不互溶，故在萃取过程中，仅有溶质 A 的相际传递，溶剂 S 及原溶剂 B 均只分别出现在萃取相及萃余相中，故用质量比表示两相中的组成较为方便。此时溶质在两液相间的平衡关系可以用与吸收中的气液平衡类似的方法表示，即：

$$Y = f(X) \tag{9-15}$$

若在操作范围内，以质量比表示相组成的分配系数 K 为常数，则平衡关系可表示为：

$$Y = KX$$

溶质 A 的物料衡算式为：

$$B(X_F - X_1) = S(Y_1 - Y_S) \tag{9-16}$$

式中：B 为原料液中原溶剂的量，kg 或 kg/h；S 为萃取剂的用量，kg 或 kg/h；X_F、Y_S 分别为原料液和萃取剂中组分 A 的质量比；X_1、Y_1 分别为单级萃取后萃余相和萃取相中组分 A 的质量比。

例 9-1　在 25℃下，以水（S）为萃取剂从乙酸（A）与氯仿（B）的混合液中提取乙酸。已知原料液流量为 1000kg/h，其中乙酸的质量分数为 35%，其余为氯仿。用水量为 800kg/h。操作温度下，E 相和 R 相以质量分数表示的平衡数据列于表 9-1 中。

试求：（1）经单级萃取后 E 相和 R 相的组成及流量；（2）若将 E 相和 R 相中的萃取剂完全脱除，再求萃取液及萃余液的组成和流量；（3）操作条件下的选择性系数 β；（4）若组分 B、S 可视作完全不互溶，且操作条件下以质量比表示相组成的分配系数 $K = 3.4$，要求原料液中溶质 A 的 80% 进入萃取相，则每千克稀释剂 B 需要消耗多少千克萃取剂 S？

表 9-1　例 9-1 附表

氯仿层（R 相）		水　层（E 相）	
乙　酸	水	乙　酸	水
0.00	0.99	0.00	99.16
6.77	1.38	25.10	73.69
17.72	2.28	44.12	48.58
25.72	4.15	50.18	34.71
27.65	5.20	50.56	31.11
32.08	7.93	49.41	25.39
34.16	10.03	47.87	23.28
42.5	16.5	42.50	16.50

解：（1）两相的组成和流量

根据图 9-5，乙酸在原料液中的质量分数为 35%，在 AB 边上确定 F 点，连接点 F、S，按 F、S 的流量用杠杆定律在 FS 线上确定和点 M。

因为 E 相和 R 相的组成均未给出，需借辅助曲线用试差作图法确定通过 M 点的联结线 ER。由图读得两相的组成为：

E 相　　$y_A = 27\%$，$y_B = 1.5\%$，
$\qquad\quad y_S = 71.5\%$

R 相　　$x_A = 7.2\%$，$x_B = 91.4\%$，
$\qquad\quad x_S = 1.4\%$

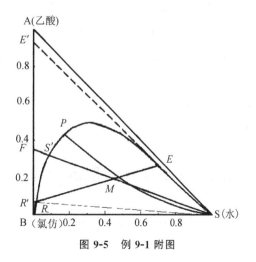

图 9-5　例 9-1 附图

总物料衡算得：$M = F + S = 1000\text{kg/h} + 800\text{kg/h} = 1800\text{kg/h}$

由图量得 $\overline{RM} = 26\text{mm}$ 及 $\overline{RE} = 43\text{mm}$。

E 相的量　　$E = M \times \dfrac{\overline{RM}}{\overline{RE}} = 1800 \times \dfrac{26}{43}\text{kg/h} = 1088\text{kg/h}$

R 相的量　　$R = M - E = 1800\text{kg/h} - 1088\text{kg/h} = 712\text{kg/h}$

(2) 萃取液、萃余液的组成和流量

连接点 S、E，并延长 SE 与 AB 边交于 E'，由图读得 $y_{E'} = 92\%$。

连接点 S、R，并延长 SR 与 AB 边交于 R'，由图读得 $x_{R'} = 7.3\%$。

萃取液和萃余液的流量由式(9-12)及式(9-8)求得，即：

$$E' = F\frac{x_F - x_{R'}}{y_{E'} - x_{R'}} = 1000 \times \frac{35 - 7.3}{92 - 7.3}\text{kg/h} = 327\text{kg/h}$$

$$R' = F - E' = 1000\text{kg/h} - 327\text{kg/h} = 673\text{kg/h}$$

(3) 选择性系数 β

用式(9-1)求得：

$$\beta = \frac{y_A}{x_A} \Big/ \frac{y_B}{x_B} = \frac{27}{7.2} \Big/ \frac{1.5}{91.4} = 228.5$$

由于该物系的氯仿(B)、水(S)互溶度很小，所以 β 值较高，所得到萃取液浓度很高。

(4) 每千克 B 需要的 S 的量

由于组分 B、S 可视作完全不互溶，有关参数计算如下：

$$X_F = \frac{x_F}{1 - x_F} = \frac{0.35}{1 - 0.35} = 0.5385$$

$$X_1 = (1 - \varphi_A)X_F = (1 - 0.8) \times 0.5385 = 0.1077$$

$$Y_S = 0$$

Y_1 与 X_1 呈平衡关系，即：$Y_1 = 3.4X_1 = 3.4 \times 0.1077 = 0.3662$

将有关参数代入式(9-16)，并整理得：

$$S/B = (X_F - X_1)/Y_1 = (0.5385 - 0.1077)/0.3662 = 1.176$$

即每千克原溶剂 B 需要消耗 1.176kg 萃取剂 S。

需要指出，生产中因萃取循环使用，其中会含有少量的组分 A 与 B。同样，萃取液和萃余液中也会含少量 S。在这种情况下，图解计算的原则和方法仍然适用，仅三角形相图中点 S、E'及 R'的位置均在三角形坐标图的均相区内。

9.2.2　多级错流萃取的计算

除了选择性系数极高的物系之外，一般单级萃取所得的萃余相中往往还含有较多的溶质，为进一步降低萃余相中的溶质含量，可采用将多个单级萃取组合的方法，称为多级错流萃取。多级错流萃取流程示意图如图 9-6 所示。

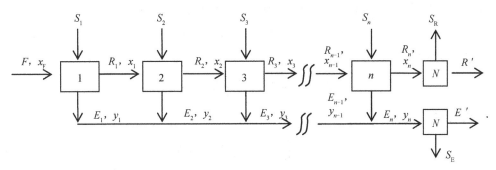

图 9-6　多级错流萃取流程示意图

多级错流萃取操作中，每一级均加入新鲜萃取剂，前级的萃余相进入后级作为原料液，这种操作方式的传质推动力大，只要级数足够多，最终可得到溶质组成很低的萃余相，但萃取剂的用量较多。

多级错流萃取的总萃取剂用量为各级溶剂用量之和，原则上每级萃取剂用量可以相等也可不等。但已证明，当每级萃取剂用量相等时，达到一定分离程度所需的总萃取剂用量最少，故在多级错流萃取操作中，一般各级萃取剂用量均相等。

多级错流萃取设计型计算中，通常已知 F、x_F 及各级萃取剂的用量 S_i，规定最终萃余相组成 x_n，要求计算理论级数。

1. 原溶剂 B 与萃取剂 S 部分互溶时理论级数的计算

对于此类物系，通常也根据三角形相图用图解法进行计算，三级错流萃取图解过程如图 9-7 所示。

若原料液为 A、B 二元溶液，各级均用纯溶剂进行萃取（即 $y_{S,1} = y_{S,2} = \cdots = 0$)，由原料液流量 F 和第一级的溶剂用量 S_1 确定第一级混合液的组成点 M_1，通过 M_1 作联结线 E_1R_1，且由第一级物料衡算可求得 R_1。在第二级中，依 R_1 与 S_2 的量确定混合液的组成点 M_2，过 M_2 作联结线 E_2R_2。如此重复，直到得到的 x_n 达到或低于指定值时为止。所作联结线的数目即所需的理论级数。显然，多级错流萃取的图解法是单级萃取图解的多次重复。

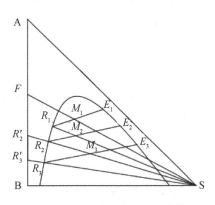

图 9-7　三级错流萃取图解计算

2. 原溶剂 B 与萃取剂 S 完全不互溶时理论级数的计算

设每一级的溶剂用量相等，由于原溶剂 B 与萃取剂 S 不互溶，则各级萃取相中溶剂 S 的量和萃余相中原溶剂 B 的量均可视为常数，萃取相中只有 A、S 两组分，萃余相中只有 B、A 两组分。此时可仿照吸收中组成的表示方法，即以质量比 Y 和 X 表示溶质在萃取相和萃余相中的组成，过程的计算可用直角坐标图解法或解析法进行。

（1）直角坐标图解法

对图 9-6 中的第一萃取级做溶质 A 的质量衡算，得：

$$BX_F + SY_S = BX_1 + SY_1$$

整理上式，得：

$$Y_1 = -\frac{B}{S}X_1 + \left(\frac{B}{S}X_F + Y_S\right) \tag{9-17}$$

·同理，对第 n 萃取级做溶质 A 的质量衡算，得：

$$Y_n = -\frac{B}{S}X_n + \left(\frac{B}{S}X_{n-1} + Y_S\right) \tag{9-18}$$

上式表示离开任一级的萃取相组成 Y_S 与萃余相组成 X_n 之间的关系，称为操作线方程。在 $X-Y$ 直角坐标图上为一条通过点 (X_{n-1}, Y_S)、斜率为 $-\dfrac{B}{S}$ 的直线。根据理论级的假设，离开任一萃取级的 Y_n 与 X_n 处于平衡状态，故点 (X_n, Y_n) 必位于分配曲线上，即点 (X_n, Y_n) 为操作线与分配曲线的交点。于是可在 $X-Y$ 直角坐标图上图解理论级，其步骤如下（图 9-8）：

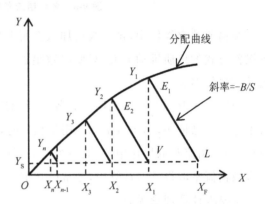

图 9-8　多级错流萃取 $X-Y$ 坐标图解法

①在直角坐标图上作出分配曲线。

②依 X_F 和 Y_S 确定 L 点，以斜率为 $-B/S$ 且通过 L 点作操作线与分配曲线交于 E_1。此 E_1 点坐标即表示离开第一级的萃取相 E_1 与萃余相 R_1 的组成 Y_1 及 X_1。

③ 过 E_1 作垂直线与 $Y = Y_S$ 相交于 $V(X_1, Y_S)$，因各级萃取剂用量相等，过 V 点作与线段 LE_1 相平行的平行线与分配曲线交于 E_2，此 E_2 点坐标即表示离开第二级的萃余相 R_2 与萃取相 E_2 的组成 (X_2, Y_2)。

依此类推，直至萃余相组成 X_n 等于或低于指定值为止。重复作出的操作线数目即为所需的理论级数 n。

若各级萃取剂用量不相等，则各条操作线不相平行。如果溶剂中不含溶质，$Y_S = 0$，则 L、V 等点都落在 X 轴上。

（2）解析法

若在操作范围内，以质量比表示相组成时的分配系数 K 为常数，则平衡关系可表示为：

$$Y = KX$$

即分配曲线为通过原点的直线。在此情况下，理论级数的求算除可采用前述的图解法外也可采用解析法。

流程图中第一级的相平衡关系为：

$$Y_1 = KX_1$$

将上式代入物料衡算式(9-17)可得：

$$X_1 = \frac{X_F + \dfrac{S}{B}Y_S}{1 + \dfrac{KS}{B}} \tag{9-19a}$$

令 $KS/B = A_m$，则上式变为：

$$X_1 = \frac{X_F + \dfrac{S}{B}Y_S}{1 + A_m} \tag{9-19b}$$

式中：A_m 为萃取因子，对应于吸收中的脱吸因子。

同理，得到第二级的 X_2：

$$X_2 = \frac{X_F + \dfrac{S}{B}Y_S}{(1 + A_m)^2} + \frac{\dfrac{S}{B}Y_S}{1 + A_m} \tag{9-19c}$$

依此类推，对第 n 级则有：

$$X_n = \frac{X_F + \dfrac{S}{B}Y_S}{(1 + A_m)^n} + \frac{\dfrac{S}{B}Y_S}{(1 + A_m)^{n-1}} + \frac{\dfrac{S}{B}Y_S}{(1 + A_m)^{n-2}} + \cdots + \frac{\dfrac{S}{B}Y_S}{1 + A_m} \tag{9-20}$$

或：

$$X_n = \left(X_F - \frac{Y_S}{K}\right)\left(\frac{1}{1 + A_m}\right)^n + \frac{Y_S}{K} \tag{9-20a}$$

整理得：

$$n = \ln\left[\frac{X_F - \dfrac{Y_S}{K}}{X_n - \dfrac{Y_S}{K}}\right] \Big/ \ln(1 + A_m) \tag{9-21}$$

9.2.3　多级逆流萃取的计算

多级逆流接触萃取操作一般是连续的，其分离效率高，溶剂用量少，故在工业中得到广泛的应用。图 9-9 为多级逆流萃取操作流程示意图。

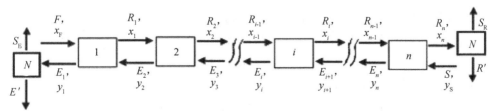

图 9-9　多级逆流萃取流程示意图

原料液从第 1 级进入系统,依次经过各级萃取,成为各级的萃余相,其溶质组成逐渐下降,最后从第 n 级流出;萃取剂则从第 n 级进入系统,依次通过各级与萃余相逆向接触,进行多次萃取,其溶质组成逐级提高,最后从第 1 级流出。最终的萃取相与萃余相可在溶剂回收装置中脱除萃取剂得到萃取液与萃余液,脱除的萃取剂返回系统循环使用。

在多级逆流萃取操作中,原料液的流量 F 和组成 x_F、最终萃余相溶质组成 x_n 均由工艺条件规定,萃取剂用量 S 和组成 y_S 由经济因素而选定,要求萃取所需的理论级数。

1. 原溶剂 B 与萃取剂 S 部分互溶时理论级数的计算

对于原溶剂 B 与萃取剂 S 部分互溶的物系,多级逆流萃取操作的理论级数常在三角形相图上用图解法计算。图解计算步骤如下,参见图 9-10。

①根据操作条件的平衡数据在三角形坐标图上绘出溶解度曲线和辅助曲线。

②根据原料液和萃取剂的组成,在图上定出 F 和 S 两点的位置(图中采用纯溶剂),再由溶剂比 S/F 在 FS 连线上定出点 M 的位置。

③由规定的最终萃余相组成 x_n 在相图上确定点 R_n,联点 R_n、M 并延长 R_nM 与溶解度曲线交于点 E_1,此点即为离开第 1 级的萃取相组成点。

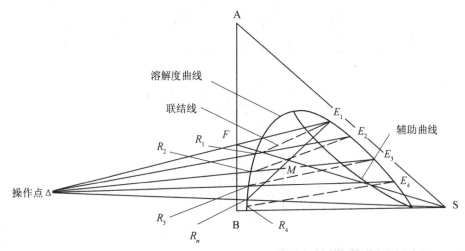

图 9-10　多级逆流萃取理论级图解计算

根据杠杆规则,计算最终萃余相及萃取相的流量,即:

$$E_1 = M \times \frac{\overline{MR_n}}{\overline{R_nE_1}} \qquad R_n = M - E_1$$

④利用平衡关系和物料衡算,用图解法求理论级数。

在图 9-10 所示的第 1 级与第 n 级之间做物料衡算得:

$$F + S = R_n + E_1$$

对第 1 级做总物料衡算得:

$$F + E_2 = E_1 + R_1 \quad 或 \quad F - E_1 = R_1 - E_2$$

对第 2 级做总物料衡算得:

$$R_1 + E_3 = E_2 + R_2 \quad \text{或} \quad R_1 - E_2 = R_2 - E_3$$

依此类推,对第 n 级做总物料衡算得:

$$R_{n-1} + S = E_n + R_n \quad \text{或} \quad R_{n-1} - E_n = R_n - S$$

由上面各式可知:

$$F - E_1 = R_1 - E_2 = R_2 - E_3 = \cdots = R_i - E_{i+1} = \cdots = R_{n-1} - E_n = R_n - S = \Delta$$

$$(9\text{-}22)$$

式(9-22)表明离开任一级的萃余相 R_i 与进入该级的萃取相 E_{i+1} 之差为常数,以 Δ 表示。Δ 可视为通过每一级的"净流量"。Δ 是虚拟量,其组成在图 9-10 的三角形相图上用 Δ 点表示。由式(9-22)可知,Δ 点为各条操作线的共有点,称为操作点。显然,Δ 点分别为 F 与 E_1、R_1 与 E_2、R_2 与 E_3、$\cdots\cdots$ R_{n-1} 与 E_n、R_n 与 S 诸流股的差点,故可任意延长两操作线,其交点即为 Δ 点。通常由 FE_1 与 SR_n 的延长线交点来确定 Δ 点的位置。

交替地应用操作关系和平衡关系,便可求出所需的理论级数。

需要指出,Δ 点的位置与联结线的斜率、原料液的流量 F 和组成 x_F、萃取剂用量 S 及组成 y_S、最终萃余相组成 x_n 等参数有关,可能位于三角形左侧,也可位于右侧。若其他条件一定,则 Δ 点的位置由溶剂比(S/F)决定。

2. 原溶剂 B 与萃取剂 S 不互溶时理论级数的计算

原溶剂 B 与萃取剂 S 不互溶时,多级逆流萃取操作过程与气体解吸过程十分相似,计算方法也大同小异。根据平衡关系情况,可用图解法或解析法求解理论级数。

(1) 在 X-Y 直角坐标图中的图解法

在操作条件下,若分配曲线不为直线,一般在 X-Y 直角坐标图中用图解法进行萃取计算较为方便。具体步骤如下(图 9-11):

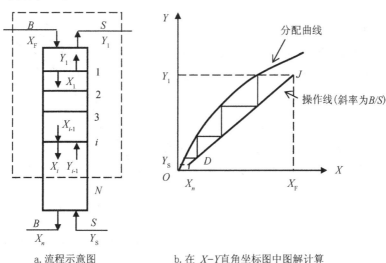

a. 流程示意图　　　　b. 在 X-Y 直角坐标图中图解计算

图 9-11　B 与 S 不互溶时多级逆流萃取的图解计算

①由平衡数据在 X-Y 直角坐标上绘出分配曲线。

②在 X-Y 坐标上作出多级逆流萃取操作线。

在图 9-11 中的第 1 级至第 i 级之间对溶质做物料衡算,得:

$$BX_F + SY_{i+1} = BX_i + SY_1 \qquad (9-23)$$

或:

$$Y_{i+1} = \frac{B}{S}X_i + \left(Y_1 - \frac{B}{S}X_F\right) \qquad (9-23a)$$

式中: X_i 为离开第 i 级萃余相中溶质的质量比,kg(A)/kg(B); Y_{i+1} 为离开第 $i+1$ 级萃取相中溶质的质量比,kg(A)/kg(S)。

式(9-23a)为多级逆流萃取操作线方程。由于 B 与 S 不互溶,通过各级的 B/S 均为常数,故该式为直线方程式,斜率为 B/S,两端点为 $J(X_F,Y_1)$ 和 $D(X_n,Y_S)$。若 $Y_S=0$,则此操作线下端为 $(X_n,0)$。将式(9-23a)绘在 X-Y 坐标上,即得操作线 DJ。

③从 J 点开始,在分配曲线与操作线之间画阶梯,阶梯数即为所需理论级数。

(2)解析法求理论级数

当分配曲线为通过原点的直线时,由于操作线也为直线,萃取因子 $A_m\left(=\dfrac{KS}{B}\right)$ 为常数,用下式求解理论级数,即:

$$n = \frac{1}{\ln A_m}\ln\left[\left(1-\frac{1}{A_m}\right)\frac{X_F - \dfrac{Y_S}{K}}{X_n - \dfrac{Y_S}{K}} + \frac{1}{A_m}\right] \qquad (9-24)$$

3.溶剂比和萃取剂的最小用量

在萃取操作中用溶剂比 $\left(\dfrac{S}{F}\right)$ 来表示萃取剂用量对设备费和操作费的影响。如图 9-12 所示,当溶剂比减少时,操作线向分配曲线靠拢,达到同样分离要求所需的理论级数逐渐增加。当溶剂比减少至一定值时,操作线和分配曲线相切,相切点为 e 点,所需的理论级数为无穷多,此溶剂比称为最小溶剂比 $(S/F)_{min}$,相应的萃取剂用量称为最小溶剂用量,以 S_{min} 表示。显然 S_{min} 为萃取操作中溶剂用量的最低极限值,实际操作中萃取剂的用量必需大于此极限值。

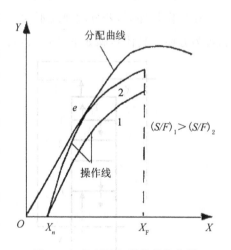

图 9-12 溶剂比与操作线的位置

溶剂用量的大小是影响设备费和操作费的主要

因素。完成同样的分离任务,若加大溶剂比,则所需的理论级数可以减少,但回收溶剂所消耗的能量增加;反之,S/F 愈小,所需的理论级数愈大,而回收所需的能量愈少。因此,应根据经济效益来确定适宜的溶剂比。适宜的溶剂用量应根据设备费与操作费之和最小的原则

确定,一般取最小溶剂用量的 1.1~2.0 倍,即:

$$S=(1.1\sim2.0)S_{min} \tag{9-25}$$

对于 B 和 S 不互溶的物系,图 9-12 中的操作线变成直线。用 δ 代表操作线的斜率,即 δ=B/S。当 B 值一定时,δ 随萃取剂用量 S 而变。S 越小,δ 越大,操作线越靠近分配曲线。当操作线与分配曲线相交时,δ 值达到最大,即 δ_{max},对应的 S 为最小值 S_{min}。S_{min} 值按下式确定,即:

$$S_{min} = \frac{B}{\delta_{max}} \tag{9-26}$$

9.2.4　连续逆流萃取的计算

在化工生产过程中,萃取操作通常是在塔设备中两相流体呈连续逆流流动实现溶质从一相转入另一相的传质过程,流程如图 9-13 所示。一般较重的一相流体(称为重相,如原料液),从塔顶加入在塔内向塔底流动,较轻的一相流体(称为轻相,如萃取剂),从塔底引入向塔顶流动,两相连续接触,进行传质,轻相从塔顶排出为萃取相,重相从塔底排出则是萃余相。(若原料液为轻相而萃取剂为重相时,情况就相反。)

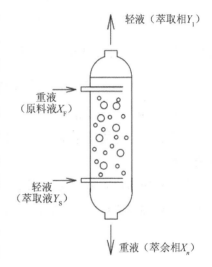

图 9-13　喷洒塔中连续逆流萃取

图示的塔式萃取操作与多级逆流萃取操作不同,塔内溶质在其流动方向上的浓度变化是连续的,需用微分方程描述塔内物质的质量守恒规律,故该类塔式萃取又称微分萃取。

塔式微分设备的计算和气液传质设备一样,主要确定塔径和塔高两个基本尺寸。塔径的尺寸取决于两液相的流量及适宜的操作速度;塔高的计算有两种方法,即理论级当量高度法及传质单元法。

1. 理论级当量高度法

理论级当量高度是指相当于一个理论级萃取效果的塔段高度,用 $HETS$ 表示。根据下式确定塔的萃取段有效高度,即:

$$H=n \cdot HETS \tag{9-27}$$

式中:h 为萃取段的有效高度,m;n 为逆流萃取所需的理论级数;$HETS$ 为理论级的当量高度,m。

理论级数 n 反映萃取过程要求达到的分离程度。$HETS$ 是衡量传质效率的指标,若传质速率愈快,塔的效率愈高,则相应的 $HETS$ 值愈小。$HETS$ 值与设备型式、物系性质和操作条件有关,一般需要通过实验确定。对某些物系,可以用萃取专著所推荐的经验公式估算。

　　2. 传质单元法

　　与吸收操作中填料层高度计算方法相似,萃取段的有效高度可用传质单元法计算。

　　假设组分 B 与 S 完全不互溶,则用质量比组成进行计算比较方便。再若溶质组成较稀时,在整个萃取段内体积传质系数 $K_x a$ 可视为常数,则萃取段的有效高度可用下式计算,即:

$$H = \frac{B}{K_x a \Omega} \int_{X_n}^{X_F} \frac{\mathrm{d}X}{X - X^*} \tag{9-28}$$

　　或:

$$H = H_{OR} N_{OR} \tag{9-28a}$$

式中:H_{OR} 为萃余相的总传质单元高度,m,$H_{OR} = \frac{B}{K_x a \Omega}$;$K_x a$ 为以萃余相中溶质的质量比组成为推动力的总体积传质系数,$kg/(m^3 \cdot h)$;N_{OR} 为萃余相的总传质单元数,$N_{OR} = \int_{X_n}^{X_F} \frac{\mathrm{d}X}{X - X^*}$;$X$ 为萃余相中溶质的质量比;X^* 为与萃取相相平衡的萃余相中溶质的质量比;Ω 为塔的横截面积,m^2。

　　萃余相的总传质单元高度 H_{OR} 或总体积传质系数 $K_x a$ 由实验测定,也可从萃取专著或手册中查得。

　　萃余相中的传质单元数可用图解积分法求得;当分配曲线为直线时,又可用对数平均推动力或萃取因数法求得。萃取因数法计算式为:

$$N_{OR} = \frac{1}{1 - \frac{1}{A_m}} \ln \left[\left(1 - \frac{1}{A_m} \right) \frac{X_F - \frac{Y_S}{K}}{X_n - \frac{Y_S}{K}} + \frac{1}{A_m} \right] \tag{9-29}$$

　　同理,也可仿照上法对萃取相写出相应的计算式。

　　例 9-2　　在塔径为 50mm、有效高度为 1m 的填料萃取实验塔中,用纯溶剂 S 萃取水溶液中的溶质 A。水与溶剂可视作完全不互溶。原料液中组分 A 的组成为 0.15(质量分数,下同),要求最终萃余相中溶质的组成不大于 0.002。操作溶剂比(S/B)为 2,溶剂用量为 67.3kg/h。操作条件下平衡关系为:$Y = 1.6X$。试求萃余相的总传质单元数和总体积传质系数。

　　解:(1) 总传质单元数

　　① 用对数平均推动力法求 N_{OR}

$$X_F = \frac{0.15}{0.85} = 0.1765, X_n = \frac{0.002}{0.998} = 0.002$$

$$Y_S = 0, Y_1 = \frac{B(X_F - X_n)}{S} = \frac{0.1765 - 0.002}{2} = 0.08725$$

$$X_1^* = \frac{Y_1}{K} = \frac{0.08725}{1.6} = 0.05453$$

$$\Delta X_1 = X_F - X_1^* = 0.1765 - 0.05453 = 0.122$$

$$\Delta X_2 = X_n - X_2^* = 0.002 - 0 = 0.002$$

$$\Delta X_m = \frac{\Delta X_1 - \Delta X_2}{\ln(\Delta X_1 / \Delta X_2)} = \frac{0.122 - 0.002}{\ln 0.122 / 0.002} = 0.02919$$

$$N_{OR} = \int_{X_n}^{X_F} \frac{\mathrm{d}X}{X - X^*} = \frac{X_F - X_n}{\Delta X_m} = \frac{0.1765 - 0.002}{0.02919} = 5.98$$

② 用萃取因子法求 N_{OR}

$$A_m = \frac{KS}{B} = 1.6 \times 2 = 3.2$$

$$N_{OR} = \frac{1}{1 - \frac{1}{A_m}} \ln\left[\left(1 - \frac{1}{A_m}\right)\frac{X_F - \frac{Y_S}{K}}{X_n - \frac{Y_S}{K}} + \frac{1}{A_m}\right] = \frac{1}{1 - \frac{1}{3.2}} \ln\left[\left(1 - \frac{1}{3.2}\right)\frac{0.1765}{0.002} + \frac{1}{3.2}\right] = 5.98$$

（2）总体积传质系数 $K_x \alpha$

$$H_{OR} = \frac{h}{N_{OR}} = \frac{1}{5.98}\mathrm{m} = 0.1672\mathrm{m}$$

$$B = S/2 = 67.3/2\mathrm{kg/h} = 33.65\mathrm{kg/h}$$

$$K_x a = \frac{B}{H_{OR}\Omega} = \frac{33.65}{0.1672 \times \frac{\pi}{4} \times 0.05^2}\mathrm{kg/(m^3 \cdot h)} = 1.025 \times 10^5 \mathrm{kg/(m^3 \cdot h)}$$

9.3　液液萃取设备

9.3.1　液液萃取设备的分类

和气液传质过程类似,在液液萃取过程中,要求在萃取设备内能使两相密切接触并伴有较高程度的湍动,以实现两相之间的质量传递;而后,又能较快地分离。但是,由于液液萃取中两相间的密度差较小,实现两相的密切接触和快速分离要比气液系统困难得多。为了适应这种特点,出现了多种结构型式的萃取设备。

目前,工业所采用的各种类型设备已超过 30 种,而且还在不断开发出新型萃取设备。根据两相的接触方式,萃取设备可分为逐级接触式和微分接触式两大类;根据有无外功输入,又可分为有外能量和无外能量两种。工业上常用萃取设备的分类情况见表 9-1。

表 9-1　萃取设备分类

流体分散的动力		逐级接触式	微分接触式
重力差		筛板塔	喷洒塔；填料塔
外加能量	脉冲	脉冲混合-澄清器	脉冲填料塔；液体脉冲筛板塔
	旋转搅拌	混合-澄清器； 夏贝尔(Scheibel)塔	转盘塔（RDC）；偏心转盘塔（ARDC）；库尼（Kühni)塔
	往复搅拌		往复筛板塔
	离心力	芦威式离心萃取器	波德式离心萃取器

本节简要介绍一些典型的萃取设备及其操作特性。

9.3.2　分级接触萃取器

1. 混合-澄清器

混合-澄清器是最早使用而且目前仍广泛用于工业生产的一种典型逐级接触式萃取设备。它可单级操作，也可多级组合操作。每个萃取级均包括混合器和澄清器两个主要部分，典型的单级混合-澄清器如图 9-14 所示。

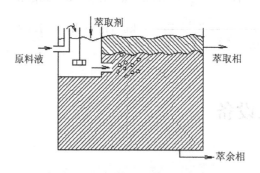

图 9-14　混合器与澄清器组合装置

为了使不互溶液体中的一相被分散成液滴而均匀分散到另一相中，以加大相际接触面积并提高传质速率，混合槽中通常安装搅拌装置，也可用静态混合器、脉冲或喷射器来实现两相的充分混合。

澄清器的作用是将已接近平衡状态的两液相进行有效的分离。对于易澄清的混合液，可以依靠两相间的密度差进行重力沉降(或升浮)。对于难分离的混合液，可采用离心式澄清器(如旋液分离器、离心分离机)加速两相的分离过程。

操作时，被处理的混合液和萃取剂首先在混合槽内充分混合，再进入澄清器中进行澄清分层。为了达到萃取的工艺要求，既要使分散相液滴尽可能均匀地分散于另一相之中，又要使两相有足够的接触时间。但是，为了避免澄清设备尺寸过大，分散相的液滴不能太小，更不能生成稳定的乳状液。

混合-澄清器可以单级使用,也可以多级串联使用。图 9-15 所示为水平排列的三级逆流混合-澄清萃取装置示意图。

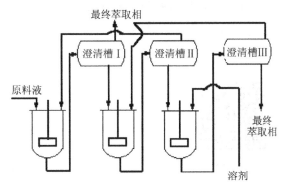

图 9-15 三级逆流混合-澄清萃取设备

混合-澄清器的优点有:①处理量大,传质效率高,一般单级效率可达 80% 以上;②设备结构简单,易于放大,操作方便,运转稳定可靠,适应性强;③两液相流量比范围大,流量比达到 1/10 时仍能正常操作;④易实现多级连续操作,便于调节级数。

混合-澄清器的缺点有:水平排列的设备占地面积大;溶剂储量大;每级内都设有搅拌装置;液体在级间流动需输送泵;设备费和操作费都较高。

2. 塔式萃取设备

通常将高径比很大的萃取装置统称为塔式萃取设备,简称萃取塔。为了获得满意的萃取效果,塔设备应具有分散装置,以提供两相间较好的混合条件。同时,塔顶、塔底均应有足够的分离段,能使两相很好地分层。由于两相混合和分离所采用的措施不同,出现了不同结构型式的萃取塔。下面介绍几种工业上常用的萃取塔。

(1)喷洒塔

在塔式萃取设备中,喷洒塔是结构最简单的一种,如图 9-16 所示,塔体内除各流股物料进出的联接管和分散装置外,别无其他的构件。操作时除选择轻相为分散相外,在某些情况下,也将重相作为分散相,即重相经塔顶的分布装置分散为液滴进入萃取塔,与作为连续相的轻相进行传质。

喷洒塔结构简单,但由于轴向返混严重,传质效率极低,喷洒塔主要用于只需一两个理论级的场合,如用作水洗、中和与处理含有固体的悬浮物系。

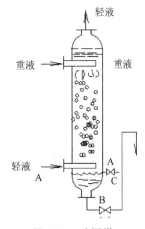

图 9-16 喷洒塔

(2)填料萃取塔

用于萃取的填料塔与用于气液传质过程的填料塔结构上基本相同,即在塔体内支撑板上充填一定高度的填料层,如图 9-17 所示。萃取操作时,连续相充满整个塔中,分散相以液滴状通过连续相。为防止液滴在填料入口处聚结和出现液泛,轻相入口管应在支撑板之上

25～50mm 处。选择填料材质时,除考虑料液的腐蚀性外,还应使填料只能被连续相润湿而不被分散相润湿,以利于液滴的生成和稳定。一般陶瓷易被水相润湿,塑料和石墨易被有机相润湿,金属材料则需通过实验确定。填料萃取塔见二维码。

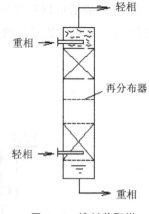

填料萃取塔二维码

图 9-17　填料萃取塔

填料层的作用除可以使液滴不断发生凝聚与再分散,以促进液滴的表面更新外,还可以减少轴向返混。填料塔结构简单,操作方便,适用于处理腐蚀性物料,缺点是传质效率低。一般用于所需理论级数较少(如 3 个萃取理论级数)的场合。

为了提高传质效率,可向填料塔提供外加脉动能量造成液体脉动,构成脉动填料萃取塔。

(3) 筛板萃取塔

筛板塔的结构如图 9-18、图 9-19 所示,塔体内装有若干层筛板,筛孔直径比气液传质的孔径要小。筛板萃取塔见二维码。工业中所用的孔径一般为 3～9mm,孔距为孔径的 3～4 倍,板间距为 150～600mm。如果选轻相为分散相(如图 9-19 中所示),则其通过塔板上的筛孔而被分散成细滴,与塔板上的连续相密切接触后便分层凝聚,并聚结于上层筛板的下面,然后借助压强

筛板萃取塔
二维码

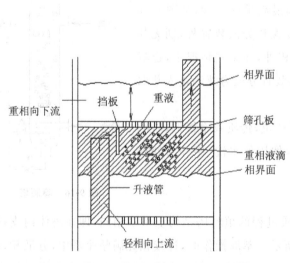

图 9-18　筛孔板结构示意图(重相为分散相)

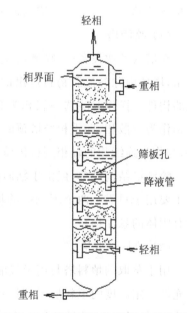

图 9-19　筛板萃取塔(轻相为分散相)

差的推动,再经筛孔而分散。重液相经降液管流至下层塔板,水平横向流到筛板另一端降液管。两相如是依次反复进行接触与分层,便构成逐级接触萃取。如果选择重相为分散相,则应使轻相通过升液管进入上层塔板,如图9-18所示。

筛板萃取塔由于塔板的限制,减小了轴向返混,同时由于分散相的多次分散和聚集,液滴表面不断更新,使筛板萃取塔的效率比填料塔有所提高,再加上筛板塔结构简单,造价低廉,可处理腐蚀性料液,因而应用较广。如芳烃抽提中应用筛板塔效果较好。

(4) 脉冲筛板塔

脉冲筛板塔也称液体脉动筛板塔,是指由于外力作用使液体在塔内产生脉冲运动的筛板塔,其结构与气液系统中无溢流管的筛板塔类似,如图9-20所示。操作时,轻、重液体皆穿过筛板而逆向流动,分散相在筛板之间不凝聚分层。使液体产生脉冲运动的方法有许多种,其中,活塞型、膜片型、风箱型脉冲发生器是常用的机械脉冲发生器。近年来,空气脉冲技术发展较快。在脉冲筛板塔内,脉冲振幅的范围为9~50mm,频率为30~200/min。根据研究结果和生产实践证明,萃取效率受脉动频率影响较大,受振幅影响较小。经验认为较高的频率和较小的振幅萃取效果较好。如脉动过于激烈,会导致严重的轴向返混,传质效率反而降低。

脉冲萃取塔的优点是结构简单,传质效率高,但其生产能力一般有所下降,在化工生产中的应用受到一定限制。

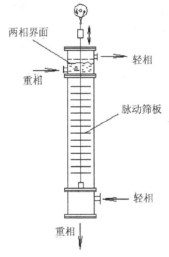

图9-20 脉冲筛板塔

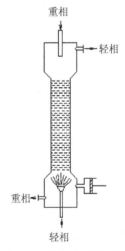

图9-21 往复筛板萃取塔

(5) 往复筛板萃取塔

往复筛板萃取塔见二维码。往复筛板萃取塔的结构如图9-21所示,将若干层筛板按一定间距固定在中心轴上,由塔顶的传动机构驱动而作往复运动。往复振幅一般为3~50mm,频率可达100/min。当筛板向上运动时,迫使筛板上侧的液体经筛孔向下喷射;反之,当筛板向下运动时,迫使筛板下侧的液体向上喷射。为防止液体沿筛板与塔壁间的缝隙走短路,应每隔

往复筛板萃取
塔二维码

若干块筛板,在塔内壁设置一块环形挡板。

往复筛板萃取塔的效率与塔板的往复频率密切相关。当振幅一定时,在不发生液泛的前提下,效率随频率的增大而提高。

往复筛板萃取塔可较大幅度地增加相际接触面积和提高液体的湍动程度,传质效率高,流动阻力小,操作方便,生产能力大,在石油化工、制药和湿法冶金工业中应用日益广泛。

（6）转盘萃取塔（RDC 塔）

转盘萃取塔的基本结构如图 9-22 所示,在塔体内壁面上按一定间距装有若干个环形挡板,称为固定环,固定环将塔内分割成若干个小空间,两固定环之间均装一转盘。转盘固定在中心轴上,转轴由塔顶的电机驱动。转盘的直径小于固定环的内径,以便于装卸。转盘萃取塔见二维码。

转盘萃取塔二维码

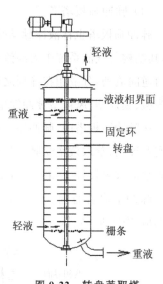

轻液
液液相界面
重液
固定环
转盘
轻液
栅条
重液

图 9-22　转盘萃取塔

萃取操作时,转盘随中心轴高速旋转,其在液体中产生的剪应力将分散相破裂成许多细小的液滴,在液相中产生强烈的涡漩运动,从而增大了相际接触面积和传质系数。同时固定环的存在在一定程度上抑制了轴向返混,因而转盘萃取塔的传质效率较高。

转盘萃取塔结构简单,传质效率高,生产能力大,因而在石油化工中应用比较广泛。近年来开发的不对称转盘塔（又称偏心转盘塔）,由于其对物系的适应性强,萃取效率高,得到了广泛的应用。

9.3.3　离心萃取器

离心萃取器是利用离心力使两相快速充分混合并快速分离的萃取装置。至今,已经开发出多种类型的离心萃取器,广泛应用于制药、香料生产、染料生产、废水处理、核燃料处理等领域。

离心萃取器有多种分类方法,按两相接触方式可分为微分接触式和逐级接触式。

1. 芦威式（Luwesta）离心萃取器

芦威式离心萃取器简称 LUWE 离心萃取器,它是立式逐级接触离心萃取器的一种。图 9-23 所示为三级离心萃取器,其主体是固定在壳体上并随之作高速旋转的环形盘。壳体中央有固定不动的垂直空心轴,轴上也装有圆形盘,盘上开有若干个液体喷出孔。芦威式离心萃取器见二维码。

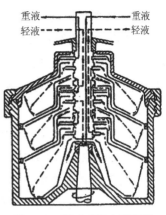

图 9-23 芦威式离心萃取器

芦威式离心萃取器二维码

被处理的原料液和萃取剂均由空心轴的顶部加入。重液相沿空心轴的通道下流至器的底部,二级进入第三级的外壳内,轻液相由空心轴的通道流入第一级,两相均由萃取器顶部排出。此种萃取器也可由更多的级组成。

这种类型的萃取器主要应用于制药工业中,其处理能力为 7.6(相当于三级离心机)～49m³/h(相当于单级离心机),在一定操作条件下,级效率可接近 100%。

2. 波德式离心萃取器

波德式(Podbielniak)离心萃取器亦称离心薄膜萃取器,简称 POD 离心萃取器,是一种微分接触式的萃取设备,其结构如图 9-24 所示。由一水平转轴和随其高速旋转的圆形转鼓以及固定的外壳组成。操作时轻、重液体分别由转鼓外缘和转鼓中心引入,两相在逆向流动过程中,与螺旋形通道内密切接触进行传质。它适合于处理两相密度差很小或易乳化的物质(例如青霉素的萃取)。波德式离心萃取器传质效率很高,其理论级数可达 3～12。波德式离心萃取器见二维码。

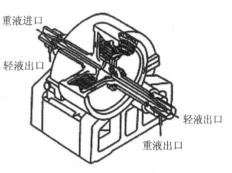

图 9-24 波德式离心萃取器

波德式离心萃取器二维码

波德式离心萃取器的优点是结构紧凑、生产强度高、物料停留时间短、分离效果好,特别适用于轻重两相密度差很小、难于分离、易产生乳化及要求物料停留时间短、处理量小的场合。但离心萃取器的结构复杂、制造困难、操作费高,使其应用受到一定限制。

9.3.4 萃取设备的选择

各种不同类型的萃取设备具有不同的特性,萃取过程中物系性质对操作的影响错综复杂。对于具体的萃取过程,选择适宜设备的原则是:首先满足工艺条件和要求,然后进行经济核算,使设备费和操作费总和趋于最低。萃取设备的选择,应考虑如下一些因素:

1. 需要的理论级数

当所需的理论级不大于 2 级～3 级时,各种萃取设备都可满足要求;当所需的理论级较多(如大于 4 级～5 级)时,可选用筛板塔;当所需的理论级再多(如 10 级～20 级)时,可选用有外加能量的设备,如混合-澄清器、脉冲塔、转盘塔、往复筛板塔等。

2. 生产能力

对中、小生产能力,可选填料塔、脉冲塔;处理量较大时,可选转盘塔、筛板塔及混合-澄清器。离心萃取器的处理能力也相当大。

3. 物系的物理性质

对界面张力较小、密度差较大的物系,可选用无外加能量的设备;相反,要选用有外加能量的设备;对密度差甚小、界面张力大、易乳化的难分层物系,应选离心萃取器。

对有较强腐蚀性的物系,应选用结构简单的填料塔和脉冲填料塔。对放射性元素的提取,脉冲塔和混合-澄清器用得较多。若物系中有固体悬浮物或在操作中产生沉淀物时,需定期停工清洗,一般可选用转盘萃取塔或混合-澄清器。另外,往复筛板塔和液体脉动筛板塔有一定自清洗能力,在某些场合也可考虑选用。

4. 物系的稳定性和液体在设备中的停留时间

在生产中要考虑物料的稳定性,对要求在萃取设备内停留短的物系,如抗菌素的生产,选用离心萃取器为宜;反之,如萃取物系中伴有缓慢的化学反应,要求有足够的反应时间,则选用混合-澄清器较适宜。

5. 其他

在选用萃取设备时,还需考虑其他一些因素。例如,能源供应情况,在电力供应紧张的地区,应尽可能采用依靠重力流动的萃取设备;当厂房地面受到限制时,宜选用塔式设备;而当厂房高度受到限制时,应选用混合-澄清器。

选择设备时应考虑的各种因素列于表 9-3。

表 9-3　萃取设备的选择

考虑因素	设备类型	喷洒塔	填料塔	筛板塔	转盘塔	往复筛板脉动筛板	离心萃取器	混合-澄清器
工艺条件	理论级多	×	△	△	○	○	△	△
	处理量大	×	×	△	○	×	△	○
	两相流比大	×	×	×	△	△	○	○
物系性质	密度差小	×	×	×	△	△	○	△
	黏度高	×	×	×	△	△	○	△
	界面张力大	×	×	×	△	△	○	△
	腐蚀性强	○	○	△	△	△	×	×
	有固体悬浮物	○	×	○	○	△	×	△

考虑因素	设备类型	喷洒塔	填料塔	筛板塔	转盘塔	往复筛板脉动筛板	离心萃取器	混合-澄清器
设备费用	制造成本	○	△	△	△	△	×	△
	操作费用	○	○	○	△	△	×	×
	维修费用	○	○	×	△	△	×	△
安装场地	面积有限	○	○	○	○	○	○	×
	高度有限	×	×	×	△	△	○	○

注：○表示适用；△表示可以；×表示不适用

▶▶▶▶ 拓展内容 ◀◀◀◀

9.4　新型萃取技术

现代化学工业的发展,尤其是各类产品的深度加工、生物制品的精细分离、资源的综合利用、环境污染的深度治理等都对分离提纯技术提出了更高的要求。为适应各类工艺过程的需要,又出现了其他一些萃取分离技术,诸如超临界流体萃取、回流萃取、双溶剂萃取、双水相萃取、液膜萃取、反向胶团萃取、凝胶萃取、膜萃取和化学萃取,这些萃取分离技术都有其各自的优点。

9.4.1　超临界流体萃取

超临界流体萃取简称为超临界萃取,又称为压力流体萃取、超临界气体萃取等。它是以高压、高密度的超临界流体为溶剂,从液体或固体中溶解所需的组分,然后采用升温、降压、吸收(吸附)等手段将溶剂与所萃取的组分分离,最终得到所需纯组分的操作。目前,超临界萃取已成为一种新型萃取分离技术,被应用于食品、医药、化工、能源、香精香料等工业部门。

1. 超临界萃取的基本原理

(1) 超临界流体的 p-V-T 性质

超临界流体是指超过临界温度与临界压力状态的流体。常用的超临界流体有二氧化碳、乙烯、乙烷、丙烯、丙烷和氨等。二氧化碳的临界温度比较接近于常温,加之安全易得,价廉且能分离多种物质,故二氧化碳是最常用的超临界流体。

在二氧化碳超临界区域内,在稍高于临界点温度的区域内,压力的微小变化将引起密度的较大变化。利用这一特性,可在高密度条件下萃取分离所需组分,然后稍微升温或降压将溶剂与所萃取的组分分离,从而得到所需的组分。

（2）超临界流体的基本性质

密度、黏度和自扩散系数是超临界流体的三个基本性质。表 9-4 将超临界流体的这三个基本性质与常规流体的性质进行了比较。可以看出,超临界流体的密度接近于液体,黏度接近于气体,而自扩散系数介于气体和液体之间,比液体大 100 倍左右。因此,超临界流体既具有与液体相近的溶解能力,萃取时又具有远大于液态萃取剂的传质速率。

表 9-4　超临界流体与气体、液体基本性质的比较

基本性质	气体 （常温,常压）	超临界流体		液体 （常温,常压）
		(T_c, p_c)	$(T_c, 4p_c)$	
密度/(kg/m³)	2~6	200~500	400~900	600~1600
黏度/(×10⁻⁵ Pa·s)	1~3	1~3	3~9	20~300
自扩散系数/(×10⁻⁴ m²/s)	0.1~0.4	0.7×10⁻³	0.2×10⁻³	(0.2~2)×10⁻⁵

（3）超临界流体的溶解性能

超临界流体的溶解性能与其密度密切相关。通常物质在超临界流体中的溶解度 C 与超临界流体的密度 ρ 之间具有如下关系,即:

$$\ln C = k\ln\rho + m \tag{9-30}$$

式中:k 为正数,即物质在超临界流体中的溶解度随超临界流体密度的增大而增加。

2. 超临界萃取的典型流程

超临界萃取过程主要包括萃取阶段和分离阶段。在萃取阶段,超临界流体将所需组分从原料中萃取出来;在分离阶段,通过改变某个参数,使萃取组分与超临界流体分离,从而得到所需的组分并可使萃取剂循环使用。根据分离方法的不同,可将超临界萃取流程分为等温变压流程、等压变温流程和等温等压吸附流程三类,如图 9-25 所示。

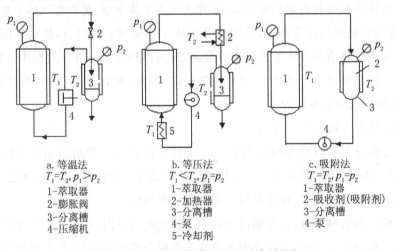

a. 等温法
$T_1=T_2, p_1>p_2$
1-萃取器
2-膨胀阀
3-分离槽
4-压缩机

b. 等压法
$T_1<T_2, p_1=p_2$
1-萃取器
2-加热器
3-分离槽
4-泵
5-冷却剂

c. 吸附法
$T_1=T_2, p_1=p_2$
1-萃取器
2-吸收剂(吸附剂)
3-分离槽
4-泵

图 9-25　超临界气体萃取的三种典型流程

（1）等温变压流程

等温变压流程是利用不同压力下超临界流体萃取能力的差异，通过改变压力而使溶质与超临界流体分离的操作。所谓等温是指在萃取器和分离器中流体的温度基本相同。等温变压流程是最方便的一种流程，如图 9-25a 所示。萃取剂通过压缩机达到超临界状态后进入萃取器，与原料混合进行超临界萃取，萃取了溶质的超临界流体经减压阀后降压，使溶解能力下降，从而使溶质与溶剂在分离器中得以分离。分离后的萃取剂再通过压缩使其达到超临界状态并重复上述萃取—分离步骤，直至达到预定的萃取率为止。

（2）等压变温流程

等压变温流程是利用不同温度下溶质在超临界流体中溶解度的差异，通过改变温度使溶质与超临界流体分离的操作。所谓等压是指在萃取器和分离器中流体的压力基本相同。如图 9-25b 所示，萃取了溶质的超临界流体经加热升温后使溶质与溶剂分离，溶质由分离器下方取出，萃取剂经压缩和调温后循环使用。

（3）等温等压吸附流程

等温等压吸附流程如图 9-25c 所示，在分离器内放置仅吸附溶质而不吸附萃取剂的吸附剂，溶质在分离器内因被吸附而与萃取剂分离，萃取剂经压缩后循环使用。

3. 超临界萃取的特点

如前所述，超临界萃取在溶解能力、传递性能及溶剂回收等方面具有突出的优点，主要表现在：

（1）由于超临界流体的密度接近于液体，因此超临界流体具有与液体溶剂基本相同的溶解能力，同时超临界流体又保持了气体所具有的传递特性，比普通的溶剂萃取具有更高的传质速率，能更快地达到萃取平衡。

（2）在接近临界点处，压力和温度的微小变化都将引起超临界流体密度的较大改变，从而引起溶解能力的较大变化，因此萃取后溶质和溶剂易于分离，且能节省能源。

（3）超临界萃取过程具有萃取和精馏的双重特性，有可能分离一些难分离的物系。

（4）超临界萃取一般选用化学性质稳定、无毒无腐蚀性、临界温度不太高或不太低的物质（如二氧化碳）作萃取剂，因此，不会引起被萃取物的污染，可以用于医药、食品等工业，特别适合于热敏性、易氧化物质的分离或提纯。

超临界萃取的主要缺点是操作压力高，设备的一次性投资较大。另外，超临界流体萃取的研究起步较晚，目前对超临界萃取热力学及传质过程的研究还远不如传统的分离技术成熟，还有待于进一步研究。

4. 超临界萃取的应用示例

超临界萃取是具有特殊优势的分离技术，在炼油、食品、医药等工业领域具有广阔的应用前景，下面简要介绍几个应用示例。

（1）利用超临界 CO_2 提取天然产物中的有效成分

超临界 CO_2 萃取的操作温度较低，能避免分离过程中有效成分的分解，故其在天然产物有效成分的分离提取中极具应用价值。例如从咖啡豆中脱除咖啡因、从名贵香花中提取精油、从酒花及胡椒等物料中提取香味成分和香精、从大豆中提取豆油等都是应用超临界 CO_2 从天然产物中分离提取有效成分的示例，其中以从咖啡豆中脱除咖啡因最为典型。

咖啡因存在于咖啡、茶等天然产物中，医药上用作利尿剂和强心剂。传统的脱除工艺是用二氯乙烷萃取咖啡因，但选择性较差且残存的溶剂不易除尽。利用超临界 CO_2 从咖啡豆中脱除咖啡因可以很好地解决上述问题，将浸泡过的生咖啡豆置于压力容器中，然后通入 $90℃、16\sim22MPa$ 的 CO_2 进行萃取，溶有咖啡因的 CO_2 进入水洗塔用水洗涤，咖啡因转入水相，CO_2 循环使用。水相经脱气后进入蒸馏塔以回收咖啡因。CO_2 是一种理想的萃取剂，对咖啡因具有极好的选择性，经 CO_2 处理后的咖啡豆除咖啡因外，其他芳香成分并不损失，CO_2 也不会残留于咖啡豆中。

（2）稀水溶液中有机物的分离

许多化工产品，如酒精、乙酸等常用发酵法生产，所得发酵液往往组成很低，通常要用精馏或蒸发的方法进行浓缩分离，能耗很大。超临界萃取工艺为获得这些有机产品提供了一条节能的有效途径。超临界 CO_2 对许多有机物都具有选择溶解性，利用这一特性，可将有机物从水相转入 CO_2，将有机物-水系统的分离转化为有机物-CO_2 系统的分离，从而达到节能的目的。目前此类工艺尚处于研究开发阶段。

（3）生化工程中的应用

由于超临界萃取具有毒性低、温度低、溶解性好等优点，因此特别适合于生化产品的分离提取。利用超临界 CO_2 萃取氨基酸、在生产链霉素时利用超临界 CO_2 萃取去除甲醇等有机溶剂以及从单细胞蛋白游离物中提取脂类等研究均显示了超临界萃取技术的优势。

（4）活性炭的再生

活性炭吸附是回收溶剂和处理废水的一种有效方法，其困难主要在于活性炭的再生。目前多采用高温或化学方法再生，很不经济，不仅会造成吸附剂的严重损失，有时还会产生二次污染。利用超临界 CO_2 萃取法可以解决这一难题。

超临界萃取是一种正在研究开发的新型萃取分离技术，尽管目前处于工业规模的应用还不是很多，但这一领域的基础研究、应用基础研究和中间规模的试验却异常活跃。可以预期，随着研究的深入，超临界萃取技术将获得更大的发展和更多的应用。

9.4.2　回流萃取

在逆流萃取过程中，只要级数足够多，最终萃取相中溶质的最低组成就可达到希望值，而最终萃取相中溶质的最高组成却受到原料液组成与相平衡关系的限制。为了获得更高组成的萃取相,可仿照精馏中采取回流的方法,使最终萃取相脱除溶剂后的萃取液部分返回塔内作为回流,这种操作称为回流萃取。回流萃取可在级式或微分式设备中进行。

回流萃取操作流程示意图如图 9-26 所示。原料液 F 由塔中部加入,设新鲜溶剂由塔底部加入。塔顶最终萃取相脱除溶剂后,一部分作为塔顶产品取出,另一部分返回塔顶作为回流。萃余相从塔底抽出,脱除溶剂后得到萃余液。加料口以下的塔段即通常的萃取塔,称为提浓段,其作用是当两相在逆流过程中接触时,使溶质转入溶剂相,提高萃余相中组分 B 的组成,故相当于精馏塔中提馏段。加料口以上塔段称为增浓段,其作用是使最终萃取相中溶质 A 的含量达到所要求的组成,相当于精馏塔的精馏段。应指出,回流萃取塔的萃余相不必回流到塔中。加到塔底的萃取剂与精馏塔釜加热产生蒸汽的作用相同。只要塔顶回流液量足够大且理论级数足够多,Ⅱ 类物系在回流萃取塔内的各组分均可得到预期的纯度。

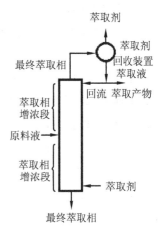

图 9-26 回流萃取流程示意图

9.4.3 化学萃取

若在萃取过程中,伴有溶质与萃取剂之间的化学反应,则称此类过程为伴有化学反应的萃取,简称化学萃取,又称反应萃取。

在化学萃取中,由于溶质与萃取剂之间存在化学作用,因而它们在两相中往往以多种化学态存在,其相平衡关系较物理萃取要复杂得多,它遵从相律和一般化学反应的平衡规律。化学萃取的相平衡关系决定着萃取过程的进行方向和过程可能达到的分离程度。

1. 溶质与萃取剂之间的化学反应

化学萃取中典型的化学反应包括如下类型:

(1) 阴离子交换反应

以季铵盐(如氯化三辛基甲胺,记作 R^+Cl^-)为萃取剂萃取氨基酸时,氨基酸阴离子(A^-)通过与萃取剂在水相和萃取相间发生下述离子交换反应而进入萃取相,即:

$$R^+Cl^-_{(O)} + A^-_{(W)} \Longleftrightarrow R^+A^-_{(O)} + Cl^-_{(W)}$$

式中:W 代表水相;O 代表有机相。

(2) 阳离子交换反应

在此类反应中,萃取剂一般为弱酸性有机物 HA 或 H_2A。金属离子在水相中以阳离子 M^{n+} 或能离解为阳离子的络离子存在。在萃取过程中,水相中的金属离子取代萃取剂中 H^+,被络合转移到有机相中。羟肟类螯合萃取剂(LIX65N)萃取铜即属此类反应,反应方程式为:

$$Cu^{2+}_{(w)} + 2HR_{(O)} \Longleftrightarrow (CuR_2)_{(O)} + 2H^+_{(w)}$$

式中：R 代表 LIX65N。

另外,酸性有机磷萃取剂,如二(2-乙基己基)磷酸(P204)、2-乙基己基膦酸单(2-乙基己基)酯萃取金属离子也属于阳离子交换反应。

（3）络合反应

化学萃取中的络合反应是指同时以中性分子形式存在的溶质和萃取剂通过络合,结合成为中性溶剂络合物并进入有机相。典型的络合反应萃取为磷酸三丁酯(TBP)萃取硝酸铀酰,其反应方程式为：

$$UO_2(NO_3)_{2(w)} + 2TBP_{(O)} \Longleftrightarrow UO_2(NO_3) \cdot 2TBP_{(O)}$$

2. 化学萃取的典型示例

化学萃取最初应用于核燃料的生产过程,随后逐渐推广至稀土元素及过渡元素的提取分离,近年来在发酵产品的生产中得到应用。

（1）氨基酸和抗生素的提取

由于氨基酸和一些极性较大的抗生素的水溶性很强,在有机相中的分配系数很小,利用一般的物理萃取效率很低,需采取化学萃取。氨基酸的化学萃取剂如前所述,可用于抗生素的化学萃取剂有长链脂肪酸(如月桂酸)、羟基磺酸、三氯乙酸、四丁胺和正十二烷胺等。由于萃取剂与抗生素形成的复合物分子的疏水性比抗生素分子本身高得多,因而在有机相中有很高的溶解度。因此,在抗生素萃取中萃取剂又称带溶剂。例如,月桂酸[$CH_3(CH_2)_{10}COOH$]可与链霉素形成易溶于丁醇、乙酸乙酯和异辛醇的复合物,此复合物在酸性(pH 5.5~5.7)条件下可分解。因此,链霉素可在中性条件下用月桂酸进行萃取,然后用酸性水溶液进行反萃取,使复合物分解,链霉素重新溶于水相中。又如,柠檬酸在酸性条件下与磷酸三丁酯反应生成中性络合物,该中性络合物易溶于有机相。

（2）络合萃取法分离极性有机稀溶液(苯酚水溶液的分离)

工业生产中常有大量含酚废水需要处理,这类分离体系其溶质带有 Lewis 酸官能团,溶质组成低,非常适合使用络合萃取法。

对于苯酚溶液的络合萃取研究已进行了许多工作。King 等人近年来研究了三辛基氧化膦(TOPO)质量分数为 25% 的二异丁酮(DIBK)溶液对苯酚稀溶液的萃取性能。研究结果表明,该络合萃取剂对苯酚稀溶液的 D 值高达 460。且对于一般萃取剂无能为力的二元酚、三元酚也能提供较大的 D 值。以二异丙醚(DIPE)为比较基准,对于二元酚,该络合萃取剂的 D 值较 DIPE 所提供的 D 值高 35~40 倍;对于三元酚,则高 15 倍左右。除此之外,用于处理苯酚稀溶液的络合萃取剂还有三辛胺(TOA)的煤油溶液、N,N-二(1-甲庚基)乙酰胺(N503)的煤油溶液等,目前它们已成功地用于工业含酚废水的处理。

络合萃取法分离极性有机稀溶液具有突出的优点,它的高效性和高选择性可能引发一些颇有前途的工艺过程的开发。

9.4.4 双水相萃取

双水相萃取（aqueous two-phase extraction，ATPE）是两种水溶性不同的聚合物或者一种聚合物和无机盐的混合溶液，在一定的浓度下，体系就会自然分成互不相容的两相。被分离物质进入双水相体系后由于表面性质、电荷间作用和各种作用力如憎水键、氢键和离子键等因素的影响，在两相间的分配系数 K 不同，导致其在上下相的浓度不同，从而达到分离目的。

1. 双水相的形成及类型

在 1896 年，Beijerinck 观察到，明胶与琼脂或明胶与可溶性淀粉溶液混合时，得到一种不透明的混合溶液，静置后可分为两相，上相中含有大部分的明胶，下相中含有大部分琼脂或淀粉，这种现象被称为聚合物的不相容性，从而产生了双水相。例如，将 2.2% 质量分数的葡聚糖水溶液与 0.72% 的甲基纤维素的水溶液等体积混合静置后，可以得到两个液层，下层含有 71.8% 的葡聚糖，上层含有 90.3% 的甲基纤维素，两相的主要成分都是水。

由于双水相萃取条件较为温和，不会导致被分离物质的失活，该技术已应用于生物大分子的分离和纯化，并且在生物小分子分离、抗生素提取、中药中有效成分提取分离、稀有金属/贵金属分离等方面的应用也取得了进展。在双水相体系中，常见的水溶性高聚物有：聚乙二醇 PEG、聚丙二醇、甲基纤维素、聚丙烯乙二醇、吐温、聚氧乙烯类表面活性剂等；聚乙二醇/葡聚糖和聚乙二醇/无机盐是常用的双水相体系，由于葡聚糖价格昂贵，聚乙二醇/无机盐体系应用更为广泛。现把几种常见的双水相体系列于表 9-5。

表 9-5 常见的双水相系统

类型	上相的组分	下相的组分
非离子型聚合物/非离子型聚合物	聚丙二醇	甲基聚丙二醇、聚乙二醇、聚乙烯醇、聚乙烯吡咯烷酮、羟丙基葡聚糖
	聚乙二醇	聚乙烯醇、聚乙烯吡咯烷酮、葡聚糖、聚蔗糖
	乙基羟乙基纤维素	葡聚糖
	甲基纤维素	葡聚糖、羟丙基葡聚糖
非离子型聚合物/无机盐	聚丙二醇	硫酸钾
	聚乙二醇	硫酸镁、硫酸钾、硫酸铵、硫酸钠、甲酸钠、酒石酸甲钠
高分子电解质/高分子电解质	硫酸葡聚糖钠盐	羧甲基纤维素钠盐
	羧甲基葡聚糖钠盐	羧甲基纤维素钠盐
非离子型聚合物/低相对分子质量组分	葡聚糖	丙醇
	聚丙烯乙二醇	磷酸钾、葡萄糖
	甲氧基聚乙二醇	磷酸钾

2. 双水相萃取技术的特点

ATPE 作为一种新型的分离技术,对生物物质、天然产物、抗生素等的提取、纯化表现出以下优势:

(1) 含水量高(70%~90%),在接近生理环境的体系中进行萃取,不会引起生物活性物质失活或变性;

(2) 可以直接从含有菌体的发酵液和培养液中提取所需的蛋白质,还能不经过破碎直接提取细胞内酶,省略了破碎或过滤等步骤;

(3) 分相时间短,自然分相时间一般为 5~15min;

(4) 界面张力小(10^{-7}~10^{-4} mN/m),有助于两相之间质量传递,界面与试管壁形成的接触角几乎是直角;

(5) 不存在有机溶剂残留问题,高聚物一般是不挥发物质,对人体无害;

(6) 大量杂质可与固体物质一同除去;

(7) 易于工艺放大和连续操作,与后续提纯工序可直接相连接,无需进行特殊处理;

(8) 操作条件温和,整个操作过程在常温常压下进行;

(9) 亲和双水相萃取技术可以提高分配系数和萃取的选择性。

在实际应用中,双水相体系中的水溶性高聚物具有难挥发性,反萃取是必不可少的,同时由于盐会进入反萃取剂也会给分离工作带来一定的难度。

3. 双水相萃取技术的应用

双水相萃取技术已广泛应用于生物化学、细胞生物学、生物化工和食品化工等领域,并取得了许多成功的范例,主要是分离蛋白质、酶、病毒、核酸、DNA、干扰素、细胞组织、抗生素、多糖、色素、抗体,纯化脊髓病毒和线病毒等。此外,双水相还可用于稀有金属/贵金属分离,传统的稀有金属/贵金属溶剂萃取方法存在着溶剂污染环境、对人体有害、运行成本高、工艺复杂等缺点。双水相萃取技术引入该领域,无疑是金属分离的一种新技术。

▶▶▶▶ 习　　题 ◀◀◀◀

1. 使用纯溶剂 S 对 A、B 混合液做单级萃取分离。在操作范围内,S、B 不互溶,平衡关系为 $Y_A = 1.2X_A$(Y、X 均为质量比),要求萃余相中萃余分率 $\varphi_R = 0.05$。求:用单级萃取时,每千克原溶剂 B 中萃取剂 S 的消耗量。(注:萃余分率 $\varphi_R =$ 萃余相的溶质的质量与原料液的溶质的质量之比)($S/B = 15.83$)

2. 采用纯溶剂 S 进行单级萃取,已知 $x_F = 0.3$(质量分数),萃取相浓度为 $y_A/y_B = 1.5$,本题附图中 P 点为临界互

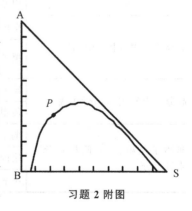

习题 2 附图

溶点,并知分配系数 $k_A=2$。试求溶剂比 S/F 为多少?($S/F=3$)

3. 用甲基异丁基酮单级萃取含 40%(质量分数,下同)丙酮的水溶液。甲基异丁基酮、丙酮和水的三元混合物相图如本题附图所示。欲使萃余相中丙酮的含量不超过 10%,求处理每吨料液时:

(1) 所需的溶剂量;(1.11t)(2)萃取相与萃余相的量;($R=0.57t,E=1.54t$)(3)脱溶剂后萃取液的量;($E'=0.43t,R'=0.57t$)(4)丙酮的回收率。(86%)

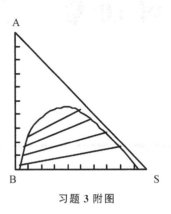

习题 3 附图

4. 在逆流连续操作的塔内,以水为萃取剂从丙酮-苯混合液内提取丙酮。苯与水可视作完全不互溶。在操作条件下,丙酮在水和苯中以质量比为基准的分配系数为 0.65,即 $Y=0.65X$,原料的流率为 1200kg/h,其中含丙酮 0.35(质量分数,下同),要求萃余相中丙酮的含量不大于 0.06。若用水量为最小用水量的 1.6 倍,试求水的实际用量。(1692.6kg/h)

5. 在两个理论级的逆流萃取设备中,原溶剂 B 与萃取剂 S 完全不互溶。已知分配系数 $K=Y/X=1$(Y、X 均为质量比),料液 $F=100$kg/h,其中含 A 20%(质量分数),使用 40kg/h 纯溶剂 S 进行萃取。试求:最终萃余相中 A 的浓度 X_2[kg(A)/kg(B)]。(0.143)

第 10 章

干　燥

10.1　概述

在化工、制药、轻工和食品等相关行业中,其成品或半成品常常被要求除去所含水分或其他液体,这种操作称为去湿。如药品中的中药冲剂、片剂等和食品中糖、咖啡等去湿后可防止发霉变质。工程塑料粒子的含水量若超过规定,则在后期的拉塑成型加工中内部会产生空隙或表面产生凸起,影响产品的品质和外观。因此,生产中往往要求对物料进行去湿处理。

物料的去湿方法有三种:①机械去湿法;②化学去湿法;③供热去湿法(又称干燥)。机械去湿法是通过挤压、过滤或离心分离等方法去除湿分,能耗低,但去湿后物料的湿含量仍较高,往往不能满足后续工艺要求。化学去湿法往往利用某种平衡水汽分压很低的干燥剂(如无水 $CaCl_2$、硅胶和沸石吸附剂等)与湿物料共存,使物料中水分经气相转移至固体干燥剂内,但干燥剂的成本高,干燥速率慢,只适合于除去含有微量湿分的物料。供热去湿法是借助热能除去物料中的湿分。这种操作多半采用热空气或其他高温气体为干燥介质(如过热蒸气、烟道气),将热量传给物料,使物料中湿分汽化并被气流带走,从而获得含湿分较少的干物料。本章重点讨论供热去湿法(干燥)。

10.1.1　物料的干燥方法

干燥可按下列方法进行分类:

1. 按操作压强分,可分为常压干燥和真空干燥。多数物料的干燥采用前者;后者适用于处理热敏性、易氧化或要求产品湿含量很低的物料。

2. 按操作方式分,可分为连续式干燥和间歇式干燥。前者的特点是生产能力大、产品湿含量均匀和热效率高;后者的特点是适用于小批量、多品种或要求较长时间干燥的物料。

3. 按传热方式分,可分为热传导干燥、对流干燥、辐射干燥、介电加热干燥以及由上述传热干燥组合的联合干燥,本章以对流干燥为主要讨论内容。

10.1.2 对流干燥过程

图 10-1 为对流干燥的流程示意图。风机出口排出的空气经预热后与湿物料接触,热空气中的热量以对流方式传给湿物料,使其中的水分汽化,被汽化的水分随气流一同离开干燥器。

图 10-2 反映的是预热后的热空气与湿物料间的传热和传质情况。在干燥过程中,物料表面温度 t_w 低于热空气温度 t,在温差作用下,热空气传热给湿物料;湿物料表面的水汽分压 p_{ws} 高于热空气中水汽分压 p_w,受压差作用,水汽将通过气膜向气流主体传质,同时湿物料内部的水分扩散至湿物料表面。因此,对流干燥过程同时兼有热、质的传递过程,但两者的传递方向相反。进行干燥的必要条件是湿物料表面的水汽分压 p_{ws} 高于热空气中的水汽分压 p_w,两者的压差越大,则干燥进行得越快。气流及时将汽化的水分带走,以便保持一定的传质推动力。

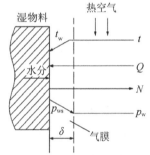

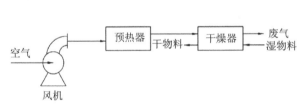

图 10-1 对流干燥流程示意图

图 10-2 热空气与湿物料间的传热和传质

t—空气温度;t_w—湿物料表面温度;p_w—空气中的水汽分压;p_{ws}—湿物料表面的水汽分压;Q—传热速率;N—水汽的传质速率

10.2 湿空气的性质和湿度图

10.2.1 湿空气的性质

我们所处的大气实际为绝干空气和水汽的混合物,称之为湿空气。在对流干燥过程中,预热后的湿空气与湿物料在干燥器内发生热、质交换,湿空气的水汽含量、温度和焓等都会发生变化。因此,在讨论有关干燥的计算之前,应首先了解湿空气的各项性质参数以及它们之间的相互关系。

在干燥过程中,湿空气中的水汽含量是不断变化的,而其中的绝干空气的质量是始终不变的,所以可采用单位质量的绝干空气为基准,用于干燥过程的计算。为计算方便,水汽在湿空气中的含量可以选择不同的表示方法。

1. 湿度 H

湿度 H 表示湿空气中的绝对水分量,又称湿含量或绝对湿度,其定义为单位质量的绝干空气所带有的水汽量,单位为 kg(水汽)/kg(绝干空气),即:

$$H = \frac{M_{水}}{M_{气}} \frac{n_{水}}{n_{气}} = \frac{18}{29} \frac{n_{水}}{n_{气}} \tag{10-1}$$

式中: H 为空气的湿度,kg(水汽)/kg(绝干空气); $M_{水}$ 为水的摩尔质量,kg/kmol; $M_{气}$ 为空气的摩尔质量,kg/kmol; $n_{水}$ 为水汽的物质的量,kmol; $n_{气}$ 为绝干空气的物质的量,kmol。

因干燥过程的操作压强一般为常压或接近常压,所以气体行为符合理想气体。由热力学方程可知,湿空气中各组分的物质的量之比等于其分压之比。设湿空气总压为 P,其中水汽分压为 p_{w},则式(10-1)可改写成:

$$H = \frac{18}{29} \frac{n_{水}}{n_{气}} = \frac{18 p_{w}}{29(P - p_{w})} = \frac{0.622 p_{w}}{P - p_{w}} \tag{10-2}$$

若空气中的水汽分压 p_{w} 等于给定温度下纯水的饱和蒸气压 p_{s} 时,则湿空气达到饱和状态。

$$H_{s} = \frac{0.622 p_{s}}{P - p_{s}} \tag{10-3}$$

2. 相对湿度 φ

在一定的总压下,湿空气的水汽分压 p_{w} 与同等温度下空气中水汽分压可达到的最大值之比,称为相对湿度 φ。

当总压 P 为大气压,空气温度低于 100℃ 时,空气中水汽分压的最大值应为同等温度下纯水的饱和蒸气压 p_{s},则有:

$$\varphi = \frac{p_{w}}{p_{s}} \text{(当 } p_{s} \leqslant P) \tag{10-4}$$

当空气温度较高,该温度下纯水的饱和蒸气压 p_{s} 可能会大于总压 P,但空气的总压已给定,水汽分压的最大值只能等于总压值,于是:

$$\varphi = \frac{p_{w}}{P} \text{(当 } p_{s} > P) \tag{10-5}$$

将式(10-4)代入式(10-2),可得:

$$H = 0.622 \frac{\varphi p_{s}}{P - \varphi p_{s}} \tag{10-6}$$

若 $\varphi = 100\%$,则空气达到饱和状态,表明在此条件下空气无干燥能力。因此,只有 $\varphi < 100\%$ 的不饱和空气才能作为干燥介质。φ 值越小,表示该空气偏离饱和状态越远,干燥能力越

强。H 和 φ 的区别在于 H 表示水汽在空气中所占据的绝对量,而 φ 反映空气吸纳水分的能力。

3. 比体积 v_H

湿空气的比体积 v_H 是指在一定的湿空气总压 P 和温度 t 下,1kg 绝干空气及其带有的 Hkg 水汽所占有的总体积,单位为 m^3/kg(绝干空气)。根据定义,则有:

$$v_H = \left(\frac{1}{29} + \frac{H}{18}\right) \times 22.4 \times \frac{t+273}{273} \times \frac{1.01 \times 10^5}{P}$$

$$= (0.772 + 1.244H) \times \frac{t+273}{273} \times \frac{1.01 \times 10^5}{P} \tag{10-7}$$

式中:v_H 为比体积,m^3/kg(绝干空气);t 为温度,℃;P 为湿空气总压,Pa。

在常压下,则有:

$$v_H = (2.83 \times 10^{-3} + 4.56 \times 10^{-3}H)(t+273) \tag{10-8}$$

4. 比热容 c_H

常压下,将 1kg 绝干空气及其带有的 Hkg 水汽温度升高或降低 1℃ 所吸收或放出的热量,称作比热容 c_H,单位为 kJ/[kg(绝干空气)·℃]。c_g 为绝干空气的比热容,c_v 为水蒸气的比热容。在常压、0 ~ 200℃ 的范围内,可近似把 c_g 和 c_v 视为常数,其值分别为 1.01kJ/[kg(绝干空气)·℃]和 1.88kJ/[kg(绝干空气)·℃]。因此,从式(10-9)来看,湿空气的比热容仅随湿度 H 而变。

$$c_H = c_g + Hc_v = 1.01 + 1.88H \tag{10-9}$$

5. 焓 I

湿空气的焓 I 是指 1kg 绝干空气及其带有的 Hkg 水汽所具有的焓值,单位为 kJ/kg(绝干空气)。在热力学定义中,焓是一个相对值,计算焓值时必须规定物质的基准状态和基准温度。对干燥过程进行热量衡算时,为方便起见,常取气体为 0℃ 的干空气,水汽为 0℃ 的液态水。

$$I = c_H t + r_0 H = (c_g + Hc_v)t + r_0 H = (1.01 + 1.88H)t + 2490H \tag{10-10}$$

式中:r_0 为 0℃ 时水的汽化潜热,其值约为 2490kJ/kg。

例 10-1　常压下某湿空气温度为 20℃、湿度为 0.014673kg(水汽)/kg(绝干空气),求:(1)湿空气的相对湿度;(2)湿空气的比体积;(3)湿空气的比热容;(4)湿空气的焓。若将上述空气加热到 50℃,再分别求上述各项。

解:20℃ 时的性质:

(1)相对湿度　从附录 3 查出 20℃ 时水的饱和蒸气压 $p_s = 2.3346$kPa。

$$H = 0.622 \frac{\varphi p_s}{P - \varphi p_s}$$

$$0.014673 = 0.622 \frac{2.3346\varphi}{101.3 - 2.3346\varphi}$$

得:

$$\varphi = 1 = 100\%$$

该空气为水汽所饱和,不能作干燥介质使用。

（2）比体积

$$v_\mathrm{H} = (0.772 + 1.244H) \times \frac{t + 273}{273} \times \frac{1.01 \times 10^5}{P}$$

$$= (0.772 + 1.244 \times 0.014673) \times \frac{20 + 273}{273} \times \frac{1.01 \times 10^5}{1.01 \times 10^5}\mathrm{m}^3/\mathrm{kg}(绝干空气)$$

$$= 0.848\mathrm{m}^3/\mathrm{kg}(绝干空气)$$

（3）比热容

$$c_\mathrm{H} = 1.01 + 1.88H$$

$$= 1.01\mathrm{kJ}/[\mathrm{kg}(绝干空气) \cdot ℃] + 1.88 \times 0.014673\mathrm{kJ}/[\mathrm{kg}(绝干空气) \cdot ℃]$$

$$= 1.038\mathrm{kJ}/[\mathrm{kg}(绝干空气) \cdot ℃]$$

（4）焓

$$I = (1.01 + 1.88H)t + 2490H$$

$$= (1.01 + 1.88 \times 0.014673) \times 20\mathrm{kJ}/\mathrm{kg}(绝干空气) + 2490 \times 0.014673\mathrm{kJ}/\mathrm{kg}(绝干空气)$$

$$= 57.29\mathrm{kJ}/\mathrm{kg}(绝干空气)$$

50℃时的性质：

（1）相对湿度　从附录 3 查出 50℃时水的饱和蒸气压 $p_\mathrm{s} = 12.340\mathrm{kPa}$。

当空气从 20℃被加热到 50℃时，湿度没有变化，仍为 0.014673kg/kg（绝干空气），故：

$$0.014673 = 0.622\frac{12.340\varphi}{101.3 - 12.340\varphi}$$

得：
$$\varphi = 0.1892 = 18.92\%$$

由计算结果看出，湿空气被加热后虽然湿度没有变化，但相对湿度降低了。因此，在干燥操作中，总是先将空气加热后再送入干燥器中，目的是降低相对湿度以提高其吸纳水分的能力。

（2）比体积

$$v_\mathrm{H} = (0.772 + 1.244 \times 0.014673) \times \frac{50 + 273}{273} \times \frac{1.01 \times 10^5}{1.01 \times 10^5}\mathrm{m}^3/\mathrm{kg}(绝干空气)$$

$$= 0.935\mathrm{m}^3/\mathrm{kg}(绝干空气)$$

湿空气被加热后虽然湿度没有变化，但受热后体积膨胀，所以比体积增大。

（3）比热容

湿空气的比热容只是湿度的函数，因此，20℃与 50℃时的湿空气比热容相同，均为 1.038kJ/[kg（绝干空气）· ℃]。

（4）焓

$$I = (1.01 + 1.88 \times 0.014673) \times 50\mathrm{kJ}/\mathrm{kg}(绝干空气) + 2490 \times 0.014673\mathrm{kJ}/\mathrm{kg}(绝干空气)$$

$$= 88.42\mathrm{kJ}/\mathrm{kg}(绝干空气)$$

湿空气被加热后虽然湿度没有变化，但温度升高，故焓值加大。

6. 干球湿度 t

在湿空气中直接使用温度计测得的温度称为干球湿度，记作 t。

7. 露点温度 t_d

在总压 P 及湿度 H 保持不变的情况下,将不饱和的空气冷却至饱和状态($\varphi = 100\%$),此时的温度称该空气的露点温度,以 t_d 表示。这时空气的水汽分压等同于露点温度下纯水的饱和蒸气压,其湿度为:

$$H_{s,t_d} = \frac{0.622 p_{s,t_d}}{P - p_{s,t_d}} \tag{10-11}$$

如果将处于露点温度的空气继续冷却,则会有水珠凝结析出。

8. 湿球温度 t_w

如图 10-3 所示的两支温度计,左边一支为干球温度计,它的感温部分直接暴露在空气中,所测定的为空气的干球温度 t。右边一支为湿球温度计,它的感温部分用纱布包裹并浸入水中,由于毛细管作用,纱布完全被水润湿,它所测定的则为空气的湿球温度 t_w。干球、湿球温度见二维码。

将湿球温度计置于温度为 t、湿度为 H 的不饱和空气中。假设开始时湿纱布上的水分温度与空气的温度相同,但由于湿纱布与不饱和空气之间存在湿度差,则湿纱布上的水分必然发生汽化,从纱布表面迁移至空气中,随后被空气所带走。湿纱布上的水分汽化所需的热量只能取自于水自身温度的下降。当水温降至足够低,与周围的空气之间存在温差,空气又会因温差存在而把自身的热量传递给水,这种热、质传递过程直至空气传给水的热量恰好等于湿纱布上水分因汽化所需的热量时,水温将不再变化,此时温度计上所指为空气的湿球温度 t_w。湿球温度并不代表空气的真实温度,而只是表明空气状态或性质的一种参数。

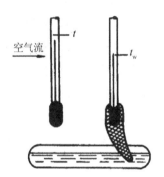

图 10-3　干、湿球温度计

当热、质交换过程处于稳定时,空气对湿纱布的传热速率为:

$$q = \alpha(t - t_w) \tag{10-12}$$

式中:q 为空气对湿纱布的传热速率,W/m^2;α 为空气对湿纱布的传热系数,$W/(m^2 \cdot ℃)$;t 为空气的干球温度,$℃$;t_w 为空气的湿球温度,$℃$。

同时,湿纱布上的水分汽化,水汽移向空气的传质速率为:

$$N = k_H(H_{t_w} - H) \tag{10-13}$$

式中:N 为湿纱布对空气的传质速率,$kg/(m^2 \cdot s)$;k_H 为以湿度差为推动力的传质系数,$kg/(m^2 \cdot s)$;H_{t_w} 为在湿球温度 t_w 下空气的饱和湿度,kg(水汽)$/kg$(绝干空气);H 为空气的湿度,kg(水汽)$/kg$(绝干空气)。

在稳定状态下,湿纱布与空气间的传质速率与传热速率之间的关系为:

$$q = N r_w \tag{10-14a}$$

将式(10-12)和式(10-13)代入式(10-14a),得:

$$t_w = t - \frac{k_H}{\alpha} r_w (H_{t_w} - H) \tag{10-14b}$$

式中：r_w 为湿球温度下水的汽化潜热，kJ/kg。

对空气-水所组成的系统来说，当气体的温度不太高，流速大于 5m/s 时，可以忽略热辐射和热传导的影响，则 α/k_H 为一常数，其值约为 1.09kJ/(kg·℃)，故：

$$t_w = t - \frac{r_w}{1.09} (H_{t_w} - H) \tag{10-15}$$

一般情况下，空气的湿球温度 t_w 小于干球温度 t。湿球温度 t_w 越接近于干球温度 t，则空气的湿度越大；当两者温度相等，则空气达到饱和，相对湿度 $\varphi = 100\%$。

9. 绝热饱和温度 t_{as}

在一个绝热系统中，如图 10-4 所示，当温度为 t 和湿度为 H 的不饱和空气在绝热饱和塔（该塔保温良好，与外界绝热）内与大量循环水接触后，随着过程的进行，空气温度不断发生下降，湿度不断提高，称为绝热增湿过程。在此过程中，一方面，空气将其显热传给水用于水分的汽化；另一方面，汽化的水分又将等量的潜热释放回空气中。因此，在绝热增湿过程中，空气的温度和湿度随所处设备的位置不同而改变，但空气的焓始终固定不变。若在整个过程中不饱和空气最终被水汽饱和，此时空气的温度不再下降，而是等同于循环水的温度，这时温度就称为空气的绝热饱和温度，用 t_{as} 表示，相应的饱和湿度为 H_{as}。

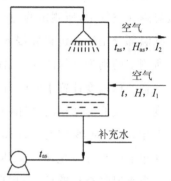

图 10-4 绝热饱和塔示意图

设进入和离开绝热系统的湿空气的焓分别为 I_1 和 I_2，则：

$$I_1 = c_H t + H r_0 \tag{10-16}$$

$$I_2 = c_{H,as} t_{as} + H_{as} r_0 \tag{10-17}$$

因 H 和 H_{as} 值均较小，且变化不大，故可认为 $c_H \approx c_{H,as}$。又因是等焓过程，$I_1 = I_2$，由式(10-16)和(10-17)可得：

$$t_{as} = t - \frac{r_0}{c_H} (H_{as} - H) \tag{10-18}$$

式中：r_0 为 0℃时水的汽化潜热，kJ/kg。

对于空气-水蒸气系统来说，当空气流速较高时 $c_H \approx \alpha/k_H$，同时 $r_0 \approx r_w$，所以 $t_{as} = t_w$。

对于空气-水蒸气以外的系统，例如甲苯蒸气-空气系统，$1.8 c_H \approx \alpha/k_H$，此时 t_{as} 和 t_w 就不相等了。

上述表示湿空气性质的 3 个温度，即干球温度、湿球温度（或绝热饱和温度）和露点之间的关系如下：

对于不饱和空气　　干球温度＞湿球温度＝绝热饱和温度＞露点

对于饱和空气　　　干球温度＝湿球温度＝绝热饱和温度＝露点

10.2.2　湿空气的湿度-焓图及应用

进行干燥计算时,常需要了解湿空气的各种状态参数,如 H、φ、t、I、$t_w(t_{as})$、t_d 等,而这些参数计算公式比较麻烦。为减少计算量,常把各种参数之间的关系汇成图表,以便通过图表查得各种状态参数。

1. 湿度-焓图的说明

图 10-5 是以温度 t 与湿度 H 为坐标,称为湿度-温度图。图 10-6 为湿空气的湿度-焓图,以湿度 H 为横坐标,焓 I 为纵坐标。为了使图上绘出的曲线更加清楚,采用夹角为 135° 的斜角坐标系。两幅图均在总压处于大气压的基础上绘制而成。若总压偏离大气压,则不能应用此图。本章介绍湿度-焓图。

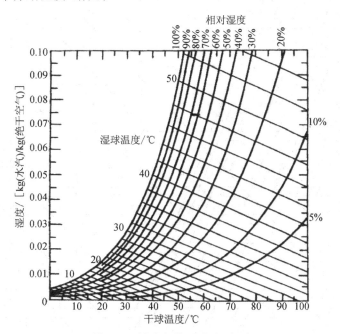

图 10-5　湿空气的湿度-温度图

在湿度-焓图上包括有如下图线:

(1) 等湿度线

等湿度线为一组与纵坐标平行的垂直线,图 10-6 中湿度从 0 变化到 0.15kg(水汽)/kg(绝干空气)。

(2) 等焓线

等焓线是一组与横坐标成 135°的斜向下的平行斜线,图 10-6 中标绘出的等焓线从 0 变化到 480kJ/kg(绝干空气)。

(3) 等温线

等温线是一组斜向上的线,图 10-6 中温度从 −10℃变化到 185℃。

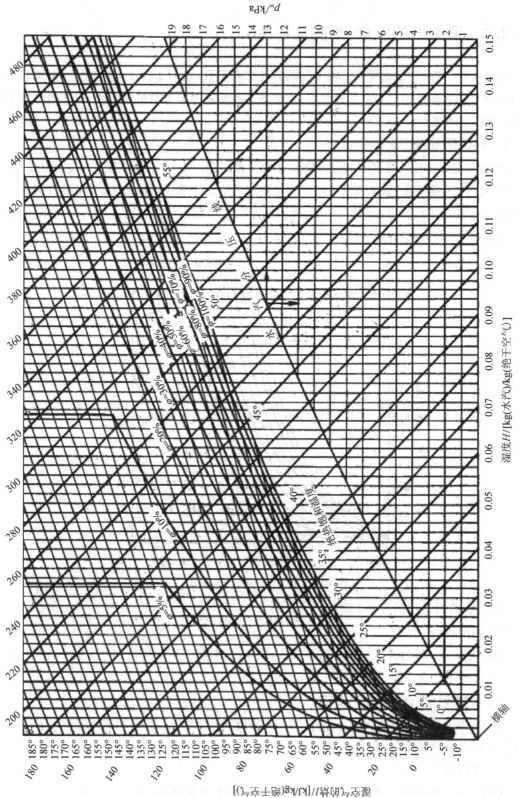

图 10-6　湿空气的湿度-焓图

（4）等相对湿度线

等相对湿度线是一组向右上方延伸的曲线。当总压 P 一定时,对于给定的相对湿度值,由任一温度可查得与之相对应的 H 值。图 10-6 中标绘出从 $\varphi=5\%$ 到 $\varphi=100\%$ 的一系列等 φ 线。需要注意的是,当空气温度大于 99.7℃ 时,水的饱和蒸气压会超过 100kPa,但常压下空气中水汽分压的最大值也只能为 100kPa。按相对湿度 φ 的定义,在温度大于 99.7℃ 后,等相对湿度线为一垂直向上的直线。

（5）水汽分压线

将式(10-2)改写成:

$$p_w = \frac{PH}{0.622 + H} \qquad (10\text{-}19)$$

当总压 P 一定时,水汽分压 p_w 仅随湿度 H 而变。因 $H \ll 0.622\text{kg}$(水汽)/kg(绝干空气),故 p_w 与 H 之间成近似的直线关系。图中水汽分压线标绘在 $\varphi=100\%$ 的曲线下方。

2. 湿度-焓图的应用

根据湿空气的任意两个独立参数,可在湿度-焓图上定出一个交点,这个交点即表明湿空气所处的状态,由此点又可在图中查出湿空气的其他性质参数。但必须指出的是,并不是所有的空气状态参数都是相互独立的,如 (t_d-H)、(t_d-p_w)、(t_w-I) 或 (p_w-H) 等组中两个参数彼此均不独立,都在同一条等 H 线或等 I 线上,故不能由这样的两个参量来确定湿空气的状态。

如图 10-7 所示,由 A 点可直接读出温度 t、湿度 H、焓 I、相对湿度 φ 及水汽分压 p_w。露点是在湿度不变的条件下将湿空气冷却至饱和状态时的温度,即等 H 线与 $\varphi=100\%$ 曲线交点为露点 t_d。对空气-水系统来说,湿球温度 t_w 即为绝热饱和温度 t_{as},由 A 点沿等 I 线与 $\varphi=100\%$ 曲线交点为空气的湿球温度 t_w。

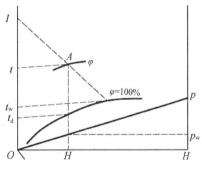

图 10-7 湿度-焓图的应用

通常,湿空气的已知参数组合为:①干、湿球温度;②干球温度和露点;③干球温度和相对湿度。3 种条件下确定状态点的方法分别如图 10-8a、b、c 所示。

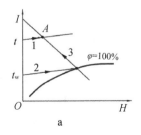
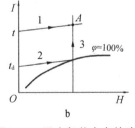
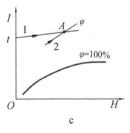

图 10-8 湿空气状态点的确定

10.3　干燥过程的计算

通常在干燥过程的计算中,首先要确定从湿物料中移除水分需消耗的空气量和热量,这样才能进行干燥器和其他辅助设备的设计和选择,其次再进行风机或预热器的选型。物料衡算和热量衡算是上述干燥过程计算的基础。

10.3.1　物料衡算

干燥器内的物料衡算,通常已知湿物料的质量流量,湿物料干燥前后的含水量,湿空气的湿度和温度,要求计算湿物料减少的水分、空气的消耗量和干燥产品的质量流量。

1. 物料的含水量

可用以下两种方法来表示:

(1) 湿基含水量 w

湿基含水量 w[单位为 kg(水)/kg(湿物料)]以湿物料总量为计算基准,即:

$$w = \frac{\text{湿物料中水分的质量}}{\text{湿物料的总质量}} \times 100\% \tag{10-20}$$

这种方法适用于计算水分占湿物料的质量分数。

(2) 干基含水量 X

干基含水量 X[单位为 kg(水)/kg(绝干物料)]以绝干物料为计算基准,即:

$$X = \frac{\text{湿物料中水分的质量}}{\text{湿物料中绝干物料的质量}} \times 100\% \tag{10-21}$$

在干燥过程中,由于绝干物料的质量不会发生变化,因此,以绝干物料的质量为基准更便于计算。

湿基含水量与干基含水量之间可以相互转换,其关系为:

$$X = \frac{w}{1-w} \tag{10-22}$$

$$w = \frac{X}{1+X} \tag{10-23}$$

2. 物料衡算

以图 10-9 中的连续操作的干燥器为例,假定在干燥过程中无物料损失,则湿物料中蒸发的水分量 W 必等于空气中的水分增加量,即:

$$W = G_c(X_1 - X_2) = V(H_2 - H_1) \tag{10-24a}$$

$$G_c = G_1(1 - w_1) = G_2(1 - w_2) \tag{10-24b}$$

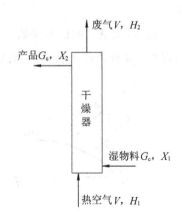

图 10-9　干燥过程的物料衡算

整理式(10-24a)得：

$$V = \frac{G_c(X_1 - X_2)}{H_2 - H_1} = \frac{W}{H_2 - H_1} \qquad (10\text{-}25a)$$

式(10-25a)两边均除以 W，得：

$$V' = \frac{V}{W} = \frac{1}{H_2 - H_1} \qquad (10\text{-}25b)$$

整理式(10-24b)得到干燥产品流量 G_2，即：

$$G_2 = \frac{G_1(1 - w_1)}{1 - w_2} \qquad (10\text{-}26)$$

式中：W 为单位时间内水分的蒸发量，kg/s；G_c 为绝干物料的流量，kg/s；V 为绝干空气流量，kg/s；V' 为蒸发 1kg 水分消耗的绝干空气质量，kg(绝干空气)/kg(水)；H_1、H_2 分别为空气进、出干燥器的湿度，kg(水汽)/kg(绝干空气)；G_1、G_2 分别为进入干燥器的湿物料量和离开干燥器的产品量，kg/s；w_1、w_2 分别为进、出干燥器物料的湿基含水量，kg(水)/kg(湿物料)。

10.3.2　热量衡算

干燥过程的热量衡算可以确定热量分配与消耗情况，从而可作为预热器的传热面积、干燥器的尺寸、干燥器的热效率和干燥效率计算的依据。

1. 预热器的热量衡算

干燥流程见二维码。若忽略预热器的热损失，以图 10-10 中预热器为单元做热量衡算，则有：

干燥流程二维码

$$VI_0 + Q_p = VI_1$$

即：
$$Q_p = V(I_1 - I_0) \qquad (10\text{-}27)$$

或：
$$Q_p = V(1.01 + 1.88H_0)(t_1 - t_0) \qquad (10\text{-}27a)$$

式中：Q_p 为单位时间内预热器提供给空气的热量，kJ/s；I_0 和 I_1 分别为进和出预热器的湿空气的焓，kJ/kg(绝干空气)。需注意的是，预热器中湿空气经历了等湿度变化，即：

$$H_0 = H_1 \qquad (10\text{-}28)$$

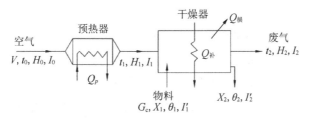

图 10-10　干燥过程的热量衡算

2. 干燥器的热量衡算

以图 10-10 中干燥器为单元做热量衡算，则有：

$$VI_1 + G_cI_1' + Q_补 = VI_2 + G_cI_2' + Q_损 \tag{10-29a}$$

即：
$$Q_补 = V(I_2 - I_1) + G_c(I_2' - I_1') + Q_损 \tag{10-29b}$$

式中：I_1 和 I_2 分别为进和出干燥器的空气的焓，kJ/kg（绝干空气）；I_1' 和 I_2' 分别为进和出干燥器的湿物料的焓，kJ/kg（绝干物料）；$Q_补$ 为单位时间内向干燥器补充的热量，kJ/s；$Q_损$ 为单位时间内干燥器的热损失，kJ/s。

其中湿物料的焓 I' 是以 0℃ 为基准温度 1kg 绝干物料及其所含水分的焓值之和。若物料的温度为 θ，则以 1kg 绝干物料为基准的湿物料焓 I' 为：

$$I' = c_s\theta + Xc_w\theta = (c_s + Xc_w)\theta = c_m\theta \tag{10-30}$$

式中：c_s 为绝干物料的比热容，kJ/[kg（绝干物料）·℃]；c_w 为水分的比热容，其值为 4.187kJ/(kg·℃)；c_m 为湿物料的比热容，$c_m = c_s + Xc_w$，kJ/[kg（绝干物料）·℃]，c_m 表示 1kg 绝干物料及其带有的 Xkg 水分温度升高或降低 1℃ 所吸收或放出的热量。

3. 总的热量衡算

将式(10-27)和(10-29b)相加并整理得：

$$Q = Q_p + Q_补 = V(I_2 - I_0) + G_c(I_2' - I_1') + Q_损 \tag{10-31}$$

式中：Q 为单位时间内整个干燥系统所需的总热量，kJ/s。

为了便于应用，通过以下分析得出更为简明的表达式：①将总量为 V 的新鲜湿空气（湿度为 H_0）由 t_0 加热至 t_2，所需热量为 $V(1.01 + 1.88H_0)(t_2 - t_0)$；②原湿物料 $G_1 = G_2 + W$，其中干燥产品 G_2 从 θ_1 被加热至 θ_2 后离开干燥器，所需热量为 $G_cc_{m2}(\theta_2 - \theta_1)$；总量为 W 的水分由液态温度 θ_1 被加热并汽化，至气态温度 t_2 后随气流离开干燥系统，所需热量为 $W(2490 + 1.88t_2 - 4.187\theta_1)$；③干燥系统损失的热量为 $Q_损$。若忽略湿空气中水汽温升的影响 $1.88VH_0(t_2 - t_0)$，并且略去湿物料中水分带入干燥系统的焓 $4.187W\theta_1$，则由式(10-32)可知，单位时间内向干燥系统输入的热量用于：①加热绝干空气；②蒸发水分；③加热物料；④系统热损失。依据上述分析，式(10-31)可简化为：

$$Q = Q_p + Q_补 = 1.01V(t_2 - t_0) + W(2490 + 1.88t_2) + G_cc_{m2}(\theta_2 - \theta_1) + Q_损 \tag{10-32}$$

10.3.3　空气通过干燥器时的状态变化

运用上面的物料衡算及热量衡算公式之前要确定空气离开干燥器时的状态，这涉及到空气通过干燥器时前后状态的变化。空气经过预热器被加热，湿度不变，温度升高，导致焓增加；空气经过干燥器时，除了空气与物料间进行热和质的交换，还有其他外加因素的影响，因而确定离开干燥器时的空气状态是比较困难和复杂的。一般根据干燥过程中空气焓的变化情况将干燥过程分为等焓干燥过程和非等焓干燥过程。

1. 等焓干燥过程

等焓干燥过程又称绝热干燥过程，但要实现等焓干燥需要以三个条件为前提：

（1）不向干燥器内补充热量，$Q_补 = 0$；

（2）干燥器的热损失忽略不计，$Q_损 = 0$；

（3）物料进出干燥器的焓相等，$I'_2 = I'_1$。

将以上三个条件代入式（10-29a）得：

$$I_2 = I_1 \qquad (10\text{-}33)$$

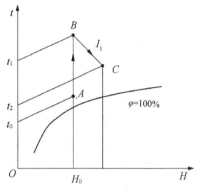

在实际干燥过程中，等焓干燥过程是难以实现的，故在温度-焓图中又称为理想干燥过程。等焓干燥过程中空气状态变化如图 10-11 中 BC 线所示。因此，只要确定离开干燥器后空气状态的任一个参数，如出口气体温度 t_2，过 B 点的等焓线与等温线相交于 C 点，就可得出湿空气出干燥器时的其他状态参数。

图 10-11 等焓干燥过程湿空气状态变化

例 10-2　在常压下将含水质量分数为 5% 的湿物料以 1.58kg/s 进入干燥器，干燥产物的含水质量分数为 0.5%。所用湿空气的温度为 20℃、湿度为 0.007kg/kg（绝干空气），预热温度为 127℃，废气出口温度为 82℃，设为理想干燥过程。试求：（1）绝干空气用量 V；（2）预热器的热负荷。

解：（1）空气用量的计算

$$G_c = G_1(1 - w_1) = 1.58(1 - 0.05)\text{kg/s} = 1.5\text{kg/s}$$

其中：

$$X_1 = \frac{w_1}{1 - w_1} = \frac{0.05}{1 - 0.05}\text{kg（水）/kg（绝干物料）} = 0.0527\text{kg（水）/kg（绝干物料）}$$

$$X_2 = \frac{w_2}{1 - w_2} = \frac{0.005}{1 - 0.005}\text{kg（水）/kg（绝干物料）} = 0.00502\text{kg（水）/kg（绝干物料）}$$

$$W = G_c(X_1 - X_2) = 1.5(0.0527 - 0.00502)\text{kg/s} = 0.0715\text{kg/s}$$

因为 $H_1 = H_0 = 0.007$kg（水汽）/kg（绝干空气），所以：

$I_1 = (1.01 + 1.88H_1)t_1 + 2500H_1$

　$= (1.01 + 1.88 \times 0.007) \times 127$kJ/kg（绝干空气）$+ 2500 \times 0.007$kJ/kg（绝干空气）

　$= 147$kJ/kg（绝干空气）

气体出干燥器的状态为 $t_2 = 82$℃，理想干燥过程为等焓干燥：

$$I_2 = I_1 = 147\text{kJ/kg（绝干空气）}$$

$$I_2 = (1.01 + 1.88H_2)t_2 + 2500H_2$$

即：

$$147 = (1.01 + 1.88H_2) \times 82 + 2500H_2$$

得到：

$$H_2 = 0.0242\text{kg（水汽）/kg（绝干空气）}$$

$$V = \frac{W}{H_2 - H_1} = \frac{0.0715}{0.0242 - 0.007}\text{kg/s} = 4.16\text{kg/s}$$

（2）预热器的热负荷为：

$$Q_p = V(I_1 - I_0)$$

$$I_0 = (1.01 + 1.88H_0)t_0 + 2500H_0$$

$$= (1.01 + 1.88 \times 0.007) \times 20 \text{kJ/kg(绝干空气)} + 2500 \times 0.007 \text{kJ/kg(绝干空气)}$$

$$= 37.9 \text{kJ/kg(绝干空气)}$$

$$Q_p = V(I_1 - I_0) = 4.16 \times (147 - 37.9) \text{kJ/s} = 446 \text{kJ/s}$$

2. 非等焓干燥过程

多数干燥过程都是在非绝热情况下进行的,相对于等焓干燥过程而言,非等焓干燥过程又称为实际干燥过程。非等焓干燥过程分为以下几种情况:

(1) 若不向干燥器内补充热量 $Q_{补}$ 或补充的热量不足以抵偿物料带走的热量与热损失 $Q_{损}$ 之和,则出口气体的焓 I_2 将低于进口气体的焓 I_1,湿空气的状态改变不是沿着等焓线 BC 变化,而是沿着 BC_1 线变化,如图 10-12 所示。

(2) 若向干燥器补充的热量 $Q_{补}$ 大到足以补偿物料带走的热量与热损失 $Q_{损}$ 之和,则出口气体的焓 I_2 将高于进口气体的焓 I_1,如图 10-12 所示,湿空气的状态变化由 B 点沿 BC_2 至 C_2 点。

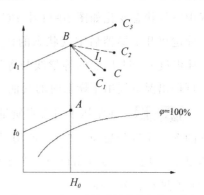

图 10-12　实际干燥过程湿空气状态变化

(3) 若向干燥器补充的热量 $Q_{补}$ 足够多,以至于进入干燥器的气体温度 t_1 与离开干燥器出口的气体温度 t_2 相同,如图 10-12 所示,则湿空气的状态变化沿等温线 BC_3 进行。

10.3.4　干燥器的热效率和干燥效率

干燥器的热效率 η' 定义为:

$$\eta' = \frac{\text{湿空气在干燥器内所放出的热量}}{\text{湿空气在预热器中所获得的热量}} \times 100\%$$

$$= \frac{V(1.01 + 1.88H_0)(t_1 - t_2)}{V(1.01 + 1.88H_0)(t_1 - t_0)} \times 100\% = \frac{t_1 - t_2}{t_1 - t_0} \times 100\% \qquad (10\text{-}34)$$

干燥效率 η 定义为:

$$\eta = \frac{\text{干燥器中蒸发水分所消耗的热量}}{\text{湿空气在干燥器中所放出的热量}} \times 100\%$$

若蒸发水分量为 W,湿空气出干燥器时温度为 t_2,湿物料进干燥器时的温度为 θ_1,则蒸发水分所需的热量为 Q_1,则:

$$Q_1 = W(2490 + 1.88t_2 - 4.187\theta_1) \qquad (10\text{-}35)$$

$$\eta = \frac{Q_1}{V(1.01 + 1.88H_0)(t_1 - t_2)} \qquad (10\text{-}36)$$

干燥器的热效率和干燥效率都可表示干燥器的性能,热效率和干燥效率值越高表示热利用程度越好。

如果离开干燥器的湿空气温度降低而湿度增高,则可节省湿空气消耗量并提高热效率。但是湿空气的湿度增加,容易使物料和湿空气之间的传质推动力减小。在干燥操作中,往往将废气(出口空气)的热量回收,以降低能耗,生产中常常利用废气预热冷空气或冷物料等。此外,还应注意干燥设备和管路的保温隔热,以减少干燥系统的热损失。

例 10-3 常压下以温度 20℃、相对湿度 60% 的新鲜空气为介质干燥某种湿物料。空气在预热器中被加热到 90℃ 后送入干燥器,离开干燥器时的温度为 45℃,湿度为 0.022kg(水汽)/kg(绝干空气)。每小时有 1100kg 温度 20℃、湿基含水量 3% 的湿物料送入干燥器,物料离开干燥器时温度升到 60℃,湿基含水量降到 0.2%。湿物料的平均比热容为 3.28kJ/[kg(绝干物料)・℃]。忽略预热器向周围的热损失,干燥器的热损失为 1.2kW。求:(1) 水分蒸发量 W;(2) 新鲜空气流量 V_0;(3) 预热器消耗的热量 Q_p;(4) 干燥系统消耗的总热量 Q;(5) 向干燥器补充的热量 $Q_补$;(6) 干燥系统的热效率 η'。

解:(1) 水分蒸发量 W

$$X_1 = \frac{w_1}{1-w_1} = \frac{0.03}{1-0.03}\text{kg(水)/kg(绝干物料)} = 0.0309\text{kg(水)/kg(绝干物料)}$$

$$X_2 = \frac{w_2}{1-w_2} = \frac{0.002}{1-0.002}\text{kg(水)/kg(绝干物料)} \approx 0.002\text{kg(水)/kg(绝干物料)}$$

由式(10-24b)得:$G_c = G_1(1-w_1) = 1100(1-0.03)\text{kg/h} = 1067\text{kg/h}$

由式(10-24a)得:$W = G_c(X_1 - X_2) = 1067(0.0309 - 0.002)\text{kg/h} = 30.84\text{kg/h}$

(2) 新鲜空气消耗量 V_0

由题意可知,$H_2 = 0.022\text{kg(水汽)/kg(绝干空气)}$。由湿度-焓图查出,当 $t_0 = 20℃$、$\varphi_0 = 60\%$ 时,$H_0 = 0.009\text{kg(水汽)/kg(绝干空气)}$,由式(10-28)得:

$$H_1 = H_0 = 0.009\text{kg(水汽)/kg(绝干空气)}$$

故绝干空气流量 V 为:

$$V = \frac{W}{H_2 - H_1} = \frac{30.84}{0.022 - 0.009}\text{kg/h} = 2372\text{kg/h}$$

新鲜空气流量 V_0 与绝干空气流量 V 的关系为 $V_0 = V(1+H_0)$,故:

$$V_0 = V(1+H_0) = 2372(1+0.009)\text{kg/h} = 2393\text{kg/h}$$

(3) 预热器中消耗的热量 Q_p

当 $t_0 = 20℃$、$\varphi_0 = 60\%$ 时,查出 $I_0 = 43\text{kJ/kg(绝干空气)}$。空气离开预热器时 $t_1 = 90℃$、$H_1 = H_0 = 0.009\text{kg(水汽)/kg(绝干空气)}$ 时,查出 $I_1 = 115\text{kJ/kg(绝干空气)}$,由式(10-27)得:

$$Q_p = V(I_1 - I_0) = 2372(115 - 43)\text{kJ/h} = 170800\text{kJ/h} = 47.4\text{kW}$$

(4) 干燥系统消耗的总热量 Q

由式(10-32)得:

$$Q = 1.01V(t_2 - t_0) + W(2490 + 1.88t_2) + G_c c_{m2}(\theta_2 - \theta_1) + Q_{损}$$

$$= 1.01 \times 2372(45 - 20)kJ/h + 30.84(2490 + 1.88 \times 45)kJ/h$$

$$+ 1067 \times 3.28(60 - 20)kJ/h + 1.2 \times 3600kJ/h$$

$$= 283600kJ/h = 78.8kW$$

（5）向干燥器补充的热量 $Q_{补}$

$$Q_{补} = Q - Q_p = 283600kJ/h - 170800kJ/h = 112800kJ/h = 31.3kW$$

（6）干燥系统的热效率 η'

由式(10-34)得：

$$\eta' = \frac{t_1 - t_2}{t_1 - t_0} \times 100\% = \frac{90 - 45}{90 - 20} \times 100\% = 64.3\%$$

10.4　干燥动力学

10.4.1　概述

前面章节内容介绍了湿空气的性质，干燥过程的物料衡算和热量衡算，这些都属于干燥静力学范畴，由此我们可以计算出从湿物料中除去的水分、干燥过程所需的空气用量和热量。而干燥过程所需的干燥时间的计算则涉及到干燥速率，这部分内容属于干燥动力学范畴。干燥速率不仅取决于空气性质和干燥过程的操作条件，还受到物料中所含水分性质的影响。

根据物料中所含水分的性质不同，分为：

1. 平衡水分和自由水分

将湿物料与一定状态的空气相接触，湿物料将会失去或吸收水分，直至物料表面所产生的蒸气压与空气中的水汽分压相等为止，此时物料中所含的水分称为该空气状态下物料的平衡水分，又称平衡含水量 X^*，单位为 kg（水）/kg（绝干物料）。平衡水分因物料种类的不同而有很大的差别，同一种物料的平衡水分也因空气状况的不同而不同。

某些物料在 25℃ 下的平衡水分与空气相对湿度的关系如图 10-13 所示。由图 10-13 可见，对于非吸

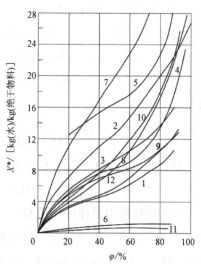

图 10-13　在 25℃ 时某些物料的平衡含水量 X^* 与空气相对湿度 φ 的关系

1-新闻纸；2-羊毛及织物；3-硝化纤维；4-丝；5-皮革；6-陶土；7-烟叶；8-肥皂；9-牛皮胶；10-木材；11-玻璃绒；12-棉花

水性物料,例如陶土的平衡水分几乎等于 0。对于吸水性物料,例如烟草、皮革及木材等的平衡水分较高,而且随空气状况不同而有较大的变化。由图 10-13 还可见当空气的相对湿度为 0 时,任何物料的平衡水分均为 0。因此,只有使物料与相对湿度为 0 的空气相接触,才有可能获得绝干的物料。若空气的相对湿度一定,则物料的平衡水分随空气温度升高而减小。平衡水分表示在该空气状态下物料能被干燥的极限,通常物料的平衡水分都是由实验测定得到的。

物料中所含的水分超过 X^* 的那部分水分称之为自由水分,这部分水分可通过干燥除去。

2. 结合水分和非结合水分

结合水分和非结合水分是根据水分与物料结合力的状况来划分的。

（1）结合水分

借化学力或物理化学力与固体相结合的水的统称,包括物料细胞壁内的水分、小毛细管中的水分、结晶水、吸附水和可溶物的溶解水,这些水分与物料的结合力较强,其特点是结合水分的蒸气压低于同温度下纯水的饱和蒸气压,致使干燥过程的传质推动力降低,所以结合水分与纯水相比较难除去。

（2）非结合水分

包括物料中吸附的水分和孔隙中的水分,这些水分与物料是机械结合,结合力较弱。物料中非结合水分与同温度下纯水的饱和蒸气压相同,同时非结合水分的汽化和纯水一样,在干燥过程中极易除去。

平衡水分和自由水分、结合水分和非结合水分的关系如图 10-14 所示。在干燥过程中被除去的水分包括两部分:一部分为非结合水 $(X_t - X_{max})$;另一部分为部分的结合水 $(X_{max} - X^*)$。能被空气带走

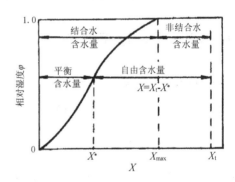

图 10-14　物料所含水分的性质

的水分,称为自由含水量 $(X_t - X^*)$,不能被空气带走的水分即为物料的平衡含水量 X^*。图 10-14 中的 X_t 为物料的干基含水量,X_{max} 为空气相对温度为 100% 时的物料的平衡含水量。

10.4.2　干燥曲线

干燥实验的主要目的是测定湿物料含水量和温度随时间变化的数据。将湿物料置于恒定湿空气中进行干燥,即在干燥器中保持气流的温度、湿度、流速以及与物料的接触方式不变,如以大量湿空气干燥少量湿物料。在实验过程中,每隔一段时间记录物料减少的质量和物料的表面温度。根据上述实验结果,绘制出物料的含水量 X、表面温度 θ 与干燥时间 τ 的曲线,如图 10-15 所示,此曲线称干燥曲线。

图中 A 点表示物料起始含水量 X_1、温度 θ_1。干燥开始后，物料含水量 X 及其表面温度 θ 均随时间而变化，如图 10-15 所示。曲线存在三个阶段。

AB 段：当物料与热空气接触一段时间后，物料的含水量降至 X_B，物料表面温度升至空气的湿球温度 t_w。在此阶段，空气中的部分热量仅用于加热物料，故物料的含水量和温度随时间变化不大。

BC 段：物料的含水量继续下降，斜率 $-\dfrac{dX}{d\tau}$ 保持恒定值，X 与 τ 基本上成直线关系。空气传递给物料的显热恰好等于水分从物料汽化所需的潜热，物料表面温度恒定，始终等于空气的湿球温度 t_w。

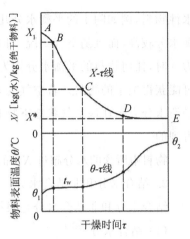

图 10-15　恒定空气条件下的某物料的干燥曲线

CDE 段：物料开始升温，热空气中部分热量用于加热物料使其由 t_w 升高到 θ_2，另一部分热量用于汽化水分。由于干燥表面内移和含水量的进一步减少，该段内斜率 $-\dfrac{dX}{d\tau}$ 逐渐变为平坦，直到物料中含水量降至平衡含水量 X^*，干燥过程停止。

10.4.3　干燥速率曲线

物料的干燥速率 N_A 可用单位时间、单位面积（气固接触表面）被汽化的水量来表示：

$$N_A = \frac{G_c\,dX}{-A\,d\tau} \qquad (10\text{-}37)$$

式中：A 为物料与气流接触的表面积，m^2，由实验测定。求出干燥曲线上各点斜率 $-\dfrac{dX}{d\tau}$，在干燥过程中，由于物料含水量不断降低，为计算方便，斜率前面加一负号以正数表示。按上式计算物料在不同自由含水量时的干燥速率，即可绘出如图 10-16 所示的干燥速率曲线。

整个干燥过程可分为恒速干燥与降速干燥两个阶段，而每个干燥阶段的传热、传质都有各自的特点。

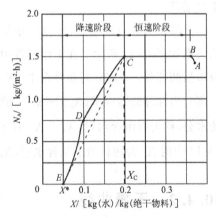

图 10-16　恒定空气条件下物料的干燥速率曲线

1. 恒速干燥阶段

在此阶段中，物料表面覆盖着水层，物料中的非结合水的性质与液态纯水相同，其状况与湿球温度计纱布表面的状况相似。物体表面的温度等于该空气的湿球温度 t_w，此阶段的空气传递给物料的显热恰好等于水分从物料表面汽化所需的潜热。当 t_w 为定值时，物料表面的湿含量 H_w 也为定值。因此：

$$N_A = k_H(H_w - H) = \frac{\alpha}{r_w}(t - t_w) \tag{10-38}$$

干燥速率与物料本身性质无关。应该指出,在整个恒速干燥阶段中,要求湿物料内部的水分向其表面传递的速率能够与水分自物料表面汽化的速率相一致,使物料表面始终保持润湿状态。

显然,恒速干燥阶段的干燥速率的大小取决于物料表面水分的汽化速率,所以恒速干燥阶段又称为表面汽化控制阶段。AB 段叫预热段,此阶段所需的时间较短,一般并入 BC 段考虑。

2. 降速干燥阶段

当物料内部的水分向物料表面的迁移速率低于表面水分汽化率时,物料表面逐渐变干,汽化表面逐渐向物料内部移动,同时物料表层温度开始升高,并与内部物料之间形成温度梯度,推动热量从外部传入内部,促进内部水分加速向表面迁移。由于这部分水分是以结合水的形式存在于物料中,因此,此时干燥速率与物料性质及其内部结构有关,故降速干燥阶段又称为内部迁移控制阶段。随着物料内部结合水量的不断减少,干燥速率也随之降低,直至物料含水量达到平衡含水量 X^*。

3. 临界含水量

两个干燥阶段的曲线有一交点,我们称之称为临界点。与该点相对应的物料含水量称之为临界含水量 X_c,临界点处的干燥速率仍等于恒速阶段的干燥速率。

临界含水量不但与物料本身的结构、物料的分散程度有关,还受干燥操作条件的影响。物料分散越细,临界含水量越低;恒速阶段的干燥速率越大,临界含水量越高,即降速阶段较早的开始。

通常,物料的 X_c 由实验测定。确定物料的 X_c 值,不仅对于干燥速率和干燥时间的计算是十分必要的,而且对于如何强化具体的干燥操作也有重要意义。

10.4.4 干燥时间的计算

由于恒速干燥阶段和降速干降阶段的干燥机理和影响因素各不相同,故对两阶段干燥时间分别讨论。

1. 恒速阶段的干燥时间

设物料在干燥之前的自由含水量 X_1 大于临界含水量 X_c,则干燥过程必先有一恒速阶段。若忽略物料的预热阶段,恒速阶段的干燥时间 τ_1 可由下式积分计算出:

$$N_A = \frac{G_c \, dX}{A \, d\tau} \tag{10-39a}$$

$$\int_0^{\tau_1} d\tau = -\frac{G_c}{A} \int_{X_1}^{X_c} \frac{dX}{N_A} \tag{10-39b}$$

恒速阶段的干燥速率 N_A 为一常量,则:

$$\tau_1 = \frac{G_c}{A} \cdot \frac{X_1 - X_c}{(N_A)_{恒}} \tag{10-40}$$

N_A 可由实验确定,或按传质或传热公式估算,即:

$$(N_A)_{恒} = k_H(H_w - H) = \frac{\alpha}{r_w}(t - t_w) \tag{10-41}$$

由于传质系数 k_H 的测量不如给热系数测量的成熟准确,在干燥计算中常用经验的给热系数进行计算。典型几种物料与气流接触方式的给热系数经验式如下:

(1) 空气平行于物料表面流动,如图 10-17a 所示。

$$\alpha = 0.0143G^{0.8} \ kW/(m^2 \cdot ℃) \tag{10-42}$$

上式的实验条件为:$G = 0.68 \sim 8.14 kg/(m^2 \cdot s)$,气温 $t = 45 \sim 150℃$。

(2) 空气自上而下或自下而上穿过颗粒堆积层,如图 10-17b 所示。

$$\alpha = 0.0189\frac{G^{0.59}}{d_p^{0.41}} \quad Re_p = \frac{d_p G}{\mu} > 350 \tag{10-43a}$$

$$\alpha = 0.0118\frac{G^{0.49}}{d_p^{0.41}} \quad Re_p = \frac{d_p G}{\mu} < 350 \tag{10-43b}$$

式中:G 为气体质量流速,$kg/(m^2 \cdot s)$;d_p 为具有与实际颗粒相同表面积的球形颗粒直径,m;μ 为气体黏度,$Pa \cdot s$。

(3) 单一球型颗粒悬浮于气流中,如图 10-17c 所示。

$$\alpha \frac{d_p}{\lambda} = 2 + 0.65Re_p^{1/2}Pr^{1/3} \tag{10-44}$$

$$Re_p = \frac{d_p G}{\mu} = \frac{d_p u \rho}{\mu} \tag{10-45}$$

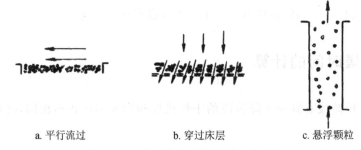

　　　　a. 平行流过　　　　　　b. 穿过床层　　　　　c. 悬浮颗粒

图 10-17　气流与物料的相对运动方式

2. 降速阶段的干燥时间

当物料的自由含水量降到临界含水量后,便转入降速干燥阶段。物料从临界含水量 X_c 减到 X_2 所需要的时间 τ_2 为:

$$\int_0^{\tau_2} d\tau = -\frac{G_c}{A}\int_{X_c}^{X^*} \frac{dX}{N_A} \tag{10-46}$$

$$\tau_2 = \frac{G_c}{A}\int_{X^*}^{X_c} \frac{dX}{N_A} \tag{10-47}$$

此时因干燥速率 N_A 为变量,与物料的含水量有关。当干燥速率 N_A 随物料的含水量呈非线性变化时,很难使用数学表达式来描述,应采用图解积分法计算 τ_2。

当降速阶段的干燥速率可近似通过临界点与坐标原点的直线处理时,即 N_A 随物料的含水量呈线性关系时,如图 10-18 所示,则降速阶段的干燥速率表示为:

$$N_A = K_x X \qquad (10\text{-}48)$$

式中: K_x 为比例系数,可由物料的临界含水量与恒速干燥速率 $(N_A)_{恒}$ 求取。

$$K_x = \frac{(N_A)_{恒}}{X_c} \qquad (10\text{-}49)$$

$$\tau_2 = \frac{G_c}{AK_x}\ln\frac{X_c}{X_2} \qquad (10\text{-}50)$$

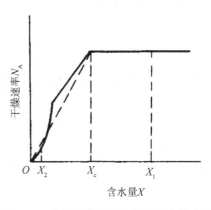

图 10-18 降速干燥阶段为通过原点的直线

物料干燥所需的总时间 τ 为:

$$\tau = \tau_1 + \tau_2 \qquad (10\text{-}51)$$

例 10-4 已知某物料在恒定干燥条件下从初始含水量 0.4kg(水)/kg(绝干物料)降至 0.08kg(水)/kg(绝干物料),共需 6h,物料的临界含水量 $X_c = 0.15$kg(水)/kg(绝干物料),平衡含水量 $X^* = 0.04$kg(水)/kg(绝干物料),降速阶段的干燥速率曲线可作为直线处理。试求:(1)恒速干燥阶段所需时间 τ_1 及降速阶段所需时间 τ_2 分别为多少?(2)若在同样条件下继续将物料干燥至 0.05kg(水)/kg(绝干物料),还需多少时间?

解: (1) X 由 0.4kg(水)/kg(绝干物料)降至 0.08kg(水)/kg(绝干物料)经历两个阶段:恒速干燥和降速干燥。

$$\tau_1 = \frac{G_c}{A}\cdot\frac{X_1 - X_c}{(N_A)_{恒}}$$

$$\tau_2 = \frac{G_c}{AK_x}\ln\frac{X_c}{X_2} = \frac{G_c X_c}{A(N_A)_{恒}}\ln\frac{X_c}{X_2}$$

$$\frac{\tau_1}{\tau_2} = \frac{X_1 - X_c}{X_c\ln\dfrac{X_c}{X_2}} = \frac{0.4 - 0.15}{0.15\ln\dfrac{0.15}{0.08}} = 2.65$$

又因 $\tau_1 + \tau_2 = 6h$,得: $\tau_1 = 4.36h$ $\tau_2 = 1.64h$

(2)继续干燥时间

设从临界含水量 $X_c = 0.15$kg(水)/kg(绝干物料)降至 $X_3 = 0.05$kg(水)/kg(绝干物料)所需时间为 τ_3,则:

$$\frac{\tau_3}{\tau_2} = \frac{\ln\dfrac{X_c}{X_3}}{\ln\dfrac{X_c}{X_2}} = \frac{\ln\dfrac{0.15}{0.05}}{\ln\dfrac{0.15}{0.08}} = 2.37$$

继续干燥所需时间为: $\tau_3 - \tau_2 = 1.37\tau_2 = 1.37\times1.64h = 2.25h$

10.5　干燥器

10.5.1　工业上常用的干燥器

工业生产中由于产品的外形不同,产品的结构和性质也不尽相同。其次,产品所需干燥程度以及处理量也都有很大差别。一种类型的干燥器不可能同时满足多种产品的干燥要求,因而所需多种多样类型的干燥器。下面主要介绍几种类型的干燥器及其使用方法。

1. 厢式干燥器

厢式干燥器又称盘式干燥器,是一种常压间歇操作的最古老的干燥设备之一。一般小型的称为烘箱,大型的称为烘房。按气体流动的方式,又可分为并流式和穿流式。

并流式干燥器的基本结构如图 10-19 所示,被干燥物料放在盘架 7 上的浅盘内,物料的堆积厚度约为 10～100mm。风机 3 吸入的新鲜空气,经加热器 5 预热后沿挡板 6 均匀地水平掠过各浅盘内物料的表面,对物料进行干燥。部分废气经排出管 2 排出,余下的循环使用,以提高热效率。废气循环量由吸入口或排出口的挡板进行调节。并流式厢式干燥器见二维码。空气的流速根据物料的粒度而定,应以物料不被气流挟带出干燥器为原则,一般为 1～10m/s。这种干燥器的浅盘也可放在能移动的小车盘架上,以方便物料的装卸,减轻劳动强度。

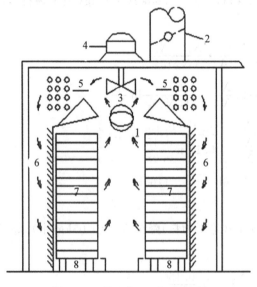

图 10-19　并流式(厢式)干燥器

1-空气入口;2-空气出口;3-风机;4-电动机;
5-加热器;6-挡板;7-盘架;8-移动轮

并流式厢式干
燥器二维码

若对干燥过程有特殊要求,如干燥热敏性物料、易燃易爆物料或物料的湿分需要回收等,厢式干燥器可在真空下操作,称为厢式真空干燥器。干燥厢是密封的,将浅盘架制成空心的,加热蒸汽从中通过,干燥时以热传导方式加热物料,使盘中物料所含水分或溶剂汽化,汽化出的水汽或溶剂蒸气被真空泵抽出,以维持厢内的真空度。

穿流式干燥器的结构如图 10-20 所示,物料铺在多孔的浅盘(或网)上,气流垂直地穿过物料层,两层物料之间设置倾斜的挡板,以防从一层物料中吹出的湿空气再吹入另一层。空气通过小孔的速度约为 0.3～1.2m/s。穿流式干燥器适用于通气性好的颗粒状物料,其干燥速率通常为并流时的 8～10 倍。

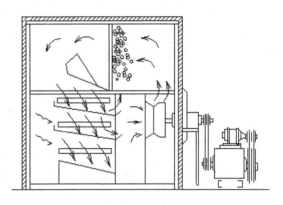

图 10-20　穿流式(厢式)干燥器

厢式干燥器还可用烟道气作为干燥介质。

厢式干燥器的优点是结构简单,设备投资少,适应性强。缺点是劳动强度大,装卸物料热损失大,产品质量不易均匀。厢式干燥器一般应用于少量、多品种物料的干燥,尤其适合于实验室使用。

2. 洞道式干燥器

如图 10-21 所示,洞道式干燥器的器身为狭长的洞道,内设铁轨,一系列小车载着盛于浅盘中或悬挂在架子上的湿物料通过洞道,在洞道中与热空气接触而被干燥。小车可以连续地或间歇地进出洞道。洞道式干燥器见二维码。

洞道式干燥
器二维码

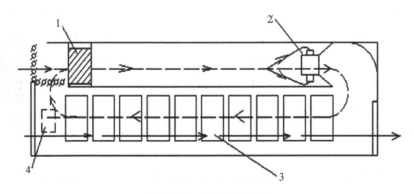

图 10-21　洞道式干燥器

1-加热器;2-风扇;3-装料车;4-排气口

由于洞道干燥器容积大,小车在器内停留时间长,因此此干燥器适用于处理量大、干燥时间长的物料,如木材、陶瓷等。干燥介质为热空气或烟道气,气速一般应大于 2～3m/s。

洞道中也可采用中间加热或废气循环操作。

3. 带式干燥器

带式干燥器如图 10-22 所示。干燥室的截面为长方形,内部安装有网状传送带,物料置于传送带上,气流与物料错流流动,带子在前移过程中,物料因不断地与热空气接触而被干燥。传送带可以是单层的,也可以是多层的,带宽为 1～3m,带长为 4～50m,干燥时间为 5～120min。通常在物料的运动方向上分成许多区段,每个区段都可装设风机和加热器。在不同区段内,气流的方向、温度、湿度及速度都可以不同,如在湿料区段,操作气速可大些。

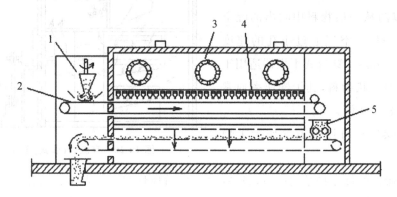

图 10-22 带式干燥器
1-加料器;2-传送带;3-风机;4-热空气喷嘴;5-压碎机

根据被干燥物料的性质不同,传送带可用帆布、橡胶、涂胶布或金属丝网制成。物料在带式干燥器内基本可保持原状,也可同时连续干燥多种固体物料,但要求带上物料的堆积厚度、装载密度均匀一致,否则通风不均匀,会使产品质量下降。这种干燥器的生产能力及热效率均较低,热效率约在 40% 以下。带式干燥器适用于干燥颗粒状、块状和纤维状的物料。

4. 转筒干燥器

图 10-23 所示的为用热空气直接加热的逆流操作转筒干燥器。其主体为一略微倾斜的旋转圆筒。湿物料从转筒较高的一端送入,热空气由另一端进入,气、固在转筒内逆流接触,随着转筒的旋转,物料在重力作用下流向较低的一端。通常转筒内壁上装有若干块抄板,其作用是将物料抄起后再洒下,以增大干燥表面积,提高干燥速率,同时还促使物料向前运行。当转筒旋转一周时,物料被抄起和洒下一次,物料前进的距离等于其落下的高度乘以转筒的倾斜率。转筒干燥器见二维码。

转筒干燥器
二维码

干燥器内空气与物料间的流向除逆流外,还可采用并流或并逆流相结合的操作。并流时,入口处湿物料与高温、低湿的热气体相遇,干燥速率最大,沿着物料的移动方向,热气体温度降低,湿度增大,干燥速率逐渐减小,至出口时为最小。因此,并流操作适用于含水量较高且允许快速干燥、不能耐高温、吸水性较小的物料。而逆流时干燥器内各段干燥速率相差不大,它适用于不允许快速干燥而产品能耐高温的物料。

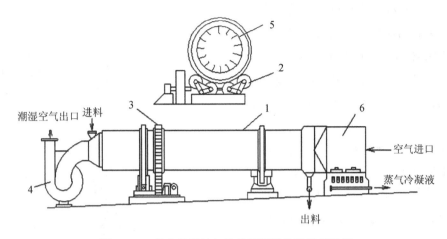

图 10-23　热空气直接加热的逆流操作转筒干燥器

1-圆筒；2-支架；3-驱动齿轮；4-风机；5-抄板；6-蒸气加热器

为了减少粉尘的飞扬，气体在干燥器内的速度不宜过高，对粒径为 1mm 左右的物料，气体速度为 0.3～1.0m/s；对粒径为 5mm 左右的物料，气速宜在 3m/s 以下，有时为防止转筒中粉尘外流，可采用真空操作。转筒干燥器的体积传热系数较低，约为 0.2～0.5 W/(m³·℃)。

对于能耐高温且不怕污染的物料，还可采用烟道气作为干燥介质。对于不能受污染或极易引起大量粉尘的物料，可采用间接加热的转筒干燥器。这种干燥器的传热壁面为装在转筒轴心处的一个固定的同心圆筒，筒内通以烟道气，也可沿转筒内壁装一圈或几圈固定的轴向加热管。由于间接加热转筒干燥器的效率低，目前较少采用。

转筒干燥器的优点是机械化程度高，生产能力大，流体阻力小，容易控制，产品质量均匀。此外，转筒干燥器对物料的适应性较强，不仅适用于处理散粒状物料，当处理黏性膏状物料或含水量较高的物料时，可在其中掺入部分干料以降低黏性，或在转筒外壁安装敲打器械以防止物料粘壁。转筒干燥器的缺点是设备笨重，金属材料耗量多，热效率低（约为 30%～50%），结构复杂，占地面积大，传动部件需经常维修等。目前国内采用的转筒干燥器直径为 0.6～2.5m，长度为 2～27m；处理物料的含水量为 3%～50%，产品含水量可降到 0.5%，甚至低到 0.1%（均为湿基）。物料在转筒内的停留时间为 5～120min，转筒转速 1～8r/min，倾角在 8°以下。

5. 气流干燥器

气流干燥器是一种连续操作的干燥器。湿物料首先被热气流分散成粉粒状，在随热气流并流运动的过程中被干燥。气流干燥器可处理泥状、粉粒状或块状的湿物料，对于泥状物料需装设分散器，对于块状物料需附设粉碎机。气流干燥器有直管型、脉冲管型、倒锥型、套管型、环型和旋风型等。气流干燥器见二维码。

气流干燥器
二维码

图 10-24 所示为装有粉碎机的直管型
气流干燥装置的流程图。气流干燥器的主
体是直立圆管 4,湿物料由加料斗 9 加入螺
旋输送混合器 1 中,与一定量的干物料混
合,混合后的物料与来自燃烧炉 2 的干燥
介质(热空气、烟道气等)一同进入粉碎机
3 粉碎,粉碎后的物料被吹入气流干燥器
中。在干燥器中,由于热气体作高速运动,
使物料颗粒分散并随气流一起运动,热气
流与物料间进行热质传递,使物料得以干
燥。干燥后的物料随气流进入旋风分离器
5,经分离后由底部排出,再经分配器 8,部
分作为产品排出,部分送入螺旋混合器供
循环使用,而废气经风机 6 放空。

气流干燥器具有以下特点:

（1）处理量大,干燥强度大。由于气
流的速度可高达 20～40m/s,物料又悬浮
于气流中,因此气固间的接触面积大,热
质传递速率快。对粒径在 $50\mu m$ 以下的
颗粒,可得到干燥均匀且含水量很低的
产品。

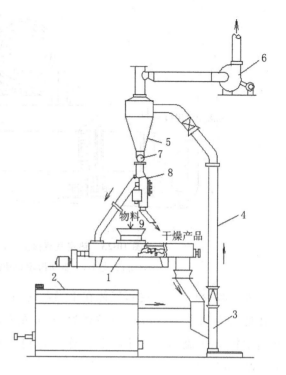

图 10-24 具有粉碎机的气流干燥装置流程图
1-螺旋桨式输送混合器;2-燃烧炉;3-球磨机;4-气
流干燥器;5-旋风分离器;6-风机;7-星式加料器;
8-流动固体物料的分配器;9-加料斗

（2）干燥时间短。物料在干燥器内一般只停留 0.5～2s,故即使干燥介质温度较高,物
料温度也不会升得太高。因此,适用于热敏性、易氧化物料的干燥。

（3）设备结构简单,占地面积小。固体物料在气流作用下形成稀相输送床,所以输送方
便,操作稳定,成品质量均匀,但对所处理物料的粒度有一定的限制。

（4）产品磨损较大。由于干燥管内气速较高,物料颗粒之间、物料颗粒与器壁之间将发
生相互摩擦及碰撞,对物料有破碎作用,因此气流干燥器不适合用于易粉碎的物料。

（5）对除尘设备要求严,系统的流体阻力较大。

　6. 流化床干燥器

流化床干燥器又称沸腾床干燥器,是流态化技术在干燥操作中的应用。
流化床干燥器见二维码。流化床干燥器种类很多,大致可分为单层流化床
干燥器、多层流化床干燥器、卧式多室流化床干燥器、喷动床干燥器、旋转快
速干燥器、振动流化床干燥器、离心流化床干燥器和内热式流化床干燥
器等。

流化床干燥器
二维码

图 10-25 为单层圆筒流化床干燥器。颗粒物料放置在分布板上,热空气由多孔板的底部送入,使其均匀地分布并与物料接触。气速控制在临界流化速度和带出速度之间,使颗粒在流化床中上下翻动,彼此碰撞混合,气固间进行传热和传质。气体温度降低,湿度增大,物料含水量不断降低,最终在干燥器底部得到干燥产品。热气体由干燥器顶部排出,经旋风分离器分出细小颗粒后放空。当静止物料层的高度为 0.05~0.15m 时,对于粒径大于 0.5mm 的物料,气速可取为 $(0.4~0.8)u_t$;对于粒径较小的物料,颗粒床内易发生结块,一般由实验确定操作气速。

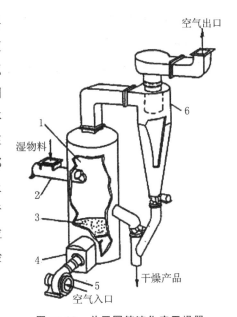

图 10-25 单层圆筒流化床干燥器
1-流化室;2-进料器;3-分布板;4-加热器;5-风机;6-旋风分离器

流化床干燥器的特点:

(1) 流化干燥与气流干燥一样,具有较高的热质传递速率,体积传热系数可高达 2300~7000 W/(m³·℃)。

(2) 物料在干燥器中停留时间可自由调节,由出料口控制,因此可以得到含水量很低的产品。当物料干燥过程存在降速阶段时,采用流化床干燥较为有利。另外,当干燥大颗粒物料、不适于采用气流干燥器时,若采用流化床干燥器,则可通过调节风速来完成干燥操作。

(3) 流化床干燥器结构简单,造价低,活动部件少,操作维修方便。与气流干燥器相比,流化床干燥器的流体阻力较小,对物料的摩损较轻,气固分离较易,热效率较高(对非结合水的干燥为 60%~80%,对结合水的干燥为 30%~50%)。

(4) 流化床干燥器适用于处理粒径为 30μm~6mm 的粉粒状物料,粒径过小使气体通过分布板后易产生局部沟流,且颗粒易被夹带;粒径过大则流化需要较高的气速,从而使流体阻力加大、磨损严重。流化床干燥器处理粉粒状物料时,要求物料中含水量为 2%~5%,对颗粒状物料则可低于 10%~15%,否则物料的流动性较差。但若在湿物料中加入部分干料或在器内设置搅拌器,则有利于物料的流化并防止结块。

7. 喷雾干燥器

喷雾干燥器是将溶液、浆液或悬浮液通过喷雾器形成雾状细滴并分散于热气流中,使水分迅速汽化,从而达到干燥的目的。喷雾干燥器见二维码。热气流与物料可采用并流、逆流或混合流等接触方式。根据对产品的要求,最终可获得 30~50μm 微粒的干燥产品。这种干燥方法不需要将原料预先进行机械分离,且干燥时间很短(一般为 5~30s),因此适宜于热敏性物料的干燥,如食品、药品、生物制品、染料、塑料及化肥等。

喷雾干燥器
二维码

常用的喷雾干燥流程如图 10-26 所示。浆液用送料泵压至喷雾器(喷嘴),经喷嘴喷成雾滴而分散在热气流中,雾滴中的水分迅速汽化,成为微粒或细粉落到器底。产品由风机吸至旋风分离器中而被回收,废气经风机排出。喷雾干燥的干燥介质多为热空气,也可用烟道气,对含有机溶剂的物料,可使用氮气等惰性气体。

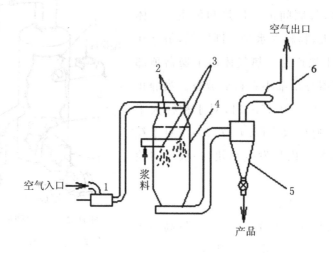

图 10-26　喷雾干燥设备

1-燃烧炉;2-空气分布器;3-压力式喷嘴;4-干燥塔;5-旋风分离器;6-风机

喷雾器是喷雾干燥的关键部分。液体通过喷雾器分散成 $10 \sim 60 \mu m$ 的雾滴,提供了很大的蒸发面积($1m^3$ 溶液具有的表面积为 $100 \sim 600m^2$),从而达到快速干燥的目的。喷雾干燥的优点是干燥速率快、时间短,尤其适用于热敏物料的干燥;可连续操作,产品质量稳定;干燥过程中无粉尘飞扬,劳动条件较好;对于用其他方法难以进行干燥的低浓度溶液,不需经蒸发、结晶、机械分离及粉碎等操作便可由料液直接获得干燥产品。其缺点是对不耐高温的物料体积传热系数低,所需干燥器的容积大;单位产品耗热量大及动力消耗大。另外,对细粉粒产品需高效分离装置。

8. 滚筒干燥器

滚筒干燥器是以导热方式加热的连续干燥器,它适用于溶液、悬浮液、胶体溶液等流动性物料的干燥。

滚筒直径一般为 0.5～1.0m,长度为 1～3m,转速为 1～3r/min。处理物料的含水量可为 10%～80%。滚筒干燥器热效率高(热效率为 70%～80%),动力消耗小[大约为 0.02～0.05kW/kg(水)],干燥强度大[30～70kg(水)/(h·m²)],物料停留时间短(5～30s),操作简单。但滚筒干燥器结构复杂,传热面积小(一般不超过 12m²),干燥产品含水量较高(一般为 3%～10%)。滚筒干燥器与喷雾干燥器相比,具有动力消耗低、投资少、维修费用少、干燥时间和干燥温度容易调节(可改变滚筒转速和加热蒸汽压力)等优点,但其在生产能力、劳动强度和条件等方面则不如喷雾干燥器。滚筒干燥器分为单筒、双筒及多筒干燥器三种形式,其中以双筒应用最广泛,图 10-27 所示即为双滚筒干燥器。滚筒单筒干燥器、滚筒双筒干燥器见二维码。

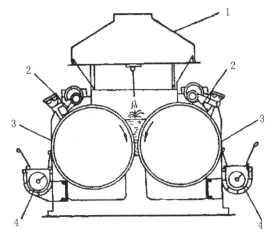

图 10-27　中央进料的双滚筒干燥器
1-排气罩;2-刮刀;3-蒸气加热滚筒;4-螺旋输送器

滚筒单筒干燥器二维码

滚筒双筒干燥器二维码

10.5.2　干燥器的选型

通常,干燥器选型应考虑以下各项因素:

(1) 被干燥物料的性质如热敏性、粘附性、颗粒的大小及形状、磨损性及腐蚀性、毒性、可燃性等。

(2) 对干燥产品的要求,如干燥产品的含水量、形状、粒度分布、粉碎程度等。在干燥食品时,产品的几何形状、粉碎程度均对成品的质量及价格有直接的影响。干燥脆性物料时应特别注意成品的粉碎与粉化。

(3) 物料的干燥速率曲线与临界含水量确定干燥时间时,应先由实验测出干燥速率曲线,确定临界含水量 X_c。物料与介质接触状态、物料尺寸与几何形状对干燥速率曲线的影响很大。如物料粉碎后再进行干燥时,除了干燥面积增大外,一般临界含水量 X_c 值也降低,有利于干燥。因此,当无法用与设计类型相同的干燥器进行实验时,应尽可能用其他干燥器模拟设计时的湿物料状态进行实验,并确定临界含水量 X_c 值。

(4) 回收问题,如固体粉粒的回收及溶剂的回收。

（5）干燥热源，可利用的热源的选择及能量的综合利用。

（6）干燥器的占地面积、排放物及噪声是否满足环保要求。表 10-1 为主要干燥器的选择表，可供选型时参考。

表 10-1　主要干燥器的选择表

湿物料的状态	物料的实例	处理量	适用的干燥器
液体或泥浆状	洗涤剂、树脂溶液、盐溶液、牛奶等	大批量	喷雾干燥器
		小批量	滚筒干燥器
泥糊状	染料、颜料、硅胶、淀粉、黏土、碳酸钙等的滤饼或沉淀物	大批量	气流干燥器、带式干燥器
		小批量	真空转筒干燥器
粉粒状（0.01～20μm）	聚氯乙烯等合成树脂、合成肥料、磷肥、活性炭、石膏、钛铁矿、谷物	大批量	气流干燥器、转筒干燥器 流化床干燥器
		小批量	转筒干燥器 厢式干燥器
块状（20～100μm）	煤、焦碳、矿石等	大批量	转筒干燥器
		小批量	厢式干燥器
片状	烟叶、薯片	大批量	带式干燥器 转筒干燥器
		小批量	穿流厢式干燥器
		小批量	高频干燥器
短纤维	酯酸纤维、硝酸纤维	大批量	带式干燥器
		小批量	穿流厢式干燥器
一定大小的物料或制品	陶瓷器、胶合板、皮革等	大批量	隧道干燥器

▶▶▶▶ 习　　题 ◀◀◀◀

1. 已知空气的干球温度为 60℃，湿球温度为 30℃，试计算空气的湿度 H、相对湿度 φ、焓 I 和露点温度 t_d。[$H=0.0137$kg（水汽）/kg（绝干空气），$\varphi=11\%$，$I=96.26$kJ/kg（绝干空气），$t_d=18.4$℃]

2. 湿空气[$t_0=20$℃，$H_0=0.02$kg（水汽）/kg（绝干空气）]经预热后送入常压干燥器。试求：（1）将空气预热到100℃所需的热量；（2）将该空气预热到120℃时相应的相对湿度值。（$Q_p=83.3$kJ/kg，$\varphi=3.12\%$）

3. 湿度为 0.018kg（水汽）/kg（绝干空气）的湿空气在预热器中加热到128℃后进入常压等焓干燥器中，离开干燥器时空气的温度为49℃，求离开干燥器时的露点温度。（$t_d=40$℃）

4. 在常压连续干燥器中，将某物料从含水量10%干燥至0.5%（均为湿基），绝干物料比热容为 1.8kJ/[kg（绝干物料）·℃]，干燥器的生产能力为3600kg（绝干物料）/h，物料进、出干燥器的温度分别为 20℃ 和 70℃。热空气进入干燥器的温度为 130℃，湿度为 0.005kg（水汽）/kg（绝干空气），离开时温度为 80℃。热损失忽略不计，试确定绝干空气流量及空气离开干燥器时的湿度。[25572kg/h，0.01992kg（水汽）/kg（绝干空气）]

5. 在常压连续干燥器中，将某物料从含水量 5%（湿基含水量，下同）干燥至 0.2%，绝干物料比热容为 1.9kJ/[kg（绝干物料）·℃]，干燥器的生产能力为 7200kg（绝干物料）/h，空气进入预热器的干、湿球温度分别为 25℃ 和 20℃，离开预热器的温度为 100℃，离开干燥器的温度为 60℃；湿物料进入干燥器时温度为 25℃，离开干燥器为 35℃；干燥器的热损失为 580kJ/kg（汽化水分）。试求产品量、空气消耗量和干燥器热效率。（产品量：6584kg/h，空气消耗量：29348kg/h，干燥器热效率：53.3%）

6. 干球温度 t_0 为 20℃、湿球温度为 15℃ 的空气预热至 80℃ 后进入干燥器，空气离开干燥器时相对湿度 φ_2 为 50%，湿物料经干燥后湿基含水量从 50% 降至 5%，湿物料流量为 2500kg/h。试求：（1）若等焓干燥过程，则所需空气流量和热量为多少？（7.54×10^4kg/h，4.65×10^6kJ/h）。（2）若热损失为 120kW，忽略物料中水分带入的热量及其升温所需热量，则所需空气量和热量又为多少？干燥器内不补充热量。（8.34×10^4kg/h，5.14×10^6kJ/h）

7. 某湿物料在常压理想干燥器中进行干燥，湿物料的流率为 1kg/s，初始湿含量（湿基含水量，下同）为 3.5%，干燥产品的湿含量为 0.5%。空气状况为：初始温度 25℃，湿度为 0.005kg（水汽）/kg（绝干空气），经预热后进干燥器的温度为 160℃，如果离开干燥器的温度选定为 60℃ 或 40℃，试分别计算需要的空气消耗量及预热器的传热量。又若空气在干燥器的后续设备中温度下降了 10℃，试分析以上两种情况下物料是否返潮？（60℃：0.773kg/s，106.4kJ/s；40℃：0.637kg/s，87.68kJ/s；<50℃，不返潮；>30℃，返潮）

8. 由实验测得某物料干燥速率与其所含水分的直线关系，即 $-dX/d\tau = K_x \cdot X$。在某干燥条件下，湿物料从 60kg 减到 50kg 所需干燥时间为 60min。已知绝干物料重 45kg，平衡含水量为 0。试问将此物料在相同干燥条件下，从初始含水量干燥至初始含水量的 20% 需要多长时间？（100.8min）

9. 在恒定干燥条件下的箱式干燥器内，将湿染料由湿基含水量 45% 干燥到 3%，湿物料的处理量为 8000kg（湿染料）/h。实验测得：临界湿含量为 30%，平衡湿含量为 1%，总干燥时间为 28h。试计算在恒速阶段和降速阶段平均每小时所蒸发的水分量。（恒速阶段：259.3kg/h；降速阶段：81.8kg/h）

10. 在恒定干燥条件下进行干燥实验，已测得干球温度为 50℃，湿球温度为 43.7℃，气体的质量流量为 2.5kg/(m²·s)，气体平行流过物料表面，水分只从物料上表面汽化，物料由湿含量 X_1 变到 X_2，干燥处于恒速阶段，所需干燥时间为 1h，试问：（1）如其他条件不变，且干燥仍处于恒速阶段，只是干球温度变为 80℃，湿球温度变为 48.3℃，所需干燥时间为多少？（2）如其他条件不变，且干燥仍处于恒速阶段，只是物料厚度增加一倍，所需干燥时间为多少？（0.2h，2h）

第 11 章

蒸　发

11.1　概述

11.1.1　蒸发操作及其在工业中的应用

工程上把采用加热方法,将含有不挥发性溶质(通常为固体)的溶液在沸腾状态下浓缩的单元操作称为蒸发。蒸发操作广泛应用于化工、轻工、食品、医药等工业领域,其主要目的有以下几个方面:

(1) 浓缩稀溶液直接制取产品或将浓溶液再处理(如冷却结晶)制取固体产品,例如电解烧碱液的浓缩,食糖水溶液的浓缩及各种果汁的浓缩等。

(2) 同时浓缩溶液和回收溶剂,例如有机磷农药苯溶液的浓缩脱苯,中药生产中酒精浸出液的蒸发等。

(3) 为了获得纯净的溶剂,例如海水淡化等。

图 11-1 为一典型的蒸发装置示意图。图中蒸发器由加热室 1 和分离室 2 两部分组成。加热室为列管式换热器,加热蒸汽在加热室的管间冷凝,放出的热量通过管壁传给列管内的溶液,使其沸腾并汽化,气液混合物则在分离室中分离,其中液体又落回加热室,当浓缩到规定浓度后排出蒸发器。分离室 2 分离出的蒸汽(又称二次蒸汽,以区别于加热蒸汽或生蒸汽),先经顶部除沫器除液,再进入混合冷凝器 3 与

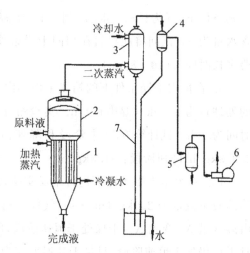

图 11-1　蒸发装置示意图

1-加热室;2-分离室;3-混合冷凝器;4-分离器;5-缓冲罐;6-真空泵;7-大气腿

冷水相混,被直接冷凝后,通过大气腿 7 排出。不凝性气体经分离器 4 和缓冲罐 5 由真空泵 6 排出。

11.1.2 蒸发操作的特点

工程上,蒸发过程只是从溶液中分离出部分溶剂,而溶质仍留在溶液中,因此,蒸发操作即为一个使溶液中的挥发性溶剂与不挥发性溶质分离的过程。由于溶剂的汽化速率取决于传热速率,故蒸发操作属传热过程,蒸发设备为传热设备,如图 11-1 的加热室即为一侧是蒸气冷凝,另一侧为溶液沸腾的间壁式列管换热器。此种蒸发过程是间壁两侧恒温的传热过程。但是,蒸发操作与一般传热过程比较,有以下特点:

(1)溶液沸点升高

由于溶液含有不挥发性溶质,因此,在相同温度下,溶液的蒸气压比纯溶剂的小,也就是说,在相同压力下,溶液的沸点比纯溶剂的高,溶液浓度越高,这种影响越显著,这在设计和操作蒸发器时是必考虑的。

(2)物料及工艺特性

物料在浓缩过程中,溶质或杂质常在加热表面沉积、析出结晶而形成垢层,影响传热;有些溶质是热敏性的,在高温下停留时间过长易变质;有些物料具有较大的腐蚀性或较高的黏度等等,因此,在设计和选用蒸发器时,必须认真考虑这些特性。

(3)能量回收

蒸发过程是溶剂汽化过程,由于溶剂汽化潜热很大,所以蒸发过程是一个大能耗单元操作。因此,节能是蒸发操作应考虑的重要问题。

11.1.3 蒸发操作的分类

(1)按操作压强分,可分为常压、加压和减压(真空)蒸发操作,即在常压(大气压)下,高于或低于大气压操作。很显然,对于热敏性物料,如抗生素溶液、果汁等应在减压下进行。而高黏度物料就应采用加压高温热源加热(如导热油、熔盐等)进行蒸发。

(2)按效数分,可分为单效与多效蒸发。若蒸发产生的二次蒸汽直接冷凝不再利用,称为单效蒸发,如图 11-1 所示,即为单效真空蒸发。若将二次蒸汽作为下一次加热蒸汽,并将多个蒸发器串联,此蒸发过程即为多效蒸发。

(3)按蒸发模式分,可分为间歇蒸发与连续蒸发。工业上大规模的生产过程通常采用的是连续蒸发。

由于工业上被蒸发的溶液大多为水溶液,故本章仅讨论水溶液的蒸发。但其基本原理和设备对于非水溶液的蒸发,原则上也适用或可作参考。

11.2　单效蒸发

11.2.1　单效蒸发设计计算

单效蒸发设计计算的内容有：①确定水的蒸发量；②加热蒸汽消耗量；③蒸发器所需传热面积。在给定生产任务和操作条件，如进料量、温度和浓度，完成液的浓度，加热蒸汽的压力和冷凝器操作压力的情况下，上述任务可通过物料衡算、热量衡算和传热速率方程求解。

1. 蒸发水量的计算

对图 11-2 所示蒸发器进行溶质的物料衡算，可得：

$$Fx_0 = (F-W)x_1 = Lx_1 \qquad (11\text{-}1)$$

由此可得水的蒸发量及完成液的浓度：

$$W = F\left(1 - \frac{x_0}{x_1}\right) \qquad (11\text{-}2)$$

$$x_1 = \frac{Fx_0}{F-W} \qquad (11\text{-}3)$$

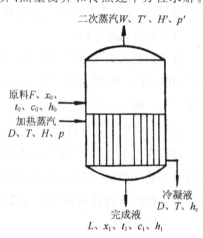

图 11-2　单效蒸发器

式中：F 为原料液量，kg/h；W 为蒸发水量，kg/h；L 为完成液量，kg/h；x_0 为原料液中溶质的质量分数；x_1 为完成液中溶质的质量分数。

2. 加热蒸汽消耗量的计算

加热蒸汽用量可通过热量衡算求得，即对图 11-2 做热量衡算可得：

$$DH + Fh_0 = WH' + Lh_1 + Dh_c + Q_L \qquad (11\text{-}4)$$

或：

$$Q = D(H - h_c) = WH' + Lh_1 - Fh_0 + Q_L \qquad (11\text{-}4a)$$

式中：H 为加热蒸汽的焓，kJ/kg；H' 为二次蒸汽的焓，kJ/kg；h_0 为原料液的焓，kJ/kg；h_1 为完成液的焓，kJ/kg；h_c 为加热室排出冷凝液的焓，kJ/h；Q 为蒸发器的热负荷或传热速率，kJ/h；Q_L 为热损失，可取 Q 的某一百分数，kJ/kg；c_0、c_1 分别为原料、完成液的比热容，kJ/(kg·℃)。

考虑溶液浓缩热不大，即 $h_0 \approx h_1$，并取 H' 为 t_1 下饱和蒸汽的焓，则式(11-4a)可写成：

$$D = \frac{Fc_0(t_1 - t_0) + Wr' + Q_L}{r} \qquad (11\text{-}5)$$

式中：r、r' 分别为加热蒸汽和二次蒸汽的汽化潜热，kJ/kg，$r = H - h_c$，$r' = H' - h_1$。

若原料由预热器加热至沸点后进料(沸点进料)，即 $t_0 = t_1$，并不计热损失，则式(11-5)可写为：

$$D = \frac{Wr'}{r} \qquad (11\text{-}6)$$

或：

$$\frac{D}{W} = \frac{r'}{r} \qquad (11\text{-}6a)$$

式中：D/W 称为单位蒸汽消耗量，它表示加热蒸汽的利用程度，也称蒸汽的经济性。由于蒸汽的汽化潜热随压力变化不大，故 $r=r'$。对单效蒸发而言，$D/W=1$，即蒸发一千克水需要约一千克加热蒸汽，实际操作中由于存在热损失等原因，$D/W \approx 1$。由此可见单效蒸发的能耗很大，是很不经济的。

3．传热面积的计算

蒸发器的传热面积可通过传热速率方程求得，即：

$$Q = K \cdot A \cdot \Delta t_{\mathrm{m}} \tag{11-7}$$

或：

$$A = \frac{Q}{K \Delta t_{\mathrm{m}}} \tag{11-7a}$$

式中：A 为蒸发器的传热面积，m^2；K 为蒸发器的总传热系数，$W/(m^2 \cdot K)$；Δt_{m} 为传热平均温差，℃；Q 为蒸发器的热负荷，W 或 kJ/kg。

式(11-7a)中的 Q 可通过式(11-4a)求得。Q 即为加热蒸汽冷凝放出的热量，即：

$$Q = D(H - h_c) = Dr \tag{11-8}$$

但在确定 Δt_{m} 和 K 时，却有别于一般换热器的计算方法。

（1）传热平均温差 Δt_{m} 的确定

在蒸发操作中，蒸发器加热室一侧是蒸汽冷凝，另一侧为液体沸腾，因此其传热平均温差应为：

$$\Delta t_{\mathrm{m}} = T - t_1 \tag{11-9}$$

式中：T 为压强为 p 的加热蒸汽的饱和温度，℃；t_1 为操作条件下溶液的沸点，℃。

应该指出，溶液的沸点，不仅受蒸发器内液面压力影响，而且受溶液浓度、液位深度等因素影响。因此，在计算 Δt_{m} 时需考虑这些因素。下面分别予以介绍。

①溶液浓度的影响

溶液中由于有溶质存在，因此其蒸气压比纯水的低。换言之，一定压强下水溶液的沸点比纯水高，它们的差值称为溶液的沸点升高，以 Δ' 表示。影响 Δ' 的主要因素为溶液的性质及其浓度。一般，有机物溶液的 Δ' 较小；无机物溶液的 Δ' 较大；稀溶液的 Δ' 不大，但随浓度增高，Δ' 值增加较大。例如，7.4% 的 NaOH 溶液在 101.33kPa 下，其沸点为 102℃，Δ' 仅为 2℃，而 48.3% 的 NaOH 溶液，其沸点为 140℃，Δ' 值达 40℃之多。NaOH 水溶液的沸点见图 11-3。

②操作压强的影响

当蒸发操作在加压或减压条件下进行时，若缺乏实验数据，则按下式估算 Δ'，即：

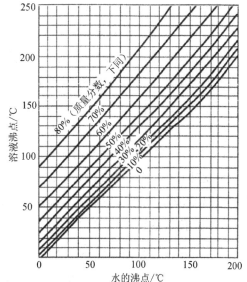

图 11-3　NaOH 水溶液的沸点

$$\Delta' = f\Delta'_{常} \tag{11-10}$$

式中：Δ' 为操作条件下的溶液沸点升高，℃；$\Delta'_{常}$ 为常压下的溶液沸点升高，℃；f 为校正系数，无因次，其值可由下式计算：

$$f = 0.0162 \frac{(T' + 273)^2}{r'} \tag{11-11}$$

式中：T' 为操作压强下二次蒸汽的饱和温度，℃；r' 为操作压强下二次蒸汽的汽化潜热，kJ/kg。

③液柱静压头的影响

通常，蒸发器操作需维持一定液位，这样液面下的压强比液面上的压强（分离室中的压强）高，即液面下的沸点比液面上的高，两者之差称为液柱静压头引起的温差损失，以 Δ'' 表示。为简便计算，以液层中部（料液一半）处的压强进行计算。根据流体静力学方程，液层中部的压强 p_{av} 为：

$$p_{av} = p' + \frac{\rho_{av} \cdot g \cdot h}{2} \tag{11-12}$$

式中：p' 为溶液表面的压强，即蒸发器分离室的压强，Pa；ρ_{av} 为溶液的平均密度，kg/m³；h 为液层高度，m。

由液柱静压头引起的沸点升高 Δ'' 为：

$$\Delta'' = t_{av} - t_b \tag{11-13}$$

式中：t_{av} 为液层中部 p_{av} 压强下溶液的沸点，℃；t_b 为 p' 压强（分离室压强）下溶液的沸点，℃。

近似计算时，式（11-13）中的 t_{av} 和 t_b 可分别用相应压强下水的沸点代替。

④管道阻力的影响

倘若设计计算中温度以另一侧的冷凝器的压强（即饱和温度）为基准，则还需考虑二次蒸汽从分离室到冷凝器之间的压降所造成的温差损失，以 Δ''' 表示。显然，Δ''' 值与二次蒸汽的速度、管道尺寸以及除沫器的阻力有关。由于此值难以计算，一般取经验值为 1℃，即 $\Delta''' = 1$℃。

考虑了上述因素后，操作条件下溶液的沸点 t_1，即可用下式求取：

$$t_1 = t'_c + \Delta' + \Delta'' + \Delta''' \tag{11-14}$$

或：

$$t_1 = t'_c + \Delta \tag{11-14a}$$

式中：t'_c 为冷凝器操作压强下的饱和水蒸气温度，℃；$\Delta = \Delta' + \Delta'' + \Delta'''$，为总温差损失，℃；

蒸发计算中，通常把式（11-9）计算得到的平均温差 $T - t_1$ 称为有效温差，而把 $T - t'_c$ 称为理论温差，即认为是蒸发器蒸发纯水时的温差。

（2）总传热系数 K 的确定

蒸发器的总传热系数可按下式计算：

$$K = \frac{1}{\frac{1}{\alpha_i} + R_i + \frac{b}{\lambda} + R_o + \frac{1}{\alpha_o}} \tag{11-15}$$

式中：α_i 为管内溶液沸腾的对流传热系数，W/(m²·℃)；α_o 为管外蒸汽冷凝的对流传热系数，$W/(m^2 \cdot ℃)$；R_i 为管内污垢热阻，$m^2 \cdot ℃/W$；R_o 为管外污垢热阻，$m^2 \cdot ℃/W$；b/λ 为管壁热阻，$m^2 \cdot ℃/W$。

式(11-15)中的 α_o、R_o 及 b/λ 在传热一章中均已阐述，本章不再赘述，只是 R_i 和 α_i 的确定是蒸发设计计算和操作中要注意的主要问题。由于蒸发过程中，加热面溶液中的水分汽化，浓度上升，因此溶液很易超过饱和状态，溶质析出并包裹固体杂质，附着于表面，形成污垢，所以 R_i 往往是蒸发器总热阻的主要部分。为降低污垢热阻，工程中常采用的措施有：加快溶液循环速度，在溶液中加入晶种和微量的阻垢剂等。设计时，污垢热阻 R_i 目前仍需根据经验数据确定。

至于管内溶液沸腾对流传热系数 α_i，也是影响总传热系数的主要因素。影响 α_i 的因素很多，如溶液的性质、沸腾传热的状况、操作条件和蒸发器的结构等。目前虽然对管内沸腾作过不少研究，但其所推荐的经验关联式并不大可靠，再加上管内污垢热阻变化较大，因此，目前蒸发器的总传热系数仍主要靠现场实测，以作为设计计算的依据。表 11-1 中列出了常用蒸发器总传热系数的大致范围，供设计计算参考。

表 11-1 常用蒸发器总传热系数 K 的经验值

蒸发器型式	$K/[W/(m^2 \cdot K)]$
中央循环管式	580～3000
带搅拌的中央循环管式	1200～5800
悬筐式	580～3500
自然循环	1000～3000
强制循环	1200～3000
升膜式	580～5800
降膜式	1200～3500
刮膜式，黏度 1mPa·s	2000
刮膜式，黏度 100～10000mPa·s	200～1200

例 11-1 采用单效真空蒸发装置，连续蒸发 NaOH 水溶液。已知进料量为 200kg/h，进料浓度为 40%（质量分数，下同），沸点进料，完成液浓度为 48.3%，其密度为 1500kg/m³，加热蒸汽压强为 0.3MPa（表压），冷凝器的真空度为 51kPa，加热室管内液层高度为 3m。求蒸发水量、加热蒸汽消耗量和蒸发器传热面积。已知总传热系数为 1500W/(m² · K)，蒸发器的热损失为加热蒸汽量的 5%，当地大气压为 101.3kPa。

解：(1) 水分蒸发量 W

$$W = F\left(1 - \frac{x_0}{x_1}\right) = 2000 \times \left(1 - \frac{0.1}{0.483}\right) kg/h = 1586 kg/h$$

(2) 加热蒸汽消耗量

$$D = \frac{Wr' + Q_L}{r}$$

由于：
$$Q_L = 0.05Dr$$

故：
$$D = \frac{Wr'}{0.95r}$$

查本书附录 3，得：当 $p = 0.3$MPa（表），$T = 143.5℃$，$r = 2137.0$kJ/kg；当 $p_c = 51$kPa（真空度），$t'_c = 81.2℃$，$r' = 2304$kJ/kg。

故：
$$D = \frac{Wr'}{0.95r} = \frac{1586 \times 2304}{0.95 \times 2137}\text{kg/h} = 1800\text{kg/h}$$

$$\frac{D}{W} = \frac{1800}{1586} = 1.13$$

（3）传热面积 A

①确定溶液沸点

（a）计算 Δ'

查附录 3，真空度为 51kPa 下的二次蒸汽的饱和温度和汽化潜热分别为 $t'_c = 81.2℃$ 和 $r' = 2304$kJ/kg。查图 11-3，常压下 48.3% NaOH 溶液的沸点近似为 $t_A = 140℃$，故 $\Delta'_常 = 140℃ - 100℃ = 40℃$。

因二次蒸汽的真空度为 51kPa，故 Δ' 需用式（11-10）校正，即：

$$f = 0.0162\frac{(T' + 273)^2}{r'} = 0.016\frac{(81.2 + 273)^2}{2304} = 0.87$$

所以得：
$$\Delta' = 0.87 \times 40℃ = 34.8℃$$

（b）计算 Δ''

由于二次蒸汽流动的压降较少，故分离室的压强可视为冷凝器的压强，冷凝器的真空度为 51kPa，故冷凝器的绝对压强为 50.3kPa。

则：
$$p_{av} = p' + \frac{\rho_{av}gh}{2} = 50.3 \times 10^3\text{Pa} + \frac{1500 \times 9.81 \times 3}{2}\text{Pa}$$
$$= (50.3 + 22.1) \times 10^3\text{Pa} = 72.4\text{kPa}$$

查附录 3 得，72.4kPa 和 50.3kPa 下对应水的沸点分别为 90.6℃ 和 81.2℃，由式（11-13）得：
$$\Delta'' = t_{av} - t_b = 90.6℃ - 81.2℃ = 9.4℃$$

（c）$\Delta''' = 1℃$

则溶液的沸点为：
$$t_1 = t'_c + \Delta' + \Delta'' + \Delta''' = 81.2℃ + 34.8℃ + 9.4℃ + 1℃ = 126.4℃$$

②总传热系数

已知 $K = 1500$W/(m² · K)

③传热面积

由式（11-7a）、式（11-8）和式（11-9）得蒸发器加热面积为：

$$A = \frac{Q}{K\Delta t_m} = \frac{Dr}{K(T - t_1)} = \frac{1586 \times 2137 \times 10^3}{3600 \times 1500 \times (143.5 - 126.4)}\text{m}^2 = 36.7\text{m}^2$$

11.2.2　蒸发器的生产能力与生产强度

1. 蒸发器的生产能力

蒸发器的生产能力可用单位时间内蒸发的水分量来表示。由于蒸发水分量取决于传热量的大小,因此其生产能力也可表示为:

$$Q = KA(T - t_1) \tag{11-16}$$

2. 蒸发器的生产强度

由上式可以看出蒸发器的生产能力仅反映蒸发器生产量的大小,而引入蒸发强度的概念却可反映蒸发器的优劣。蒸发器的生产强度简称蒸发强度,是指单位时间单位传热面积上所蒸发的水量,即:

$$u = \frac{W}{A} \tag{11-17}$$

式中:u 为蒸发强度,$kg/(m^2 \cdot h)$。

蒸发强度通常可用于评价蒸发器的优劣,对于一定的蒸发任务而言,若蒸发强度越大,则所需的传热面积越小,即设备的投资就越低。

若不计热损失和浓缩热,料液又为沸点进料,由式(11-7)、(11-8)和(11-17)可得:

$$u = \frac{W}{A} = \frac{K\Delta t_m}{r} \tag{11-18}$$

由此式可知,提高蒸发强度的主要途径是提高总传热系数 K 和传热温差 Δt_m。

3. 提高蒸发强度的途径

(1) 提高传热温差

提高传热温差可从提高热源的温度或降低溶液的沸点等角度考虑,工程上通常采用下列措施来实现:

①真空蒸发。真空蒸发可以降低溶液沸点,增大传热推动力,提高蒸发器的生产强度,同时由于沸点较低,可减少或防止热敏性物料的分解。另外,真空蒸发可降低对加热热源的要求,即可利用低温位的水蒸气作热源。但是,应该指出,溶液沸点降低,其黏度会增高,并使总传热系数 K 下降。当然,真空蒸发要增加真空设备并增加动力消耗。图 11-1 即为典型的单效真空蒸发流程。其中真空泵主要是抽吸由于设备、管道等接口处泄漏的空气及物料中溶解的不凝性气体等。

②高温热源。提高 Δt_m 的另一个措施是提高加热蒸汽的压力,但这时要对蒸发器的设计和操作提出严格要求。一般加热蒸汽压强不超过 $0.6 \sim 0.8 MPa$。对于某些物料,当加压蒸汽仍不能满足要求时,可选用高温导热油、熔盐或改用电加热,以增大传热推动力。

(2) 提高总传热系数

蒸发器的总传热系数主要取决于溶液的性质、沸腾状况、操作条件以及蒸发器的结构等。

这些已在前面论述,因此,合理设计蒸发器以实现良好的溶液循环流动,及时排除加热室中不凝性气体,定期清洗蒸发器(加热室内管),均是提高和保持蒸发器在高强度下操作的重要措施。

11.3 多效蒸发

11.3.1 加热蒸汽的经济性

蒸发过程是一个能耗较大的单元操作,通常把能耗也作为评价其优劣的另一个重要评价指标,或称为加热蒸汽的经济性,它的定义为 1kg 蒸汽可蒸发的水分量,即:

$$E = \frac{W}{D} \qquad (11-19)$$

1. 多效蒸发

多效蒸发是将第一效蒸发器汽化的二次蒸汽作为热源通入第二效蒸发器的加热室作加热用,这称为双效蒸发。如果再将第二效的二次蒸汽通入第三效加热室作为热源,并依次进行多个串接,则称为多效蒸发。图 11-4 为三效蒸发的流程示意图。

不难看出,采用多效蒸发时,由于生产给定的总蒸发水量 W 分配于各个蒸发器

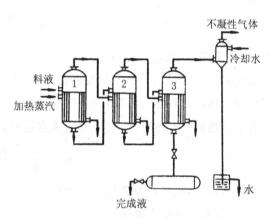

图 11-4　并流加料三效蒸发流程

中,而只有第一效才使用加热蒸汽,故加热蒸汽的经济性大大提高。

2. 外蒸汽的引出

将蒸发器中蒸出的二次蒸汽引出(或部分引出),作为其他加热设备的热源,例如用来加热原料液等,可大大提高加热蒸汽的经济性,同时还降低了冷凝器的负荷,减少了冷却水量。

3. 热泵蒸发

将蒸发器蒸出的二次蒸汽用压缩机压缩,提高它的压力,倘若压力又达加热蒸汽压力时,则可送回入口,循环使用。加热蒸汽(或生蒸汽)只作为启动或补充泄漏、损失等用。因此节省了大量生蒸汽,热泵蒸发的流程如图11-5所示。

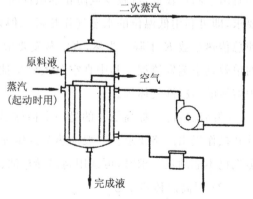

图 11-5　热泵蒸发流程

4. 冷凝水显热的利用

蒸发器加热室排出大量高温冷凝水,这些水理应返回锅炉房重新使用,这样既节省能源又节省水源。但应用这种方法时,应注意水质监测,避免因蒸发器损坏或阀门泄漏,而污染锅炉补水系统。当然,高温冷凝水还可用于其他加热或需工业用水的场合。

11.3.2　多效蒸发

1. 多效蒸发流程

为了合理利用有效温差,根据处理物料的性质,通常可将多效蒸发分为下列三种操作流程。

(1) 并流流程

图 11-4 为并流加料三效蒸发的流程。这种流程的优点为:料液可借相邻二效的压差自动流入后一效,而不需用泵输送,同时,由于前一效的沸点比后一效的高,因此当物料进入后一效时,会产生自蒸发,这可多蒸出一部分水汽。这种流程的操作也较简便,易于稳定。但其主要缺点是传热系数会下降,这是因为后序各效的浓度会逐渐增高,但沸点反而逐渐降低,导致溶液黏度逐渐增大。

(2) 逆流流程

图 11-6 为逆流加料三效蒸发流程,其优点是:各效浓度和温度对溶液的黏度的影响大致相抵消,各效的传热条件大致相同,即传热系数大致相同。缺点是料液输送必须用泵,且进料也没有自蒸发。一般这种流程只有在溶液黏度随温度变化较大的场合才被采用。

(3) 平流流程

图 11-7 为平流加料三效蒸发流程,其特点是蒸汽的走向与并流相同,但原料液和完成液则分别从各效加入和排出。这种流程适用于处理易结晶物料,例如食盐水溶液等的蒸发。

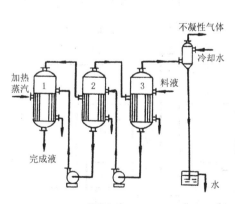

图 11-6　逆流加料三效蒸发流程

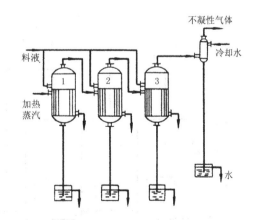

图 11-7　平流加料三效蒸发流程

2. 多效蒸发设计型计算

多效蒸发需要计算的内容有:各效蒸发水量、加热蒸汽消耗量及传热面积。由于多效蒸发的效数多,计算中未知数量也多,所以计算远较单效蒸发复杂。因此,目前已采用计算机进行计算。但基本依据和原理仍然是物料衡算、热量衡算及传热速率方程。由于计算中出现未知参数,因此计算时常采用试差法,其步骤如下:

(1)根据物料衡算求出总蒸发量。

(2)根据经验设定各效蒸发量,再估算各效溶液浓度。通常各效蒸发量按各效蒸发量相等的原则设定,即:

$$W_1 = W_2 = \cdots = W_n \tag{11-20}$$

并流加料的蒸发过程,由于有自蒸发现象,则可按如下比例设定:

若为两效　　　　　　　　$W_1 : W_2 = 1 : 1.1 \tag{11-21}$

若为三效　　　　　　　$W_1 : W_2 : W_3 = 1 : 1.1 : 1.2 \tag{11-22}$

根据设定得到各效蒸发量后,即可通过物料衡算求出各完成液的浓度。

(3)设定各效操作压强以求各效溶液的沸点。通常按各效等压降原则设定,即相邻两效间的压差为:

$$\Delta p = \frac{p - p_c}{n} \tag{11-23}$$

式中：p 为加热蒸汽的压强,Pa;p_c 为冷凝器中的压强,Pa;n 为效数。

(4)应用热量衡算求出各效的加热蒸汽用量和蒸发水量。

(5)按照各效传热面积相等的原则分配各效的有效温差,并根据传热效率方程求出各效的传热面积。

(6)校验各效传热面积是否相等,若不等,则还需重新分配各效的有效温差,重新计算,直到相等或相近时为止。

3. 多效蒸发计算

现以并流加料为例(图 11-8)进行讨论,计算中所用符号的意义和单位与单效蒸发相同。

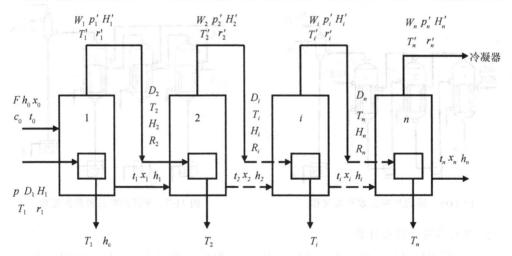

图 11-8　并流加料多效蒸发流程示意图

（1）物料衡算和热量衡算

总蒸发水量 W 为各效蒸发水量之和，即：

$$W = W_1 + W_2 + \cdots + W_n \tag{11-24}$$

对全系统的溶质做物料衡算，即：

$$Fx_0 = (F - W)x_n$$

可得：

$$W = \frac{F(x_n - x_0)}{x_n} = F\left(1 - \frac{x_0}{x_n}\right) \tag{11-25}$$

对任一第 i 效的溶质做物料衡算，有：

$$Fx_0 = (F - W_1 - W_2 - \cdots - W_n)x_i \quad \text{或} \quad x_i = \frac{Fx_0}{(F - W_1 - W_2 - \cdots - W_i)} \tag{11-26}$$

通常原料液浓度 x_0 和完成液浓度 x_n 为已知值，而中间各效浓度未知，因此从上述关系只能求出总蒸发水量和各效的平均水分蒸发量 (W/n)，而各效蒸发量和浓度需根据物料衡算和热量衡算来确定。

对第一效做热量衡算，若忽略热损失，则得：

$$Fh_0 + D_1(H_1 - h_c) = (F - W_1)h_1 + W_1 H_1' \tag{11-27}$$

若忽略溶液的稀释热，则上式可写成：

$$D_1 = \frac{Fc_0(t_1 - t_0) + W_1 r_1'}{r_1} \tag{11-28}$$

则第一效加热室的传热量为：

$$Q_1 = D_1 r_1 = Fc_0(t_1 - t_0) + W_1 r_1' \tag{11-29}$$

同理，仿照上式可写出第 $2 \sim i$ 效的传热量方程，即：

$$Q_2 = D_2 r_2 = (Fc_0 - W_1 c_w)(t_2 - t_1) - W_2 r_2' \tag{11-30}$$

$$Q_i = D_i r_i = (Fc_0 - W_1 c_w - W_2 c_w - \cdots - W_{i-1} c_w) \tag{11-31}$$

则第 i 效的蒸发量可写成：

$$W_i = D_i \frac{r_i}{r_i'} - (Fc_0 - W_1 c_w - \cdots - W_{i-1} c_w)\frac{(t_i - t_{i-1})}{r_i'} \tag{11-32}$$

如果考虑稀释热和蒸发系统的热损失，则式（11-32）可写成：

$$W_i = \left[D_i \frac{r_i}{r_i'} - (Fc_0 - W_1 c_w - W_2 c_w - \cdots - W_{i-1} c_w)\frac{(t_i - t_{i-1})}{r_i'} \right]\eta_i \tag{11-33}$$

式中：η_i 称为热利用系数，无因次，下标 i 表示第 i 效。η_i 值根据经验选取，一般为 $0.96 \sim 0.98$，对于浓缩热较大的物料，例如 NaOH 水溶液，可取 $\eta = 0.98 - 0.7\Delta x$。这里 Δx 为该效溶液浓度的变化（质量分数）。

对于有额外蒸汽引出的蒸发过程的热量衡算，可参考有关资料。

（2）传热面积计算和有效温差在各效的分配

求得各效蒸发量后，即可利用传热速率方程，计算各效的传热面积，即：

$$A_i = \frac{Q_i}{K_i \Delta t_i} \tag{11-34}$$

式中：A_i 为第 i 效的传热面积，m^2；K_i 为第 i 效的传热系数，$W/(m^2 \cdot ℃)$；Δt_i 为第 i 效的有效温差，$℃$；Q_i 为第 i 效的传热量，W。

现以三效蒸发为例来讨论，即可写出：

$$A_1 = \frac{Q_1}{K_1 \Delta t_1} \tag{11-35a}$$

$$A_2 = \frac{Q_2}{K_2 \Delta t_2} \tag{11-35b}$$

$$A_3 = \frac{Q_3}{K_3 \Delta t_3} \tag{11-35c}$$

同时，也可写出各效的有效温差的关系式：

$$\Delta t_1 : \Delta t_2 : \Delta t_3 = \frac{Q_1}{K_1 A_1} : \frac{Q_2}{K_2 A_2} : \frac{Q_3}{K_3 A_3} \tag{11-36}$$

若取 $A_1 = A_2 = A_3 = A$，则分配在各效中的有效温差分别为：

$$\Delta t'_1 = \frac{\sum \Delta t}{\sum \frac{Q}{K}} \frac{Q_1}{K_1} \tag{11-37a}$$

$$\Delta t'_2 = \frac{\sum \Delta t}{\sum \frac{Q}{K}} \frac{Q_2}{K_2} \tag{11-37b}$$

$$\Delta t'_3 = \frac{\sum \Delta t}{\sum \frac{Q}{K}} \frac{Q_3}{K_3} \tag{11-37c}$$

式中：$\sum \Delta t$ 为各效的有效温差之和，$℃$，$\sum \Delta t = \Delta t_1 + \Delta t_2 + \Delta t_3$；$\sum \frac{Q}{K} = \frac{Q_1}{K_1} + \frac{Q_2}{K_2} + \frac{Q_3}{K_3}$，$Q_1 = D_1 r_1$，$Q_2 = W_1 r_1$，$Q_3 = W_2 r_2$。

推广至 n 效蒸发时，任一效的有效温差为：

$$\Delta t'_i = \frac{\sum \Delta t}{\sum \frac{Q}{K}} \frac{Q_i}{K_i} \tag{11-38}$$

第一效加热蒸汽压强 p 和第 n 效冷凝器压强 p_c 确定后（其对应的温度为 T 和 t'_c），理论上的传热总温差即为 $\Delta T_{理} = T - t'_c$。实际上，多效蒸发与单效蒸发一样，均存在传热的温差损失 $\sum \Delta$，这样，多效蒸发中传热的有效温差为：

$$\sum \Delta t = \Delta T_{理} - \sum \Delta \tag{11-39}$$

式中：$\sum \Delta$ 为各效总温差损失。$\sum \Delta$ 等于各效温差损失之和，即：

$$\sum \Delta = \sum \Delta' = \sum \Delta'' + \sum \Delta''' \tag{11-40}$$

式中：Δ'、Δ''、Δ''' 的含义和计算方法与单效蒸发相同。

若各效的传热系数 K_i 已知或可求，则可由式(11-35)求出各效的传热面积。若计算出的各效传热面积不相等，则应重新调整有效温差的分配，直至相等或相近为止。因蒸发器传热面积不等，会给制造、安装等带来不便。

例 11-2　设计一连续操作并流加料的双效蒸发装置，将原料浓度为 10%（质量分数，下同）的 NaOH 水溶液浓缩到 50%。已知原料液量为 10000kg/h，沸点加料，加热蒸汽采用 500kPa（绝压）的饱和水蒸气，冷凝器的操作压强为 15kPa（绝压）。一、二效的传热系数分别为 1170W/(m² · ℃) 和 700W/(m² · ℃)。原料液的比热容为 3.77kJ/(kg · ℃)。两效中溶液的平均密度分别为 1120kg/m³ 和 1460kg/m³，估计蒸发器中溶液的液层高度为 1.2m，各效冷凝液均在饱和温度下排出。求：(1) 总蒸发量和各效蒸发量。(2) 加热蒸汽量。(3) 各效蒸发器所需传热面积（要求各效传热面积相等）。

解：(1) 由式(11-25)求得：

$$W = F\left(1 - \frac{x_0}{x_n}\right) = 10000\left(1 - \frac{0.1}{0.5}\right)\text{kg/h} = 8000\text{kg/h}$$

(2) 设各效蒸发量的初值，当两效并流操作时，$W_1 : W_2 = 1 : 1.1$

又：
$$W = W_1 + W_2$$

故：
$$W_1 = 3810\text{kg/h} \quad W_2 = 4190\text{kg/h}$$

由式(11-26)可求得：

$$x_1 = \frac{Fx_0}{F - W_1} = \frac{10000 \times 0.1}{10000 - 3810} = 0.162 \quad x_2 = 0.50$$

(3) 设定各效压强，以求各效溶液沸点。按各效等压降原则，即每效压差为：

$$\Delta p = \frac{500 - 15}{2}\text{kPa} = 242.5\text{kPa}$$

故：
$$p_1 = 500\text{kPa} - 242.5\text{kPa} = 257.5\text{kPa} \quad p_2 = 15\text{kPa}$$

这样，对第 1 效而言：

① 常压下浓度为 16.2% 的 NaOH 溶液的沸点为 $t_A = 105.9℃$，所以有 $\Delta'_{\text{常}} = 105.9℃ - 100℃ = 5.9℃$。

操作压强为 257.5kPa 下的二次蒸汽的饱和温度和汽化潜热为：$T'_1 = 127.9℃$，$r'_1 = 2183\text{kJ/kg}$，故 $\Delta'_{\text{常}}$ 需校正，即 $\Delta' = f\Delta'_{\text{常}}$。

由式(11-10)得：

$$\Delta' = 0.0162\frac{(T'_1 + 273)^2}{r'_1}\Delta'_{\text{常}} = 0.0162 \times \frac{(127.9 + 273)^2}{2183} \times 5.9℃ = 1.2 \times 5.9℃ = 7℃$$

② 由式(11-12)得到液层的平均压强为：$p_{\text{av},1} = 257.5\text{kPa} + \dfrac{1120 \times 9.81 \times 1.2}{2 \times 10^3}\text{kPa} = 264.1\text{kPa}$

在此压强下水的沸点为 128.8℃,故:$\Delta''=128.8℃-127.9℃=0.9℃$

③Δ'''取 1℃,因此,第 1 效中溶液的沸点为:$t_1=T_1'+\Delta'+\Delta''+\Delta'''=127.9℃+7℃+0.9℃+1℃=136.8℃$

对于第 2 效而言:

①查取常压下 50% NaOH 溶液的沸点为 $t_B=142.8℃$,操作压强为 15kPa 下的二次蒸汽的饱和温度和汽化潜热为:$T_2'=53.5℃$,$r_2'=2370kJ/kg$。

故:$\qquad\qquad\qquad \Delta_{2常}'=142.8℃-100℃=42.8℃$

则:$\qquad\qquad \Delta_2'=f_2\Delta_{2常}'=0.0162\times\dfrac{(53.5+273)^2}{2370}\times42.8℃=31.2℃$

②液层的平均压强为:$p_{av,2}=15kPa+\dfrac{1460\times9.81\times1.2}{2\times10^3}kPa=23.6kPa$

在此压强下水的沸点为 62.4℃,故:$\Delta_2''=62.4℃-53.5℃=8.9℃$

③Δ_2'''取 1℃,故第 2 效中溶液的沸点为:

$$t_2=T_2'+\Delta_2'+\Delta_2''+\Delta_2'''=53.5℃+31.2℃+8.9℃+1℃=94.6℃$$

(4)求加热量、汽量及各效蒸发量

第 1 效,热利用系数为:$\eta_1=0.98-0.7\times(0.162-0.1)=0.937$

查附录 3 可知,压强为 500kPa 时加热蒸汽的汽化潜热 $r_1=2108kJ/kg$,加热蒸汽的饱和温度 $T_1=151.7℃$;而压强为 257.5kPa 下,汽化潜热 $r_1'=2179kJ/kg$。则由式(11-33)可知:

$$W_1=\eta_1D_1\frac{r_1}{r_1'}=0.937\times\frac{2108}{2179}\times D_1=0.906D_1 \qquad (1)$$

第 2 效,热利用系数为:$\eta_2=0.98-0.7\times(0.5-0.162)=0.743$

$$r_2\approx r_1'=2179kJ/kg$$

第 2 效中溶液的沸点为 114.2℃,查此沸点相应二次蒸汽的汽化潜热 $r_2'=2219kJ/kg$。

由图 11-8 可知,$D_2=W_1$,则由式(11-33)得:

$$W_2=\eta_2\left[W_1\frac{r_2}{r_2'}+(Fc_0-W_1c_w)\frac{t_1-t_2}{r_2'}\right]$$

$$=0.743\left[W_1\frac{2179}{2219}+(10000\times3.77-4.187W_1)\frac{136.8-94.6}{2219}\right]$$

$$=0.743(0.98W_1+716.3-0.0796W_1)=0.669W_1+532.2 \qquad (2)$$

又:$\qquad\qquad\qquad\qquad W_1+W_2=8000kg/h \qquad\qquad\qquad\qquad (3)$

由式(1)、(2)、(3)可解得:$W_1=4474kg/h$ $W_2=3526kg/h$ $D_1=4938kg/h$

(5)求各效的传热面积,由式(11-35)得:

$$A_1=\frac{Q_1}{K_1\Delta t_1}=\frac{D_1r_1}{K_1(T_1-t_1)}=\frac{4938\times2108\times10^3}{1170\times(151.7-136.8)\times3600}m^2=165.9m^2$$

$$A_2=\frac{Q_2}{K_2\Delta t_2}=\frac{W_2r_2}{K_2(T_1'-t_2)}=\frac{3526\times2179\times10^3}{700\times(127.9-94.6)\times3600}m^2=91.6m^2$$

（6）校核第 1 次计算结果，由于 $A_1 \neq A_2$，且 W_1、W_2 与初值相差较大，需重新分配各效温差，再次设定蒸发量，重新计算，其步骤为：

①重新分配各效温差

重新调整后的传热面积 $A_1 = A_2 = A$，并设调整后的各效推动力为：

$$\Delta t_1' = \frac{Q_1}{K_1 A} \quad \Delta t_2' = \frac{Q_2}{K_2 A} \tag{4}$$

由式（4）与式（11-34）可得：

$$\Delta t_1' = \frac{A_1 \Delta t_1}{A} \quad \Delta t_2' = \frac{A_2 \Delta t_2}{A}$$

将 $\Delta t_1'$ 与 $\Delta t_2'$ 相加，得：

$$\sum_{m=1}^{2} \Delta t_m' = \Delta t_1' + \Delta t_2' = \frac{A_1 \Delta t_1 + A_2 \Delta t_2}{A}$$

则：

$$A = \frac{A_1 \Delta t_1 + A_2 \Delta t_2}{\Delta t_1 + \Delta t_2} = \frac{165.9 \times 14.9 + 91.6 \times 33.3}{14.9 + 33.3} \mathrm{m}^2 = 115 \mathrm{m}^2$$

②取各效蒸发量为上一次计算值，即：$W_1 = 4474 \mathrm{kg/h}$　$W_2 = 3526 \mathrm{kg/h}$

（7）重复上述步骤（3）～（6），将各沸点和蒸汽温度列表如下：

效数序号	加热蒸汽温度 T_i/℃	溶液沸点 t_i/℃	二次蒸汽温度 T_i'/℃	加热蒸汽潜热 r_i/(kJ/kg)
1	151.7	135.6	125.8	2113
2	125.8	114.2	53.5	2370

并计算出：　　　$W_1 = 4493 \mathrm{kg/h}$　$W_2 = 3507 \mathrm{kg/h}$　$D_1 = 4012 \mathrm{kg/h}$

$$A_1 = \frac{D_1 r_1}{K_1 \Delta t_1} = \frac{4012 \times 2113 \times 10^3}{1170 \times 16.1 \times 3600} \mathrm{m}^2 = 125 \mathrm{m}^2$$

$$A_2 = \frac{W_1 r_1}{K_2 \Delta t_2} = \frac{4493 \times 2191 \times 10^3}{700 \times 31.6 \times 3600} \mathrm{m}^2 = 123 \mathrm{m}^2$$

重算后的结果与初设值基本一致，可认为结果合适，并取有效传热面积为 $125 \mathrm{m}^2$。

11.3.3　多效蒸发效数的限制

1. 溶液的温差损失

单效和多效蒸发过程中均存在温差损失。若单效和多效蒸发的操作条件相同，即两者加热蒸汽压力相同，则多效蒸发的温差损失较单效时的大。图 11-9 为单效、双效蒸发时的有效温差及温差损失的变化情况。图中总高代表加热蒸汽温度与冷凝器中蒸汽温度之差，即 130℃－50℃＝80℃。空白部分代表由于各种原因引起的温度损失，阴影部分代表有效温差（即传热推动力）。由图可见，多效蒸发中的温差损失较单效大。不难理解，效数越多，温差损失将越大。

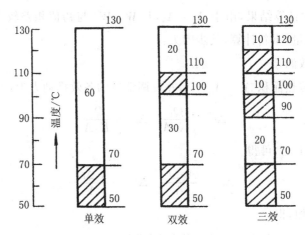

图 11-9　单效、双效蒸发的有效温差及温差损失

2. 多效蒸发效数的限制

表 11-2 列出了不同效数蒸发的单位蒸汽消耗量。由表 11-2 并综合前述情况后可知，随着效数的增加，单位蒸汽的消耗量会减少，即操作费用降低，但是有效温差也会减少（即温差损失增大），从而使设备投资费用增大。因此，必须合理选取蒸发效数，使操作费和设备费之和为最少。

表 11-2　不同效数蒸发的单位蒸汽消耗量

效数	单效	双效	三效	四效	五效
$(D/W)_{min}$ 的理论值	1	0.5	0.33	0.25	0.2
$(D/W)_{min}$ 的实测值	1.1	0.57	0.4	0.3	0.27

11.4　蒸发设备

11.4.1　蒸发器

工业生产中蒸发器有多种结构形式，但均由主要加热室（器）、流动（或循环）管道以及分离室（器）组成。根据溶液在加热室内的流动情况，蒸发器可分为循环型和单程型两类，分述如下：

1. 循环型蒸发器

常用的循环型蒸发器主要有以下几种：

（1）中央循环管式蒸发器

中央循环管式蒸发器为最常见的蒸发器。中央循环管式蒸发器见二维码。其结构如图 11-10 所示，它主要由加热室、蒸发室、中央循环管

中央循环管式蒸发器二维码

和除沫器组成。蒸发器的加热器由垂直管束构成,管束中央有一根直径较大的管子,称为中央循环管,其截面积一般为管束总截面积的 $40\%\sim100\%$。当加热蒸汽(介质)在管间冷凝放热时,由于加热管束内单位体积溶液的受热面积远大于中央循环管内溶液的受热面积,因此,管束中溶液的相对汽化率就大于中央循环管的汽化率,所以管束中的气液混合物的密度远小于中央循环管内气液混合物的密度。这样造成了混合液在管束中向上,在中央循环管向下的自然循环流动。混合液的循环速度和密度差与管长有关。密度差越大,加热管越长,循环速度越大。但这类蒸发器受总高限制,通常加热管为 $1\sim2m$,直径为 $25\sim75mm$,长径比为 $20\sim40$。

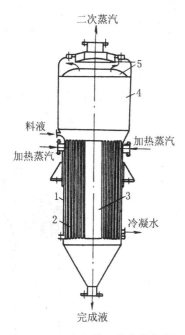

图 11-10 中央循环管式蒸发器

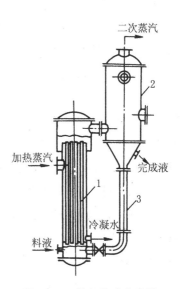

图 11-11 外加热式蒸发器

中央循环管式蒸发器的主要优点是结构简单、紧凑,制造方便,操作可靠,投资费用少;缺点是清理和检修麻烦,溶液循环速度较低,一般仅在 $0.5m/s$ 以下,传热系数小。它适用于黏度适中,结垢不严重,有少量的结晶析出,及腐蚀性不大的场合。中央循环管式蒸发器在工业上的应用较为广泛。

(2) 外加热式蒸发器

外加热式蒸发器如图 11-11 所示。外加热式蒸发器见二维码。其主要特点是把加热器与分离室分开安装,这样不仅易于清洗、更换,同时还有利于降低蒸发器的总高度。这种蒸发器的加热管较长(管长与管径之比为 $50\sim100$),且循环管又不被加热,故溶液的循环速度可达 $1.5m/s$,它既利于提高传热系数,也利于减轻结垢。

外加热式蒸
发器二维码

（3）强制循环发生器

上述几种蒸发器均为自然循环型蒸发器，即靠加热管与循环管内溶液的密度差作为推动力，导致溶液的循环流动，因此循环速度一般较低，尤其在蒸发黏稠溶液（易结垢及有大量结晶析出）时就更低。为提高循环速度，可用循环泵进行强制循环，如图 11-11 所示。这种蒸发器的循环速度可达 1.5～5m/s。其优点是，传热系数大，利于处理黏度较大、易结垢、易结晶的物料。但该蒸发器的动力消耗较大，每平方米传热面积消耗的功率约为 0.4～0.8kW。

2. 单程型蒸发器

循环型蒸发器有一个共同的缺点，即蒸发器内溶液的滞留量大，物料在高温下停留时间长，这对处理热敏性物料甚为不利。在单程型蒸发器中，物料沿加热管壁成膜状流动，一次通过加热器即达浓缩要求，其停留时间仅数秒或十几秒。另外，离开加热器的物料又得到及时冷却，因此特别适用于热敏性物料的蒸发。但由于溶液一次通过加热器就要达到浓缩要求，因此对设计和操作的要求较高。由于这类蒸发器加热管上的物料成膜状流动，故又称膜式蒸发器。根据物料在蒸发器内的流动方向和成膜原因不同，它可分为下列几种类型：

（1）升膜式蒸发器

升膜式蒸发器见二维码。升膜式蒸发器如图 11-12 所示，它的加热室由一根或数根垂直长管组成。通常加热管径为 25～50mm，管长与管径之比为 100～150。原料液预热后由蒸发器底部进入加热器管内，加热蒸汽在管外冷凝。当原料液受热后沸腾汽化，生成二次蒸汽在管内高速上升，带动料液沿管内壁成膜状向上流动，并不断地蒸发汽化，加速流动，气液混合物进入分离器后分离，浓缩后的完成液由分离器底部放出。

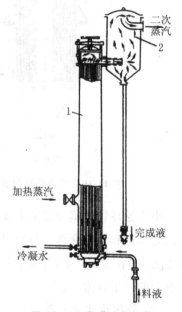

图 11-12 升膜式蒸发器

升膜式蒸发器二维码

这种蒸发器需要精心设计与操作，即加热管内的二次蒸汽应具有较高速度，并获较高的传热系数，使料液一次通过加热管即达到预定的浓缩要求。通常，常压下，管上端出口处速度以保持 20～50m/s 为宜，减压操作时，速度可达 100～160m/s。升膜蒸发器适宜处理蒸发量较大、热敏性、黏度不大及易起沫的溶液，但不适于高黏度、有晶体析出和易结垢的溶液。

（2）降膜式蒸发器

降膜式蒸发器如图 11-13 所示，原料液由加热室顶端加入，经分布器分布后，沿管壁成膜状向下流动，气液混合物由加热管底部排出进入分离室，完成液由分离室底部排出。

设计和操作这种蒸发器的要点是：尽力使料液在加热管内壁形成均匀液膜，并且不能让二次蒸汽由管上端窜出。常用的分离器形式见图 11-14。图 11-14a 所示是用一根有螺旋型沟槽的导流柱，使流体均匀分布到内管壁上；图 11-14b 所示是利用导流杆均匀分布液体，导流杆下部设计成圆锥型，且底部向内凹，以免使锥体斜面下流的液体再向中央聚集；图 11-14c 所示是使液体通过齿缝分布到加热器内壁成膜状下流。降膜式蒸发器可用于蒸发黏度较大（0.05～0.45Pa・s）、浓度较高的溶液，但不适于处理易结晶和易结垢的溶液，这是因为这种溶液形成均匀液膜较困难，传热系数也不高。

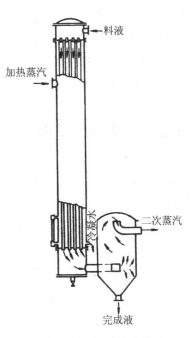

图 11-13　降膜式蒸发器

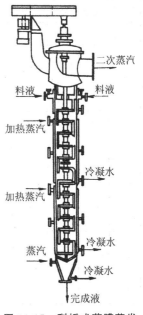

图 11-15　刮板式薄膜蒸发

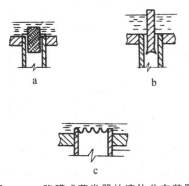

图11-14　降膜式蒸发器的液体分布装置

（3）刮板式蒸发器

刮板式薄膜蒸发器见二维码。刮板式薄膜蒸发器如图 11-15 所示，它是一种适应性很强的新型蒸发器，例如对高黏度、热敏性和易结晶、结垢的物料都适用。它主要由加热夹套和刮板组成，夹套内通加热蒸汽，刮板装在可旋转的轴上，刮板和加热夹套内壁保持很小间隙，通常为 0.5～1.5mm。料

刮板式薄膜蒸发器二维码

液经预热后由蒸发器上部沿切线方向加入,在重力和旋转刮板的作用下,分布在内壁形成下旋薄膜,并在下降过程中不断被蒸发浓缩,完成液由底部排出,二次蒸汽由顶部逸出。在某些场合下,这种蒸发器可将溶液蒸干,在底部直接得到固体产品。这类蒸发器的缺点是结构复杂(制造、安装和维修工作量大)加热面积不大,且动力消耗大。

11.4.2　蒸发器的选型

蒸发器的结构形式较多,选用和设计时,要在满足生产任务要求、保证产品质量的前提下,尽可能兼顾生产能力大、结构简单、维修方便及经济性好等因素。表 11-3 列出了常见蒸发器的一些重要性能,可供选型参考。

表 11-3　常用蒸发器的性能

蒸发器形式	造价	总传热系数		溶液在管内流速/(m/s)	停留时间	完成液浓度能否恒定	浓缩比	处理量	对溶液性质的适应性					
		稀溶液	高黏度						稀溶液	高黏度	易生泡沫	易结垢	热敏性	有结晶析出
水平管型	最廉	良好	低	—	长	能	良好	一般	适	适	适	不适	不适	不适
标准型	最廉	良好	低	0.1～1.5	长	能	良好	一般	适	适	适	尚适	尚适	稍适
外热式(自然循环)	廉	高	良好	0.4～1.5	较长	能	良好	较大	适	尚适	较好	尚适	尚适	稍适
列文式	高	高	良好	1.5～2.5	较长	能	良好	较大	适	尚适	较好	尚适	尚适	稍适
强制循环	高	高	高	2.0～3.5	—	能	较高	大	适	好	好	适	尚适	适
升膜式	廉	高	良好	0.4～1.0	短	较难	高	大	适	尚适	好	尚适	良好	不适
降膜式	廉	良好	高	0.4～1.0	短	尚能	高	大	较适	好	适	不适	良好	不适
刮板式	最高	高	良好	—	短	尚能	高	较小	较适	好	较好	不适	良好	不适
甩盘式	较高	高	低	—	较短	尚能	较高	较小	适	尚适	适	不适	较好	不适
旋风式	最廉	高	良好	1.5～2.0	短	较难	较高	较小	适	适	适	尚适	尚适	适
板式	高	高	良好	—	较短	尚能	良好	较小	适	尚适	适	不适	尚适	不适
浸没燃烧	廉	高	高	—	短	较难	良好	较大	适	适	适	不适	不适	适

11.4.3　蒸发装置的附属设备和机械

蒸发装置的附属设备和机械主要有除尘器、冷凝器和真空泵。

1. 除尘器(气液分离器)

蒸发操作时产生的二次蒸汽,在分离室与液体分离后,仍夹带大量液滴,尤其是处理易产生泡沫的液体,夹带更为严重。为了防止产品损失或冷却水被污染,常在蒸发器内(或外)设除尘器。图 11-16 为几种除尘器的结构示意图。图中 a～d 直接安装在蒸发器顶部,e～g 安装在蒸发器外部。

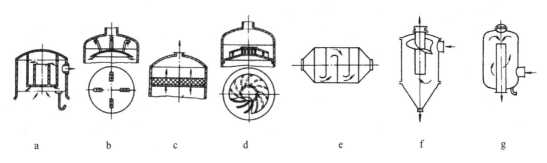

a   b   c   d   e   f   g

图 11-16   几种除尘器结构示意图

2. 冷凝器

冷凝器的作用是冷凝二次蒸汽。冷凝器有间壁式和直接接触式两种,倘若二次蒸汽为需回收的有价值物料或会严重污染水源,则应采用间壁式冷凝器,否则通常采用直接接触式冷凝器。后一种冷凝器一般均在负压下操作,这时为将混合冷凝后的水排出,冷凝器必须设置得足够高,冷凝器底部的长管称为大气腿。

3. 真空装置

当蒸发器在负压下操作时,无论采用哪一种冷凝器,均需在冷凝器后安装真空装置。需要指出的是,蒸发器中的负压主要是由于二次蒸汽冷凝所致,而真空装置仅抽吸蒸发系统泄漏的空气、物料及冷却水中溶解的不凝性气体和冷却水饱和温度下的水蒸气等,冷凝器后必须安装真空装置才能维持蒸发操作的真空度。常用的真空装置有喷射泵、水环式真空泵、往复式或旋转式真空泵等。

4. 过程和设备的强化与展望

纵观国内外蒸发装置的研究,可分为以下几个方面:

(1) 研制开发新型高效蒸发器

这方面工作主要从改进加热管表面形状等思路出发来提高传热效果,例如板式蒸发器等,它的优点是传热效率高、液体停留时间短、体积小、易于拆卸和清洗,同时加热面积还可根据需要而增减。又如表面多孔加热管、双面纵槽加热管,它们可使沸腾溶液侧的传热系数显著提高。

(2) 改善蒸发器内液体的流动状况

这方面的工作主要有:其一是设法提高蒸发器循环速度,其二是在蒸发器管内装入多种形式的湍流元件。前者的重要性在于它不仅能提高沸腾传热系数,同时还能降低单程汽化率,从而减轻加热壁面的结垢现象。后者的出发点,则是使液体增加湍动,以提高传热系数。还有资料报道,可向蒸发器管内通入适量不凝性气体,增加湍动,以提高传热系数。

（3）改进溶液的性质

近年来，通过改进溶液性质来改善蒸发效果的研究报道也不少。例如，加入适量表面活性剂，消除或减少泡沫，以提高传热系数；也有报道，加入适量阻垢剂可以减少结垢，以提高传热效率和生产能力；在乙酸蒸发器溶液表面，喷入少量水，可提高生产能力和减少加热管的腐蚀，以及用磁场处理水溶液可提高蒸发效率等。

（4）优化设计和操作

许多研究者从节省投资、降低能耗等方面着眼，对蒸发装置优化设计进行了深入研究，他们分别考虑了蒸汽压强、冷凝器真空度、各效有效传热温差、冷凝水闪蒸、热损失以浓缩热等综合因素的影响，建立了多效蒸发系统优化设计的数学模型。应该指出，在装置中采用先进的计算机测控技术，这是使装置在优化条件下进行操作的重要措施。

由上可以看出，近年来蒸发过程的强化，不仅涉及化学工程流体力学、传热方面的研究与技术支持，同时还涉及物理化学、计算机优化和测控技术、新型设备和材料等方面的综合知识与技术。这种不同单元操作、不同专业和学科之间的渗透和耦合，已经成为过程和设备结合的新思路。

▶▶▶▶ 习　　题 ◀◀◀◀

1. 某溶液在单效蒸发器中进行蒸浓，用流量为 2100kg/h、温度为 120℃、汽化潜热为 2205kJ/kg 的饱和蒸汽加热。已知蒸发器内二次蒸汽温度为 81℃，各项温差损失共为 9℃。取饱和蒸汽冷凝的传热系数 α_1 为 8000W/（m^2 · K），沸腾溶液的给热系数 α_2 为 3500W/（m^2 · K）。求该蒸发器的传热面积。（假定该蒸发器是新造的，且管壁较薄，因此，垢层热阻和管壁热阻均可忽略不考虑，且热损失可以忽略不计）（17.6m^2）

2. 某单效蒸发器每小时将 1000kg 的 15％（质量分数，下同）的 NaOH 溶液浓缩到 50％。已知：加热蒸汽温度为 120℃，进入冷凝器的二次蒸汽温度为 60℃，总温差损失为 45℃，蒸发器的总传热系数为 1000W/（m^2 · ℃），溶液预热至沸点进入蒸发器，蒸发器的热损失和稀释热可忽略，加热蒸汽与二次蒸汽的汽化潜热可取相等，为 2200kJ/kg。试求：蒸发器的传热面积及加热蒸汽消耗量。（28.5m^2）

3. 有一单效蒸发器产量是浓度为 36.02％（质量分数）的 $MgCl_2$ 浓缩液 2000kg/h，消耗压强为 0.5MPa（表压）、汽化潜热为 2113kJ/kg 的生蒸汽 8000kg/h。蒸发室在常压下操作。已知 $MgCl_2$ 溶液在该沸点下的汽化潜热为 2500kJ/kg，试计算在沸点下进料的原料液量及其浓度各为多少？（8761.6kg/h, 0.08222）

4. 在真空度为 91.3kPa 下，将 12000kg 的饱和水急速送至真空度为 93.3kPa 的蒸发罐内。忽略热损失。定量说明将发生什么变化，并计算发生的水汽质量及体积。水的平均比热为 4.18kJ/(kg·℃)。当地大气压为 101.3kPa。饱和水的性质为如本题附表所示。

习题 4 附表

真空度/kPa	温度/℃	汽化潜热/(kJ/kg)	蒸汽密度/(kg/m³)
91.3	45.3	2390	0.06798
93.3	41.3	2398	0.05514

(83.7kg 蒸汽,1518m³ 蒸汽)

5. 在一单效蒸发装置中将某原料液进行浓缩,完成液的浓度为 28%(质量分数),操作条件下沸点为 98℃。为了减少生蒸汽的消耗量,用二次蒸汽把原料液从 20℃预热至 70℃。原料液的流量为 1000kg/h。二次蒸汽的温度为 90℃。相应的汽化潜热为 2283kJ/kg。原料液的比热容为 3.8kJ/(kg·℃)。忽略热损失。求:(1) 溶液的沸点升高温度;(2) 原料液的浓度 x_0。(8℃,0.1868)

6. 某车间用单效蒸发装置对硝酸铵水溶液进行蒸发,进料量为 10^4kg/h,用温度为 164.2℃的饱和蒸汽将溶液由 68%(质量分数,下同)浓缩至 90%。操作条件下二次蒸汽的温度为 59.7℃,溶液的沸点为 100℃。蒸发器的传热系数为 1200W/m²℃。沸点进料。求:不计热损失时的加热蒸汽消耗量和蒸发器的传热面积。(已知:饱和蒸汽温度为 164.2℃时汽化潜热为 2073kJ/kg;温度为 59.7℃时汽化潜热为 2356kJ/kg)(0.7717kg/s,20.76m²)

7. 有一单效强制循环蒸发器用于蒸发浓缩磷酸二氢铵料浆。沸点进料。蒸发量为 1500kg(水)/h。加热室为立管束式结构,管径和管长分别为 ϕ40mm×3mm 和 6m。已知管外水蒸气侧的给热系数为 4000W/(m²·K),蒸汽的饱和温度为 159℃,对应的汽化潜热为 2091kJ/kg。产生的二次蒸汽温度为 74℃,并假设总的温差损失为 8℃。管内料浆的黏度为 20cP,导热系数为 0.5W/(m·K),流速为 4.5m/s,密度为 1520kg/m³,汽化潜热为 2300kJ/kg(水),溶液侧的给热系数可用式 $Nu=0.035Re^{0.8}$ 计算。若忽略管壁和垢层热阻,求:(1) 加热室换热管的根数;(2) 若水蒸气的饱和温度下降到 130℃,其余条件不变,蒸发量应下降到多少?(26 根,3000kg/h)

8. 一平流三效蒸发器,每小时处理浓度为 10%(质量分数,下同)的水溶液总量为 3000kg。混合各效流出的浓缩溶液作为产品,其浓度为 40%。已知该蒸发器的单位蒸汽消耗量为 0.42。试求该蒸发过程所需要的生蒸汽用量,热损失不计。(945kg/h)

9. 一双效并流蒸发器,冷凝器操作温度为 60℃,系统的总温差损失为 9℃,第一、二效的有效温差分别为 18℃ 及 25℃。试求第一效的溶液沸点温度及生蒸汽温度。(94℃,112℃)

10. 一双效并流蒸发器的生产强度为 50kg/(m²·h),每效的传热面积为 15m²。试核算将 5%的水溶液浓缩至 20%时:(1) 蒸发器的生产能力;(2) 能处理的原料液量。(1500kg/h,2000kg/h)

第 12 章

其他分离方法

12.1 膜分离

12.1.1 概述

　　膜分离(membrane separation)是以选择性透过膜为分离介质,在膜两侧一定推动力的作用下,使原料中的某组分选择性地透过膜,从而使混合物得以分离,达到提纯、浓缩等目的的分离过程。膜分离所用的膜可以是固相、液相,也可以是气相,而大规模工业应用中多数为固体膜,本节主要介绍固体膜的分离过程。

　　物质选择透过膜的能力可分为两类:①借助外界能量,物质发生由低位到高位的流动;②借助本身的化学位差,物质发生由高位到低位的流动。操作的推动力可以是膜两侧的压差、浓度差、电位差、温差等。依据推动力不同,膜分离又分为多种过程,表 12-1 列出了几种主要膜分离过程的基本特性,表 12-2 列出了各种膜分离过程的分离范围。

表 12-1　膜分离过程

过程	示意图	膜类型	推动力	传递机理	透过物	截留物
微滤 (MF)	原料液 → → 滤液	多孔膜	压差 (～0.1MPa)	筛分	水、溶剂、溶解物	悬浮物各种微粒
超滤 (UF)	原料液 → → 浓缩液 → 滤液	非对称膜	压差 (0.1～1MPa)	筛分	溶剂、离子、小分子	胶体及各类大分子

续 表

过程	示意图	膜类型	推动力	传递机理	透过物	截留物
反渗透（RO）	原料液 → □ → 浓缩液、溶剂	非对称膜、复合膜	压差（2～10MPa）	溶剂的溶解-扩散	水、溶剂	悬浮物、溶解物、胶体
电渗析（ED）	浓电解质／溶剂；阴极、阳极；阴膜、阳膜；原料液	离子交换膜	电位差	离子在电场中的传递	离子	非解离和大分子颗粒
气体分离（GS）	混合气 → □ → 渗余气、渗透气	均质膜、复合膜、非对称膜	压差（1～15MPa）	气体的溶解-扩散	易渗透气体	难渗透气体
渗透汽化（PVAP）	溶解或溶剂；原料液 → □ → 渗透蒸汽	均质膜、复合膜、非对称膜	浓度差、分压差	溶解-扩散	易溶解或易挥发组分	不易溶解或难挥发组分
膜蒸馏（MD）	原料液 → □ → 浓缩液、渗透液	微孔膜	由于温差而产生的蒸气压差	通过膜的扩散	高蒸气压的挥发组分	非挥发的小分子和溶剂

反渗透、纳滤、超滤、微滤均为压力推动的膜过程，即在压力的作用下，溶剂及小分子通过膜，而盐、大分子、微粒等被截留，其截留程度取决于膜结构。①反渗透膜几乎无孔，可以截留大多数溶质（包括离子）而使溶剂通过，操作压强较高，一般为 2～10MPa；②纳滤膜孔径为 2～5nm，能截留部分离子及有机物，操作压强为 0.7～3MPa；③超滤膜孔径为 2～20nm，能截留小胶体粒子、大分子物质，操作压强为 0.1～1MPa；④微滤膜孔径为 0.05～10μm，能截留胶体颗粒、微生物及悬浮粒子，操作压强为 0.05～0.5MPa。

电渗析采用带电的离子交换膜，在电场作用下膜能允许阴、阳离子通过，可用于溶液去除离子。气体分离是依据混合气体中各组分在膜中渗透性的差异而实现的膜分离过程。渗透汽化是在膜两侧浓度差的作用下，原料液中的易渗透组分通过膜并汽化，从而使原液体混合物得以分离的膜过程。

表 12-2　膜分离过程的分离范围

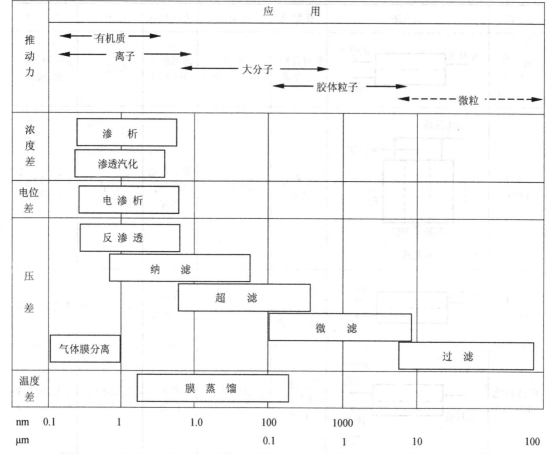

传统的分离单元操作如蒸馏、萃取、吸收等,也可以通过膜来实现,即为膜蒸馏、膜萃取、膜吸收与气提等,实现这些膜过程的设备统称为膜接触器,包括液-液接触器、液-气接触器等。

与传统的分离操作相比,膜分离具有以下特点:①膜分离是一个高效分离过程,可以实现高纯度的分离;②大多数膜分离过程不发生相变化,因此能耗较低;③膜分离通常在常温下进行,特别适合处理热敏性物料;④膜分离设备本身没有运动的部件,可靠性高,操作、维护都十分方便。

12.1.2　膜与膜组件

1. 分离膜性能

分离膜是膜过程的核心部件,其性能直接影响着分离效果、操作能耗以及设备的大小。分离膜的性能主要包括两个方面:透过性能与分离性能。

（1）透过性能

能够使被分离的混合物有选择的透过是分离膜的最基本条件。表征膜透过性能的物理量是透过速率,指单位时间、单位膜面积透过组分的通过量,对于水溶液体系,又称透水率或水通量,以 J 表示。

$$J = \frac{V}{A \cdot t} \tag{12-1}$$

式中: J 为透过速率,$m^3/(m^2 \cdot h)$ 或 $kg/(m^2 \cdot h)$;V 为透过组分的体积或质量,m^3 或 kg;A 为膜有效面积,m^2;t 为操作时间,h。

膜的透过速率和膜材料的化学特性与分离膜的形态结构有关,且随操作推动力的增加而增大。此参数直接决定分离设备的大小。

(2) 分离性能

分离膜必须对被分离混合物中各组分具有选择透过的能力,即具有分离能力,这是膜分离过程得以实现的前提。不同膜分离过程中膜的分离性能有不同的表示方法,如截留率、截留相对分子质量、分离因数等。

① 截留率

对于反渗透过程,通常用截留率表示其分离性能。截留率反映膜对溶质的截留程度,对盐溶液又称为脱盐率,以 R 表示,定义为:

$$R = \frac{c_F - c_P}{c_F} \times 100\% \tag{12-2}$$

式中: c_F 为原料中溶质的浓度,kg/m^3;c_P 为渗透物中溶质的浓度,kg/m^3。

100% 截留率表示溶质全部被膜截留,此为理想的半渗透膜;0% 截留率则表示全部溶质透过膜,无分离作用。通常截留率在 0%～100%。

② 截留相对分子质量

在超滤和纳滤中,通常用截留相对分子质量表示其分离性能。截留相对分子质量是指截留率为 90% 时所对应的相对分子质量。截留相对分子质量的高低,在一定程度上反映了膜孔径的大小,通常可用一系列不同相对分子质量的标准物质进行测定。

③ 分离因数

对于气体分离和渗透汽化过程,通常用分离因数表示各组分透过的选择性。对于含有 A、B 两组分的混合物,分离因数 α_{AB} 定义为:

$$\alpha_{AB} = \frac{y_A/y_B}{x_A/x_B} \tag{12-3}$$

式中: x_A、x_B 分别为原料中组分 A 与 B 的摩尔分数;y_A、y_B 分别为透过液中组分 A 与 B 的摩尔分数。

通常,用组分 A 表示透过速率快的组分,因此 α_{AB} 的数值大于 1。分离因数的大小反映该体系分离的难易程度,α_{AB} 越大,表明两组分的透过速率相差越大,膜的选择性越好,分离程度越高;α_{AB} 等于 1,则表明膜没有分离能力。

膜的分离性能主要取决于膜材料的化学特性和分离膜的形态结构,同时也与膜分离过程的一些操作条件有关。该性能对分离效果、操作能耗都有决定性的影响。

2. 膜材料及分类

目前使用的固体分离膜大多数是高分子聚合物膜,近年来又开发了无机材料分离膜。高聚物膜通常是用纤维素类、聚砜类、聚酰胺类、聚酯类、含氟高聚物等材料制成。无机分离膜包括陶瓷膜、玻璃膜、金属膜和分子筛炭膜等。膜的种类与功能较多,分类方法也较多,但普遍采用的是按膜的形态结构分类,将分离膜分为对称膜和非对称膜两类。

对称膜又称为均质膜,是一种均匀的薄膜,膜两侧截面的结构及形态完全相同,包括致密的无孔膜和对称的多孔膜两种,图 12-1a 所示。一般对称膜的厚度在 $10\sim200\mu m$,传质阻力由膜的总厚度决定,降低膜的厚度可以提高透过速率。

非对称膜的横断面具有不对称结构,如图 12-1b 所示。一体化非对称膜是用同种材料制备、由厚度为 $0.1\sim0.5\mu m$ 的致密皮层和 $50\sim150\mu m$ 的多孔支撑层构成,其支撑层结构具有一定的强度,在较高的压力下也不会引起很大的形变。此外,也可在多孔支撑层上覆盖一层不同材料的致密皮层构成复合膜。显然,复合膜也是一种非对称膜。对于复合膜,可优选不同的膜材料制备致密皮层与多孔支撑层,使每一层独立地发挥最大作用。非对称膜的分离主要或完全由很薄的皮层决定,传质阻力小,其透过速率较对称膜高得多,因此非对称膜在工业上应用十分广泛。

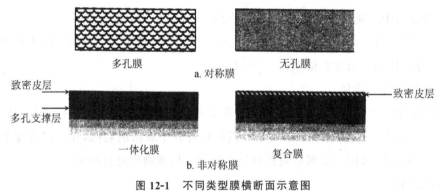

图 12-1　不同类型膜横断面示意图

3. 膜组件

膜组件是将一定膜面积的膜以某种形式组装在一起的器件,在其中实现混合物的分离。

板框式膜组件采用平板膜,其结构与板框过滤机类似,用板框式膜组件进行海水淡化的装置如图 12-2 所示。在多孔支撑板两侧覆以平板膜,采用密封环和两个端板密封、压紧。海水从上部进入组件后,沿膜表面逐层流动,其中纯水透过膜到达膜的另一侧,经支撑板上的小孔汇集到边缘的导流管后排出,而未透过的浓缩咸水从下部排出。

螺旋卷式膜组件也采用平板膜,其结构与螺旋板式换热器类似,如图 12-3 所示。它是由中间为多孔支撑板、两侧是膜的"膜袋"装配而成,膜袋的三个边粘封,另一边与一根多孔中心管连接。组装时在膜袋上铺一层网状材料(隔网),绕中心管卷成柱状再放入压力容器内。原料进入组件后,在隔网中的流道沿平行于中心管方向流动,而透过物进入膜袋后旋转着沿螺旋方向流动,最后汇集在中心收集管中再排出。螺旋卷式膜组件结构紧凑,装填密度可达 $830 \sim 1660 m^2/m^3$。缺点是制作工艺复杂,膜清洗困难。

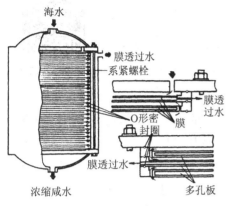

图 12-2 板框式膜组件

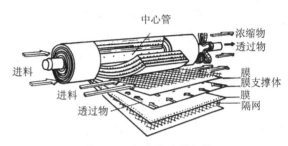

图 12-3 螺旋卷式膜组件

管式膜组件是把膜和支撑体均制成管状,使两者组合,或者将膜直接刮制在支撑管的内侧或外侧,将数根膜管(直径 $10 \sim 20 mm$)组装在一起就构成了管式膜组件,与列管式换热器相类似。若膜刮在支撑管内侧,则为内压型,原料在管内流动,如图 12-4 所示;若膜刮在支撑管外侧,则为外压型,原料在管外流动。管式膜组件的结构简单,安装、操作方便,流动状态好,但装填密度较小,约为 $33 \sim 330 m^2/m^3$。

将膜材料制成外径为 $80 \sim 400\mu m$、内径为 $40 \sim 100\mu m$ 的空心管,即为中空纤维膜。将中空纤维膜一端封死,另一端用环氧树脂浇注成管板,装在圆筒形压力容器中,就构成了中空纤维膜组件,也形如列管式换热器,如图 12-5 所示。大多数膜组件采用外压式,即高压原料在中空纤维膜外侧流过,透过物则进入中空纤维膜内侧。中空纤维膜组件装填密度极大($10000 \sim 30000 m^2/m^3$),且不需外加支撑材料;但膜易堵塞,清洗不容易。

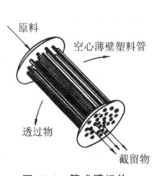

图 12-4 管式膜组件

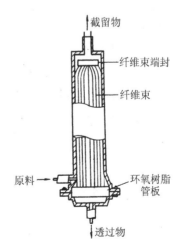

图 12-5 中空纤维膜组件

12. 1. 3　反渗透

反渗透设备见二维码。

1. 溶液渗透压

能够让溶液中一种或几种组分通过而其他组分不能通过的选择性膜称为半透膜。当把溶剂和溶液(或两种不同浓度的溶液)分别置于半透膜的两侧时,纯溶剂将透过膜而自发地向溶液(或从低浓度溶液向高浓度溶液)一侧流动,这种现象称为渗透。当溶液的液位升高到所产生的压差恰好抵消溶剂向溶液方向流动的趋势,渗透过程达到平衡,此压差称为该溶液的渗透压,以 $\Delta\pi$ 表示。若在溶液侧施加一个大于渗透压的压差 Δp 时,则溶剂将从溶液侧向溶剂侧反向流动,此过程称为反渗透,如图 12-6 所示。这样,就可利用反渗透过程从溶液中获得纯溶剂。

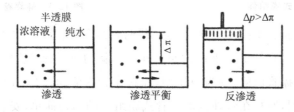

图 12-6　渗透与反渗透示意图

2. 反渗透膜与应用

反渗透膜多为不对称膜或复合膜。图 12-7 所示的是一种典型的反渗透复合膜的结构图。反渗透膜的致密皮层几乎无孔,因此可以截留大多数溶质(包括离子)而使溶剂通过。反渗透操作压强较高,一般为 2~10MPa。大规模应用时,多采用卷式膜组件和中空纤维膜组件。

评价反渗透膜性能的主要参数为透过速率(透水率)与截留率(脱盐率)。此外,在高压下操作对膜产生压实作用,造成透水率下降,因此抗压实性也是反渗透膜性能的一个重要指标。

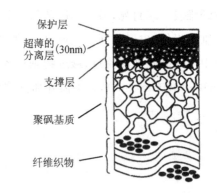

图 12-7　PEC-1000 复合膜断面放大结构图

反渗透是一种节能技术,过程中无相变,一般不需加热,工艺过程简单,能耗低,操作和控制容易,应用范围广泛。其主要应用领域有海水和苦咸水的淡化,纯水和超纯水制备,工业用水处理,饮用水净化,医药、化工和食品等工业料液处理和浓缩,以及废水处理等。

12.1.4　超滤与微滤

1. 基本原理

超滤与微滤都是在压差作用下根据膜孔径的大小进行筛分的分离过程,其基本原理如图 12-8 所示。在一定压差作用下,当含有大分子溶质 A 和小分子 B 的混合溶液流过膜表面时,溶剂和小于膜孔的小分子溶质(如无机盐类)透过膜,作为透过液被收集起来,而大于膜孔的大分子溶质(如有机胶体等)则被截留,作为浓缩液被回收,从而达到溶液的净化、分离和浓缩的目的。通常,能截留相对分子质量为 $500\sim10^6$ 的分子的膜分离过程称为超滤;截留更大分子(通常称为分散粒子)的膜分离过程称为微滤。

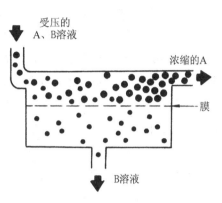

图 12-8　超滤与微滤原理示意图

实际上,反渗透操作也是基于同样的原理,只不过截留的是分子更小的无机盐类,由于溶质的相对分子质量小,渗透压较高,因此必须施加高压才能使溶剂通过,如前所述,反渗透操作压差为 $2\sim10\text{MPa}$。而对于大分子溶液而言,即使溶液的浓度较高,但渗透压较低,操作也可在较低的压力下进行。通常,超滤操作的压差为 $0.3\sim1.0\text{MPa}$,微滤操作的压差为 $0.1\sim0.3\text{MPa}$。

2. 超滤膜与微滤膜

微滤和超滤中使用的膜都是多孔膜。超滤膜多数为非对称结构,膜孔径范围为 $1\text{nm}\sim0.05\mu\text{m}$,系由一极薄具有一定孔径的表皮层和一层较厚具有海绵状和指孔状结构的多孔层组成,前者起分离作用,后者起支撑作用。微滤膜有对称和非对称两种结构,孔径范围为 $0.05\sim10\mu\text{m}$。图 12-9a、b、c 所示的是超滤膜与微滤膜的扫描电镜图片。

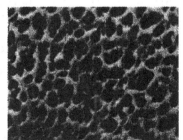
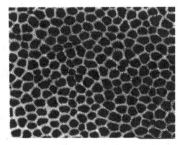

a. 不对称聚合物超滤膜　　　　　　b. 聚合物微滤膜　　　　　　c. 陶瓷微滤膜

图 12-9　超滤膜与微滤膜结构

表征超滤膜性能的主要参数有透过速率和截留相对分子质量及截留率,而更多的是用截留相对分子质量表征其分离能力。表征微滤膜性能的参数主要是透过速率、膜孔径和空隙率，其中膜孔径反映微滤膜的截留能力，可通过电子显微镜扫描法或泡压法、压汞法等方法测定。孔隙率是指单位膜面积上孔面积所占的比例。

3. 浓差极化与膜污染

对于压差推动的膜过程，无论是反渗透，还是超滤与微滤，在操作中都存在浓差极化现象。在操作过程中，由于膜的选择透过性，被截留组分在膜料液侧表面都会积累形成浓度边界层，其浓度大大高于料液的主体浓度，在膜表面与主体料液之间浓度差的作用下，将导致溶质从膜表面向主体的反向扩散，这种现象称为浓差极化，如图 12-10 所示。浓差极化使得膜面处浓度 c_i 增加，加大了渗透压，在一定压差 Δp 下使溶剂的透过速率下降，同时 c_i 的增加又使溶质的透过速率提高，使截留率下降。

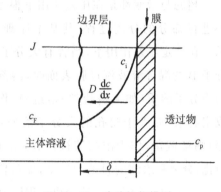

图 12-10　浓差极化模型

膜污染是指料液中的某些组分在膜表面或膜孔中沉积导致膜透过速率下降的现象。组分在膜表面沉积形成的污染层将产生额外的阻力，该阻力可能远大于膜本身的阻力而成为过滤的主要阻力；组分在膜孔中的沉积，将造成膜孔减小甚至堵塞，实际上减小了膜的有效面积。膜污染主要发生在超滤与微滤过程中。

图 12-11 所示的是超滤过程中压差 Δp 与透过速率 J 之间的关系。对于纯水的超滤，其水通量与压差成正比；而对于溶液的超滤，由于浓差极化与膜污染的影响，超滤通量随压差的变化关系为一曲线，当压差达到一定值时，再提高压力，只能使边界层阻力增大，却不能增大通量，从而获得极限通量 J_∞。

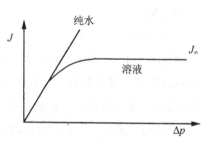

图 12-11　超滤通量与操作压差的关系

由此可见，浓差极化与膜污染均使膜透过速率下降，是操作过程的不利因素，应设法降低。减轻浓差极化与膜污染的途径主要有：①对原料液进行预处理，除去料液中的大颗粒；②增加料液的流速或在组件中加内插件以增加湍动程度，减薄边界层厚度；③定期对膜进行反冲和清洗。

4. 应用

超滤主要适用于大分子溶液的分离与浓缩，广泛应用在食品、医药、工业废水处理、超纯水制备及生物技术工业，包括牛奶的浓缩、果汁的澄清、医药产品的除菌、电泳涂漆废水的处理、各种酶的提取等。超滤设备见二维码。微滤是所有膜过程中应用最普遍的一项技术，主要用于细菌、微粒的去除，广泛应用在食品和制药行业中饮料和制药产品的除菌和净

超滤设备二维码

化,半导体工业超纯水制备过程中颗粒的去除,生物技术领域发酵液中生物制品的浓缩与分离等。

12.1.5　渗透汽化

1. 基本原理

渗透汽化是一种有相变的膜渗透过程。将液体混合物在膜的一侧与膜接触,而膜的另一侧维持较低的易挥发组分蒸气压,在膜两侧易挥发组分蒸气压差的作用下,易挥发组分较多地溶解在膜上,并扩散通过膜,最后在膜的另一侧汽化而被抽出,这样的膜过程即为渗透汽化,如图 12-12。易挥发组分通过膜时发生相变,相变所需的热量来自原料液的降温。在渗透汽化中只要膜选择得当,可使含量极少的易挥发溶质透过膜,虽然过程中需要一定的热量,但与大量的溶剂透过过程相比仍为节能操作。

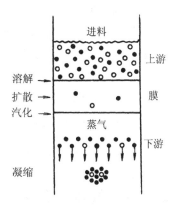

图 12-12　渗透汽化分离原理

渗透汽化分离的传递机理通常用溶解-扩散描述。依此机理,被分离组分通过膜的传递过程可分为三步:①被分离组分在膜上游表面被选择性吸附并溶解。②在膜内扩散渗透通过膜。③在膜下游表面脱附并汽化。

依据造成膜两侧蒸气压差方法不同,渗透汽化主要有以下三种形式:①真空渗透汽化。膜透过侧用真空泵抽真空,以造成膜两侧组分的蒸气压差。②载气吹扫渗透汽化。用载气吹扫膜的透过侧,以带走透过组分。③热渗透汽化。通过料液加热和透过侧冷凝的方法,形成膜两侧组分的蒸气压差。

三种操作的流程示意如图 12-13a、b、c 所示。工业生产中通常采用真空与热渗透汽化相结合的方式。

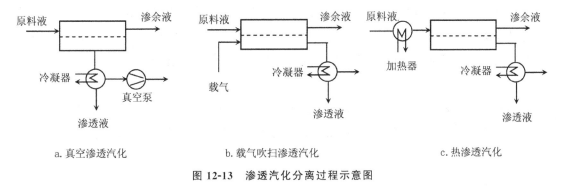

　　a.真空渗透汽化　　　　　　　b.载气吹扫渗透汽化　　　　　　c.热渗透汽化

图 12-13　渗透汽化分离过程示意图

2. 渗透汽化膜与应用

渗透汽化所用膜为致密均质膜、复合膜或非对称膜,其中复合膜应用更广泛。表征渗透汽化膜分离性能的主要参数是膜的分离因数和透过速率(或渗透通量)。

　　渗透汽化对膜的要求是分离因数大、渗透通量大。实际上,膜的这两个性能参数常常是互相矛盾的。分离因数大、选择性好的膜,渗透通量往往比较小;而渗透通量大的膜,其分离因数通常又较小。因此,在选膜和制膜时需要根据具体情况进行优化选择。

　　渗透汽化是一个较复杂的分离过程,原料的组成对分离性能有很大的影响,一般主要用于液体混合物中去除少量的液体。渗透汽化虽以组分的蒸气压差为推动力,但其分离作用不受组分气液平衡的限制,而主要受组分在膜内的渗透速率控制,因此,渗透汽化尤适合于用普通蒸馏难以分离的近沸物和恒沸物的分离。

　　渗透汽化的应用主要有以下几个方面:

　　(1) 有机溶剂脱水。最典型的过程为工业乙醇脱水制备无水乙醇,其分离能耗比恒沸精馏低得多,目前在工业上已大规模的应用。

　　(2) 水中有机物的脱除。如从发酵液中除去醇、从废水中除去挥发性有机污染物等。

　　(3) 有机物的分离。如苯/环己烷、丁烷/丁烯等的分离,但目前多处于基础研究阶段。

12. 1. 6　气体膜分离

1. 基本原理

　　气体膜分离是在膜两侧压差的作用下,利用气体混合物中各组分在膜中渗透速率的差异而实现分离的过程,其中渗透快的组分在渗透侧富集,相应渗透慢的组分则在原料侧富集,气体膜分离流程示意图如图 12-14 所示。

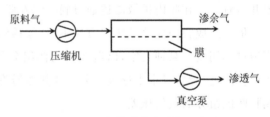

图 12-14　气体膜分离过程示意图

　　气体分离膜可分为多孔膜和无孔(均质)膜两种。在实际应用中,多采用均质膜。气体在均质膜中的传递靠溶解—扩散作用,其传递过程由三步组成:①气体在膜上游表面吸附溶解。②气体在膜两侧分压差的作用下扩散通过膜。③在膜下游表面脱附。此时渗透速率主要取决于气体在膜中的溶解度和扩散系数。

　　评价气体分离膜性能的主要参数是渗透系数和分离因数。分离因数反映膜对气体各组分透过的选择性,定义式同前。渗透系数表示气体通过膜的难易程度,定义为:

$$P = \frac{V\delta}{At\Delta p} \tag{12-4}$$

式中:V 为气体渗透量,m^3;δ 为膜厚,m;Δp 为膜两侧的压差,Pa;A 为膜面积,m^2;t 为时间,s;P 为渗透系数,$m^2/(Pa \cdot s)$。

2. 应用

气体膜分离的主要应用有：

（1）H_2 的分离回收

主要有合成氨尾气中 H_2 的回收、炼油工业尾气中 H_2 的回收等，是当前气体膜分离应用最广的领域。

（2）空气分离

利用膜分离技术可以得到富氧空气和富氮空气，富氧空气可用于高温燃烧节能、家用医疗保健等方面；富氮空气可用于食品保鲜、惰性气氛保护等方面。

（3）气体脱湿

如天然气脱湿、压缩空气脱湿、工业气体脱湿等。

12.1.7　电渗析

利用半透膜的选择透过性来分离不同的溶质粒子（如离子）的方法称为渗析。在电场作用下以电位差为推动力，利用离子交换膜的选择透过性，将带电组分的盐类与非带电组分的水分离进行渗析时，溶液中的带电溶质粒子（如离子）通过膜迁移的现象称为电渗析。利用电渗析进行提纯和分离物质的技术称为电渗析法，它是 20 世纪 50 年代发展起来的一种新技术，最初用于海水淡化，现在广泛用于化工、轻工、冶金、造纸、医药工业，可实现溶液的淡化、浓缩、精制或纯化等工艺过程，尤以制备纯水和在环境保护中处理三废最受重视，例如用于酸碱回收、电镀废液处理以及从工业废水中回收有用物质等。电渗析设备见二维码。

电渗析设备
二维码

1. 电渗析原理

电渗析是一种专门用来处理溶液中的离子或带电粒子的膜分离技术，其原理是在外加直流电场的作用下，以电位差为推动力，使溶液中的离子作定向迁移，并利用离子交换膜的选择透过性，使带电离子从水溶液中分离出来。

电渗析所用的离子交换膜可分为阳离子交换膜（简称阳膜）和阴离子交换膜（简称阴膜），其中阳膜只允许水中的阳离子通过而阻挡阴离子，阴膜只允许水中的阴离子通过而阻挡阳离子。

下面以盐水溶液中 NaCl 的脱除过程为例，简要介绍电渗析过程的原理。电渗析系统由一系列平行交错排列于两极之间的阴、阳离子交换膜所组成，这些阴、阳离子交换膜将电渗析系统分隔成若干个彼此独立的小室，其中与阳极相接触的隔离室称为阳极室，与阴极相接触的隔离室称为阴极室，操作中离子减少的隔离室称为淡水室，离子增多的隔离室称为浓水室。如图 12-15 所示，在直流电场的作用下，带负电荷的阴离子即 Cl^- 向正极移动，但它只能通过阴膜进入浓水室，而不能透过阳膜，因而被截留于浓水室中。同理，带正电荷的阳离子即 Na⁺ 向负极移动,通过阳膜进入浓水室,并在阴膜的阻挡下截留于浓水室中。这样,浓水室中的 NaCl 浓度逐渐升高,出水为浓水;而淡水室中的 NaCl 浓度逐渐下降,出水为淡水,从而达到脱盐的目的。

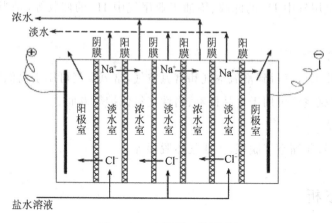

图 12-15　电渗析工作原理

2. 电渗析操作

(1) 在电渗析过程中,不仅存在反离子(与膜的电荷符号相反的离子)的迁移过程,而且还伴随着同名离子迁移、水的渗透和分解等次要过程,这些次要过程对反离子迁移也有一定的影响。

① 同名离子迁移。同名离子迁移是指与膜的电荷符号相同的离子迁移。若浓水室中的溶液浓度过高,则阴离子可能会闯入阳膜中,阳离子也可能会闯入阴膜中,因此当浓水室中的溶液浓度过高时,应用原水将其浓度调至适宜值。

② 水的渗透。膜两侧溶液的浓度不同,渗透压也不同,将使水由淡水室向浓水室渗透,其渗透量随浓度及温度的升高而增加,这不利于淡水室浓度的下降。

③ 水的分解。在电渗析过程中,当电流密度超过某一极限值,以致溶液中的盐离子数量不能满足电流传输的需要时,将由水分子电离出的 H⁺ 和 OH⁻ 来补充,从而使溶液的 pH 发生改变。

(2) 在实际操作中,可采取以下措施来减少浓差极化等因素对电渗析过程的影响:

① 尽可能提高液体流速,以强化溶液主体与膜表面之间的传质,这是减少浓差极化效应的重要措施。

② 膜的尺寸不宜过大,以使溶液在整个膜表面上能够均匀流动。一般来说,膜的尺寸越大,就越难达到均匀的流动。

③ 采取较小的膜间距,以减小电阻。

④ 采用清洗沉淀或互换电极等措施,以消除离子交换膜上的沉淀。

⑤ 适当提高操作温度,以提高扩散系数。对于大多数电解质溶液,温度每升高 1℃,黏度

约下降 2.5%，扩散系数一般可增加 2%～2.5%。此外，膜表面传质边界层(存在浓度梯度的流体层)的厚度随温度的升高而减小，因而有利于减小浓差极化的影响。

⑥严格控制操作电流，使其低于极限电流密度。

3. 电渗析的应用

(1) 水的纯化

电渗析法是海水、苦咸水、自来水制备初级纯水和高级纯水的重要方法之一。由于能耗与脱盐量成正比，电渗析法更适合含盐低的苦咸水淡化。但当原水中盐浓度过低时，溶液电阻大，不够经济，因此一般采用电渗析与离子交换树脂组合工艺。电渗析在流程中起前级脱盐作用，离子交换树脂起保证水质作用。组合工艺与只采用离子交换树脂相比，不仅可以减少离子交换树脂的频繁再生，而且对原水浓度波动适应性强，出水水质稳定，同时投资少、占地面积小。但是要注意电渗析法不能除去非电解质杂质。

下面是制备初级纯水的几种典型流程：

原水 →预处理→电渗析→软化(或脱碱)→ 中、低压锅炉给水

原水 →预处理→电渗析→混合床→ 纯水(中、低压锅炉给水)

原水 →预处理→电渗析→阳离子交换→脱气→阴离子交换→混合床

→ 纯水(中、高压锅炉给水)

下面是制备高级纯水的几种典型流程：

原水 →预处理→电渗析→阳离子交换→脱气→阴离子交换→杀菌→超滤→混合床

→微滤→ 超纯水(电子行业用水)

原水 →预处理→电渗析→蒸馏→微滤→ 医用纯水(针剂用水)

(2) 海水、盐泉卤水制盐

电渗析浓缩海水—蒸发结晶制取食盐，在电渗析应用中占第二位。与常规盐田法比较，该工艺占地面积少，基建投资省，节省劳动力，不受地理气候限制，易于实现自动化操作和工业化生产，且产品纯度高。日本第一个采用此法制盐，当前，年产量为 1.5×10^6 t，其他国家为 4.0×10^5 t。随着技术的不断进步，卤水浓度已可达 200g/L，吨盐耗电量降至 150kW·h。

下面是制备高级纯水的典型流程：

海水 →过滤器→ 过滤海水 →电渗析→ 卤水 →预热器→真空蒸发器→离心机

→干燥机→ 食盐

(3) 废水处理

电渗析用于废水处理，兼有开发水源、防止环境污染、回收有用成分等多种意义。在电

渗析应用中占第三位。电渗析用于废水处理,是以处理电镀废水为代表的无机系废水处理

为开端的,逐步向城市污水、造纸废水等无机系废
水处理发展。如从电镀废水中回收铜、锌、镍、铬,
从金属酸洗废水中回收酸与金属,从碱性溶液中
回收 NaOH 等。

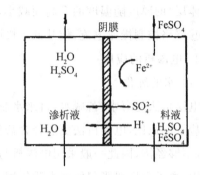

图 12-16　浓差渗析回收硫酸的过程示意图

　　如果用选择性透过的渗析膜,利用渗析过程
就可实现对废液的净化、提纯及回收有用物质。
生物体内膜过程大多为渗析过程,如肾、肺、血管
的机能都相当于膜渗析过程。从酸洗废液中回收
酸,就是利用浓差渗析实现的。浓差渗析回收硫
酸的过程如图 12-16 所示。

　　渗析过程:即水和料液分置于渗析膜的两侧。料液中由于 H_2SO_4 和 $FeSO_4$ 的浓度高,
其中 Fe^{2+}、H^+、SO_4^{2-} 均有向渗析液 H_2O 中扩散的趋势,由于使用阴离子交换膜作渗析膜,
因此理论上阴膜只允许 SO_4^{2-} 透过膜进入渗析液,而 H^+ 由于水合离子半径小,迁移速度快,
故也能透过膜迁移到渗析液中。等物质的量的 H^+ 和 SO_4^{2-} 透过膜,以保持溶液的电中性。
但是 Fe^{2+} 则不透过阴膜。经过一段时间的渗析后,料液中的 H_2SO_4 即进入渗析液中,实现
了 Fe^{2+} 和 H_2SO_4 的分离,即可实现回收废 H_2SO_4 的目的。

　　(4) 脱除有机物中的盐分

　　电渗析在医药、食品工业领域脱除有机物中的盐分方面也有较多应用,如医药工业中,
葡萄糖、甘露醇、氨基酸、维生素 C 等溶液的脱盐;食品工业中,牛乳、乳清的脱盐,酒类产品
中脱除酒石酸钾等。

　　另外,电渗析还可以脱除或中和有机物中酸;可以从蛋白质水解液和发酵液中分离氨基
酸等。

12.1.8　膜接触器

1. 概述

　　传统的分离单元操作如蒸馏、吸收、萃取等也可以通过膜来实现,即为膜蒸馏、膜吸收、
膜萃取,膜过程与常规分离过程的耦合,是正开发中的新型膜分离技术,也是膜过程今后发
展的方向,实现上述膜过程的设备统称为膜接触器。膜接触器是以多孔膜作为传递介质实
现两相传质的装置,其中一相并不是直接分散在另一相中,而是在微孔膜表面开孔处两相界
面上相互接触而进行传质。这种膜接触器较常规的分散相接触器有显著的优越性,具有极
大的两相传质面积是其典型特征,一般典型的膜接触器提供的传质面积是气体吸收器的
30 倍以上,比液液萃取器大 500 倍以上。另外,膜接触器的操作范围宽,高流量下不会造

成液泛、雾沫夹带等不正常操作,低流量下不致滴液,也能正常操作。膜接触器主要缺点是传质中引入了一个新相——膜,膜的存在会影响总传质阻力,其影响程度取决于膜和体系的性质。

　　依据气液传递相不同,膜接触器又分为气-液(G-L)型、液-气(L-G)型、液-液(L-L)型,如图 12-17a、b、c 所示。在液-液膜接触器中,两相均为液体;气-液型、液-气型膜接触器中,一相为气体或蒸气,另一相为液体,两者的区别在于气-液型中,气体或蒸气从气相传递到液相,液-气型中,气体或蒸气从液相传递到气相。

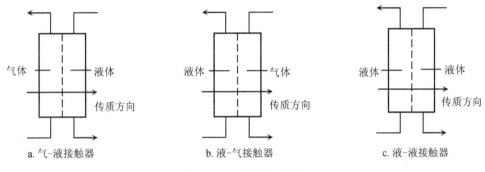

a. 气-液接触器　　　　　　　　b. 液-气接触器　　　　　　　　c. 液-液接触器

图 12-17　膜接触器类型

　　透过组分在膜接触器中的传递包括三个步骤:从原料相主体到膜的传递、在膜内微孔的扩散传递、以及从膜到透过物相(渗透物相)中的传递。传递过程的通量可表示为:

$$J = K\Delta c \tag{12-5}$$

$$\frac{1}{K} = \frac{1}{k_{in}} + \frac{1}{k_m} + \frac{1}{k_{out}} \tag{12-6}$$

式中:K 为总传质系数;k_{in}、k_m、k_{out} 分别为原料相、膜及透过物相的传质分系数;Δc 为原料相与透过物相中透过组分的浓度差。

　　此时,传质总阻力由三部分组成,即原料相边界层阻力、膜阻和透过物相边界层阻力。

　　2. 膜吸收

　　膜吸收与膜解吸是将膜与常规吸收、解吸相结合的膜分离过程,膜吸收为气-液接触器,而膜解吸为液-气接触器。利用微孔膜将气、液两相分隔开来,一侧为气相流动,而另一侧为液相流动,中间的膜孔提供气、液两相间实现传质的场所,从而使一种气体或多种气体被吸收进入液相实现吸收过程,或一种气体或多种气体从吸收剂中被气提实现解吸过程。

　　膜吸收中所采用的膜可以是亲水性膜,也可以是疏水性膜。根据膜材料的疏水和亲水性能以及吸收剂性能的差异,膜吸收又分为两种类型,即气体充满膜孔和液体充满膜孔的膜吸收过程。

　　(1) 气体充满膜孔

　　若膜材料为疏水性并使膜两侧流体的压差保持在一定范围时,作为吸收剂或被解吸的水溶液便不会进入膜孔,此时膜孔被气体所充满,如图 12-18a 所示。在这种情况下,液相的压力应高于气相的压力,选择合适的压差使气体不在液体中鼓泡,也不能把液体压入膜孔,而将气、液界面固定在膜的液相侧。

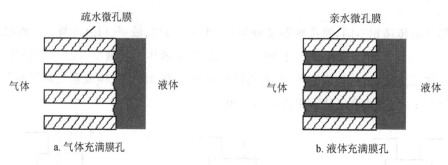

图 12-18　膜吸收类型

（2）液体充满膜孔

当吸收剂为水溶液且膜又为亲水性材料时,一旦膜与吸收剂接触,则膜孔立即被吸收剂充满;用疏水性膜材料时,若吸收剂为有机物溶液,膜孔也会被吸收剂充满,如图 12-18b 所示。在这种情况下,气相的压力应高于液相的压力,以保证气、液界面固定在膜的气相侧,防止吸收剂穿透膜而流向气相。

膜吸收最早并广泛用于血液充氧过程,纯氧或空气流过膜的一侧而血液流过膜的另一侧,氧通过膜扩散到血液中,而二氧化碳则从血液扩散到气相中。目前膜吸收技术在化工生产中主要用于空气中挥发性有机组分的脱除、工业排放尾气中酸性气体（如 CO_2、SO_2、H_2S）的脱除或分离、氨气的回收等。

3. 膜蒸馏

膜蒸馏是一种用于处理水溶液的新型膜分离过程。膜蒸馏中所用的膜是不被料液润湿的多孔疏水膜,膜的一侧是加热的待处理水溶液,另一侧是低温的冷水或其他气体。由于膜的疏水性,水不会从膜孔中通过,但膜两侧由于水蒸气压差的存在,水蒸气通过膜孔,从高蒸气压侧传递到低蒸气压侧。这种传递过程包括三个步骤:首先水在料液侧膜表面汽化,然后汽化的水蒸气通过疏水膜孔扩散,最后在膜另一侧表面上冷凝为水。

膜蒸馏过程的推动力是水蒸气压差,一般是通过膜两侧的温差来实现,所以膜蒸馏属于热推动膜过程。根据水蒸气冷凝方式不同,膜蒸馏可分为直接接触式、气隙式、减压式和气扫式四种形式,如图 12-19a、b、c、d 所示。直接接触式膜蒸馏是热料液和冷却水与膜两侧直接接触;气隙式膜蒸馏是用空气隙使膜与冷却水分开,水蒸气需要通过一层气隙到达冷凝板上才能冷凝下来;减压式膜蒸馏中,透过膜的水蒸气被真空泵抽到冷凝器中冷凝;气扫式膜蒸馏是利用不凝的吹扫气将水蒸气带入冷凝器中冷凝。

膜蒸馏主要应用在两个方面:一是纯水的制备,如海水淡化、电厂锅炉用水的处理等;二是水溶液的浓缩,如热敏性水溶液的浓缩、盐的浓缩结晶等。

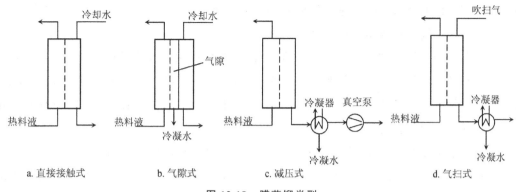

图 12-19　膜蒸馏类型

4. 膜萃取

膜萃取是膜过程与液液萃取过程相结合的分离技术,用微孔膜将两个液相分隔开,传质过程在微孔膜表面进行。该过程无需密度差,避免了常规萃取操作中相的分散与凝聚过程,减少了萃取剂在料液中的夹带,有较高的传质速率。

同膜吸收相似,膜萃取过程也有两种形式,如图 12-20 所示。当原料为有机溶剂,渗透物相为水溶液,即从有机相中脱除溶质时,若膜是疏水性的,则膜会被原料有机相浸润,在膜孔的水相侧形成有机相与水相的界面,如图 12-20a 所示。若原料是水溶液而膜是疏水的,则原料水相不会进入膜孔,渗透侧的有机相会浸润膜孔,在膜孔的水相侧形成水相与有机相的界面,如图 12-20b 所示。操作中应适当控制两侧流体的压力,以维持相界面的合适位置。

图 12-20　膜萃取类型

膜萃取过程现已替代常规的萃取操作用于金属萃取、有机污染物萃取、药物萃取等。

12. 2　吸附分离

12. 2. 1　概述

当流体与多孔固体接触时,流体中某一组分或多个组分在固体表面处产生积蓄,此现象称为吸附。在固体表面积蓄的组分称为吸附物或吸附质,多孔固体称为吸附剂。利用某些多孔固体有选择地吸附流体中的一个或几个组分,从而使混合物分离的方法称为吸附操作,它是分离和纯化气体和液体混合物的重要单元操作之一。

实际上,人们很早就发现并利用了吸附现象,如生活中用木炭脱湿和除臭等。随着新型吸附剂的开发及吸附分离工艺条件等方面的研究,吸附分离过程显示出节能、产品纯度高、可除去痕量物质、操作温度低等突出特点,使这一过程在化工、医药、食品、轻工、环保等行业得到了广泛的应用,例如:

(1)气体或液体的脱水及深度干燥,如将乙烯气体中的水分脱到痕量,再聚合。

(2)气体或溶液的脱臭、脱色及溶剂蒸气的回收,如在喷漆工业中,常有大量的有机溶剂逸出,采用活性炭处理排放的气体,既减少环境的污染,又可回收有价值的溶剂。

(3)气体中痕量物质的吸附分离,如纯氮、纯氧的制取。

(4)分离某些精馏难以分离的物系,如烷烃、烯烃、芳香烃馏分的分离。

(5)废气和废水的处理,如从高炉废气中回收一氧化碳和二氧化碳,从炼厂废水中脱除酚等有害物质。

吸附的分类如下:

(1)物理吸附也称为范德华吸附,是吸附质和吸附剂以分子间作用力为主的吸附。

(2)化学吸附是吸附质和吸附剂以分子间的化学键为主的吸附。

12.2.2 吸附剂及其特性

1. 吸附剂

吸附分离的效果很大程度上取决于吸附剂的性能,工业吸附要求吸附剂满足以下要求:①具有较大的内表面,吸附容量大;②选择性高。吸附剂对不同的吸附质具有不同的吸附能力,其差异愈显著,分离效果愈好;③具有一定的机械强度,抗磨损;④有良好的物理及化学稳定性,耐热冲击,耐腐蚀;⑤容易再生,易得价廉。

吸附剂可分为两大类:一类是天然的吸附剂,如硅藻土、白土、天然沸石等;另一类是人工制作的吸附剂,主要有活性炭、活性氧化铝、硅胶、合成沸石分子筛、有机树脂吸附剂等。下面介绍几种广泛应用的人工制作的吸附剂。

(1)活性炭

活性炭是最常用的吸附剂。它具有非极性表面,比表面积较大,化学稳定性好,抗酸耐碱,热稳性高,再生容易。合成纤维经炭化后可制成活性炭纤维吸附剂,使吸附容量提高数十倍,因活性炭纤维可以编制成各种织物,流体流动阻力减少。活性炭也可加工成炭分子筛,具有分子筛的作用,常用于空气分离制氮、改善饮料气味、香烟的过滤嘴等场合。

(2)硅胶

硅胶的分子式通常用 $SiO_2 \cdot nH_2O$ 表示。它的比表面积达 $800m^2/g$。工业用的硅胶有球形、无定形、加工成型和粉末状四种。硅胶是亲水性的极性吸附剂,对不饱和烃、甲醇、水分等有明显的选择性。主要用于气体和液体的干燥、溶液的脱水。

（3）活性氧化铝

活性氧化铝是一种极性吸附剂,对水分有很强的吸附能力。其比表面积为 $200 \sim 500m^2/g$。用不同的原料,在不同的工艺条件下,可制得不同结构、不同性能的活性氧化铝。

活性氧化铝主要用于气体的干燥和液体的脱水,如汽油、煤油、芳烃等化工产品的脱水,空气、氮、氢气、氯气、氯化氢和二氧化硫等气体的干燥。

（4）合成沸石分子筛

沸石分子筛是指硅铝酸金属盐的晶体。它是一种强极性的吸附剂,对极性分子,特别是对水有很大的亲和能力,它的比表面积可达 $750m^2/g$,具有很强的选择性。常用于石油馏分的分离、各种气体和液体的干燥等场合,如从混合二甲苯中分离出对二甲苯,从空气中分离氧。

（5）有机树脂吸附剂

有机树脂吸附剂是高分子物质,它可以制成强极性、弱极性、非极性、中性,广泛用于废水处理、维生素的分离及过氧化氢的精制等场合。

2. 吸附剂的性能

吸附剂具有良好的吸附特性,主要是因为它有多孔结构和较大的比表面积,下面介绍与孔结构和比表面积有关的基础性能。

（1）密度

①填充密度 ρ_B（又称体积密度）,是指单位填充体积的吸附剂质量。通常将烘干的吸附剂装入量筒中,摇实至体积不变,此时吸附剂的质量与该吸附剂所占的体积比称为填充密度。②表观密度 ρ_P（又称颗粒密度）,定义为单位体积吸附剂颗粒本身的质量。③真实密度 ρ_t,是指扣除颗粒内细孔体积后单位体积吸附剂的质量。

（2）吸附剂的比表面积

吸附剂的比表面积是指单位质量的吸附剂所具有的吸附表面积,单位为 m^2/g。吸附剂孔隙的孔径大小直接影响吸附剂的比表面积,孔径的大小可分三类：大孔、过渡孔、微孔。吸附剂的比表面积以微孔提供的表面积为主,常采用气相吸附法测定。

（3）吸附容量

吸附容量是指吸附剂吸满吸附质时的吸附量（单位质量的吸附剂所吸附吸附质的质量）,它反映了吸附剂吸附能力的大小。吸附量可以通过观察吸附前后吸附质体积或质量的变化测得,也可通过用电子显微镜等观察吸附剂固体表面的变化测得。

12.2.3　吸附平衡

平衡吸附量：当温度、压强一定时,吸附剂与流体长时间接触,吸附量不再增加,吸附相

(吸附剂和已吸附的吸附质)与流体达到平衡,此时的吸附量为平衡吸附量。

吸附等温线:吸附平衡关系常用不同温度下的平衡吸附量与吸附质分压或浓度的关系表示,其关系曲线称为吸附等温线。

1. 气相的吸附等温线

(1)气相单组分吸附平衡

①单分子层物理吸附。假设吸附剂表面均匀,被吸附的分子间无作用,吸附质在吸附剂的表面只形成均匀的单分子层,则吸附量随吸附质分压的增加平缓接近平衡吸附量。如在 $-193℃$ 下,氮在活性炭上的吸附,其吸附等温线如图 12-21 中 I 所示。

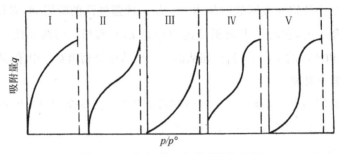

图 12-21　气相单组分吸附平衡曲线

②多分子层吸附。假设吸附分子在吸附剂上按层次排列,已吸附的分子之间作用力忽略不计,吸附的分子可以累叠,而每一层的吸附服从朗格谬尔吸附机理,此吸附为多分子层吸附。如在 30℃ 下水蒸气在活性炭上的吸附,其吸附等温线见图 12-21 中 Ⅱ。

③其他情况下的吸附等温曲线。也有人认为吸附是因产生毛细管凝结现象等所致,其吸附等温线如图 12-21 中 Ⅲ、Ⅳ、Ⅴ 所示。

(2)气相双组分吸附平衡

当吸附剂对混合气体中的两个组分吸附性能相近时,可认为是双组分的吸附。此情况下吸附剂对某一组分的吸附量不仅与温度、压强有关,还随混合物组成的变化而变化。通常温度升高、压力下降会使吸附量下降,图 12-22 反映了用石墨炭吸附 $CFCl_3 - C_6H_6$ 混合气体,气相组成对吸附量的影响。可以看出,某组分在吸附相和气相中摩尔分数的关系与精馏中某组分在气液两相摩尔分数的关系非常相似。因此,使用吸附分离系数 α 描述吸附平衡,α 定义为:

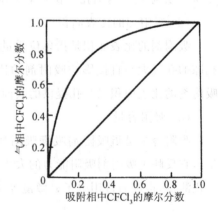

图 12-22　气相双组分吸附平衡曲线

$$\alpha = \frac{y_B/y}{x_B/x} \tag{12-7}$$

式中:y_B、x_B 分别为组分 B 在气相和吸附相中的摩尔分数。可见吸附分离系数 α 偏离 1 的程度愈大,愈有利于吸附分离。

2. 液相中的吸附平衡

（1）液相单组分吸附平衡

当吸附剂对溶液中溶剂的吸附忽略不计时，就构成了液相单组分的吸附，如用活性碳吸附水溶液中的有机物。Giles 等人根据等温吸附曲线初始部分斜率的大小，把液相单组分吸附等温线分为 S、L、H、C 四大类型，而每一类型又分成 5 族，见图 12-23，图中横坐标为组分在液相中的浓度，纵坐标为组分的吸附量。S 型表示被吸附分子在吸附剂表面上成垂直方位吸附。L 型的吸附即朗格谬尔吸附，是指被吸附分子在吸附剂表面呈平行状态。H 型的吸附是吸附剂与吸附质之间高亲合力的吸附。C 型是吸附质在溶液中和吸附剂上有一定分配比例的吸附。

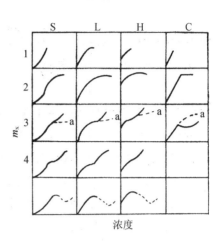

图 12-23　液相单组分吸附等温线

（2）液相中双组分的吸附平衡

含吸附质 A 和 B 的溶液与新鲜的吸附剂长时间接触后，吸附量不再增加，吸附达到平衡。此情况下的吸附等温曲线一般呈 U 型或 S 型。U 型是在吸附过程中吸附剂始终优先吸附一个组分的曲线。如用 $\gamma - Al_2O_3$ 吸附 CH_3Cl-苯溶液，CH_3Cl 被优先吸附。S 型为溶质和溶剂吸附量相当情况。如用炭黑吸附乙醇-苯溶液，在乙醇摩尔分数为 $0 \sim 0.4$ 的范围内，乙醇优先吸附；而在 $0.4 \sim 1$ 的范围内，苯优先吸附。

12.2.4　吸附过程与吸附速率的控制

吸附速率是设计吸附装置的重要依据。吸附速率是指当流体与吸附剂接触时，单位时间内的吸附量，单位为 kg/s。吸附速率与物系、操作条件及浓度有关，当物系及操作条件一定时，吸附过程包括以下三个步骤：

（1）吸附质从流体主体以对流扩散的形式传递到固体吸附剂的外表面，此过程称为外扩散。

（2）吸附质从吸附剂的外表面进入吸附剂的微孔内，然后扩散到固体的内表面，此过程为内扩散。

（3）吸附质在固体内表面上被吸附剂所吸附，称为表面吸附过程。

通常吸附为物理吸附，表面吸附速率很快，故总吸附速率主要取决于内外扩散速率的大小。

外扩散控制的吸附：当外扩散速率小于内扩散速率时，总吸附速率由外扩散速率决定，此吸附为外扩散控制的吸附。

内扩散控制的吸附：当内扩散速率小于外扩散速率时，此吸附为内扩散控制的吸附，总吸附速率由内扩散速率决定。

12.2.5　吸附操作

吸附分离过程包括吸附过程和解吸过程。由于需处理的流体浓度、性质及要求吸附的程度不同,故吸附操作有多种形式。

1. 接触过滤式操作

该操作是把要处理的液体和吸附剂一起加入到带有搅拌器的吸附槽中,使吸附剂与溶液充分接触,溶液中的吸附质被吸附剂吸附,经过一段时间,吸附剂达到饱和,将料浆送到过滤机中,吸附剂从液相中滤出,若吸附剂可用,经适当的解吸,回收利用之。

因在接触式吸附操作时,使用搅拌使溶液呈湍流状态,颗粒外表面的膜阻力减少,故该操作适用于外扩散控制的传质过程。接触过滤吸附操作所用设备主要有釜式或槽式,设备结构简单,操作容易,广泛用于活性炭脱除糖液中的颜色等方面。

2. 固定床吸附操作

固定床吸附操作是把吸附剂均匀堆放在吸附塔中的多孔支撑板上,含吸附质的流体可以自上而下流动,也可自下而上流过吸附剂。在吸附过程中,吸附剂不动。

通常固定床的吸附过程与再生过程在两个塔式设备中交替进行,如图 12-24 所示。吸附在吸附塔 1 中进行,当出塔流体中吸附质的浓度高于规定值时,物料切换到吸附塔 2,与此同时吸附塔 1 采用变温或减压等方法进行吸附剂再生,然后再在塔 1 中进行吸附,塔 2 中进行再生,如此循环操作。

固定床吸附塔结构简单,加工容易,操作方便灵活,吸附剂不易磨损,物料的返混少,分离效率高,回收效果好,故固定床吸

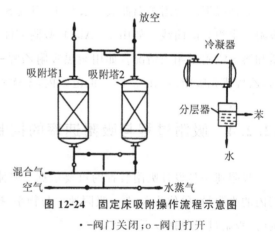

图 12-24　固定床吸附操作流程示意图
·-阀门关闭;o-阀门打开

附操作广泛用于气体中溶剂的回收、气体干燥和溶剂脱水等方面。但固定床吸附操作的传热性能差,且当吸附剂颗粒较小时,流体通过床层的压降较大,因吸附、再生及冷却等操作需要一定的时间,故生产效率较低。

3. 移动床吸附操作

移动床吸附操作是指待处理的流体在塔内自上而下流动,在与吸附剂接触时,吸附质被吸附,已达饱和的吸附剂从塔下连续或间歇排出,同时在塔的上部补充新鲜的或再生后的吸附剂。与固定床相比,移动床吸附操作因吸附和再生过程在同一个塔中进行,所以设备投资费用少。

4. 流化床吸附及流化床-移动床联合吸附操作

流化床吸附操作是使流体自下而上流动，流体的流速控制在一定的范围内，保证吸附剂颗粒被托起，但不被带出，处于流态化状态进行的吸附操作。该操作的生产能力大，但吸附剂颗粒磨损程度严重，且由于受流态化的限制，操作范围变窄。

流化床-移动床联合吸附操作将吸附再生集一塔，如图 12-25 所示。塔的上部为多层流化床，在此，原料与流态化的吸附剂充分接触，吸附后的吸附剂进入塔中部带有加热装置的移动床层，升温后进入塔下部的再生段。在再生段中，吸附剂与通入的惰性气体逆流接触得以再生。最后靠气力输送至塔顶重新进入吸附段，再生后的流体可通过冷却器回收吸附质。流化床—移动床联合吸附床常用于混合气中溶剂的回收、脱除 CO_2 和水蒸气等。

该操作具有连续、吸附效果好的特点。因吸附在流化床中进行，再生前需加热，所以此操作存在吸附剂磨损严重、吸附剂易老化变性的问题。

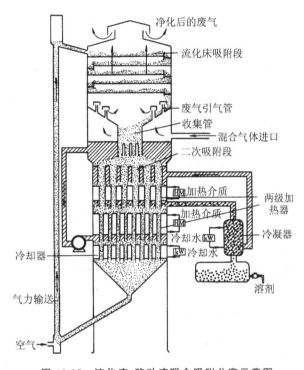

图 12-25　流化床-移动床联合吸附分离示意图

5. 模拟移动床的吸附操作

为兼顾固定床装填性能好和移动床连续操作的优点，并保持吸附塔在等温下操作，便于自动控制，设计一有许多小段塔节组成的塔，每一塔节都有进出物料口，采用特制的多通道（如 24 通道）的旋转阀，靠微机控制，定期启闭切换吸附塔的进出料液和解吸剂的阀门，使各层料液进出口依次连续变动与四个主管道相连，这四个主管道是进料（A+B）管、抽出液（A+D）管、抽余液（B+D）管和解吸剂（D）管，见图 12-26。

一般整个吸附塔分成四个段：吸附段、第一精馏段（简称一精段）、解吸段和二精段，见模拟移动床吸附分离操作示意图 12-27。

在吸附段内进行的是 A 组分的吸附，混合液从下向上流动，与已吸附着解吸剂 D 的吸附剂逆流接触，组分 A 与 D 进行吸附交换，随着流体向上流动，吸附质 A 和少量的 B 不断被吸附，D 不断被解吸，在吸附段出口溶液中主要为组分 B 和 D，作为抽余液从吸附段出口排出。

在一精段内完成 A 组分的精制和 B 组分的解吸，此段顶部下降的吸附剂与新鲜溶液接触，A 和 B 组分被吸附，在该段底部已吸附大量 A 和少量 B 的吸附剂与解吸段上部流入的

流体(A＋D)逆流接触,由于吸附剂对 A 的吸附能力比 B 组分强,故吸附剂上少量的 B 被 A
置换,B 组分逐渐被全部置换出来,A 得到精制。

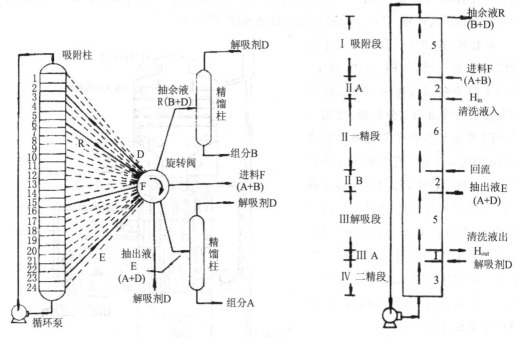

图 12-26　模拟移动床吸附分离装置　　　　图 12-27　模拟移动床吸附分离操作示意

　　在解吸段内完成组分 A 的解吸,吸附大量 A 的吸附剂与塔底通入的新鲜解吸剂 D 逆流
接触,A 被解吸出来作为抽出液,再进精馏塔精馏得到产品 A 及解吸剂 D。

　　二精段目的在于部分回收 D,减少解吸剂的用量。从解吸段出来的只含解吸剂 D 的吸
附剂,送到二精段与吸附段出来的主要含 B 的溶液逆流接触,B 和 D 在吸附剂上置换,组分
B 被吸附,D 被解吸出来,并与新鲜解吸剂一起进入吸附段形成连续循环操作。

　　从以上操作看,在吸附塔内形成流体由下向上、固体由上向下反方向的相对运动,每一
小段床层是静止不动的小固定床,吸附塔内的吸附剂固体整体和流体是连续移动的,这就是
模拟移动床吸附分离过程。

　　应用模拟移动床吸附分离混合物最早始于从混合二甲苯中分离对二甲苯,之后应用于
从煤油馏分中分离出正构烷烃,以及 C_8 芳烃中分离己基苯等等,解决了有些体系用精馏和
萃取等方法难分离的困难。

12.2.6　吸附过程的强化

　　强化吸附过程可以从两个方面入手,一是对吸附剂进行开发与改进,二是开发新的吸附
工艺。

1. 吸附剂的改性与新型吸附剂的开发

吸附效果的好坏及吸附过程规模化与吸附剂性能的关系非常密切,尽管吸附剂的种类繁多,但实用的吸附剂却有限,通过改性或接枝的方法可得到各种性能不同的吸附剂,工业上希望开发出吸附容量大、选择性强、再生容易的吸附剂,目前大多数吸附剂吸附容量小限制了吸附塔的处理能力,使得吸附过程频繁地进行吸附、解吸和再生。近期开发的较新型吸附剂如炭分子筛、活性炭纤维、金属吸附剂和各种专用吸附剂不同程度地解决了吸附容量小和选择性弱的缺憾,使得某些有机异构体、热敏性物质、性能相近的混合物分离成为可能。

2. 开发新的吸附分离工艺

随着食品、医药、精细化工和生物化工的发展,需要开发出新的吸附分离工艺,吸附过程需要完善和大型化已成为一个重要问题。吸附分离工艺与再生解吸方法有关,而再生方法又取决于组分在吸附剂上吸附性能的强弱和进料量的大小等因素,随着各种性能良好的吸附剂的不断开发,吸附分离工艺也得以迅速发展,如大型工业色谱吸附分离生产胡萝卜素、叶黄质和叶绿素;大孔网状聚合物吸附剂应用广泛,如四环素、土霉素、竹桃霉素、红霉素、林可霉素、麦迪霉素、赤霉素、维生素 B_{12} 及头孢菌素 C 等,如图 12-28、图 12-29 所示。

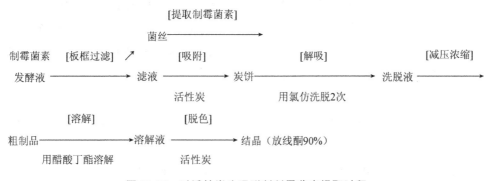

图 12-28　以活性炭为吸附剂制霉菌素提取过程

图 12-29　以氧化铝为吸附剂的维生素 B_{12} 纯化工艺

此外如快速变压吸附工艺用于制造航空高空飞机用氧;参数泵吸附分离用于分离血红蛋白-白蛋白体系、酶及处理含酚废水等。

12.3　色谱分离

12.3.1　概述

色谱分离法早在 1903 年由俄国植物学家茨维特分离植物色素时采用。在研究植物叶的色素成分时,将植物叶子的萃取物倒入填有碳酸钙的直立玻璃管内,然后加入石油醚使其自由流下,结果色素中各组分互相分离形成各种不同颜色的谱带。这种方法因此得名为色谱法。以后此法逐渐应用于无色物质的分离,"色谱"两字虽已失去其原来的含义,但仍被人们沿用至今。色谱法又称色层法或层析法,是一种物理化学分析方法,它利用不同溶质(样品)与固定相和流动相之间的作用力(分配、吸附、离子交换等)的差别,当两相做相对移动时,各溶质在两相间进行多次平衡,使各溶质达到相互分离。

在色谱法中,将填入玻璃管或不锈钢管内静止不动的一相(固体或液体)称为固定相;自上而下运动的一相(一般是气体或液体)称为流动相;装有固定相的管子(玻璃管或不锈钢管)称为色谱柱。当流动相中样品混合物经过固定相时,就会与固定相发生作用,由于各组分在性质和结构上的差异,与固定相相互作用的类型、大小、强弱也有差异,因此在同一推动力的作用下,不同组分在固定相滞留时间长短不同,从而按先后不同的次序从固定相中流出。从不同角度,可将色谱法分类如下:

1. 按两相状态分类

气体为流动相的色谱称为气相色谱(GC)。根据固定相是固体吸附剂还是固定液(附着在惰性载体上的一薄层有机化合物液体),又可分为气固色谱(GSC)和气液色谱(GLC)。液体为流动相的色谱称液相色谱(LC)。同理液相色谱亦可分为液固色谱(LSC)和液液色谱(LLC)。

超临界流体为流动相的色谱为超临界流体色谱(SFC)。随着色谱工作的发展,通过化学反应将固定液键合到载体表面,这种化学键合固定相的色谱又称化学键合相色谱(CBPC)。

2. 按分离机理分类

利用组分在吸附剂(固定相)上的吸附能力强弱不同而得以分离的方法,称为吸附色谱法。利用组分在固定液(固定相)中溶解度不同而达到分离的方法称为分配色谱法。利用组分在离子交换剂(固定相)上的亲和力大小不同而达到分离的方法,称为离子交换色谱法。利用大小不同的分子在多孔固定相中的选择渗透而达到分离的方法,称为凝胶色谱法或尺寸排阻色谱法。最近,又出现一种新分离技术,利用不同组分与固定相(固定化分子)的高专属性亲和力进行分离的技术称为亲和色谱法,常用于蛋白质的分离。

3. 按固定相的外型分类

固定相装于柱内的色谱法,称为柱色谱。固定相呈平板状的色谱,称为平板色谱,它又可分为薄层色谱和纸色谱。

4. 按照展开程序分类

按照展开程序的不同,可将色谱法分为洗脱法、顶替法和迎头法。

洗脱法也称冲洗法。工作时,首先将样品加到色谱柱头上,然后用吸附或溶解能力比试样组分弱得多的气体或液体作冲洗剂。由于各组分在固定相上的吸附或溶解能力不同,被冲洗剂带出的先后次序也不同,从而使组分彼此分离。这种方法能使样品的各组分获得良好的分离,色谱峰清晰。此外,除去冲洗剂后,可获得纯度较高的物质。目前,这种方法是色谱法中最常用的一种方法。

顶替法是将样品加到色谱柱头后,在惰性流动相中加入对固定相的吸附或溶解能力比所有试样组分强的物质为顶替剂(或直接用顶替剂作流动相),通过色谱柱,将各组分按吸附或溶解能力的强弱顺序,依次顶替出固定相。很明显,吸附或溶解能力最弱的组分最先流出,最强的最后流出。此法适于制备纯物质或浓缩分离某一组分;其缺点是经一次使用后,柱子就被样品或顶替剂饱和,必须更换柱子或除去被柱子吸附的物质后,才能再使用。

迎头法是将试样混合物连续通过色谱柱,吸附或溶解能力最弱的组分首先以纯物质的状态流出,其次则以第一组分和吸附或溶解能力较弱的第二组分混合物的状态流出,以此类推。该法在分离多组分混合物时,除第一组分外,其余均非纯态,因此仅适用于从含有微量杂质的混合物中切割出一个高纯组分(组分 A),而不适用于对混合物进行分离。

12.3.2　气液色谱工业应用

色谱一般用于组成分析,称为分析色谱;也用于工业生产,称为生产色谱。生产色谱和分析色谱的原理都一样,但是生产色谱在设计和操作上与分析色谱有差别,因为前者的目的是得到纯组分产品,而不是得到组成的分析数据。在分析色谱中,混合物组分的定性可以用峰的洗出时间来鉴定,定量用峰面积(或乘上校正因子)。通常被分离组分弃去,只需要知道鉴知器的信号。在生产色谱中,鉴知器的信号只用于过程控制——馏分切割,两个组分谱带之间的干扰区并不重要,因为干扰区中的未分离物质可以和进料一起重新进入色谱塔进行再次分离。

生产色谱的流程如图 12-30 所示。料液用泵打入蒸发器 2,钢瓶中出来的载气加热到进塔温度后进入注射器 3 与汽化料液均匀混合,然后以脉冲形式加入塔内。根据鉴知器的信号,自动控制器 13 将不同馏分送往冷阱冷凝后收集。载气循环使用,载气清洁器 9 用以除

去循环载气中痕量未冷凝的产品
蒸气。

　　料液以脉冲形式加入柱中。年产
量为 2000～15000kg 的色谱柱,一般
加料速度为 1～5g/s,加料的持续时间
取决于物料性质,一般为 10～30s。载
气带着汽化组分通过色谱柱,根据组
分在固定液中的溶解度不同,在柱内
以不同速度向前移动。根据被分离混
合物的蒸气压、分子体积、偶极矩等选
择固定液。在生产色谱中,由于载气
中组分蒸气浓度大,因此溶解等温线
不再是直线,即色谱峰不再对称。

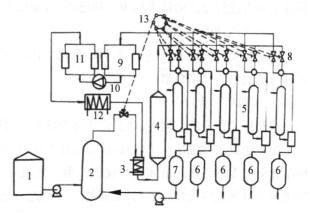

图 12-30　色谱过程的基本流程

1-料液贮槽;2-料液蒸发器;3-注射器;4-色谱柱;5-冷凝
器;6-产品槽;7-贮槽;8-阀;9-载气清洁器;10-压缩机;
11-载气脱氧;12-载气预热;13-自动控制器

　　产品馏分经冷阱冷凝后再进入馏分贮槽。按产品性质不同,冷阱可以用冷却水或冷冻
液。冷凝器必须仔细设计,以保证能将气相馏分冷凝下来,中间馏分收集在贮槽 7 中,再循
环回到料液中。整个过程通过电子计算机程序自动控制。

　　生产气液色谱有下面的几个基本结论:①用氢气作载气可以得到最高产率,在很高的
载气流速下,可以得到很好的分离效果,这是因为氢的扩散系数最大,传质最快。②最佳塔
长相当短,为 1～3m。③当料液中含有几个不同组分时,优先考虑多级流程,首先在短塔中
进行一次快速分离,以收集轻馏分,最后进入较长塔,以从混合物中去除重组分,可大大减少
过程时间。④加料时,不要超过最大加料速度,否则塔的性能变差。因加料量太大,固定液
有溶解出来、被载气带到下游的危险,这样整个塔的结构就被破坏。⑤操作温度近似为被
分离混合物中最重要组分的沸点,最佳操作温度与操作压力有密切关系。固定液或产品
不能处于高温时,可降低塔出口压力,以降低操作温度。⑥载体上固定液的最佳涂复比一
般不超过 15％～20％,否则塔容易"液泛"。

　　凡是精馏和萃取精馏可分离的体系都可以采用气液色谱分离,但对相对挥发度＞1.2
的易分离体系,气液色谱的生产率低于精馏。对难分离体系(相对挥发度＜1.1),精馏分离
的回流比迅速增大,能耗增加,设备费用增加。

　　色谱过程持别适用于难分离体系,或根据相对挥发度 α 无法分离的体系,如同分异构
体、近沸混合物等。对沸点在 0～300℃的极性或非极性混合物,在常压或减压下进行色谱分
离,都非常有效,这特别适用于香精油的分离。在色谱分离中,组分在柱中停留时间比精馏
短,而且没有回流,因此适用于热敏性组分的分离,例如一些容易发生异构反应或聚合反应
的组分就非常适合用色谱分离。色谱过程也非常适合从复杂混合物中分离出某一特别有价
值或不希望有的特定组分,而不需将组分完全分离的情况。

12.4　浸取分离

12.4.1　概述

利用溶剂使固体物料中的可溶性物质溶解于其中而加以分离称为固液萃取,又称浸取。浸取分离也称浸提、浸出、沥取,指应用有机或无机溶剂将固体原料中的可溶性组分溶解,将溶质组分和不溶性固体分离的单元操作,为固-液之间的萃取单元过程。

进行浸取的原料是溶质与不溶性固体的混合物,其中溶质是可溶组分,而不溶固体称为载体或惰性物质。所用溶剂称为浸取剂;浸取后的溶液称为浸出液;浸取后的固体和残留的溶液称为残渣。

浸取分离的工业应用非常广泛,如在湿法冶金工业,用硫酸溶液从氧化铜矿浸取铜;无机盐工业中大多数金属矿物是多组分的,需要用浸取才能分离出所需的金属,如用硫酸或氨溶液从含铜矿物中得到铜;用氰化钠溶液从含金矿石中提取金;铬、硼、钛、钡等盐类均需从矿石中浸取而得;还可提取或回收铝、钴、锰、锌、镍等;磷肥工业,浸取磷酸、磷肥;无机盐工业,铬、钼、钡均从矿石中浸取而得;油脂、制糖等轻工、食品工业,如用温水从甜菜中提取食糖;用溶剂从花生、大豆中提取食油;动植物油的有机溶剂浸取等等。

浸取类型按溶剂种类可分为:

(1) 酸浸取,又称酸解。浸取剂有 H_2SO_4、HCl、HNO_3、H_2SO_3、HCOOH 等无机酸与有机酸。

硼矿化学加工:硼矿 $+ H_2SO_4 \xrightarrow{90℃} H_3BO_3$

莹石化学加工:$CaF_2 + H_2SO_4 \xrightarrow{200\sim250℃} 2HF + CaSO_4$

铬酸酐生产:$Na_2Cr_2O_7 + H_2SO_4（浓）\xrightarrow{190℃} 2CrO_3$

$BaCl_2$ 生产:$BaSO_4（重晶石）\longrightarrow BaS \xrightarrow{热水} BaS(ag) + HCl \longrightarrow BaCl_2$

(2) 碱浸取,又称碱解。浸取剂有 NaOH、KOH、$Ca(OH)_2$、$Mg(OH)_2$、Na_2CO_3、Na_2S、NaCN、KCN、氨水、液氨等无机碱和有机碱。

硼砂生产:$2(MgO \cdot B_2O_3) + Na_2CO_3 + CO_2 \longrightarrow Na_2B_4O_7 + 2MgCO_3$
　　　　　　　　硼矿　　　　　　　　　　可熔性硼盐　不溶性性碳酸盐

泡化碱生产:$SiO_2 + NaOH \longrightarrow Na_2SiO_3 + H_2O$

NaF 制备:$CaF_2 + Na_2CO_3 + SiO_2 \longrightarrow 2NaF + CaSiO_3 + CO_2$

(3) 水浸取。浸取剂为水。

（4）盐浸取。浸取剂为氯化钠、氯化铁、硫酸铁、氯化铜等无机盐类。

12.4.2 浸取流程与设备

1. 浸取流程

浸取过程分为三步：①混合接触；②浸出液和残渣分离；③浸出液中溶质和溶剂分离。以中药浸提为例加以说明。

（1）中药浸提的过程

中药内的有效成分的浸出通过扩散。扩散速率符合费克扩散定律，扩散速率与扩散面积、浓度差、温度和时间成正比，与扩散物质分子半径和液体的黏度成反比。

（2）影响中药浸提的因素

①药材粒度，与浸提速率成正比关系。②药材成分，决定其溶解性能；相对分子质量大小（不同浓度的乙醇）。③浸提温度，与浸提速率成正比关系。④浸提时间，在扩散达到平衡前，与浸提率成正比关系。⑤浓度梯度，是扩散作用的主要动力，与浸提速率成正比关系。⑥溶剂 pH，弱酸（pH 高，溶解度大）；弱碱（pH 低，溶解度大）。⑦浸提压力，与浸提速率成正比关系。

（3）中药常用浸提溶剂

水作为溶剂，极性大，溶解范围广。乙醇作为半极性溶剂，价格便宜。乙醇浓度 90% 以上，用于浸提挥发油、香豆精、树脂、叶绿素等脂溶性成分；乙醇浓度 50%～90%，用于浸提生物碱、苷类；乙醇浓度 50% 以下，适于浸提苦味质、蒽醌苷类。其他有机溶剂应尽量少用；酸、碱、表面活性剂视情况选用。

（4）中药常用浸提方法

表 12-3 列举了常用中药浸提方法与适用范围、特点。

表 12-3 常用中药浸提方法与适用范围、特点比较

浸提方法	适用范围	特点
煎煮法	有效成分溶于水，对湿、热较稳定的药材	浸提成分谱广，带杂质多
浸取法	黏性药材、无结构组织；新鲜、易膨胀药材	重浸渍法＞热浸渍法＞冷浸渍法（提取效率比较，下同）
渗漉法	贵重、毒性药材；高浓度制剂的制备	重渗漉法＞单渗漉法
回流法	对湿、热稳定，有效成分溶于有机溶剂的药材	用有机溶剂提取
水蒸气蒸馏法	含挥发性成分的药材	直接加热法；通水蒸气蒸馏法；水上蒸馏法
超临界流体提取法	在超临界状态下药材有效成分具有良好溶解度	提取效率高；适用于热敏、易氧化药物；工艺简单

2. 浸取设备

用于浸取操作的设备即浸取器。根据构造不同,可将其分为单效和多效,后者较常采用。根据操作不同,又可将其分为间歇式和连续式,后者也较常采用。工业上往往将一组的单效浸取器串联成多效浸取器,并进行逆流连续操作,可获较高的浸取程度。

实施浸取操作的设备,按所处理物料的特性分为:

(1) 粗粒物料浸取器。分批浸取时,常采用固定床设备,在装有透水假底的敞式槽中,堆放待浸取的物料。粗粒物料的填充层,具有良好的透水性。将溶剂喷洒在料层面上,溶剂便透过料层,渗浸其中的组分,再将浸出液从槽底导出。然后用清水淋洗床层,回收附在固体残渣上的溶液,并卸出残渣。这种浸取可用单槽操作,也可将多槽串联成逆流浸取级联,以简化操作步骤,提高浸出液浓度。连续浸取时用若干个耙式或螺旋分级机(或水力分级)组成浸取级联,物料与溶剂在各级之间做逆流流动,进行浸取和洗涤。

(2) 细粉物料浸取器。不论分批或连续加料,一般均用具有锥形底的混合槽。适度的搅拌就可使细粉物料悬浮在溶剂中。而在管道浸取器中,粉料与溶剂一起连续加入,并流流过一定长度的管道,在流动的过程中完成浸取。这种浸取的优点是返混小,便于在加热、冷却或加压下操作。细粉物料经浸取后,用过滤或沉降法进行固液分离。固相残渣在带有搅拌装置的多级增稠器内做逆流洗涤,也可用搅拌槽和过滤机组成洗涤流程。

(3) 细胞物料浸取器。细胞物料通常刨成丝状或片状。分批加料时用固定床操作,由若干扩散浸取槽组成级联。溶剂依次流过各槽,使新加入的物料与经过多槽浸取后的溶剂接触,而新鲜溶剂则与经过充分浸取的残料接触。每经一次加料,流程做一次切换,故仍属逆流操作。连续加料时用移动床操作,在物料的输送过程中完成浸取和洗涤。设备是各种输送机的变形,如由三支螺旋输送机组成 U 形螺旋浸取机,如图 12-31 所示,类似于提升机的斗式浸取机及旋转式浸取机等。图 12-31为一带螺旋输送的三柱萃取装置。物料依靠螺旋片的旋转推进,与溶剂逆流接触;同时,螺旋片对物料也有切碎作用。

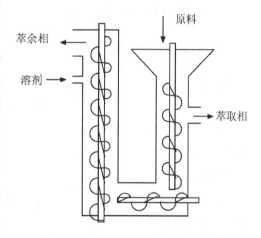

图 12-31 带螺旋输送的 U 形螺旋浸取器(三柱萃取装置)

该螺旋式连续提取工艺:其设计基于高效的连续逆流浸出原理,针对不同物料特点,设计具有一定倾角的浸出舱和多种推进方式的螺旋体,以保证物料与溶媒始终保持逆流相对均匀运动,满足连续逆流动态提取工艺要求。

该设备主要应用于中药、食品、农产品、保健品等行业,广泛适用于各类中药、天然植物有效成分提取(单提、混提),适用于各种溶媒(水或乙醇、石油醚、丙酮等有机溶剂),是提取车间建设、新药及新产品开发,教学、科研及实验研究等方面应用的理想提取设备。

12.5　结晶

12.5.1　溶液结晶

1. 概述

结晶是指物质从液态(溶液或熔融体)或蒸气形成晶体的过程,是获得纯净固态物质的重要方法之一,可分为溶液结晶、熔融结晶、升华结晶和沉淀。本小节主要讨论溶液结晶。还可分为间歇式和连续式、无搅拌式和有搅拌式。其特点如下:①能从杂质含量很高的溶液或多组分熔融状态混合物中获得非常纯净的晶体产品;②对于许多其他方法难以分离的混合物系,如同分异构体物系和热敏性物系等,结晶分离方法更为有效;③结晶操作能耗低,对设备材质要求不高。

应用在化学、食品、医药、轻纺等工业中,许多产品及中间产品都是以晶体形态出现的。例如:味精、速溶咖啡、青霉素、红霉素、化肥、洗衣粉等。

2. 结晶过程

结晶过程的实质是将稀溶液变成过饱和溶液,然后析出结晶。达到过饱和有两种方法:①用蒸发移去溶剂;②对原料冷却,使其因溶解度下降而达到过饱和。

晶体是一个由若干平面所组成的立体。当饱和溶液急冷时或蒸发激烈时,大量的晶体析出过快,成为针状、薄片状或树枝状。晶粒很细,相互重叠或聚集成团,只有这样才能将结晶热散发出去或吸收进来。

结晶的表面形状多数是比较复杂的,然而在单位面积上沉淀的物质速率又是均匀的,使复杂的晶面填充成为较简单的几何形状。

3. 结晶的基本原理

固体从形态上来分有晶形和无定形两种。例如,食盐、蔗糖等都是晶体,而木碳、橡胶都为无定形物质。其区别主要在于内部结构中的质点元素(原子、分子)的排列方式互不相同。晶体简单地分为立方晶系、四方晶系、六方晶系、正交晶系、单斜晶系、三斜晶系、三方晶系等七种晶系。

通常只有同类的分子或离子才能进行有规律的排列,故结晶过程有高度的选择性。通过结晶溶液中的大部分杂质会留在母液中,再通过过滤、洗涤即可得到纯度高的晶体。但是结晶过程是复杂的,晶体的大小不一,形状各异,形成晶族等现象,因此有时需要重结晶。

（1）相平衡与溶解度

在一定温度下，将溶液放入溶剂中，由于分子的热运动，会发生：①固体的溶解，即溶质分子扩散进入液体内部。②物质的沉积，即溶质分子从液体中扩散到固体表面进行沉积。

达到平衡时的溶液称为该物质的饱和溶液，即溶质不会溶解，也不会沉积或者溶质溶解的速率与溶质沉积的速率相等。一般用 100g 溶剂中所能溶解的溶质的量来表示其溶解度的大小。它与物质的化学性质、溶剂的性质及温度有关，压力的变化很小，常可忽略不计。

一般溶解度曲线有三种：①随温度升高而明显增大，如硝酸钾、硫酸铝等。②受温度的影响不显著，如氯化钠、氯化钾等。③溶解度曲线有折点，主要是由于物质的组成有所改变，例如，硫酸钠在 305K 以下有 10 个结晶水，在 305K 以上变为无机盐。

一般来说，温度变化大时，可选用变温方法结晶分离；温度变化慢时，可采用移除一部分溶剂的结晶分离方法分离。

（2）溶液的过饱和与介稳区

溶质浓度超过该条件下的溶解度时，该溶液称为过饱和溶液，过饱和溶液达到一定浓度时会有溶质析出。

溶解度曲线以下的区域称为稳定区，在此区域溶液尚未达到饱和，因而没有结晶的可能。溶解度曲线以上的区域为过饱和区，分为两部分，过饱和曲线以上的部分为不稳定区，在此区域内能自发地产生晶核。在过饱和曲线和溶解度曲线之间的区域为介稳区，在此区域内不会自发地产生晶核，如果溶液中加入晶体，就能诱导结晶进行，加入的晶体称为晶种。可用下式来表示：

$$\Delta C = C - C^* \qquad\qquad (12\text{-}8)$$

式中：ΔC 为溶度差过饱和度，kg（溶质）/100kg（溶剂）；C 为操作温度下的过饱和浓度，kg（溶质）/100kg（溶剂）；C^* 为操作温度下的溶解度，kg（溶质）/100kg（溶剂）。

或：

$$\Delta t = t^* - t \qquad\qquad (12\text{-}9)$$

式中：Δt 为温差过饱和度，K；t^* 为该溶液在饱和状态时所对应的温度，K；t 为该溶液经冷却达到过饱和状态时的温度，K。

在结晶过程中，若将溶液控制在介稳区内且过饱和度较低，经过较长的时间才能有少量的晶核产生，加入晶种可得到粒度大而均匀的结晶产品，过饱和度较高，有大量晶核产生，可得到粒度很小的结晶产品。

（3）结晶过程的速率

晶体的生成包括晶核的形成和晶体的成长两个阶段：

①晶核的形成。晶核是过饱和溶液中初始生成的微小晶粒，是晶体成长过程中必不可少的核心。加料溶液中其他物质的质点或者过饱和溶液本身析出的新固相质点，这就是"成核"。此后，原子或分子在这个初形成的微小晶核上一层又一层地履盖上去，直至达到要求的晶粒大小，即为"成长"。随着温度的降低或溶剂量的减少，不同质点元素间的引力相对地

越来越大,以至达到不能再分离的程度,结合成线晶,线晶结合成面晶,面晶结核成按一定规律排列的细小晶体,形成所谓的"晶胚"。晶胚不稳定,进一步长大则成为稳定的晶核。

成核的过程,在理论上分为两类。一种是溶液过饱和以后,自发形成的称为"一次成核";另一种是受外界影响而产生的晶核,称为"二次成核"。

在大部分的结晶操作中,晶核的产生并不困难,而晶体的粒度增长到要求的大小则需要精细的控制。往往有相当一部分多余出来的晶核远远超过取出的晶体粒数,必须把多余的晶核从细晶捕集装置中不断取出,加以溶解,再回到结果器内,重新生成较大粒的晶体。

②晶体的成长。在过饱和溶液中已有晶核形成或加晶种后,以过饱和度为推动力,溶液中的溶质向晶核或加入的晶体运动并在其表面上进行有序排列,使晶体格子扩大的过程。

影响结晶生长速率的因素很多:过饱和度、粒度、物质移动的扩散过程等。

解释结晶成长的机理有:表面能理论、扩散理论、吸附层理论。目前常用的为扩散理论。按照扩散理论,晶体的成长过程由三个步骤组成的:a. 溶质由溶液扩散到晶体表面附近的静止液层;b. 溶质穿过静止液层后达到晶体表面,生长在晶体表面上,晶体增大,放出结晶热;c. 释放出的结晶热再靠扩散传递到溶液的主体去。

(4) 影响结晶操作的因素

晶体的质量主要是指晶体的大小、形状和纯度。这里涉及两种速率即晶核形成的速率和晶体的成长速率。晶核形成的速率过大,溶液中会有大量晶核来不及长大,过程就结束了,所得到的结晶产品小而多;反之,结晶产品颗粒大而均匀,两者速率相近,所得到的结晶产品的粒度大小参差不一。影响因素归纳为以下几点:

①过饱和度的影响。过饱和度是结晶过程的推动力,是产生结晶产品的先决条件,也是影响结晶操作的最主要因素。过饱和度增高,一般使结晶生长速率增大,但同时会引起溶液黏度增加,结晶速率受阻。

②冷却(蒸发)速度的影响。实现溶液过饱和的方法一般有三种:冷却、蒸发和化学反应。快速的冷却或蒸发将使溶液很快地达到过饱和状态,甚至直接穿过介稳区,能达到较高的过饱和度而得到大量的细小晶体;反之,缓慢冷却或蒸发,常得到很大的晶体。

③晶种的影响。晶核的形成有两种情况,即初级成核和二次成核。初次成核的速率要比二次成核速率大得多,对过饱和度的变化非常敏感,成核速率很难控制,一般尽量避免发生初级成核。加入晶种,主要是控制晶核的数量以得到粒度大而均匀的结晶产品。要注意控制温度,如果溶液温度过高,加入的晶种有可能部分或全部被溶化,而不能起到诱导成核的作用,温度较低,溶液中已自发产生大量细小晶体时,再加入晶种已不能起作用,通常在加入晶种时要轻微的搅动,使其均匀地分布在溶液中,得到高质量的结晶产品。

④杂质的影响。存在某些微量杂质可影响结晶产品的质量。溶液中存在的杂质一般对晶核的形成有控制作用,对晶体的成长速率的影响较为复杂,有的杂质能抑制晶体的成长,有的能促进成长。

⑤搅拌的影响。大多数结晶设备中都配有搅拌装置，搅拌能促进扩散和加速晶体生成，要注意搅拌的形式和搅拌的速度。如转速太快，会导致对晶体的机械破损加剧，影响产品的质量，转速太慢，则可能起不到搅拌的作用。

4. 溶液结晶的方法

（1）不移除溶剂的结晶法（冷却结晶法）

基本上不除去溶剂，而是使溶液冷却成为过饱和溶液而结晶。适用于溶解度随温度下降而显著减小的物系，例如硝酸钾、硝酸钠、硫酸镁等溶液。

（2）移去部分溶剂的结晶法

可分为蒸发结晶法和真空结晶法。蒸发结晶是将溶剂部分汽化，使溶液达到过饱和而结晶。适用于溶解度随温度变化不大的物系或温度升高溶解度降低的物系，例如氯化钠、无水硫酸钠等。

真空冷却结晶是使溶液在真空状态下绝热蒸发，一部分溶剂被除去，溶液因为溶剂汽化带走了一部分潜热而降低了温度，从而结晶的过程。适用于中等溶解度的物系，例如氯化钾、硫酸镁等。

5. 结晶器

结晶装置的类型有冷却结晶器、蒸发结晶器、真空结晶器、盐析结晶器、喷雾结晶器等。

（1）不移除溶剂的结晶器（冷却结晶器）

①釜式结晶器。用冷却剂使溶液冷却下来而达到过饱和，从而使溶液结晶出来。釜式结晶器结构简单，制造容易，但冷却表面易结垢而导致换热效率下降。

②Krystal-Oslo 分级结晶器。器内的饱和溶液与少量处于未饱和状态的热原料液相混合，通过循环管进入冷却器达到轻度过饱和状态，在通过中心管从容器底部返回结晶器的过程中达到过饱和，使原来的晶核得以长大，由于晶体在向上流动溶液的带动下保持悬浮状态，从而形成了一种自动分级的作用，大粒的晶体在底部，中等的在中部，最小的在最上面。

（2）移去部分溶剂的结晶器

①蒸发结晶器。与普通蒸发器在设备结构和操作上完全相同，溶液被加热到沸点，蒸发浓缩达到过饱和而结晶。特点：由于设备一般在减压下操作，在较低温度下，溶液可较快达到过饱和状态，从而使结晶的粒度难于控制。

②真空冷却结晶器。是将热的饱和溶液加入一与外界绝热的结晶器中，由于器内维持高度真空，其内部溶液的沸点低于加入溶液的温度，结晶排出。其构造简单，无运动部件，易于解决防腐蚀问题。操作可以达到很低的温度，生产能力大。溶液是绝热蒸发而冷却，不需要传热面，避免传热面上有晶体结垢，操作中易调节和控制。

（3）DTB 型结晶器

分段器内有一圆筒形挡板，中央有一导流筒，筒内装有螺旋桨或搅拌器，使悬浮液在导流筒及导流筒与挡板之间的环形通道内循环流动,形成良好的混合条件。结晶器分为晶体成长区和澄清区,挡板与器壁之间的环隙为澄清区,区内的搅拌作用已基本消除,使晶体得以从母液中沉降分离。其性能优良,生产强度大,能产生粒度达 $600\sim1200\mu m$ 的大粒结晶产品。

12.5.2　熔融结晶

除了以上讨论的溶液结晶以外,还有其他结晶方法如熔融结晶、沉淀结晶(又分化学结晶和盐析结晶)、升华结晶等等。本小节讨论熔融结晶。

1. 熔融结晶的定义

也叫熔液结晶,是利用待分离组分间的凝固点的不同而实现组分分离的结晶过程,多用于有机物的分离提纯,而冶金材料精制或高分子材料加工时的熔炼过程也属于熔融结晶。

2. 从溶液中结晶的方法举例——宝石晶体合成

晶体制备所采用的溶液包括:低温溶液(如水溶液、有机溶液、凝胶溶液等)、高温溶液(即熔盐)。从溶液中生长宝石晶体的方法主要有水热法和助熔剂法。

从溶液中结晶合成宝石的基本过程是:原料→加热→溶解(迁移、反应)→过饱和→析出结晶。

宝石单晶的合成方法分三大类:

(1) 从熔体中结晶

用与晶体化学成分相同的化学试剂,按正确比例混合并熔化,然后,在受控条件下,冷却结晶生长宝石。又可分:①焰熔法。又称维尔纳叶法,1908 年创造完成,主要用来合成红蓝宝、金红石、尖晶石、钛酸锶等。②提拉法。又称丘克拉斯基法,主要用来生产高质量的晶体,生产的宝石有红蓝宝、尖晶石、变石、YAG、GGG 等。③壳熔法。又称冷坩锅法或盔熔法,主要用来生产立方氧化锆(CZ)。基本原理:室温下,氧化锆属单斜晶系,但在 2000℃ 下是立方晶系,加入 100% 的钙或钇的氧化物作为稳定剂,使氧化锆在室温下仍保持立方晶系的晶体。

(2) 从熔液中结晶宝石

相应的化学成分溶解于液体中,在受控条件下,在子晶上结晶生长宝石。将所须成分熔解于液体中,经化学反应和成分迁移,达到重结晶的目的。

①熔剂法。又称助熔剂法,主要用来合成祖母绿、红蓝宝和变石。

②水热法。主要用来合成祖母绿和水晶。

早在 1882 年,人们就开始了水热法合成晶体的研究,最早获得成功的是合成水晶。20世纪上叶,由于军工产品的需要,水热法合成水晶投入了大批量的生产。随后,水热法合成红宝石于 1943 年由 Laubengayer 和 Weitz 首先研制成功，Ervin 和 Osborn 进一步完善了这一技术。1946 年，奥地利的 Lechleitner N 首先成功用水热法合成祖母绿；1960 年，澳大利亚的 Lechleitner J 也研究成功；1965 年，美国的 Linde 公司开始水热法合成祖母绿的商业生产。1988 年，我国有色金属工业总公司广西桂林宝石研究所的曾骥良等用水热法合成出质量较好的宝石级祖母绿。20 世纪 90 年代，俄罗斯合成出海蓝宝石、红色绿柱石等其他颜色的绿柱石。

水热法合成祖母绿的工艺参数如下。原料：以水晶碎块做为二氧化硅的来源，用铂金网桶挂于高压釜顶部，以氧化铬、氧化铝和氧化铍粉末的烧结块，作为铝和铍的来源，放在高压釜底部。矿化剂：国内采用 HCl，充填度（充满高压釜内部空间的百分比）80%。种晶：种晶用铂金丝挂于高压釜中部。可用天然或合成的无色绿柱石或祖母绿为原料，种晶沿与柱面斜交角度为 350° 的方向切取，生长后的晶体为厚板状或柱状，切磨利用率较高。温度：600℃。压强：1000×10⁶ Pa。

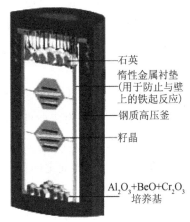

石英
惰性金属衬垫
（用于防止与壁上的铁起反应）
钢质高压釜
籽晶
$Al_2O_3+BeO+Cr_2O_3$ 培养基

生长过程：电炉在高压釜下部加热，溶解的原料在溶液中对流扩散，相遇并发生反应，形成祖母绿分子，当溶液中祖母绿分子浓度达到过饱和时，便在种晶上析出结晶成祖母绿晶体，如图 12-32 所示。生长速度为：每天 0.5～0.8mm。

图 12-32 水热法合成祖母绿装置图

（3）在高温高压下合成结晶（如宝石、钻石）

在高温高压反应腔内，碳在高温区溶解，低温区结晶生长晶体。主要用来合成金刚石。

12.6 鼓泡与泡沫分离

12.6.1 概述

1. 定义

气浮分离是采用某种方式，向水中通入大量微小气泡，在一定条件下使呈表面活性的待分离物质吸附或粘附于上升的气泡表面而浮升到液面，从而使某组分得以分离的方法，称气浮分离法或气泡吸附分离法。这是分离和富集痕量物质的一种有效方法。某些物质（如离子、分子、胶体、固体颗粒、悬浮微粒），因其表面活性不同，可被吸附或粘附在从溶液中升起的泡沫表面上，从而与母液分离，此即为浮选分离。本身没有表面活性的物质，经加入表面活性剂后可变为有活性物质,亦可用浮选法分离。

2. 原理

表面活性剂在水溶液中易被吸附到气泡的气-液界面上。表面活性剂极性的一端向着水相,非极性的一端向着气相。含有待分离的离子、分子的水溶液中的表面活性剂的极性端与水相中的离子或其极性分子通过物理(如静电引力)或化学(如配位反应)作用连接在一起。当通入气泡时,表面活性剂就将这些物质连在一起定向排列在气-液界面,被气泡带到液面,形成泡沫层,从而达到分离的目的,如图 12-33 所示。

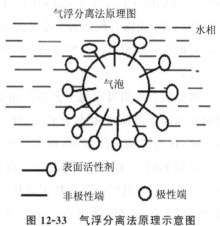

气浮分离法原理图

图 12-33　气浮分离法原理示意图

浮选原理实质上是一种选择性吸附浮选。浮选机理可用吸附或粘附两种机理解释:

(1) 吸附机理

捕集剂在气-液界面定向排列,通过静电引力或缔合作用与待测物结合后浮选。

(2) 粘附机理

被测离子和捕集剂在溶液中缔合或络合成沉淀,后粘附在气泡上浮选。粘附作用取决于沉淀的湿润性,由于疏水的沉淀微粒表面与水的亲合力很弱,不能形成稳定的水化膜。当微粒与气泡碰撞时,很容易排开水分子,使其附着于气泡上而被浮选。

12.6.2　工艺方法和类型分类

气浮分离法按工艺方法和类型不同,分可分为离子气浮分离法、沉淀气浮分离法、溶剂浮选法(或浮选萃取法)。

1. 离子气浮分离法

指在含有待分离离子(或配离子)的溶液中,加入带相反电荷的某种表面活性剂,使之形成疏水性物质。通入气泡流,表面活性剂就在气-液界面上定向排列。同时,表面活性剂极性端与待分离的离子连结在一起而被气泡带至液面。

实现离子浮选方式有两种:①欲富集离子(如无机络阴离子或酸根离子)直接被浮选。②欲富集离子(如有机试剂螯合离子)先与适当的络合剂作用形成络合物离子缔合物,然后通过浮选此种络合物而达到浮选目的。

影响离子浮选的因素有:①溶液的酸度;②表面活性剂;③离子强度;④络合剂;⑤气泡大小。

应用范围分为:大量基体元素存在下的浮选分离、超痕量元素的分离富集、浮选光度分析。

2. 沉淀气浮分离法

指在捕集剂存在下,溶液中待分离痕量金属离子,与某些无机或有机沉淀剂生成共沉淀或胶体,然后加入与沉淀或胶体带相反电荷的表面活性剂。通入气泡后,它们粘附在气泡上浮升至液面与母液分离,在含有待分离离子的溶液中,加入一种沉淀剂(无机或有机沉淀剂)使之生成沉淀,再加入表面活性剂并通入氮气或空气,使表面活性剂与沉淀一起被气泡带至液面。

共沉淀富集法需要过滤、洗涤,操作过程太长。相比之下,采用浮选法则快得多,两者的不同之处在于:形成共沉淀之后,浮选法加入与沉淀表面带相反电荷的表面活性剂,使表面活性剂离子的亲水基团在沉淀表面定向聚集而使沉淀憎水化。

沉淀气浮分离法分为氢氧化物共沉淀浮选法和有机试剂共沉淀浮选法两类。

(1) 氢氧化物共沉淀浮选法

常以 Fe(Ⅲ)、Al(Ⅲ)、In(Ⅲ)氢氧化物作沉淀载体,形成共沉淀后进行浮选。例如,在1200mL 含微量 Cd、Co、Cr(Ⅲ)、Cu、Mn(Ⅱ)、Ni、Al 的海水样中,控制 pH 9.5,加入In(OH)$_3$ 形成共沉淀。加入油酸钠乙醇溶液或十二烷基硫酸钠,浮选 5min。采用 ICP-AES测定。CF 为 240,Na、K 减至 1/50~1/20,Mg、Ca、Sr 减少 1/2。

(2) 有机试剂共沉淀浮选法

有机试剂共沉淀浮选法的工艺过程如下:

$$试液(M^+) + 有机试剂/极性溶剂(丙酮、乙醇) \rightarrow 有机共沉淀 \rightarrow 浮选$$

有机试剂共沉淀浮选法特点:①可在酸性溶液中捕集微量元素,可减少基体元素的干扰;②不必加表面活性剂;③干扰测定的有机试剂可用灰化除去;④应先搅拌,待形成絮状沉淀再浮选。

应用例子有:①高纯铅、锌中的 Ag 和 Cu 的分离和测定;②海水中微量银的富集和测定。

沉淀气浮分离法主要影响因素:①酸度。pH 大小直接影响待富集离子和捕集剂的存在形式,影响到共沉淀的效果,因而影响浮选效果。在沉淀浮选中,应注意沉淀的表面电荷随 pH 变化。如 Fe(OH)$_3$ 共沉淀,以 pH 9.6 左右为界,酸性一侧沉淀带正电荷,碱性一侧带负电荷。这时要选用不同的表面活性剂。②表面活性剂。带"相反电荷",其作用是将亲水沉淀转为疏水沉淀便于浮选以及形成稳定的泡沫层。③气泡大小。

载体的选择:①对象元素的回收率;②从大量共存元素中分离的可能性;③定量阶段载体元素的干扰情况;④易得的高纯度载体元素等。

3. 溶剂浮选法(或浮选萃取法)

指在水溶液上覆盖一层与水不相混溶的有机溶剂,当采取某种方式使水中产生大量微小气泡后,已显表面活性的待分离组分就会被吸附和粘附在这些正在上升的气泡表面。溶入有机相或悬浮于两相界面形成第三相,从而达到分离溶液中某种组分的目的。

在浮选溶液的表面加有少量比水轻的有机溶剂,在浮选物浮出水相时,若该物质溶于有机相,则可以直接测定;若该物质不溶于有机相,则水相和有机相之间形成第三相,即为浓缩相,从而达到浮选分离的目的。浮选溶剂的一个重要作用就是消泡。

溶剂浮选与萃取法的区别在于浮选物与浮选溶剂不起溶剂化作用,不涉及萃取的分配问题。对于离子对溶剂萃取分离中经常遇到的分层费时、两液界面不清晰等情况,均可用溶剂浮选分离。其特点为:有机溶剂用量少;快速和简便;可连续浮选。

如饮用水中痕量铜的测定:水样+酒石酸和 EDTA 隐蔽,控制 pH 6～6.4,加入 Na-DDTC浮选,螯合物溶于浮选槽上层的异戊醇,直接光度法测定。采用溶剂浮选与吸光光度法直接结合,即溶剂浮选光度法,具有分离量大、选择性及灵敏度高的独特优点。

12.6.3　应用特点和影响因素

1. 应用特点

气浮分离法富集速度快,比沉淀或共沉淀分离快得多,富集倍数大,操作简便。应用于环境治理、痕量组分的富集等。

沉淀气浮分离法已成功地用于给水净化和工业规模的废水处理等;离子气浮分离法和溶剂气浮分离法目前在分析化学上应用较多。如用于环境监测中的样品富集。

泡沫浮选是一种能处理大量试样的快速浓集分离方法:①日常生活肥皂泡沫分离污秽物;②在选矿、精制蔗糖、环境废水处理等方面分离。

在分析上作为痕量元素的分离富集方法,特别适用于大量的极稀溶液($10^{-15} \sim 10^{-7}$ mol/L)的分离富集。对于共沉淀分离中不易过滤或离心分离的胶状、絮状沉淀,对于离子对溶剂萃取分离中经常遇到的分层费时、两液界面不清晰等难题,可改用适当的浮选分离解决。优点有:样品处理量大,0.5～2L;富集倍数大,100～10000;回收率高,90%以上;易于联用,成为超高灵敏度光度法。

2. 影响气浮分离效率的主要因素

(1) 溶液的酸度。对分离效果影响最为显著的因素,分离过程中应选择适当的 pH,以保证好的分离效果。

(2) 表面活性剂浓度。在浮选过程中,表面活性剂可改变被浮选物的表面性质和稳定气泡,它直接影响着浮选分离的成败。但表面活性剂的用量不宜超过临界胶束浓度(溶液中表面活性剂分子缔合成胶束的最小浓度值 CMC)。

(3) 离子强度。

(4) 形成络合物或沉淀的性质。

(5) 气体的种类。通气方式及时间、气泡大小等,主要影响离子的去除率和夹带率,其中夹带率 E 定义:

$$E = \frac{V_f}{V_i} \tag{12-10}$$

式中：V_i 为初始料液体积；V_f 为泡沫破碎后的液相体积。一般要求气泡直径为 0.1～0.5mm；气泡流速为 1～2mL/(cm² · mm)。气体通常用氮气或空气。

12.7　电泳分离

12.7.1　概述

在电解质溶液中，位于电场中的带电离子在电场力的作用下，以不同的速度向其所带电荷相反的电极方向迁移的现象，称为电泳(electrophoresis)。由于不同离子所带电荷及性质的不同，迁移速率不同，可实现分离。利用带电粒子在电场中移动速度不同而达到分离的技术称为电泳分离技术。

在确定的条件下，带电粒子在单位电场强度作用下，单位时间内移动的距离（即迁移率）为常数，这是该带电粒子的物化特征性常数。不同带电粒子因所带电荷不同，或虽所带电荷相同但荷质比不同，在同一电场中的电泳，经一定时间后，由于移动距离不同而相互分离。分开的距离与外加电场的电压与电泳时间成正比。

在外加直流电源的作用下，胶体微粒在分散介质里向阴极或阳极作定向移动，这种现象叫作电泳。利用电泳现象使物质分离，这种技术也叫作电泳。胶体有电泳现象，证明胶体的微粒带有电荷。各种胶体微粒的本质不同，它们吸附的离子不同，所以带有不同的电荷。

1937 年，Tiselius 将蛋白质混合液放在两段缓冲溶液之间，两端施以电压进行自由溶液电泳，第一次以血清蛋白质混合液中分离出白蛋白和 α、β、γ 球蛋白；为此，Tiselius 在 1948 年获诺贝尔化学奖。

陶瓷工业中用的黏土，往往带有氧化铁。要除去氧化铁，可以把黏土和水一起搅拌成悬浮液，由于黏土粒子带负电荷，氧化铁粒子带正电荷，通电后在阳极附近会聚集很纯净的黏土。工厂除尘也用到电泳。利用电泳还可以检出被分离物，在生化和临床诊断方面发挥重要作用。20 世纪 40 年代末到 50 年代初相继发展利用支持物进行的电泳，如滤纸电泳、乙酸纤维素膜电泳、琼脂电泳；50 年代末又出现淀粉凝胶电泳和聚丙烯酰胺凝胶电泳等。

12.7.2　聚丙烯酰胺凝胶电泳

1967 年，Shapiro 等人首先发现，如果在聚丙烯酰胺凝胶电泳(PAGE)系统中加入一定量的十二烷基硫酸钠(SDS)，则蛋白质分子的电泳迁移率主要取决于蛋白质的相对分子质量大小，当蛋白质的相对分子质量在 15000～200000 时，样品的迁移率与其相对分子质量的对数呈线性关系。聚丙烯酰胺凝胶电泳普遍运用于分离蛋白质及较小分子的核酸。其基本方式有两种：盘状电泳和板状电泳。不论盘状电泳或板状电泳,都有连续和不连续电泳之分。电泳在电极缓冲液、凝胶缓冲液、凝胶孔径一致的体系中进行,称为连续 PAGE;电泳在电极缓冲液、凝胶缓冲液 pH 值不同、凝胶孔径不同的体系中进行,称为不连续 PAGE。不连续 PAGE 分离中包括三种物理效应：样品的浓缩效应、电泳分离的电荷效应和分子筛效应。而连续 PAGE 则不具备浓缩效应。

SDS-聚丙烯酰胺凝胶电泳(SDS-PAGE)按照缓冲液的 pH 值和凝胶孔径的差异分为连续系统和不连续系统,由于 SDS-不连续系统具有较强的浓缩效应,因此具有更高的分辨力,也就更多地为人们所采用。

以每个蛋白标准的相对分子质量对数对它的相对迁移率作图得标准曲线,量出未知蛋白的迁移率即可测出其分于量,这样的标难曲线只对同一块凝胶上的样品的相对分子质量测定才具有可靠性。聚丙烯酰胺凝胶电泳普遍适用于分离蛋白质及较小分子的核酸。

电泳作为一种分离蛋白质的常用手段,电泳中选择合适的缓冲系统十分重要。选择时主要考虑缓冲溶液的 pH、离子种类和离子强度。一般分离酸性蛋白质需配制 pH 较大的缓冲溶液,分离碱性蛋白质需配制 pH 较小的缓冲溶液,而离子强度则尽可能小。

传统电泳分析缺点：操作烦琐,分离效率低,定量困难,无法与其他分析相比。

12.7.3　高效毛细管电泳

1981 年,Jorgenson 和 Luckas 用石英毛细管进行电泳分析,柱效高达 $10^5 \sim 10^6$ 块理论塔板数/m,促进电泳技术发生了根本变革,使其迅速发展成为可与 GC、HPLC 相媲美的崭新的分离分析技术——高效毛细管电泳,如图 12-34 所示。

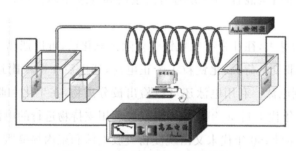

图 12-34　高效毛细管电泳装置图

高效毛细管电泳在技术上采取了两项重要改进：

(1) 采用了 0.05mm 内径的毛细管。毛细管的采用使产生的热量能够较快散发,大大减小了温度效应,使电场电压可以很高。

(2) 采用了高达数千伏的电压。电压升高,电场推动力大,又可进一步使柱径变小,柱长增加,高效毛细管电泳的柱效远高于高效液相色谱,其理论塔板数高达几十万块/m,特殊柱子可达到数百万。

高效毛细管电泳的特点：①仪器简单、易自动化。②分析速度快，分离效率高。可在 3.1min 内分离 36 种无机及有机阴离子，4.1min 内分离了 24 种阳离子；分离柱效高达 $10^5 \sim 10^7$ 块理论塔板数/m。③操作方便，消耗少。④应用范围极广，广泛应用于分子生物学、医学、药学、化学、环境保护、材料学等。

12.7.4　等电聚焦

等电聚焦是 20 世纪 60 年代中期问世的一种利用有 pH 梯度的介质分离等电点不同的蛋白质的电泳技术。其由于分辨率可达 0.01pH 单位，因此特别适合于分离相对分子质量相近而等电点不同的蛋白质组分。

蛋白质是带有电荷的两性生物大分子，其正负电荷的数量随所处环境酸碱度的变化而变化。在电场存在下的一定 pH 溶液中，带正电的蛋白分子将向负极移动而带负电的蛋白分子将向正极移动，在某一 pH 值时，蛋白分子在电场中不再移动，此时的 pH 值即为该蛋白质的等电点。

等电聚焦电泳就是在凝胶中加入两性电解质从而构成从正极到负极 pH 逐渐增加的 pH 梯度，如图 12-35 所示，处在其中的蛋白分子在电场的作用下运动，最后各自停留在其等电点的位置上。只要测出蛋白分子聚焦位置的 pH 值，便可以得到它的等电点。

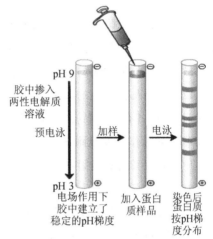

图 12-35　等电聚焦操作示意图

双向电泳由第一向等电聚焦电泳和第二向 SDS-聚丙烯酰胺凝胶电泳组成。第一向使等电点不同的蛋白得到分离；第二向使相对分子质量不同的蛋白得到分离，两向结合便得到高分辨率的蛋白图谱。

1975 年，O'Farrell 首先运用双向电泳技术将大肠杆菌总蛋白分离出 1100 多个蛋白点。后来此技术一直用于原核生物和真核生物总蛋白的分离。目前，随着蛋白质工程的发展，双向电泳技术越来越广泛地用于发现未知蛋白。

▶▶▶▶ 习　　题 ◀◀◀◀

1. 结晶有哪几种基本方法？（溶液结晶、熔融结晶、升华结晶、反应沉淀）溶液结晶操作的基本原理是什么？（溶液的过饱和）

2. 溶液结晶操作可用哪几种方法造成过饱和度？（冷却、蒸发浓缩）

3. 与精馏操作相比,结晶操作有哪些特点?(分离纯度高,温度低,相变热小)

4. 什么是晶格、晶系、晶习?(晶体微观粒子几何排列的最小单元;按晶格结构分类;形成不同晶体外形的习性)

5. 溶液结晶要经历哪两个阶段?(晶核生成、晶体成长)

6. 晶核的生成有哪几种方式?(初级均相成核、初级非均相成核、二次成核)

7. 什么是再结晶现象?(小晶体溶解与大晶体成长同时发生的现象)

8. 过饱和度对晶核生成速率与晶体成长速率各自有何影响?(过饱和度 ΔC 大,有利于成核;过饱和度 ΔC 小,有利于晶体成长)

9. 选择结晶设备时要考虑哪些因素?(选择时要考虑溶解度曲线的斜率、能耗、物性、产品粒度、处理量等)

10. 什么是吸附现象?(流体中的吸附质借助于范德华力而富集于吸附剂固体表面的现象)吸附分离的基本原理是什么?(吸附剂对流体中各组分选择性的吸附)

11. 有哪几种常用的吸附解吸循环操作?(变温、变压、变浓度、置换)

12. 有哪几种常用的吸附剂?(活性炭、硅胶、活性氧化铝、合成沸石分子筛、有机树脂吸附剂)它们各有什么特点?(略)什么是分子筛?(分子筛是晶格结构一定,微孔大小均一,能起筛选分子作用的吸附剂)

13. 工业吸附对吸附剂有哪些基本要求?(内表面大,活性高,选择性高,有一定的机械强度、粒度,化学稳定性好)

14. 有利的吸附等温线有什么特点?(随着流体相浓度的增加,吸附等温线斜率降低)

15. 吸附床中的传质扩散可分为哪几种方式?[分子扩散、努森扩散、表面扩散、固体(晶体)扩散]

16. 吸附过程有哪几个传质步骤?(外扩散、内扩散、吸附)

17. 常用的吸附分离设备有哪几种类型?(固定床、搅拌釜、流化床)

18. 什么是膜分离?(利用固体膜对流体混合物各组分的选择性渗透以实现分离)有哪几种膜分离过程?(反渗透、超滤、电渗析、气体渗透分离)

19. 膜分离有哪些特点?(不发生相变化,能耗低,常温操作,适用范围广,装置简单)分离过程中要考虑膜的哪些基本性能?(截留率、透过速率、截留相对分子质量)

20. 常用的膜分离器有哪些类型?(平板式、管式、螺旋卷式、中空纤维式)

21. 反渗透的基本原理是什么?(施加的压差大于溶液的渗透压差)

22. 什么是浓差极化?(溶质在膜表面被截留,形成高浓度区的现象)

23. 超滤的分离机理是什么?(膜孔的筛分作用,或各组分通过的速率不同)

24. 电渗析的分离机理是什么?(离子交换膜使电解质离子选择性透过)阴膜、阳膜各有什么特点?(阴膜带正电,只让阴离子通过;阳膜带负电,只让阳离子通过)

25. 气体混合物膜分离的机理是什么?(努森流的分离作用;均质膜的溶解、扩散、解吸)

参考文献

[1] 陈洪钫,刘家淇.化工分离过程[M].北京:化学工业出版社,1995.

[2] 史季芬.多级分离过程——蒸馏、吸收、萃取、吸附[M].北京:化学工业出版社,1991.

[3] KING. Separation Processes [M]. 2nd ed. New York:McGraw-Hill,1980.

[4] 邓修,吴俊生. 分离工程[M].上海:华东理工大学出版社,2001.

[5] 郭天民.多元气液平衡和精馏[M].北京:化学工业出版社,1983.

[6] 王志祥,周丽莉,潘晓梅.化工原理[M].北京:人民卫生出版社,2014.

[7] 管国锋,赵汝溥. 化工原理[M].第 3 版.北京:化学工业出版社,2008.

[8] 谭天恩,窦梅,周明华. 化工原理[M].第 3 版.北京:化学工业出版社,2010.

[9] 陈敏恒,潘鹤林,齐鸣斋 .化工原理[M].上海:华东理工大学出版社,2008.

[10] 化学工程手册编辑委员会.化学工程手册:第 13 篇[M].北京:化学工业出版社,1979.

[11] McCABE,SMITH,HARRIOTT. Unit Operation of Chemical Engineering[M]. 北京:化学工业出版社,2013.

[12] BARRER. Diffusion in and through Solids[M]. London:Cambridge University Press,1951.

[13] 时钧,袁权,高从 .膜技术手册[M].北京:化学工业出版社,2000.

[14] 郁浩然.化工分离工程[M].北京:中国石油出版社,1992.

[15] 裘元焘.基本有机化工过程及其设备[M].北京:化学工业出版社,1981.

[16] SEADER. Separation Process Principles[M].北京:化学工业出版社,2002.

[17] 刘芙蓉.分离过程及系统模拟[M].北京:科学出版社,2001.

[18] 刘家淇.化工分离过程[M].北京:化学工业出版社,2002.

[19] 汪大翚,雷乐成.水处理新技术及工程设计[M].北京:化学工业出版社,2001.

[20] 邵令娴.分离及复杂物质分析[M].第 2 版.北京:高等教育出版社,1994.

[21] 胡之德,范必威 .分析科学与技术概论[M].成都:四川科学技术出版社,1996.

[22] 刘克本.溶剂萃取在分析化学中的应用[M].北京:高等教育出版社,1990.

[23] 周春山.化学分离富集方法及应用[M].长沙:中南工业大学出版社,1997.

附　录

附录1　单位换算

1. 长度

米（m）	厘米(cm)	英寸(in)	英尺(ft)
1	100	39.37	3.281
0.01	1	0.3937	0.03281
0.0254	2.54	1	0.08333
0.3048	30.48	12	1

2. 质量

千克(kg)	克(g)	吨（ton)	磅(lb)
1	1000	0.001	2.205
0.001	1	10^{-6}	0.002205
1000	10^6	1	2.205×10^3
0.4536	453.6	4.536×10^{-4}	1

3. 力

牛 （N）	千克力 （kgf）	达因 （dyn）	磅力 （lbf）
1	0.1020	10^5	0.2248
9.807	1	9.807×10^5	2.205
10^{-5}	1.020×10^{-6}	1	2.248×10^{-6}
4.448	0.4536	4.448×10^5	1

4. 黏度（动力黏度）

帕·秒 （Pa·s）	泊 （P）	厘泊 （cP）	千克力·s/米^2 （kgf·s/m^2）
1	10	1000	0.102
0.1	1	100	0.0102
0.001	0.01	1	0.102×10^{-3}
9.81	98.1	9810	1

5. 扩散系数

米^2/秒 （m^2/s）	厘米^2/秒 （cm^2/s）	米^2/小时 （m^2/h）	英尺^2/小时 （ft^2/h）
1	10^4	3600	3.875×10^4
10^{-4}	1	0.360	3.875
2.778×10^{-4}	2.778	1	10.764
2.581×10^{-5}	0.2581	0.09290	1

6. 表面张力

达因/厘米 （dyn/cm）	牛/米 （N/m）	千克力/米 （kgf/m）	磅力/英尺 （lbf/ft）
1	0.001	1.020×10^{-4}	6.852×10^{-5}
1000	1	0.1020	0.06852
9807	9.807	1	0.672
14590	14.59	1.488	1

7. 压强

帕斯卡 (Pa=N/m²)	巴 (bar=10⁶ dyn/cm²)	千克力/厘米²(kgf/cm²) (工程大气压)	大气压 (atm)	毫米汞柱 (mmHg)	毫米水柱 (mmH₂O)	磅力/英寸² (lbf/in²)
1	10^{-5}	1.020×10^{-5}	0.9869×10^{-5}	0.007500	0.1020	1.45×10^{-4}
10^5	1	1.020	0.9869	750.0	10200	14.5
9.807×10^4	0.9807	1	0.9678	735.5	10000	14.22
1.013×10^5	1.013	1.033	1	760	10330	14.70
133.3	0.001333	0.001360	0.001316	1	13.60	0.0193
9.807	9.807×10^{-5}	10^{-4}	9.678×10^{-5}	0.07355	1	0.001422
6895	0.06895	0.07031	0.06804	51.72	703.1	1

8. 能量、功、热量

焦耳 (J=N·m)	千克力·米 (kgf·m)	千瓦·小时 (kW·h)	千卡 (kcal)	尔格 (erg=dyn·cm)	英尺·磅力 (ft·lbf)	英热单位 (B.t.u.)
10^{-7}	1.02×10^{-8}	2.778×10^{-14}	2.39×10^{-11}	1	0.7376×10^{-7}	9.486×10^{-11}
1	0.1020	2.778×10^{-7}	2.39×10^{-4}	10^7	0.7376	9.486×10^{-4}
9.807	1	2.724×10^{-6}	2.344×10^{-3}	9.799×10^7	7.233	0.009296
4187	426.8	1.162×10^{-3}	1	4.18×10^{10}	3088	3.968
3.6×10^6	3.671×10^5	1	860.0	3.595×10^{13}	2.65×10^6	3413
1.356	0.1383	3.766×10^{-7}	3.239×10^{-4}	1.357×10^7	1	0.001285
1055	107.6	2.928×10^{-4}	0.2520	1.055×10^{10}	778.1	1

9. 功率、传热速率

瓦 (W=J/s)	千克力·米/秒 (kgf·m/s)	千卡/秒 (kcal/s)	尔格/秒 (erg/s)	英尺·磅力/秒 (ft·lbf/s)	英热单位/秒 (B.t.u./s)
1	0.102	2.389×10^{-4}	10^7	0.7376	9.486×10^{-4}
9.807	1	0.002344	9.807×10^7	7.233	0.009296
4.187×10^3	426.8	1	4.185×10^{10}	3088	3.963
10^{-7}	1.019×10^{-8}	2.389×10^{-11}	1	7.378×10^{-8}	9.467×10^{-11}
1.356	0.1383	3.293×10^{-4}	1.355×10^7	1	0.001285
1.055×10^3	107.6	0.2520	1.054×10^{10}	778.1	1

10. 比热容

焦/(千克·开尔文) [J/(kg·℃)]	卡/(克·℃) [cal/(g·℃)]	英热单位/(磅·℉) [B.t.u./(lb·℉)]
1	2.389×10^{-4}	2.389×10^{-4}
4187	1	1
4187	1	1

11. 潜热、焓

卡/克 (cal/g)	焦/千克 (J/kg)	英热单位/磅 (B.t.u./lb)
1	4187	1.8
2.389×10^{-4}	1	4.299×10^{-4}
0.5556	2326	1

12. 导热系数

瓦/(米·开尔文) [W/(m·K)]	千卡/(米·小时·℃) [kcal/(m·h·℃)]	卡/(厘米·秒·℃) [cal/(cm·s·℃)]	千卡/(米·秒·℃) [kcal/(m·s·℃)]
1	0.8598	2.388×10^{-3}	2.388×10^{-4}
1.163	1	2.778×10^{-3}	2.778×10^{-4}
418.7	360	1	10^{-1}
4187	3600	10	1

13. 传热系数

瓦/(米²·开尔文) [W/(m²·K)]	千卡/(米²·小时·℃) [kcal/(m²·h·℃)]	卡/(厘米²·秒·℃) [cal/(cm²·s·℃)]	千卡/(米²·秒·℃) [kcal/(m²·s·℃)]
1	0.8598	2.388×10^{-5}	2.388×10^{-4}
1.163	1	2.778×10^{-5}	2.778×10^{-4}
4.187×10^{4}	3.6×10^{4}	1	10
4187	3600	0.1	1

14. 通用气体常数

$R = 8.314 J/(mol·K) = 1.987 cal/(mol·K) = 0.08206 atm·m^3/(kmol·K)$

$= 848 kgf·m/(kmol·K) = 82.06 atm·cm^3/(mol·K)$

15. 温度

$0℃ = 32℉$（水的冰点）；

$T(K) = t(℃) + 273.15; T(℉) = 32 + 1.8t(℃); T(℃) = (1/18)[t(℉) - 32];$

$100℃ = 212℉ = 373.15K; 0℃ = 32℉ = 273.15K; -273.15℃ = -459.67℉ = 0K$（绝对零度）

附录 2　水的物性

温度 /℃	压强/ ×10⁵ Pa	黏度/ (×10⁻³ Pa · s)	比热容/ [kJ/(kg · ℃)]	体积膨胀系数 /(×10⁻³/℃)	导热系数/ [W/(m · K)]	表面张力/ (×10⁻³ N/m)	密度/ (kg/m³)
0	1.013	1.789	4.212	−0.063	0.551	75.61	999.9
10	1.013	1.305	4.191	+0.070	0.575	74.14	999.7
20	1.013	1.005	4.183	0.182	0.599	72.67	998.2
30	1.013	0.801	4.174	0.321	0.618	71.20	995.7
40	1.013	0.653	4.174	0.387	0.634	69.63	992.2
50	1.013	0.549	4.174	0.449	0.648	67.67	988.1
60	1.013	0.470	4.178	0.511	0.659	66.20	983.2
70	1.013	0.406	4.187	0.570	0.668	64.33	977.8
80	1.013	0.335	4.195	0.632	0.675	62.57	971.8
90	1.013	0.315	4.208	0.695	0.680	60.71	965.3
100	1.013	0.283	4.220	0.752	0.683	58.84	958.4
110	1.433	0.259	4.233	0.808	0.685	56.88	951.0
120	1.986	0.237	4.250	0.864	0.686	54.82	943.1
130	2.702	0.218	4.266	0.919	0.686	52.86	934.8
140	3.624	0.201	4.287	0.972	0.685	50.70	926.1
150	4.761	0.186	4.312	1.03	0.684	48.64	917.0
160	6.181	0.173	4.346	1.07	0.683	46.58	907.4
170	7.924	0.163	4.379	1.13	0.679	44.33	897.3
180	10.03	0.153	4.417	1.19	0.675	42.27	886.9
190	12.55	0.144	4.460	1.26	0.671	40.01	876.0
200	15.55	0.136	4.505	1.33	0.663	37.66	863.0

附录 3　饱和水蒸气和水的物性

温度/℃	饱和蒸气压/kPa	比容/(m³/kg)		焓/(kJ/kg)		
		液相	饱和蒸气	液相焓	汽化潜热	饱和蒸气焓
0	0.6108	0.001	206.23	0	2501.2	2501.2
2	0.6889	0.001	183.96	6.9774	2497.2	2504.2
4	0.8388	0.001	152.57	18.653	2490.7	2509.3
7	1.0168	0.001	127.11	30.328	2484.2	2514.4
10	1.2275	0.001	106.34	42.004	2477.4	2519.5
13	1.4755	0.001	89.319	53.656	2470.9	2524.7
16	1.7671	0.001	75.311	65.308	2464.4	2529.8
18	2.1077	0.001	63.742	76.961	2457.9	2534.9
21	2.5042	0.001	54.144	88.59	2451.4	2539.8
24	2.9648	0.001	46.157	100.22	2444.6	2544.9
27	3.4977	0.001	39.487	111.85	2438.1	2550
29	4.1121	0.001	33.889	123.45	2431.6	2555.1
32	4.8181	0.001	29.184	135.06	2425.1	2560
35	5.6275	0.001	25.21	146.66	2418.4	2565.1
38	6.5521	0.001	21.84	158.27	2411.9	2570
43	8.7998	0.001	16.542	181.46	2398.8	2580
49	11.683	0.001	12.667	204.67	2385.1	2589.8
54	15.341	0.001	9.8074	227.88	2371.9	2599.8
60	19.94	0.001	7.6677	251.09	2358.4	2609.3
66	25.662	0.001	6.0522	274.35	2344.6	2619.1
71	32.716	0.001	4.8192	297.61	2330.9	2628.4
77	41.341	0.001	3.87	320.89	2317	2637.9
82	51.814	0.001	3.3125	344.2	2303	2647.2
88	64.418	0.001	2.5553	367.55	2288.8	2656.3

温度 /℃	饱和蒸气压/ kPa	比容/(m³/kg)		焓/(kJ/kg)		
		液相	饱和蒸气	液相焓	汽化潜热	饱和蒸气焓
93	79.49	0.001	2.0985	390.9	2274.4	2665.1
99	97.389	0.001	1.736	414.32	2259.7	2674
100	101.34	0.001	1.6723	419.02	2256.7	2675.8
104	118.51	0.001	1.4446	437.76	2245.1	2682.8
110	143.27	0.0011	1.2097	461.25	2230	2691.2
116	172.16	0.0011	1.0188	484.79	2214.9	2699.6
121	205.6	0.0011	0.8627	508.4	2199.3	2707.7
127	244.21	0.0011	0.7343	532.05	2183.5	2715.6
132	288.55	0.0011	0.6281	555.75	2167.6	2723.3
138	339.09	0.0011	0.5398	579.54	2151.1	2730.7
143	396.66	0.0011	0.4659	603.41	2134.6	2737.9
149	461.81	0.0011	0.4039	627.34	2117.4	2744.9
154	535.31	0.0011	0.3514	651.36	2100.2	2751.4
160	617.77	0.0011	0.3069	675.48	2082.3	2757.9
171	813.1	0.0011	0.2366	724.02	2045.5	2769.6
177	927.56	0.0011	0.2088	748.44	2026.5	2774.9
182	1054.4	0.0011	0.1848	772.98	2006.9	2779.8
188	1194.4	0.0011	0.164	797.66	1986.7	2784.4
193	1384.6	0.0011	0.146	822.45	1966.2	2788.6
199	1518.2	0.0012	0.1302	847.38	1944.8	2792.4
204	1703.7	0.0012	0.1164	872.45	1923	2795.6
210	1906.4	0.0012	0.1044	897.69	1900.6	2798.2
216	2127	0.0012	0.0937	923.09	1877.4	2800.5
221	2367	0.0012	0.0844	948.67	1853.4	2802.1
227	2628.3	0.0012	0.0761	974.46	1828.8	2803.3
232	2910	0.0012	0.0687	1000.6	1803.4	2804

附录 4　某些液体及溶液的物性

序号	名称	摩尔质量/(kg/kmol)	密度(20℃)/(kg/m³)	沸点(101.3kPa)/℃	汽化潜热(101.3kPa)/(kJ/kg)	比热容(20℃)/[kJ/(kg·K)]	黏度(20℃)/(×10⁻³Pa·s)	导热系数(20℃)/[W/(m·K)]	体积膨胀系数(20℃)/(×10⁻⁴/℃)	表面张力(20℃)/(×10⁻³N/m)
1	水	18.02	998	100	2258	4.183	1.005	0.599	1.82	72.8
2	盐水(25% NaCl)		1186(25℃)	107		3.39	2.3	0.57(30℃)	(4.4)	
3	盐水(25% CaCl₂)		1228	107		2.89	2.5	0.57	(3.4)	
4	硫酸	98.08	1831	340(分解)		1.47(98%)		0.38	5.7	
5	硝酸	63.02	1513	86	481.1		1.17(10℃)	0.42		
6	盐酸(30%)	36.47	1149			2.55	2(31.5%)			
7	二硫化碳	76.13	1262	46.3	352	1.005	0.38	0.16	12.1	32
8	戊烷	72.15	626	36.07	357.4	2.24(15.6℃)	0.229	0.113	15.9	16.2
9	己烷	86.17	659	68.74	335.1	2.31(15.6℃)	0.313	0.119		18.2
10	庚烷	100.20	684	98.43	316.5	2.21(15.6℃)	0.411	0.123		20.1
11	辛烷	114.22	703	125.67	306.4	2.19(15.6℃)	0.540	0.131		21.8
12	三氯甲烷	119.38	1489	61.2	253.7	0.992	0.58	0.138(30℃)	12.6	28.5(10℃)
13	四氯化碳	153.82	1594	76.8	195	0.850	1.0	0.12		26.8
14	1,2-二氯乙烷	98.96	1253	8.6	324	1.260	0.83	0.14(50℃)		30.8
15	苯	78.11	879	80.10	393.9	1.704	0.737	0.148	12.4	28.6
16	甲苯	92.13	867	110.63	363	1.70	0.675	0.138	10.9	27.9
17	邻二甲苯	106.16	880	144.42	347	1.74	0.811	0.142	10.1	30.2
18	间二甲苯	106.16	864	139.10	343	1.70	0.611	0.167	10.1	29.0

续　表

序号	名称	摩尔质量/(kg/kmol)	密度(20℃)/(kg/m³)	沸点(101.3kPa)/℃	汽化潜热(101.3kPa)/(kJ/kg)	比热容(20℃)/[kJ/(kg·K)]	黏度(20℃)/(×10⁻³Pa·s)	导热系数(20℃)/[W/(m·K)]	体积膨胀系数(20℃)(×10⁻⁴/℃)	表面张力(20℃)/(×10⁻³N/m)
19	对二甲苯	106.16	861	138.35	340	1.704	0.643	0.129		28.0
20	苯乙烯	104.1	911(15.6℃)	145.2	(352)	1.733	0.72			
21	氯苯	112.56	1106	131.8	325	1.298	0.85	0.14(30℃)		32
22	硝基苯	123.17	1203	210.9	396	1.466	2.1	0.15		41
23	苯胺	93.13	1022	184.4	448	2.07	4.3	0.17	8.5	42.9
24	酚	94.1	1050(50℃)	181.8 40.9(熔点)	511	1.80(100℃)	3.4(50℃)			
25	萘	128.17	1145(固体)	217.9 80.2(熔点)	314		0.59(100℃)			
26	甲醇	32.04	791	64.7	1101	2.48	0.6	0.212	12.2	22.6
27	乙醇	46.07	789	78.3	846	2.39	1.15	0.172	11.6	22.8
28	乙醇(95%)		804	78.3			1.4			
29	乙二醇	62.05	1113	197.6	780	2.35	23	0.59		
30	甘油	92.09	1261	290(分解)			1499	0.14	53	
31	乙醚	74.12	714	34.6	360	2.34	0.24		16.3	
32	乙醛	44.05	783(18℃)	20.2	574	1.9	1.3(18℃)			
33	糠醛	96.09	1168	161.7	452	1.6	1.15(50℃)	0.17		
34	丙酮	58.08	792	56.2	523	2.35	0.32	0.17		
35	甲酸	46.03	1220	100.7	494	2.17	1.9	0.26		
36	乙酸	60.03	1049	118.1	406	1.99	1.3	0.17	10.7	
37	乙酸乙酯	88.11	901	77.1	368	1.92	0.48	0.14(10℃)		
38	煤油		780~820				3	0.15	10.0	
39	汽油		680~800				0.7~0.8	0.19(30℃)	12.5	

附录 5　空气的重要物性

温度/℃	密度/(kg/m³)	比热容/[kJ/(kg·℃)]	导热系数/[W/(m·K)]	黏度/(×10⁻⁵Pa·s)	温度/℃	密度/(kg/m³)	比热容/[kJ/(kg·℃)]	导热系数/[W/(m·K)]	黏度/(×10⁻⁵Pa·s)
−50	1.584	1.013	0.0204	1.46	140	0.854	1.013	0.0349	2.37
−40	1.515	1.013	0.0212	1.52	160	0.815	1.017	0.0364	2.45
−30	1.453	1.013	0.0220	1.57	180	0.779	1.022	0.0378	2.53
−20	1.395	1.009	0.0228	1.62	200	0.746	1.026	0.0393	2.60
−10	1.342	1.009	0.0236	1.67	250	0.674	1.038	0.0429	2.74
0	1.293	1.005	0.0244	1.72	300	0.615	1.048	0.0461	2.97
10	1.247	1.005	0.0251	1.77	350	0.566	1.059	0.0491	3.14
20	1.205	1.005	0.0259	1.81	400	0.524	1.068	0.0521	3.31
30	1.165	1.005	0.0267	1.86	500	0.456	1.093	0.0575	3.62
40	1.128	1.005	0.0276	1.91	600	0.404	1.114	0.0622	3.91
50	1.093	1.005	0.0283	1.96	700	0.362	1.135	0.0671	4.18
60	1.060	1.005	0.0290	2.01	800	0.329	1.156	0.0718	4.43
70	1.029	1.009	0.0297	2.06	900	0.301	1.172	0.0763	4.67
80	1.000	1.009	0.0305	2.11	1000	0.277	1.185	0.0804	4.90
90	0.972	1.009	0.0313	2.15	1100	0.257	1.197	0.0850	5.12
100	0.946	1.009	0.0321	2.19	1200	0.239	1.206	0.0915	5.35
120	0.898	1.009	0.0334	2.29					

附录 6　某些气体的重要物性(101.3kPa)

名称	分子式	摩尔质量/(kg/kmol)	密度(0℃)/(kg/m³)	沸点/℃	汽化潜热/(kJ/kg)	比热容(20℃)/[kJ/(kg·℃)]	黏度(0℃)/(×10⁻⁵Pa·s)	导热系数(0℃)/[W/(m·℃)]
空气		28.95	1.293	−195	197	1.009	1.73	0.0244
氧	O₂	32	1.429	−132.98	213	0.653	2.03	0.0240

名称	分子式	摩尔质量/(kg/kmol)	密度(0℃)/(kg/m³)	沸点/℃	汽化潜热/(kJ/kg)	比热容(20℃)/[kJ/(kg·℃)]	黏度(0℃)/(×10⁻⁵Pa·s)	导热系数(0℃)/[W/(m·℃)]
氮	N_2	28.02	1.251	−195.78	199.2	0.745	1.70	0.0228
氢	H_2	2.016	0.0899	−252.75	454.2	10.13	0.842	0.163
氦	He	4.00	0.1785	−268.95	19.5	3.18	1.88	0.144
氩	Ar	39.94	1.7820	−185.87	163	0.322	2.09	0.0173
氯	Cl_2	70.91	3.217	−33.8	305	0.355	1.29 (16℃)	0.0072
氨	NH_3	17.03	0.771	−33.4	1373	0.67	0.918	0.0215
一氧化碳	CO	28.01	1.250	−191.48	211	0.754	1.66	0.0226
二氧化碳	CO_2	44.01	1.976	−78.2	574	0.653	1.37	0.0137
二氧化硫	SO_2	64.07	2.927	−10.8	394	0.502	1.17	0.0077
二氧化氮	NO_2	46.01	—	21.2	712	0.615	—	0.0400
硫化氢	H_2S	34.08	1.539	−60.2	548	0.804	1.166	0.0131
甲烷	CH_4	16.04	0.717	−161.58	511	1.70	1.03	0.0300
乙烷	C_2H_6	30.07	1.357	−88.50	486	1.44	0.850	0.0180
丙烷	C_3H_8	44.1	2.020	−42.1	427	1.65	0.795 (18℃)	0.0148
正丁烷	C_4H_{10}	58.12	2.673	−0.5	386	1.73	0.810	0.0135
正戊烷	C_5H_{12}	72.15	—	−36.08	151	1.57	0.874	0.0128
乙烯	C_2H_4	28.05	1.261	103.7	481	1.222	0.985	0.0164
丙烯	C_3H_6	42.08	1.914	−47.7	440	1.436	0.835 (20℃)	—
乙炔	C_2H_2	26.04	1.171	−83.66 (升华)	829	1.352	0.935	0.0184
氯甲烷	CH_3Cl	50.49	2.308	−24.1	406	0.582	0.989	0.0085
苯	C_6H_6	78.11	—	80.2	394	1.139	0.72	0.0088

附录 7　某些气体和蒸气的导热系数

名称	温度/℃	导热系数/[W/(m·℃)]	名称	温度/℃	导热系数/[W/(m·℃)]	名称	温度/℃	导热系数/[W/(m·℃)]
丙酮	0	0.0098	四氯化碳	46	0.0071	乙烯	50	0.0267
	46	0.0128		100	0.0090		100	0.0279
	100	0.0171		184	0.0112	正庚烷	200	0.0194
	184	0.0254	三氯甲烷	0	0.0066		100	0.0178
空气	0	0.0242		46	0.0080	正己烷	0	0.0125
	100	0.0317		100	0.0100		20	0.0138
	200	0.0391		184	0.0133		−100	0.0113
	300	0.0459	硫化氢	0	0.0132		−50	0.0144
氮	−60	0.0164	水银	200	0.0341		0	0.0173
	0	0.0222	甲烷	−100	0.0173		50	0.0199
	50	0.0272		−50	0.0251		100	0.0233
	100	0.0320		0	0.0302		300	0.0308
苯	0	0.0090		50	0.0372	氮	−100	0.0164
	46	0.0126	甲醇	0	0.0144		0	0.0242
	100	0.0178		100	0.0222		50	0.0277
	184	0.0263	氯甲烷	0	0.0067		100	0.0312
	212	0.0305		46	0.0085	氧	−100	0.0164
正丁烷	0	0.0135		100	0.0109		−50	0.0206
	100	0.0234		212	0.0164		0	0.0246
异丁烷	0	0.0138	乙烷	−70	0.0114		50	0.0284
	100	0.0241		−34	0.0149		100	0.0321
二氧化碳	−50	0.0118		0	0.0183	丙烷	0	0.0151
	0	0.0147		100	0.0303		100	0.0261
	100	0.0230	乙醇	20	0.0154	二氧化硫	0	0.0087
	200	0.0313		100	0.0215		100	0.0119
	300	0.0396	乙醚	0	0.0133	水蒸气	46	0.0208
二氧化硫	0	0.0069		46	0.0171		100	0.0237
	−73	0.0073		100	0.0227		200	0.0324
一氧化碳	−189	0.0071		184	0.0327		300	0.0429
	−179	0.0080		212	0.0362		400	0.0545
	−60	0.0234	乙烯	−71	0.0111		500	0.0763
氯	0	0.0074		0	0.0175			

附录 8　某些液体的导热系数

名称	导热系数/[W/(m·K)]						
	0℃	25℃	50℃	75℃	100℃	125℃	150℃
丁醇	0.1556	0.1521	0.1480	0.1440			
异丙醇	0.1533	0.1498	0.1457	0.1417			
甲醇	0.2136	0.2104	0.2067	0.2044			
乙醇	0.1887	0.1829	0.1771	0.1713			
乙酸	0.1765	0.1713	0.1660	0.1614			
甲酸	0.2601	0.2554	0.2514	0.2467			
丙酮	0.1742	0.1684	0.1626	0.1573	0.1509		
硝基苯	0.1538	0.1498	0.1463	0.1428	0.1393	0.1359	
二甲苯	0.1364	0.1312	0.1266	0.1213	0.1173	0.1111	
甲苯	0.1411	0.1359	0.1289	0.1231	0.1184	0.1120	
苯	0.1509	0.1446	0.1382	0.1318	0.1254	0.1202	
苯胺	0.1858	0.1811	0.1765	0.1718	0.1678	0.1631	0.1591
甘油	0.2763	0.2792	0.2827	0.2856	0.2885	0.2914	0.2949
凡士林	0.1284	0.1202	0.1219	0.1208	0.1184	0.1173	0.1155
蓖麻油	0.1835	0.1806	0.1771	0.1742	0.1707	0.1678	0.1649

附录 9　某些固体的物性

名　称		密度/(kg/m³)	导热系数/[W/(m·K)]	比热容/[kJ/(kg·℃)]
金属	碳钢	7850	45.3	0.46
	不锈钢	7900	17	0.50
	铸铁	7220	52.8	0.50
	铜	8800	383.8	0.41

续　表

名　称		密度/(kg/m³)	导热系数 /[W/(m・K)]	比热容 /[kJ/(kg・℃)]
金属	青铜	8000	64.0	0.38
	黄铜	8600	85.5	0.38
	铝	2670	203.5	0.92
	镍	9000	58.2	0.46
	铅	11400	34.9	0.13
塑料	酚醛	1250~1300	0.13~0.26	1.3~1.7
	脲醛	1400~1500	0.30	1.3~1.7
	聚氯乙烯	1380~1400	0.16	1.8
	聚苯乙烯	1050~1070	0.08	1.3
	低压聚乙烯	940	0.29	2.6
	高压聚乙烯	920	0.26	2.2
	有机玻璃	1180~1190	0.14~0.20	
建筑材料、绝热材料、耐酸材料及其他	干砂	1500~1700	0.45~0.48	0.8
	黏土	1600~1800	0.47~0.53	0.75(−20~20℃)
	黏土砖	1600~1900	0.47~0.67	0.92
	耐火砖	1840	1.05(800~1100℃)	0.88~1.0
	绝热砖(多孔)	600~1400	0.16~0.37	
	混凝土	2000~2400	1.3~1.55	0.84
	松木	500~600	0.07~0.10	2.7(0~100℃)
	软木	100~300	0.041~0.064	0.96
	石棉板	770	0.11	0.816
	玻璃	500	0.74	0.67
	耐酸陶瓷制品	2200~2300	0.93~1.0	0.75~0.80
	耐酸搪瓷	2300~2700	0.99~1.04	0.84~1.26
	橡胶	1200	0.16	1.38
	冰	900	2.3	2.11

附录10　金属的导热系数　　附录11　绝缘固体的导热系数

金属	导热系数/[W/(m·K)]			非金属	密度/(kg/m³)	温度/℃	导热系数/[W/(m·K)]
	0℃	17.8℃	100℃				
铝	202.41		205.87	石棉	465	−200	0.074
钙		92.901	90.306		577	0	0.151
铜	387.52		377.14		577	400	0.223
金		292.37	294.1	氧化铝	—	1,315	4.671
铸铁	55.36		51.9	建筑砖	—	20	0.692
锻铁		60.377	59.858	石墨	1549	—	5.19
铅	34.6		32.87		2066	600	18.51
镁	159.16	159.16	159.16	碳化硅	2066	1,000	13.84
水银	8.304				2066	1400	10.9
镍	62.28		58.82	木棉	144	20	0.04
铂		69.546	72.487	软木	151	30	0.043
银	418.66		411.74	泡沫塑料	14	20	0.035
钠			84.77	花岗岩	—	—	1.73~3.979
碳钢(碳含量1%)		45.326	44.807	冰	921	0	2.249
不锈钢(304)			16.262	纸板	237	47	0.048
不锈钢(316)			16.262	玻璃纤维	96	150	0.047
不锈钢(347)			16.089	雪	556	0	0.467
锡	62.28		58.82	橡木	825	15	0.208
锌	112.45		110.72	枫木	716	50	0.19

附录 12　气体的普兰特准数(1atm 和 100℃)

气体	$Pr = c_p\mu/\lambda$	气体	$Pr = cp\mu/k$
空气	0.69	氢气	0.69
氨气	0.86	甲烷	0.75
氩气	0.66	一氧化氮	0.72
二氧化碳	0.75	氮气	0.7
一氧化碳	0.72	氧气	0.7
氦气	0.71	水蒸气	1.06

附录 13　液体的普兰特准数

液体	$Pr = c_p\mu/\lambda$	
	16℃	100℃
乙酸	14.5	10.5
丙酮	4.5	2.4
苯	7.3	3.8
正丁醇	43	11.5
四氯化碳	7.5	4.2
氯苯	9.3	7
乙酸乙酯	6.8	5.6
乙醇	15.5	10.1
乙醚	4	2.3
乙二醇	350	125
正庚烷	6	4.2
甲醇	7.2	3.4
甲苯	6.5	3.8

附录 14　液体汽化潜热共线图

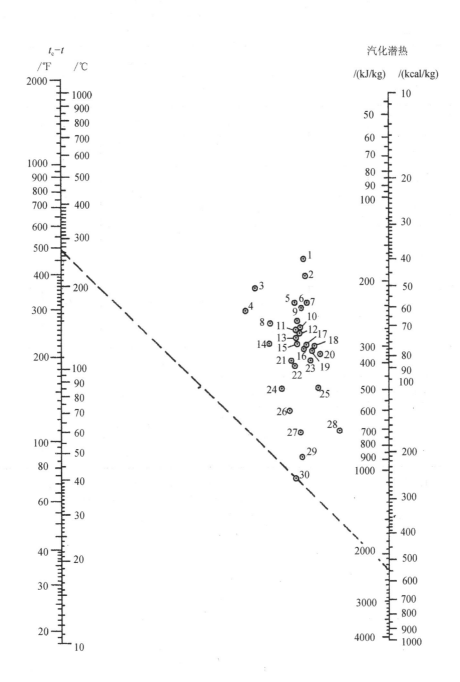

液体汽化潜热共线图中的编号

编号	名称	$t_c/℃$	$(t_c-t)/℃$	编号	名称	$t_c/℃$	$(t_c-t)/℃$
30	水	374	100~500	7	三氯甲烷	263	140~270
29	氨	133	50~200	2	四氯化碳	283	30~250
19	一氧化氮	36	25~150	17	氯乙烷	187	100~250
21	二氧化碳	31	10~100	13	苯	289	10~400
4	二硫化碳	273	140~275	3	联苯	527	175~400
14	二氧化硫	157	90~160	27	甲醇	240	40~250
25	乙烷	32	25~150	26	乙醇	243	20~140
23	丙烷	96	40~200	24	丙醇	264	20~200
16	丁烷	153	90~200	13	乙醚	194	10~400
15	异丁烷	134	80~200	22	丙酮	235	120~210
12	戊烷	197	20~200	18	乙酸	321	100~225
11	己烷	235	50~225	2	氟利昂-11	198	70~225
10	庚烷	267	20~300	2	氟利昂-12	111	40~200
9	辛烷	296	30~300	5	氟利昂-21	178	70~250
20	一氯甲烷	143	70~250	6	氟利昂-22	96	50~170
8	二氯甲烷	216	150~250	1	氟利昂-113	214	90~250

用法举例：求水在 $t=100℃$ 时的汽化潜热。从上表中查得水的编号为 30，又查得水的 $t_c=374℃$，故得 $t_c-t=374-100=274(℃)$，在前页共线图的 t_c-t 标尺上定出 274℃的点，与图中编号为 30 的圆圈中心连一直线，延长到汽化潜热的标尺上，读出交点读数为 2260kJ/kg。

附录 15　气体黏度共线图(常压下用)

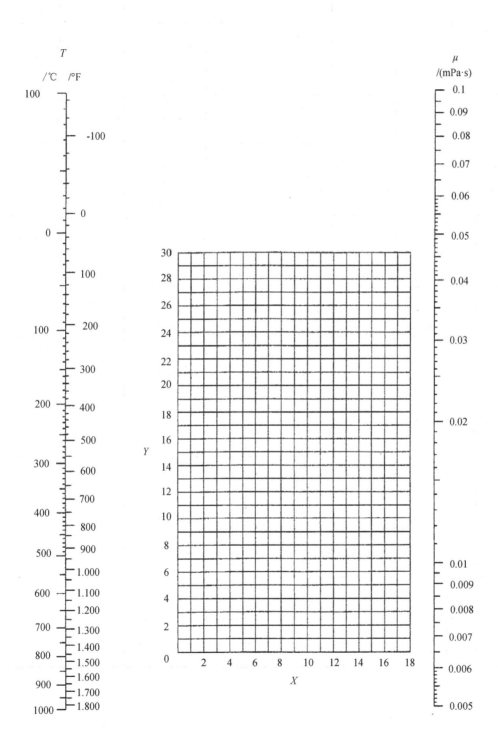

气体黏度共线图坐标值

编号	气体	X	Y	编号	气体	X	Y
1	乙酸	7.7	14.3	29	氟利昂-113	11.3	14.0
2	丙酮	8.9	13.0	30	氦气	10.9	20.5
3	乙炔	9.8	14.9	31	己烷	8.6	11.8
4	空气	11.0	20.0	32	氢气	11.2	12.4
5	氨	8.4	16.0	33	$3H_2 + N_2$	11.2	17.2
6	氩	10.5	22.4	34	溴化氢	8.8	20.9
7	苯	8.5	13.2	35	氯化氢	8.8	18.7
8	溴	8.9	19.2	36	氰化氢	9.8	14.9
9	丁烯	9.2	13.7	37	碘化氢	9.0	21.3
10	异丁烯	8.9	13.0	38	硫化氢	8.6	18.0
11	二氧化碳	9.5	18.7	39	碘	9.0	18.4
12	二硫化碳	8.0	16.0	40	水银	5.3	22.9
13	一氧化碳	11.0	20.0	41	甲烷	9.9	15.5
14	氯气	9.0	18.4	42	甲醇	8.5	15.6
15	氯仿	8.9	15.7	43	一氧化氮	10.9	20.5
16	氰	9.2	15.2	44	氮	10.6	20.0
17	环己烷	9.2	12.0	45	亚硝酰氯	8.0	17.6
18	乙烷	9.1	14.5	46	一氧化二氮	8.8	19.0
19	乙酸乙酯	8.5	13.2	47	氧气	11.0	21.3
20	乙醇	9.2	14.2	48	戊烷	7.0	12.8
21	氯乙烷	8.5	15.6	49	丙烷	9.7	12.9
22	乙醚	8.9	13.0	50	丙醇	8.4	13.4
23	乙烯	9.5	15.1	51	丙烯	9.0	13.8
24	氟	7.3	23.8	52	二氧化硫	9.6	17.0
25	氟利昂-11	10.6	15.1	53	甲苯	8.6	12.4
26	氟利昂-12	11.1	16.0	54	2,2,3-三甲基丁烷	9.5	10.5
27	氟利昂-21	10.8	15.3	55	水	8.0	16.0
28	氟利昂-22	10.1	17.0	56	氙	9.3	23.0

附录 16　液体黏度共线图(常压下用)

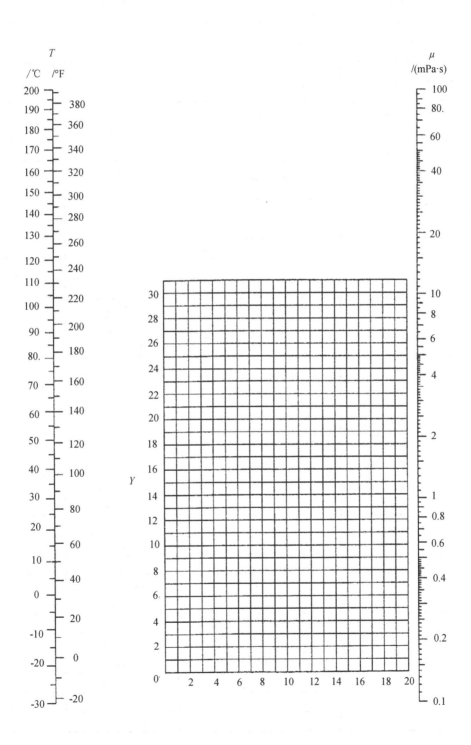

液体黏度共线图坐标值

编号	液体	X	Y	编号	液体	X	Y
1	乙醛	15.2	4.8	39	甘油(100%)	2	30
2	乙酸	12.1	14.2	40	甘油(50)	6.9	19.6
3	乙酸酐	12.7	12.8	41	庚烷	14.1	8.4
4	丙酮	14.5	7.2	42	己烷	14.7	7
5	氨(100%)	12.6	2	43	盐酸	13	16.6
6	氨(26%)	10.1	13.9	44	异丁醇	7.1	18
7	乙酸戊酯	11.8	12.5	45	异丙醇	8.2	16
8	戊醇	7.5	18.4	46	煤油	10.2	16.9
9	苯胺	8.1	18.7	47	亚麻籽油	7.5	27.2
10	苯甲醚	12.3	13.5	48	水银	18.4	16.4
11	苯	12.5	10.9	49	甲醇	12.4	10.5
12	联苯	12	18.3	50	乙酸甲酯	14.2	8.2
13	盐水,$CaCl_2$(25%)	6.6	15.9	51	氯甲烷	15	3.8
14	盐水,$NaCl$(25%)	10.2	16.6	52	甲乙酮	13.9	8.6
15	溴	14.2	13.2	53	萘	7.9	18.1
16	乙酸丁酯	12.3	11	54	硝酸(95%)	12.8	13.8
17	丁醇	8.6	17.2	55	硝酸(60%)	10.8	17
18	二氧化碳	11.6	0.3	56	硝基苯	10.6	16.2
19	二硫化碳	16.1	7.5	57	硝基甲苯	11	17
20	四氯化碳	12.7	13.1	58	辛烷	13.7	10
21	氯苯	12.3	12.4	59	辛醇	6.6	21.1
22	氯仿	14.4	10.2	60	戊烷	14.9	5.2
23	m-甲酚	2.5	20.8	61	苯酚	6.9	20.8
24	环己醇	2.9	24.3	62	钠	16.4	13.9
25	二氯乙烷	13.2	12.2	63	氢氧化钠	3.2	25.8
26	二氯甲烷	14.6	8.9	64	二氧化硫	15.2	7.1
27	乙酸乙酯	13.7	9.1	65	硫酸(98%)	7	24.8
28	乙醇(100%)	10.5	13.8	66	硫酸(60%)	10.2	21.3
29	乙醇(95%)	9.8	14.3	67	四氯乙烷	11.9	15.7
30	乙醇(40%)	6.5	16.6	68	四氯乙烯	14.2	12.7
31	乙苯	13.2	11.5	69	四氯化钛	14.4	12.3
32	氯乙烷	14.8	6	70	甲苯	13.7	10.4
33	乙醚	14.5	5.3	71	三氯乙烯	14.8	10.5
34	甲酸乙酯	14.2	8.4	72	乙酸乙烯酯	14	8.8
35	碘乙烷	14.7	10.3	73	水	10.2	13
36	乙二醇	6	23.6	74	o-二甲苯	13.5	12.1
37	甲酸	10.7	15.8	75	m-二甲苯	13.9	10.6
38	氟利昂-12	16.8	5.6	76	p-二甲苯	13.9	10.9

附录 17 气体的比热容共线图(常压下用)

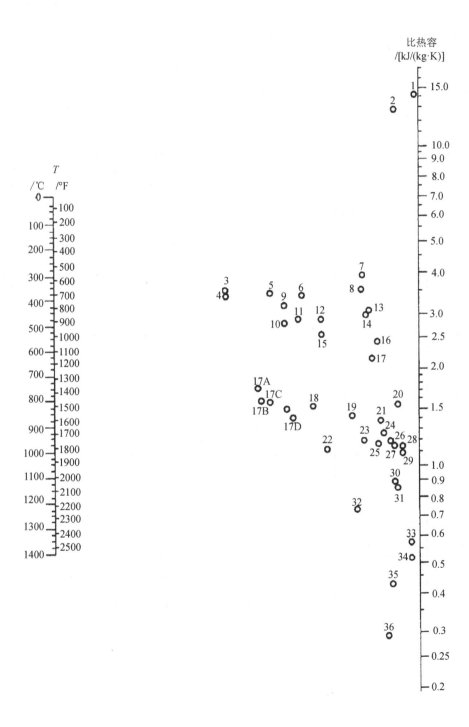

气体的比热容共线图中的编号

编号	气体	温度/℃	编号	气体	温度/℃
10	乙炔	0～200	1	氢气	0～600
15	乙炔	200～400	2	氢气	600～1400
16	乙炔	400～1400	35	溴化氢	0～1400
27	空气	0～1400	30	氯化氢	0～1400
12	氨	0～600	20	氟化氢	0～1400
14	氨	600～1400	36	碘化氢	0～1400
18	二氧化碳	0～400	19	硫化氢	0～700
24	二氧化碳	400～1400	21	硫化氢	700～1400
26	一氧化碳	0～1400	5	甲烷	0～300
32	氯气	0～200	6	甲烷	300～700
34	氯气	200～1400	7	甲烷	700～1400
3	乙烷	0～200	25	一氧化氮	0～700
9	乙烷	200～600	28	一氧化氮	700～1400
8	乙烷	600～1400	26	氮	0～1400
4	乙烯	0～200	23	氧气	0～500
11	乙烯	200～600	29	氧气	500～1400
13	乙烯	600～1400	33	硫	300～1400
17B	氟利昂-11	0～150	22	二氧化硫	0～400
17C	氟利昂-21	0～150	31	二氧化硫	400～1400
17A	氟利昂-22	0～150	17	水	0～1400
17D	氟利昂-113	0～150			

附录 18　液体的比热容共线图(常压下用)

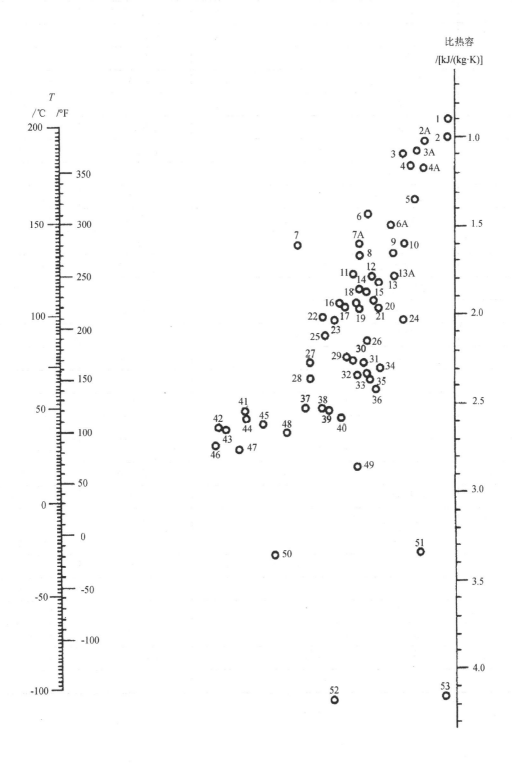

液体的比热容共线图中的编号

编号	液体	温度/℃	编号	液体	温度/℃
29	乙酸	0～80	7	碘乙烷	0～100
32	丙酮	20～50	39	乙二醇	−40～200
52	氨	−70～50	2A	氟利昂-11	−20～70
37	戊醇	−50～20	6	氟利昂-12	−40～15
26	乙酸戊酯	0～100	4A	氟利昂-21	−20～70
30	苯胺	0～130	7A	氟利昂-22	−20～60
23	苯	10～80	3A	氟利昂-113	−20～70
27	苯甲醇	−20～30	38	甘油	−40～20
10	氯化苄	−30～30	28	庚烷	0～60
49	卤水(CaCl$_2$,25%)	−40～20	35	己烷	−80～20
51	卤水(NaCl,25%)	−40～20	48	盐酸,30%	20～100
44	丁醇	0～100	41	异戊醇	10～100
2	二硫化碳	−100～25	43	异丁醇	0～100
3	四氯化碳	10～60	47	异丙醇	−20～50
8	氯苯	0～100	31	异丙醚	−80～20
4	氯仿	0～50	40	甲醇	−40～20
21	癸烷	−80～25	13A	氯甲烷	−80～20
6A	二氯乙烷	−30～60	14	萘	90～200
5	二氯甲烷	−40～50	12	硝基苯	0～100
15	联苯	80～120	34	壬烷	−50～25
22	二苯基甲烷	30～100	33	辛烷	−50～25
16	二苯基氧	0～200	3	全氯乙烯	−30～140
16	道氏热载体A	0～200	45	丙醇	−20～100
24	乙酸乙酯	−50～25	20	吡啶	−50～25
42	乙醇(100%)	30～80	9	硫酸	10～45
46	乙醇(95%)	20～80	11	二氧化硫	−20～100
50	乙醇(50%)	20～80	23	甲苯	0～60
25	乙苯	0～100	53	水	10～200
1	溴乙烷	5～25	19	o-二甲苯	0～100
13	氯乙烷	−30～40	18	m-二甲苯	0～100
36	乙醚	−100～25	17	p-二甲苯	0～100

附录 19　有机液体密度共线图(与 4℃ 水密度比较)

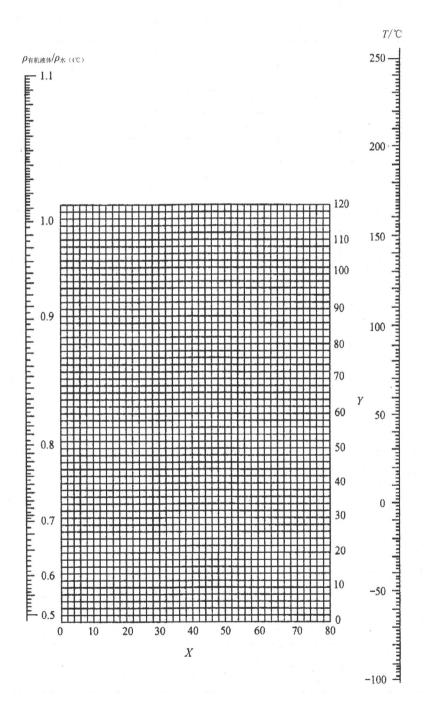

有机液体密度共线图坐标值

序号	名称	X	Y	序号	名称	X	Y
1	乙炔	20.8	10.1	31	甲酸乙酯	37.6	68.4
2	乙烷	10.3	4.4	32	甲酸丙酯	33.8	66.7
3	乙烯	17.0	3.5	33	丙烷	14.2	12.2
4	乙醇	24.2	48.6	34	丙酮	26.1	47.8
5	乙醚	22.6	35.8	35	丙醇	23.8	50.8
6	乙丙醚	20.0	37.0	36	丙酸	35.0	83.5
7	乙硫醇	32.0	55.5	37	丙酸甲酯	36.5	68.3
8	乙硫醚	25.7	55.3	38	丙酸乙酯	32.1	63.9
9	二乙胺	17.8	33.5	39	戊烷	12.6	22.6
10	二硫化碳	18.6	45.4	40	异戊烷	13.5	22.5
11	异丁烷	13.7	16.5	41	辛烷	12.7	32.5
12	丁酸	31.3	78.7	42	庚烷	12.6	29.8
13	丁酸甲酯	31.5	65.5	43	苯	32.7	63.0
14	异丁酸	31.5	75.9	44	苯酚	35.7	103.8
15	丁酸(异)甲酯	33.0	64.1	45	苯胺	33.5	92.5
16	十一烷	14.4	39.2	46	氟苯	41.9	86.7
17	十二烷	14.3	41.4	47	癸烷	16.0	38.2
18	十三烷	15.3	42.4	48	氨	22.4	24.6
19	十四烷	15.8	43.3	49	氯乙烷	42.7	62.4
20	三乙胺	17.9	37.0	50	氯甲烷	52.3	62.9
21	磷化氢	28.0	22.1	51	氯苯	41.7	105.0
22	己烷	13.5	27.0	52	氰丙烷	20.1	44.6
23	壬烷	16.2	36.5	53	氰甲烷	21.8	44.9
24	六氢吡啶	27.5	60.0	54	环己烷	19.6	44.0
25	甲乙醚	25.0	34.4	55	乙酸	40.6	93.5
26	甲醇	25.8	49.1	56	乙酸甲酯	40.1	70.3
27	甲硫醇	37.3	59.6	57	乙酸乙酯	35.0	65.0
28	甲硫醚	31.9	57.4	58	乙酸丙酯	33.0	65.5
29	甲醚	27.2	30.1	59	甲苯	27.0	61.0
30	甲酸甲酯	46.4	74.6	60	异戊烷	20.5	52.0

附录 20　有机液体的表面张力共线图

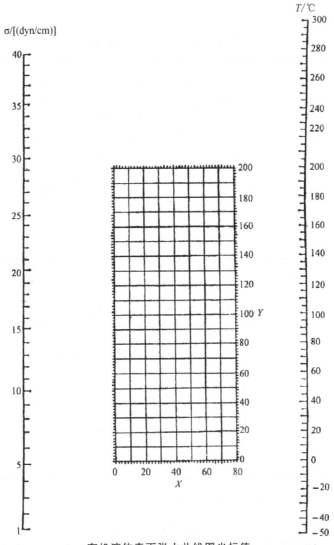

有机液体表面张力共线图坐标值

序号	名称	X	Y	序号	名称	X	Y
1	甲醇	17	93	6	二氯乙烷	32	120
2	乙醇	10	97	7	二硫化碳	35.8	117.2
3	苯	30	110	8	四氯化碳	26	104.5
4	甲苯	24	113	9	丙酮	28	91
5	氯苯	23.5	132.5				

附录 21　二组分液体混合物的气液平衡组成与温度关系

1. 乙醇-水(101.3kPa)

乙醇-水气液平衡组成与温度关系

乙醇(摩尔分数)		温度/℃	乙醇(摩尔分数)		温度/℃	乙醇(摩尔分数)		温度/℃
液相	气相		液相	气相		液相	气相	
0	0	100	23.37	54.45	82.7	57.32	68.41	79.3
1.90	17.00	95.5	26.08	55.80	82.3	67.63	73.85	78.74
7.21	38.91	89.0	32.73	58.26	81.5	74.72	78.15	78.41
9.66	43.75	86.7	39.65	61.22	80.7	89.43	89.43	78.15
12.38	47.04	85.3	50.79	65.64	79.8			
16.61	50.89	84.1	51.98	65.99	79.7			

2. 苯-甲苯(101.3kPa)

苯-甲苯气液平衡组成与温度关系

苯(摩尔分数)		温度/℃	苯(摩尔分数)		温度/℃	苯(摩尔分数)		温度/℃
液相	气相		液相	气相		液相	气相	
0	0	110.6	39.7	61.8	95.2	80.3	91.4	84.4
8.8	21.2	106.1	48.9	71.0	92.1	90.3	95.7	82.3
20.0	37.0	102.2	59.2	78.9	89.4	95.0	97.9	81.2
30.0	50.0	98.6	70.0	85.3	86.8	100.0	100.0	80.2

3. 二硫化碳(CS_2)-四氯化碳(CCl_4)(101.3kPa)

CS_2-CCl_4气液平衡组成与温度关系

CS_2(摩尔分数)		温度/℃	CS_2(摩尔分数)		温度/℃	CS_2(摩尔分数)		温度/℃
液相	气相		液相	气相		液相	气相	
0	0	76.7	0.1435	0.3325	68.6	0.6630	0.8290	52.3
0.0296	0.0823	74.9	0.2585	0.4950	63.8	0.7574	0.8780	54.4
0.0615	0.1555	73.1	0.3908	0.6340	59.3	0.8604	0.9320	48.5
0.1106	0.2660	70.3	0.5318	0.7470	55.3	1.000	1.000	46.3

4. 丙酮-水（101.3kPa）

丙酮-水气液平衡组成与温度关系

丙酮(摩尔分数)		温度 /℃	丙酮(摩尔分数)		温度 /℃	丙酮(摩尔分数)		温度 /℃
液相	气相		液相	气相		液相	气相	
0	0	100.0	0.20	0.815	62.1	0.80	0.898	58.2
0.01	0.253	92.7	0.30	0.830	61.0	0.90	0.935	57.5
0.02	0.425	86.5	0.40	0.839	60.4	0.95	0.963	57.0
0.05	0.624	75.8	0.50	0.849	60.0	1.0	1.0	56.13
0.10	0.755	66.5	0.60	0.859	59.7			
0.15	0.798	63.4	0.70	0.874	59.0			

5. 甲醇-水（101.3kPa）

甲醇-水气液平衡组成与温度关系

甲醇(摩尔分数)		温度 /℃	甲醇(摩尔分数)		温度 /℃	甲醇(摩尔分数)		温度 /℃
液相	气相		液相	气相		液相	气相	
0	0	100.0	0.30	0.665	78.0	0.80	0.915	67.6
0.02	0.134	96.4	0.40	0.729	75.3	0.90	0.958	66.0
0.06	0.304	91.2	0.50	0.779	73.1	1.00	1.00	64.5
0.10	0.418	87.7	0.60	0.825	71.2			
0.20	0.578	81.7	0.70	0.870	69.3			

附录 22　管子规格（摘录）

1. 低压液体输送用焊接钢管规格（摘自 YB234-63）

公称直径		外径/mm	壁厚/mm		公称直径		外径/mm	壁厚/mm	
/mm	/in		普通管	加厚管	/mm	/in		普通管	加厚管
6	$\frac{1}{8}$	10.0	2.00	2.50	15	$\frac{1}{2}$	21.25	2.75	3.25
8	$\frac{1}{4}$	13.5	2.25	2.75	20	$\frac{3}{4}$	26.75	2.75	3.50
10	$\frac{3}{8}$	17.0	2.25	2.75	25	1	33.5	2.25	4.00

续　表

公称直径		外径/mm	壁厚/mm		公称直径		外径/mm	壁厚/mm	
/mm	/in		普通管	加厚管	/mm	/in		普通管	加厚管
32	$1\frac{1}{4}$	42.25	3.25	4.00	80	3	88.5	4.00	4.75
40	$1\frac{1}{2}$	48.0	3.50	4.25	100	4	114.0	4.00	5.00
50	2	60.0	3.50	4.50	125	5	140.0	4.50	5.50
70	$2\frac{1}{2}$	75.5	3.75	4.50	150	6	165.0	4.50	5.50

注：①本标准适用于输送水、煤气、冷凝水和采暖系统等常压液体。②焊接钢管可分为镀锌钢管和不镀锌钢管两种，后者又称为黑管。③管端无螺纹的黑管长度为 4～12m，管端有螺纹的黑管或镀锌管的长度为 4～9m。④普通钢管的水压试验压强为 20kgf/cm²，加厚管的水压试验压强为 30kgf/cm²。⑤钢管的常用材质为 A3

2. 普通无缝钢管

(1) 热轧无缝钢管(摘自 YB231-64)

外径/mm	壁厚/mm		外径/mm	壁厚/mm		外径/mm	壁厚/mm	
	从	到		从	到		从	到
32.0	2.5	8.0	102.0	3.5	28.0	219.0	6.0	50.0
38.0	2.5	8.0	108.0	4.0	28.0	245.0	(6.5)	50.0
45.0	2.5	10.0	114.0	4.0	28.0	273.0	(6.5)	50.0
57.0	3.0	(13.0)	121.0	4.0	30.0	299.0	(7.5)	75.0
60.0	3.0	14.0	127.0	4.0	32.0	325.0	8.0	75.0
63.5	3.0	14.0	133.0	4.0	32.0	377.0	9.0	75.0
68.0	3.0	16.0	140.0	4.5	36.0	426.0	9.0	75.0
70.0	3.0	16.0	152.0	4.5	36.0	480.0	9.0	75.0
73.0	3.0	(19.0)	159.0	4.5	36.0	530.0	9.0	75.0
76.0	3.0	(19.0)	168.0	5.0	(45.0)	560.0	9.0	75.0
83.0	3.5	(24.0)	180.0	5.0	(45.0)	600.0	9.0	75.0
89.0	3.5	(24.0)	194.0	5.0	(45.0)	630.0	9.0	75.0
95.0	3.5	(24.0)	203.0	6.0	50.0			

注：①壁厚有 2.5、2.8、3.0、3.5、4.0、4.5、5.0、5.5、(6.5)、7.0、7.5、8.0、(8.5)、9.0、(9.5)、10.0、11.0、12.0、(13.0)、14.0、(15.0)、16.0、(17.0)、18.0、(19.0)、20.0、22.0、(24.0)、25.0、(26.0)、28.0、30.0、32.0、(34.0)、(35.0)、36.0、(38.0)、40.0、(42.0)、(45.0)、(48.0)、50.0、56.0、60.0、63.0、(65.0)、70.0、75.0mm。②括号内尺寸不推荐使用。③钢管长度为 4.0～12.5m

（2）冷轧（冷拔）无缝钢管（摘自 YB231-64）

外径/mm	壁厚/mm		外径/mm	壁厚/mm		外径/mm	壁厚/mm	
	从	到		从	到		从	到
6.0	0.25	1.60	38.0	0.40	9.00	95.0	1.40	12.00
8.0	0.25	2.50	44.5	1.00	9.00	100.0	1.40	12.00
10.0	0.25	3.50	50.0	1.00	12.00	110.0	1.40	12.00
16.0	0.25	5.00	56.0	1.00	12.00	120.0	(1.50)	12.00
20.0	0.25	6.00	63.0	1.00	12.00	130.0	3.00	12.00
25.0	0.40	7.00	70.0	1.00	12.00	140.0	3.00	12.00
28.0	0.40	7.00	75.0	1.00	12.00	150.0	3.00	12.00
32.0	0.40	8.00	85.0	1.40	12.00			

注：①壁厚有 0.25、0.30、0.40、0.50、0.60、0.80、1.00、1.20、1.40、(1.50)、1.60、1.80、2.00、2.20、2.50、2.80、3.00、3.20、3.50、4.00、4.50、5.00、5.50、6.00、6.50、7.00、7.50、8.00、8.50、9.00、9.50、10.00、12.00、(13.00)、14.00mm。②括号内尺寸不推荐使用。③钢管长度：壁厚 1mm,长度为 1.5～7.0m;壁厚 >1m,长度为 1.5～9.0m

3. 承插式铸铁管（摘自 YB428-64）

公称直径/mm	内径/mm	壁厚/mm	有效程度/mm
75	75.0	9.0	3000
100	100.0	9.0	3000
125	125.0	9.0	4000
150	151.0	9.0	4000
200	201.2	9.4	4000
250	252.0	9.8	4000
300	302.4	10.2	4000
(350)	352.8	10.6	4000
400	403.6	11.0	4000
450	453.8	11.5	4000
500	504.0	12.0	4000
600	604.8	13.0	4000
(700)	705.4	13.8	4000
800	806.4	14.8	4000
(900)	908.0	15.5	4000

注：括号内尺寸不推荐使用

附录 23　管壳式换热器总传热系数 K 的推荐值

1. 管壳式换热器用作冷却器时的 K 值范围

高温流体	低温流体	总传热系数/[W/($m^2 \cdot K$)]	备 注
水	水	1400~2840	污垢系数 0.52$m^2 \cdot K$/kW
甲醇、氢	水	1400~2840	
有机物黏度在 $0.5 \times 10^{-3} Pa \cdot s$ 以下[①]	水	430~850	
有机物黏度在 $0.5 \times 10^{-3} Pa \cdot s$ 以下[①]	冷冻盐水	220~570	
有机物黏度在 $(0.5 \sim 1) \times 10^{-3} Pa \cdot s$[②]	水	280~710	
有机物黏度在 $1 \times 10^{-3} Pa \cdot s$ 以上[③]	水	28~430	
气体	水	12~280	
水	冷冻盐水	570~1200	
硫酸	水	870	传热面为不透性石墨,两侧对流传热系数均为 2440W/($m^2 \cdot K$)
四氯化铁	氯化钙溶液	76	管内流速 0.0052~0.011m/s
氯化氢气(冷却除水)	盐水	35~175	传热面为不透性石墨
氯气(冷却除水)	水	35~175	传热面为不透性石墨
焙烧 SO_2 气体	水	230~465	传热面为不透性石墨
氮	水	66	计算值
水	水	410~1160	传热面为塑料衬里
20%~40%硫酸	水 $t=30\sim60℃$	465~1050	
20%盐酸	水 $t=25\sim110℃$	580~1160	
有机溶剂	盐水	175~510	

注：①为苯、甲苯、丙酮、乙醇、丁酮、汽油、轻煤油、石脑油等有机物；②为煤油、热柴油、热吸收油、原油馏分等有机物；③为冷柴油、燃料油、原油、焦油、沥青等有机物

2. 管壳式换热器用作冷凝器时的 K 值范围

高温流体	低温流体	总传热系数/[W/(m²·K)]	备　注
有机质蒸气	水	230～930	传热面为塑料衬里
有机质蒸气	水	290～1160	传热面为不透性石墨
饱和有机质蒸气(大气压下)	盐水	570～1140	
饱和有机质蒸气(减压下且含少量不凝性气体)	盐水	280～570	
低沸点碳氢化合物(大气压下)	水	450～1140	
高沸点碳氢化合物(减压下)	水	60～175	
21%盐酸蒸气	水	110～1750	传热面为不透性石墨
氨蒸气	水	870～2330	水流速 1～1.5m/s
有机溶剂蒸气和水蒸气混合物	水	350～1160	传热面为塑料衬里
有机质蒸气(减压下且含大量不凝性气体)	水	60～280	
有机质蒸气(大气压下且含大量不凝性气体)	盐水	115～450	
氟利昂液蒸气	水	870～990	水流速 1.2m/s
汽油蒸气	水	520	水流速 1.5m/s
汽油蒸气	原油	115～175	原油流速 0.6m/s
煤油蒸气	水	290	水流速 1m/s
水蒸气(加压下)	水	1990～4260	
水蒸气(减压下)	水	1700～3440	
甲醇(管内)	水	640	直立式
四氯化碳(管内)	水	360	直立式
糠醛(管外)(有不凝性气体)	水	220	直立式
糠醛(管外)(有不凝性气体)	水	190	直立式
糠醛(管外)(有不凝性气体)	水	125	直立式
水蒸气(管外)	水	610	卧式

附录 24　泵规格（摘录）

1. IS型单级单吸离心泵性能表（摘录）

型号	转速/(r/min)	流量		扬程/m	效率/%	功率/kW		允许汽蚀余量/m	质量（泵/底）
		/(m³/h)	/(L/s)			轴功率	电机功率		
IS50-32-125	2900	7.5	2.08	22	47	0.96		2.0	32/46
		12.5	3.47	20	60	1.13	2.2	2.0	
		15	4.17	18.5	60	1.26		2.5	
IS50-32-160	2900	7.5	2.08	34.3	44	1.59		2.0	50/46
		12.5	3.47	32	54	2.02	3	2.0	
		15	4.17	29.6	56	2.16		2.5	
IS50-32-200	2900	7.5	2.08	82	38	2.82		2.0	52/66
		12.5	3.47	80	48	3.54	5.5	2.0	
		15	4.17	78.5	51	3.95		2.5	
IS50-32-250	2900	7.5	2.08	21.8	23.5	5.87		2.0	88/110
		12.5	3.47	20	38	7.16	11	2.0	
		15	4.17	18.5	41	7.83		2.5	
IS65-50-125	2900	7.5	4.17	35	58	1.54		2.0	50/41
		12.5	6.94	32	69	1.97	3	2.0	
		15	8.33	30	68	2.22		3.0	
IS65-50-160	2900	15	4.17	53	54	2.65		2.0	51/66
		25	6.94	50	65	3.35	5.5	2.0	
		30	8.33	47	66	3.71		2.5	
IS65-40-200	2900	15	4.17	53	49	4.42		2.0	62/66
		25	6.94	50	60	5.67	7.5	2.0	
		30	8.33	47	61	6.29		2.5	
IS65-40-250	2900	15	4.17	82	37	9.05		2.0	82/110
		25	6.94	80	50	10.89	15	2.0	
		30	8.33	78	53	12.02		2.5	
IS65-40-315	2900	15	4.17	127	28	18.5		2.5	152/110
		25	6.94	125	40	21.3	30	2.5	
		30	8.33	123	44	22.8		3.0	
IS80-65-125	2900	30	8.33	22.5	64	2.87		3.0	44/46
		50	13.9	20	75	3.63	5.5	3.0	
		60	16.7	18	74	3.98		3.5	

型号	转速/ (r/min)	流量		扬程 /m	效率 /%	功率/kW		允许汽蚀 余量/m	质量 (泵/底)
		/(m³/h)	/(L/s)			轴功率	电机功率		
IS80-65-160	2900	30	8.33	36	61	4.82	7.5	2.5	48/66
		50	13.9	32	73	5.97		2.5	
		60	16.7	29	72	6.59		3.0	
IS80-50-200	2900	30	8.33	53	55	7.87	15	2.5	64/124
		50	13.9	50	69	9.87		2.5	
		60	16.7	47	71	10.8		3.0	
IS80-50-250	2900	30	8.33	84	52	13.2	22	2.5	90/110
		50	13.9	80	63	17.3		2.5	
		60	16.7	75	64	19.2		3.0	
IS80-80-315	2900	30	8.33	128	41	25.5	37	2.5	125/160
		50	13.9	125	54	31.5		2.5	
		60	16.7	123	57	35.3		3.0	
IS100-80-125	2900	60	16.7	24	67	5.86	11	4.0	49/64
		100	27.8	20	78	7.00		4.5	
		120	33.3	16.5	74	7.28		5.0	
IS100-80-160	2900	60	16.7	36	70	8.42	15	3.5	69/110
		100	27.8	32	78	11.2		4.0	
		120	33.3	28	75	12.2		5.0	
IS100-65-200	2900	60	16.7	54	65	13.6	22	3.0	81/110
		100	27.8	50	76	17.9		3.6	
		120	33.3	47	77	19.9		4.8	
IS100-65-250	2900	60	16.7	87	61	23.4	37	3.5	90/160
		100	27.8	80	72	30.0		3.8	
		120	33.3	74.5	73	33.3		4.8	
IS100-65-315	2900	60	16.7	133	55	39.6	75	3.0	180/295
		100	27.8	125	66	51.6		3.6	
		120	33.3	118	67	57.5		4.2	
IS125-100-200	2900	120	33.3	57.5	67	28.0	45	4.5	108/160
		200	55.6	50	81	33.6		4.5	
		240	66.7	44.5	80	36.4		5.0	
IS125-100-250	2900	120	33.3	87	66	43.0	75	3.8	166/295
		200	55.6	80	78	55.9		4.2	
		240	66.7	72	75	62.8		5.0	
IS125-100-315	2900	120	33.3	132.5	60	72.1	110	4.0	189/330
		200	55.6	125	75	90.8		4.5	
		240	66.7	120	77	101.9		5.0	

续 表

型号	转速/(r/min)	流量		扬程/m	效率/%	功率/kW		允许汽蚀余量/m	质量(泵/底)
		/(m³/h)	/(L/s)			轴功率	电机功率		
IS125-100-400	1450	60	16.7	52	53	16.1		2.5	205/233
		100	27.8	50	65	21.0	30	2.5	
		120	33.3	48.5	67	23.6		3.0	
IS150-125-250	1450	120	33.3	22.5	71	10.4		3.0	188/158
		200	55.6	20	81	13.5	18.5	3.0	
		240	66.7	17.5	78	14.7		3.5	
IS150-125-315	1450	120	33.3	34	70	15.9		2.5	192/233
		200	55.6	32	79	22.1	30	2.5	
		240	66.7	29	80	23.7		3.0	
IS150-125-400	1450	120	33.3	53	62	27.9		2.0	233/233
		200	55.6	50	75	36.3	45	2.8	
		240	66.7	46	74	40.6		3.5	
IS200-150-250	1450	240	66.7						203/233
		400	111.1	20	82	26.6	37		
		460	127.8						
IS200-150-315	1450	240	66.7	37	70	34.6		3.0	262/295
		400	111.1	32	82	42.5	55	3.5	
		460	127.8	28.5	80	44.6		4.0	
IS200-150-400	1450	240	66.7	55	74	48.6		3.0	295/298
		400	111.1	40	81	67.2	90	3.8	
		460	127.8	48	76	74.2		4.5	

2. Y 型离心油泵性能表

型　号	流量/(m³/h)	扬程/m	转速/(r/min)	功率/kW		效率/%	允许汽蚀余量/m	结构形式	备注
				轴	电机				
50Y-60	12.5	60	2950	5.95	11	35	2.3	单机悬臂	
50Y-60A	11.2	49	2950	4.27	8			单机悬臂	
50Y-60B	9.9	38	2950	2.93	5.5	35		单机悬臂	
50Y-60×2	12.5	120	2950	11.7	15	35	2.3	两级悬臂	
50Y-60×2A	11.7	105	2950	9.55	15			两级悬臂	
50Y-60×2B	10.8	90	2950	7.65	11	55	2.6	两级悬臂	
65Y-60×2C	9.9	75	2950	5.9	8			两级悬臂	
65Y-60	25	60	2950	7.5	11			单机悬臂	

型　号	流量/(m³/h)	扬程/m	转速/(r/min)	功率/kW 轴	功率/kW 电机	效率/%	允许汽蚀余量/m	结构形式	备注
65Y-60A	22.5	49	2950	5.5	8			单机悬臂	
65Y-60B	19.8	38	2950	3.75	5.5			单机悬臂	
65Y-100	25	100	2950	17.0	32	40	2.6	单机悬臂	
65Y-100A	23	85	2950	13.3	20			单机悬臂	
65Y-100B	21	70	2950	10.0	15			单机悬臂	
65Y-100×2	25	200	2950	34	55	40	2.6	两级悬臂	
65Y-100×2A	23.3	175	2950	27.8	40			两级悬臂	
65Y-100×2B	21.6	150	2950	22.0	32			两级悬臂	
65Y-100×2C	19.8	125	2950	16.8	20			两级悬臂	
80Y-60	50	60	2950	12.8	15	64	3.0	单机悬臂	
80Y-60A	45	49	2950	9.4	11			单机悬臂	
80Y-60B	39.5	38	2950	6.5	8			单机悬臂	
80Y-100	50	100	2950	22.7	32	60	3.0	单机悬臂	
80Y-100A	45	85	2950	18.0	25			单机悬臂	
80Y-100B	39.5	70	2950	12.6	20			单机悬臂	
80Y-100×2	50	200	2950	45.4	75	60	3.0	单机悬臂	
80Y-100×2A	46.6	175	2950	37.0	55	60	3.0	两级悬臂	
80Y-100×2B	43.2	150	2950	29.5	40			两级悬臂	
80Y-100×2C	39.6	125	2950	22.7	32			两级悬臂	

3. F 型耐腐蚀泵性能

泵型号	流量/(m³/h)	流量/(L/s)	扬程/m	转速/(r/min)	功率/kW 轴	功率/kW 电机	效率/%	允许吸上真空度/m	叶轮外径/mm
25F-16	3.6	1.0	16.0	2960	0.38	0.8	41	6	130
25F-16A	3.27	0.91	12.5	2960	0.27	0.8	41	6	118
40F-26	7.20	2.0	25.5	2960	1.14	2.2	44	6	148
40F-26A	6.55	1.82	20.5	2960	0.83	1.1	44	6	135
50F-40	14.4	4.0	40	2960	3.41	5.5	46	6	190
50F-40A	13.1	3.64	32.5	2960	2.54	4.0	46	6	178
50F-16	14.4	4.0	15.7	2960	0.96	1.5	64	6	123
50F-16A	13.1	3.64	12.0	2960	0.70	1.1	62	6	112
65F-16	28.8	8.0	15.7	2960	1.74	4.0	71	6	122

续 表

泵型号	流量		扬程 /m	转速/ (r/min)	功率/kW		效率 /%	允许吸上 真空度/m	叶轮外径 /mm
	/(m³/h)	/(L/s)			轴	电机			
65F-16A	26.2	7.82	12.0	2960	1.24	2.2	69	6	112
100F-92	100.8	28.0	92.0	2960	37.1	55.0	68	4	274
100F-92A	94.3	26.2	80.0	2960	31.0	40.0	68	4	256
100F-92B	88.6	24.6	70.5	2960	25.4	40.0	67	4	241
150F-56	190.8	53.0	55.5	1480	40.1	55.0	72	4	425
150F-56A	178.2	49.5	48.0	1480	33.0	40.0	72	4	397
150F-56B	167.8	46.5	42.5	1480	27.3	40.0	71	4	374
150F-22	190.8	53.0	22.0	1480	14.3	30.0	80	4	284
150F-22A	173.5	48.2	17.5	1480	10.6	17.0	78	4	257

附录 25　4-72-11 型离心通风机规格(摘录)

机号	转速/ (r/min)	全压系数	全压		流量系数	流量/ (m³/h)	效率 /%	所需功率 /kW
			/mmH₂O	/Pa				
6C	2240	0.411	248	2432.1	0.220	15800	91	14.1
	2000	0.411	198	1941.8	0.220	14100	91	10.0
	1800	0.411	160	1569.1	0.220	12700	91	7.3
	1250	0.411	77	755.1	0.220	8800	91	2.53
	1000	0.411	49	480.5	0.220	7030	91	1.39
	800	0.411	30	294.2	0.220	5610	91	0.73
8C	1800	0.411	285	2795	0.220	29900	91	30.8
	1250	0.411	137	1343.6	0.220	20800	91	10.3
	1000	0.411	88	863.0	0.220	16600	91	5.52
	630	0.411	35	343.2	0.220	10480	91	1.51
10C	1250	0.434	227	2226.2	0.2218	41300	94.3	32.7
	1000	0.434	145	1422.0	0.2218	32700	94.3	16.5
	800	0.434	93	912.1	0.2218	26130	94.3	8.5
	500	0.434	36	353.1	0.2218	16390	94.3	2.3
6D	1450	0.411	104	1020	0.220	10200	91	4
	940	0.411	45	441.3	0.220	6720	91	1.32
8D	1450	0.44	200	1961.4	0.184	20130	89.5	14.2
	730	0.44	50	490.4	0.184	10150	89.5	2.06
16B	900	0.434	300	2942.1	0.2218	121000	94.3	127
20B	710	0.434	290	2844.0	0.2218	186300	94.3	190

附录26　管壳式换热器系列标准　固定管板式基本参数(摘自 TB/T 4714,4715-92)

1. 列管尺寸为列管管径 ϕ19mm,管心距为 25mm

公称直径/mm	273		400			600				800				1000			
管程数	1	2	1	2	4	1	2	4	6	1	2	4	6	1	2	4	6
公称压强/kPa	1.60×10^3 2.50×10^3 4.00×10^3 6.40×10^3									0.60×10^3 1.00×10^3 1.60×10^3 2.50×10^3 4.00×10^3							
管子总根数	66	56	174	164	146	430	416	370	360	797	776	722	710	1267	1234	1186	1148
中心排管数	9	8	14	15	14	22	23	22	20	31	31	31	30	39	39	39	38
管程流通面积*/m²	0.0115	0.0049	0.0307	0.0145	0.0065	0.0760	0.0368	0.0163	0.0106	0.1408	0.0686	0.0319	0.0209	0.2239	0.1090	0.0524	0.0338
计算的换热器面积/m²　列管长度/mm 1500	5.4	4.7	14.5	13.7	12.2	48.8	47.2	42.0	40.8	138.0	134.3	125.0	122.9	219.3	213.6	205.3	198.7
2000	7.4	6.4	19.7	18.6	16.6	74.4	72.0	64.0	62.3	209.3	203.8	189.8	186.5	332.8	324.1	311.5	301.5
3000	11.3	9.7	30.1	28.4	25.3	112.9	109.3	97.2	94.5	280.7	273.3	254.3	250.0	446.2	434.6	417.7	404.3
4500	17.1	14.7	45.7	43.1	38.3	151.4	146.5	130.3	126.8								
6000	22.9	19.7	61.3	57.8	51.4												

注:* 表示管程流通面积为各程的平均值,管子三角形排列

2. 列管尺寸为列管管径 φ25mm，管心距为 32mm

公称直径/mm	273		400			600				800				1000			
管程数	1	2	1	2	4	1	2	4	6	1	2	4	6	1	2	4	6
管子总根数	38	32	98	94	76	245	232	232	216	467	450	442	430	749	742	710	698
中心排管数	6	7	12	11	11	17	16	16	16	23	23	23	24	30	29	29	30
管程流通面积* φ25mm×2mm /m²	0.0132	0.0055	0.0339	0.0163	0.0066	0.0848	0.0402	0.0192	0.0125	0.1618	0.0779	0.0383	0.0248	0.2594	0.1285	0.0615	0.0403
管程流通面积* φ25mm×2.5mm /m²	0.0119	0.0050	0.0308	0.0148	0.0060	0.0769	0.0364	0.0174	0.0113	0.1466	0.0707	0.0347	0.0225	0.2352	0.1165	0.0557	0.0365
计算的换热器面积/m² 列管长度/mm 1500	4.2	3.5	10.8	10.3	8.4												
2000	5.7	4.8	14.6	14.0	11.3	36.5	34.6	33.1	32.2								
3000	8.7	7.3	22.3	21.4	17.3	55.8	52.8	50.5	49.2	106.3	102.4	100.6	97.9	170.5	168.9	161.6	158.9
4500	13.1	11.1	33.8	32.5	26.3	84.6	80.1	76.7	74.6	161.3	155.4	152.7	148.5	258.7	256.3	245.2	241.1
6000	17.6	14.8	45.4	43.5	35.2	113.5	107.5	102.8	100.0	216.3	208.5	204.7	199.2	346.9	343.7	328.8	323.3

公称压强/kPa（273）：1.60×10³，2.50×10³，4.00×10³，6.40×10³

公称压强/kPa（400～1000）：0.60×10³，1.00×10³，1.60×10³，2.50×10³，4.00×10³

注：* 表示中管程流通面积为各程的平均值，管子三角形排列